普通高等教育“十三五”规划教材

机械制图

主　编　曹　敏　周宗团　高西林
副主编　姚慧君　曲双为　左　贺
　　　　毛竹群　许　玮
主　审　赵敏荣

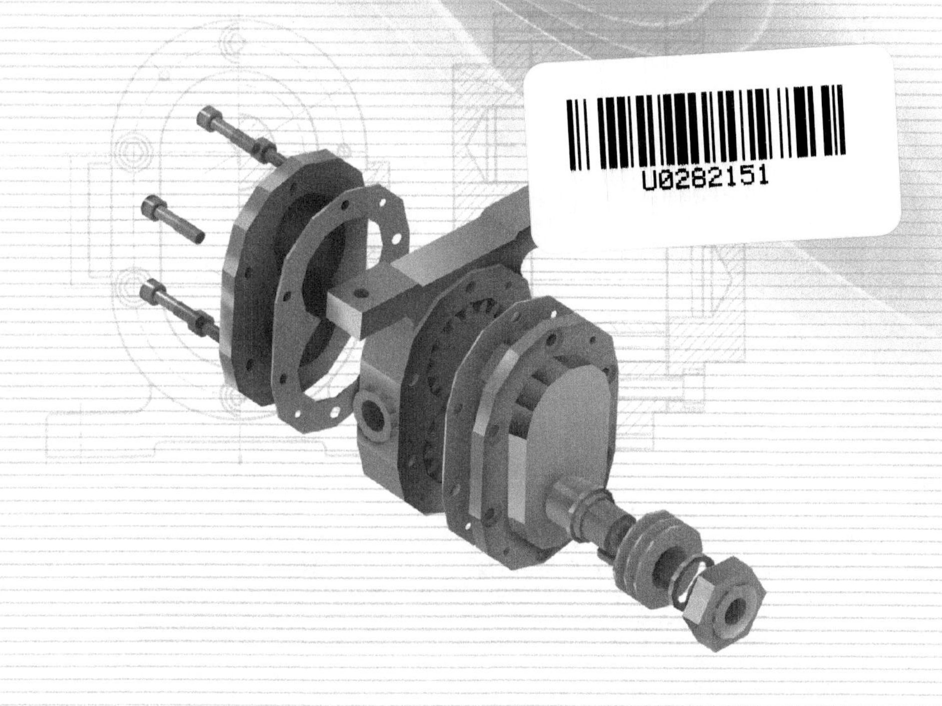

内容简介

本书以教育部高等学校工程图学教学指导委员会指定的《高等学校工程图学教学基本要求》为依据，参考国内同类优秀教材，结合编者多年教学和实践经验编写而成，并融入编者近年来的教学改革和创新理念。全书分为13章，内容包含前言、绪论、制图的基本知识、几何元素的投影、基本体的三视图、立体表面的交线、组合体的三视图、轴测投影图、机件的表达方法、标准件和常用件、零件图、装配图、计算机绘图和附录。

本书图例丰富、分析透彻、深入浅出，可作为高等工科院校工程图学类课程的通用教材，适合40～120学时的课程选用，也可作为高等教育自学提高、相关工程技术人员学习的参考用书。

图书在版编目(CIP)数据

机械制图/曹敏，周宗团，高西林主编. —西安：西安交通大学出版社，2017.11(2023.2重印)
ISBN 978-7-5693-0238-7

Ⅰ.①机… Ⅱ.①曹… ②周… ③高… Ⅲ.①机械制图-高等学校-教材 Ⅳ.①TH126

中国版本图书馆CIP数据核字(2017)第258623号

书　　名　机械制图
主　　编　曹　敏　周宗团　高西林
副 主 编　姚慧君　曲双为　左　贺　毛竹群　许　玮
责任编辑　田　华

出版发行　西安交通大学出版社
(西安市兴庆南路1号　邮政编码710048)
网　　址　http://www.xjtupress.com
电　　话　(029)82668357　82667874(市场营销中心)
(029)82668315(总编办)
传　　真　(029)82668280
印　　刷　西安日报社印务中心

开　　本　787mm×1092mm　1/16　**印张**　21.375　**字数**　521千字
版次印次　2017年11月第1版　2023年2月第5次印刷
书　　号　ISBN 978-7-5693-0238-7
定　　价　44.50元

如发现印装质量问题，请与本社市场营销中心联系。
订购热线：(029)82665248　(029)82667874
投稿热线：(029)82665640　qq:190293088
读者信箱：190293088@qq.com

前　　言

本书是根据教育部工程图学教学指导委员会制定的《普通高等院校工程图学课程教学基本要求》，并结合当今先进成图技术的发展对本课程的新要求及多年来工程图学的教学、教改经验和成果编写而成。

在本书编写过程中，力求理念先进。培养学生具有丰富活跃的空间思维能力而促使其有想法，具有较强平面表达能力能将想法绘制成图形，并培养学生通过学习软件掌握先进的成图技术，从而实现“具有把想法变成图形，把图形变成模型的能力”的培养目标。

编写组成员通过多年工程图学系列课的教学和教改实践，融合教学创新的思路，使本书的内容既注重对基本理论、基本能力的学习及培养的需要，又突出对实践环节和创新思维的启发与训练。在编写本书的过程中，精心设计了教学体系和内容，把传统内容和教学方法与现代内容和教学方法有机的结合在一起，让本门课程的内容不断推陈出新。

本书编写的主要思想和特点如下。

1. 从课程教学的要求和实际需要出发，力求概念准确、清楚，深入浅出，通俗易懂，便于理解和掌握。

2. 以“图”代“文”，采用了大量的图例表达方式，使内容图文并茂，一目了然，增加了教材的直观性。

3. 注重基本知识和基本技能的培养，调动学生的主观能动性。在每章的结尾对本章的基本概念和要点、基本技能和方法，设置了一些思考题，加强了实践性环节。

4. 注重综合能力的培养与训练，如几何元素投影部分的综合解题分析，组合体部分的构形设计等，这些都有利于丰富和活跃学生的空间思维与想象力。

5. 教材绪论部分着重介绍了国内外图学及工程图的历史与发展，以及《技术制图》《机械制图》国家标准修改、适用及发展趋势，这些内容是本教材的特色和亮点之一。

6. 教材突出了3D绘制图形的理念，有利于培养学生的空间思维能力。

7. 加强了实用工程化的训练，如测绘实体、尺寸标注、CAD设计等。

8. 教材中全部采用最新的《技术制图》、《机械制图》国家标准及与制图有关的其他标准。

本教材可作为普通高等学校理工类各专业40～120学时的工程制图系列课程的通用教材，也可作为其他类型相关专业的教学用书或参考书。

本教材的前言、绪论、第5章(5.3,5.4,5.5)、第8章及第9章由曹敏编写，第3章、第5章(5.1,5.2)、第7章、第10章由周宗团编写，第2章、第4章由高西林编写，第1章、第

12章由姚慧君编写，第6章、第11章由曲双为编写，第13章由左贺编写，附录部分由曲双为、毛竹群、许玮共同编写，全书由曹敏、周宗团统稿。

最后诚挚感谢西安工程大学教务处、机电工程学院等相关教学单位给予的大力支持，感谢制图教研室退休的各位老教师的精心指导，感谢西安交通大学出版社的鼎力协助，特别对空军工程大学赵敏荣教授提出的宝贵建议和细致审阅也表示衷心感谢。

限于编者水平，本教材中缺点、错误与不妥之处在所难免，恳请使用者指正。

编　者

2017年8月

目　　录

绪 论

在人类文明的启蒙时期，由于语音文字的匮乏，世界五大文明中心古老的文字都起源于图或形（如象形文字），所以图形符号占据文字的重要地位。“古之学者，为学有要；置图于左，置书于右；索象于图，索理于书”，素有“图书图书，左图右书。地理之学，非图不明。”图与文分别为人类文明进展两翼的说法。在人类文明的进展中，图与图学的贡献不亚于文学与数学，是人类文明进展的重要组成部分。特别是近代以来，随着工农业生产、军事、建筑等科学技术的需要，图学得到了长足的发展，并且形成了自己的理论体系。图学中的工程图是产品构思、设计与制造的重要载体，是产品信息的策划、构思、表达和传递的主要媒介，在机械、土木、建筑、水利、航海、航天、军事、园林等领域的技术工作和管理工作中，工程图是各行业、企业、专业的灵魂，被誉为“世界工程界的语言”。

1. 中国古代的工程图

中国是历史悠久的文明古国之一，工程技术的发展较早，图样的出现是自然界发展演变的产物，是工程技术发展的需要。最早的图与画同义，它作为绘画艺术品，起着装饰传递视觉效果的作用。如在远古时期人们在陶器上用简单的线条组成图案，以增加陶器的美学效果，随着宫廷建筑、水利、机械工程、天文地理的发展，人们发现用语言文字来描述物体已无法达到目的，这样就出现了用平面图形来表示空间物体的方法。

从出土文物中考证，我国在新石器时代（约一万年前），就能绘制一些几何图形、花纹，具有简单的图示能力。在春秋时代的一部技术著作《周礼 · 考工记》中，就有了画图工具“规、矩、绳、墨、悬、水”的记载。

在战国时期我国人民就已运用设计图（有确定的绘图比例、酷似用正投影法画出的建筑规划平面图）来指导工程建设，距今已有2400多年的历史。“图”在人类社会的文明进步和推动现代科学技术的发展中起到了重要作用。

在河北平山县出土的战国时期的中山王墓里，发现了一块长94 cm、宽48 cm、厚1 cm的铜板《兆域图》，如图0-1所示。上面除了有用金银镶嵌的439个字外，还镶嵌着一幅采用正投影法制成的建筑平面图。《兆域图》已具备了制图的基本准则，如分率为1∶500，准望为上南下北，其道里既有分率可查又有文字标明，其高下、方邪、迂真既有文字注明丘平、丘坡，又有图形显示可一目了然。虽然在此之前就有许多关于绘图和使用图样的记载，但能见到有人在2400年前就别出心裁把工程图样制作在铜板上，则是不敢想象的，这是世界上极为罕见的建筑工程图的实样。

自秦汉起，我国已出现图样的史料记载，并能根据图样建筑宫室。南朝宋炳（公元367～443年）著出《画山水序》，图样中显示出投射原理，如图0-2所示。宋代李诫（仲明）所著《营造法式》一书，总结了我国历史上的建筑技术成就，全书36卷，其中有6卷是图样，包括了平面图、轴测图、透视图，图样的表达方法出现了中心投影、正投影、轴测投影，这是一部闻名世界的建筑图样的巨著，图上运用投影法表达了复杂的建筑结构，这在当时是极为先进的，如图0-3、0-4所示。

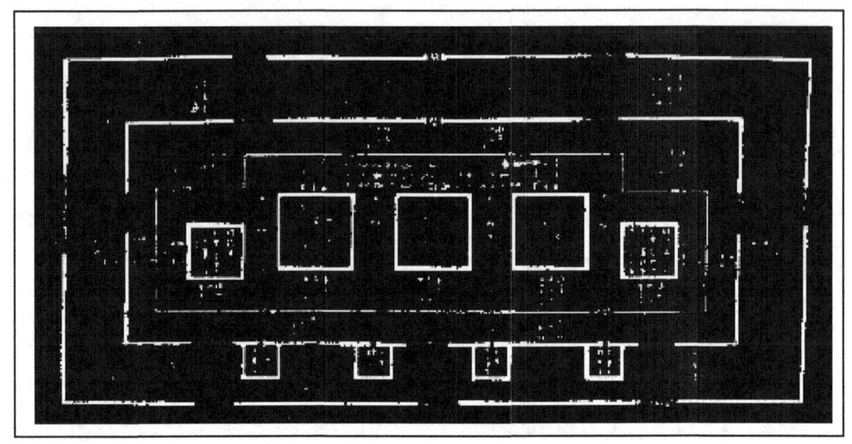
图 0-1　战国时代中山王墓出土的建筑规划平面图
（根据铜板整理出平面图，按比例 1：500 绘制）

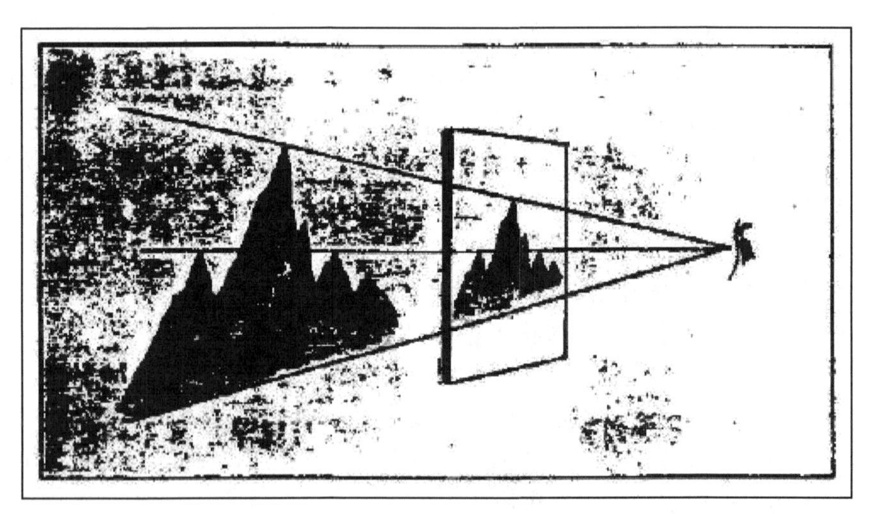
图 0-2　南朝宋炳《画山水序》中的投射图

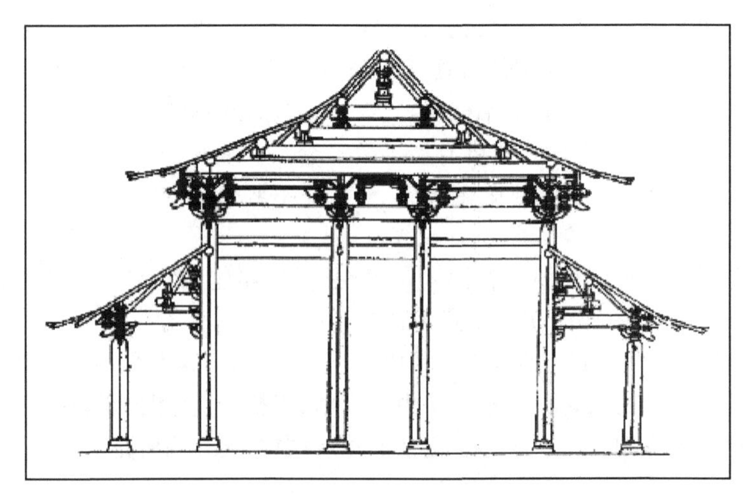
图 0-3　宋代李诫《营造法式》中图之一

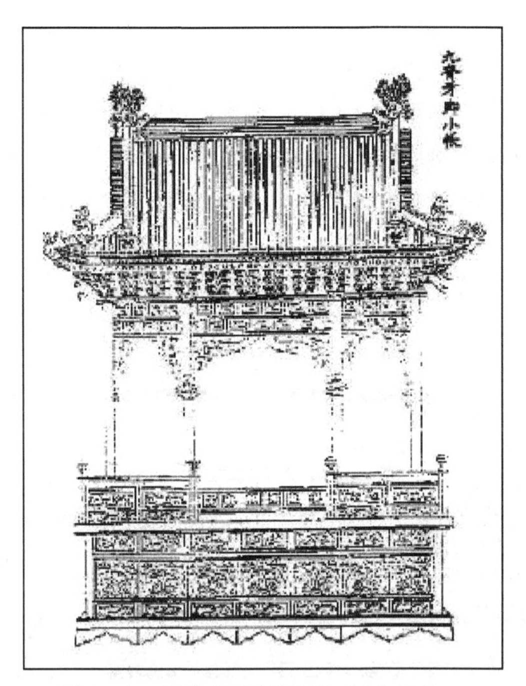

图 0-4　宋代李诫《营造法式》中图之二

宋代史学家郑樵在《通志》的“图谱略”中写道，“非图无以作室，非图无以制器，为车旗者非图何以明章程，为衣服者非图何以明制度，为城筑者非图无以明关要”。由此可见图样在工程及科学技术中的作用，图样不仅作为结构设计的形象说明，而且是制造的依据。宋代以后图样便与工程技术紧密结合，融为一体。宋代苏颂《新仪象法要》中的机械图如图 0-5 所示。

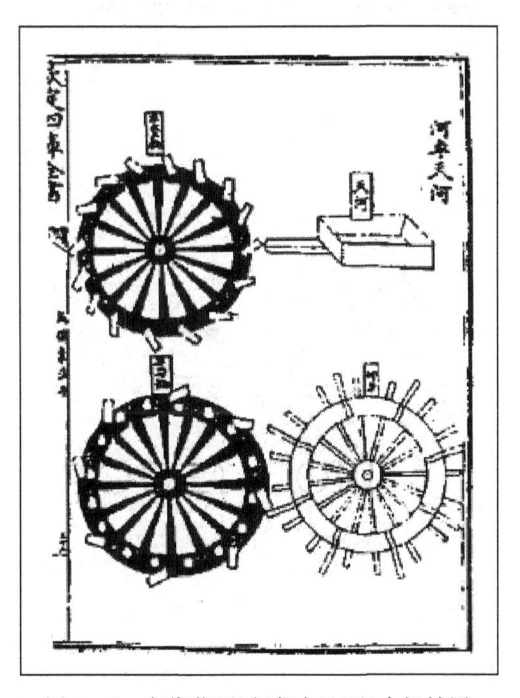

图 0-5　宋代苏颂《新仪象法要》中机械图

元代薛景石所著的《梓人遗制》一书图文并茂，机构的每一个零件都详细的说明了尺寸大小和安装位置(见图 0-6)。元代王祯所著《农书》(1313 年)绘制了农用机械图样 258 幅，其中的一幅农用机械图样如图 0-7 所示。到了 1729 年，我国著名学者年希光撰写的一部关于绘画方法的著作《视学》一书，向人们介绍了西方的正投影图的画法及由正投影图作透视图的方法，《视学》中关于透视方法的说明，不仅给出了绘画步骤，而且包含了透视原理，为当时的西画东渐做出了重要贡献。

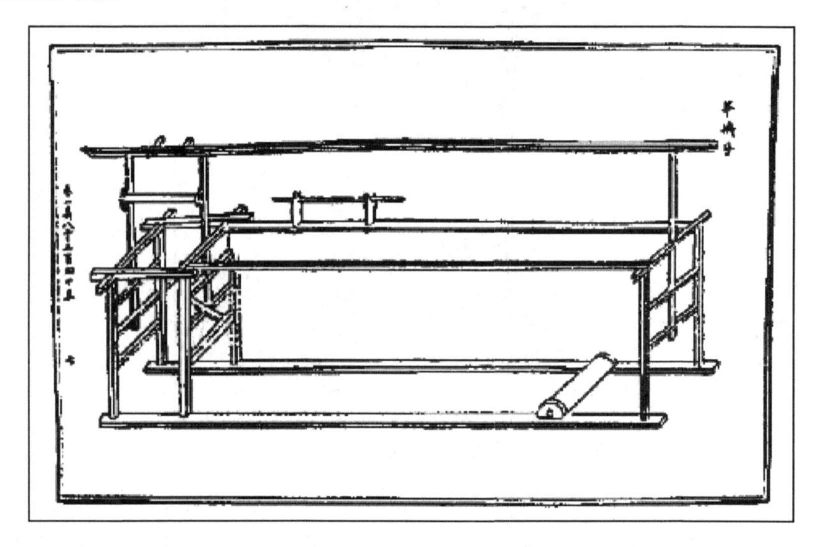

图 0-6　元代薛景石的《梓人遗制》一书中纺织机械图

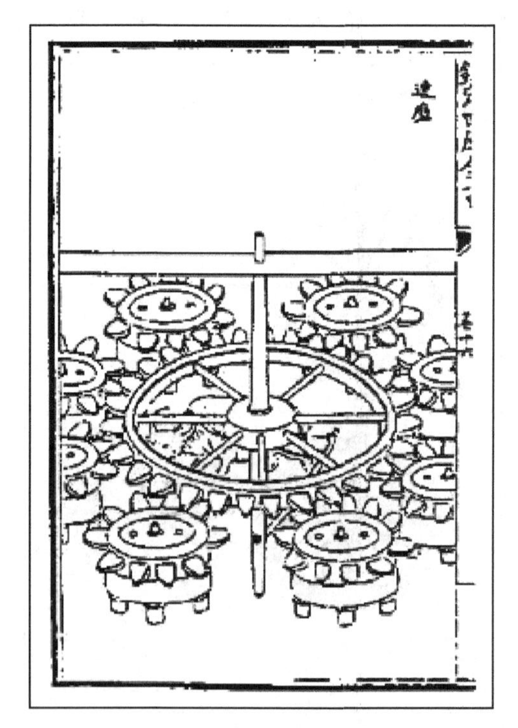

图 0-7　元代王祯所著《农书》中绘制的农用机械图样

随着生产技术的不断发展，农业、交通、军事等器械日趋复杂和完善，图样的形式和内容也日益接近现代工程图样。如清代程大位所著《算法统筹》一书的插图中，有丈量步车的装配图和零件图。

2. 外国古代的工程图

马尔库斯·维特鲁威·波利奥(Marcus Vitruvius Pollio)，古罗马的御用建筑师和工程师，他编写的《建筑十书》是欧洲中世纪以前遗留下来的唯一的建筑学专著，这本书后来成为文艺复兴时期、巴洛克时期和新古典主义时期建筑界的经典，并且至今仍对建筑学界产生着深远的影响，图 0-8、图 0-9 为其中图样。

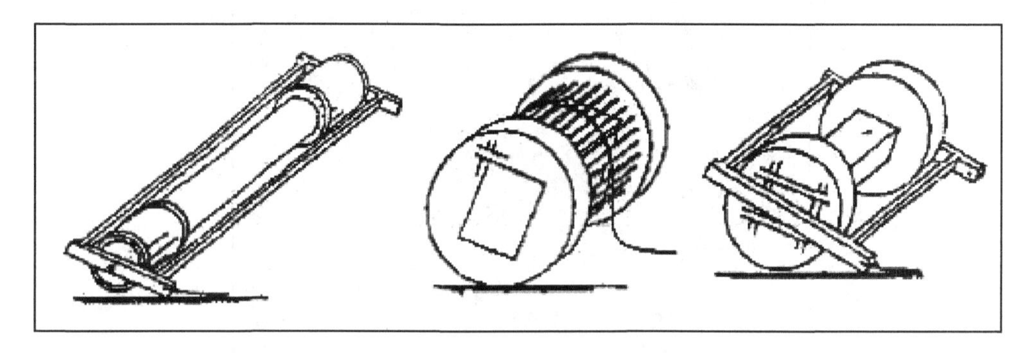

图 0-8　古罗马建筑师维特鲁威创作于公元前 27 年左右

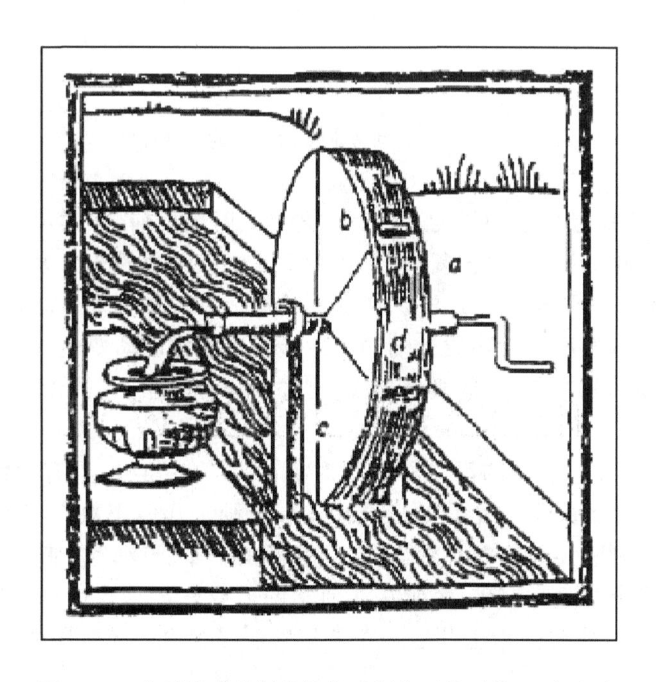

图 0-9　古罗马建筑师维特鲁威创作于公元前 27 年左右

列奥纳多·迪·皮耶罗·达·芬奇，意大利学者、艺术家。达芬奇也是位具有前瞻性的工程师，他的手稿既是充满艺术感的画作，又有着非凡的想象力和工程绘图的严谨。

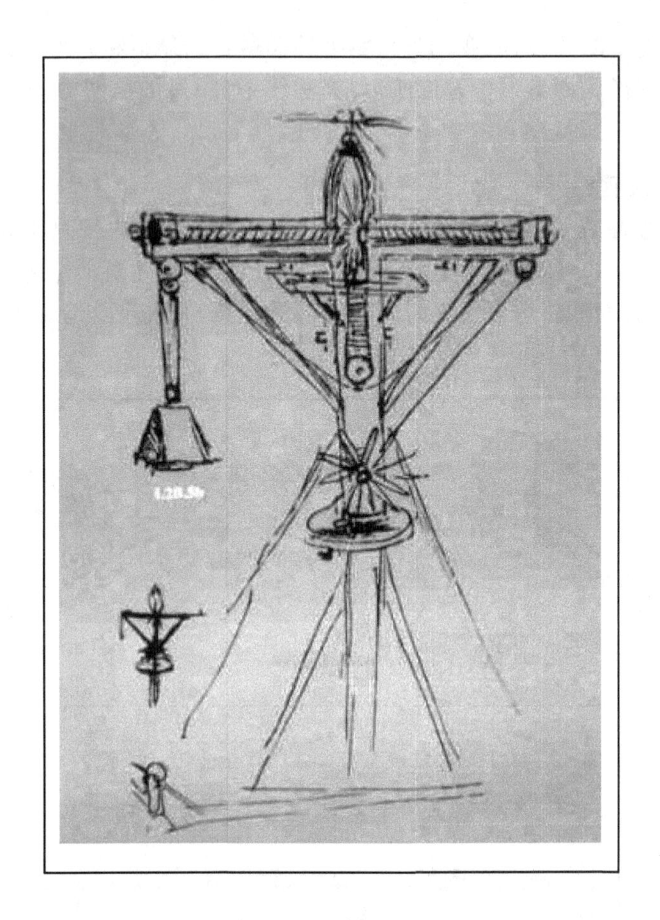

图 0-10　意大利艺术家达芬奇的设计图样

在西方,图样的发展经历了同样的过程。文艺复兴时期以前,在建筑艺术中采用的是简单的水平投影图和正面投影图;在文艺复兴时期,由于需要意大利的艺术大师和德国的阿尔伯来希特·丢勒等人采用了中心透视投影法。从图样的形成和发展过程中,我们可以体会到物质运动是绝对的、永恒的,发展作为物质运动的一种形式是事物运动变化的总趋势和总方向。图样的发展经历了从简单到复杂,从低级到高级,前进上升的过程。图样的发展也体现了认识的客观性。

图样不仅要能确切的、唯一的反映所表达对象的原形,而且要具有较好的直观性和度量性,这就使得研究图样的图学理论开始形成和发展。画法几何把数学和图学结合在一起,成为图学的基础理论。画法几何起源于数学,是几何学的一个分支。希腊数学家欧几里得的欧氏几何的出现是数学上的重大突破,为画法几何学的形成奠定了理论基础。随着几何学的发展,它逐步形成了各个分支。十七世纪,笛卡儿发明了解析几何,用数学计算的方法描述几何。

十八世纪欧洲的工业革命,促进了一些国家科学技术的迅速发展。法国著名科学家加斯帕·蒙日在总结前人经验的基础上,根据平面图形表示空间形体的规律,应用投影方法创建了画法几何学这门独立的学科,并完成了本学科的第一本著作 *Gcometire desirtPive*,为图学理论的形成提供了严密的系统的理论基础。在这本著作中,蒙日循序渐进地介绍了投影法、曲线曲面及透视理论等内容,从而奠定了图学理论的基础,使工程图的表达与绘制实现了规范化。

蒙日的画法几何学的出现,对世界各国科学技术的发展产生了深远影响。画法几何教会人们如何按照几何方法画出空间物体的图样,并根据此图样用图解法解决空间几何问题,是一种重要的科学技术手段。画法几何学的出现,拓宽了研究机构设计、机械制造、建筑学、土木工程及摄影、测量等方面的几何问题的理论基础。

3. 图学的发展和未来

制图技术在我国历史上虽有光辉成就,但因我国长期处于封建社会,其在理论上缺乏完整的、系统的总结。新中国成立前的近百年,又处于半殖民地半封建的状态,致使图学发展停滞不前。

1911 年至 1963 年是中国现代工程图学形成的初期阶段。清朝洋务运动,西方工程图学的引进及其教育,为中国近现代工程图学奠定了基础。1911 年至 1949 年,制图是以一门技术基础课而存在的,主要包括投影几何和工程制图两部分。二十世纪二十到三十年代,以至新中国成立前,制图类教学应用的教材主要采用英、德、美等国原版教材,也有少量的翻译本。由于工业基础薄弱,制图规则未能统一,图样的绘制上,第一角画法、第三角画法并用,也没有全国统一的标准。

1949 年,新中国成立,开创了社会主义建设的新局面,现代化事业蒸蒸日上。作为经济建设技术性支撑的制图,引起重视,尤其是基本建设规模日益扩大,以及工程制图需求日繁,图学随之得以发展。大部分工科院校把画法几何和工程制图、机械制图定义为课程名称,并指定为必修的公共基础课程。

进入 20 世纪 50 年代,我国著名学者赵学田教授就简明而通俗地总结了三视图的投影规律——长对正、高平齐、宽相等。1956 年机械工业部颁布了第一个部颁标准《机械制图》,1959 年国家科学技术委员会颁布了第一个国家标准《机械制图》,随后又颁布了国家标准《建筑制图》,使全国工程图样标准得到了统一,这标志着我国工程图学进入了一个崭新的阶段。

随着科学技术的发展和工业水平的提高,技术规定不断修改和完善,先后于 1970 年、1974 年、1984 年、1993 年修订了国家标准《机械制图》,并颁布了一系列《技术制图》与《机械制图》新标准。截止到 2003 年底,1985 年实施的四类 17 项《机械制图》国家标准中已有 14 项被修改替代。之后又陆续发布了 19 项《技术制图》和《机械制图》最新标准,如有关表面结构的新国标 GB /T131—2006《产品几何技术规范(GPS) 技术产品文件中表面结构的表示法》,又如 2009 版的《机件上倾斜结构的表示法》,2008 ～ 2009 版的《图幅》、《标题栏》和《明细栏》等。

我国的国家制图标准与国际制图标准之间,既有相同之处,例如,一些共性的基础内容作为通则制定统一的标准,并统一在“技术制图”的标准名称下;也有不同之处,建国以来,我国一直采用第一角投影法画图,而国外先进国家多采用第三角投影法,这是我国国标和国际标准最大的差别。《机械制图》标准是随着科学不断进步,生产社会化和全球化而逐步发展、改进的。近些年我国《机械制图》国家标准一直在不断修订和完善,并陆续颁布最新标准。先进的技术标准是先进科技成果的结晶,近几年国标的修改都向着国际化方向发展,新国标的修改基本都是参照国际标准(ISO)。

在经济全球化的今天,中国对外交流十分密切,为逐步缩小同发达国家技术水平的差别,就必须在竞争中学习、利用好国际标准,新标准建设逐步和国际标准接轨。采用先进的国际标准是无偿的技术引进,积极采用国际标准(ISO) 也将会是我国一项重要的技术经济政策。

图学建设在实践—认识—再认识—再实践—再认识的反复过程中，不断发展成熟。作为图学基础理论的画法几何得到了长足的发展，许多数学家不断拓宽了图学的理论基础，将射影几何、解析几何、多维画法几何、拓扑理论、分析几何等引进工程图学中，并开辟了工程图学的应用新领域，如医学工程、人造卫星工程、海洋学等。如今的工程图学已渗透到工程技术的各个领域中。高等画法几何学中的 n 维逻辑空间图象的理论把图象的研究与应用范畴从连续对象扩展到离散对象，用于图解有关布尔代数、数理逻辑等方面的问题，以及逻辑线路的设计。

随着计算机技术的发展、应用及普及，图学的发展又增添了新的内容。计算机图学作为工程图学的一个分支正以惊人的速度成熟和发展起来。计算机图学利用计算机系统产生、处理、显示图形，这是图像技术的重大革命。计算机图学始于 20 世纪 60 年代，它涉及图形输入、图形生成、图形显示、图形输出等过程的研究。随着计算机设备的更新换代和广泛使用，计算机图学不断发展，应用范围不断扩大。先进的图形输入设备如数字化仪、光笔鼠标器等，使图形的输入更加方便，大内存、高运行速度的计算机为图学的开发和研制提供了条件。多媒体技术的运用使图形显示更加生动形象。各种平板式、滚筒式绘图机以及激光打印机为图形高质量的输出提供了可能。

随着计算机图学的发展，用计算机绘图代替几千年传统的仪器手工绘图，这是历史的必然，也是工程图学史上的一次重大变革和飞跃。计算机图学的形成和发展标志着图学发展进入了一个新的时期。

中国图学之兴，盖与中国文化俱起。其作用之大，其意义之深，极大地影响并推动着中国科学技术发展的进程。图学是一门人类文明进展中不可或缺的无法替代的科学。图学在人类文明进展中始终起着重要的作用，历史证明：人类文明进展是以图为关键路线、核心载体的传承。大图学将思想、意念、构思融合为一体，全面表达了事物运行变化的规律，记录了人类文明进展的历史，展示了人类文明进展的创新成果，承载了人类文明进展中的重要信息。未来要建立以大图学为载体的科技研究航母、以图学为关键技术的创新研究体制、以图学为主线引领的运行机制，以便适应建设创新型国家的需要。

第1章　制图基本知识

1.1　《技术制图》和《机械制图》国家标准简介

工程图样是产品设计和制造过程中必不可少的技术文件，是工程界用来表达和交流设计思想的技术语言。为完整、清晰、准确地绘制工程图样，工程技术人员均应熟悉和掌握有关制图的基本知识和绘图技能，同时必须严格遵守制图的有关国家标准。本章介绍《技术制图》和《机械制图》国家标准中有关“图纸幅面和格式”、“比例”、“字体”、“尺寸标注”等有关规定，同时对绘图工具的使用、几何作图、平面图形的画法及尺寸标注等作基本介绍。

《技术制图》和《机械制图》国家标准用 GB 或 GB/T 表示(GB 为强制性国家标准，GB/T 为推荐性国家标准)，通常统称为制图标准。我国颁布实施的有关制图的国家标准，是有关各行业必须共同遵守的基本规定，是绘图和读图的基本准则。学习制图课必须严格遵守国家标准，树立标准化的观念。

下面介绍制图标准中有关图纸幅画、比例、字体、尺寸标注等方面的基本规定。

1.1.1　图纸幅面及格式(GB/T14689—1993)

1. 图纸幅面

图纸的基本幅面有五种，分别用幅面代号 A0、A1、A2、A3、A4 表示，绘制技术图样时，应优先采用表 1-1 所规定的基本幅面，必要时，可以采用加长幅面，加长后的幅面尺寸由基本幅面的短边成整数倍增加而形成，如图 1-1 所示，图中粗实线所示为基本幅面，虚线所示为加长幅面。

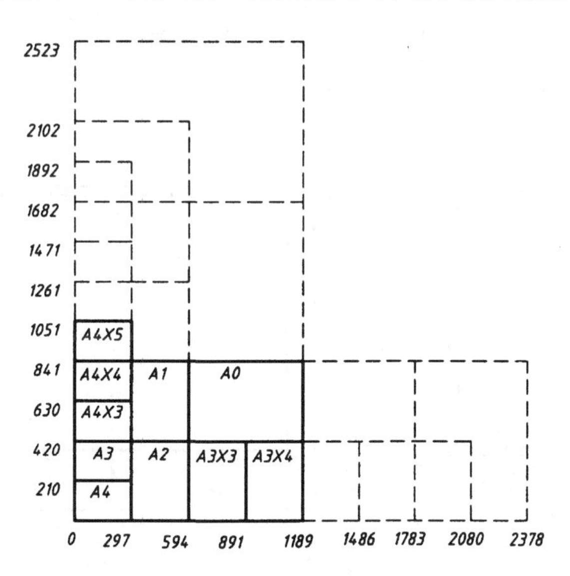

图 1-1　图纸的基本幅面及加长幅面

表 1-1　图纸幅面代号及图框尺寸　　mm

幅面代号	A0	A1	A2	A3	A4
B×L	841×1189	594×841	420×594	297×420	210×297
e	20		10		
c	10			5	
a	25				

2. 图框格式

图样上必须用粗实线画出图框，其格式分为不留装订边和留装订边两种，如图 1-2 和图 1-3 所示，图框尺寸如表 1-1 所示，但同一产品的图样只能采用同一种格式。为了复印和缩摄影时定位方便，可采用对中符号，对中符号是从图框线周边画入图框内约 5 mm 的一段粗实线，如图1-4(a)所示。

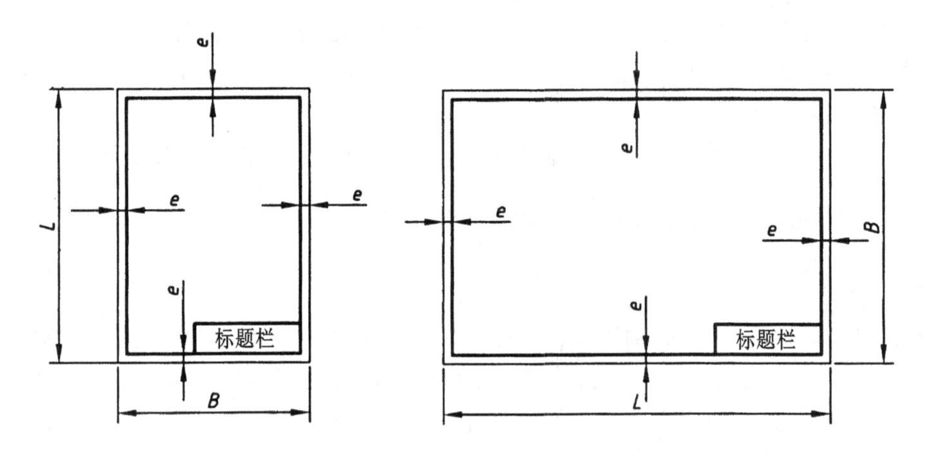

图 1-2　不留装订边图框格式

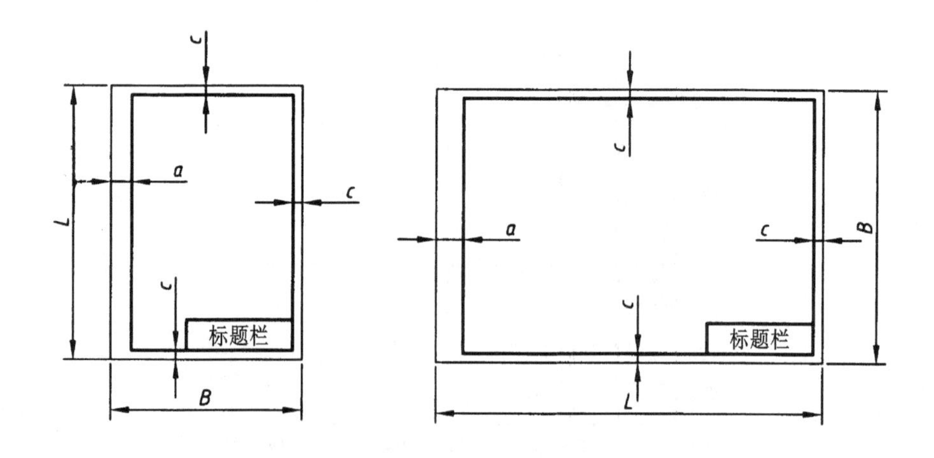

图 1-3　留装订边图框格式

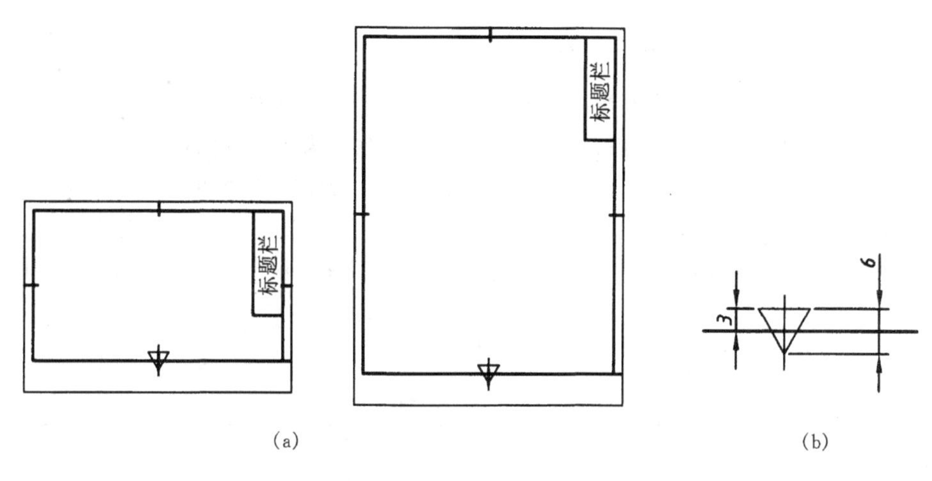

图 1-4　对中符号和方向符号

3. 标题栏

每张图样上均应画出标题栏，标题栏的位置一般应位于图纸的右下角，如图 1-2 和图 1-3所示，看图的方向一般应与标题栏中文字的方向一致。当看图的方向与标题栏文字方向不一致时，应在图纸下边的对中符号处画出方向符号，如图 1-4(a)所示，方向符号是用细实线绘制的等边三角形，其大小和所处位置如图 1-4(b)所示。

标题栏的格式在国家标准(GB10609.1—1989)中已作了统一规定，如图 1-5 所示，在绘制图样时应遵守。为简便起见，学生制图作业建议采用图 1-6 所示的标题栏格式。

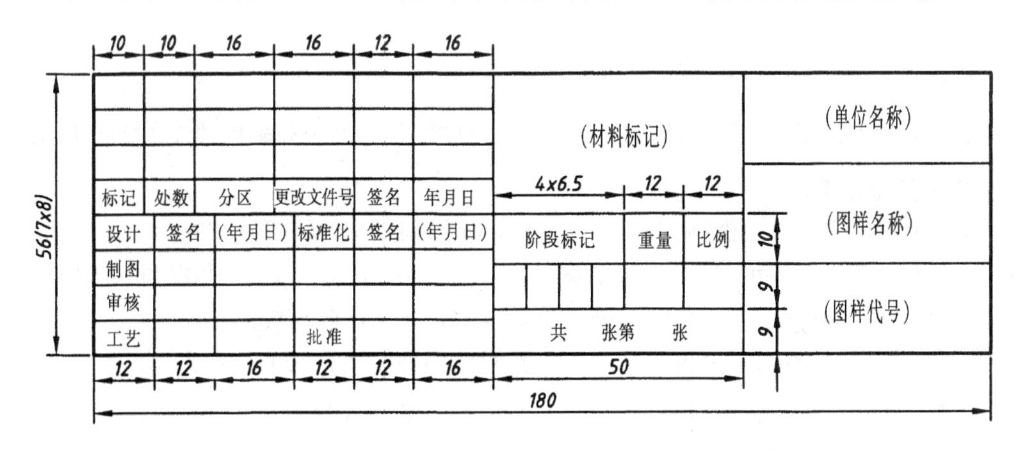

图 1-5　国家标准规定的标题栏格式

(图名)			比例	
			材料	
制图	(签名)	(日期)	(学校、专业、班级)	
审核	(签名)	(日期)		

图 1-6　学校使用的标题栏格式

1.1.2 比例(GB/T14690—1993)

比例是指图形与其实物相应要素的线性尺寸之比。绘制图样时,应从表 1-2 规定的系列中选取适当的比例,优先选择第一系列,必要时选取第二系列。为了能从图样上读出实物的真实大小,画图时应尽量采用 1∶1 的比例,当物体不宜采用 1∶1 的比例绘制时,也可用缩小或放大比例画图。但不论采用放大比例或缩小比例画图,图样上所注尺寸都必须是物体的真实尺寸。比例一般应填写在标题栏中的比例栏里,必要时可在视图名称的下方或右侧标注比例。如:

$$\frac{I}{2:1},\quad \frac{A}{1:100},\quad \frac{B—B}{1:200},\quad \text{平面图 } 1:100$$

表 1-2 比例

种类	第一系列			第二系列				
原值比例 (比值为 1)		1∶1						
放大比例 (比值大于 1)	$1\times10^{n}:1$	2∶1 $2\times10^{n}:1$	5∶1 $5\times10^{n}:1$	2.5∶1 $2.5\times10^{n}:1$		4∶1 $4\times10^{n}:1$		
缩小比例 (比值小于 1)	1∶2 $1:2\times10^{n}$	1∶5 $1:5\times10^{n}$	1∶10 $1:1\times10^{n}$	1∶1.5 $1:1.5\times10^{n}$	1∶2.5 $1:2.5\times10^{n}$	1∶3 $1:3\times10^{n}$	1∶4 $1:4\times10^{n}$	1∶5 $1:5\times10^{n}$

注:n 为整数

1.1.3 字体(GB/T14691—1993)

国家标准对工程图样中使用的汉字、数字及字母的字体、大小和结构都作了统一规定。

1. 字体的基本要求

图样中书写的字体必须做到:字体工整、笔画清楚、间隔均匀、排列整齐。

字体高度一般用 h 表示,其公称尺寸系列为:1.8、2.5、3.5、5、7、10、14、20 mm。如需要书写更大的字,其字体高度应按 $\sqrt{2}$ 比率递增。字体高度代表字体的号数。

汉字应写成长仿宋体,并应采用中华人民共和国国务院正式公布推行的《汉字简化方案》中规定的简化字,汉字的高度 h 应不小于 3.5 mm,其字宽一般为 $h/\sqrt{2}$。

字母和数字分 A 型和 B 型。A 型字体的笔画宽度 d 为字高的 1/14;B 型字体的笔画宽度 d 为字高的 1/10。在同一张图样上,只允许选用一种型式的字体。

字母和数字可写成直体和斜体。斜体字字头向右倾斜,与水平基准线成 75°。

2. 字体示例

(1) 汉字示例

10 号 A 型长仿宋字:

字体工整 笔画清楚 排列整齐 间隔均匀

(2) 拉丁字母、阿拉伯数字、罗马数字示例

10 号 A 型斜体：

10 号 B 型斜体：

10 号 B 型直体：

ABCDEFGHIJKLMN

OPQRSTUXWXYZ

(3) 字体的综合应用

字体综合应用实例：

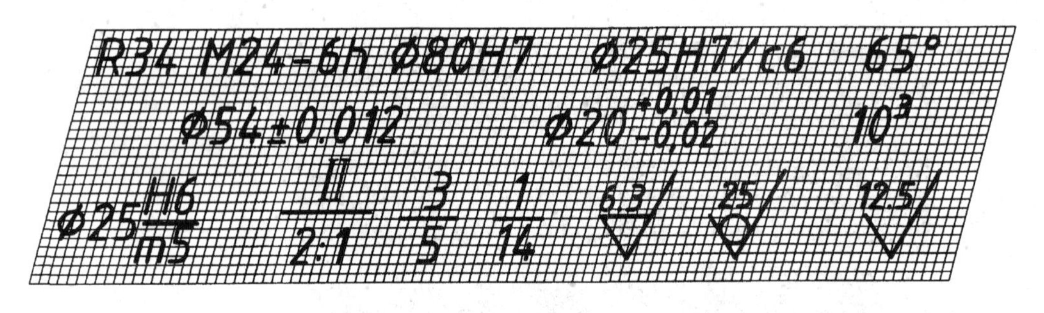

1.1.4 图线(GB / T 17450—1998、GB4457.4—2002)

国家标准 GB/T17450—1998 中规定了 15 种基本线型及若干种基本线型的变形，需要时可查国家标准。在表 1-3 中，列出了机械图样中常用的 9 种图线(GB/T4457.4—2002)。

表 1-3 图线(GB/T4457.4—2002)

<table>
<tr><th>图线名称</th><th>线型</th><th>线宽 d/mm</th><th colspan="2">主要用途及线素长度</th></tr>
<tr><td>粗实线</td><td></td><td>0.7(0.5)</td><td colspan="2">可见棱边线、可见轮廓线</td></tr>
<tr><td>细实线</td><td></td><td>0.35(0.25)</td><td colspan="2">尺寸线、尺寸界线、剖面线，引出线，重合断面的轮廓线，过渡线</td></tr>
<tr><td>波浪线</td><td></td><td>0.35(0.25)</td><td colspan="2">机件断裂处的边界线、视图与局部剖视图的分界线</td></tr>
<tr><td>双折线</td><td></td><td>0.35(0.25)</td><td colspan="2">断裂处的边界线</td></tr>
<tr><td>细虚线</td><td></td><td>0.35(0.25)</td><td>不可见轮廓线、不可见棱边线</td><td rowspan="2">长画长 12d，短间隔长 3d</td></tr>
<tr><td>粗虚线</td><td></td><td>0.7(0.5)</td><td>允许表面处理的表示线</td></tr>
<tr><td>细点画线</td><td></td><td>0.35(0.25)</td><td>轴线、对称中心线、分度圆(线)、孔系分布的中心线、剖切线</td><td rowspan="3">长画的长度为 24d；短间隔长度为 3d；点的长度为≤0.5d</td></tr>
<tr><td>粗点画线</td><td></td><td>0.7(0.5)</td><td>限定范围表示线</td></tr>
<tr><td>细双点画线</td><td></td><td>0.35(0.25)</td><td>可动零件极限位置的轮廓线、相邻辅助零件的轮廓线、中断线</td></tr>
</table>

在机械图样中，图线宽度 d 分粗、细两种，其粗、细图线宽度之比为 2：1，按图样的大小和复杂程度，在下列数系中选择：0.13、0.18、0.25、0.35、0.5、0.7、1、1.4、2 mm。

各种图线的应用实例，如图 1-7 所示。

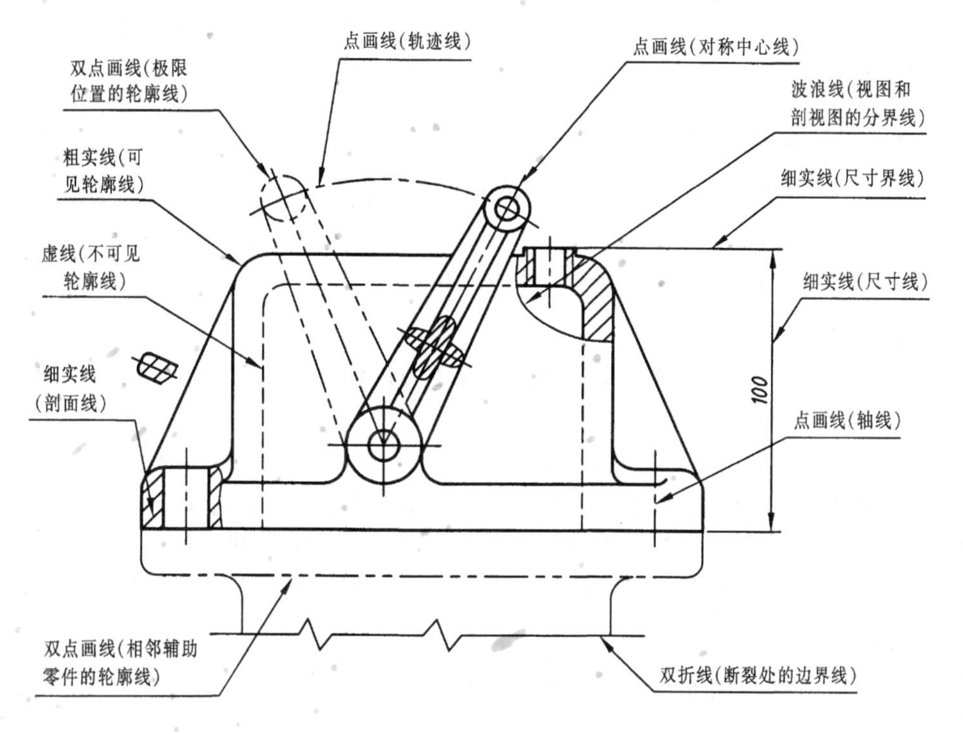

图 1-7　各种图线的应用实例

画图线时应注意的几点问题。

①在同一图样中,同类图线的宽度应一致;虚线、细点画线及双点画线的线段长度和间隔应各自均匀相等。

②两条平行线之间的最小间隙不得小于 0.7 mm。

③点画线或双点画线的首末两端应是线段而不是点。点画线(或双点画线)相交时,其交点应为线段相交,如图 1-8(b)所示。在较小图形上绘制细点画线或双点画线有困难时,可用细实线代替,如图 1-8(a)所示。

④点画线、虚线与其它图线相交时都应线段相交,不能交在空隙处,如图 1-8(b)所示中 B 处所画图线。

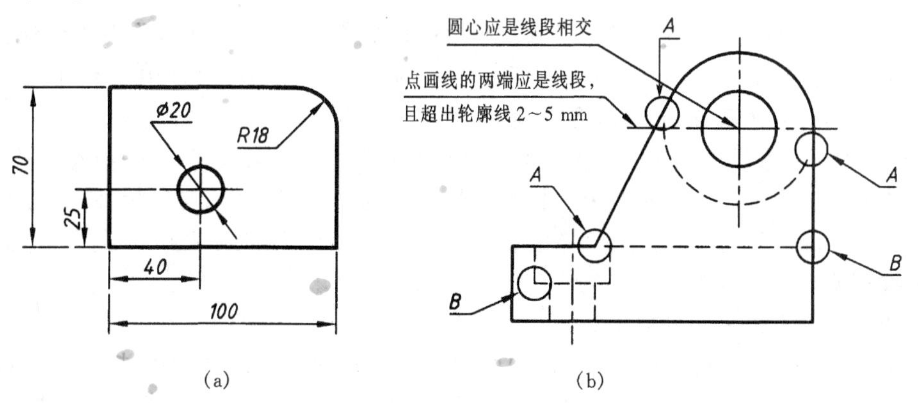

图 1-8　图线的画法

⑤当虚线处在粗实线的延长线上时，应先留空隙，再画虚线的短画线，如图 1－8(b)所示中 A 处所画图线。

1.1.5 尺寸标注(GB/T4458.4—2003)

图样中的图形只能表达机件的形状，而机件的大小则由图样中标注的尺寸来确定。因此，标注尺寸是制图中一项极其重要的工作，必须认真细致、一丝不苟，以免给生产带来不必要的损失。标注尺寸时必须遵守国家标准规定来进行标注。

1. 基本规则

①机件的真实大小应以图样上所注的尺寸数值为依据，与图形的大小(即与绘图比例)及绘图的准确度无关。

②图样中(包括技术要求和其它说明)的尺寸，以毫米为单位时，不需要标注计量单位的代号或名称；如采用其它单位时，则必须注明相应的计量单位的代号或名称。

③图样中所标注的尺寸应为机件的最后完工尺寸，否则应另加说明。

④机件的每一尺寸一般只标注一次，并应标注在反映该结构最清晰的图形上。

2. 尺寸的组成

如图 1－9 所示，一个完整的尺寸应由尺寸界线、尺寸线(含尺寸线的终端)及尺寸数字等三部分组成。

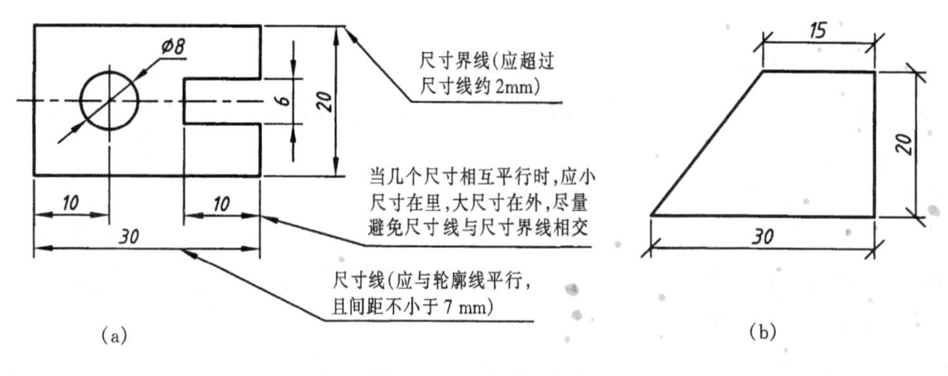

图 1－9　尺寸的组成

(1)尺寸界线　尺寸界线应用细实线绘制，由图形的轮廓线、轴线或对称中心线延长画出，并应超出尺寸线的终端约 2 mm 左右；也可直接利用轮廓线、轴线、对称中心线作尺寸界线。尺寸界线一般与尺寸线垂直，必要时允许倾斜(见表 1－5)。

(2)尺寸线　尺寸线用细实线单独绘制，不能用图样中其它图线代替，一般也不得与其它图线重合或画在其它图线的延长线上。标注线性尺寸时，尺寸线必须与所标注的轮廓线段平行。当几个尺寸相互平行时，应小尺寸在内，大尺寸在外，间隔要大于 7 mm，尽量避免尺寸线与尺寸界线相交。

尺寸线的终端有以下两种形式。

①箭头形式：箭头的画法如图 1－10(a)所示，箭头的尖端应与尺寸界线接触(不得超出也不能不接触)。在同一张图样上，箭头大小要一致。机械图样中一般采用箭头的形式作为尺寸线的终端。

②斜线形式：斜线用细实线绘制，其方向和画法如图 1－10(b)所示。当尺寸线的终端采用斜线时，尺寸线与尺寸界线必须相互垂直。

但应注意，同一图样上只能采用同一种尺寸线的终端形式。

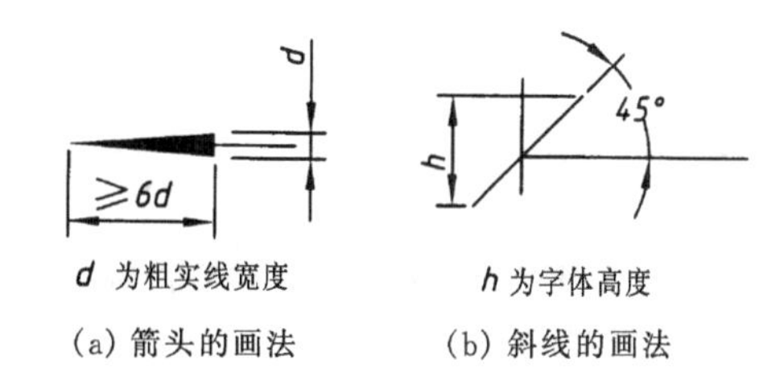

(a) 箭头的画法　(b) 斜线的画法

图 1－10　尺寸线终端形式

(3)尺寸数字　国家标准规定工程图样上的尺寸数字一般采用斜体字，字号的大小可按图纸幅面的大小选取。尺寸数字一般应注写在尺寸线的中上方或中断处，同一图样上字号大小应一致，位置不够时可引出标注。在表 1－5 中，国家标准对线性尺寸标注、角度尺寸标注、圆及圆弧的标注以及狭小尺寸标注的方法都作了详细规定。标注尺寸时必须严格按照这些规定执行。

国标中还规定了一组表示特定含义的符号，作为对尺寸数字标注时的补充及说明，表1－4给出了常用的一些符号，标注尺寸时应尽可能使用这些符号和缩写词，这些常用符号的比例画法如图 1－11 所示。

表 1－4　尺寸标注常用符号及缩写词（GB/T4458.4—2003）

名称	直径	半径	球直径	球半径	厚度	正方形
符号或缩写词	∅	R	S∅	SR	t	□
名称	45°倒角	深度	沉孔或锪平	埋头孔	均布	
符号或缩写词	C	↧	⊔	∨	EQS	

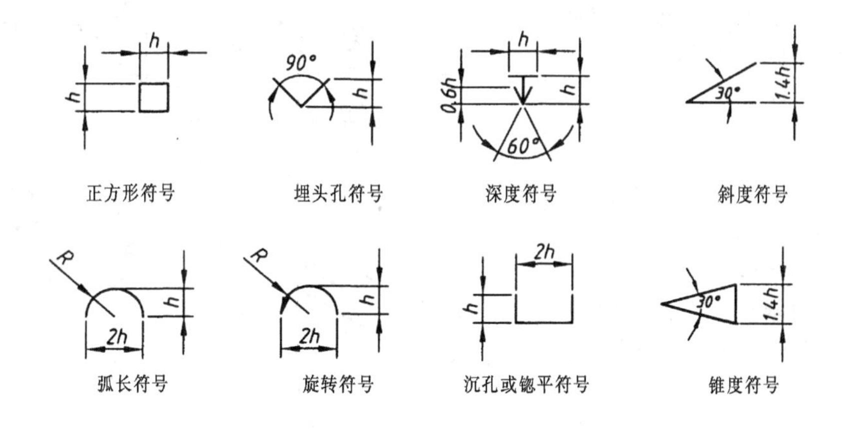

图 1－11　尺寸标注常用符号的比例画法

（符号的图线宽＝1/10/h）

3. 常见尺寸标注示例

常见尺寸标注如表 1－5 所示。

表 1－5　常见尺寸标注示例

项目	说明	图例
尺寸数字	线性尺寸数字的方向有两种注写方法： 方法一：按图例所示(a)注写，尺寸数字一般应注写在尺寸线的上方或中断处，并尽可能避免在图示 30°范围内标注尺寸，当无法避免时，可按图(b)标注	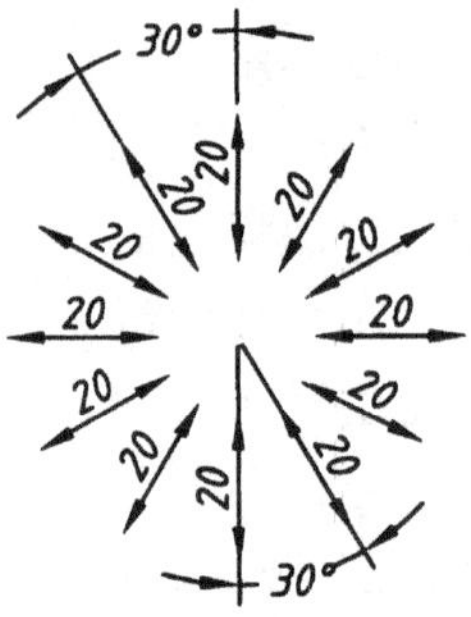 (a) 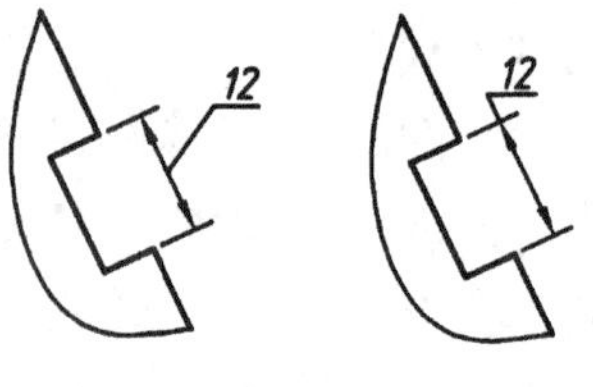　(b)
	方法二：在不引起误解的情况下，对于非水平方向的尺寸，其数字可水平注写在尺寸线的中断处，见图(a)和图(b) 同一张图样上，应尽量采用同一种方法注写	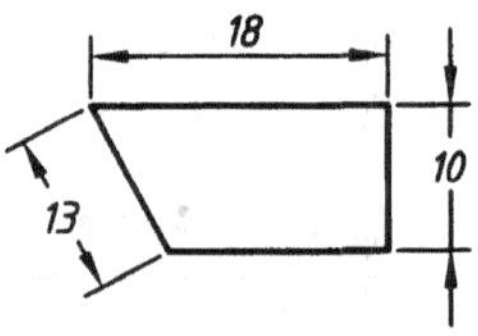 (a) 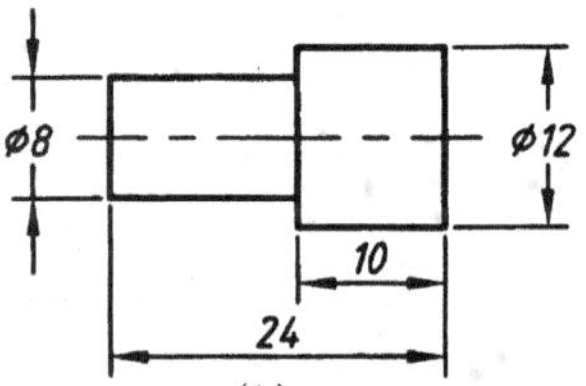　(b)
	尺寸数字不可以被任何图线所通过。当无法避免时必须把该图线断开，见图(a) 标注参考尺寸时，应将尺寸数字加上圆括号，见图(b)	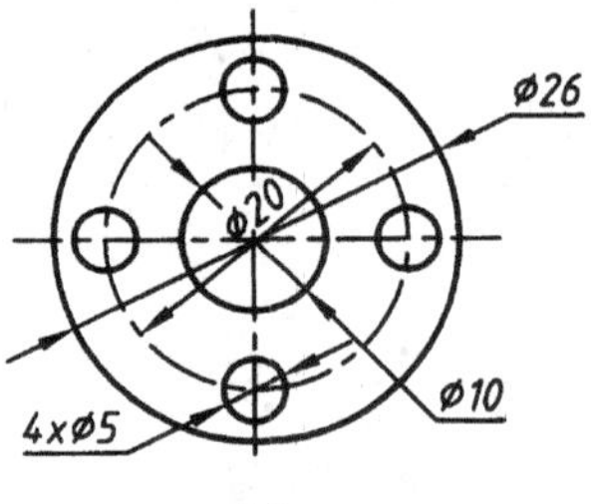 (a) 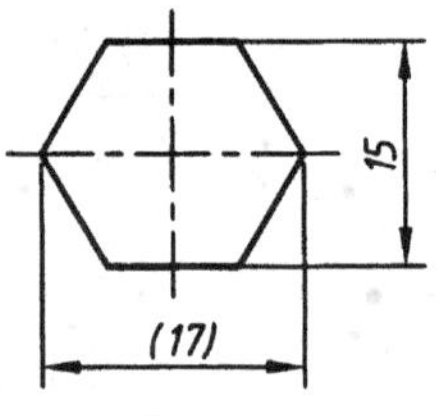　(b)
尺寸界线	尺寸界线用细实线绘制，并应由图形的轮廓线、轴线或对称线引出。轮廓线、轴线、对称线也可作尺寸界线。尺寸界线应超出尺寸线的终端约 2 mm 左右	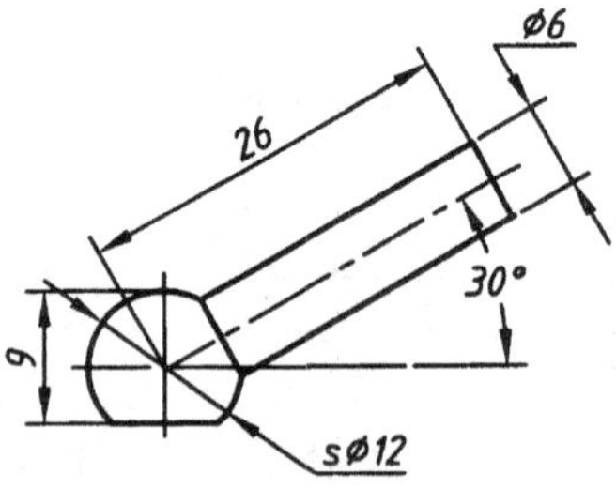 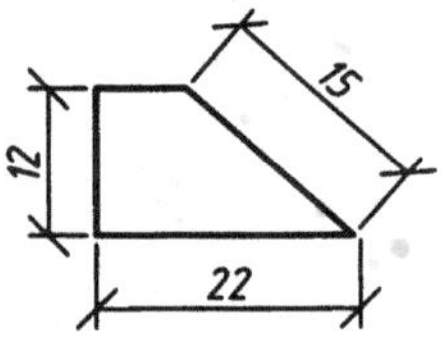
	尺寸界线一般与尺寸线垂直，必要时允许倾斜 在光滑过渡处标注尺寸时，必须用细实线将轮廓线延长，从它们的交点处引出尺寸界线	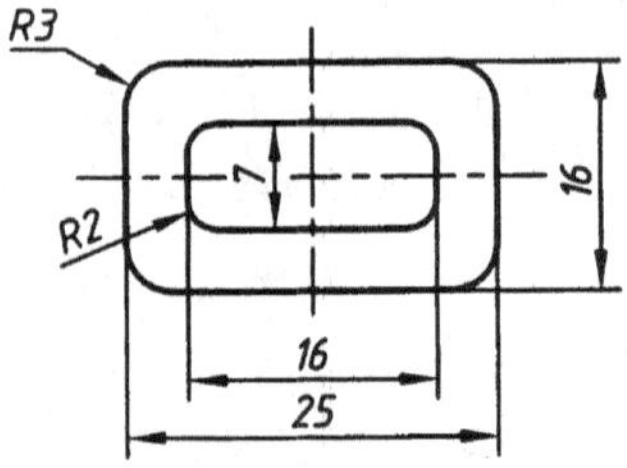 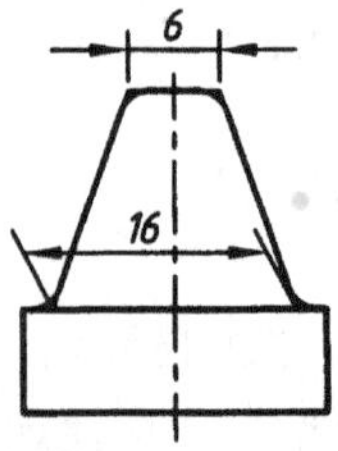

项目	说明	图例
直径与半径	对于完整的圆和大于半圆的圆弧必须标注直径。标注直径时，应在尺寸数字前加注“∅”。对于等于半圆或小于半圆的圆弧，必须标注半径。标注半径时，应在尺寸数字前加注符号“*R*”，且只在指向圆弧的一端画出箭头	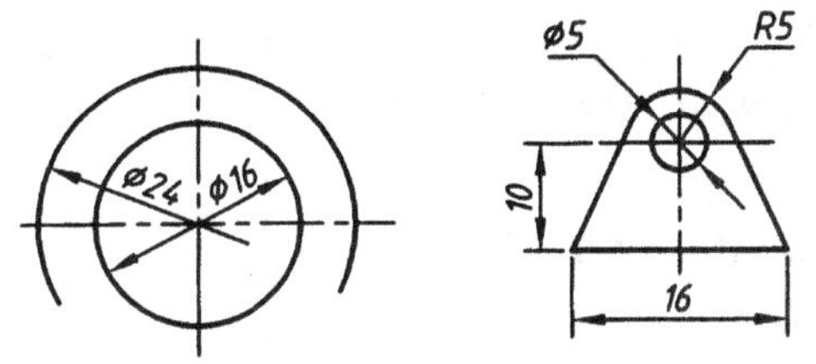
	当圆弧的半径过大在图纸范围内无法标出其圆心位置时，可按图(a)形式标注；若无需标出其圆心位置时，可按图(b)形式标注	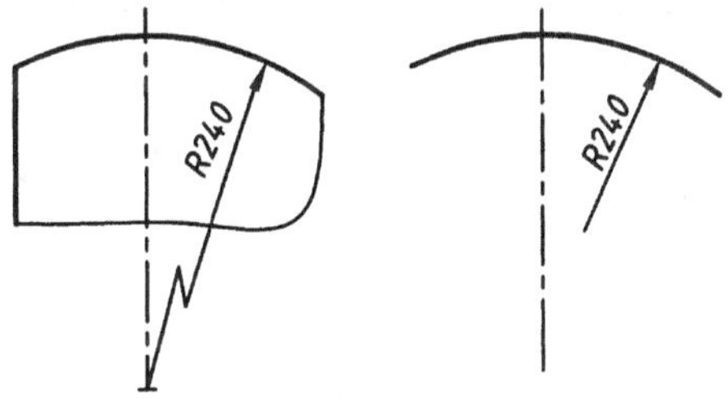 (a) (b)
	标注球面直径时，应在尺寸数字前加注“*S*∅”；标注球面半径时，应在尺寸数字前加注符号“*SR*”，见图(a) 对于螺钉、铆钉的头部，轴和手柄的端部等，在不引起误解的情况下，可省略符号“*S*”，见图(b)	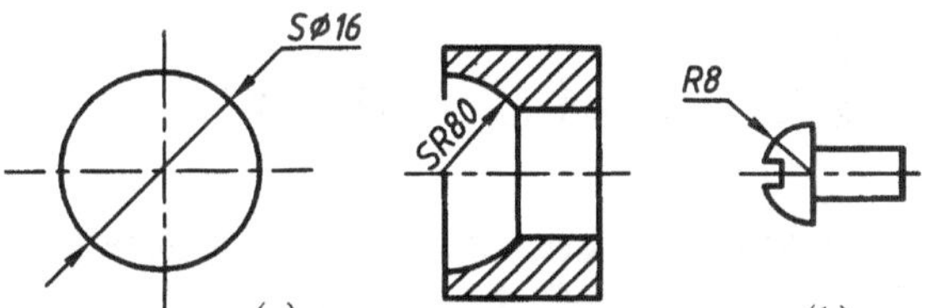 (a) (b)
狭小部位	在没有足够的位置画箭头或注写数字时，可将箭头和数字注写在外面，也可将箭头和数字都注写在外面 几个小尺寸连续标注时，中间的箭头可用圆点代替	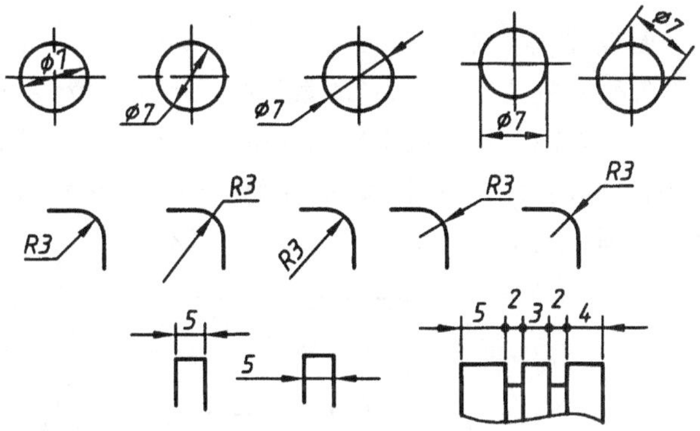
角度	角度的数字一律写成水平方向，一般写在尺寸线的中断处，必要时可写在尺寸线的上方或外面，也可以引出标注。标注角度的尺寸线应画成圆弧，其圆心是该角的顶点，尺寸界线应沿径向引出	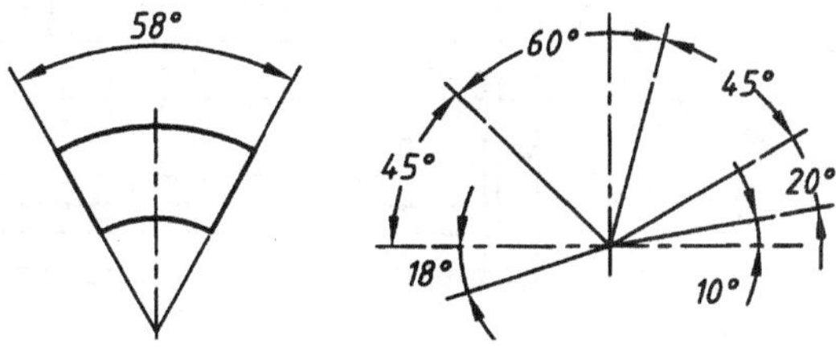

项目	说明	图例
弧长和弦长	标注弦长时，尺寸界线应平行于该弦的垂直平分线，见图(a) 标注弧长时，尺寸界线应平行于该弧所对圆心角的角平分线，并在尺寸数字左方加注符号“⌒”见图(b)	15 (a) ⌒20 (b)
斜度和锥度	标注斜度和锥度时，斜度和锥度符号应与零件的倾斜方向一致	∠1:100　1:100 (a) 斜度 1:100　1:100 (b) 锥度

1.2　绘图工具及仪器的使用方法

常用的绘图工具有：图板、丁字尺、三角板和绘图仪器等。

1.2.1　图板、丁字尺和三角板

1. 图板和丁字尺

图板供贴放图纸所用，它的表面必须平整光滑，左右两导边必须平直。

丁字尺与图板配合可用来画水平线。丁字尺由尺头和尺身组成，尺头内侧及尺身工作边必须垂直，画图时左手扶住尺头，使尺头内侧边紧靠图板左导边，将丁字尺沿左导边上下滑动，可画一系列相互平行的水平线，如图 1－12 所示。

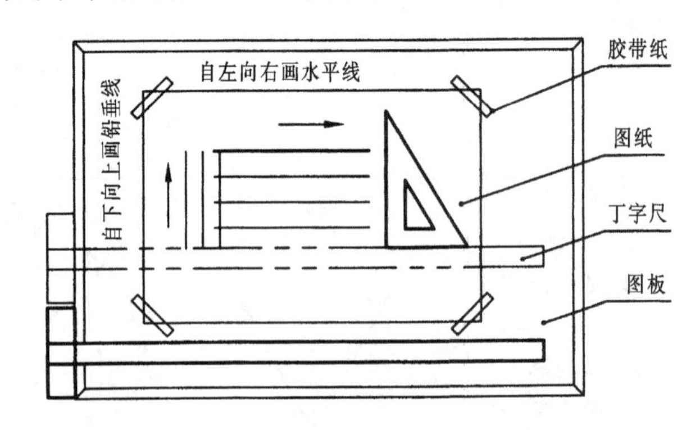

图 1－12　图板与丁字尺的用法

2. 三角板

一副三角板有 45°和 60°- 30°角各一块，它与丁字尺配合使用，可用来画垂直线和 15°倍角线，如图 1 - 12 和图 1 - 13 所示；两三角板配合使用，也可画任意斜线的平行线和垂直线，如图 1 - 14所示。

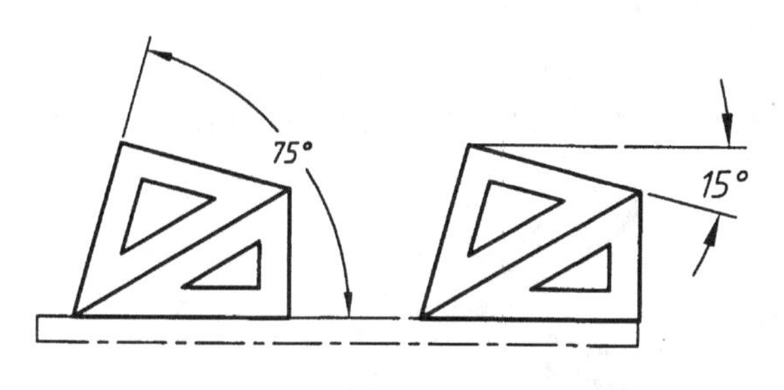

图 1 - 13　三角板与丁字尺配合使用

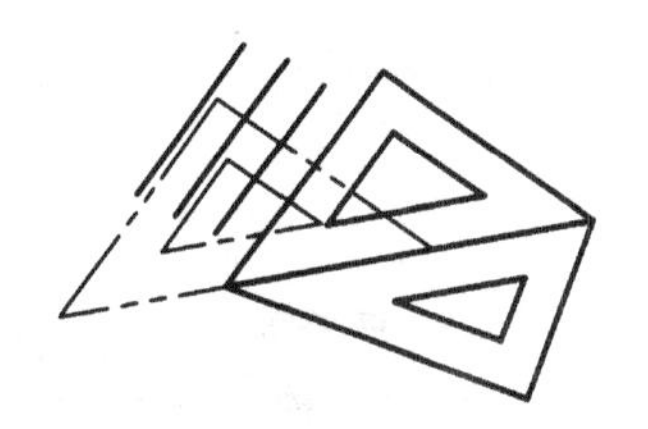

图 1 - 14　两三角板配合使用

1.2.2　圆规和分规

圆规是用来画圆和圆弧的工具，圆规中的铅芯要比画线用铅笔的铅芯软一级。画圆时圆规的针尖和插腿应尽量垂直纸面，如图 1 - 15 所示。分规是用来量取线段和等分线段的工具，用法如图 1 - 16 所示。

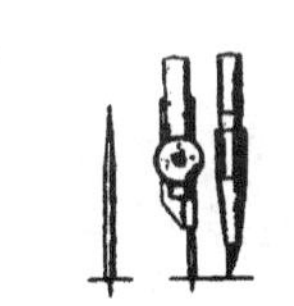

(a) 针脚应比铅心稍长

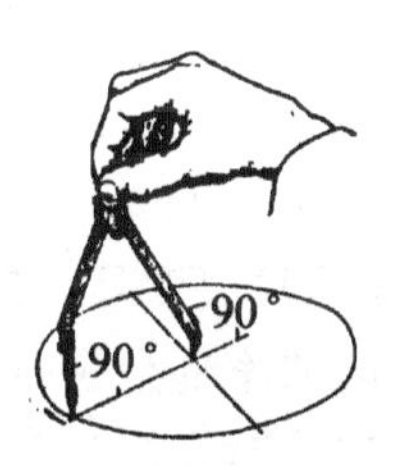

(b) 画较大圆时，应使圆规两脚与纸面垂直

图 1 - 15　圆规的用法

(a) 针尖对齐

(b) 用分规截取长度

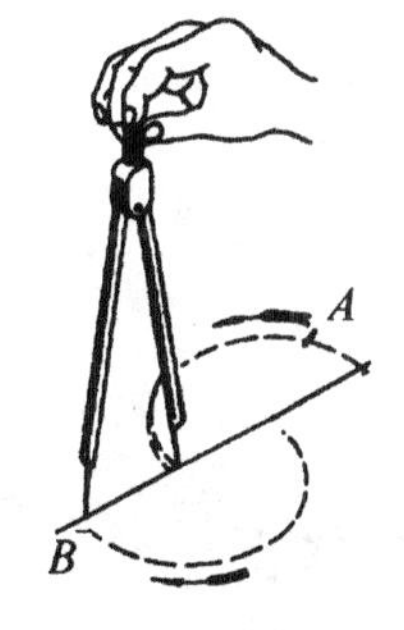

(c) 用分规等分线段

图 1 - 16　分规的用法

1.2.3 铅笔

画工程图样时常采用绘图铅笔，按其铅芯的软硬程度分为 H～6H、HB、B～6B 共 13 种规格，B 前的数字越大表示铅芯越软(黑)，H 前的数字越大则铅芯越硬。一般画图时用 H 或 2H 铅笔打底图；B 或 2B 铅笔用来加深图线；用 HB 铅笔写字或标注尺寸。

削铅笔时，应从没有标号的一端削起，以保留铅芯的硬度标号。铅芯一般可磨削成锥形和矩形，锥形铅芯用来画底图、写字、标尺寸和加深细线；矩形铅芯用来画粗实线。如图 1－17 所示。

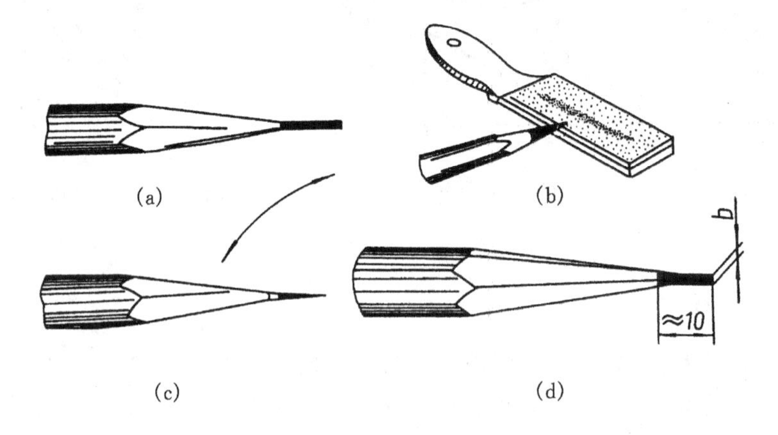

图 1－17　铅笔的削法

1.2.4 曲线板

曲线板是描绘非圆曲线的常用工具。描绘曲线时，应先用铅笔轻轻地把各点光滑连接起来，然后选择曲线板上合适的曲率部分进行连接描深。每次描绘的曲线不得少于三点，连接时应留出一段不描，作为下段连接时光滑过渡之用。如图 1－18 所示。

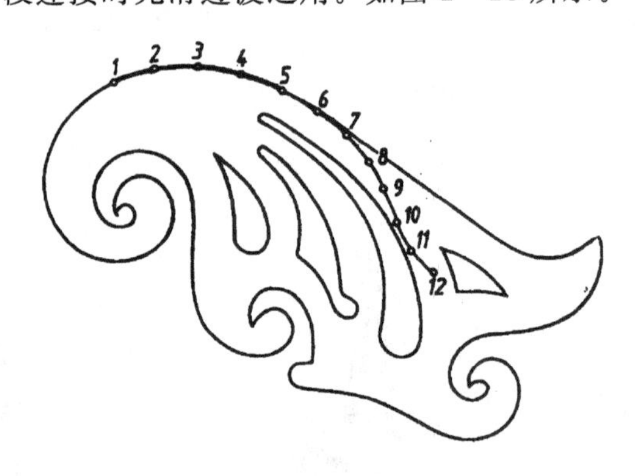

图 1－18　曲线板的用法

1.3 几何作图

工程图样上的图形常常是由直线、正多边形、非圆曲线、斜度和锥度以及圆弧连接等几何图形组成，因此，熟练掌握几何图形的作图方法，是保证图面质量、提高作图速度的基本技能之一。下面介绍常用的几种几何图形的作图方法。

1.3.1　正多边形的画法

1. 正五边形

已知正五边形的外接圆直径求作正五边形，其作图步骤如图 1－19 所示。

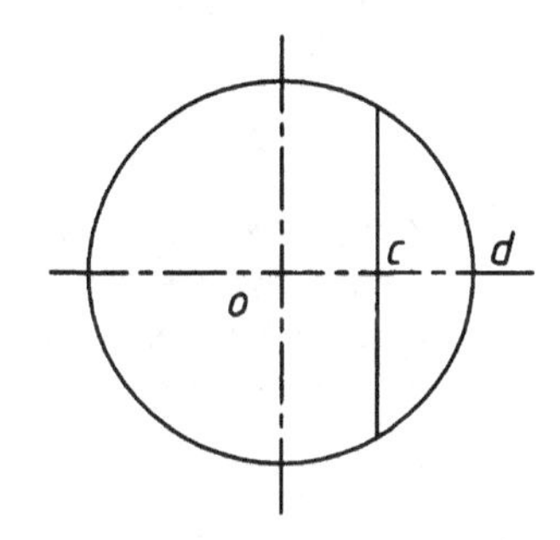

(a) 画正五边形外接圆并作半径 od 的中垂线交于 c 点

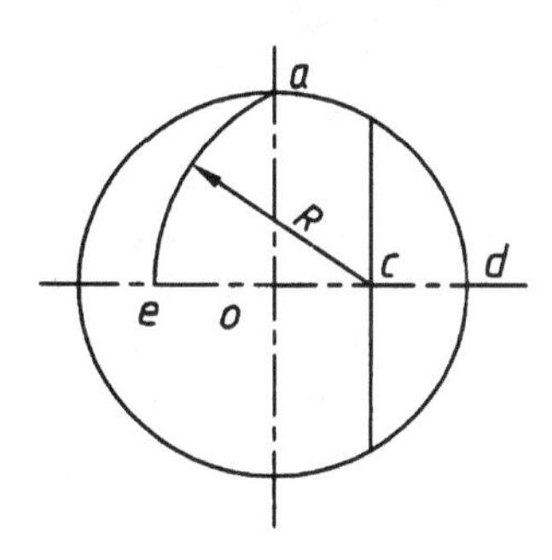

(b) 以 ca 为半径，c 为圆心交中心线于 e 点，ae 即为五边形的边长

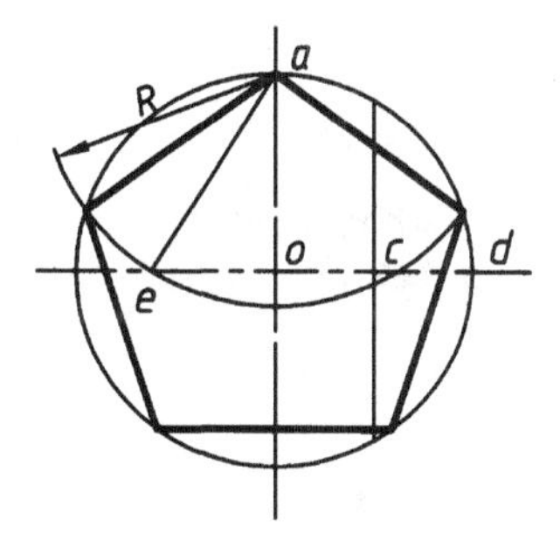

(c) 从 a 点起，以 ae 为半径，将圆周等分得五等分点，依次连接各点得正五边形

图 1－19　正五边形的画法

2. 正六边形

已知正六边形的外接圆直径求作正六边形，其作图步骤如图 1－20 所示。

方法一：利用外接圆半径作图，如图 1－20(a)所示。

方法二：利用外接圆以及三角板和丁字尺配合作图，如图 1－20(b)所示。

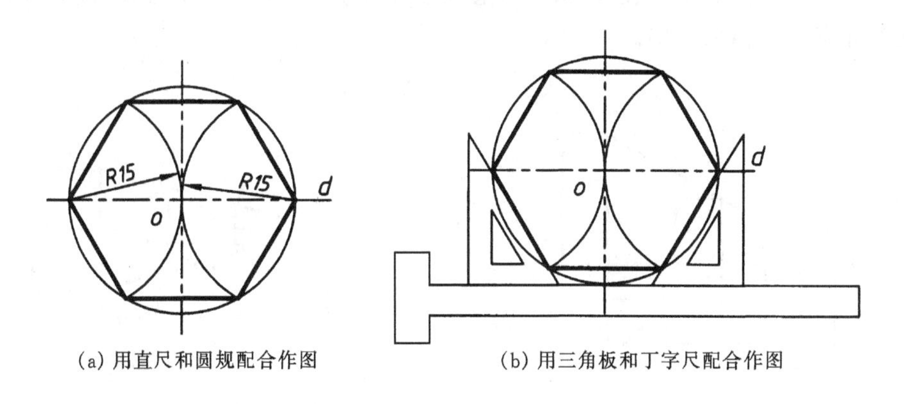

(a) 用直尺和圆规配合作图　　(b) 用三角板和丁字尺配合作图

图 1－20　正六边形的画法

1.3.2　椭圆的近似画法

非圆曲线种类很多，这里仅介绍根据椭圆的长、短轴作椭圆的近似画法(四心圆弧法画近似椭圆)，如图 1－21 所示。

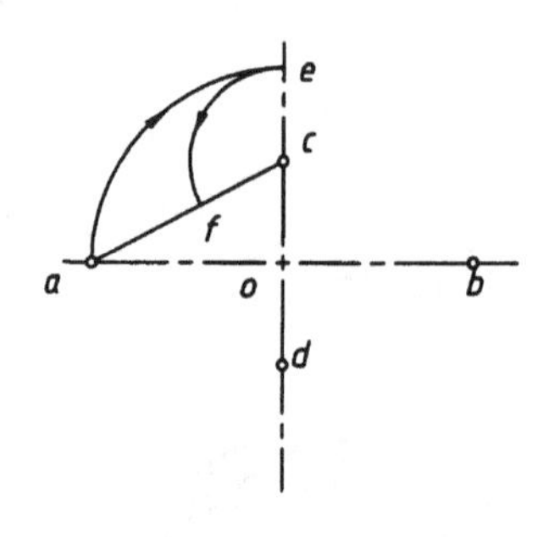

(a) 已知长轴ab和短轴cd，连接ac并在ac上截取：$cf=ce=oa-oc$

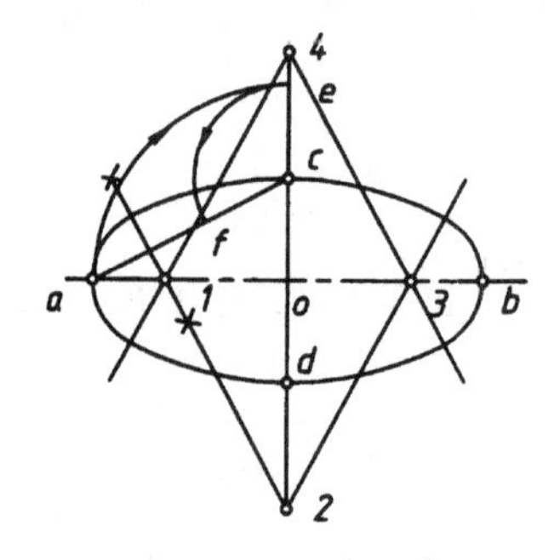

(b) 作af的中垂线分别交长、短轴于1、2两点；作出1、2两点的对称点3、4，则1、2、3、4为四段圆弧的圆心。过2、4两圆心分别连接1、3并适当延长

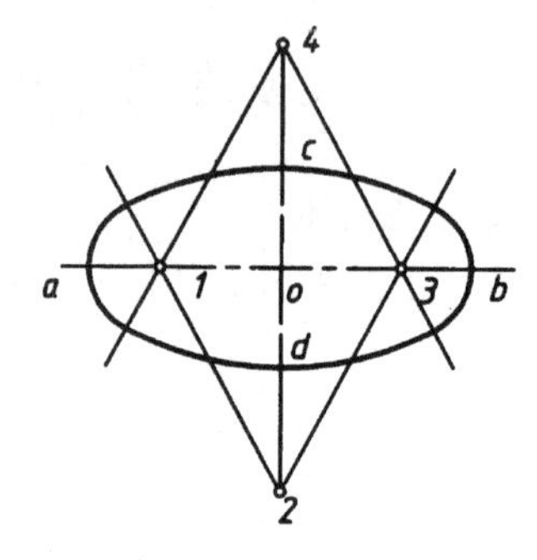

(c) 分别以2(或4)为圆心，以$2c$(或$4d$)为半径画两大圆弧；以1(或3)为圆心，以$1a$(或$3b$)为半径画小圆弧

图 1-21　椭圆的近似画法

1.3.3　斜度与锥度

1. 定义

斜度：一直线(或平面)对另一直线(或平面)的倾斜程度，称为斜度。如在图1-22中，直线AC对直线AB的斜度$=T/L=(T-t)/l=\tan\alpha$，故斜度的大小即为两直线间夹角的正切值。

锥度：正圆锥底圆直径与其高度之比，称为锥度。正圆台的锥度则为两底圆直径之差与其高度之比。例如图1-23中，正圆锥与圆台的锥度$=D/L=(D-d)/l=2\tan(\alpha/2)$，故锥度的大小即为半锥角正切值的2倍。

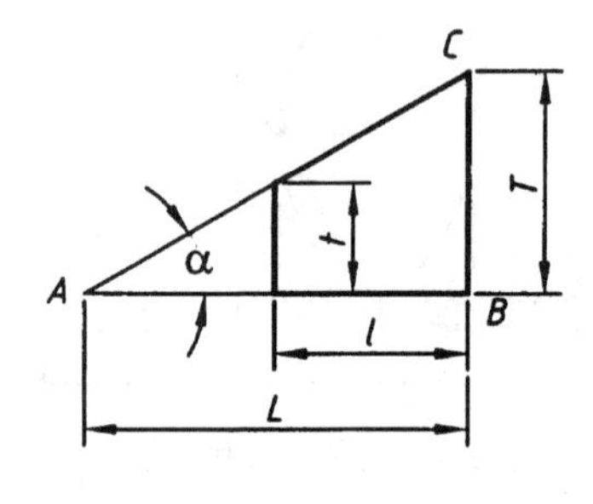

图 1-22　斜度

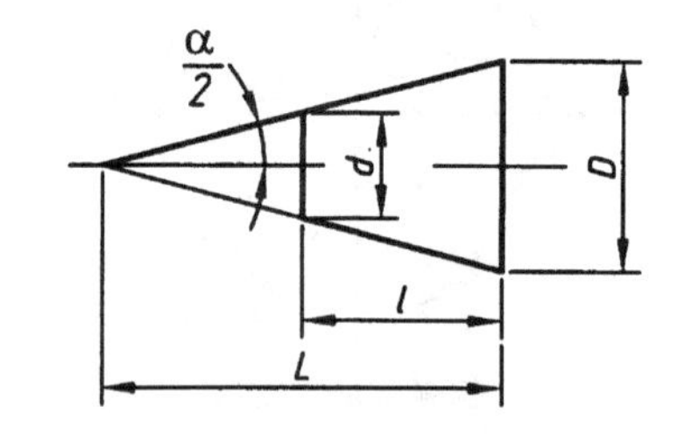

图 1-23　锥度

2. 画法

斜度与锥度的画法，如图1-24和图1-25所示。

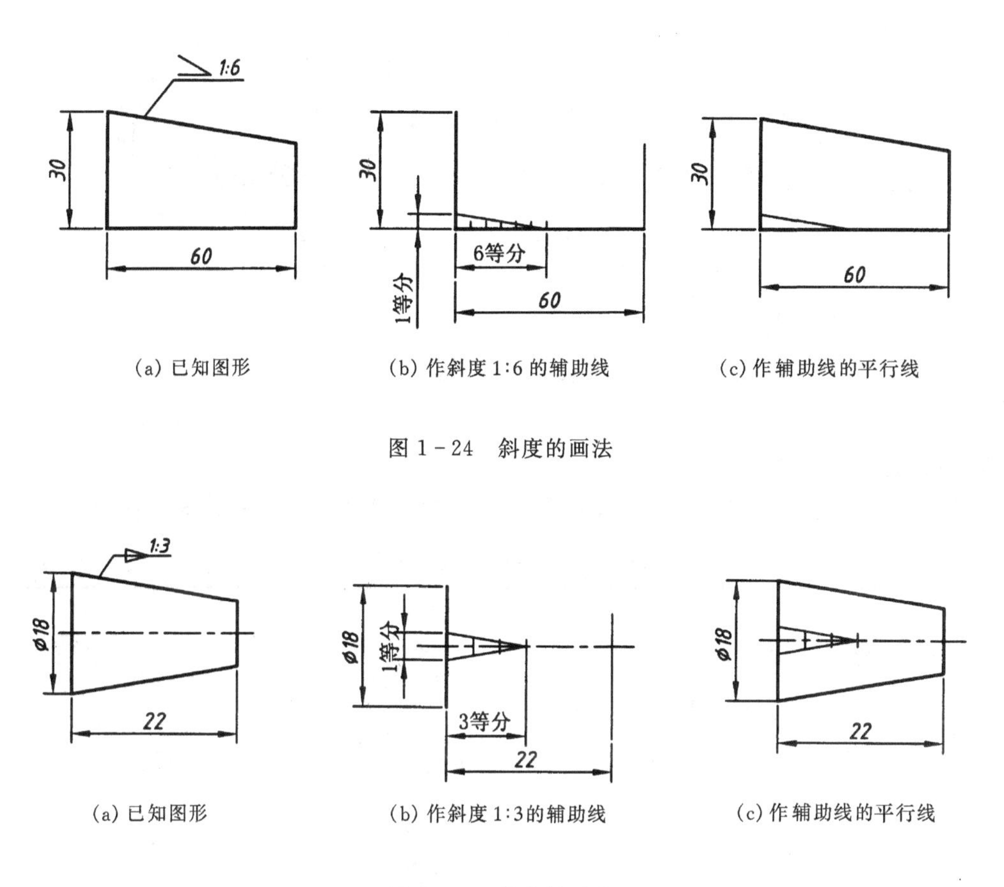

(a) 已知图形　(b) 作斜度1:6的辅助线　(c) 作辅助线的平行线

图1-24　斜度的画法

(a) 已知图形　(b) 作斜度1:3的辅助线　(c) 作辅助线的平行线

图1-25　锥度的画法

3. 符号及标注方法

斜度和锥度采用符号和简单比的标注方法。斜度与锥度的大小以1∶n简单比表示，符号的方向应与斜度、锥度的方向一致。斜度与锥度的标注示例如表1-5所示。

1.3.4　圆弧连接

用已知半径的圆弧，光滑连接（即相切）两已知线段（直线或圆弧），称为圆弧连接。这种起连接作用的圆弧称为连接弧。作图时，必须求出连接圆弧的圆心和切点，才能保证圆弧的光滑连接。

1. 圆弧连接的基本作图原理

半径为R的圆弧与已知直线Ⅰ相切，圆心的轨迹是距离直线Ⅰ为R的两条平行线Ⅱ和Ⅲ。当圆心为O时，由O向直线Ⅰ所作垂线的垂足K即为切点，如图1-26(a)所示。

半径为R的圆弧与已知圆弧（圆心为O_1，半径为R_1）相切，圆心的轨迹是已知圆弧的同心圆。此同心圆的半径R_2应根据相切情况（外切或内切）而定：当两圆弧外切时，$R_2=R_1+R$，如图1-26(b)所示；当两圆弧内切时，$R_2=R_1-R$，如图1-26(c)所示。连心线OO_1与已知圆弧的交点K即为切点。

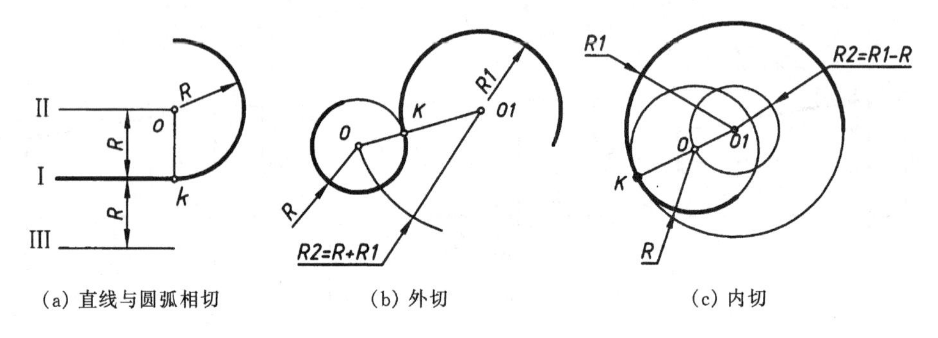

(a) 直线与圆弧相切　　(b) 外切　　(c) 内切

图 1－26　圆弧连接的基本作图原理

2. 圆弧连接作图举例

表 1－6 列举了用已知半径为 R 的圆弧，来连接两已知线段的三种情况的作图方法。

表 1－6　圆弧连接作图举例

步骤	作图
用已知圆弧 R，连接两已知直线Ⅰ、Ⅱ	
用已知圆弧 R，连接直线Ⅰ和圆弧 R_1	
用已知圆弧 R，连接两已知圆弧 R_1 和 R_2	(a) 外切　(b) 内切

续表 1-6

步骤	作图
	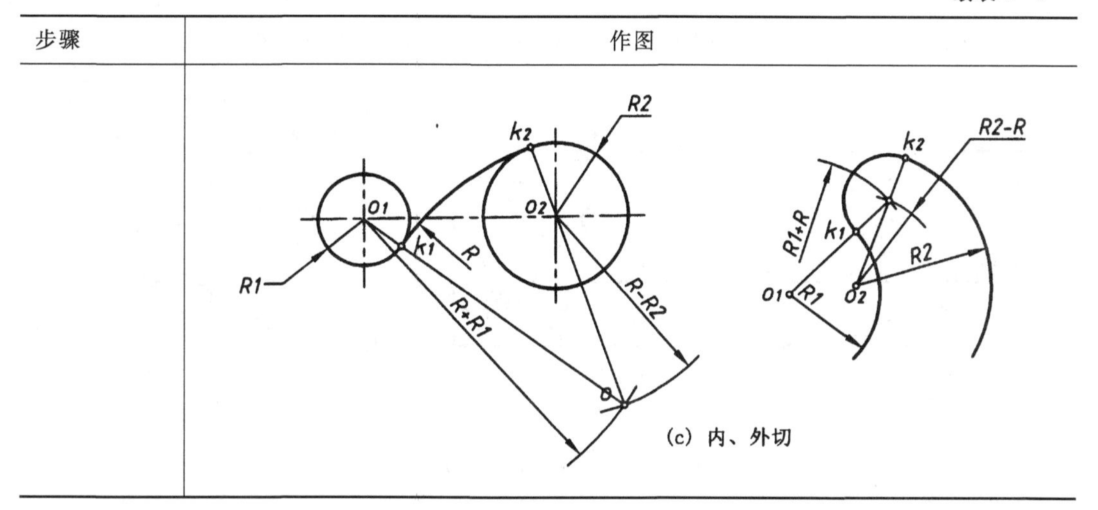 (c) 内、外切

1.4 平面图形的画法及尺寸标注

平面图形一般由若干线段(直线或圆弧)所组成,而线段的性质由尺寸的作用来确定。因此,为了正确绘制平面图形,必须首先要对平面图形进行尺寸分析和线段分析。

1.4.1 平面图形的尺寸分析

平面图形中的尺寸按其作用,可分为定形尺寸和定位尺寸。

1. 定形尺寸

确定几何元素形状及大小的尺寸称为定形尺寸。如图 1-27(a)所示的平面图形,是由两个封闭图框组成,一个是内部小圆,一个是外面带圆角的矩形。图中的尺寸∅20 确定小圆的形状和大小,尺寸 100、70、R18 确定带圆角矩形的形状和大小,因此,∅20、100、70、R18 都是定形尺寸。

2. 定位尺寸

确定各几何元素之间相对位置的尺寸称为定位尺寸。如图 1-27(a)中的尺寸 25 和 40,是用来确定小圆与带圆角矩形之间相对位置的,因此该两个尺寸是定位尺寸。

3. 尺寸基准

在标注尺寸时,作为尺寸起点的几何元素被称为尺寸基准。对于平面图形,必须要有两个方向的尺寸基准,即:X 方向和 Y 方向应各有一个基准。如图 1-27(a)中所示,如果以下边线和左边线为基准,则应标注尺寸 25 和 40 来确定小圆的位置;如果选择以上边线和右边线为基准,要确定小圆的位置,则应标注尺寸 45 和 60,如图 1-27(b)所示。由此可见,选择的尺寸基准不同,所标注出的尺寸也不同。

在平面图形中，通常可选取图形的对称线、图形的轮廓线或者圆心等作为尺寸基准。如在图 1-27(c)中，确定 4 个小圆位置的定位尺寸∅80，就是以圆心作为尺寸基准。

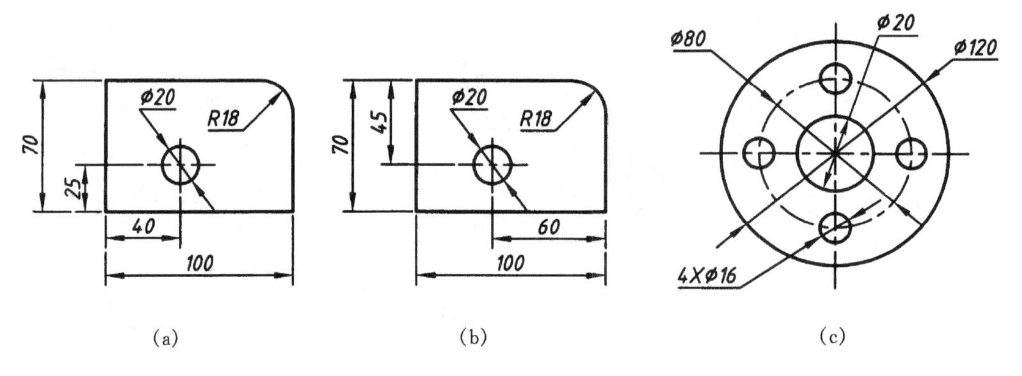

图 1-27　平面图形的尺寸分析

1.4.2　平面图形的线段分析

平面图形中的线段按所注尺寸情况可分为三类。

1. 已知线段

定形尺寸和定位尺寸全部给出的线段称为已知线段(根据图形所注的尺寸，可以直接画出的圆、圆弧或直线)。如图 1-28 所示的平面图形中，圆∅8、圆弧 $R9$ 和 $R12$，直线 L_1 和 L_2 都是已知线段。

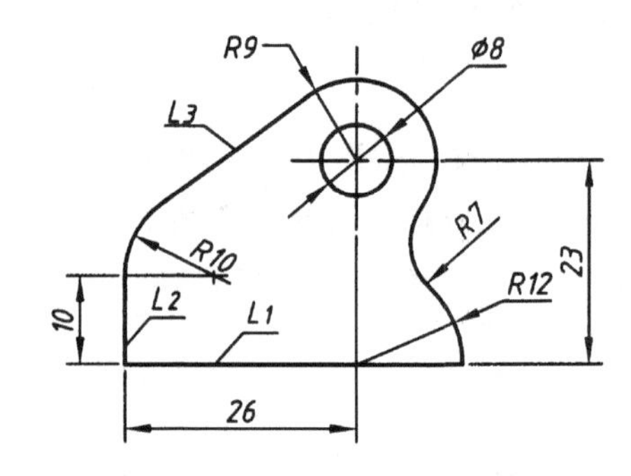

图 1-28　平面图形的线段分析

2. 中间线段

定形尺寸和一个方向定位尺寸给出的线段称为中间线段(除图形中所注的尺寸外，还需根据一个连接关系才能画出的圆弧或直线)。如圆弧 $R10$ 是中间线段。

3. 连接线段

只给出定形尺寸，而两个方向定位尺寸均未给出的线段称为连接线段(需要根据两个连接关系才能画出的圆弧或直线)。如图 1-28 所示的平面图形中，圆弧 $R7$ 和直线 L_3，是连接线段。

1.4.3 平面图形的画图步骤

在画平面图形时，首先应对平面图形进行尺寸分析和线段分析，在此基础上，再按以下画图步骤画图：先画出作图基准线，确定图形的位置；再画已知线段；其次画中间线段；最后画连接线段。图1－29所示为图 1－28 所示平面图形的具体画图步骤。

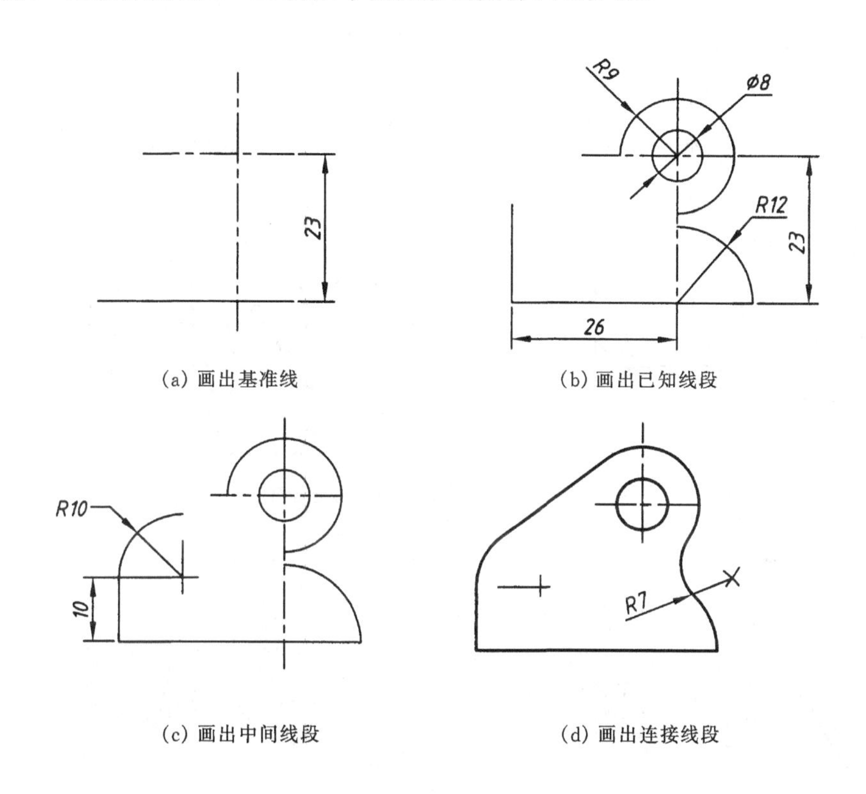

图 1－29 平面图形的画图步骤

1.4.4 平面图形的尺寸注法

平面图形尺寸标注的基本要求，是要能根据平面图形中所注尺寸完整无误地确定出图形的形状和大小。为此，尺寸数值必须正确，尺寸数量必须完整（不遗漏，不多余）。

在标注平面图形尺寸时，首先应分析平面图形的结构，选择好合适的尺寸基准，然后确定图形中各线段的性质，即，哪些是已知线段，哪些是中间线段，哪些是连接线段，最后按已知线段、中间线段和连接线段的顺序，逐个注出尺寸。

我们在确定图形中各线段的性质时，必须遵循这条规律，即：在两已知线段之间若只有一条线段与其连接时，此线段必为连接线段；若有两条以上线段与其连接时，只能有一条线段为连接线段，其余为中间线段。因此，标注尺寸时必须注意每个线段的尺寸数量，否则必然产生矛盾。

下面以图 1－30 为例，说明平面图形的尺寸注法和步骤。

（1）分析图形结构，确定尺寸基准　该图由 6 条线段构成，上下左右均不对称，应选圆心的中心线作为 X 方向尺寸基准和 Y 方向尺寸基准，如图 1－30(a)所示。

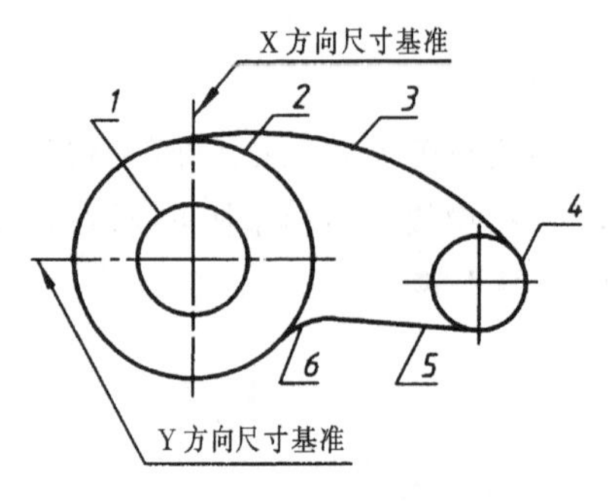

(a) 选择尺寸基准并进行线段分析

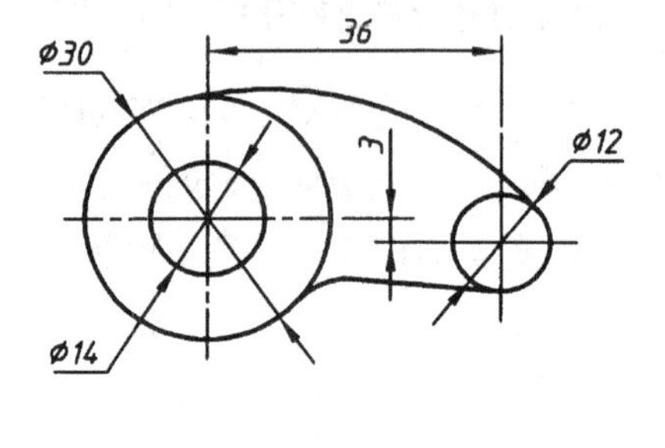

(b) 确定已知线段并标注

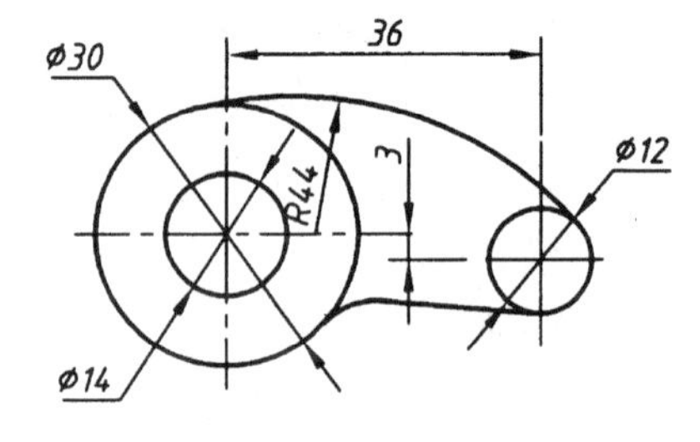

(c) 确定中间线段并标注(1)

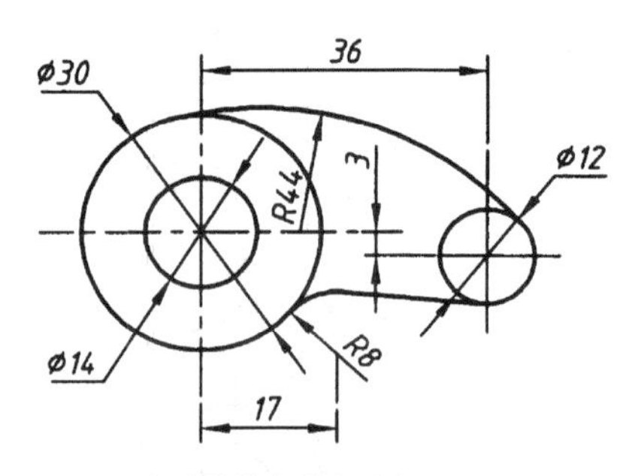

(d) 确定连接线段并标注(1)

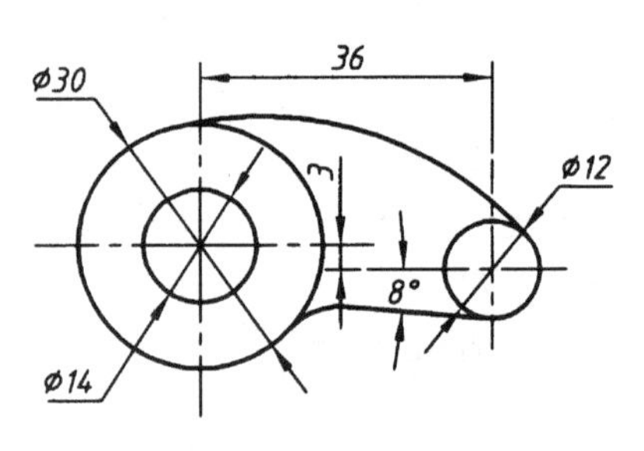

(e) 确定中间线段并标注(2)

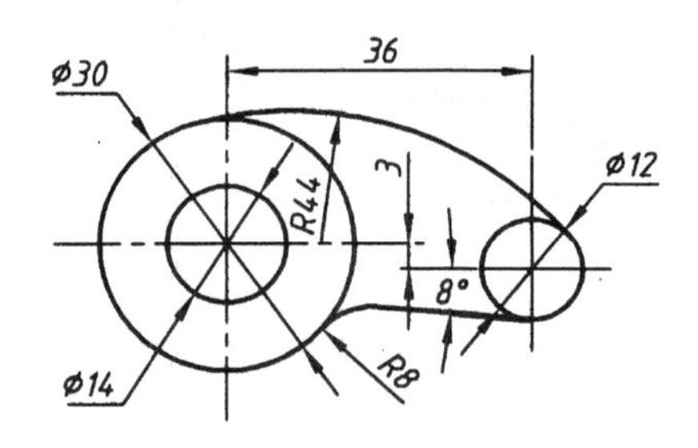

(f) 确定连接线段并标注(2)

图 1 - 30　平面图形的尺寸注法

(2)分析线段性质,确定已知线段并标注相应尺寸　由于∅14 和∅30 圆的中心线在基准线上,因此∅14 和∅30 圆为已知线段,而且该圆心到两个方向尺寸基准的定位尺寸均为零。再选∅12 圆为另一已知线段,则须标注其定形尺寸(∅12)和定位尺寸(36 和 3),如图 1 - 30(b)所示。

(3)确定中间线段和连接线段并标注相应尺寸　图形上部的 *R*44 圆弧是两已知线段之间的唯一圆弧,必是连接线段,因此只需标注其定形尺寸(*R*44),不能标注定位尺寸,如图 1 - 30(c)所示。

在图形下部∅30 和∅12 两已知线段之间有两条线段:*R*8 圆弧和一直线。若选直线为连接线段,则 *R*8 必为中间线段,这时除标注定形尺寸(*R*8)外,还需标注其定位尺寸(17),如图 1 - 30(d)所示。若选 *R*8 为连接线段,则直线必为中间线段,这时需标注直线的一个定位尺寸(8°);而 *R*8 不能标注定位尺寸,如图 1 - 30(e)和图 1 - 30(f)所示。

思考题

1. 图纸的基本幅面有几种？各种图纸幅面尺寸之间有什么规律？
2. 试说明粗实线、虚线、点画线、细实线各有什么用途。画细点画线和虚线时应注意什么？
3. 试说明比例 1∶2 和 2∶1 的含义？
4. 字体号数说明什么？长仿宋体字的书写要领是什么？
5. 尺寸由哪几个部分组成？圆的直径、圆弧半径和角度的标注有什么特点？书写不同方向的线性尺寸数字时有什么要求？
6. 试说明∠1∶20 和 ◁ 1∶20 的含义？
7. 圆弧连接的作图方法有什么规律？
8. 什么叫已知线段、中间线段和连接线段？它们的定位尺寸数量各是多少？
9. 画平面图形底稿时，如何根据线段性质确定画图步骤？

第2章 几何元素的投影

2.1 投影法的基本概念

2.1.1 投影法

在图2-1中，设平面P为投影面，平面P外一点S为投射中心，在S与P之间有一$\triangle ABC$，过S作SA连线，称SA为投射线，SA与投影面P相交于a点，则称a为空间点A在投影面P上的投影。同理可作出B、C两点在投影面P上的投影b、c。而$\triangle abc$为$\triangle ABC$在投影面P上的投影。这种设定投射中心和投影平面以获得空间物体投影的方法称为投影法。

2.1.2 投影法的分类

1. 中心投影法

投射线汇交于一点(投射中心)的投影法，称为中心投影法，如图2-1所示。中心投影法常用于绘制透视图。

2. 平行投影法

将投射中心S移至距离投影面P无穷远处，这时投射线可视为相互平行，如图2-2所示，这种投射线相互平行得到投影的方法称为平行投影法。平行投影法又分为斜投影法和正投影法。

(1)斜投影法　投射线与投影面相倾斜的平行投影法，如图2-2(a)所示。

(2)正投影法　投射线与投影面相垂直的平行投影法，如图2-2(b)所示。

机械图样主要采用正投影法绘制。

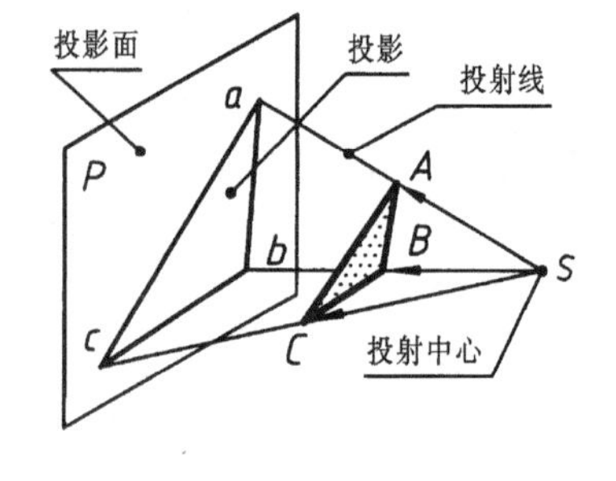

图2-1　中心投影法

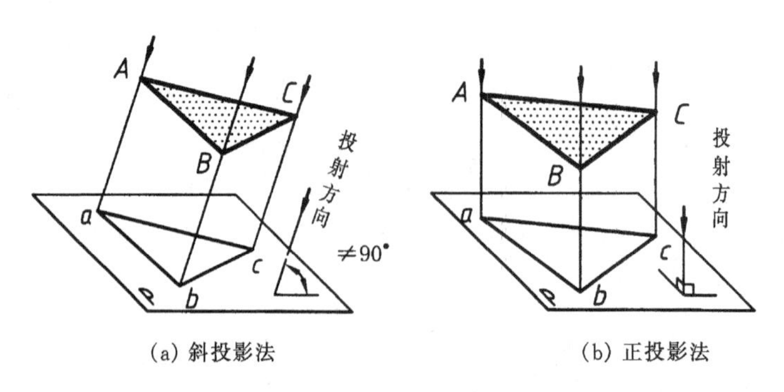

(a) 斜投影法　(b) 正投影法

图2-2　平行投影法

2.1.3 正投影的基本特性

在表 2-1 中，列出了正投影的基本特性。

表 2-1 正投影的基本特性

性质	真实性	积聚性	类似性
投影示例	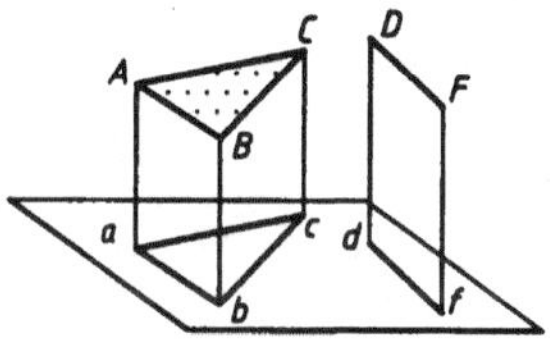	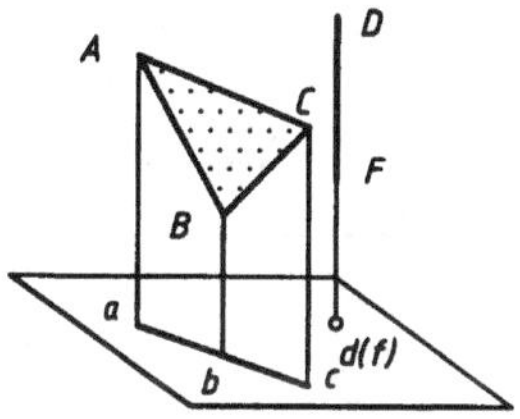	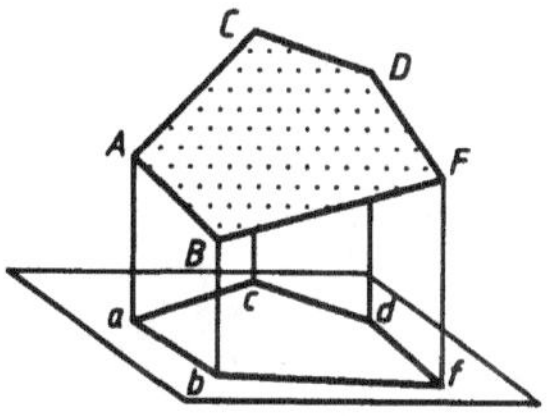
性质说明	当直线或平面平行于投影面时，则直线或平面在该投影面上的投影反映直线的实长或平面的实形	当直线或平面垂直于投影面时，则直线在该投影面上的投影积聚为一点；平面在该投影面上的投影积聚为一直线	当平面倾斜于投影面时，则平面在投影面上的投影面积变小，但投影形状仍与平面的空间形状相类似，即：空间为三角形投影仍为三角形，空间为四边形投影仍为四边形

2.2 点的投影

在图 2-3 中，已知空间点 A 和投影面 H，过 A 作垂直于 H 面的投射线并与 H 面相交于 a，则点 a 就是空间 A 点在 H 面上的投影。由此看来，一个空间点有唯一的投影。反之，如果已知 A 点在 H 面上的投影 a，却不能唯一确定该点的空间位置。因为由 a 作 H 面的垂线时，垂线上所有各点的投影都位于 a 点处。为使空间物体与其投影具有唯一确定性，机械图样常采用多面正投影图。

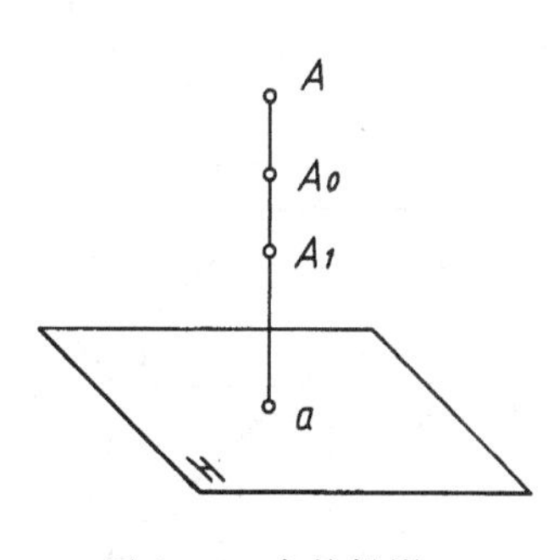

图 2-3 点的投影

2.2.1 点在三投影面体系中的投影

首先，建立三投影面体系，在空间取三个相互垂直的平面，如图 2-4 所示，水平放置的平面称水平投影面，用 H 表示；正立放置的平面称正立投影面，用 V 表示；侧立放置的平面称侧立投影面，用 W 表示。两投影面的交线称为投影轴，H 面与 V 面的交线为 OX 轴；H 面与 W 面的交线为 OY 轴；V 面与 W 面的交线为 OZ 轴；三条投影轴相互垂直，交于原点 O。

三个投影面将空间分为八个分角。我国标准规定，工程图样采用第一分角投影（英、美等国采用第三分角投影）。

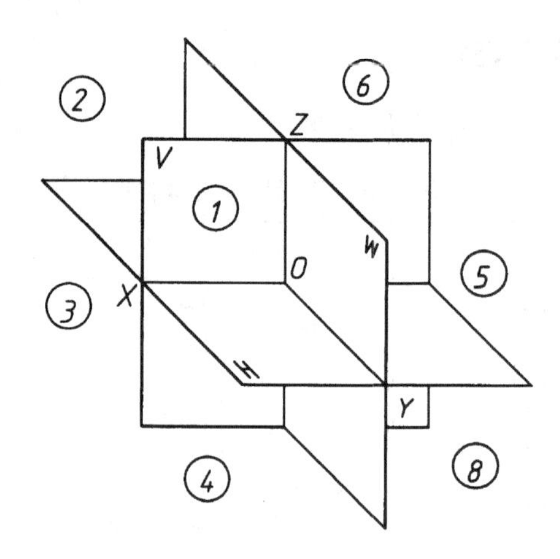

图 2-4　八个分角的划分

设在第一分角内有一空间点 A，如图 2-5(a)所示。由点 A 分别向 H、V、W 面作投射线 Aa、Aa'、Aa''，其交点 a、a'、a''为空间点 A 的三个投影，分别称 a 为点 A 的水平投影，a'为点 A 的正面投影，a''为点 A 的侧面投影。在这里我们约定：空间点 A 用大写拉丁字母 A、B、C…表示；其水平投影用相应的小写字母 a、b、c…表示；其正面投影用相应的小写字母加一撇 a'、b'、c'…表示；其侧面投影用相应的小写字母加两撇 a''、b''、c''…表示。

假想沿 Y 轴剪开，V 面保持不动，按图 2-5(a)中箭头所指方向，将 H 面绕 OX 轴向下旋转、W 面绕 OZ 轴向右旋转，使 H 面和 W 面与 V 面处于同一平面上，这时 Y 轴可看作被分成两个，位于 H 面上的为 Y_H 轴，位于 W 面上的为 Y_W 轴，如图 2-5(b)所示。去掉投影面的边框线，便得到了点的三面投影图，如图 2-5(c)所示。

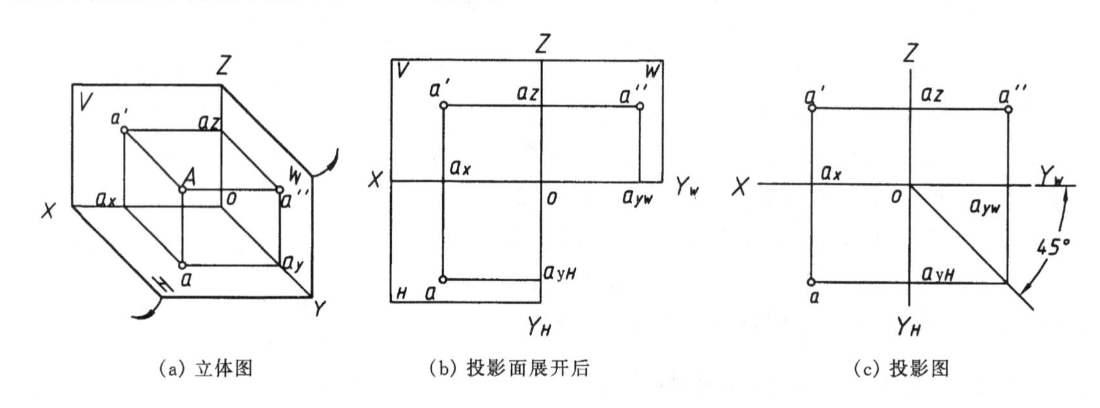

(a) 立体图　　(b) 投影面展开后　　(c) 投影图

图 2-5　点在三投影面体系中的投影图

2.2.2　点的投影规律

由于 H、V、W 这三个投影面相互垂直，因此投射线 Aa、Aa'和 Aa''也必然相互垂直，从图 2-5(a)中可以看出：

$Aa = a'a_x = a''a_y$，即：空间点 A 到 H 面的距离，等于点的正面投影到 X 轴的距离和点的侧面投影到 Y 轴的距离；

$Aa' = aa_x = a''a_z$，即：空间点 A 到 V 面的距离，等于点的水平投影到 X 轴的距离和点的侧面投影到 Z 轴的距离；

$Aa'' = aa_y = a'a_z$，即：空间点 A 到 W 面的距离，等于点的水平投影到 Y 轴的距离和点的正面投影到 Z 轴的距离。

从以上分析便可得出，点在三投影面体系中的投影规律：

①$a'a \perp OX$，即：点的正面投影和水平投影的连线垂直于 OX 轴；

②$a'a'' \perp OZ$，即：点的正面投影和侧面投影的连线垂直于 OZ 轴；

③$aa_x = a''a_z$，即：点的水平投影到 X 轴的距离等于侧面投影到 Z 轴的距离。

根据上述投影规律，我们可以由点的任意两个已知投影，求作点的第三投影。

例 2－1　已知点 B 的正面投影 b' 和侧面投影 b''，如图 2－6(a)所示，求作其水平投影 b。

作图　如图 2－6(b)所示。

(1)由点的投影规律可知，B 点的正面投影和水平投影的连线一定垂直于 OX 轴，因此，由 b' 作垂直于 OX 轴的直线，点 B 的水平投影 b 一定在此直线上。

(2)由点的投影规律可知，B 点的水平投影到 X 轴的距离应等于侧面投影到 Z 轴的距离，即：$bb_x = b''b_z$。因此，在所作的垂线上截取 $bb_x = b''b_z$，即可求得 b。

作图时，也可用 45°角分线来保证 $bb_x = b''b_z$，如图 2－6(c)所示。

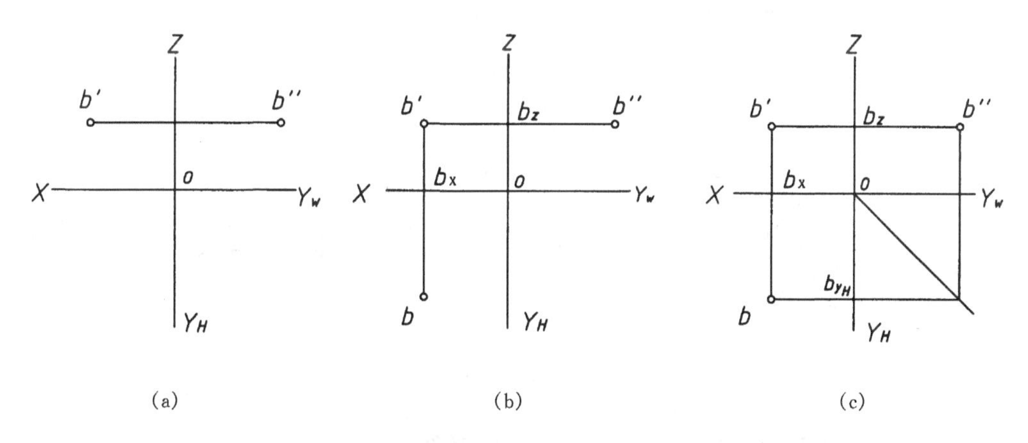

图 2－6　由点的两个投影求作第三投影

2.2.3　点的投影与直角坐标的关系

如果把三投影面体系看作空间直角坐标系，则投影面为坐标面，投影轴为坐标轴，O 点为坐标原点。这时，点 A 的空间位置可由坐标值(X_a，Y_a，Z_a)来确定，如图 2－7 所示。点 A 到 W 面的距离就是它的 X 坐标 X_a，点 A 到 V 面的距离就是它的 Y 坐标 Y_a，点 A 到 H 面的距离就是它的 Z 坐标 Z_a。因此，点 A 的三个投影与其坐标的关系如下：

①水平投影 a 可由 X_a、Y_a 两坐标确定；

②正面投影 a' 可由 X_a、Z_a 两坐标确定；

③侧面投影 a'' 可由 Y_a、Z_a 两坐标确定。

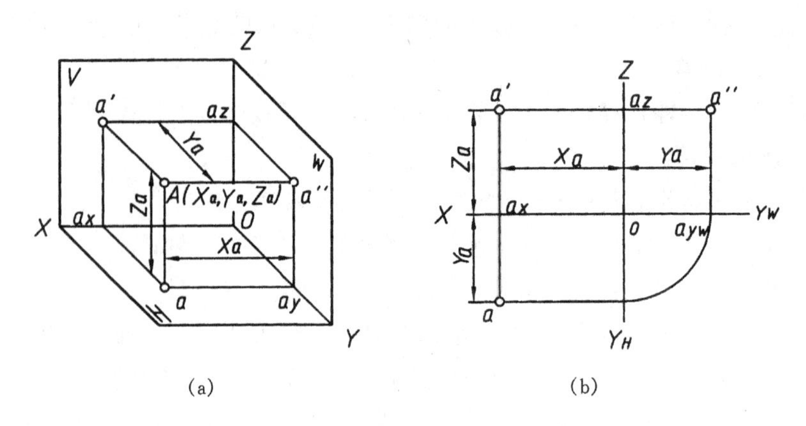

图 2-7　点的投影与直角坐标的关系

由此可知，点的任意三个投影都能反映点的三个坐标值。反之，由点的一组坐标值（X_a，Y_a，Z_a）在三投影面体系中，有唯一的一组投影 a、a'、a''与之相对应。

当空间点为特殊点（点位于投影面或投影轴上）时，其投影情况如图 2-8 所示。点在三投影面体系中的投影规律，对于特殊点也完全适用。

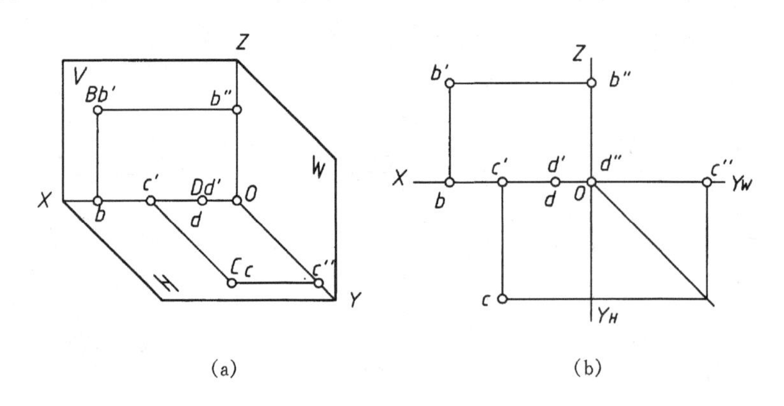

图 2-8　特殊位置点的投影

例 2-2　已知点 $B(20,10,15)$，求作其三面投影图。

作图　如图 2-9 所示。

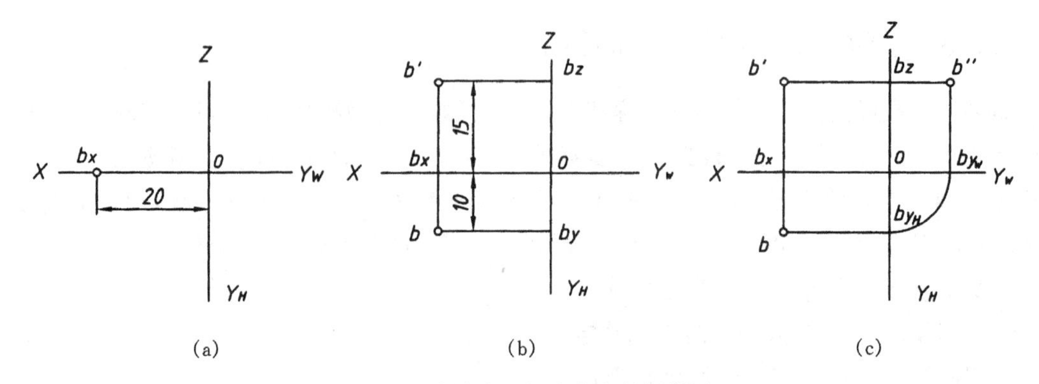

图 2-9　由直角坐标求作点的投影图

(1)画出投影轴,在 OX 轴上截取 $ob_x=20$,如图 2-9(a)所示。

(2)在 OY 轴上截取 $ob_y=10$,在 OZ 轴上截取 $ob_z=15$,如图 2-9(b)所示。

(3)过 b_x 作 OX 轴的垂线,过 b_z、b_y 分别作 OZ 轴和 OY 的垂线,得交点即为 b、b'。

(4)再按点的投影规律作出 b'',如图 2-9(c)所示。

例 2-3 根据图 2-9(c)所示 B 点的投影图,画出其直观图。

作图 如图 2-10 所示。

(1)画坐标轴:X 轴画成水平方向,Z 轴画成铅垂方向,Y 轴与水平方向成 45°,按各轴的方向画出三个投影面(投影面大小可适当选取)。

(2)从 B 点的投影图上,按 1∶1 量取 ob_x、ob_y、ob_z,在直观图上沿各坐标轴,分别截得 b_x、b_y、b_z。

(3)过 b_x、b_y、b_z 分别画各轴的平行线,得点 B 的三个投影 b、b'、b'',如图 2-10(c)所示。

(4)过 b 作 $bB \parallel OZ$;过 b' 作 $b'B \parallel OY$;过 b'' 作 $b''B \parallel OX$;所作三直线的交点即为空间点 B 的位置,如图 2-10(d)所示。

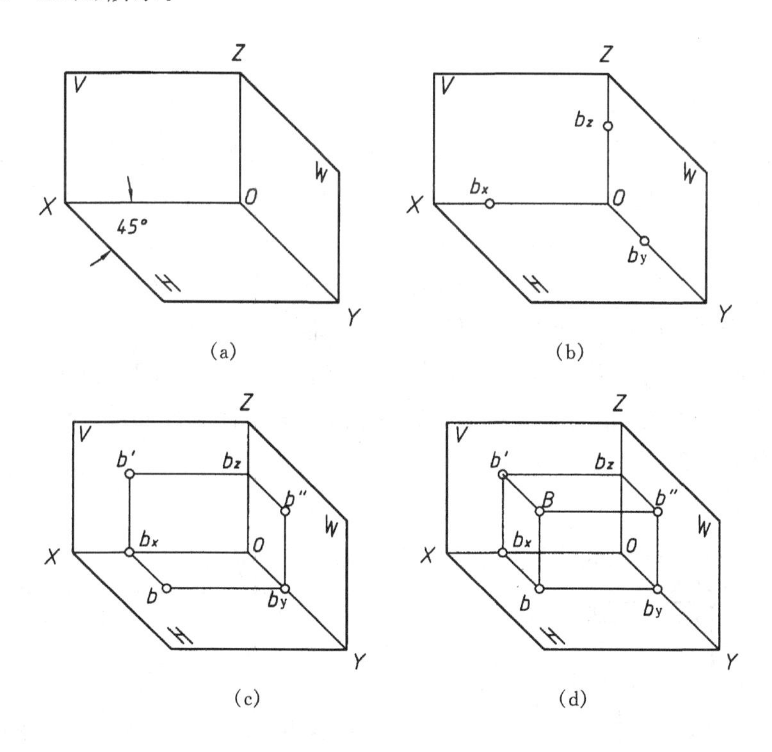

图 2-10 由直角坐标求作点的直观图

2.2.4 两点的相对位置和重影点

1. 两点的相对位置

要判别空间两点的相对位置,可由两点的各同面投影的相对坐标差来判断。根据两点的 x 坐标值的大小,可以判别两点的左、右位置,X 坐标大的在左,X 坐标小的在右;根据两点的 y 坐标值的大小,可以判别两点的前、后位置,Y 坐标大的在前,Y 坐标小的在后;根据两点的 z

坐标值的大小，可以判别两点的上、下位置，Z 坐标大的在上，Z 坐标小的在下。如图 2-11 所示，A 点的 x 和 y 坐标均大于 B 点的相应坐标，而 B 点的 z 坐标大于 A 点的 z 坐标，因此，称点 A 在点 B 的左、前、下方。反之，称点 B 在点 A 的右、后、上方。

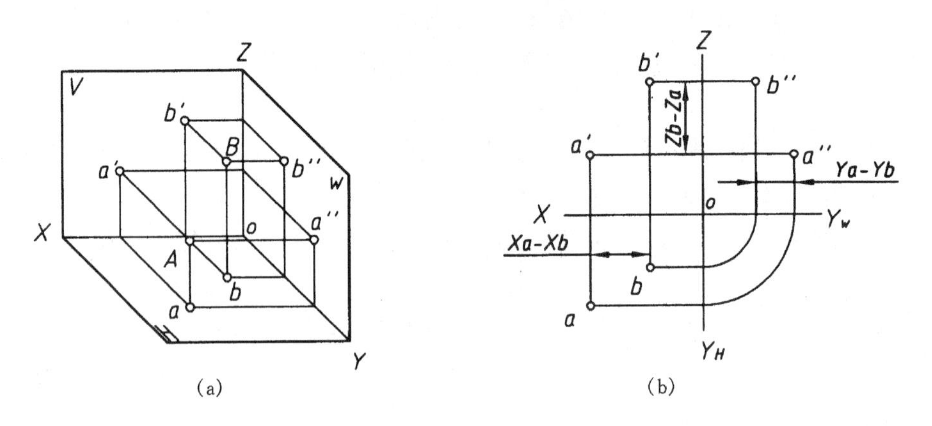

图 2-11　空间两点的相对位置

2. 重影点

当空间两点在某一投影面的投影重合为一点时，则称这两个点是该投影面的一对重影点。一对重影点必然有两个坐标相同，如图 2-12 所示，由于 $X_a=X_c$，$Z_a=Z_c$，正面投影 c'、a' 必然重合为一点；而 $Y_a>Y_c$，这时称 A 点在 C 点的正前方，因此对 V 面的投影一定是 A 点遮挡了 C 点，这时称 A、C 两点是对 V 面的一对重影点，为了区别可见性，在投影图上把被遮挡的投影加上括号以示区别，如 $a'(c')$。同理，对 H 面的一对重影点，一定是一个点在另一个点的正上方(或正下方)；对 W 面的一对重影点，一定是一个点在另一个点的正左方(或正右方)。对重影点的可见性判别原则是：上遮下、左遮右、前遮后。(请读者自行分析，对 H 面和对 W 面的一对重影点必然有哪两个坐标相同?)

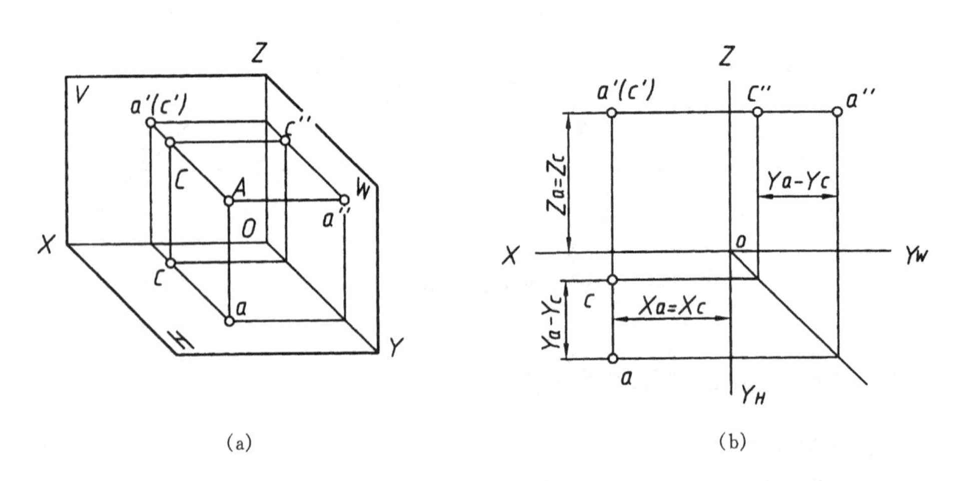

图 2-12　重影点

2.3 直线的投影

直线的投影可由直线上任意两点的投影确定。如图 2-13 所示，欲作线段 AB 的投影，只要分别作出 A、B 两点的投影，然后把各同面投影相连，即为线段 AB 的投影。一般情况下直线的投影仍为直线，当直线与投影面垂直时，直线在该投影面上的投影积聚成一点。

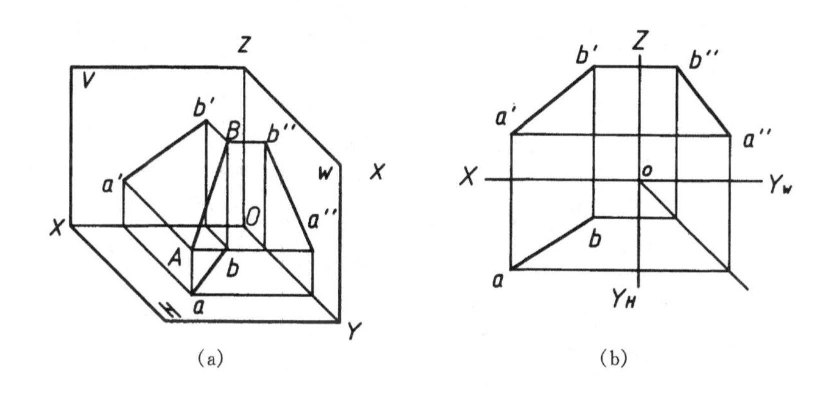

图 2-13 直线的投影

2.3.1 各种位置直线的投影特性

直线与投影面的相对位置有三种情况：直线与投影面平行，直线与投影面垂直，直线与投影面倾斜。下面分别讨论直线在这三种情况下的投影特性。

1. 投影面平行线

平行于一个投影面而与另外两个投影面都倾斜的直线，称为投影面平行线。平行于 V 面的直线称为正平线，平行于 H 面的直线称为水平线，平行于 W 面的直线称为侧平线。直线对 H、V、W 面的倾角分别用 α、β、γ 表示。投影面平行线的投影特性，如表 2-2 所示。

表 2-2 投影面平行线的投影特性

名称	正平线(//V)	水平线(//H)	侧平线(//W)
立体图	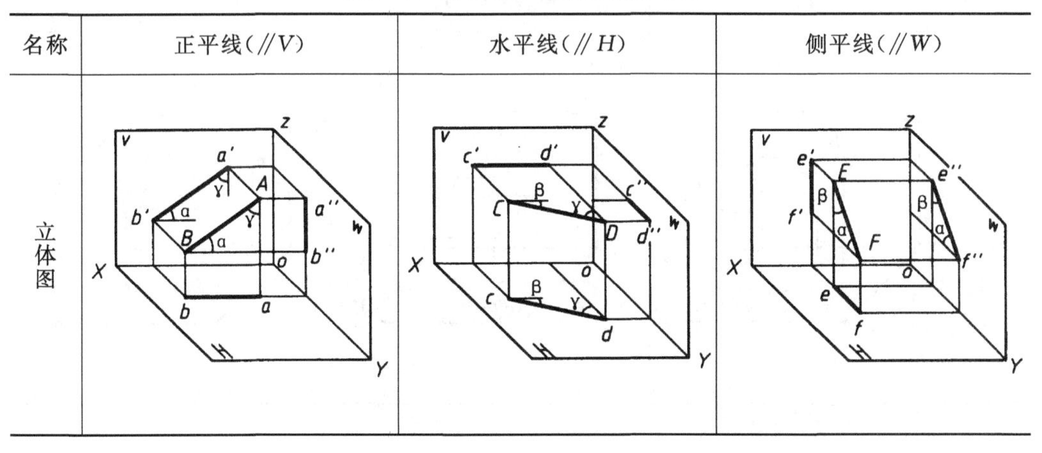		

续表 2-2

名称	正平线(//V)	水平线(//H)	侧平线(//W)
投影图			
投影分析	1. 正面投影 $a'b'$ 反映实长 2. 正面投影 $a'b'$ 与 OX 轴和 OZ 轴的夹角 α、γ 分别为 AB 对 H 面和 W 面的夹角 3. 水平投影 ab // OX 轴，侧面投影 $a''b''$ // OZ 轴，且都小于实长	1. 水平投影 cd 反映实长 2. 水平投影 cd 与 OX 轴和 OY_H 轴的夹角 β、γ 分别为 CD 对 V 面和 W 面的夹角 3. 正面投影 $c'd'$ // OX 轴，侧面投影 $c''d''$ // OY_W 轴，且都小于实长	1. 侧面投影 $e''f''$ 反映实长 2. 侧面投影 $e''f''$ 与 OZ 轴和 OY_W 轴的夹角 β、α 分别为 EF 对 V 面和 H 面的夹角 3. 正面投影 $e'f'$ // OZ 轴，水平投影 ef // OY_H 轴，且都小于实长
投影特性	1. 在直线所平行的投影面上的投影反映直线的实长，反映实长的投影与相应投影轴的夹角，反映直线与相应投影面的夹角 2. 在其它两个投影面上的投影，分别平行于相应的投影轴，且小于直线的实长		

2. 投影面垂直线

垂直于一个投影面的直线(必然平行于其它两个投影面)，称为投影面垂直线。垂直于 V 面的直线称为正垂线，垂直于 H 面的直线称为铅垂线，垂直于 W 面的直线称为侧垂线。投影面垂直线的投影特性如表 2-3 所示。

表 2-3 投影面垂直线的投影特性

名称	正垂线(⊥V)	铅垂线(⊥H)	侧垂线(⊥W)
立体图	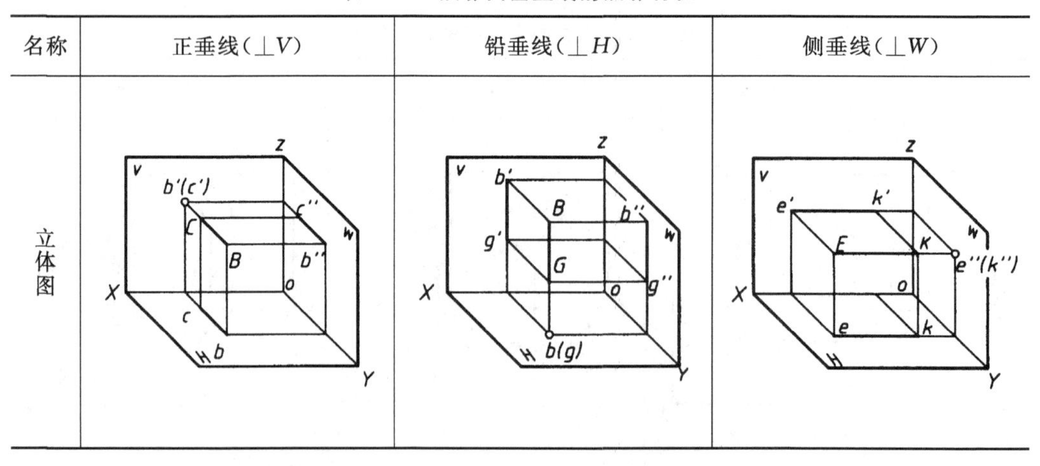		

续表 2-3

名称	正垂线($\perp V$)	铅垂线($\perp H$)	侧垂线($\perp W$)
投影图			
投影分析	1. 正面投影 $b'c'$ 积聚成一点 2. 水平投影 bc,侧面投影 $b''c''$ 都反映实长,且 $bc \perp OX$, $b''c'' \perp OZ$	1. 水平投影 bg 积聚成一点 2. 正面投影 $b'g'$,侧面投影 $b''g''$ 都反映实长,且 $b'g' \perp OX$, $b''g'' \perp OY_W$	1. 侧面投影 $e''k''$ 积聚成一点 2. 正面投影 $e'k'$,水平投影 ek 都反映实长,且 $e'k' \perp OZ$, $ek \perp OY_H$
投影特性	1. 在直线所垂直的投影面上的投影,积聚为一点 2. 在其它两个投影面上的投影,均反映直线的实长,且垂直于相应的投影轴		

3. 一般位置直线

对三个投影面都倾斜的直线称为一般位置直线。由于一般位置直线对三个投影面都倾斜,如图 2-14 所示,因此,一般位置直线的投影特性为:

①三个投影都小于它的实长,即:$ab = AB\cos\alpha$;$a'b' = AB\cos\beta$;$a''b'' = AB\cos\gamma$;

②三个投影与投影轴的夹角都不反映该直线对投影面的倾角。

对于一般位置直线如何求实长和倾角的问题,将在本章第 5 节投影变换中介绍。

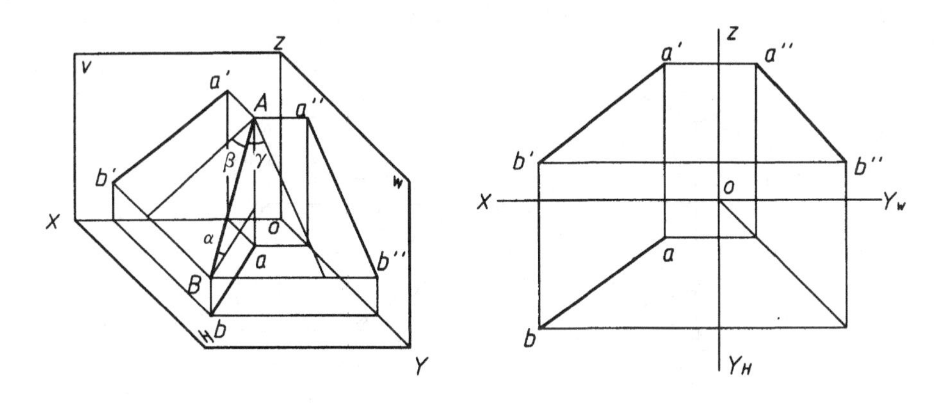

图 2-14　一般位置直线的投影

2.3.2　直线与点的相对位置

直线与点的相对位置在空间有两种情况:点在直线上和点不在直线上。如图 2-15 所示,K 点在直线 AB 上,则 K 点的各个投影必定在直线的各同面投影上,且 K 点的投影符合点的投影规律，即：$kk' \perp OX$ 轴，$k'k'' \perp OZ$ 轴。

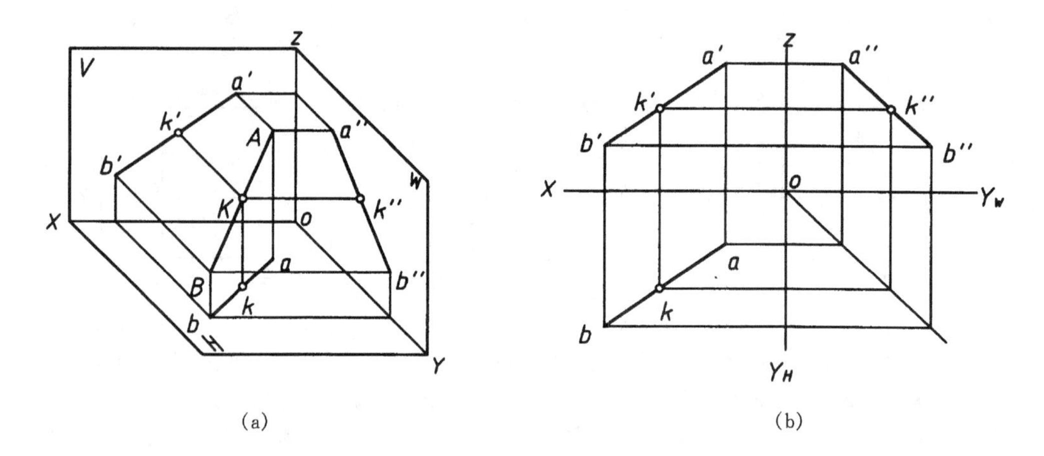

图 2-15　直线上点的投影

点 K 在直线 AB 上，并把 AB 线段分为 AK 和 KB 两段，由于对同一投影面的投射线相互平行，即：$Aa \parallel Kk \parallel Bb$，$Aa' \parallel Kk' \parallel Bb'$，$Aa'' \parallel Kk'' \parallel Bb''$，因此，两线段长度之比等于其同面投影长度之比，即：$AK:KB=ak:kb=a'k':k'b'=a''k'':k''b''$。

由上述可知：点在直线上，则点的各个投影必在直线的各同面投影上，且点分割线段之比，等于其对应的投影长度之比(也称为定比定理)。反之，若点的各个投影在直线的各同面投影上，且分割线段成定比，则该点一定在直线上。否则该点不在直线上，如图 2-16 所示。

应用上述投影特性，可解决以下作图问题：

①在已知直线上求作定比分点的投影；

②判断点是否在直线上。

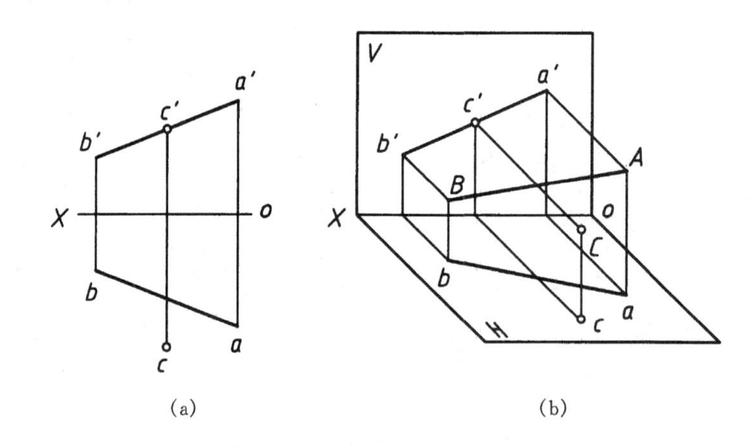

图 2-16　点不在直线上的投影

例 2-4　已知直线 AB，以及点 K 的正面投影，且 $K \in AB$，求作 K 点的水平投影。

分析　由图 2-17(a)可知，由于 AB 为侧平线，我们不能直接求作 K 点的水平投影，这时可用以下方法来求。

方法1　如图2-17(b)所示，根据定比定理，则有 $a'k':k'b'=ak:kb$。因此，过 a 沿任意方向作一斜线，在此斜线上截取：$ak_0=a'k'$，$k_0b_0=k'b'$，连接 bb_0，过 k_0 作 bb_0 的平行线，与 ab 的交点即为 k。

方法2　如图2-17(c)所示，在适当位置作 OZ 轴，求出 $a''b''$ 和 k''，再由 k'' 作出 k。

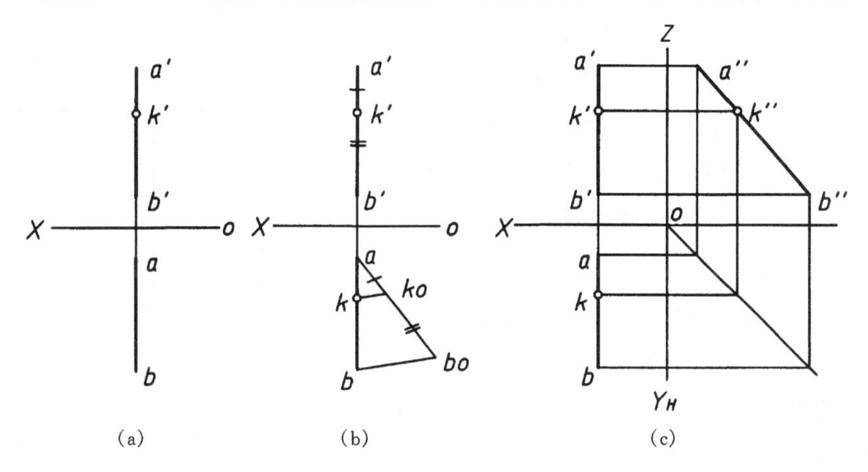

(a)　(b)　(c)

图2-17　求作直线上 K 点的水平投影

2.3.3　两直线的相对位置

空间两直线的相对位置关系有三种情况：平行、相交和交叉。平行两直线和相交两直线为同面直线，交叉两直线为异面直线。现分别讨论它们的投影特性。

1. 平行两直线

如图2-18所示，AB、CD 在空间是相互平行的两直线。将它们向 H 面投射时，由于过 AB 和 CD 构成的两个投射面 $AabB$、$CcdD$ 是相互平行的，因此，它们与 H 面的交线也必定相互平行，即：$ab/\!/cd$。同理可证 AB 和 CD 的正面投影和侧面投影也必定相互平行，即：$a'b'/\!/c'd'$，$a''b''/\!/c''d''$。

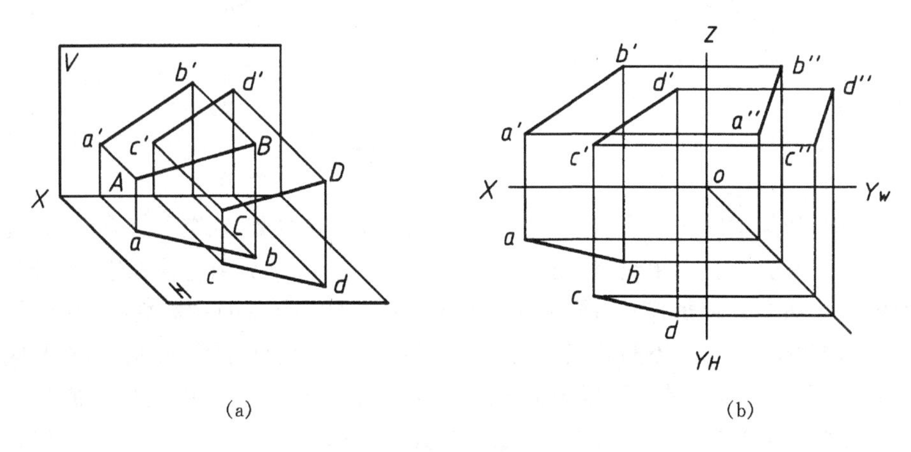

(a)　(b)

图2-18　两平行直线的投影

由此可见，空间相互平行的两直线，其各同面投影必定相互平行。反之，若两直线的各同面投影相互平行，空间两直线也必定相互平行。

一般情况下，只要两直线有两组同面投影相互平行，则可判断此两直线在空间一定相互平行。但是，当两直线同为某一投影面的平行线时，则要根据它们在该投影面上的投影是否平行才能判断。如图 2－19 所示，AB 和 CD 都为侧平线，虽然 $ab /\!/ cd$、$a'b' /\!/ c'd'$，但侧面投影 $a''b''$ 不平行于 $c''d''$，所以 AB 和 CD 两直线在空间是不平行的。

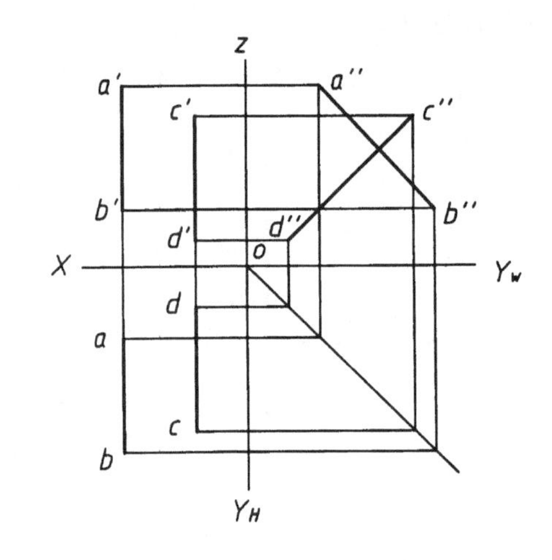

图 2－19　判断特殊位置两直线是否平行

2. 相交两直线

如图 2－20 所示，AB、CD 在空间是相交两直线，其交点 K 为两直线的共有点。因此，根据直线上点的投影性质，则 K 点的正面投影 k' 应在 $a'b'$ 上，同时又应在 $c'd'$ 上，所以 $a'b'$ 和 $c'd'$ 的交点，就是空间 K 点的正面投影 k'。同理 ab 和 cd 的交点及 $a''b''$ 和 $c''d''$ 的交点，分别是交点 K 的水平投影 k 和侧面投影 k''。

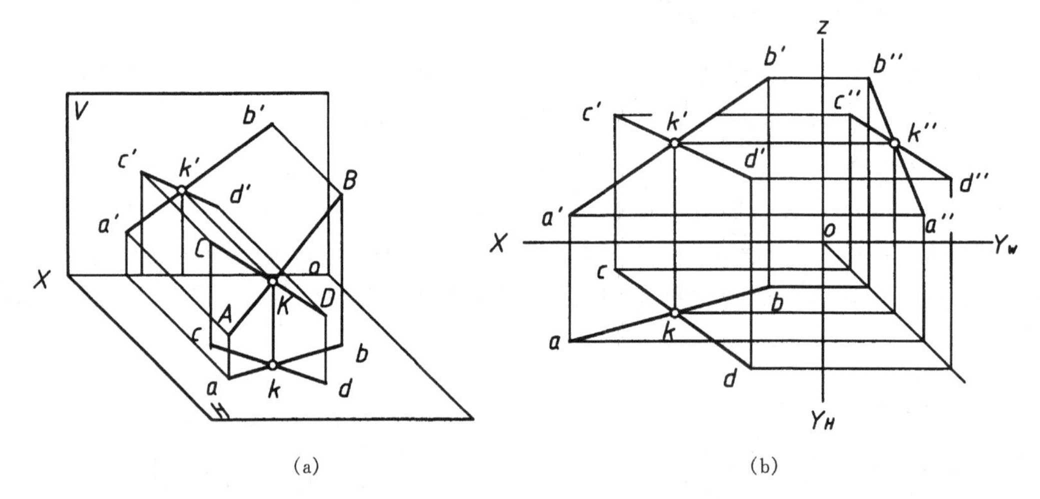

(a)　　　　(b)

图 2－20　相交两直线的投影

由上述可知，如果空间两直线相交，它们的同面投影必然相交，且交点符合点的投影规律。反之，如两直线的同面投影都相交，且交点符合点的投影规律，则此两直线在空间一定相交。

一般情况下，两直线只要有两组同面投影相交，且交点符合点的投影规律，则可判断此两直线在空间一定相交。但是，当两直线中有一条直线为某一投影面的平行线时，则要根据它们在该投影面上投影的交点与其它两投影面上的交点，是否符合点的投影规律才能判定。如图 2－21 所示，在两直线 AB 和 CD 中，AB 为侧平线，虽然 ab、cd 和 $a'b'$、$c'd'$ 都相交，但其侧面投影 $a''b''$、$c''d''$ 的交点与其它两个投影面上的同面投影交点之间，不符合点的投影规律，所以 AB、CD 两直线在空间不相交。

3. 交叉两直线

在空间既不平行又不相交的两直线为交叉两直线。若两直线在空间交叉，则它们的各同面投影不可能同时平行，如图 2－22 所示；或同面投影看起来相交，但其交点不符合点的投影规律，如图 2－22 和图 2－23 所示，它们都是交叉两直线。

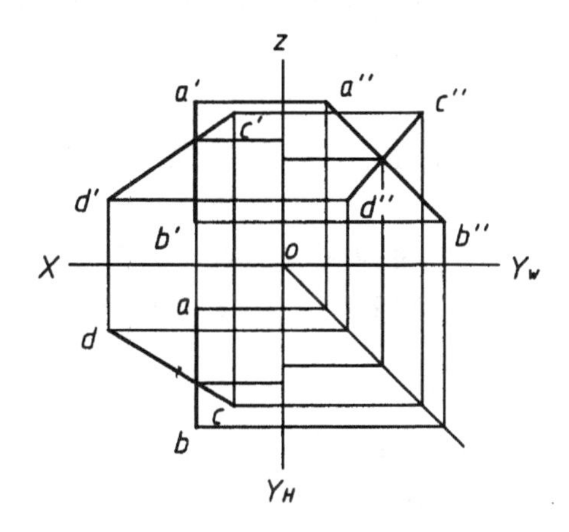

图 2－21　判别两直线是否相交

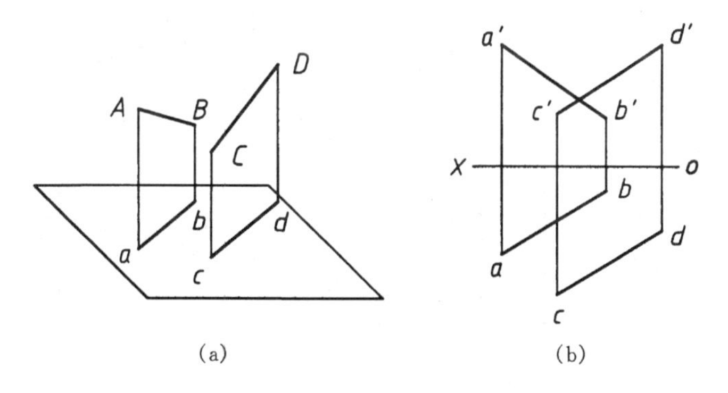

(a)　(b)

图 2－22　交叉两直线的投影(一)

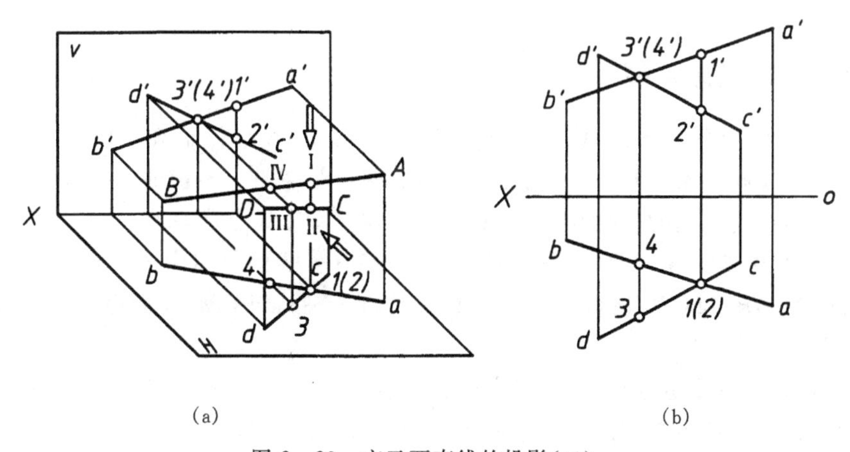

(a)　(b)

图 2－23　交叉两直线的投影(二)

交叉两直线在某一投影面上投影的交点，实际上是两直线上对该投影面的一对重影点的投影。对于交叉两直线应判别其重影点的可见性。从图 2-23(a)可以看出，水平投影 ab 与 cd 的交点 1(2)，是直线 AB 上Ⅰ点和 CD 上Ⅱ点的投影，Ⅰ、Ⅱ两点是对 H 面的一对重影点，由于Ⅰ点的 Z 坐标大于Ⅱ点的 Z 坐标，所以从上向下观察时，Ⅰ点是可见点，Ⅱ点是不可见点。同样，正面投影 $a'b'$、$c'd'$的交点 $3'(4')$，是直线 AB 上Ⅲ点和 CD 上Ⅳ点的投影，因为Ⅲ、Ⅳ两点是对 V 面的一对重影点。由于Ⅲ点的 Y 坐标大于Ⅳ点的 Y 坐标，所以从前向后观察时，Ⅲ点是可见点，Ⅳ点是不可见点。

例 2-5　已知直线 BA、CD，试过 E 点作一直线 EM 与 BA 和 CD 都相交，如图 2-24(a)所示。

分析　由图 2-24(a)可知，BA 为正垂线，正面投影积聚为一点 $b'(a')$，不管 EM 与 BA 在空间相交于哪一点，其正面投影 $e'm'$必通过 $b'(a')$点 。因此应先作 EM 直线的正面投影，然后才可确定出 EM 与 CD 的交点。

作图　如图 2-24(b)所示。

(1)过 e'、$b'(a')$两点作 $e'm'$，$e'm'$ 与 $c'd'$交于 f'点。

(2)再由 f'求出 f，连接 ef，并求作 m，即完成了 EM 的投影图。

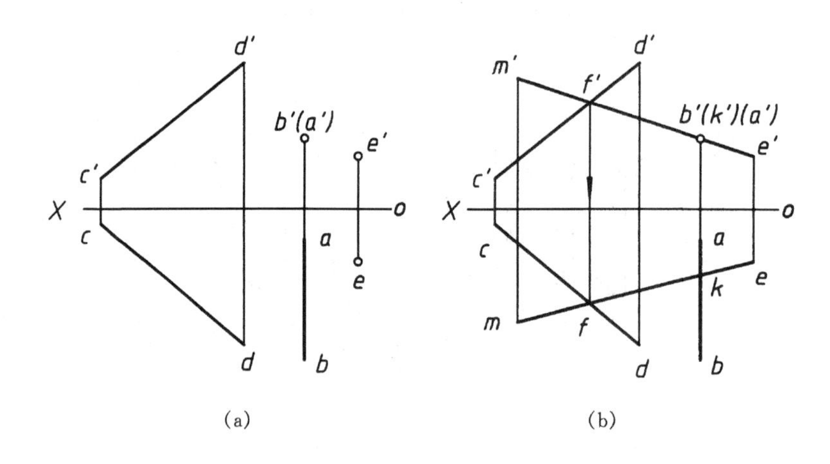

图 2-24　过 E 点作直线与 AB、CD 两直线相交

2.3.4　直角投影定理

直角投影定理：空间两直线垂直相交时，若其中一条直线平行于某一投影面，则此两直线在该投影面上的投影仍然相互垂直。反之，如相交两直线在某一投影面上的投影互相垂直，且其中一条直线为该投影面的平行线时，则此两直线在空间一定互相垂直。

证明如下：如图 2-25(a)所示，设 $AB \perp BC$，且 $AB /\!/ H$ 面。因为 $AB \perp BC$，所以 $AB \perp$ 平面 $BCcb$；又因为 $AB /\!/ H$ 面，所以 $ab /\!/ AB$，故 ab 垂直于平面 $BCcb$，从而可得 $ab \perp bc$。其投影如图 2-25(b)所示。

应当指出，直角投影定理对于交叉垂直两直线也同样适用。如图 2-25(c)所示。

根据直角投影定理可以解决许多平面图形的投影作图问题。

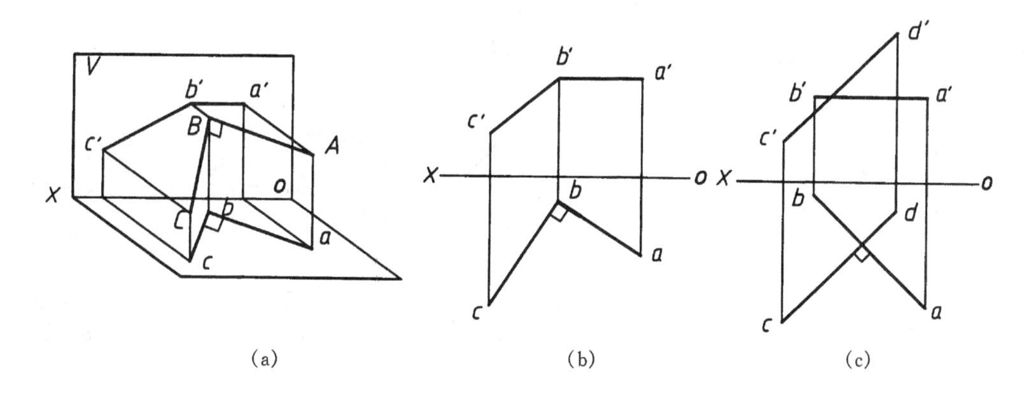

图 2-25　垂直相交两直线的投影

例 2-6　已知矩形 $ABCD$ 的一条边 BC 的两个投影和 AB 边的正面投影，且 AB 为水平线，试完成该矩形的投影，如图 2-26(a)所示。

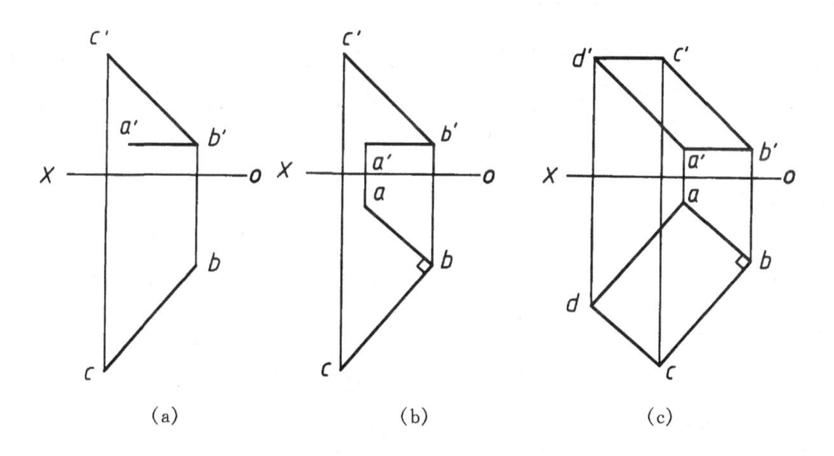

图 2-26　求作矩形 $ABCD$ 的投影

分析　因为 AB 边为水平线，且 $ABCD$ 为矩形($AB \perp BC$)，根据直角投影定理，可在水平投影上直接作：$ab \perp bc$，求出 a。又因为矩形的对边相互平行，依据平行线投影特性，即可完成该矩形的投影。

作图　(1)在水平投影上直接作：$ab \perp bc$，求出 a，如图 2-26(b)所示。

(2)作 $cd /\!/ ab$，$c'd' /\!/ a'b'$，再作 $ad /\!/ bc$ 求出 d。

(3)由 d 求出 d'，连接 $a'd'$(如作图准确应 $a'd' /\!/ b'c'$)，如图 2-26(c)所示。

2.4　平面的投影

2.4.1　表示平面的方法

平面的空间位置可由下列任一组几何元素的投影来表示：①不在同一直线上的三点，②一直线和直线外一点，③相交两直线，④平行两直线，⑤任意平面图形，如三角形、平行四边形等。如图 2－27 所示。这几种表示平面的方式是可以相互转换的。

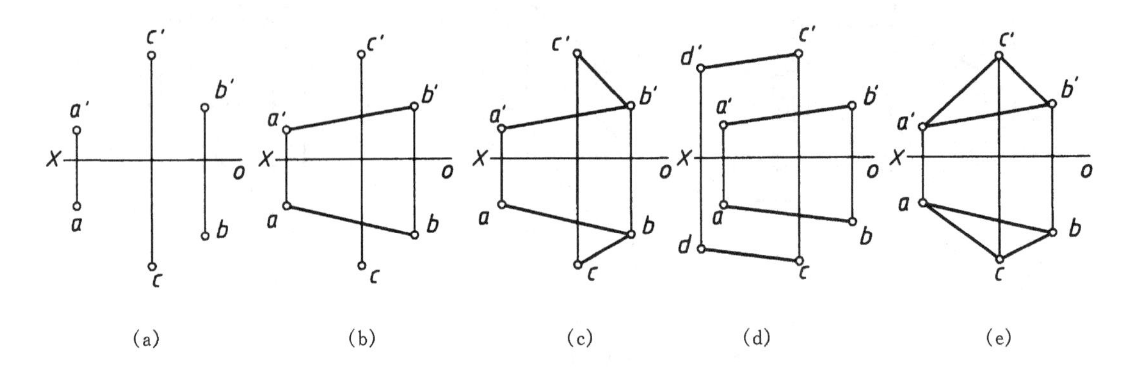

图 2－27　用几何元素表示平面

2.4.2　各种位置平面的投影特性

平面与任一投影面的相对位置都有三种情况：垂直于投影面、平行于投影面或倾斜于投影面。通常把前两类平面又称为特殊位置平面。平面与投影面 H、V、W 的倾角也分别用 α、β、γ 表示。下面讨论各种位置平面的投影特性。

1. 投影面垂直面

把垂直于一个投影面而倾斜于其它两个投影面的平面，称为投影面垂直面。投影面垂直面又分为三类：铅垂面（$\perp H$、倾斜于 V、W）、正垂面（$\perp V$、倾斜于 H、W）和侧垂面（$\perp W$、倾斜于 H、V）。投影面垂直面的投影特性如表 2－4 所示。

表 2－4　投影面垂直面的投影特性

名称	正垂面（$\perp V$）	铅垂面（$\perp H$）	侧垂面（$\perp W$）
立体图	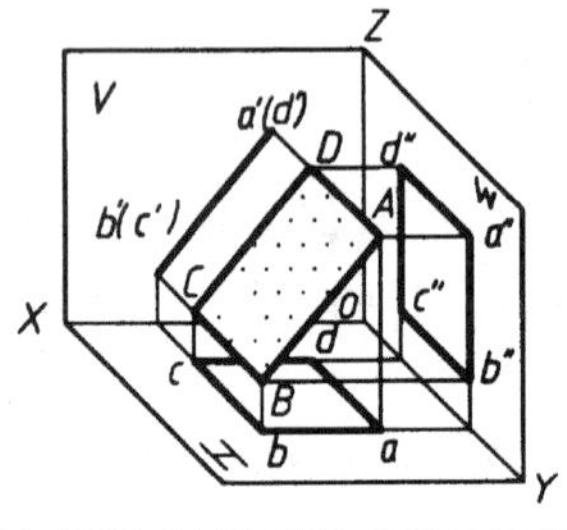	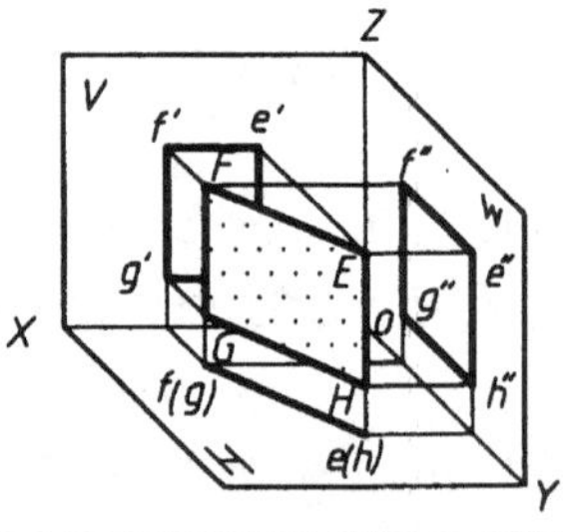	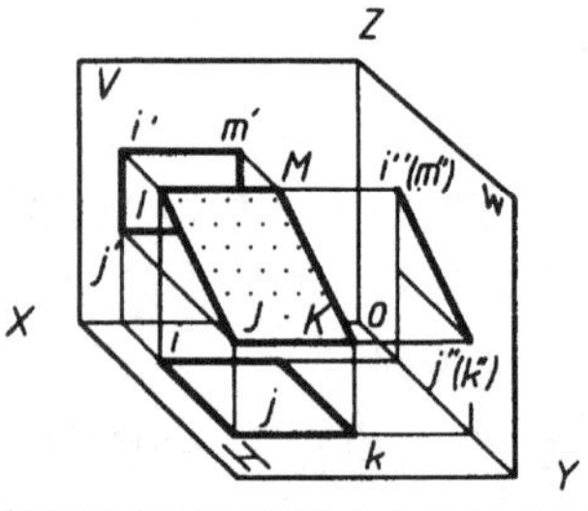
投影图	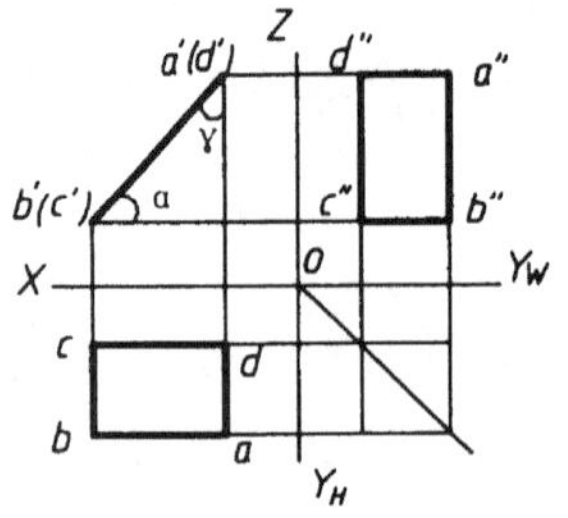	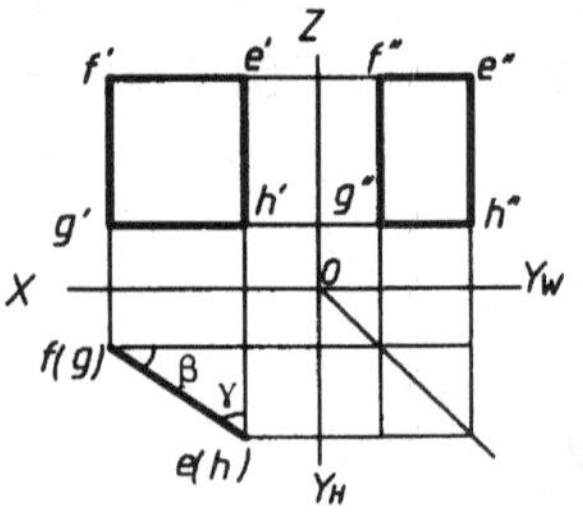	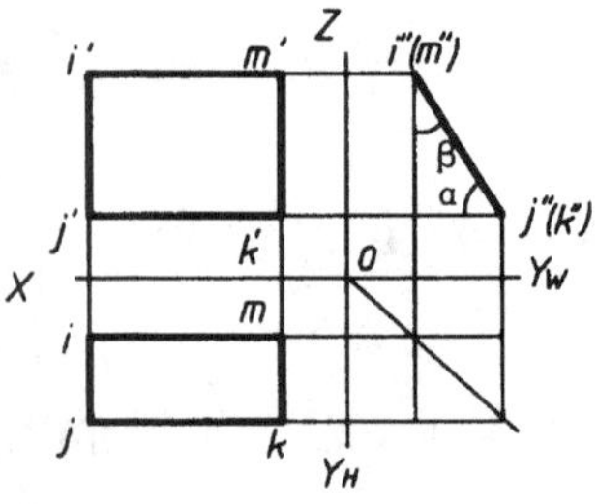

续表 2－4

名称	正垂面(⊥V)	铅垂面(⊥H)	侧垂面(⊥W)
投影分析	1. 正面投影积聚成一直线；它与 OX 轴和 OZ 轴的夹角分别为平面与 H 面和 W 面的真实倾角 α 及 γ 2. 水平投影和侧面投影都是类似形	1. 水平投影积聚成一直线；它与 OX 轴和 OY_H 轴的夹角分别为平面与 V 面和 W 面的真实倾角 β 及 γ 2. 正面投影和侧面投影都是类似形	1. 侧面投影积聚成一直线；它与 OZ 轴和 OY_W 轴的夹角分别为平面与 V 面和 H 面的真实倾角 β 及 α 2. 正面投影和水平面投影都是类似形
投影特性	1. 在平面所垂直的投影面上的投影积聚为一倾斜直线，该斜线与相应投影轴的夹角，反映平面与相应投影面的夹角 2. 在其它两个投影面上的投影，都是空间平面的类似形		

2. 投影面平行面

平行于一个投影面(必定垂直于其它两个投影面)的平面称为投影面平行面。投影面平行面又分为三类：水平面(∥H 同时⊥V、W)、正平面(∥V 同时⊥H、W)和侧平面(∥W 同时⊥H、V)。投影面平行面的投影特性如表 2－5 所示。

表 2－5　投影面平行面的投影特性

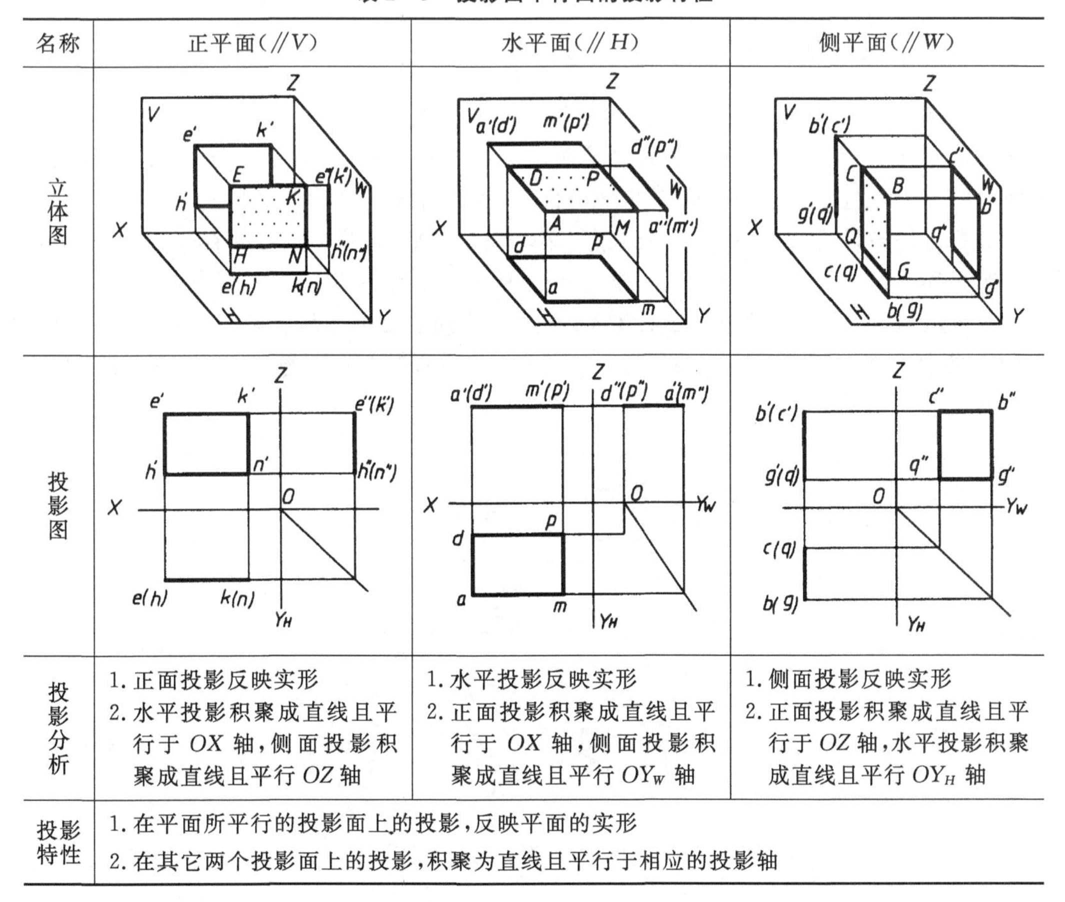

名称	正平面(∥V)	水平面(∥H)	侧平面(∥W)
立体图			
投影图			
投影分析	1. 正面投影反映实形 2. 水平投影积聚成直线且平行于 OX 轴，侧面投影积聚成直线且平行 OZ 轴	1. 水平投影反映实形 2. 正面投影积聚成直线且平行于 OX 轴，侧面投影积聚成直线且平行 OY_W 轴	1. 侧面投影反映实形 2. 正面投影积聚成直线且平行于 OZ 轴，水平投影积聚成直线且平行 OY_H 轴
投影特性	1. 在平面所平行的投影面上的投影，反映平面的实形 2. 在其它两个投影面上的投影，积聚为直线且平行于相应的投影轴		

3. 一般位置平面

与三个投影面都倾斜的平面，称为一般位置平面。如图 2－28 所示，它的三个投影既不反映空间平面的实形，也没有积聚性，三个投影均为空间平面的类似形，因此它在三个投影面上的投影，也不能反映出它与三个投影面倾角的真实大小。

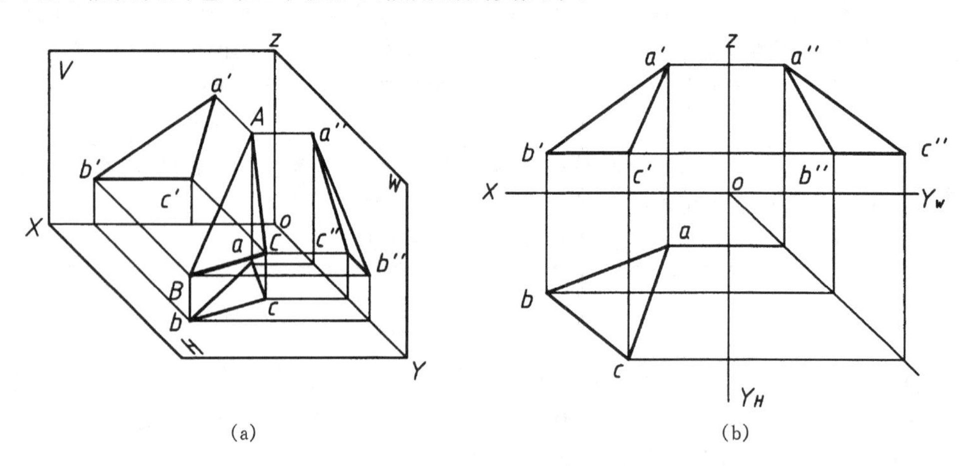

图 2－28　一般位置平面的投影

2.4.3　平面上的点和直线

点在平面上的条件是：若点位于平面内任一直线上，则此点必在该平面上。

直线在平面上的条件是：一直线通过平面内的两个点，则此直线必在该平面上；或直线通过平面内的一个点且平行于该平面内的某一直线，则此直线也必然在该平面上。

由这些几何条件可知，要在平面内取点，必须先要在平面内取直线；要在平面内取直线，则所作直线必须通过平面内两个已知点，或过平面内一个点且平行于该平面内的某一直线。如图 2－29 所示，在△ABC 平面的 AB、AC 两条边上分别取 E、F 两点，则 EF 直线必在该平面上，而 EF 直线上的 D 点也必定在该平面上。过 B 点作直线 BK 平行于 EF 直线，则 BK 也必然在该平面上。

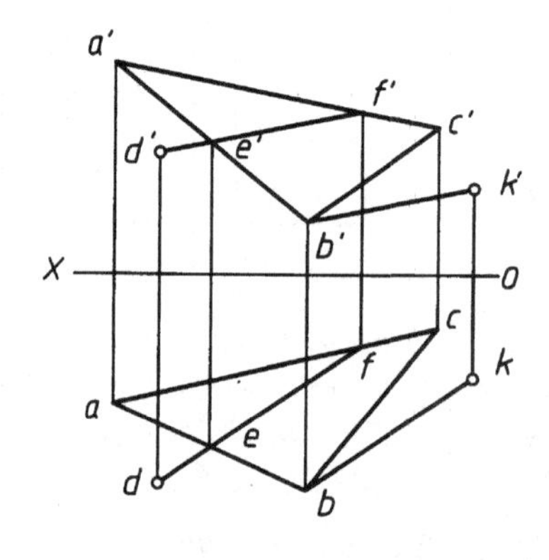

图 2－29　在平面内取点和直线

例 2-7 已知$\triangle ABC$平面和D点，判断D点是否在$\triangle ABC$平面上，如图 2-30(a)所示。

分析 如果D点在$\triangle ABC$平面上，那么它一定位于该平面的某一直线上。否则就不在平面上。

作图 如图 2-30(b)所示。

(1)连接$a'd'$交$b'c'$于e'，由e'求出e。

(2)连接ae。由于d点不在ae上，由此可判断：D点不在$\triangle ABC$平面上。

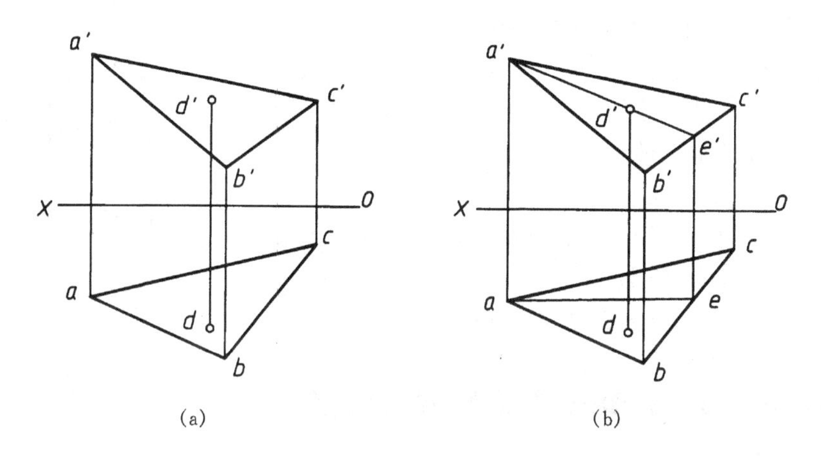

图 2-30 判断点是否在平面上

例 2-8 已知五边形$ABCDE$的正面投影和AB、BC边的水平投影，试完成该平面的水平投影，如图 2-31(a)所示。

分析 因为A、B、C三点已确定了五边形平面的空间位置，因此可用平面上取点、取线的方法，来完成该平面的水平投影。

作图 如图 2-31(b)所示。

(1)连接$a'c'$及$b'e'$，得交点k'。

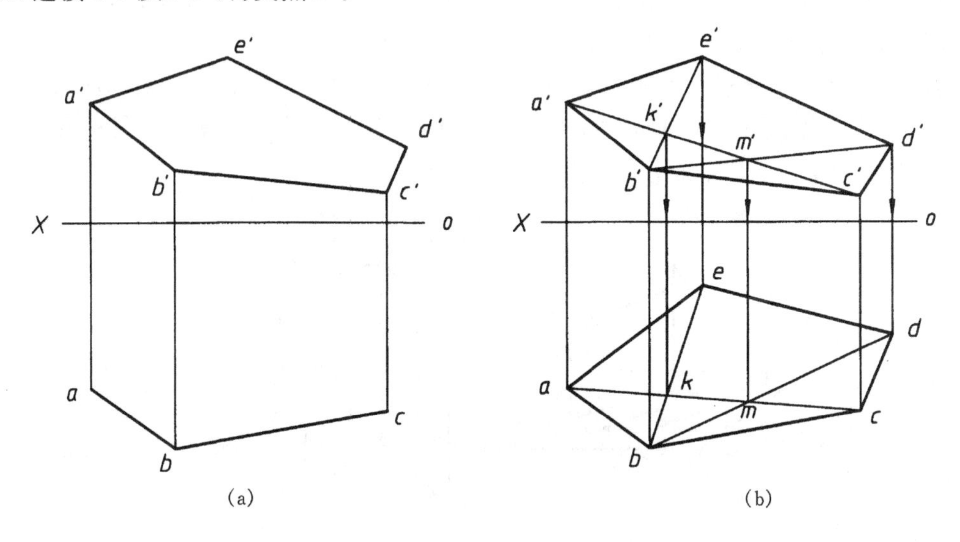

图 2-31 求作五边形的水平投影

(2)连接 ac，并在其上求出 k。

(3)连接 bk 并延长，在其上求出 e。

(4)用同样的方法可求出点 d，连接 $abcde$，即完成了该五边形的水平投影。

例 2-9 已知△ABC 平面，试在该平面上作一条距 H 面为 15 mm 的水平线 EF，如图2-32 所示。

分析 在平面内的水平线 EF，既要满足直线在平面上的几何条件，又要满足水平线的投影特性。而直线到 H 面的距离，可在正面投影上反映出来。因此，首先所作直线的正面投影平行于 OX 轴，且距 OX 轴为 15 mm，然后用平面上取线的方法完成其水平投影。

作图 如图 2-32 所示。

(1)作一直线平行于 OX 轴且距 OX 轴为 15 mm，该直线交 $a'b'$ 于 e'，交 $c'b'$ 于 f'，连接 $e'f'$。

(2)由 e'、f' 求得 e、f，连接 ef，即为所求。

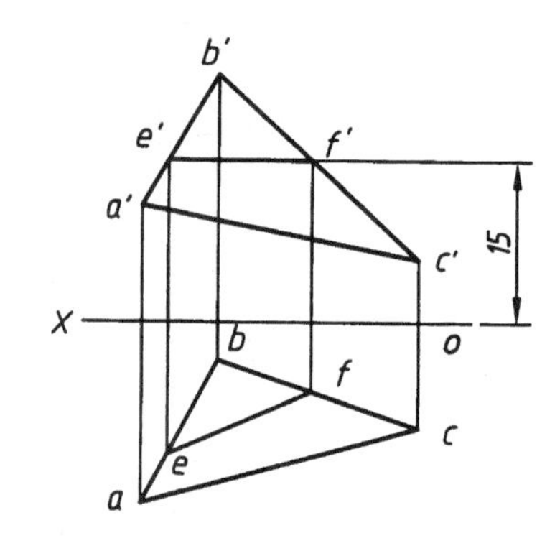

图 2-32 平面内投影面的平行线

2.5 直线与平面、平面与平面的相对位置

直线与平面、平面与平面的相对位置关系有三种：平行、相交和垂直。其中垂直为相交的特殊情况。

2.5.1 平行关系

1. 直线与平面平行

直线与平面平行的几何条件是：若平面外一直线与平面内某一直线平行，则此直线必平行于该平面，如图 2-33(a)所示。反之，若在平面上能作出一条直线平行于平面外的一条直线，则此平面一定平行于该直线。

在图 2-33(b)中，已知一个平面(由相交两直线 CD、EF 表示)和一直线 AB 的投影。因为 $ab /\!/ ef$、$a'b' /\!/ e'f'$，则直线 AB 平行于平面上的 EF 边。由直线与平面平行的几何条件可知，直线 AB 一定平行于该平面。

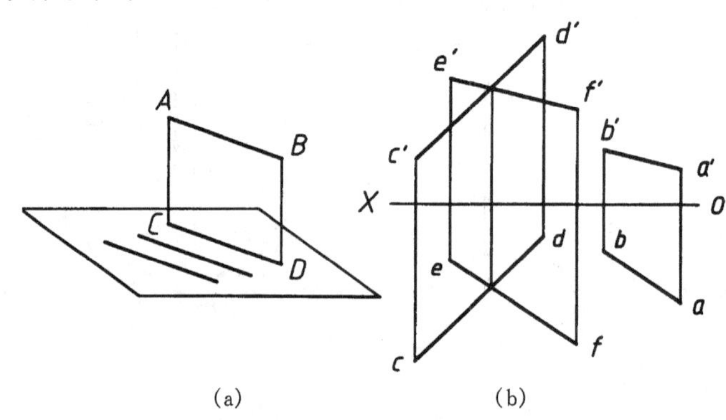

图 2-33 直线与平面平行的条件

根据直线与平面平行的几何条件，可以解决以下作图问题：判别直线与平面是否平行；过空间一点作直线平行于已知平面；过空间一点作平面平行于已知直线。

例 2-10 试判别 DE 直线是否平行于△ABC 平面，如图 2-34 所示。

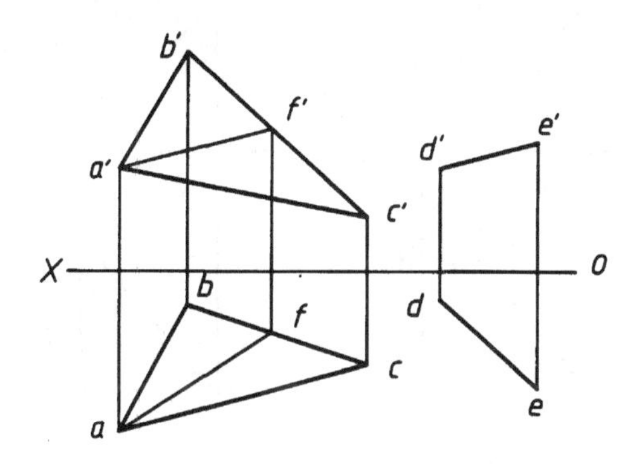

图 2-34 判别直线是否平行于平面

分析 假设 DE 直线平行于△ABC 平面，则在△ABC 平面上一定能作出一条直线平行于 DE 直线。

作图 在△ABC 平面上作一直线 AF，使 $a'f' /\!/ d'e'$；由 a'、f' 求得水平投影 af。若 $af /\!/ de$，则与所设一致，即 DE 直线平行于△ABC 平面。由于 af 不平行于 de，所以，DE 直线不平行于△ABC 平面。

例 2-11 试过 A 点作一正平线，平行于△BCD 平面，如图 2-35(a)所示。

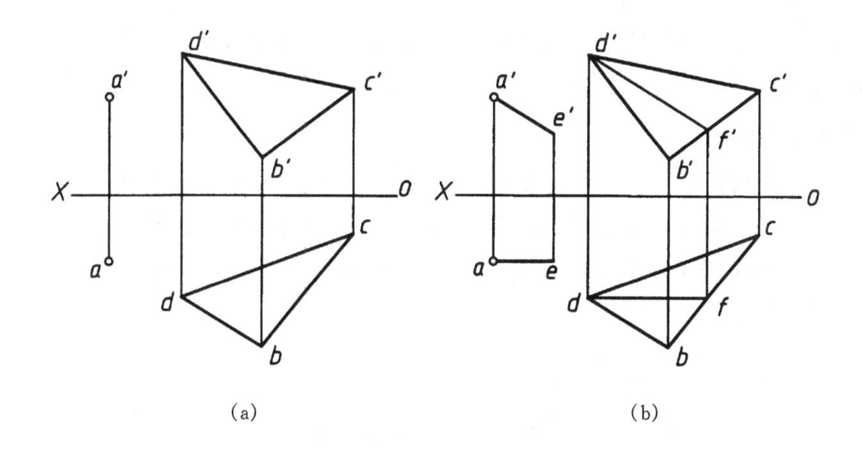

图 2-35 过点作直线平行于已知平面

分析 过平面外一点可以作无数条直线平行于该平面，但本题要求作一条正平线，那么，在平面上与它平行的直线，必定是平面上的正平线。

作图 如图 2-35 所示(b)。

(1)在△BCD 上任作一正平线 DF。

(2)过 A 点作直线 AE 平行于 DF，即：$a'e' /\!/ d'f'$；$ae /\!/ df$。

例 2-12　过 A 点作一铅垂面平行于 BC 直线，如图 2-36(a)所示。

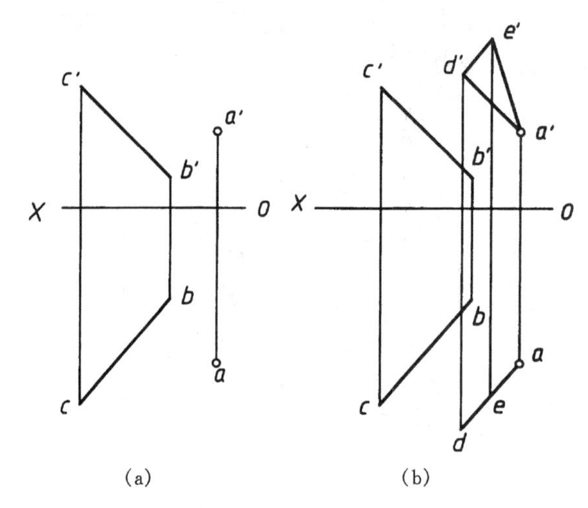

图 2-36　过点作平面平行于已知直线

分析　过 A 点先作一直线 AD 平行于 BC，包含 AD 直线所作的任一平面，都平行于 BC 直线。本题要求作一铅垂面。

作图　如图 2-36(b)所示。

(1)过 A 点作直线 AD，使 $a'd' /\!/ b'c'$，$ad /\!/ bc$。

(2)根据铅垂面的投影特性，包含 AD 直线所作的 $\triangle ADE$ 铅垂面，其水平投影应积聚为直线，即 $aed /\!/ bc$。

(3)完成所作 $\triangle ADE$ 铅垂面的正面投影即可。

由此可知，当直线与某投影面的垂直面平行时，则直线在该投影面上的投影，一定与平面具有积聚性的投影(积聚为直线)相互平行。

2. 平面与平面平行

若在两个平面内各有一对相交直线对应平行，则这两个平面一定相互平行。如图2-37(a)所示，$AD /\!/ BC$、$AC /\!/ FE$，则平面 P 一定平行于平面 Q。在图 2-37(b)中，因为 $a'd' /\!/ b'c'$，$ad /\!/ bc$；$a'c' /\!/ f'e'$，$ac /\!/ fe$；所以相交两直线 AD 与 AC 所决定的平面平行于 FE 与 BC 所决定的平面。

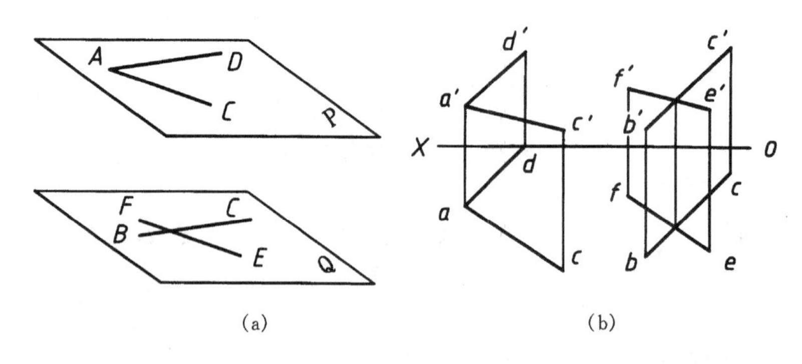

图 2-37　两平面平行的条件及投影图

当两平面同时垂直于某一投影面且相互平行时，则该两平面有积聚性的投影一定相互平行。如图 2－38 所示。

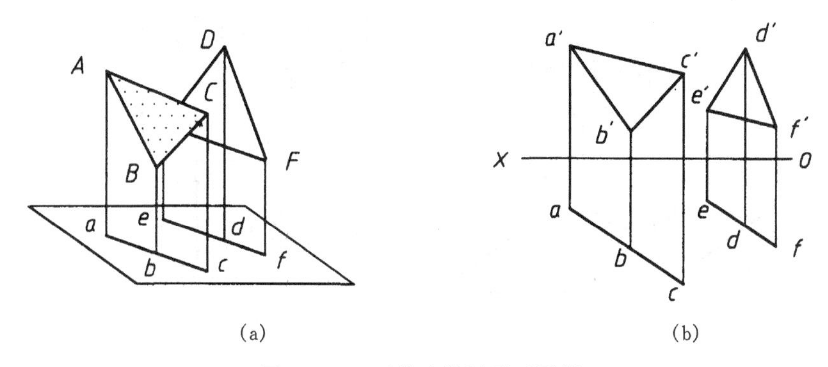

图 2－38　两特殊位置平面平行

例 2－13　试过 K 点作一平面平行于△ABC 平面，如图 2－39(a)所示。

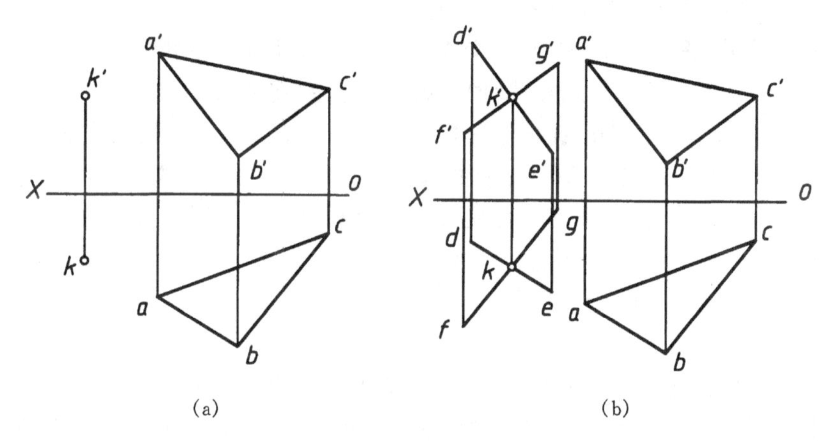

图 2－39　过点作平面平行于已知平面

分析　过 K 点可作一直线 $DE /\!/ AB$、$FG /\!/ BC$；则 DE 和 FG 两相交(相交于 K 点)直线所决定的平面，一定平行于△ABC 平面。

作图　如图 2－39(b)所示。

(1)过 k'作直线 DE 使 $d'e' /\!/ a'b'$，过 k 作 $de /\!/ ab$。

(2)过 k'作直线 FG 使 $f'g' /\!/ b'c'$，过 k 作 $fg /\!/ bc$。

2.5.2　相交关系

直线与平面、平面与平面不平行，则必定相交。

1. 直线与平面相交

直线与平面相交的交点是直线与平面的共有点。当相交的直线或平面其中之一具有积聚性时，可直接利用积聚性投影求交点，求出交点后，还应判别可见性。如图 2－40(a)所示，DE 直线与△ABC 平面相交，当沿着投影方向观察时，DE 直线上有一段被平面遮挡为不可见，交点 K 是直线上可见与不可见部分的分界点，将可见部分画成实线，不可见部分画成虚线。对于直线(或平面)有积聚性的那个投影,一般不判别可见性。

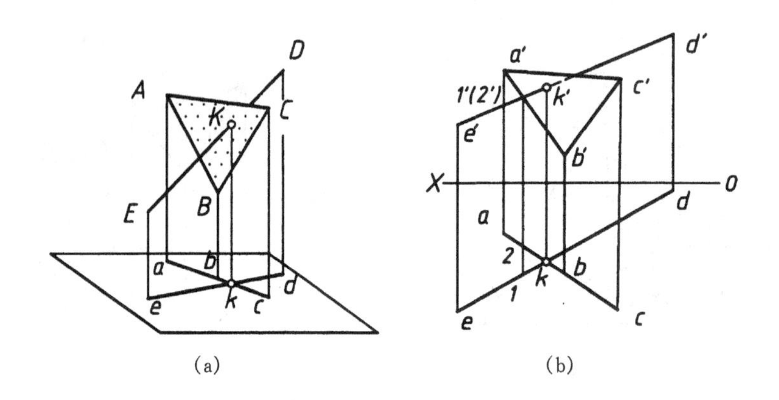

(a) (b)

图 2-40 一般位置直线与特殊位置平面相交

在投影图上,可通过直接观察来判别其可见性,也可利用交叉两直线的重影点来判别其可见性。下面举例说明直线与平面相交,求交点的作图方法及可见性的判别方法。

例 2-14 求 DE 直线与△ABC 平面的交点,并判别其可见性。

分析 在图 2-40(a)中,DE 直线是一般位置直线,△ABC 平面是铅垂面,其水平投影积聚为一直线。此时 DE 直线与△ABC 平面的交点 K 的水平投影 k,必定是 abc 与 ed 的交点;同时交点又是直线 ED 上的点,因此 k'必定在 ED 直线的正面投影上。

作图 由图 2-40(b)的水平投影 abc 与 de 的交点,可直接求出交点 K 的水平投影 k;再用直线上求点的作图方法,即可作出 k'。

判别可见性。

(1)直接观察判别 由图 2-40(b)的水平投影可以看出,ek 部分在△abc 平面的前方,所以 $e'k'$为可见,画成粗实线。kd 部分在平面的后方,因此 $k'd'$与△$a'b'c'$平面重叠的部分为不可见,画成虚线,露出的部分仍画成粗实线。由于△ABC 平面的水平投影积聚为直线,不可能遮挡直线,因此不需要判别可见性。

(2)利用重影点判别 在直线 DE 与 AB 边的正面投影上有一对重影点,即 $d'e'$与 $a'b'$的重影点 $1'2'$,然后分别在直线 de 与 ab 上求出 1 和 2,由于点 1 在点 2 之前,故 $1'$可见,说明 EK 部分在平面前方,因此 $e'k'$为可见,画成粗实线。以 k'为分界点,$k'd'$与△$a'b'c'$平面重叠的部分为不可见,画成虚线,露出的部分仍画成粗实线。

例 2-15 求 EF 直线与△ABC 平面的交点,并判别其可见性。

分析 由图 2-41(a)可以看出,EF 直线是正垂线,其正面投影积聚为一点,△ABC 平面是一般位置平面。由于直线的正面投影有积聚性,交点 K 的正面投影必定重影在 $e'(f')$上;同时交点又是平面上的点,所以 k'也必定在△$a'b'c'$上,因此,在△$a'b'c'$上作辅助线 $a'g'$,再求出其水平投影 ag,ag 与 ef 的交点即为 K 点的水平投影 k。

判别可见性 利用重影点来判别。由图 2-41(b)可以看出,EF 直线与△ABC 平面的 BC 边在水平投影上有一对重影点 1(2),由正面投影可以看出,EF 直线上的Ⅰ点在上(Z 坐标大)是可见点,BC 边上的Ⅱ点在下(Z 坐标小)是不可见点,因此 EK 段在平面的上方是可见的,画成粗实线,直线 EF 被平面遮住的部分为不可见,画成虚线。由于直线 EF 的正面投影积聚为一点，因此不需判别可见性。

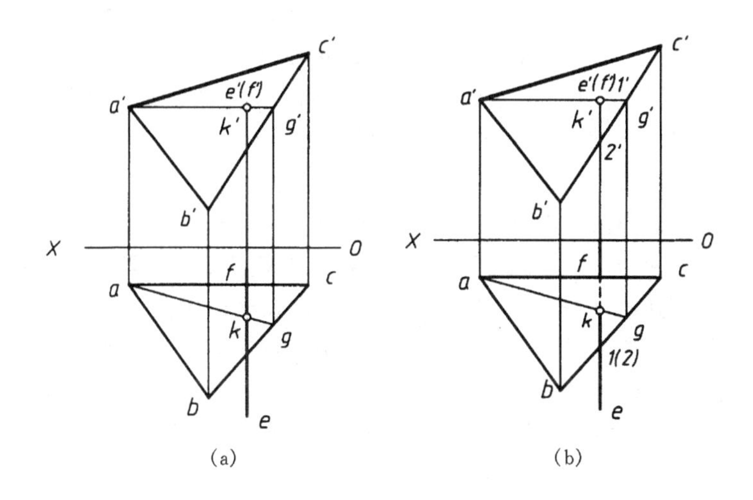

图 2 - 41　一般位置平面与特殊位置直线相交

2. 平面与平面相交

两平面相交的交线是两平面的共有线。当两相交平面中，有一个平面具有积聚性时，可利用积聚性来求交线。下面举例说明两平面相交求交线的作图方法。

例 2 - 16　求平面 $DEFG$ 与△ABC 平面的交线。如图 2 - 42(a)所示。

分析　$DEFG$ 平面是铅垂面，△ABC 是一般位置平面。为求得两平面的交线，可先分别求出△ABC 上 AC 边和 BC 边，与铅垂面 $DEFG$ 的交点 K_1、K_2。连接 K_1K_2 即为两平面的交线。求出交线后，还应判别可见性。如图 2 - 42(a)所示，当沿着投影方向观察时，必然有一部分平面被另一平面遮挡为不可见，将可见部分画成粗实线，不可见部分画成虚线。交线 K_1K_2 是可见的，它是可见与不可见部分的分界线。

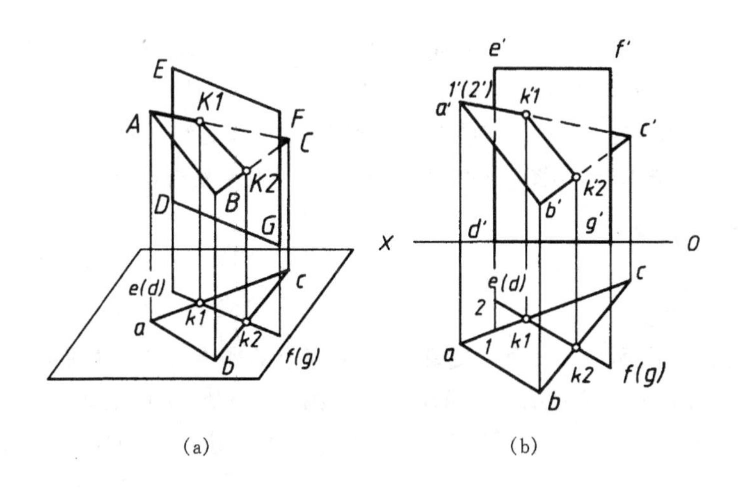

图 2 - 42　一般位置平面与特殊位置平面相交

作图 如图 2-42(b)所示，由水平投影可直接求出△ABC上AC边和BC边，与铅垂面$DEFG$的交点K_1、K_2的水平投影k_1、k_2，连接k_1k_2即为交线的水平投影；再用直线上求点的作图方法，即可作出$k'_1k'_2$，连接$k'_1k'_2$即为交线的正面投影。

判别可见性　交线为可见。由于四边形$DEFG$的水平投影有积聚性，所以它不可能将△abc遮挡住，因此，对于平面有积聚性的那个投影来说，不需判别可见性(此时水平投影不需判别可见性)。对于正面投影来说，可利用直接观察法来判断可见性。由图 2-40(b)的水平投影可以看出，abk_2k_1部分在平面$defg$的左前方，所以$a'b'k'_2k'_1$为可见，画成粗实线。ck_1k_2部分在平面$defg$的右后方，因此$d'e'f'g'$与$c'k'_1k'_2$重叠的部分为不可见，画成虚线，露出的部分仍画成粗实线。也可利用重影点来判别可见性，即在交线所在边的任一侧，找一对重影点如$1'(2')$，然后分别在直线de与ac上求出1和2，由于点1在点2之前，故$1'$可见，说明AK_1部分在平面前方，因此$a'k'_1$为可见，由此可推出$a'b'k'_2k'_1$为可见。这与用直接观察法所判别的结果是完全一致的。然后将可见部分画成粗实线，被遮住的部分画成虚线。

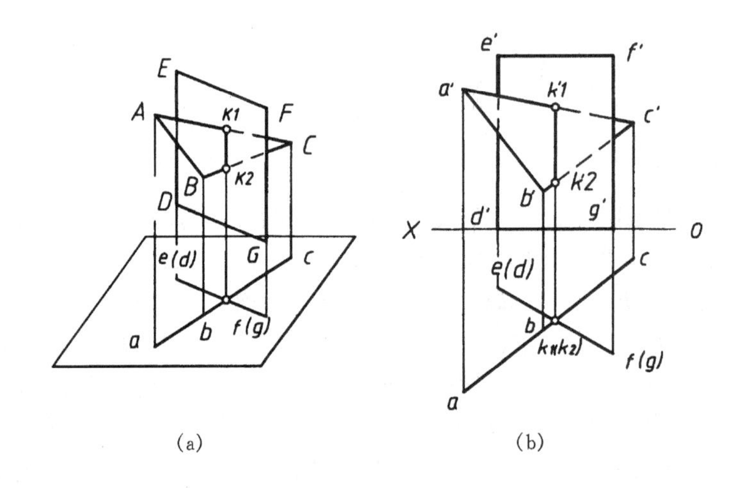

(a)　　　　(b)

图 2-43　两特殊位置平面相交

当相交两平面同时垂直于某一投影面时，其交线一定是该投影面的垂直线。如图 2-43(a)所示，相交两平面同时垂直于水平投影面，因此交线k_1k_2在该投影面上的投影积聚成一点(两平面有积聚性投影的交点，就是交线有积聚性的投影)，交线k_1k_2在其它投影面上的投影仍用直线上取点的方法求得，如图 2-43(b)所示。可见性判别方法同上(请读者自行分析)。

2.5.3　垂直关系

1. 直线与平面垂直

若直线垂直于某平面，则该直线一定垂直于平面上的所有直线(过垂足或不过垂足)。如图 2-44(a)所示，若直线MK垂直于△ABC平面，则在△ABC平面上取一水平线AE，则MK必垂直于AE。根据直角投影定理可知，直线MK在水平投影面上的投影，一定垂直于AE的水平投影，即$mk \perp ae$。由此可以得出如下结论：如果直线垂直于平面，则该直线的水平投影，一定垂直于平面上水平线的水平投影；该直线的正面投影一定垂直于平面上正平线的正面投影；该直线的侧面投影一定垂直于平面上侧平线的侧面投影。如图 2-44(b)所示。

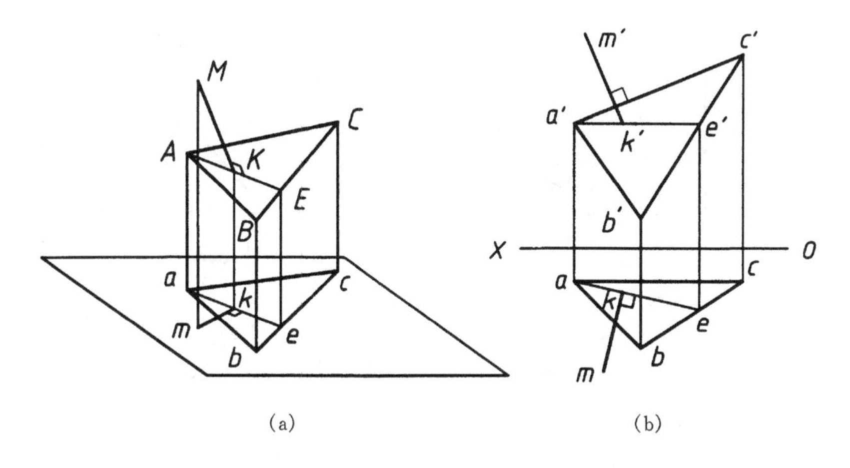

(a) (b)

图 2-44 直线与平面垂直

例 2-17 试求 G 点到平面 $ABCD$ 的距离，如图 2-45(a)所示。

分析 欲求 G 点到平面 $ABCD$ 的距离，必须先过 G 点作平面 $ABCD$ 的垂线，然后求出垂线与平面的交点，最后再求出距离的实长。由图 2-45(a)可知，平面 $ABCD$ 是正垂面，与它所作垂直的直线必然是正平线，因此，过 g' 作 $g'k'$ 垂直于平面 $ABCD$ 的正面投影 $a'b'c'd'$；过 g 作 $gk /\!/ X$ 轴，则 $g'k'$ 与 $a'b'c'd'$ 的交点 k'，即为垂足 K 的正面投影。$g'k'$ 就是 G 点到平面的真实距离。如图 2-45(b)所示。

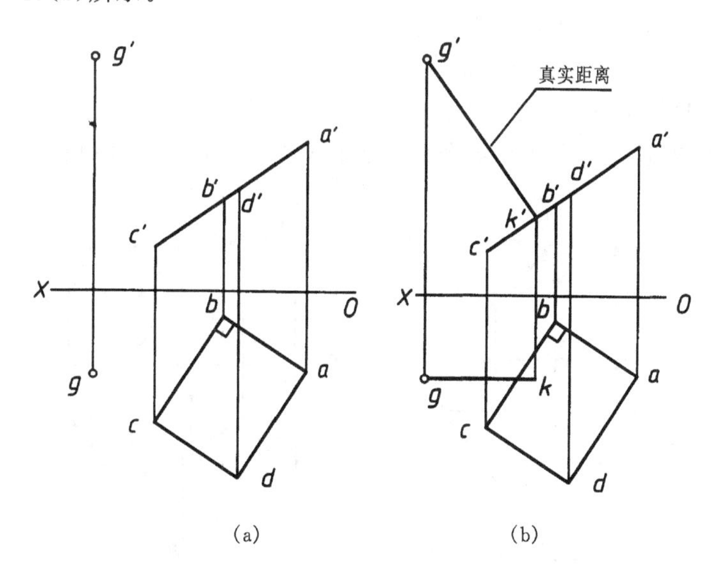

(a) (b)

图 2-45 求点到平面的距离

例 2-18 试过 G 点作平面垂直于 AB 直线，如图 2-46 所示。

分析 过 G 点作一正平线和水平线，使它们都垂直于 AB 直线，则该两直线所确定的平面一定垂直于 AB 直线。

作图 过 G 点作正平线 GE，使 $g'e' \perp a'b'$；过 G 点作水平线 GF，使 $gf \perp ab$，则 GF 和 GE 两相交直线所确定的平面即为所求。

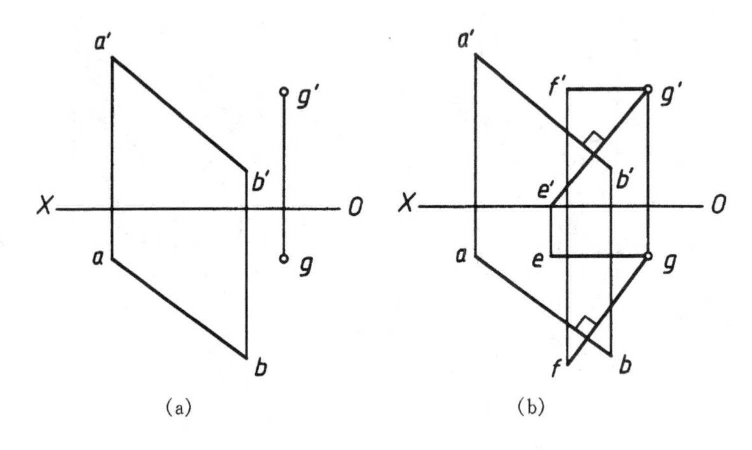

图 2-46　过点作已知直线的垂直面

2. 平面与平面垂直

两平面相互垂直的几何条件是：若一直线垂直于一平面，则过此直线所作的一切平面都垂直于该平面。如图2-47所示，直线 $AB \perp H$，过 AB 所作平面 S,R,Q，…，都与平面 H 垂直。由此可知，要作一已知平面的垂直面时，必须先作一条直线垂直于该平面，然后过该垂线作平面即可。若要判断两平面是否垂直，可先从一平面内的任一点向另一个平面作垂线，如果所作直线在第一个平面内，则此两平面必定相互垂直。

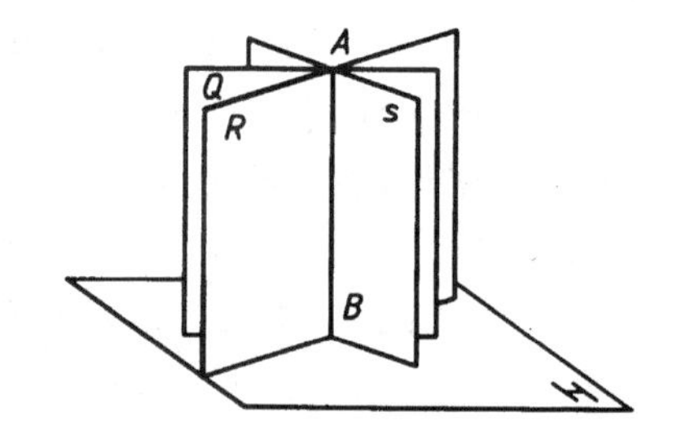

图 2-47　两平面垂直的条件

例 2-19　试过 M 点作一正垂面垂直于$\triangle ABC$ 平面，如图 2-48 所示。

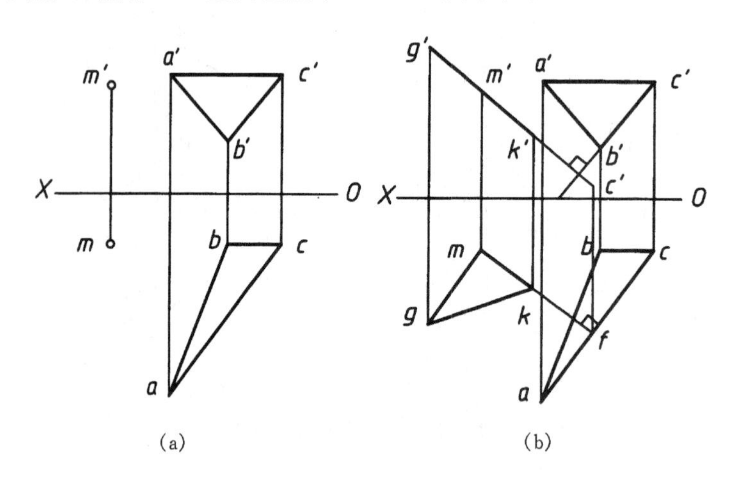

图 2-48　过点作已知平面的垂直面

分析　过 M 点作一直线，使它垂直于$\triangle ABC$ 面，再包含该直线作一正垂面即可。

作图　由于$\triangle ABC$ 平面上的 BC 边为正平线，AC 边为水平线，因此过 M 点作一直线 MK，使 $m'k' \perp b'c'$、$mk \perp ac$，则 MK 垂直于$\triangle ABC$ 平面；再包含 MK 所作的$\triangle GMK$ 平面即

为所求。

例 2-20 试判断两平面是否垂直,如图 2-49 所示。

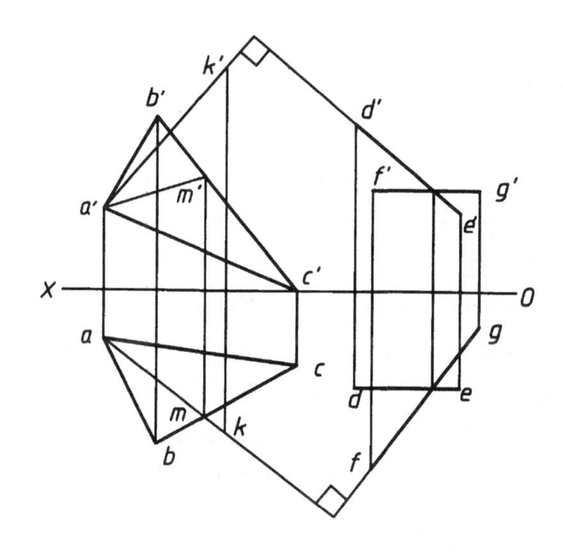

图 2-49 判断两平面是否垂直

分析 由两平面相互垂直的几何条件可知,过△ABC 平面内的任一点 A,向另一已知平面作垂线 AK,然后判断 AK 是否在△ABC 平面内,如果在,则此两平面必相互垂直。如图 2-49所示,AK 不在△ABC 平面内,所以两平面不垂直。

在图 2-50 中,列出了平面与平面垂直的特殊情况。当两平面同时垂直于某一投影面,且两个有积聚性的投影反映直角时,则该两平面一定相互垂直,如图 2-50(a)所示。当两相交平面中有一平面在某一投影面上积聚为直线,且积聚的直线与另一平面上该投影面的平行线的投影垂直时,则该两平面一定相互垂直,如图 2-50(b)所示。当两平面分别平行于某一投影面时,则该两平面一定相互垂直,如图 2-50(c)所示。

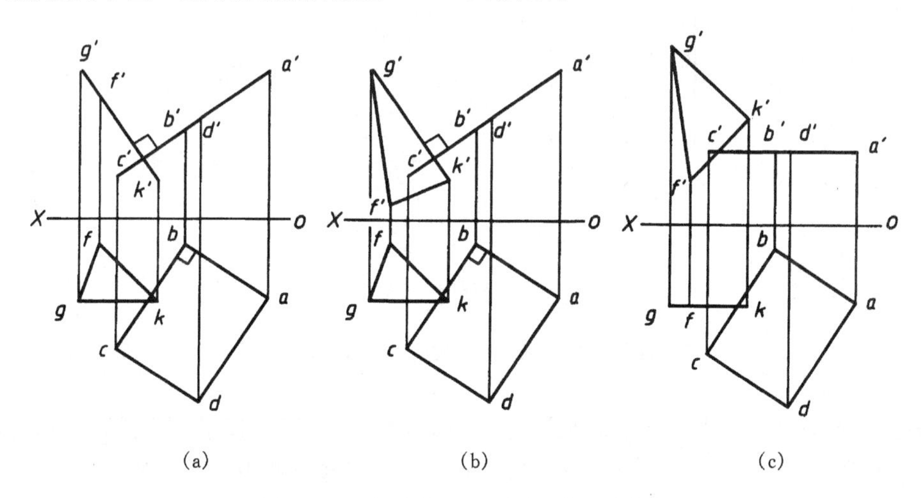

(a) (b) (c)

图 2-50 特殊情况下两平面的垂直问题

2.6 变换投影面法

2.6.1 换面法的基本概念

当空间直线或平面处于特殊位置时，在投影图上能够直接反映出某些投影特性，如直线的实长、平面的实形、直线和平面对投影面的倾角等。而直线和平面处于一般位置时，则不能直接反映这些投影特性。如何使空间直线或平面与投影面处于特殊位置呢？变换投影面法（以后简称换面法）是常用的方法之一。

让几何元素的空间位置保持不动，用一个新的投影面来代替原来的某一投影面，使空间几何元素与新的投影面处于有利于图解的位置，这种方法称为变换投影面法。

在变换投影面时，新投影面的选取必须符合以下两个基本条件：

①新的投影面必须与空间几何元素处于有利于图解的位置；

②新的投影面必须垂直于被替换投影体系中的某一投影面。

2.6.2 换面法的投影规律

1. 点的一次变换

如图 2－51(a)所示，在原投影体系 V/H 中，H 面保持不动，设一个新投影面 V_1，使 V_1 面垂直于 H 面，则 V_1/H 就构成一个新投影体系。通常我们把 V 面称为被替换投影面，H 面称为不变投影面，新设投影面 V_1 称为辅助投影面，V_1/H 体系称为辅助投影体系，V_1 面与 H 面的交线 X_1 称为辅助投影轴。

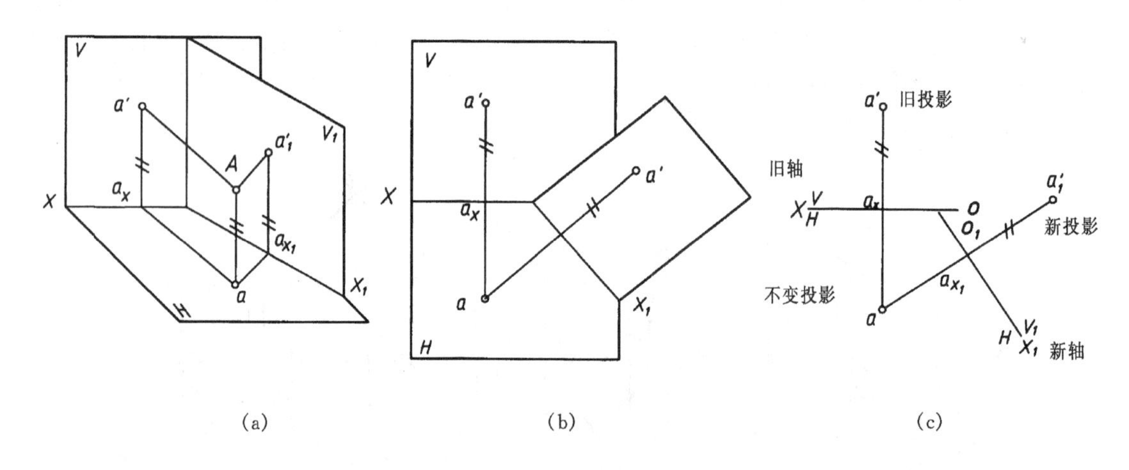

图 2－51 点的一次换面(换 V 面)

已知空间点 A 在 V/H 体系中的投影为 a 和 a'，因为 V_1 面垂直于 H 面，因此仍能用正投影原理，作出点 A 在 V_1/H 体系中的投影为 a 和 a'_1，然后顺序把 V_1 面绕 X_1 轴、H 面绕 X 轴旋转，使它们都与 V 面重合，如图 2－51(b)所示。去掉投影面边框，便得到如图 2－51(c)所示的投影图。为叙述方便，我们作以下约定：新设投影面与不变投影面的交线 X_1 称为新轴，被替换的投影面与不变投影面的交线 X 称为旧轴，点在新设投影面上的投影 a'_1 称为新投影，a'称为旧投影，a 称为不变投影。那么，点在原投影体系和辅助投影体系中的投影具有下述规律：

①新投影与不变投影连线垂直于新轴（$a'_1a \perp o_1x_1$）；

②新投影到新轴的距离等于被替换的旧投影到旧轴的距离（$a'_1a_{x_1}=a'a_x$）。

同样，也可以设立一个 H_1 辅助投影面，使其垂直于 V 面，则 V/H_1 也构成辅助投影体系。同理，可得到 A 点在 V/H_1 体系中的辅助投影 a_1，如图 2-52 所示。

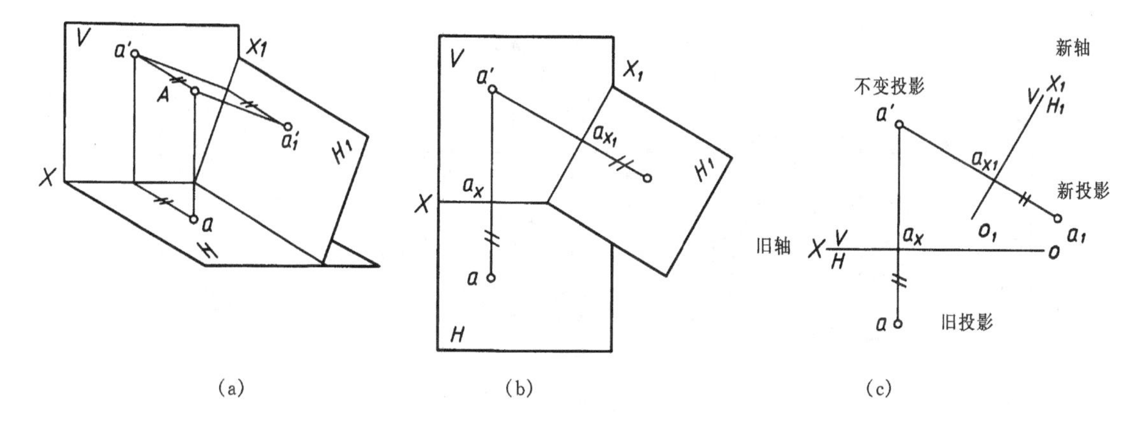

图 2-52　点的一次换面（换 H 面）

2. 点的两次变换

在解决实际问题时，常常需要连续两次或多次变换投影面。如图 2-53 所示，在进行点的两次投影变换时，其变换原理及求作点的辅助投影的作图方法，与点的一次变换完全相同。在进行多次变换时，应注意以下几点：

①交替变换投影面，即：$V/H \rightarrow V_1/H \rightarrow V_1/H_2 \rightarrow V_3/H_2 \rightarrow \cdots$；

②一次变换用注脚 1，二次变换用注脚 2，依次类推；

③在每一次变换中，与不变投影相邻的两个投影到各自投影轴的距离均相等。

依据这个规律可以作出任意多次变换后的辅助投影。

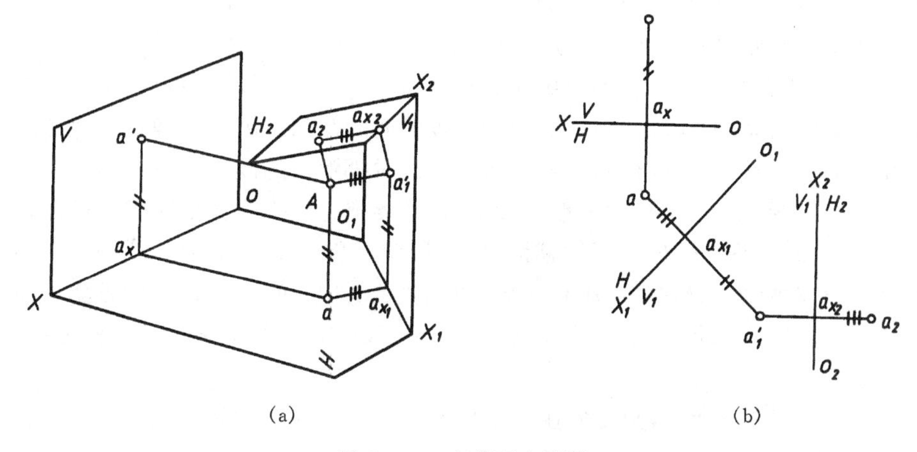

图 2-53　点的两次换面

3. 换面法的基本作图问题

(1)把一般位置直线变换为辅助投影面的平行线　如图 2－54(a)所示，一般位置直线 AB 在 V/H 体系中的投影，既不反映空间直线的实长，也不反映直线对投影面的倾角。现保持 H 面不动，新设一个辅助投影面 V_1，使得 V_1 面垂直于 H 面且平行于 AB 直线，此时 AB 直线在 V_1/H 体系中，已成为 V_1 面的平行线，AB 直线在 V_1 面上的投影 $a'_1b'_1$ 反映实长，$a'_1b'_1$ 与 O_1X_1 轴的夹角反映直线 AB 对 H 面的倾角 α。其作图过程，如图 2－54(b)所示。

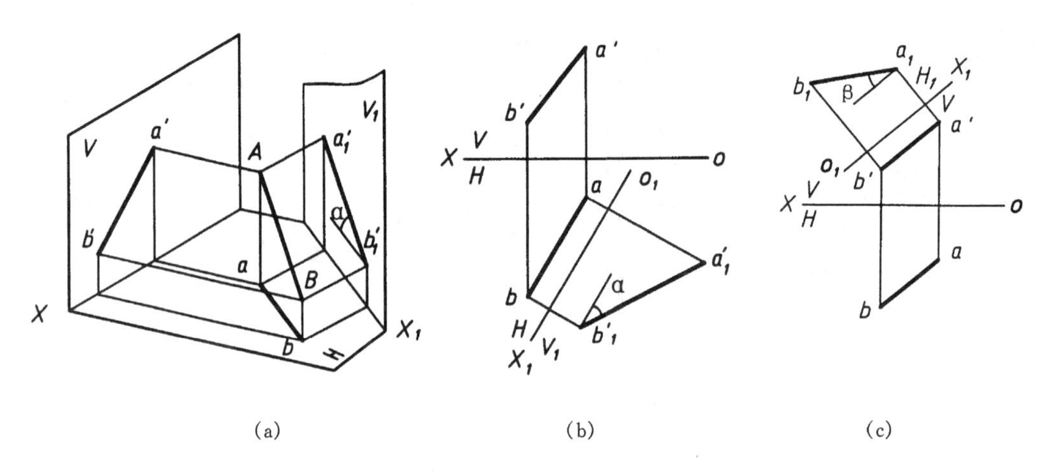

图 2－54　把一般位置直线变换为辅助投影面的平行线

①作新轴 X_1 平行于 ab(以保证 V_1 面平行于 AB，X_1 与 ab 的距离可以任选)。

②用点的换面法投影规律，作出 A、B 两端点的辅助投影 a'_1、b'_1。

③连接 $a'_1b'_1$，即为直线 AB 在辅助投影面 V_1 上的投影。则：$a'_1b'_1=AB$，$a'_1b'_1$ 与 X_1 的夹角等于直线 AB 与 H 面的倾角 α。

同理，也可保持 V 面不动，新设一个辅助投影面 H_1，使得 H_1 面垂直于 V 面且平行于 AB 直线，这时 AB 直线在 V/H_1 体系中已成为 H_1 面的平行线，AB 直线在 H_1 面上的投影 a_1b_1 反映实长，a_1b_1 与 O_1X_1 轴的夹角，反映直线 AB 对 V 面的倾角 β。其作图过程，如图 2－54(c)所示。

由此看来，欲求直线对某个投影面的倾角，则必须保留该投影面不动。可用换面法求出一般位置直线的实长和倾角 α、β、γ。(求 γ 的作图方法请读者自行思考)

(2)把一般位置平面变换为辅助投影面的垂直面　当平面为投影面垂直面时，其有积聚性投影与相应投影轴的夹角，就反映该平面与相应投影面的倾角。因此，我们用换面法把一般位置平面变换成辅助投影面的垂直面，从而可求出平面对投影面的倾角。

如图 2－55(a)所示，$\triangle ABC$ 为一般位置平面，若要把它变换为新投影面的垂直面，则先要在 $\triangle ABC$ 内取一条水平线 CK，然后取辅助投影面 V_1 替换 V 面且垂直 CK(即：X_1 轴 $\perp ck$)，于是在辅助投影体系(V_1/H)中，$\triangle ABC\perp V_1$，这时 $\triangle ABC$ 平面在 V_1 面上的投影 $a'_1b'_1c'_1$，就积聚成一直线，它与 X_1 轴的夹角，即为 $\triangle ABC$ 平面对 H 面的倾角 α。其作图过程，如图 2－55(b)所示。

欲求平面对 V 面的倾角 β，则要先在 $\triangle ABC$ 内取一条正平线，然后取辅助投影面 H_1 替换 H 面，以建立辅助投影体系(V/H_1)，并使 $\triangle ABC\perp H_1$，这时 $\triangle ABC$ 平面在 H_1 面上的投影就

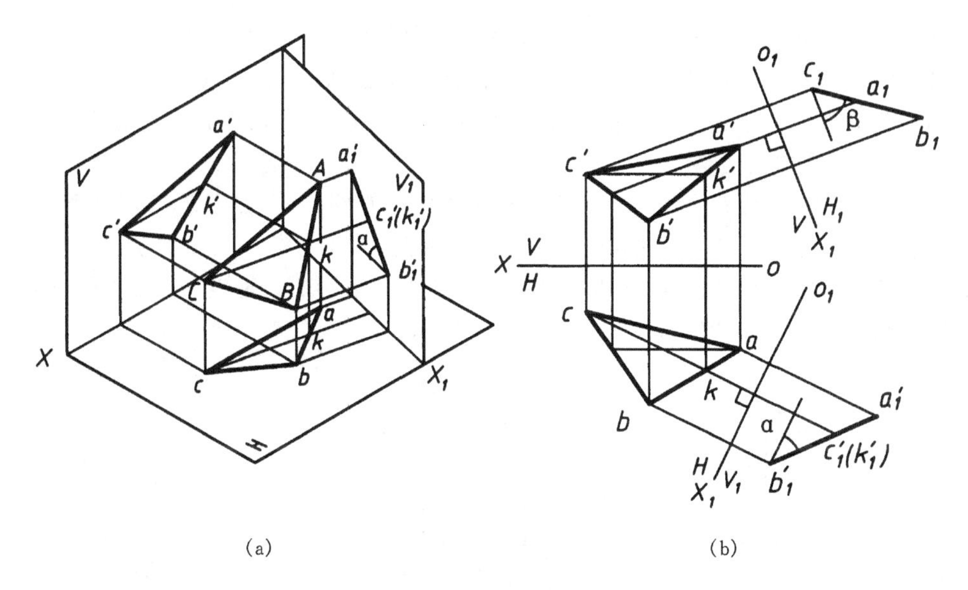

图 2-55　把一般位置平面变换为辅助投影面的垂直面

积聚成一直线，它与 X_1 轴的夹角即为△ABC 平面对 V 面的倾角 β。

总之，欲求平面对某个投影面的倾角，则必须保留该投影面不动。

(3)一般位置平面变换为辅助投影面的平行面　由于△ABC 在 V/H 体系中是一般位置面，它与 V、H 面都不垂直，因而与它平行的辅助投影面也与 V、H 面都不垂直，这不符合建立新的辅助投影体系的条件，因此，一次变换是不能实现的，必须要经过两次变换才能解决。如图 2-56 所示，一次变换先把一般位置平面变换为辅助投影面的垂直面($V/H \rightarrow V_1/H$)，二次变换再取辅助投影面 $H_2 \perp V_1$，且与△ABC 平面平行(即：X_2 轴 $/\!/ a'_1b'_1c'_1$)，这样，在 V_1/H_2 体系中△ABC 就成为 H_2 面的平行面。把一般位置平面变换成辅助投影面的平行面，可求得平面的实形。

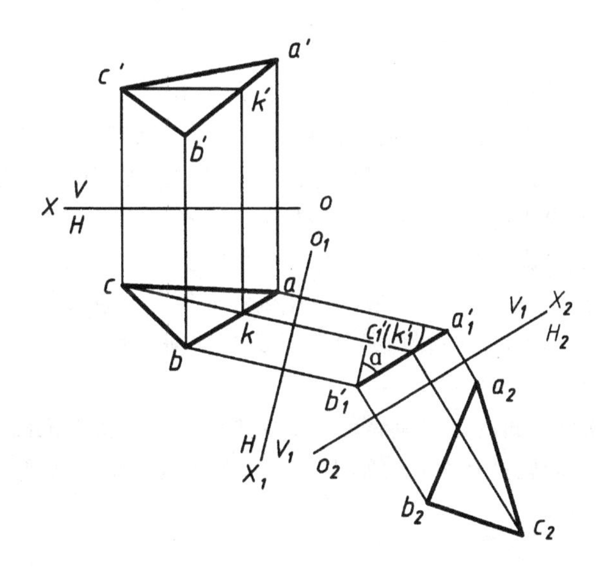

图 2-56　把一般位置平面变换成新的投影面的平行面

变换投影面法也可用来解决其它一些涉及距离和夹角等方面的问题。

例 2-21 试求 C 点到已知直线 AB 的距离及其投影，如图 2-57(a)所示。

分析 当直线 AB 垂直于某一投影面时，则在该投影面上 C 点投影与直线积聚成点投影的连线即为所求，需二次变换。

作图 (1) 将一般位置直线 AB 变为新投影面的垂直线 a_2b_2，如图 2-57(b)所示。

(2) 连接积聚点与 C 点在新投影面的投影 c_2，垂足为 k_2，c_2k_2 即为距离实长。

(3) c_2k_2 为新投影面平行线，所以 $c'_1k'_1$ 平行于投影轴 O_2X_2，得点 k'_1；AB 直线上求点即得 K 点的投影 k、k'，连接 $c'k'$、ck，如图 2-57(c)所示。

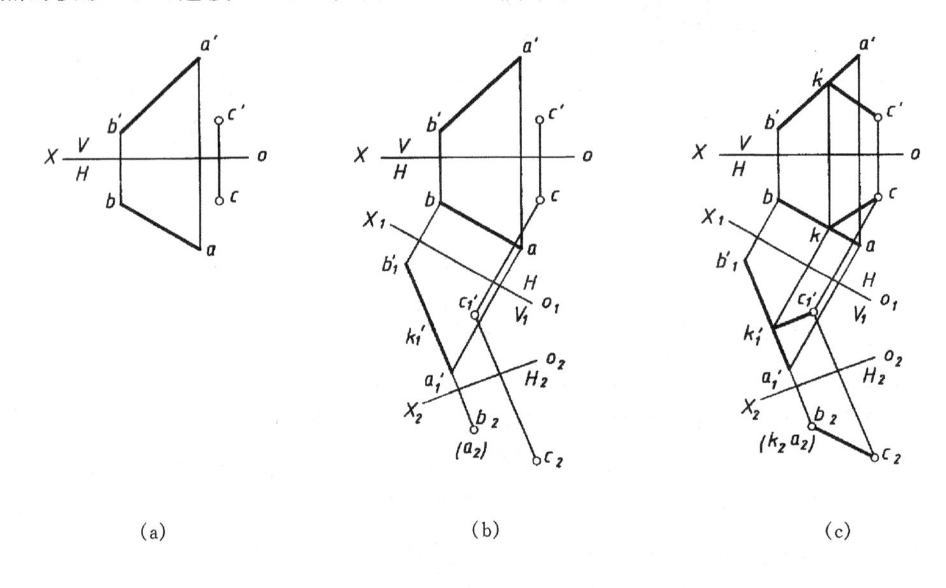

图 2-57 点到直线的距离及其投影

思考题

1. 正投影的基本性质有哪些？
2. 点的投影规律是什么？点的坐标与点的投影有何关系？已知点的坐标如何确定点的投影？
3. 两点的相对位置从哪些方面判定，如何判定？什么是重影点，如何判定其可见性？
4. 试述各种位置直线的投影特性、两直线的相对位置关系及投影规律。
5. 试述各种位置平面的投影特性及平面上的点和直线的判定方法。
6. 直线与平面、平面与平面平行的几何条件是什么？如何判定直线与平面、平面与平面平行？
7. 直线与平面、平面与平面垂直的几何条件是什么？如何作直线与已知平面、平面与已知平面垂直？
8. 用换面法解题时，新投影面的建立应满足什么原则？点的一次变换的投影规律有哪些？
9. 换面法中的四个基本问题是什么？要解决这些基本问题需经过怎样的变换方法与步骤？

第3章　基本体的三视图

立体占有一定空间，由围成立体的表面（平面、曲面）确定其范围大小。完全由平面围成的立体称为平面立体；由曲面和平面或完全由曲面围成的立体称为曲面立体。

常见的平面立体有棱柱、棱锥等，常见的曲面立体有圆柱、圆锥、圆球、圆环等，它们被称为基本立体，是构成任何物体的基本单元。因此，在研究物体的投影时，应首先对这些基本立体的投影进行分析。

3.1　三视图的形成及对应关系

3.1.1　视图的基本概念

用正投影法绘制的物体的投影图称为视图。绘制物体的视图时，让人的视线沿投射方向观察物体，将所见物体的轮廓画在投影面上。视线相当于正投影法中的投射线，假设视线相互平行并与投影面垂直，如图3－1所示。

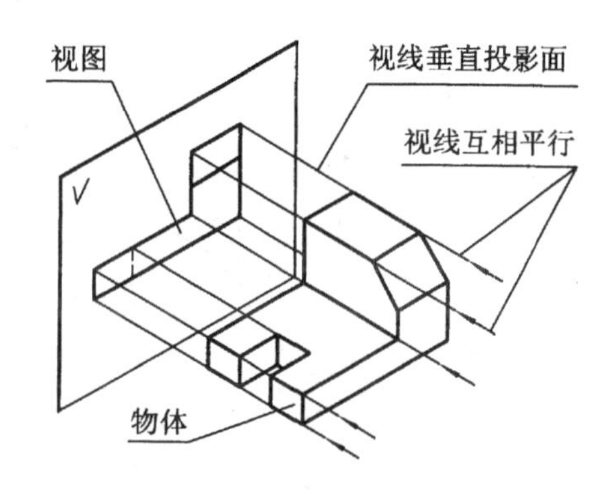

图3－1　视图的概念

3.1.2　三视图的形成

一般情况下，一个视图不能确定物体的形状。如图3－2所示，这个视图只能反映出物体的长度和高度，不能反映出物体的宽度。如图3－3所示，两个形状不同的物体，视图却相同。要反映物体的完整形状和大小，必须增加由不同投射方向，在不同的投影面上得到的视图，互相补充，才能将物体表达清楚。工程上常用三投影面体系来表达物体的形状。

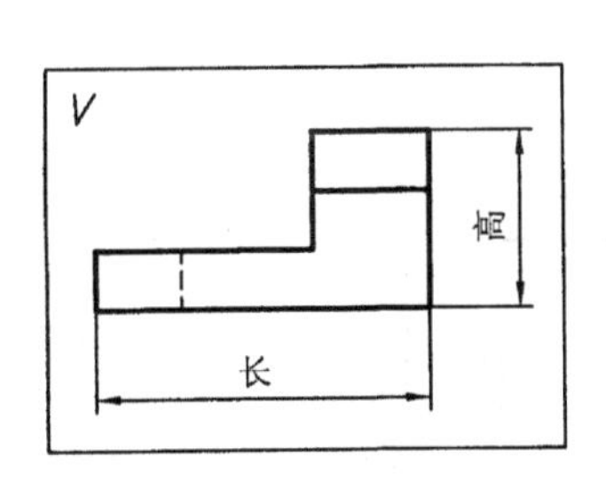

图3－2　视图

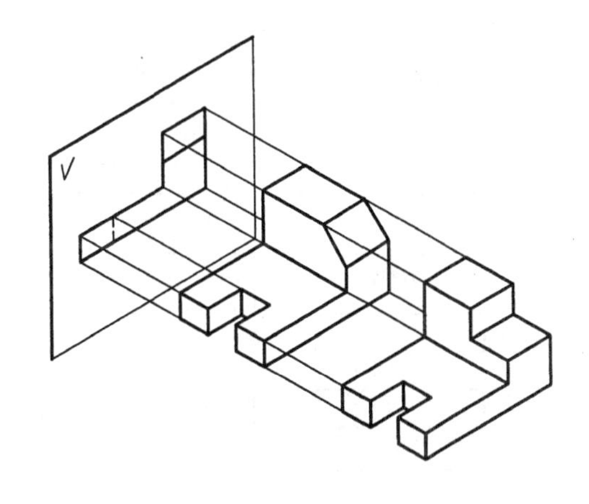

图3－3　一个视图不能确定物体的形状

如图 3-4(a)所示，三投影面体系由互相垂直的正立面(简称正面或 V 面)、水平投影面(简称水平面或 H 面)、侧立投影面(简称侧面或 W 面)组成。三个投影面的交线 OX、OY、OZ 称为投影轴，三根轴的交点称为原点，用 O 表示。将物体放在三投影面体系中，按正投影法向各投影面投射，按国家标准《技术制图》的规定，由前向后投射在正面上得到的视图，称为主视图；由上向下投射在水平面上得到的视图，称为俯视图；由左向右投射在侧面上得到的视图，称为左视图。这三个视图总称为三视图。

为了使处于空间位置的三视图在同一个平面上表示出来，需要将三个投影面展开为一个平面。展开方向如图 3-4(b)所示，规定 V 面不动，将 H 面绕 OX 轴向下旋转 90°，W 面绕 OZ 轴向右旋转 90°，这样就得到图 3-4(c)所示的展开后的三视图。从三视图的形成过程可知，三视图之间的相对位置是固定的，即：主视图定位后，俯视图在主视图的正下方，左视图在主视图的正右方，各视图的名称不必标注。生产实际中，一般不画投影轴和投影面边框，但视图之间需要保持一定的间隔(用来标注尺寸)，如图 3-4(d)所示。

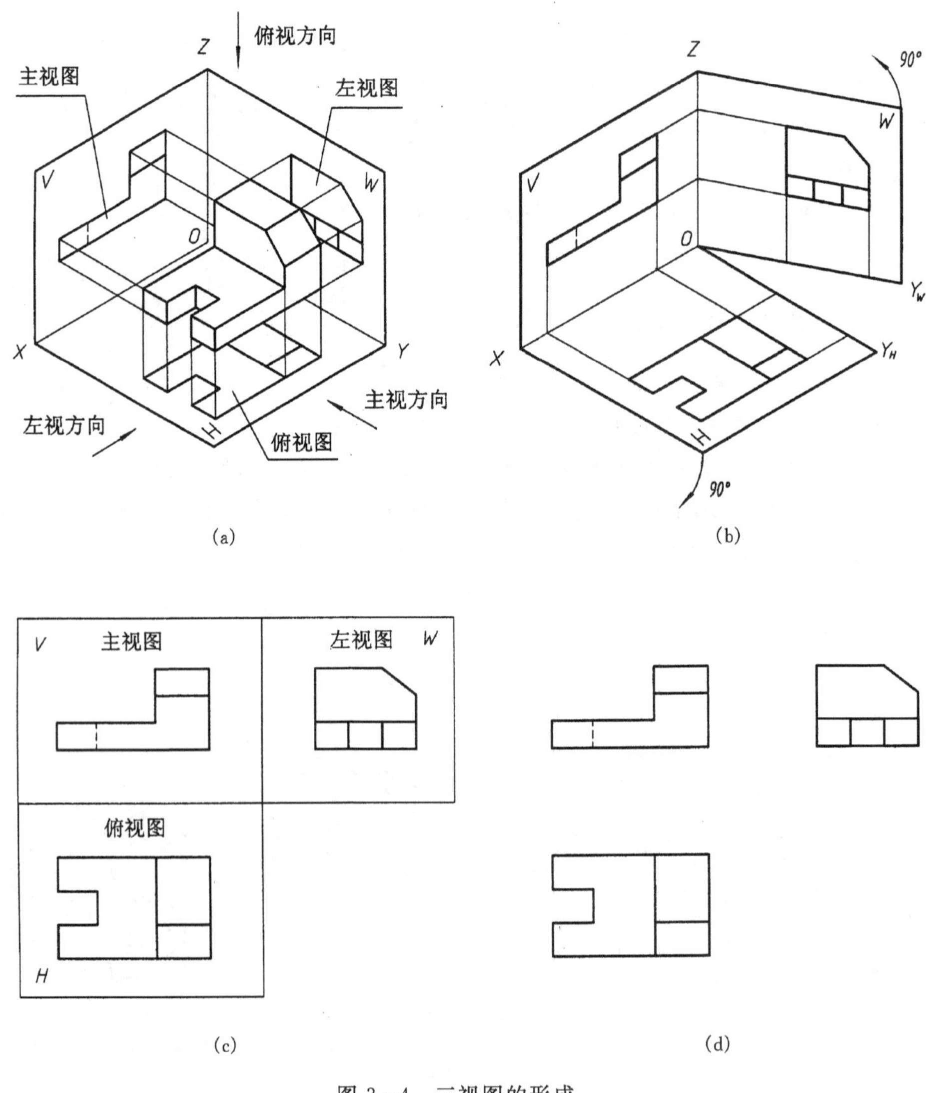

图 3-4 三视图的形成

3.1.3　三视图的对应关系

1. 投影对应关系

如图 3-5 所示，每个视图只能反映物体长、宽、高中的两个方向的尺寸。主视图反映物体的长和高；俯视图反映物体的长和宽；左视图反映物体的宽和高。由此可知：主、俯视图都反映物体的同样长度，主、左视图都反映物体的同样高度，俯、左视图都反映物体的同样宽度。因此，三视图之间的投影对应关系可归纳为：主、俯视图长对正；主、左视图高平齐；俯、左视图宽相等。

“长对正、高平齐、宽相等”的投影对应关系被称之为投影规律，它不仅反映在物体的整体上，也反映在物体的任意一个局部结构上。这个规律是画图和读图的依据。

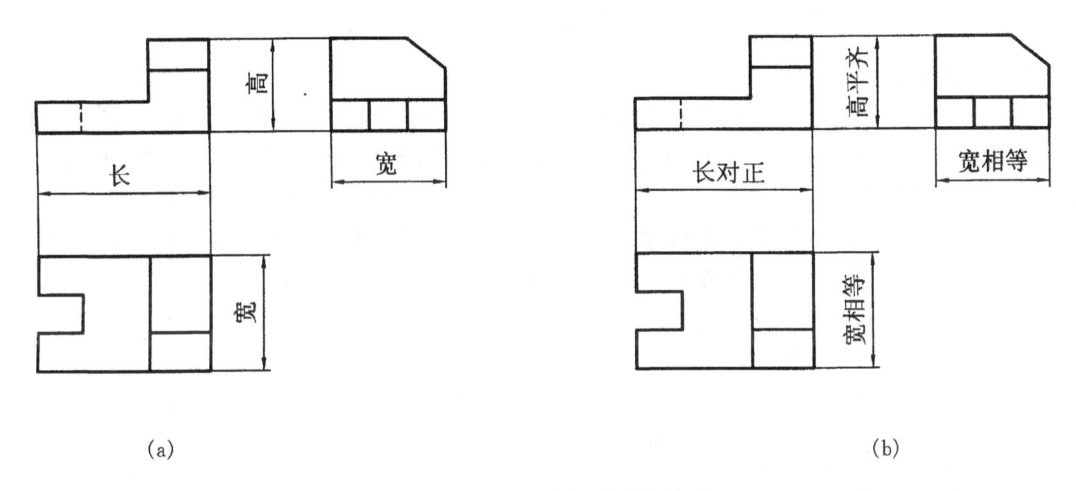

图 3-5　三视图的投影对应关系

2. 方位对应关系

物体有左右、上下、前后六个方位。如图 3-6 所示，主视图反映物体的上、下和左、右的相对位置关系；俯视图反映物体的前、后和左、右的相对位置关系；左视图反映物体的前、后和上、下的相对位置关系。从三视图的展开过程可知，以主视图为基准看俯视图和左视图，靠近主视图的一侧表示物体的后面，远离主视图的一侧表示物体的前面。

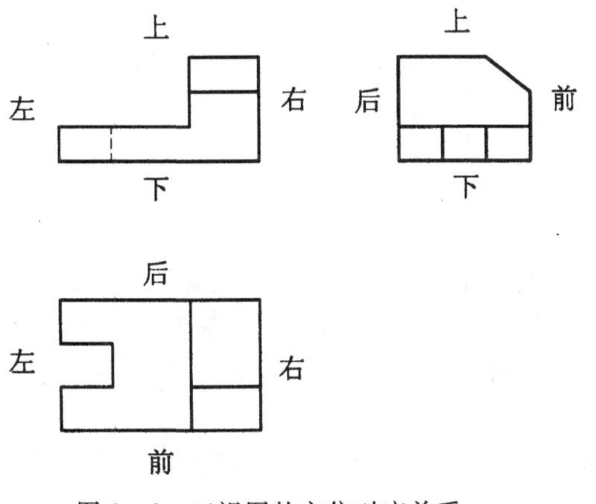

图 3-6　三视图的方位对应关系

3.2 平面立体的投影

常见的平面立体棱柱和棱锥是由棱面和底面所围成的，相邻棱面的交线称为棱线，棱面与底面的交线称为底边。因此，画平面立体的投影图，就是画出构成平面立体的各棱面和底面的投影，也就是画出所有的棱线和底面边线的投影。画平面立体的投影时，对于处在可见位置的表面和棱线的投影画成粗实线，不可见的表面和棱线的投影用虚线表示。

3.2.1 棱柱

棱柱的棱线互相平行，底面是多边形，底面是棱柱的特征面，正棱柱的棱面均为矩形。下面以正六棱柱为例，分析其投影特点和作图方法。

1. 投影分析

图 3-7(a)所示为一铅垂放置的正六棱柱，它的顶面和底面是互相平行的水平正六边形，其水平投影重合，并反映实形——正六边形，正面和侧面投影均积聚为水平直线。六个棱面均垂直于水平面，其水平投影积聚为六条直线并与六边形的边重合，六条棱线的水平投影则积聚在六个顶点上；由于前、后棱面平行于正面，其正面投影反映矩形的实形，侧面投影积聚为两条直线；其余四个棱面为铅垂面，其正面投影和侧面投影均为矩形的类似形，如图 3-7(b)所示。

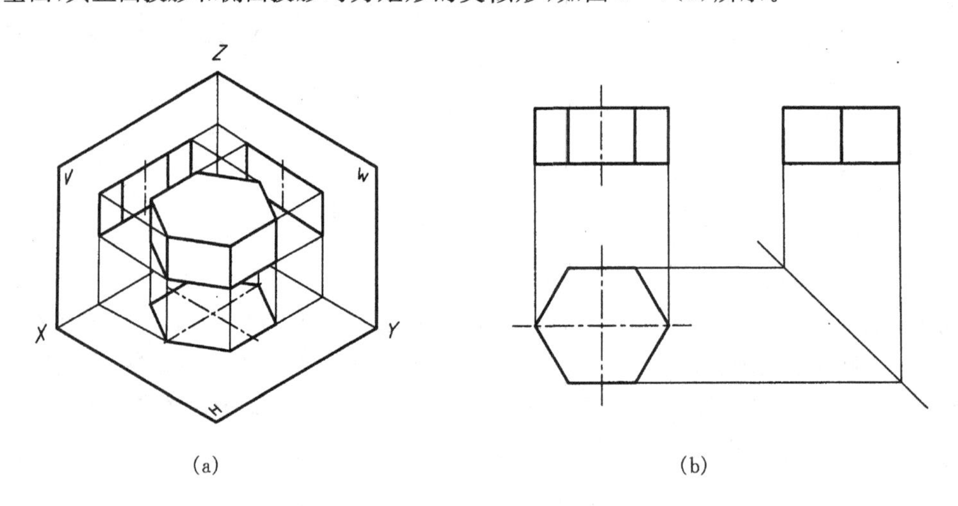

(a)　　(b)

图 3-7　正六棱柱的投影

从以上的分析可得出正棱柱的投影特点：在顶面和底面平行的投影面上的投影为多边形，反映了棱柱体特征面的实形；其它两面投影都是矩形或若干矩形的组合。

2. 作图方法

画图时，应先画反映底面实形的投影，然后按投影关系画出其它两面投影，并判断可见性。

由于改变物体与三个投影面之间的距离，并不影响三个投影之间的关系，所以在画投影图时投影轴可省去不画，但必须保持三个投影之间的对应关系。必要时，可画出 45°斜线作为作图辅助线，如图 3-7(b)所示。

看图时，如有一个投影是 N 边形，另一个投影是矩形或若干矩形的组合，就可确定所表达的立体是 N 棱柱。这时，第三个投影一定也是矩形或若干矩形的组合。

3. 棱柱体表面取点

棱柱的表面均为平面，所以在棱柱表面上取点，与在平面上取点的方法相同。由于棱柱的各表面均处于特殊位置，因此可利用平面投影的积聚性来取点，称其为积聚性法。棱柱表面上点的可见性可根据点所在平面的可见性来判别，若平面可见，则该平面上点的同面投影可见，反之为不可见。

如图 3－8 所示，已知正六棱柱的三面投影及表面上点 M 的正面投影 m'，求水平投影 m 和侧面投影 m''。根据点 M 的正面投影 m'在六棱柱表面的位置和可见性，可知点 M 在六棱柱的左前棱面上，而左前棱面是铅垂面，其水平投影有积聚性，故 M 点的水平投影 m 必在该棱面积聚性的投影上，再根据 m'和 m 即可求出 m''。由于左前棱面的侧面投影为可见，所以 m''亦可见。

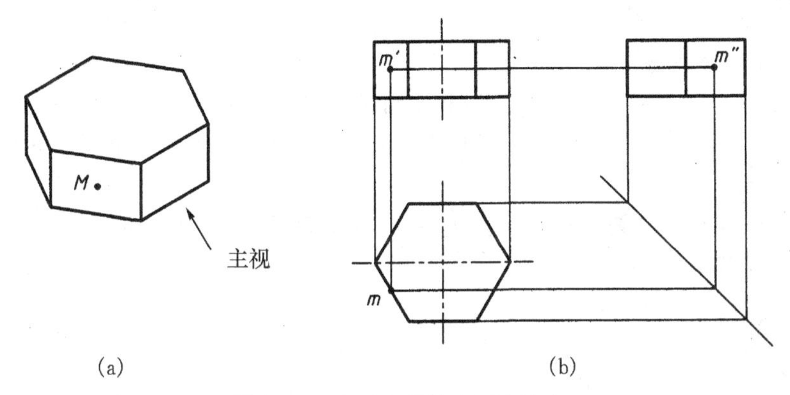

图 3－8　在正六棱柱表面上取点

3.2.2　棱锥

棱锥的棱线都交于锥顶，底面是多边形，棱面均为三角形。下面以正三棱锥为例，分析其投影特点和作图方法。

1. 投影分析

图 3－9 所示为一正三棱锥，它的底面为水平等边三角形，其水平投影反映实形，正面和侧面投影分别积聚成水平直线；后棱面 $\triangle SAC$ 为侧垂面，其侧面投影积聚为直线，水平投影 ($\triangle sac$) 和正面投影 ($\triangle s'a'c'$) 均为类似的三角形。棱面 $\triangle SAB$ 和 $\triangle SBC$ 为一般位置平面，

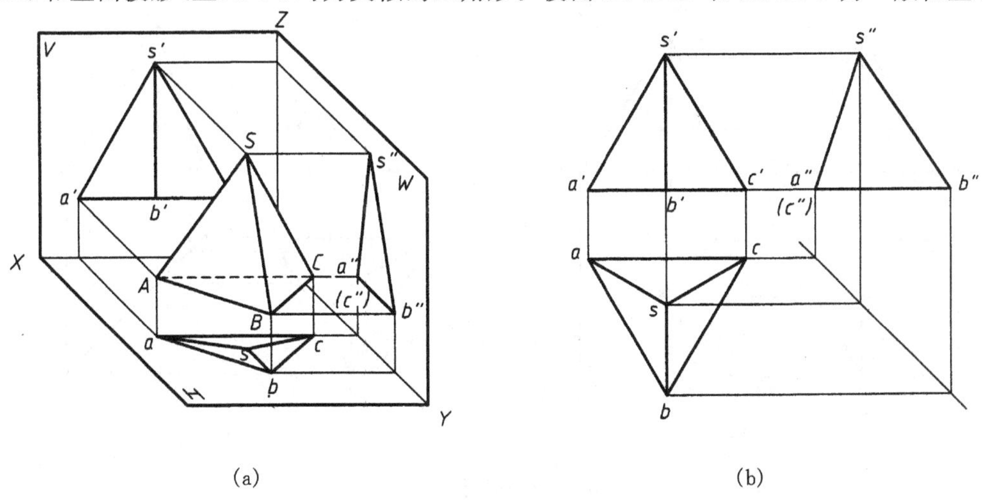

图 3－9　正三棱锥的投影

所以它们的三面投影均为类似的三角形。

从以上的分析可得出正棱锥的投影特点：在底面所平行的投影面上的投影为若干共顶三角形组成的多边形，该多边形反映底面实形；其它两面投影都是三角形或若干共顶三角形的组合。

2. 作图方法

先画出反映底面实形的三面投影，再作出锥顶的三面投影，最后画棱线的三面投影，并判断可见性。

看图时，如有一个投影是若干共顶三角形组成的外轮廓是 N 边形，另一个投影是三角形或若干共顶三角形的组合，就可确定所表达的立体是 N 棱锥。这时，第三个投影一定也是三角形或若干共顶三角形的组合。

3. 棱锥体表面上取点

构成棱锥的表面，可能有一般位置平面，也可能有特殊位置平面。当点所在表面为一般位置时，利用求在面点借助在面线的辅助线法求解；对于特殊位置平面上的点，可利用平面投影的积聚性直接求得。

如图 3－10(a)所示，已知三棱锥表面上点 M 的正面投影 m' 及表面上点 N 的水平投影 n，求出这两点的其它两面投影。

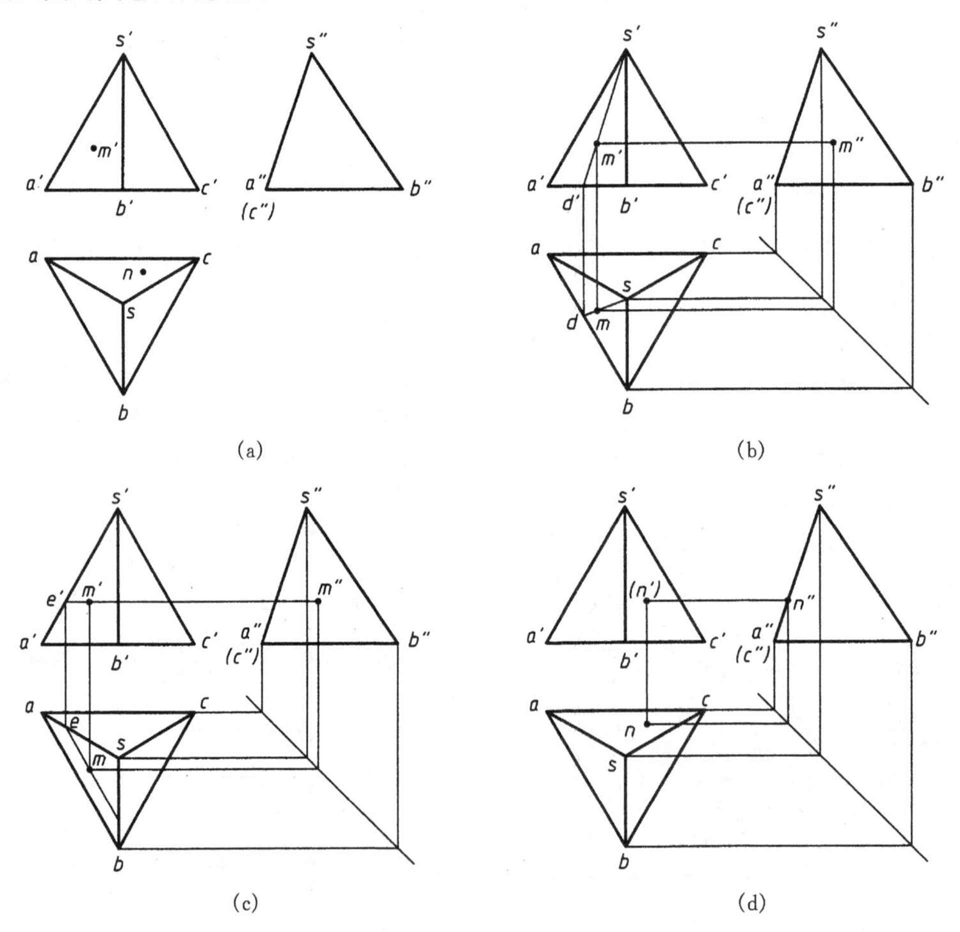

图 3－10　在正三棱锥表面上取点

根据 M 点的正面投影 m' 及可见性判断出：M 点位于三棱锥△SAB 一般位置棱面上，可通过在该面内作过点 M 及锥顶 S 的辅助线 SD，如图 3－10(b)所示，也可以过点 M 作平行于底面边线 AB 的辅助线 ME，如图 3－10(c)所示，求出点的水平投影 m 和侧面投影 m''，由于棱面 △SAB 的水平及侧面投影均为可见，所以 m 及 m'' 亦可见。

对于 N 点，由于它所在的棱面△SAC 为侧垂面，其侧面投影具有积聚性，可用直接法先求出 N 点的侧面投影 n''，再由 n 和 n'' 即可求出 n'，如图 3－10(d)所示。由于棱面△SAC 的正面投影为不可见，所以 n' 亦不可见。

3.3 曲面立体的投影

常见的曲面立体是回转体，回转体是由回转面或回转面与平面所围成。

3.3.1 回转面的形成

一动线(直线或曲线)绕另一固定直线旋转所形成的曲面称为回转面，如图 3－11 所示。该动线称为母线，该固定直线称为回转轴(轴线)。母线 AA_1 在回转面上的任一位置称为素线。母线上任一点的运动轨迹都是圆，称为纬圆，纬圆的半径是点到回转轴的距离，纬圆所在的平面垂直于轴线。

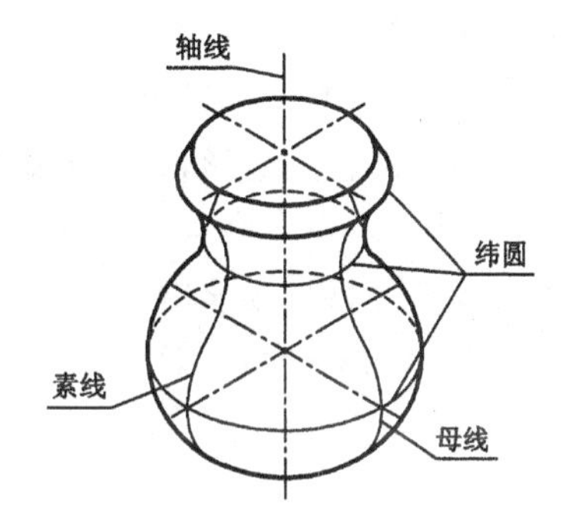

图 3－11 回转面的形成

3.3.2 常见回转体的投影

1. 圆柱

如图 3－12(a)所示，圆柱由圆柱面和上、下底面所围成。其中，圆柱面可以看成是一直母线 AA_1 绕与它平行的轴线 OO_1 旋转而成，母线 AA_1 在圆柱面上的任一位置称为圆柱面的素线，所有素线均平行于轴线。

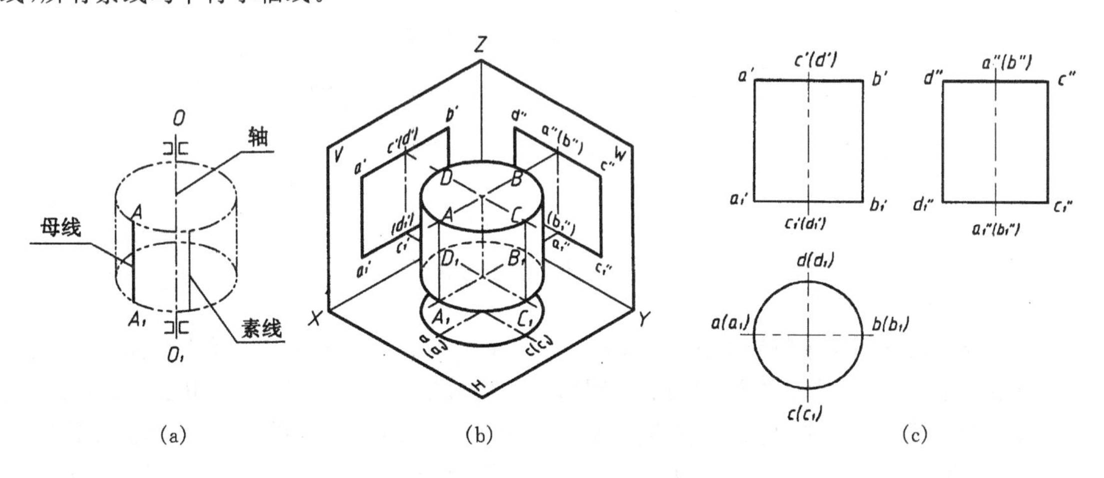

图 3－12 圆柱的形成及投影

(1)投影分析　如图 3－12(b)所示，当圆柱轴线垂直水平面时，圆柱上、下底面的水平投影反映实形，止面和侧面投影积聚为直线。圆柱面的水平投影积聚为一圆周，重合在两底面的水平投影的圆轮廓线上。在正面投影中，前、后两半圆柱面的投影重合为一矩形，矩形的两条竖线分别是圆柱面最左素线 AA_1 和最右素线 BB_1 的投影。在侧面投影中，左、右两半个圆柱面的投影重合为一矩形，矩形的两条竖线分别是圆柱面最前素线 CC_1 和最后素线 DD_1 的投影。

曲面上的最左、最右，最前、最后以及最高、最低素线，也称为对某一投影面的转向线。曲面转向线是曲面可见与不可见的分界线。例如，圆柱面上的最左素线 AA_1 和最右素线 BB_1 是对 V 面的转向线，在正面投影中，它们是可见的前半个圆柱面和不可见的后半个圆柱面的分界线；最前素线 CC_1 和最后素线 DD_1 是对 W 面的转向线，在侧面投影中，它们是可见的左半个圆柱面和不可见的右半个圆柱面的分界线。

(2)作图方法　画图时，先画各投影的中心线及轴线，再画底面的投影(圆)，然后根据圆柱体的高度画其它两个投影(矩形)，如图 3－12(c)所示。

看图时，如有一个投影是圆，另一个投影是矩形，就可确定所表达的立体是圆柱。这时，第三个投影一定也是矩形，且两个矩形大小相同。

(3)圆柱表面上取点　在圆柱面上取点时，可利用其积聚性来取点；对位于转向线上的点，可利用投影关系直接求出。

如图 3－13(a)所示，已知圆柱面上点 M、N 的正面投影(m')和 n'，求作它们的水平投影和侧面投影。

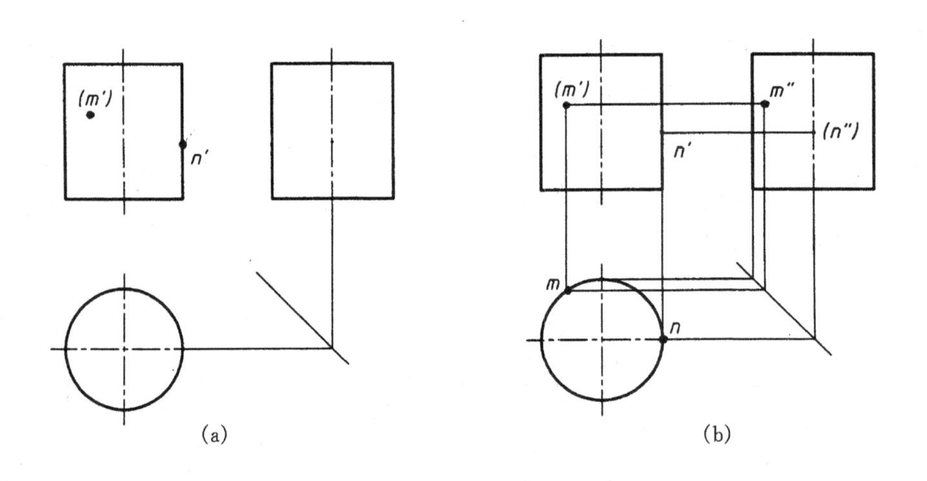

图 3－13　圆柱体表面取点

首先根据圆柱面水平投影的积聚性作出 m，由于投影 m' 是不可见的，可知点 M 位于左后半个圆柱面上，则 m 在水平投影圆的后半圆周上。再按投影关系作出 m''。由于点 M 位于左半个圆柱面上，所以 m'' 是可见的；根据 n' 可知点 N 在圆柱的最右轮廓素线上，其侧面投影位于轴线上，即可直接作出 n'' 和水平投影 n，并判断出 N 点在右半个圆柱面上，故 n'' 不可见。作图结果如图 3－13(b)所示。

2. 圆锥

圆锥由圆锥面和底面所围成。如图 3-14(a)所示，圆锥面可看作由一条直母线 SA 绕与它相交的轴线 SO 回转而成，母线 SA 在圆锥面上的任一位置称为圆锥面的素线，所有素线交于轴线上同一点，即锥顶。

(1)投影分析　图 3-14(b)所示为轴线垂直于水平面的正圆锥体及其三面投影。锥底面平行于水平面，其水平投影反映实形，正面和侧面投影积聚为直线。圆锥面的水平投影与底面的水平投影重合。在正面投影中，前、后两半圆锥面的投影重合为一等腰三角形，三角形的两腰分别是圆锥面最左、最右素线(对 V 面的转向线)的投影，其侧面投影与轴线重合。在侧面投影中，左、右两半圆锥面的投影重合为一等腰三角形，三角形的两腰分别是圆锥面最前、最后素线(对 W 面的转向线)的投影，其正面投影与轴线重合。

(2)作图方法　画图时，先画各投影的中心线及轴线，再画底面的各投影，然后作出锥顶和锥面的投影(等腰三角形)，如图 3-14(c)所示。

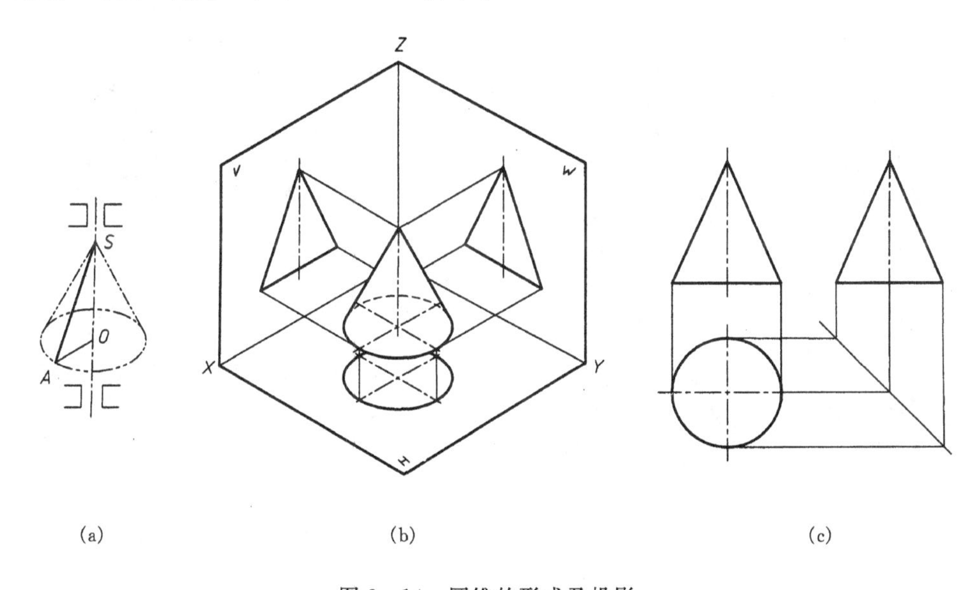

图 3-14　圆锥的形成及投影

看图时，如有一个投影是圆，另一个投影是等腰三角形，就可确定所表达的立体是圆锥。这时，第三个投影一定也是等腰三角形，且两个等腰三角形大小相同。

(3)圆锥表面上取点　由于圆锥面的三个投影均无积聚性，除了位于圆锥面转向线上的点可直接按投影关系求出以外，其余都需要用辅助线法求解。

如图 3-15(a)所示，已知圆锥面上点 M 和点 K 的正面投影 m' 和 k'，求它们的水平投影和侧面投影。

点 M 在圆锥的最左素线上，所以可直接作出它的水平投影和侧面投影，如图 3-15(b)所示。点 K 在圆锥面的一般位置上，需采用素线法或纬圆法作出。

①素线法。在圆锥面上过锥顶 S 和点 K 作辅助素线 SA。作图时，首先连接 $s'k'$ 并延长交锥底于 a'，由于 k' 是可见的，所以在圆锥面的前半部分作出 SA 的水平投影 sa，然后根据点在线上的投影关系由 k' 作出 k 和 k''，因为点 K 在右半部分圆锥面上，所以 k'' 为不可见。如图

3－15(c)所示。

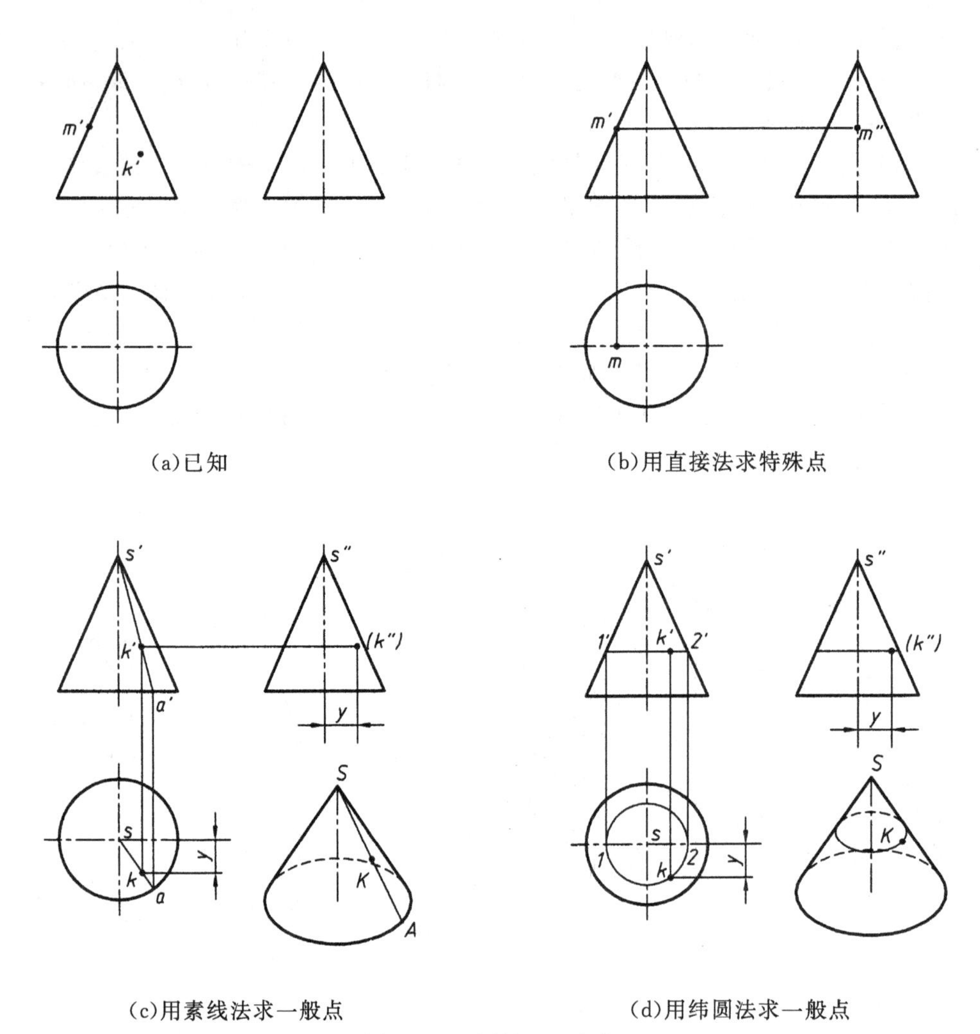

图 3－15 圆锥面上取点

②纬圆法。由于圆锥面上纬圆所在的平面都垂直于圆锥轴线，所以纬圆的正面投影为垂直于圆锥轴线的水平线段，水平投影反映纬圆实形。作图时，先过 k' 作水平线交圆锥轮廓线得两点 $1'$ 和 $2'$，线段 $1'2'$ 既是纬圆的正面投影，也反映纬圆直径的实长，再根据投影关系作出纬圆的水平投影，然后根据点 K 位于前半个圆锥面上，在纬圆的水平投影上作出 k，再由 k'、k 求得 k''，如图 3－15(d)所示。

3. 圆球

圆球由圆球面所围成。圆球面可以看成是以圆为母线绕其直径旋转而成的，如图3－16(a)所示。

(1)投影分析 圆球的三个投影都是圆，其直径都等于圆球的直径，如图 3－16(b)所示。这三个圆不是球面上同一个圆的三面投影，而是球面上的最大正平纬圆 A、最大水平纬圆 B 和最大侧平纬圆 C 的投影。这三个纬圆的另外两面投影都是直线，分别与其同面投影中的圆的中心线重合。以正平纬圆 A 分界的前、后两半球面的正面投影重合，其中，前半球面可见，后半球面不可见；以水平纬圆 B 分界的上、下两半球面的水平投影重合，其中，上半球面可见，下半球面不可见；以侧平纬圆 C 分界的左、右两半球面的侧面投影重合，其中，左半球面可见，右半球面不可见。

在此需要指出，对于一个完全由曲面围成的立体，某一投影图上所画出的轮廓线都是立体表面对该投影面的转向线。例如，球面上的最大正平纬圆 A，就是球面对 V 面的转向线。由于对 V 面的转向线一定不是对其它投影面的转向线，所以，它在其它投影面上不画。

(2)作图方法　先按投影关系画出确定球心位置的三对垂直相交的中心线，再作球的三面投影(圆)，如图 3－16(c)所示。

读图时，如有两个投影是直径相同的圆，即可确定所表达的立体是圆球。

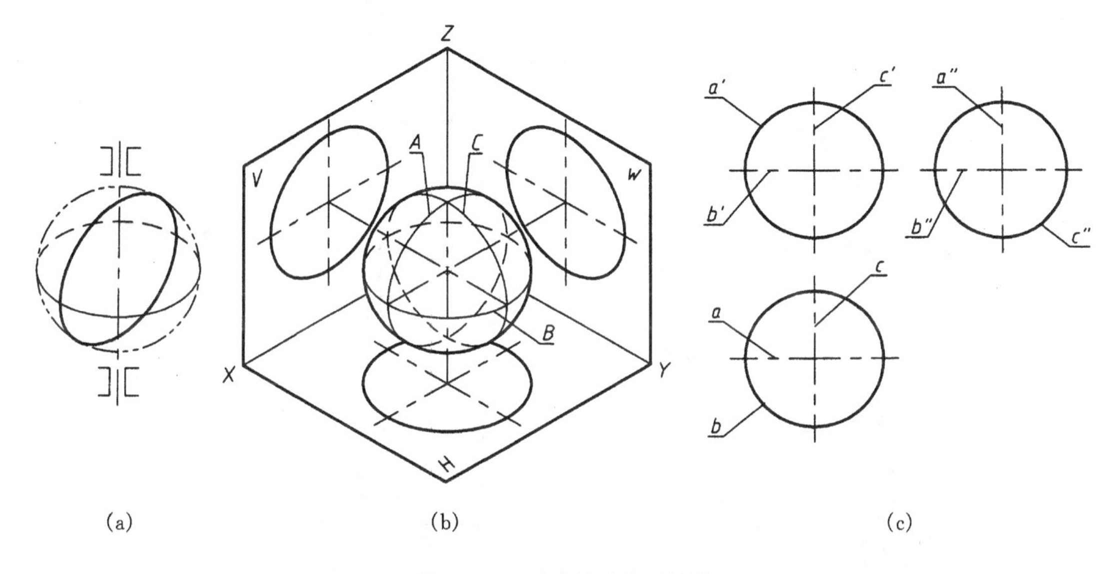

图 3－16　圆球的形成及投影

(3)圆球表面上取点　圆球面的投影没有积聚性，圆球面上也不能作出直线，因此在圆球面上取点时，除了位于圆球面转向线上的点可直接按投影关系求出以外，其余必须借助辅助线——纬圆作图。由于圆球的任一直径均可视为它的回转轴，所以，在圆球面上过任意一个点都可以作出分别与三个投影面平行的纬圆，即正平纬圆、水平纬圆和侧平纬圆。作图时，可选择平行任意一个投影面的纬圆作为辅助线。

如图 3－17(a)所示，已知圆球面上点 A、B、C 的正面投影，求其水平投影和侧面投影。

由于点 A 位于球面对 H 面的转向线上，点 B 位于对 V 面的转向线上，故都可直接按投影关系求出其未知投影 a、a''和 b、b''。由于点 A 在左半球上，则侧面投影 a''可见，而点 B 在右下半球上，所以，侧面投影 b''和水平投影 b 均为不可见，如图 3－17(b)所示。对于点 C 需采用纬圆法求解。

解法一：利用球面上过点 C 的水平纬圆求解。如图 3－17(c)所示，先过 c'作出水平直线段 $1'2'$，$1'2'$即为纬圆的正面投影。再以球心的水平投影为圆心，以线段 $1'2'$的一半为半径在水平投影上作出纬圆的水平投影。由 c'可知点 C 在圆球的右上前半部，根据投影关系可在纬圆的水平投影上求出点 C 的水平投影 c。最后，根据 c'和 c 求出 c''，其中，c 为可见，而 c''为不可见。

解法二：利用球面上过点 C 的正平纬圆求解。先以球心的正面投影为圆心，以该圆心到 c' 的距离为半径作圆，此圆即为纬圆的正面投影。根据投影关系求得纬圆的水平投影 12(直线段)，进而由 c' 求得 c，再根据 c' 和 c 求得侧面投影 c''。如图 3-17(d)所示。

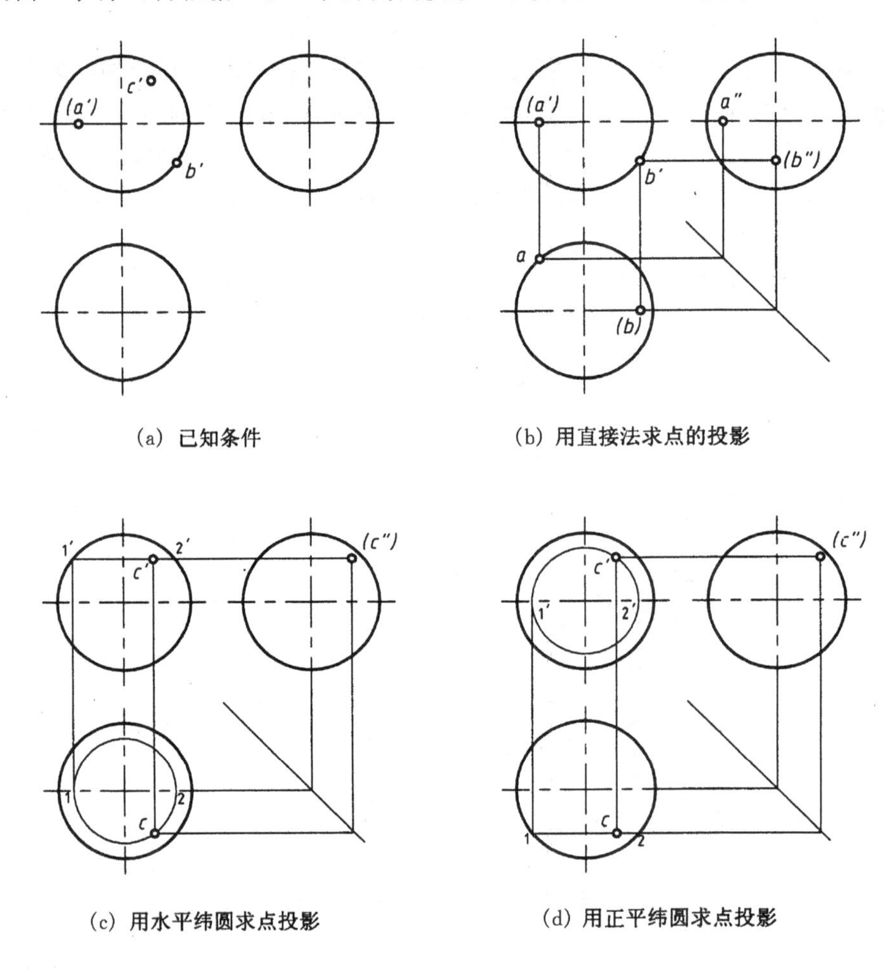

图 3-17 圆球面上取点

当然，也可采用过点 C 在球面上作侧平纬圆求解，请读者自行分析和作图。

4. 圆环

圆环由圆环面所围成。圆环面是以圆为母线绕与该圆共面但又不过圆心的 OO_1 轴线旋转而形成的。母线圆靠近轴线的半圆形成内环面，远离轴线的半圆形成外环面。如图 3-18(a)、(b)所示。

(1)投影分析　在正面投影中，左、右两个圆是圆环面上平行于正面的两个素线圆的投影，这两个素线圆将圆环分成前、后两部分，前部的外圆环面为可见，整个内环面均为不可见(故在主视图中，素线圆位于轴线一侧的半圆都画成虚线)，后部的外圆环面也不可见。两个素线圆的水平投影与水平中心线重合。正面投影中与两圆公切的上、下水平直线是母线圆上最高点和最低点的运动轨迹的投影，也是内、外环面分界圆的投影，其水平投影与点画线圆重合。水平投影中的两个粗实线同心圆，分别是圆环面上的最大纬圆和最小纬圆的投影，在正面投影中与水平中心线重合。另外，最大纬圆和最小纬圆将圆环分成了上、下两部分，在水平投影中，上半部环面可见,下半部环面不可见。点画线圆是母线圆的圆心运动轨迹的投影,也是内、外环面的分界线,如图 3－18(c)。圆环的侧面投影与正面投影的形状、大小完全相同。

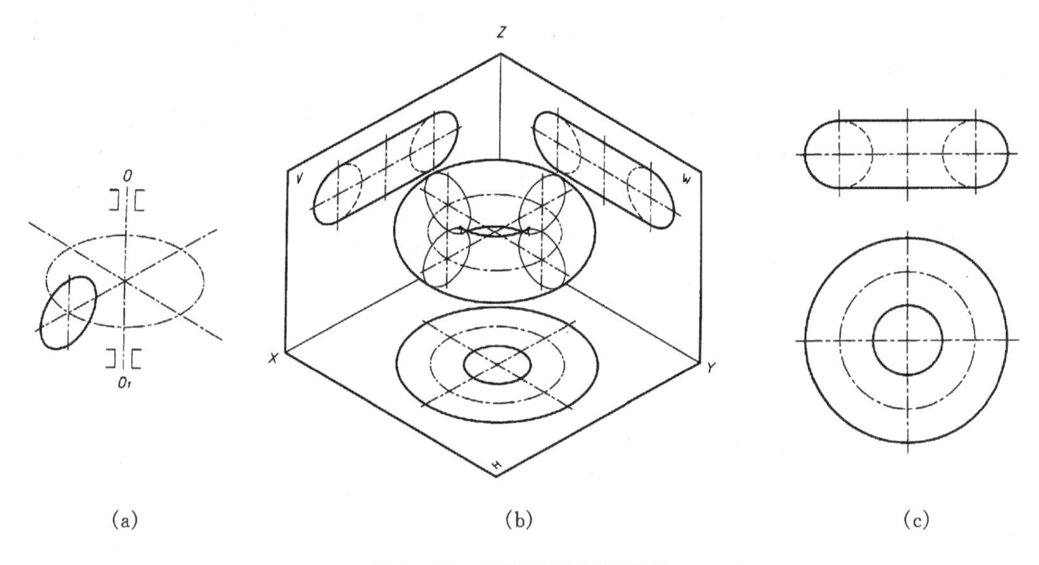

(a) (b) (c)

图 3－18 圆环的形成及投影

(2)作图方法　画图时,先画圆环各个投影的中心线及轴线,其次画出反映母线圆实形的投影,最后画出同心圆的投影。

读图时,如有一个投影是同心圆,另一个是由实线半圆和虚线半圆组成的两个大小相同的小圆及它们的外公切线的投影,就可确定所表达的立体是圆环。

(3)圆环表面上取点　圆环面的投影没有积聚性,圆环面上也不能作出直线,因此,在圆环面上取点时,除了位于圆环面转向线上的点可直接按投影关系求出以外,其余必须借助辅助线——纬圆作图。在圆环面上过任意一点,只能作出一个纬圆,纬圆必垂直于轴线。

如图 3－19 所示,已知圆环面上点 K 的正面投影 k',求 k 和 k''。

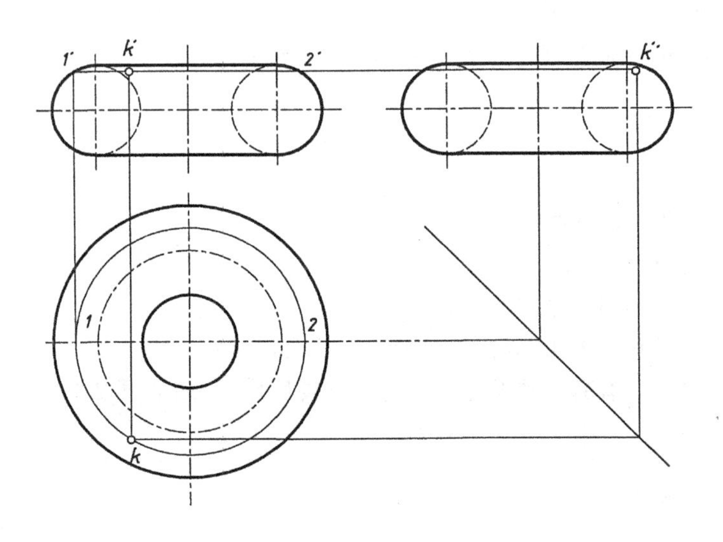

图 3－19 用纬圆法在圆环面上取点

由点 k' 的可见性可知，圆环面上的点 K 在外环面的前半部分。作图时，先过 k' 作垂直于圆环轴线的直线 $1'2'$，即纬圆的正面投影，再作出纬圆的水平投影，根据投影关系由 k' 求出 k，再求出 k''。由于点 K 位于外环面的前、上、左半部分，故 k 和 k'' 均为可见。

5. 圆弧回转体

如果图 3-18 中的母线不是一个完整的圆，而是一段圆弧，则形成圆弧回转面。显然，圆弧回转面是圆环面的一部分。如图 3-20 所示的回转体就是由圆弧回转面与两个底面围成的圆弧回转体，这个圆弧回转面是圆环内环面的一部分。

圆弧回转体的投影特点，各投影中的轮廓线的对应关系，以及圆弧回转面投影的可见性等问题，读者可参照图 3-20 自行分析。

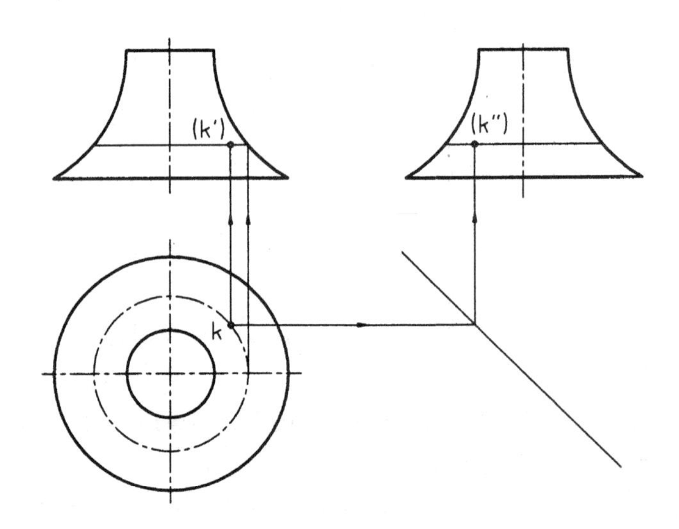

图 3-20 圆弧回转体的形成、投影及表面取点

在圆弧回转面上取点的方法仍然是纬圆法。已知点 K 的水平投影，求其它投影的作图方法如图 3-20 所示。

从以上分析可知，在回转面上取点的基本方法是纬圆法。

思考题

1. 三视图的形成及投影规律是什么？
2. 基本体分为哪几类？
3. 平面立体的三视图绘制基本步骤是什么？
4. 当圆柱体的轴线垂直于投影面时，其投影图有什么特点？
5. 在回转面上作点和线有哪些作图方法？怎样判别所作点、线的可见性？

第 4 章　立体表面的交线

当平面与立体相交或立体与立体相交时，在立体表面上会产生交线。本章主要介绍在投影图上求作截交线和相贯线的作图方法。

4.1　平面与立体相交

截平面与立体表面的交线称为截交线，如图 4-1 所示，立体被平面截断后的部分称为截断体，截切立体的平面称为截平面，立体被截切后的断面称为截断面。

基本体有平面体与曲面体两类，又因截平面与基本体的相对位置不同，其截交线的形状也不同。但任何的截交线都有下列两个基本性质。

(1)封闭性　截交线一般是由直线、曲线或直线和曲线所围成的封闭的平面图形。

(2)共有性　截交线是截平面和立体表面的共有线，其上的点都是截平面与立体表面的共有点，即:这些点既在截平面上，又在立体表面上。

截交线的形状取决于被截立体的形状和截平面与立体的相对位置。

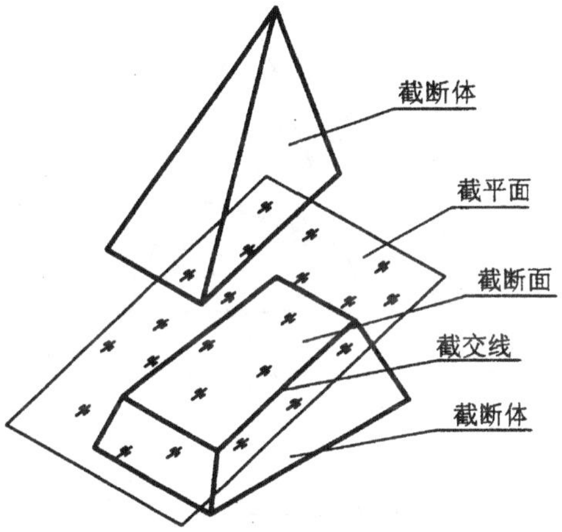

图 4-1　平面与立体表面相交

4.1.1　截交线的作图方法和步骤

1. 分析已知视图

(1)空间分析　分析立体表面的几何性质和截平面与立体的相互关系，判断截交线的空间性质和形状。

(2)投影分析　分析立体的放置位置和截平面与投影面的相互位置，判断截交线的投影范围和特征。

2. 投影作图

(1)求特殊点　截交线上的特殊点，是指能确定截交线投影范围、区分截交线投影可见与不可见的分界点。平面立体各棱线与截平面的交点都是特殊点;回转体的特殊点是决定截交线曲线性质的一些特定点，如椭圆长短轴的端点、抛物线双曲线的顶点、截交线投影可见与不可见的分界点等，当截平面与立体处于特殊位置时，这些点大多都位于立体表面的投影轮廓素线上。

(2)求一般点　当截交线是曲线时，求几个适当的一般点，以便使截交线能光滑连接，使曲线的形状和位置较为准确。

(3)判断可见性并顺序连点　截交线可见性的判断原则:当立体的表面为可见时，该表面上的截交线为可见，否则为不可见。可见的截交线画成粗实线，不可见的截交线画成虚线。由此可见:① 平面立体截交线的连点原则是，同一表面上的两点才可相连;② 曲面立体截交线的连点原则是，相邻两条素线上的两点方可相连。

(4)检查并整理立体的外形轮廓线。

4.1.2　平面与平面立体相交

当平面与平面立体相交时，在立体表面产生的截交线是由直线组成的平面多边形，多边形的边是截平面与平面立体表面的交线，多边形的顶点是截平面与平面立体棱线的交点。因此，求平面立体的截交线可归结为求截平面与立体上棱线的交点，然后依次把同一棱面上的两点连线即可。

例 4-1　求四棱锥被平面 Q 截切后的投影，如图 4-2 所示。

分析　如图 4-2(a)所示，截平面 Q 与四个侧棱面相交，截交线为四边形，其四个顶点是截平面 Q 与四条侧棱线的交点。

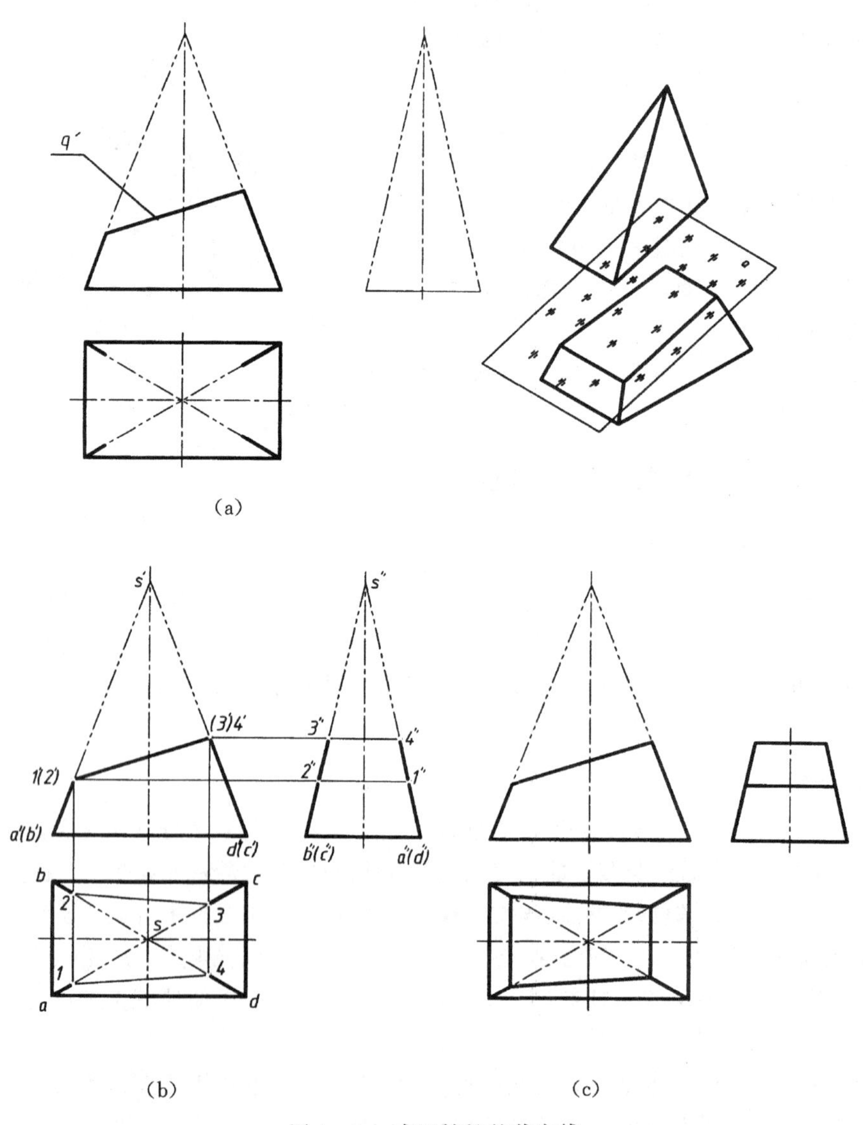

图 4-2　求四棱锥的截交线

因为截平面是正垂面，所以截交线的正面投影积聚在 q 上，其水平投影和侧面投影为空间截交线的类似形。

作图

① 如图 4－2(b)所示。在正面投影上依次标出截平面与四条侧棱线 $s'a'$、$s'b'$、$s'c'$、$s'd'$ 交点的投影为 1′、2′、3′、4′。

② 根据在直线上取点的方法由正面投影 1′、2′、3′、4′求得相应的侧面投影 1″、2″、3″、4″和水平投影 1、2、3、4。

③ 连接并判断可见性，连接这些点的同面投影，即为截交线的投影。

最后在各个投影上擦去四条侧棱线位于截断面和锥顶之间被截去的部分。

例 4－2 已知正三棱锥被一正垂面和一水平面截切，完成其截切后的水平投影和侧面投影，如图 4－3(a)、(b)所示。

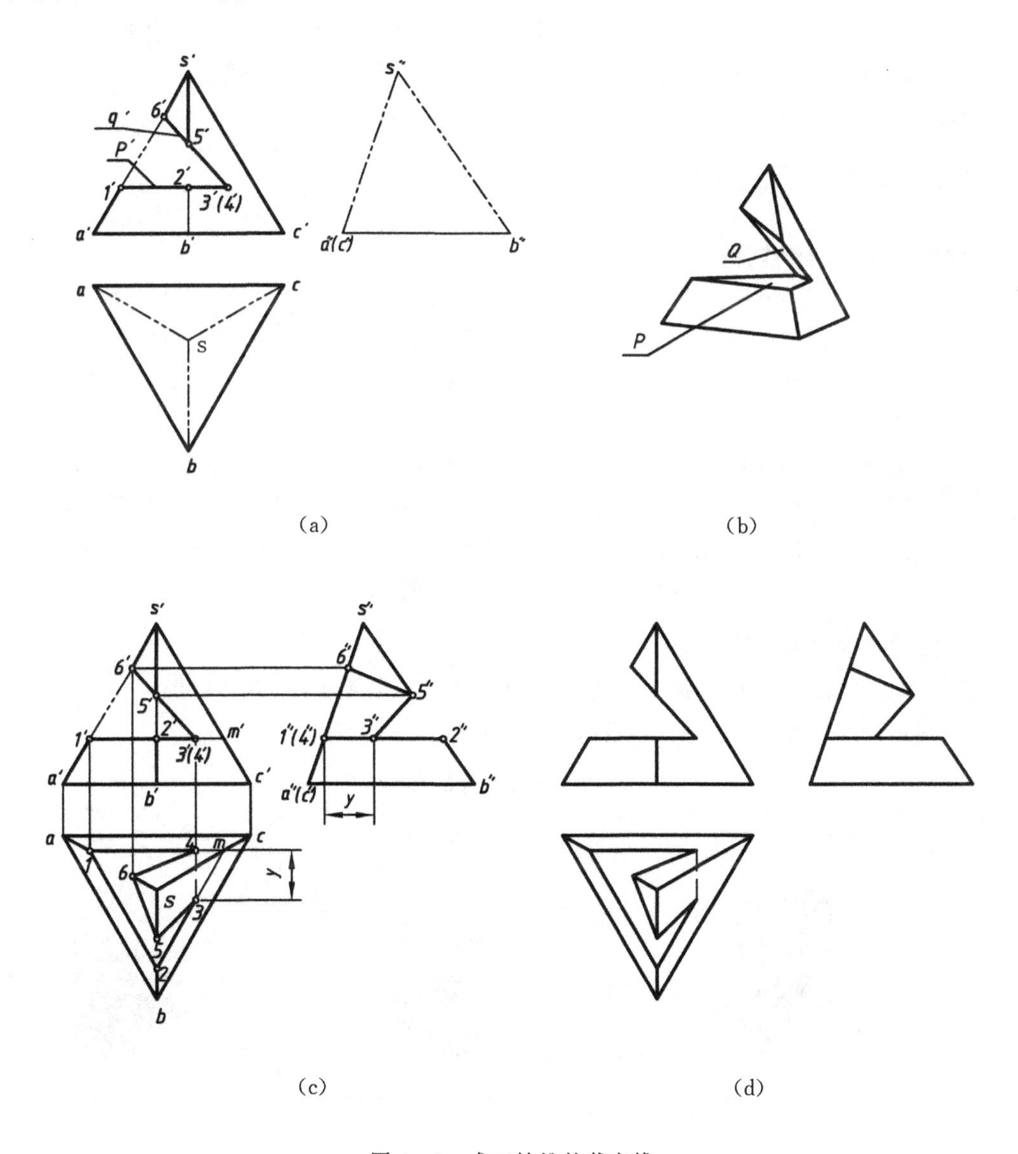

(a)　　　　(b)

(c)　　　　(d)

图 4－3　求三棱锥的截交线

分析 如图 4-3(a)所示，截平面 P 为水平面，与三棱锥的底面平行，故它与三棱锥的三个侧面的交线和三棱锥的底面的对应边平行；截平面 Q 为正垂面，与三棱锥的三个侧面的交线组成的截断面也为正垂面。另外，截平面 P 与 Q 亦相交，交线为正垂线，P 与 Q 截出的截交线均为四边形。

作图

①如图 4-3(c)所示，作平面 P 与三棱锥的截交线Ⅰ、Ⅱ、Ⅲ、Ⅳ：首先作平面 P 与三棱锥的完整截交线，由正面投影 $1'$、$2'$和 m'，得水平投影 $\Delta 12m$，其中 $12//ab$、$2m//bc$、$1m//ac$，然后根据 $3'$、$4'$分别在 $2m$ 和 $1m$ 上取得 3 和 4 点，再作出Ⅰ、Ⅱ、Ⅲ、Ⅳ的侧面投影 $1''$、$2''$、$3''$、$4''$。最后将Ⅰ、Ⅱ、Ⅲ、Ⅳ的水平投影和侧面投影依次连线，注意交线Ⅲ、Ⅳ的水平投影为不可见；另还应注意宽相等(图中用 y 表示)。

② 作平面 Q 与三棱锥的截交线Ⅲ、Ⅳ、Ⅴ、Ⅵ：由正面投影的 $5'$和 $6'$很容易得到侧面投影上的 $5''$和 $6''$，并求出水平投影 5 和 6。将Ⅲ、Ⅳ、Ⅴ、Ⅵ的侧面投影和水平投影依次连线。

③判断可见性，最后在各个投影上擦去三棱锥的 SA 和 SB 两侧棱线位于两截断面之间被截去的部分，结果如图 4-3(d)所示。

4.1.3 平面与回转体相交

1. 截交线的特性和作图方法

当回转体被平面截切时，截平面可能只与其回转面相交，也可能既与其回转体面相交又与其底平面相交。平面与平面的交线为直线。下面重点讨论截平面与回转面的交线。

(1)特性 平面与回转面的交线是平面曲线(特殊情况下为直线)。它是截平面与回转面的共有线。

(2)作图方法 若截交线为非圆曲线，则先作出截交线上的特殊点，再作出其上若干个一般点，然后将这些点连成光滑曲线。所谓的特殊点，是指截交线上确定其大小范围的最高最低点、最左最右点、最前最后点，截交线投影上的虚实分界点，椭圆长、短轴的端点，以及抛物线、双曲线的顶点等。这些特殊点的投影大多位于回转体轮廓线上。

2. 平面截切圆柱体的截交线

当圆柱面被平面截切时，根据平面相对于圆柱轴线的位置不同，其圆柱面上的交线可以是圆、椭圆或者两条平行直线 3 种情况，如表 4-1 所示。

表 4-1 平面与圆柱体的交线性质

	截平面与轴线平行	截平面与轴线垂直	截平面与轴线倾斜
立体图	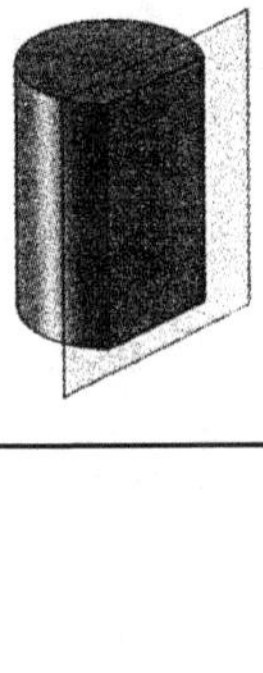	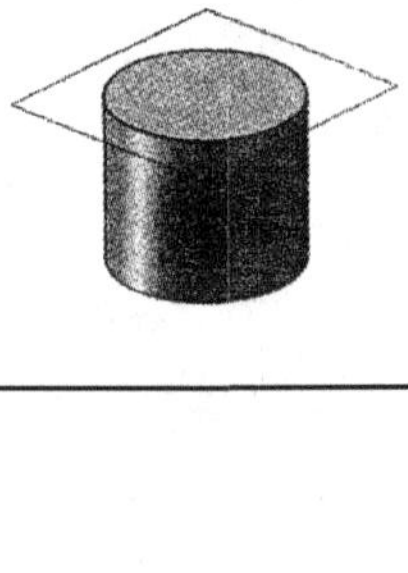	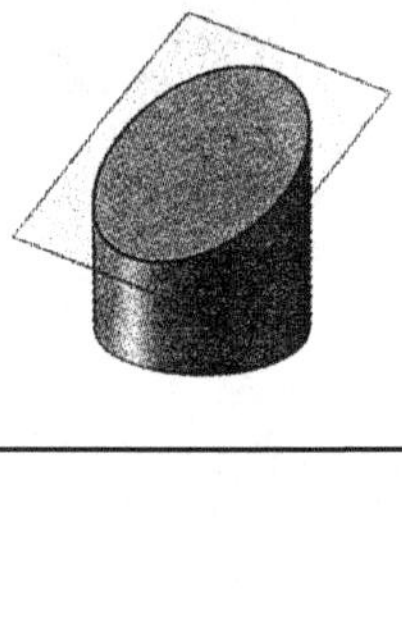

续表 4-1

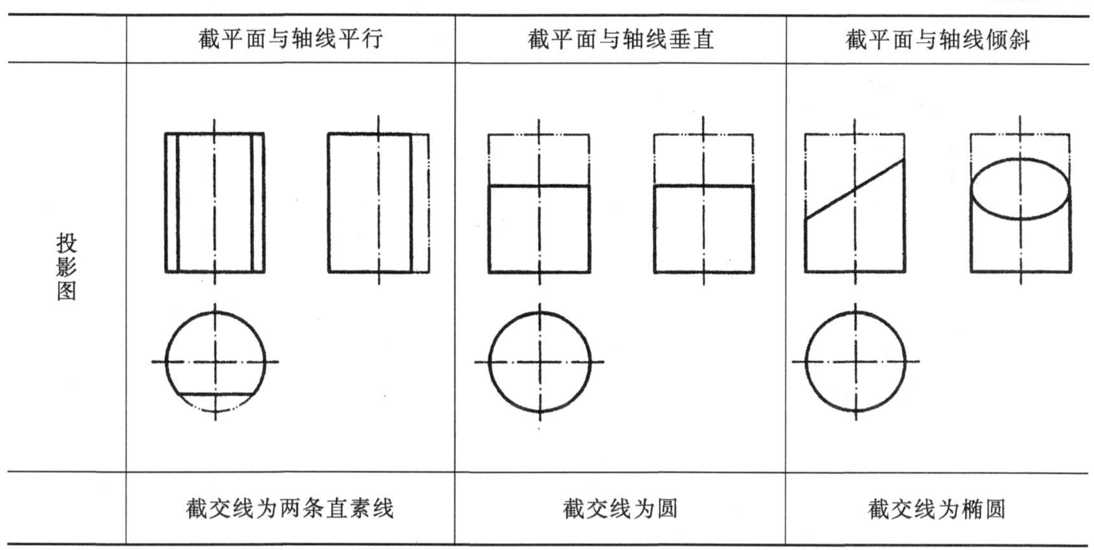

	截平面与轴线平行	截平面与轴线垂直	截平面与轴线倾斜
投影图			
	截交线为两条直素线	截交线为圆	截交线为椭圆

从表 4-1 中可以看出，截交线是圆柱面和截平面的共有线，它既在截平面上，又在圆柱面上。

例 4-3 圆柱体被正垂面 P 所截，已知它的主视图和俯视图，求作左视图。如图 4-4(a)所示。

分析 截平面 P 与圆柱轴线倾斜，所得的截面交线是一个椭圆。由于 P 面是正垂面，它的正面投影具有积聚性，因此，椭圆的正面投影，与 P 面的正面投影重合。截交线椭圆的水平投影积聚在圆柱面的水平投影圆周上。

作图

① 先用细线作出圆柱的左视图。

② 作特殊点的投影。由图 4-4(b)可知，点 1、2、3、4 是特殊点，它们不仅是截交线上的极限位置点，也是椭圆长短轴的端点。点 $1'$、$2'$ 位于圆柱正面投影轮廓线上，点 $3'$、$4'$ 位于 $1'$、$2'$ 的中点处并重合在一起。它们对应的水平线投影 1、2、3、4 积聚在圆上。$1''$、$2''$、$3''$、$4''$ 可直接通过投影得到，其中点 $3''$、$4''$ 位于圆柱左视图轮廓线上。

③ 作一般位置点。为了使截交线的投影画得更接近于实际、更光滑，有必要在已有特殊点的基础上再添加一些一般点，例如本例题中的 5、6 和 7、8，注意俯视图和左视宽相等(图中用 y 表示)，作图过程不再重复。

④ 判断可见性。依次光滑连接共有点的侧面投影，完成投影图，如图 4-4(c)所示。

从图中不难看出，当截平面 P 与侧面的夹角是 45°时，截交线椭圆的长、短轴在侧面投影中长度相等，因此截交线椭圆的侧面投影成了圆。

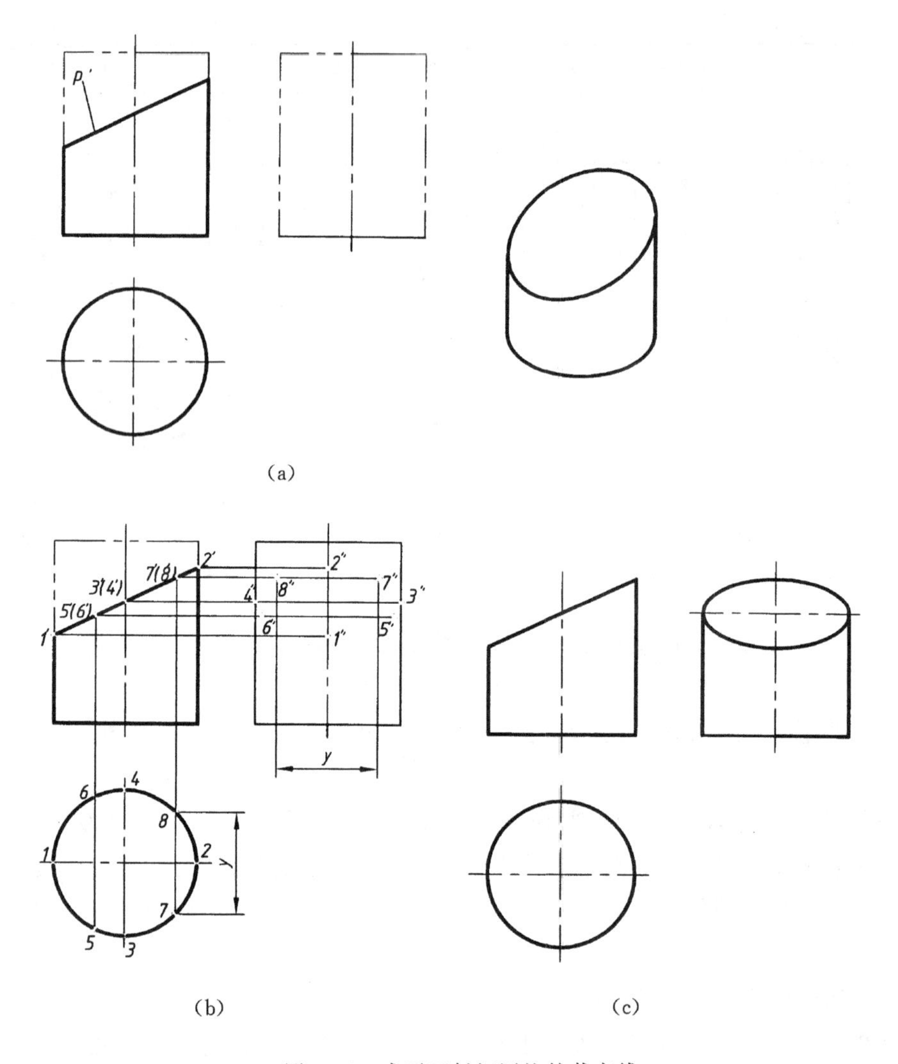

图 4-4 求平面斜切圆柱的截交线

例 4-4 圆柱上部开一方槽，求其截交线，如图 4-5(a)所示。

分析 切口是由两个侧平面和一个水平面截切而成，因此求切口的投影，就是逐一求出各个截平面与圆柱的交线，以及截平面间的交线，水平面 P 与圆柱的交线为两段圆弧 296、4108，且水平投影反映圆弧的实形，正面和侧面投影为直线。侧平面 Q 和 R 与圆柱的交线为平行于轴线的直线 12、34、56、78，且正面、侧面投影仍为平行直线，水平投影积聚为点。

作图

① 求水平面 P 和圆柱的交线，如图 4-5(a)所示。水平面 P 与圆柱的交线为两段圆弧 296、4108，正面投影为直线 2′9′6′和 4′10′8′，且 2′9′6′与 4′10′8′重合，然后按投影关系求出其水平投影和侧面投影。

② 求截平面 Q、R 与圆柱的交线。截平面 Q 与圆柱的交线的正面投影为直线 1′ 2′、(3′)(4′)，且 1′ 2′与(3′)(4′)重合，再按投影关系求出 1″2″、3″4″。同样，求出截平面 R 与圆柱的交线的正面投影 5′ 6′、(7′)(8′)，且 5′ 6′与(7′)(8′)重合，再按投影关系求出侧面 5″6″、7″8″。

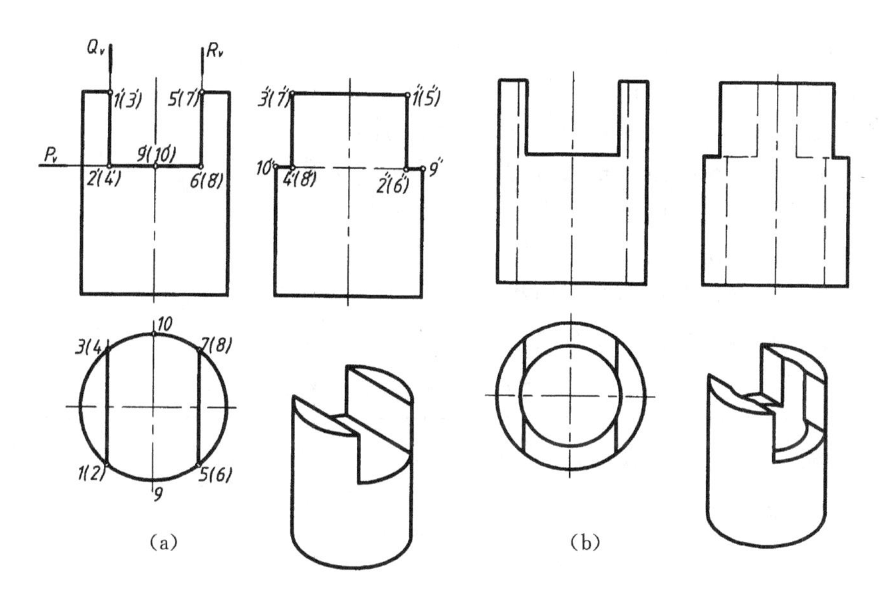

图 4－5　求圆柱切口后的投影

③ 求截平面 Q、R 与截平面 P 的交线。截平面 Q、R 与截平面 P 的交线均为正垂线，侧面投影分别为 2″4″、6″8″重合。

④ 判别可见性。交线 24 和 68 的侧面投影 2″4″、6″8″被圆柱面遮住不可见，故画为虚线，而 2″9″6″与 4″10″8″可见，画为实线。

如图 4－5(a)所示，圆柱前后界线素线被截切了一部分，故侧面投影中，圆柱轮廓线下段完整，上段被切去。

如果空心圆柱有切口，如图 4－5(b)所示，三个截平面与内外圆柱面均有交线，与内圆柱面交线的分析方法类似于外圆柱表面交线的分析方法。

圆柱或空心圆柱左右两侧有切台，如图 4－6 所示，其分析方法与上述相类似。图 4－6(a)表示了圆柱左右切台后交线的投影情况，图 4－6(b)表示空心圆柱左右切割后交线的投影。读者可自行分析。

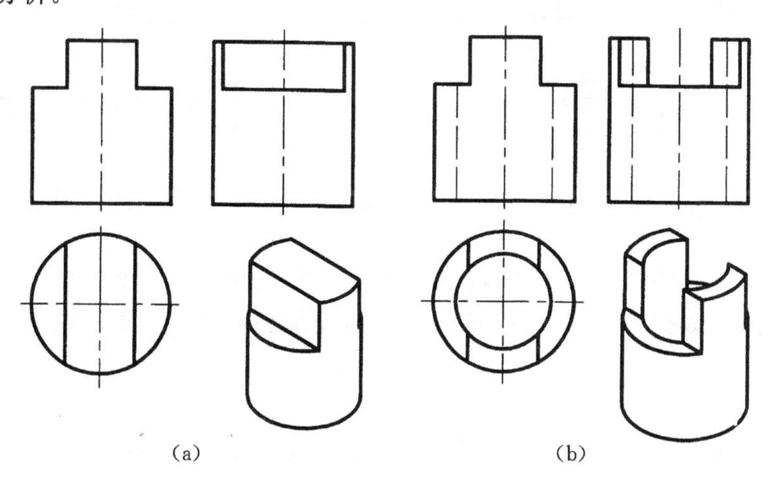

图 4－6　求圆柱截交线的投影

3. 平面与圆锥面表面相交

平面与圆锥面相交有五种情况，如表 4－2 所示。

①当截平面垂直于圆锥面回转轴线时，截交线为圆。

②当截平面与圆锥全部素线相交时，截交线为椭圆曲线。

③当截平面平行于圆锥面的一条素线时，截交线为抛物线。

④当截平面平行于圆锥面的两条素线时，截交线为双曲线。

⑤当截平面通过圆锥顶点与圆锥面相交时，交线为两条素线（直线）。

上述五种截交线都称为圆锥截交线，详见表 4－2。

表 4－2　平面与圆锥面相交的截交线性质

	截平面 过锥顶点	截平面 垂直于轴线	截平面 倾斜于轴线 $\theta>\alpha$	截平面 倾斜于轴线 $\theta=\alpha$	截平面平行或 倾斜于轴线 $\theta=0$ 或 $\theta<\alpha$
立体图	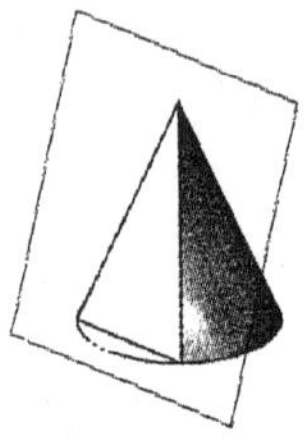	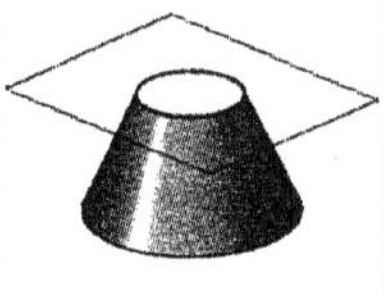	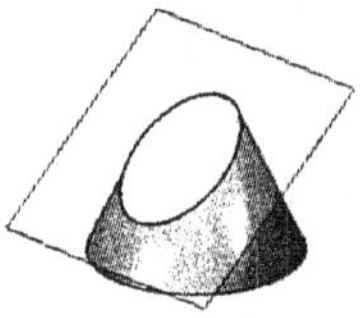	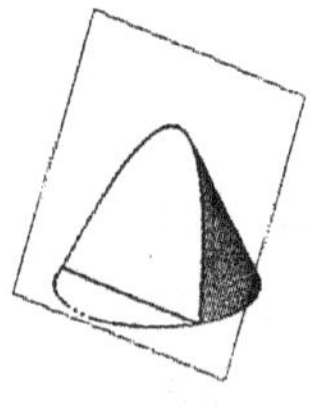	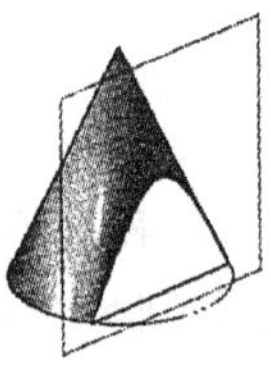
投影图	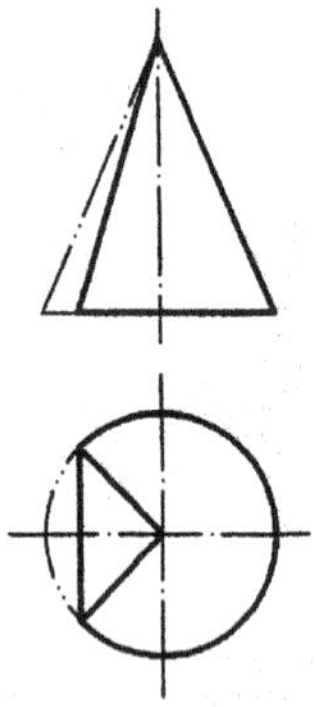	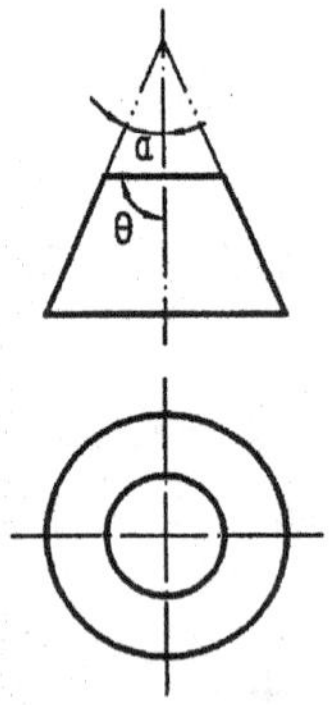 α θ	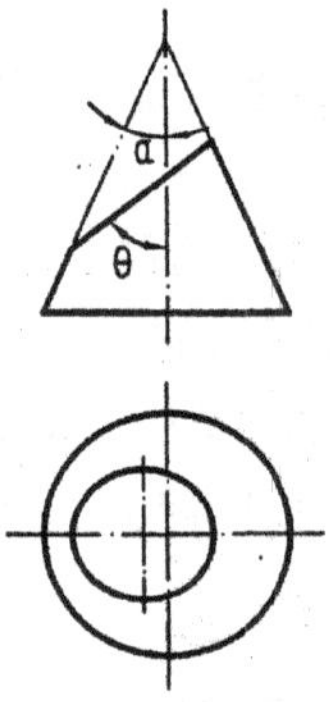 α θ	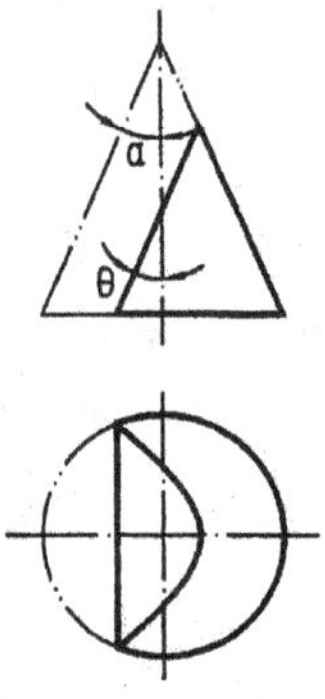 α θ	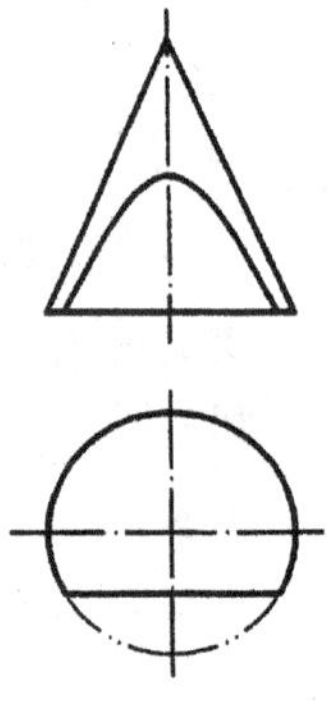
	截交线为两素线	截交线为圆	截交线为椭圆	截交线为抛物线	截交线为双曲线

例 4－5　已知圆锥被正垂面 P 截切，完成截交线的水平投影并画出其侧面投影，如图 4－7(a)所示。

分析　从表 4－2 中的图可以看出，截平面 P 与圆锥的轴线倾斜，截交线为椭圆 。因截平面 P 为正垂面，所以截交线正面投影积聚在 P 上，其水平和侧面投影仍为椭圆，但不反映实形。

作图

① 求特殊点。如图 4－7(b)所示，截平面与圆锥最左、最右轮廓素线的交点 1、2 是椭圆一根轴两个端点，其正面投影 $1'$、$2'$ 位于圆锥的正面投影的轮廓线上，并由此可求出水平投影 1、

2 及侧面投影 1″、2″。我们知道椭圆的长轴和短轴垂直平分，所以 1′2′的 中点 3′、(4′)即为椭圆另一根轴的两个端点的重合投影，利用圆锥表面取点的方法可以求出其水平投影 3、4 和侧面投影 3″、4″。

截平面与圆锥最前、最后轮廓素线的交点为 5、6，正面投影即为 1′2′与轴线的交点 5′、(6′)，可以直接求得侧面投影，进而求得水平投影 5、6。5″、6″两点也是圆锥侧面的轮廓线与截交线侧面投影椭圆的切点。

② 求一般点。如图 4－7(c)所示，在截交线正面投影 1′2′上取一对重影点 7′(8′)，然后利用圆锥表面取点的方法求出其水平投影 7、8 和侧面投影 7″、8″。注意宽相等(图中用 y 表示)。

③ 连接各点。依次光滑地连接各点的水平投影和侧面投影，擦去被截去的轮廓线的投影，结果如图 4－7(d)所示。

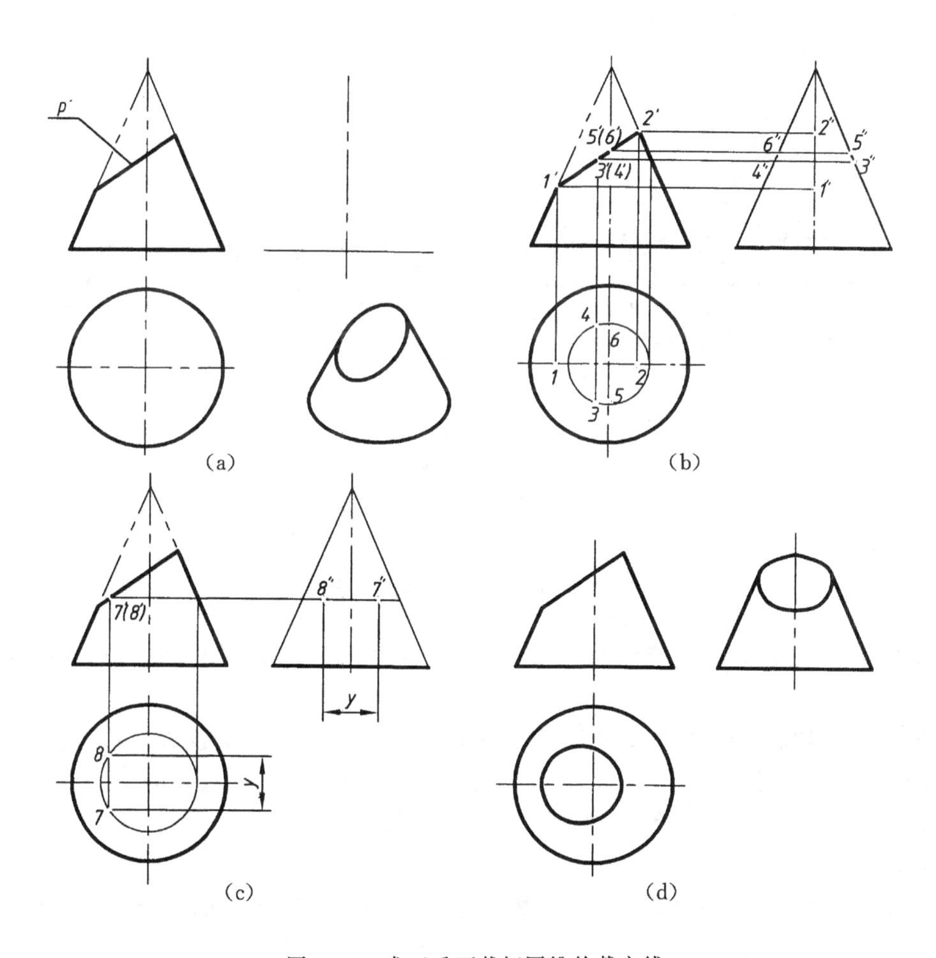

图 4－7　求正垂面截切圆锥的截交线

例 4－6　如图 4－8(a)所示圆锥被平面 P 和 Q 截切，完成其三面投影。

分析

①图示为一轴线垂直于水平面的圆锥，水平面投影反映底面的实形；截平面由两个平面组成：平面 P 与平面 Q，平面 P 为正垂面，平面 Q 是水平面，平面 P 和 Q 的交线是正垂线。

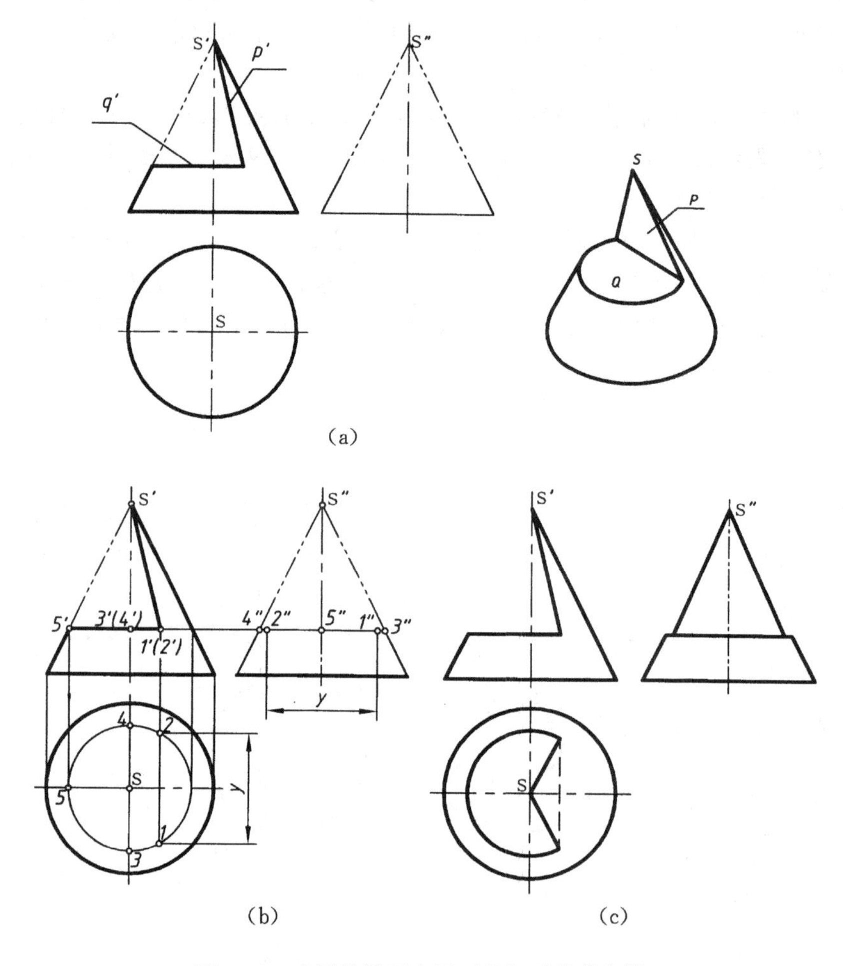

图 4-8　求圆锥被两个平面截切后的截交线

② 平面 P 过锥顶截切，截交线是三角形；平面 Q 垂直于轴线，它与圆锥的交线是圆的一部分。

③ 平面 P 截切后的截交线，其正面投影积聚成直线为已知，侧面投影与水平投影都是截交线三角形的类似形，需要求出；平面 Q 的正面和侧面投影积聚成直线，其水平投影反映圆的实形，由图 4-8(a)可知，正面投影已知，水平与侧面投影需作出。

作图

① 如图 4-8(b)所示，在已知的正面投影上，标出截交线三角形的三个顶点 $s'1'(2')$，过 $1'(2')$ 点作纬圆，求得 1、2 及 $1''$、$2''$ 点。

② 平面 Q 的正面投影积聚成直线，其水平投影圆的纬圆反映真形且过 1、2 两点，纬圆与圆锥的左、前、后三条轮廓素线分别交于点 5、3、4，根据点的投影关系求得 $5''$、$3''$、$4''$，如图 4-8(b)所示。

③ 判断可见性，并连线。连接 $s1$、$s2$ 及 $s''1''$ 、$s''2''$，完成平面 P 的两面投影，水平投影 12 线被锥顶遮挡不可见，连接 $3''4''$ 是平面 Q 的侧面投影；平面 P 与 Q 的交线为直线 12。

④ 擦去多余的线加深整理，如图 4-8(c)所示。

4. 平面与圆球相交,其截交线总是一个圆

由于截平面相对于投影面的位置不同,截交线的投影可能是圆、椭圆或直线。

例 4-7 求正垂面 P 与圆球的截交线,如图 4-9(a)所示。

分析 由于截平面 P 为正垂面,故截交线正面投影积聚在截平面的正面投影 p' 上,而水平投影为椭圆。

作图 如图4-9(b)所示。

① 求特殊点。圆球的正面轮廓线与 p' 的交点 1′、2′ 为截交线上最低、最高点,并可直接求得其水平投影 1、2,它们是截交线的水平投影椭圆短轴的端点。长轴应该与短轴垂直平分,其端点 3、4 的正面投影在 1′2′ 的中点 3′(4′),过 3′(4′) 作一水平圆,即可求得水平投影 3、4。

截平面与球面水平最大圆的交点为 5、6,正面投影即为 1′2′ 与水平中心线的交点 5′、(6′),可以直接求得水平投影 5、6 点。5、6 两点是圆球水平投影的轮廓线与截交线水平投影椭圆的切点。

② 求一般点。在截交线的正面投影上取一对重影点 7′、(8′),过 7′(8′) 作一水平纬圆,即可求得水平投影 7、8。

③ 判断可见性。依次光滑地连接各点的水平投影,擦去位于 5、6 左侧被截去圆球的部分水平轮廓线,其结果如图 4-9(c)所示。

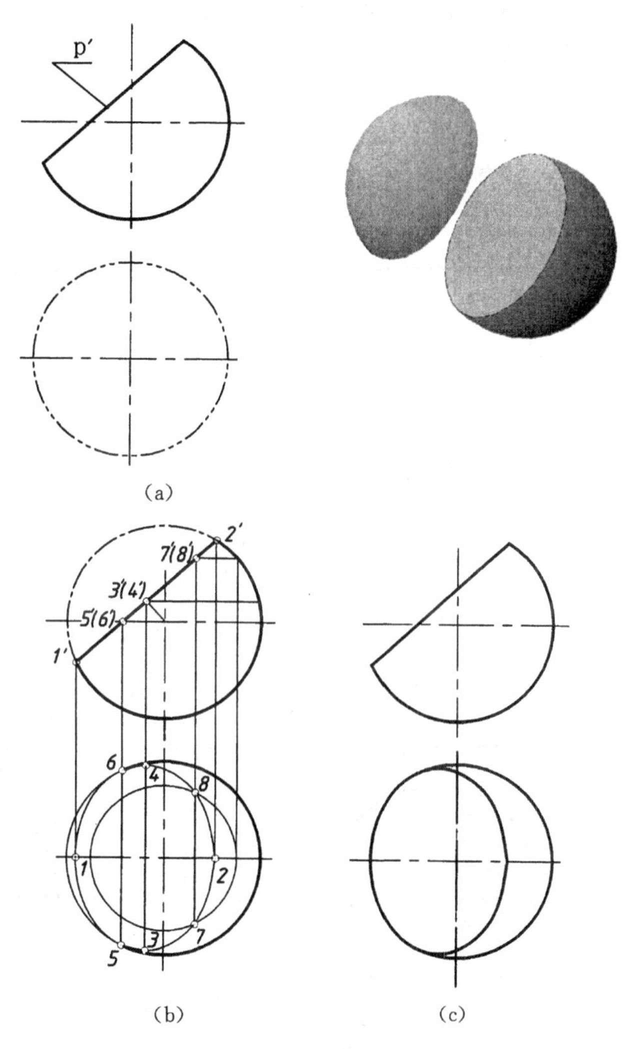

图 4-9 求正垂面截切圆球后的投影

例 4-8 求半球被平面 P、Q、N 截切后的截交线,如图 4-10(a)所示。

分析 从图 4-10(a)的投影图可以看出,半球的切口槽是由左右对称的两个侧平面 P、N 和一个水平面 Q 截切而成。

两个侧平面 P、N 与球面的交线分别为两段与侧平面平行的圆弧,其正面和水平投影积聚成直线,侧面投影反映实形。而水平面 Q 与球面的交线为两段与水平面平行的圆弧,其正面和侧面投影积聚成直线,水平投影反映实形。截平面之间的交线为正垂线。

作图 如图 4-10(b)所示。

① 作 P 和 N 平面上截交线的侧平纬圆 P'' 与 Q 平面的水平纬圆 q。

② 作 P、N 平面的水平投影积聚成直线,分别交水平轴线于 1、8,交纬圆 q 于 2、3、6、7,Q 平面的侧面投影积聚为一直线,直线交 p'' 于 2″、3″,交球大圆于 4″、5″。

③ 判断可见性并连线和整理。P 平面的侧面截交线由 $2''1''3''$ 圆弧与直线 $2''3''$ 组成，$2''3''$ 线段不可见，水平投影积聚在 213 线段上；N 平面的侧面投影与 p'' 重合，水平投影为 687 线段；Q 平面水平投影由圆弧 246、357 及直线 23、67 组成，侧面投影是线段 $4''5''$，其中 $2''4''$ 和 $3''5''$ 两段可见；从正面投影分析可知，圆球的侧面轮廓圆被切掉一部分，因此侧面投影中，上面一段轮廓圆弧不能画出，整理后如图 4-10(c)所示。

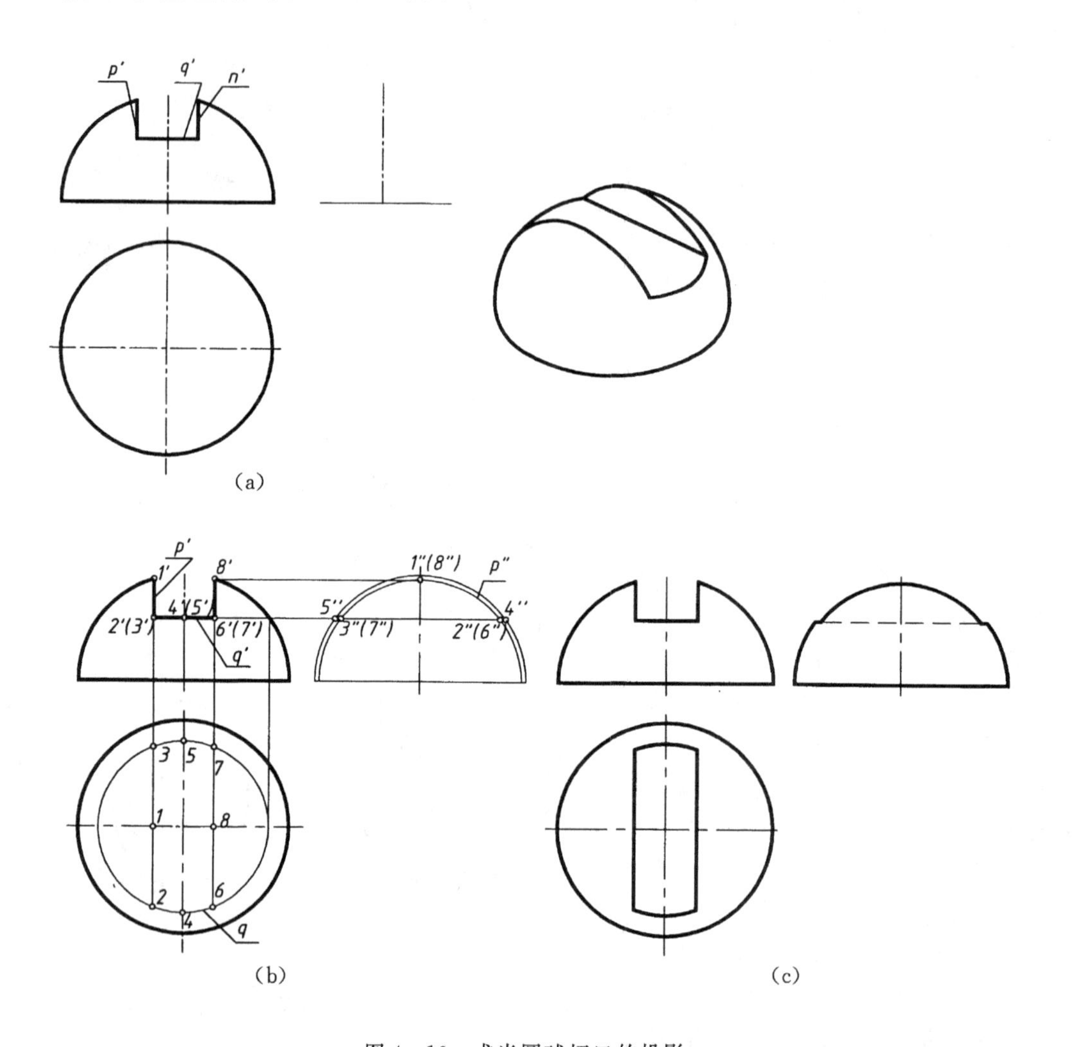

图 4-10　求半圆球切口的投影

例 4-9　求作组合回转体截交线的水平投影，如图 4-11(a)所示。

分析　该同轴回转体由轴线为侧垂线的一个圆锥体和两个直径不等的圆柱体组成，圆锥和两圆柱同时被水平面 P 截切，大圆柱还被正垂面 Q 截切。P 与圆锥面的交线为双曲线，水平投影反映实形，正面积聚在 p' 上，侧面投影积聚在直线上。Q 与大圆柱面的交线为椭圆的一部分，正面投影积聚在 q' 上，侧面投影积聚在大圆周上，水平投影为一段椭圆弧。

作图　作图步骤如图 4-11(b)所示。

① 作出立体截切前的水平投影。

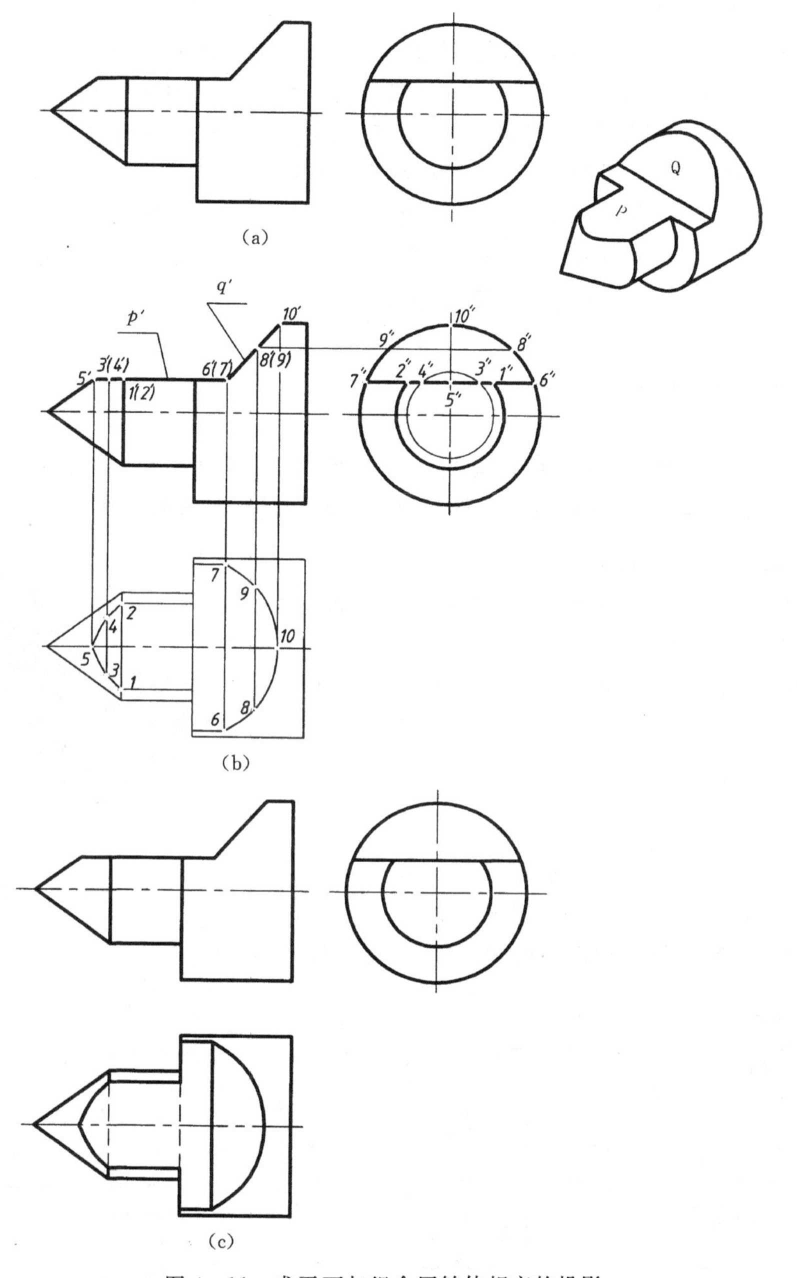

图 4 - 11 求平面与组合回转体相交的投影

② 作锥面的截交线。该截交线的最左点是圆锥正面轮廓线与 P 的交点，其正面投影 5′和侧面投影 5″可直接得到，并可求出水平投影 5。1、2 两点是圆锥底圆与 P 的交点（也是与小圆柱面上截交线的连接点），其正面投影 1′、2′和侧面投影 1″、2″也可直接得到，由此求出水平投影 1、2。在正面投影取一对重影点 3′、4′，利用侧平面的辅助圆求出侧面投影 3″、4″，进而求出水平投影 3、4。依次连接 1、3、5、4、2 即得该段截交线的水平投影。

③ 作 Q 与大圆柱面的截交线。该段截交线的最右点（也是最高点）10 是圆柱正面轮廓线与 Q 的交点，其正面投影 10′和侧面投影 10″可直接得到，并可求出水平投影 10。6、7 两点是 P 面

与 Q 面交线与大圆柱面的交点(是大圆柱体上 Q 面与 P 面截交线的连接点),其正面投影 $6'$、$7'$ 和侧面投影 $6''$、$7''$ 可直接得到,由此求出水平投影 6、7。在正面投影取一对重影点 $8'$、$9'$,然后求出侧面投影 $8''$、$9''$,进而求出水平投影 8、9。依次连接 6、8、10、9、7 即得该段截交线的水平投影。

④ 作 P 面与大、小圆柱面的截交线。P 面与大、小圆柱的截交线均为侧垂线。正面投影与 P 重合,侧面分别积聚在大、小圆上,而水平投影为分别过连接点的平行于轴的平行线。注意圆锥与圆柱之间以及大、小圆柱之间的交线的下半部分的水平投影为虚线。如图 4-11(c)所示。

注意:当一个截平面同时截到多个基本体时,截交线一定由多段截交线组合而成,在求截交线时一定要将相邻两段截交线的连接点(分界点)求出来。

4.2 两回转体相贯

两立体相交称为相贯,其表面的交线称为相贯线。三通管上存在两圆柱相贯线,如图 4-12所示。两回转体相贯,其相贯线的形状取决于两回转体各自的形体、大小和相对位置。

1. 相贯线具有两个性质

(1)封闭性 相贯线一般情况下是封闭的空间曲线,特殊情况下为平面曲线或直线。

(2)共有性 相贯线是两立体表面的共有线,相贯线上的点是两立体表面上的共有点。

图 4-12 相贯线

2. 相贯线有三种产生形式

①外表面相贯,如图 4-13(a)所示。

②外表面与内表面相贯,如图 4-13(b)所示。

③两内表面相贯,如图 4-13(c)所示。

从图中可以看出,虽然它们的形式不同,但相贯线是一样的。

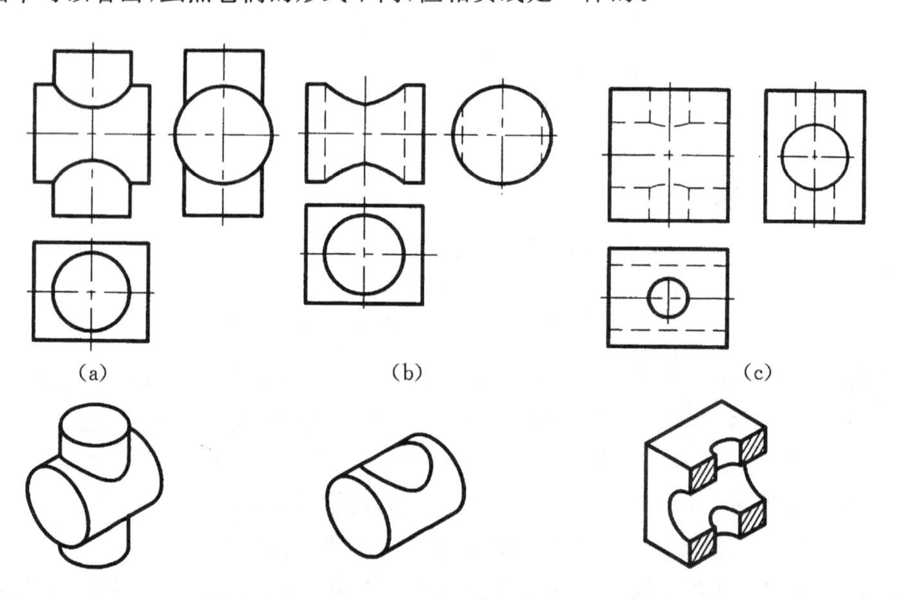

图 4-13 两正交圆柱相贯线的变化形式

4.2.1 求两回转体相贯线的分析与作图方法和步骤

1. 分析已知视图

(1)空间分析　分析两相交立体表面的几何性质及两立体之间的相对位置,判断相贯线的空间形状。

(2)投影分析　分析两立体与投影面的相对位置,判断相贯线的投影范围和特征。

2. 投影作图

(1)求特殊点　相贯线上的特殊点,是指相贯线上的最高、最低、最前、最后、最左、最右点,投影可见与不可见的分界点等,这些特殊点大多数都位于两个回转体的投影轮廓素线上,因此,两回转体轮廓素线上的共有点一般都应求出。在这些特殊点中,有的点可能兼有几个属性。

(2)求一般点　应在特殊点之间求适当个一般点,以便相贯线能光滑连接,使曲线的形状和位置较为准确。

(3)判断可见性,顺序连点　相贯线可见性的判别原则:当两立体表面都是可见面时,该表面上的相贯线才可见,否则为不可见。可见相贯线画成粗实线,不可见相贯线画成虚线。

回转体表面相贯线的连点原则是,同时位于两立体的两条相邻素线上的两点才可连线。

(4)检查整理立体的外形轮廓线　求相贯线的方法可分为:直接作图法和辅助线作图法。

直接作图法是不需要用辅助线或辅助面,直接可由投影确定相贯线上的点,即已知相贯线的两投影,求第三投影,叫知二求一,适用于两圆柱垂直相交,且两轴线分别垂直于两投影面。

辅助线作图法是利用取辅助线的方法,即已知相贯线的一个投影,求另外两个投影,叫知一求二,适用于两体之一为圆柱,且圆柱轴线垂直于某一投影。

4.2.2 两回转体相交相贯线的作图举例

两回转体相交,求其相贯线时常采用直接作图法和辅助线作图法。

1. 直接作图法

如果两相交立体表面的投影都有积聚性(称为双积聚)时,相贯线的两个投影必分别与两立体表面的有积聚性投影重合,此时相贯线的两个投影为已知,可根据点的投影规律,直接作图求出第三投影,这种作图方法叫直接作图法。

例 4-10　已知两圆柱正交,求作它们相贯线的投影,如图 4-14(a)所示。

分析　从图 4-14(a)中可以看出,小圆柱面轴线垂直于 H 面,其水平投影有积聚性;大圆柱轴线垂直于 W 面,其侧面投影有积聚性。根据相贯线的共有性,相贯线的水平投影一定积聚在小圆柱面的水平投影上,侧面投影积聚在大圆柱面的侧面投影上,为两圆柱面侧面投影共有的一段圆弧。

由以上分析可见,相贯线水平和侧面投影已知,可以求出正面投影。由于相贯线前后、左右对称,所以在正面投影中,相贯线可见的前半部分和不可见的后半部分重合,且左右对称。

作图

① 求特殊点。在水平投影中可以直接定出相贯线的最左、最右、最前、最后点Ⅰ、Ⅱ、Ⅲ、Ⅳ的水平投影 1、2、3、4,然后作出这四点相应的侧面投影 $1''$、$2''$、$3''$、$4''$,再由这四点的水平投影和侧面投影求出正面投影 $1'$、$2'$、$3'$、$4'$。

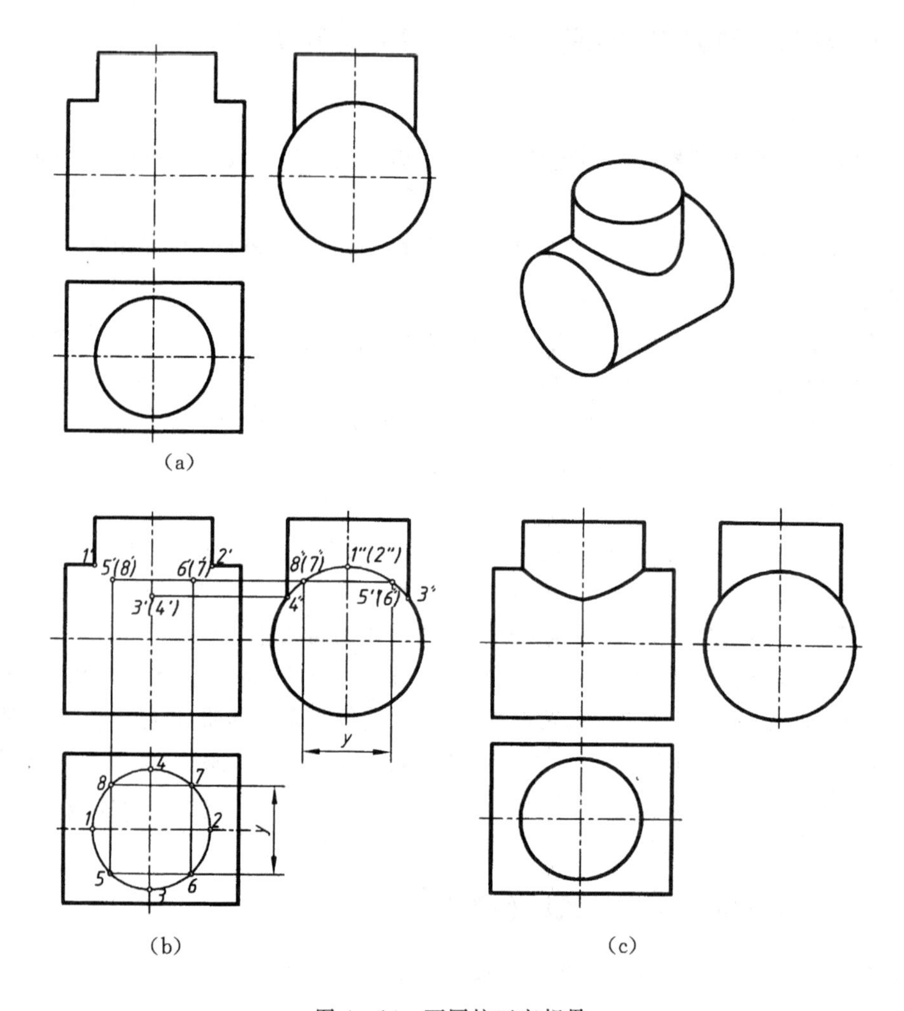

(a)

(b)

(c)

图 4 - 14　两圆柱正交相贯

可以看出：Ⅰ、Ⅱ点是大圆柱正面投影轮廓线上的点，是相贯线上的最高点，也是最左、最右点；而Ⅲ、Ⅳ点是小圆柱侧面轮廓线上的点，是相贯线上的最低点，也是最前点和最后点。

② 求一般点。在相贯线的水平投影上，取左右、前后对称的 5、6、7、8，然后作出其侧面投影 5″、6″、7″、8″，最后求出正面投影 5′、6′、7′、8′。

③ 连线并判别可见性。依据各点水平投影的顺序，将各点的正面投影连成光滑的曲线。由于相贯线是前后对称的，故在正面投影中，只需画出可见的前半部分 1′5′3′6′2′，不可见后半部分 1′(8′)(4′)(7′)2′与之重影。

正交两圆柱相贯立体相对大小的变化将影响相贯线的形状。图 4 - 15 表明了两正交圆柱的直径大小的变化对相贯线的影响。

从相贯线非积聚性的投影图中可以看出，相贯线的弯曲方向总是朝向较大直径的圆柱的轴线，如图 4 - 15(a)、(c)所示；当两圆柱的直径相等时(即共切于一个圆球时)，相贯线变为两椭圆(投影为交叉直线)，如图 4 - 15(b)所示。

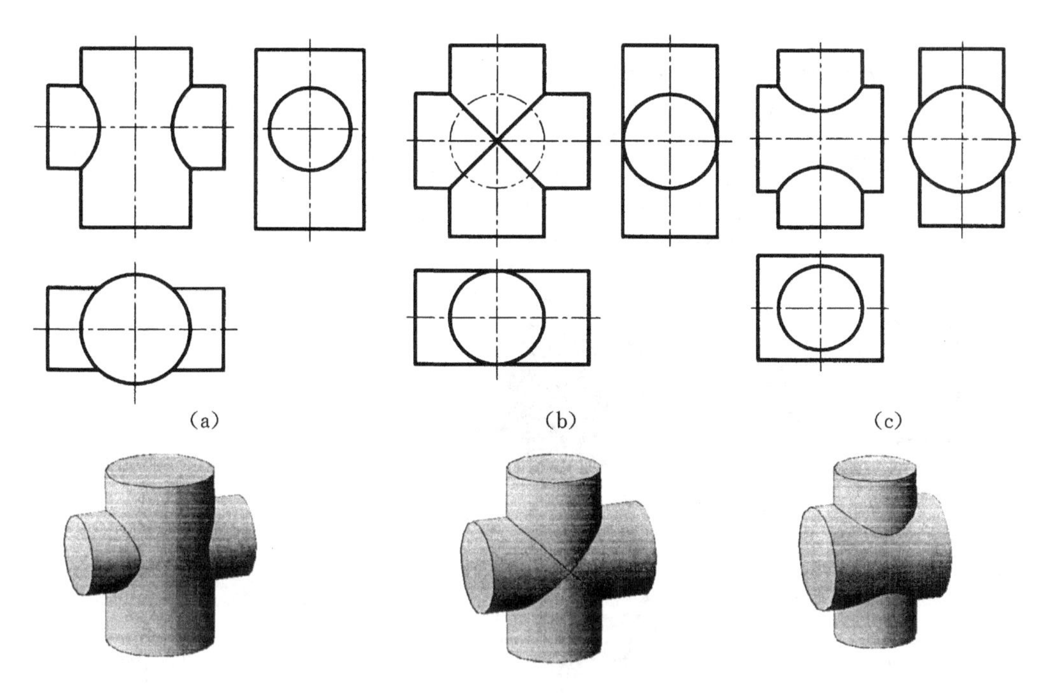

图 4-15　两正交圆柱直径大小变化时的相贯示例

2. 辅助线作图法

如果相贯的回转体中有一个是轴线垂直于投影面的圆柱，则圆柱的一个投影具有积聚性，相贯线的一个投影必在这个有积聚性的投影上。于是，利用这个投影的积聚性，确定两回转体表面若干共有点的已知投影，然后用立体表面上取点的方法求它们的未知投影，从而作出相贯线的投影。

例 4-11　求圆柱与圆台的相贯线，如图 4-16(a)所示。

分析　由图可知，圆台和圆柱的轴线分别是铅垂线和侧垂线，两轴线相交且处于同一正平面内，它们的相贯线是一组前后对称的空间曲线。圆柱面的侧面投影有积聚性，相贯线的侧面投影与之重合。圆锥面没有积聚性投影，此例属于单积聚的情况，可利用在圆锥面上取点的方法作图。

作图

① 求特殊点。如图 4-16(b)所示。在相贯线的已知投影——侧面投影上标出圆柱的四条轮廓素线上点的侧面投影 1″、2″、3″、4″，还可看出点Ⅰ、Ⅱ也同时位于圆锥的正面轮廓素线上，可以判定，点Ⅰ、Ⅱ、Ⅲ、Ⅳ分别是相贯线的最高、最低，最前、最后点，点Ⅰ、Ⅱ又是正面投影可见与不可见的分界点，点Ⅲ、Ⅳ是水平投影可见与不可见的分界点，除以上四点之外，还有圆锥素线相切于圆柱面的两个切点 5″、6″，也是相贯线的两个极限点，是相贯线最右的两点。作两素线的投影 $s''e''$和 $s''f''$与圆周相切，其切点 5″、6″为它们的侧面投影。

点Ⅰ、Ⅱ同时位于两立体的正面轮廓素线上，所以正面投影的轮廓线交点是 1′、2′。由 1′和 2′可直接求得 1 和 2；由 $s''e''$和 $s''f''$作出相对应的 se 和 sf，即可在其上求得相应的 5、6，由 5、6 与 5″、6″得 5′、6′；点Ⅲ、Ⅳ的正面和水平投影，需借助纬圆 T 求得，如图 4-16(b)所示，该纬圆的水平投影 t 与圆柱的水平轮廓线的交点为 3 和 4。再由 3″、4″和 3、4 求 3′、4′。

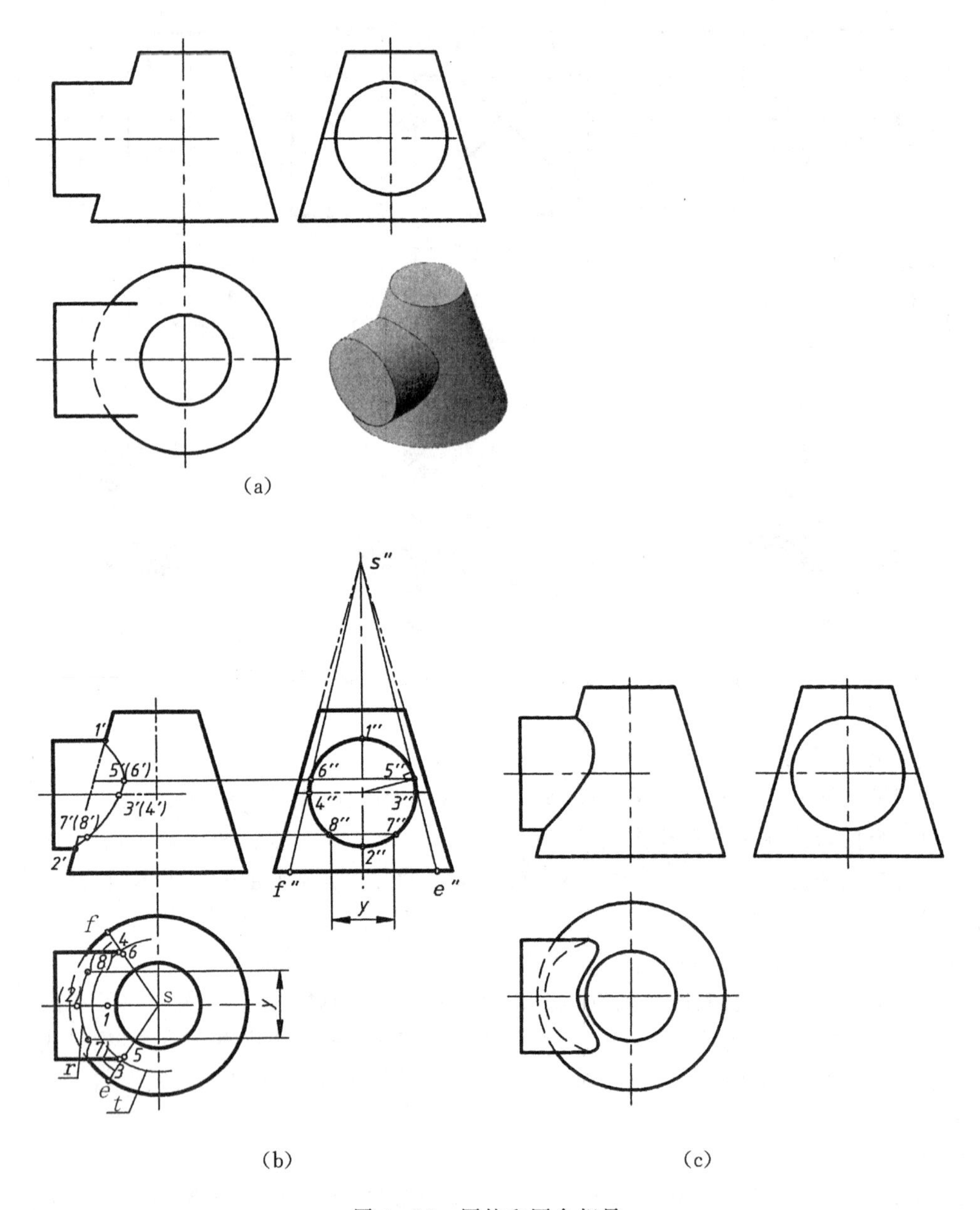

图 4-16 圆柱和圆台相贯

② 求一般点。如图 4-16(b)所示，用求点 3 和 4 的方法即可求得一系列一般点，如作纬圆 R，可求得点 7 和 8 等。当然，求这些点也可利用辅助素线作图。

③连线并判断可见性。如图 4-16(c)所示，根据侧面投影中各点的相邻顺序连线，正面投影前后重合，只画出粗实线，水平投影以 3 和 4 分界，将 3—5—1—6—4 段连成粗实线，其余连成虚线。

例 4-12 求圆柱与半球的相贯线，如图 4-17(a)所示。

分析 从图 4-17(a)中可以看出，圆柱和半球前后均对称，且两者共底互交，故相贯线为前后对称的不封闭的空间曲线。

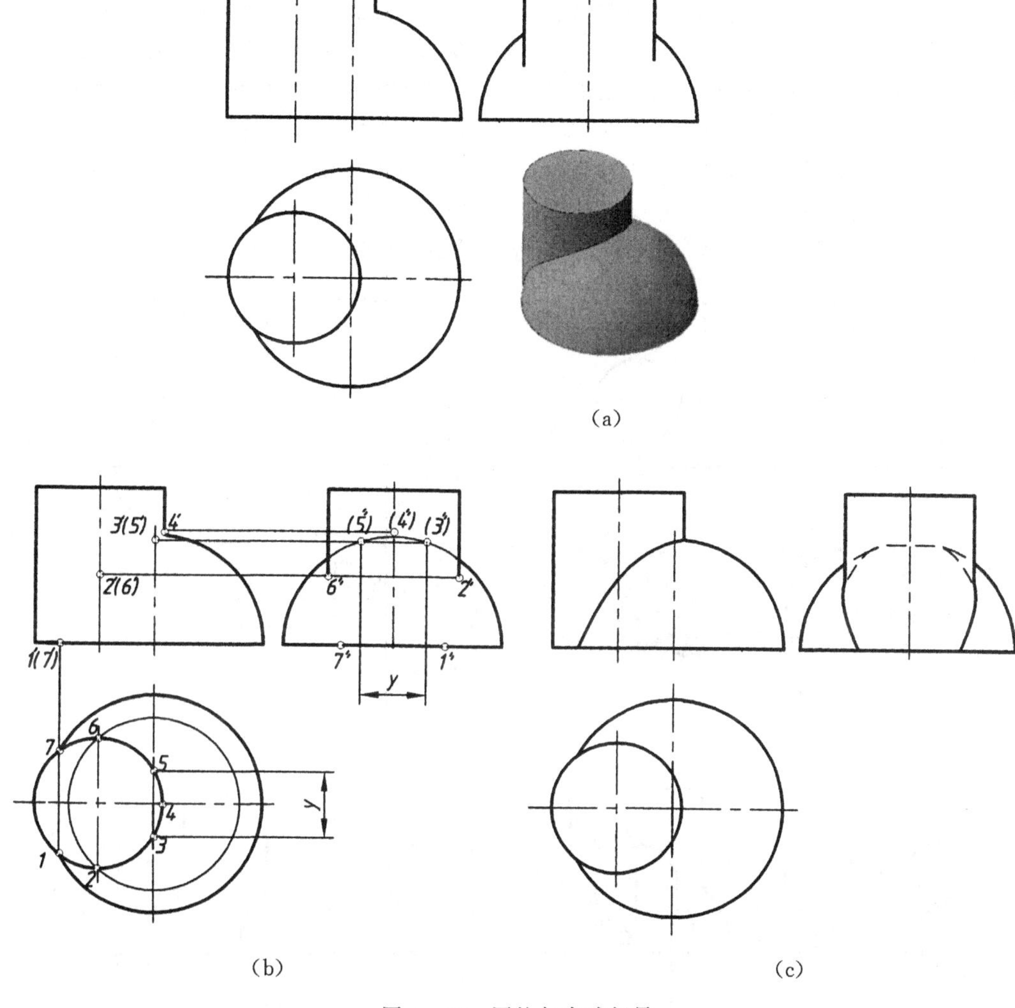

图 4-17　圆柱与半球相贯

由于圆柱面轴线垂直于 *H* 面，其水平投影有积聚性，故相贯线水平投影积聚在半球范围内的圆柱面水平投影上，而相贯线的正面和侧面投影未知。

因为相贯线是两立体表面共有的线，其水平投影已知，故可以利用在圆球表面作辅助线取点的方法求出相贯线上一系列点的正面和侧面投影，从而作出相贯线正面和侧面投影。

作图　作图步骤如图 4-17(b)所示。

① 作特殊点。相贯线的最低点 1、7 点是圆柱底圆和半球底圆交点，其水平投影即为圆柱面积聚性投影和半球底圆投影的交点 1、7，而正面和侧面投影分别在圆柱底圆和半球底圆的积聚性投影上；最前、最后点 2、6 是圆柱最前、最后轮廓素线与球面的交点，其水平投影 2、6 已知，利用在圆球表面取点作辅助水平纬圆求出其正面和侧面投影；最高点 4 点是圆柱最右轮廓素线与球面的交点，可以直接得到水平和正面投影 4、4′，从而求出侧面投影 4″；3、5 点是球面侧面轮廓圆与圆柱面的交点，是相贯线侧面投影和球面的切点，其水平投影 3、5 点已知，然后求得侧面投影 3″、5″点，再求出正面投影 3′、5′点。

② 求一般点。在特殊点之间适当取一至两对点，同样用辅助纬圆法求出它们的正面和侧面投影(其作图略)。

③ 判断可见性，并光滑连接(应适当取两点)。按相贯线在水平投影中诸点的顺序，连接诸点的正面投影，由于前后对称，所以前半和后半相贯线的正面投影 1′2′3′4′和 7′6′5′4′重合；按同样的顺序连接诸点的侧面投影，作出相贯线的侧面投影，位于圆柱面左半部分的相贯线可见，右半部分的相贯线侧面投影是不可见的，即 2″3″4″5″6″侧面投影为虚线。

图 4－17(c)是作图结果，注意在正面投影中半球和圆柱轮廓线仅画到 4′点为止，在侧面投影中，半球的轮廓线画到 3″、5″为止，而圆柱轮廓线画到 2″、6″为止。

例 4－13 完成组合相贯线的正面投影及水平投影，如图 4－18(a)所示。

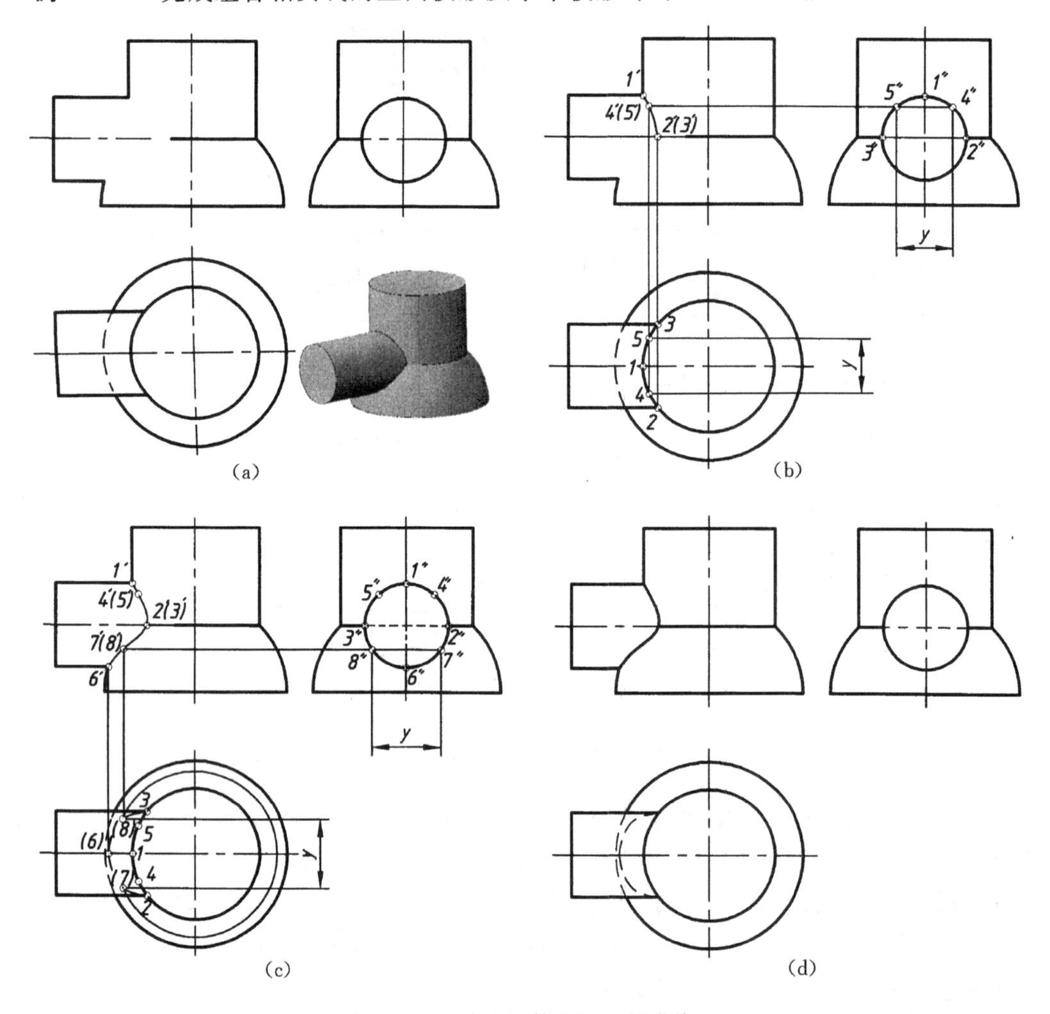

图 4－18 多个立体相交的相贯线

分析 由图 4－18(a)可以看出，该组合立体由轴线垂直侧面的小圆柱、半球和轴线垂直水平面的大圆柱构成。其中大、小两圆柱为正交圆柱，相贯线的侧面投影积聚在位于小圆柱面的积聚性投影上(上半圆)，水平投影积聚在大圆柱面积聚性投影上的一段圆弧上，正面投影需求出；小圆柱与半球相贯线的侧面投影在小圆柱面的积聚性投影下半圆上，水平投影和正面投影需求出；半球与大圆柱共轴相交，相贯线为水平圆，其正面和侧面投影为水平直线，水平投影重合在大圆柱面的积聚性圆上。三段相贯线连接点为2、3两点。

作图

① 作小圆柱与大圆柱的相贯线。如图4-18(b)所示，1、2、3为特殊点，4、5为一般点，它们的水平和侧面投影为已知，由此求出正面投影。按侧面各点顺序，连接其正面投影。

② 作小圆柱与半球的相贯线。如图4-18(c)所示，2、6、3为特殊点，7、8为一般点，它们的侧面投影为已知，利用过7、8点在球面上作水平纬圆求出其水平和正面投影。按侧面各点顺序，连接其水平和正面投影。由于该段相贯线位于小圆柱面的下半部分，故水平投影不可见，画虚线。大圆柱与半球的相贯线可以直接得到，注意侧面投影位于小圆柱区域的一段为虚线。

③ 判断可见性。擦去多余的线条，整理并光滑地连接。最终结果如图4-18(d)所示。

4.2.3 相贯线的特殊情况

在一般情况下，两回转体的相贯线是封闭的空间曲线，但在特殊情况下，也可能是平面曲线、直线或不封闭。下面介绍几种相贯线的特殊情况。

①两个圆柱轴线相互平行且共底相交时，其相贯线是两条平行于轴线的直线，不封闭，如图4-19(a)所示。

②两个共顶共底的圆锥相交时，其相贯线为两相交的直线，不封闭，如图4-19(b)所示。

③同轴回转体相交时，其相贯线为垂直于轴线的圆，当回转体平行于某一投影面时，其相贯线圆在该面上的投影为直线，如图4-19(c)、(d)所示。

④两相交回转体共内切于一圆球时，其相贯线为两相交椭圆，当两回转体的轴线同时平行于某一投影面时，则椭圆的投影为直线，如图4-19(e)、(f)和(g)所示。

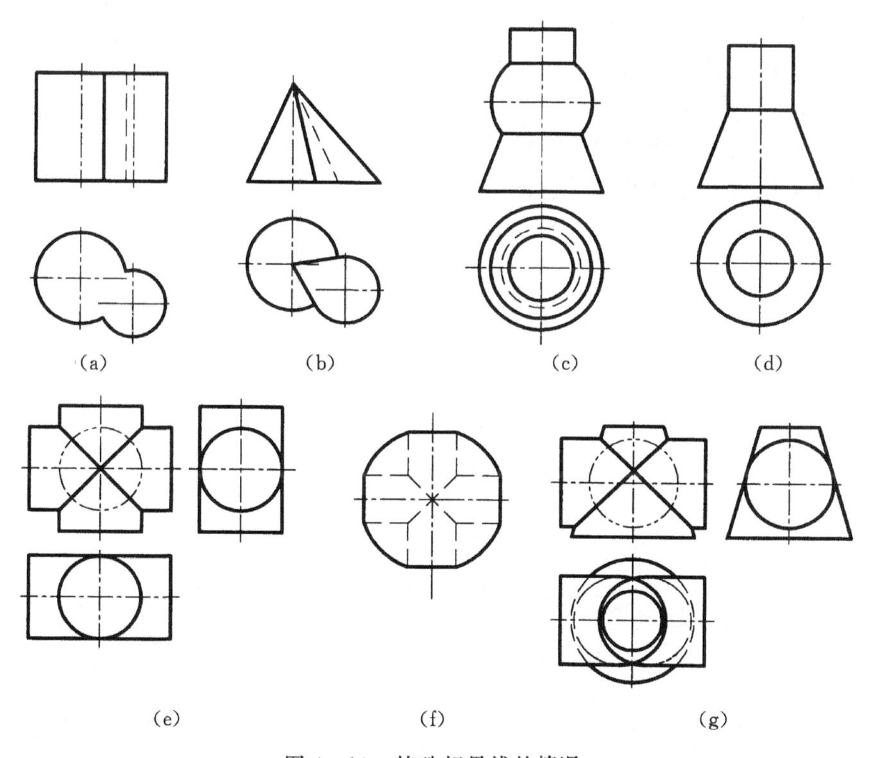

图4-19 特殊相贯线的情况

4.2.4 相贯线的简化画法

当两圆柱正交，且两圆柱的轴线都平行于某一投影面时，相贯线在该面上的投影可以用圆弧代替。作图方法如图 4－20 所示，以大圆柱的半径 R 为半径，以两圆柱轮廓素线的交点为圆心画弧，与小圆柱轴线有一交点，以此交点为圆心，再以 R 为半径画弧，此圆弧即为相贯线的投影。此种画法一般只用于零件图。

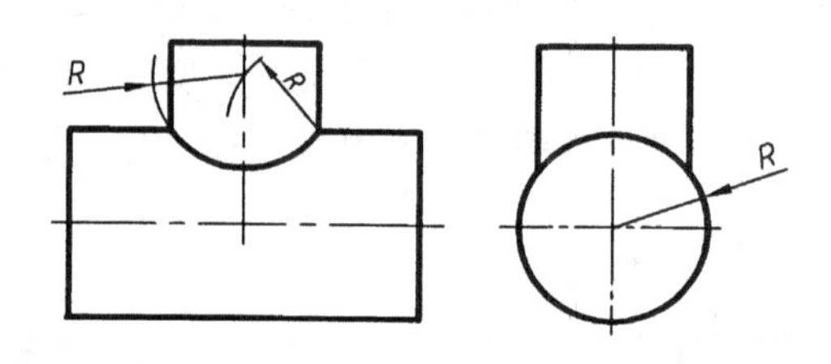

图 4－20　相贯线的简化画法

思考题

1. 平面与圆柱体相交有几种相对位置？其截交线是什么形状？
2. 平面与圆柱体相交，试述求截交线的方法。
3. 平面和圆锥体相交有几种相对位置？其截交线是什么形状？
4. 平面与圆锥体相交，试述求截交线的方法。
5. 试述平面与球体相交的截交线形状及其求法。
6. 试述相贯线的基本性质。
7. 利用辅助线作图法求回转体相贯线时，应如何进行分析？
8. 判别相贯线可见与不可见的原则是什么？

第5章　组合体的三视图

任何机器零件，从形体的角度来看，一般都可以看作是由一些基本形体经过叠加、挖切等方式而形成的。基本形体可以是一个完整的基本体(如棱柱、棱锥、圆柱、圆锥、圆球等)，也可以是一个不完整的基本体或是它们的简单组合，如图 5-1 所示。由两个或两个以上的基本形体构成的整体称为组合体。本章将学习组合体的画图、读图及尺寸标注方法，为今后学习零件图打下必要的基础。

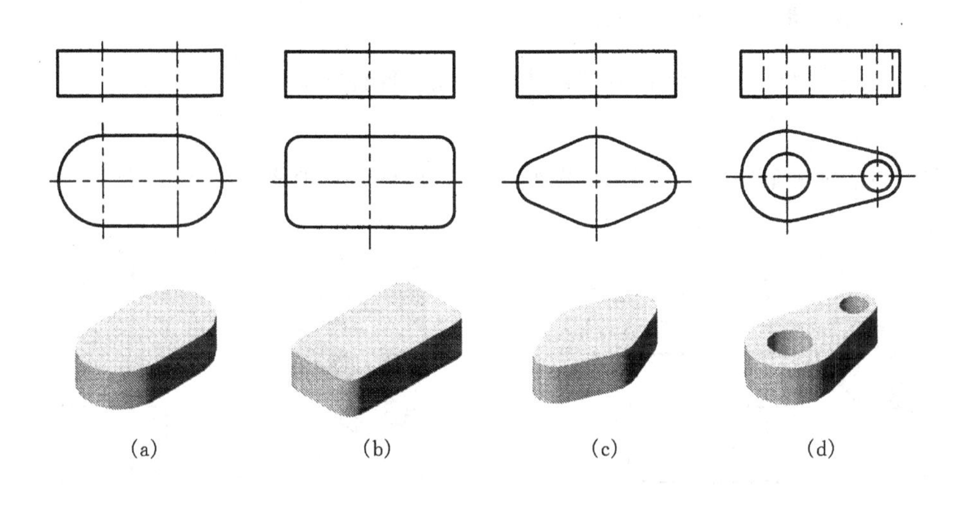

图 5-1　常见的基本形体

5.1　组合体的构形分析

5.1.1　形体分析法

形体分析法就是假想把组合体分解为若干基本形体，分析它们之间的相对位置、组合方式及相邻形体的表面关系，以便于组合体的画图、读图和标注尺寸。

5.1.2　组合方式

组合体的组成有叠加和挖切两种基本形式，而常见的是这两种形式的综合。以这些形式组成的立体分别称为叠加式、挖切式和综合式组合体。如图 5-2(a)所示的组合体是叠加式的，它由六棱柱和圆柱叠加而成；图 5-2(b)所示的组合体是挖切式的，它由平面和曲面多次切割四棱柱而形成；而图 5-2(c)所示的组合体则是综合式的，它由带缺口的空心圆柱和带孔和圆角的矩形板叠加而成，而缺口是由多个平面切割形成的。

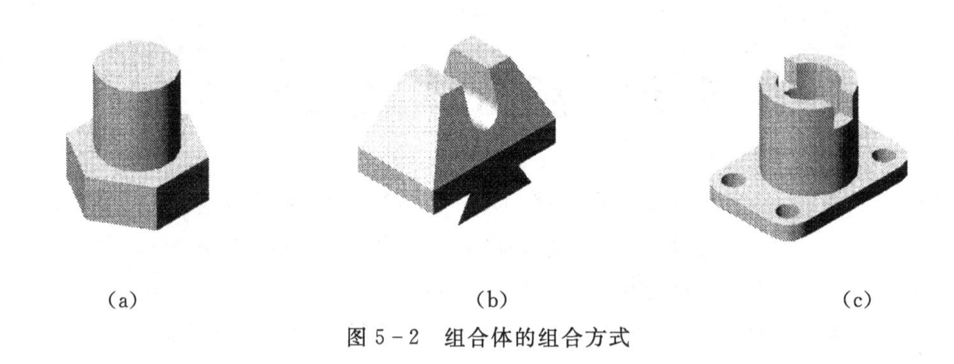
(a) (b) (c)

图 5-2 组合体的组合方式

5.1.3 相邻形体的表面关系

相邻形体的表面关系有共面、不共面、相切和相交四种情况。

1. 共面

当两形体表面前后(或上下、左右)共面时,在表面的连接处无分界线,如图 5-3 所示。

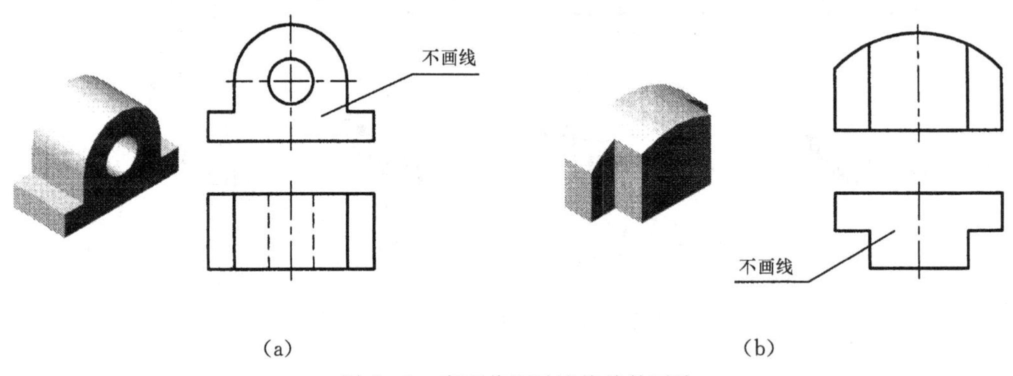

(a) (b)

图 5-3 表面共面时连接处的画法

2. 不共面

当两形体表面前后(或上下、左右)互相错开即不共面时,在表面的连接处有分界线,如图 5-4 所示。

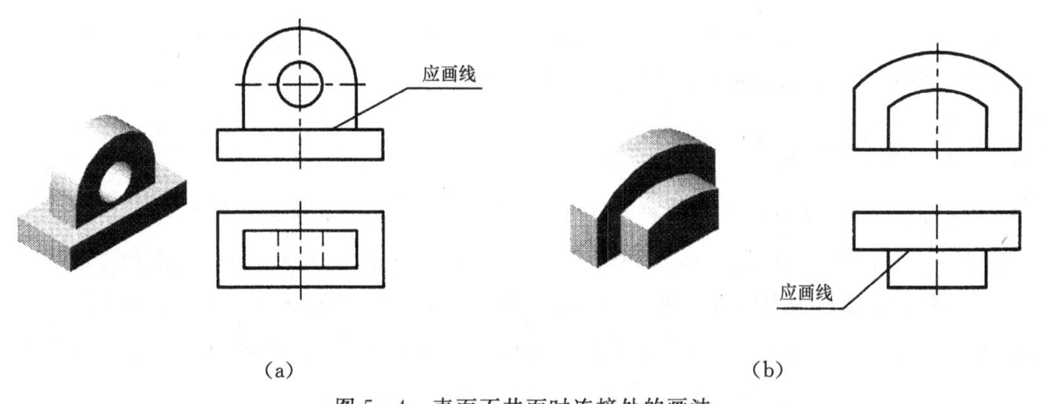

(a) (b)

图 5-4 表面不共面时连接处的画法

3. 相切

当两形体的邻接表面相切时，表面在连接处为光滑过渡，这时在连接处是否画线应遵守以下准则：当两表面相切处的公共切平面倾斜或平行于某一投影面时，连接处在该面上的投影不画线，如图 5-5(a)所示；当公共切平面垂直于某一投影面时，连接处在该面上的投影要画线，如图 5-5(b)所示。

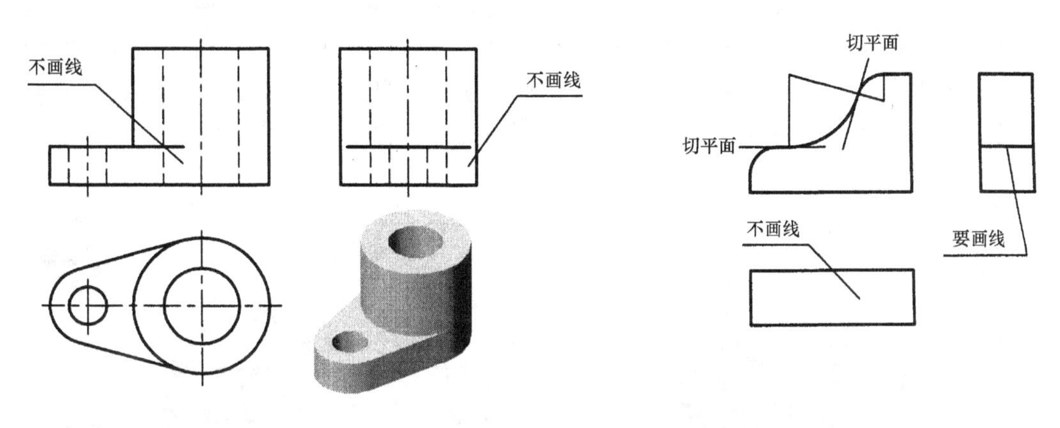

(a) 相切处一般不画线　　(b) 相切处要画线和不应画线的情况

图 5-5　表面相切时连接处的画法

4. 相交

两形体表面相交必产生交线，连接处应画出交线的投影，如图 5-6 所示。

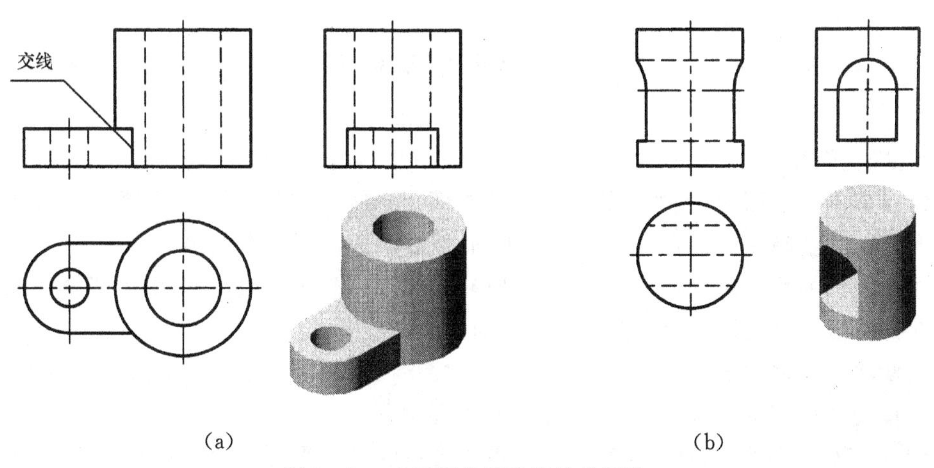

(a)　　(b)

图 5-6　表面相交时连接处的画法

5.2 画组合体的视图

画组合体视图有一定的方法和步骤。下面按叠加式和切割式组合体分别介绍其画法。

5.2.1 叠加式组合体视图的画法

现以图 5-7 所示的支座为例，说明其画图方法和步骤。

1. 形体分析

如图 5-7 所示，支座可分解为六个部分：空心圆柱体、空心圆板、底板、肋板、凸台、耳板。底板的两侧面与圆柱体相切、其底面与圆柱体的底面共面，肋板的底面与底板的顶面叠加、其侧面与圆柱体相交，耳板的侧面与圆柱体相交、其顶面与圆柱体的顶面共面，凸台的轴线与圆柱体轴线垂直相交、两圆柱的孔连通。空心圆板的顶面与圆柱体的底面叠加、两孔轴线同轴。除了凸台以外，其它形体具有公共对称面，而凸台的轴线与该公共对称面垂直。

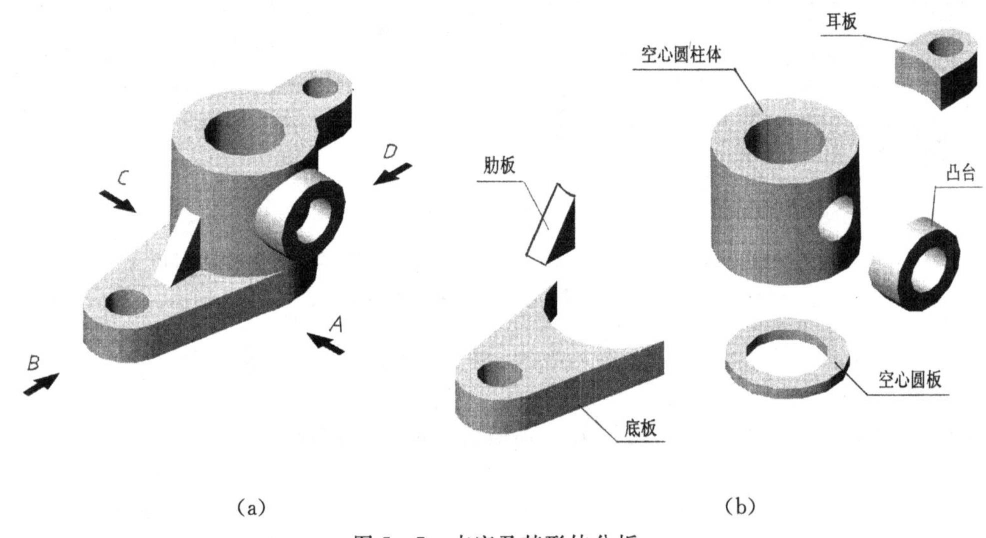

图 5-7 支座及其形体分析

2. 选择主视图

在组合体的三视图中，主视图是最主要的视图。选择好主视图对于清楚表达组合体的结构形状和视图的清晰性都很有利。选好主视图，需要考虑以下几个问题：

①主视图应能最好地反映出组合体的结构形状，也就是说，主视图应尽可能全面地反映组成该组合体的各形体的形状特征及它们的相对位置。

②通常将组合体按自然位置安放，并使其主要平面或主要轴线与投影面平行或垂直。

③尽量使各视图上的虚线最少，并使图幅布局匀称。

如图 5-7(a)所示的支座，其底板朝下并且底板的底面平行于水平投影面时是其自然位置安放，此时大圆柱体的轴线处于铅垂位置。为了使大圆柱体、肋板、底板、耳板的公共对称平面平行或垂直于投影面，可以选择图中的 A、B、C、D 四个方向作为主视图的投射方向。比较箭头所示四个投射方向，选择 A 向作为主视图的投射方向比其它三个方向都要好。因为，无论支座的整体结构形状还是组成支座的各形体的形状特征及它们的相对位置关系在此方向都有最清晰地反映，而且三个视图上的虚线也最少。主视图的投射方向确定后，俯视图和左视图的投射方向也就随之确定了。

3. 画图步骤

当选好了适当的比例和图纸幅面，确定了三个视图在图纸上的位置后，即可画出各视图的基准线。基准线是指测量尺寸的基准，每个视图需要确定两个方向的基准线。一般常用对称中心线、轴线和较大平面作为基准线。再按形体分析法，从主要的形体(如空心大圆柱体)着手，按各基本形体之间的相对位置以及表面连接关系，逐个画出它们的三视图，具体作图步骤如图 5-8 所示。

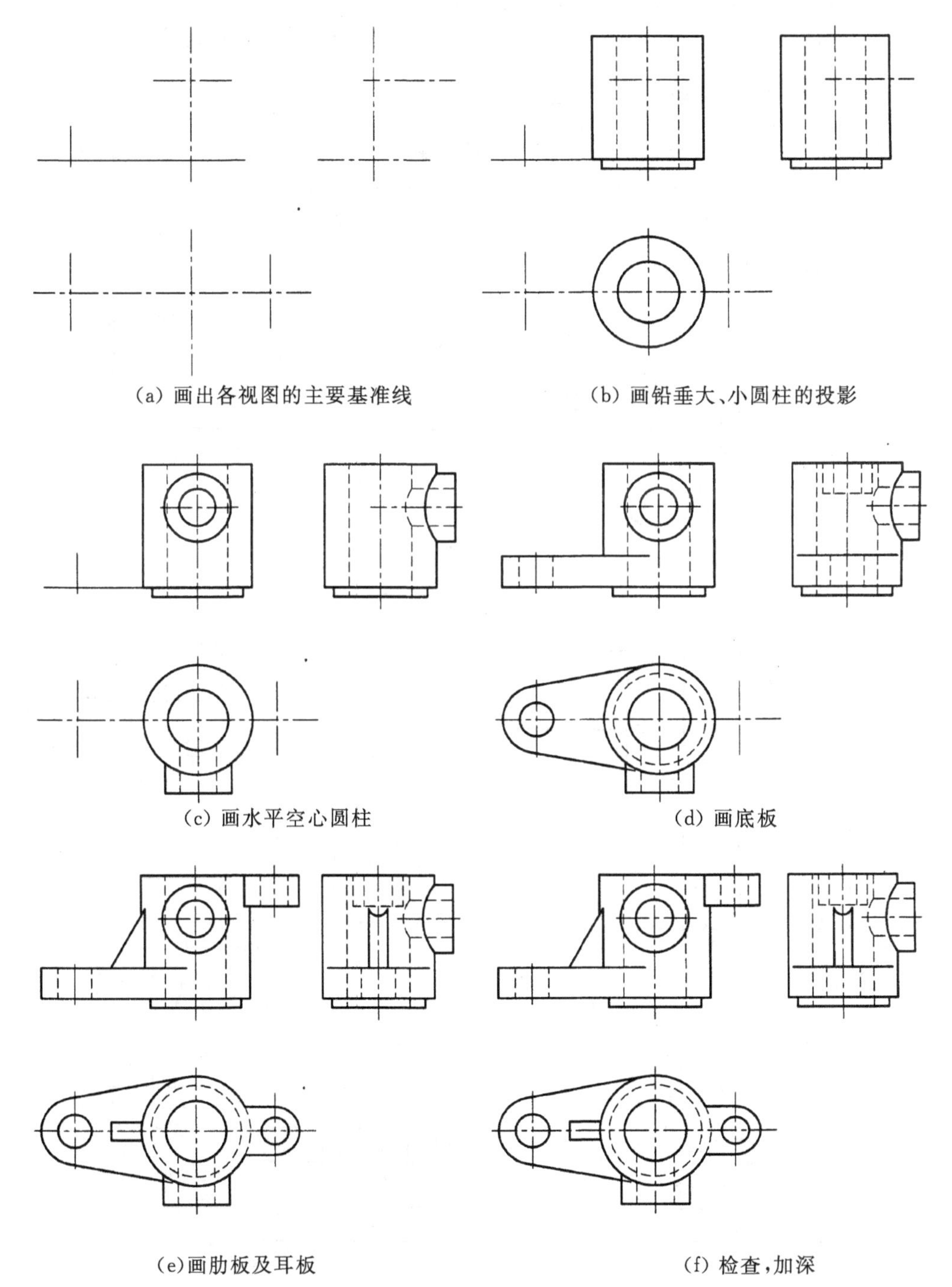

(a) 画出各视图的主要基准线　　(b) 画铅垂大、小圆柱的投影

(c) 画水平空心圆柱　　(d) 画底板

(e)画肋板及耳板　　(f) 检查，加深

图 5-8　支座的画图步骤

画组合体三视图应注意以下几点。

①运用形体分析法，逐个画出各基本形体。同一形体的三视图要按投影关系同时画出，并从反映形体特征的视图画起，不是先画完组合体的一个视图后，再画另一个视图。

②画每个部分的基本形体时，一般先画实（实心体）后画空（挖去的形体）；先画大（大形体）后画小（小形体）；先画轮廓，后画细节。

③完成各基本形体的三视图后，应检查各形体间表面连接处的投影是否正确。例如，底板与圆柱筒的相切处，肋板、耳板、凸台与圆柱体的相交处，都是容易画错的地方。

5.2.2 切割式组合体视图的画法

对基本形体进行切割而形成的组合体即为切割式组合体。绘制切割式组合体的视图时，先绘制出未切割前完整的基本形体的投影，再结合线面分析法作图。所谓线面分析法，就是根据线或面的投影特征来分析组合体表面的性质、形状和相对位置进行画图和读图的方法。

画切割式组合体的作图过程如图 5－9 所示。

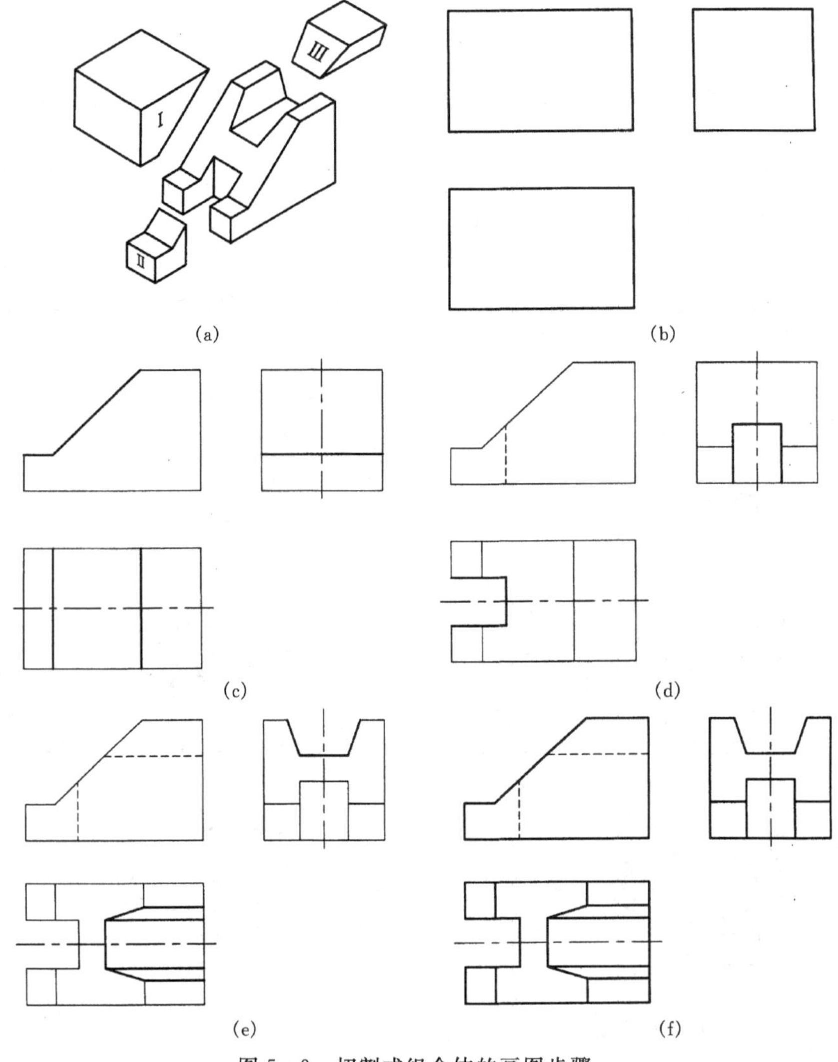

图 5－9 切割式组合体的画图步骤

画切割体三视图时应注意以下几点。

①作每一个切口投影时，应先从截切面有积聚性的视图开始作图，再按投影关系画出其它视图。

②注意切口截面投影的类似性。

5.3 组合体的尺寸标注

视图只是表示了组合体的形状，而其真实大小要由视图上所注的尺寸来确定。尺寸标注的基本要求如下。

(1)正确　尺寸标注必须符合国家标准的规定，且数值正确。

(2)完整　尺寸应能完全确定物体的大小，且无重复。

(3)清晰　尺寸标注布局整齐、清楚，便于看图。

5.3.1 常见简单形体的尺寸标注

要掌握组合体的尺寸注法，需要先掌握一些常见的简单形体的尺寸注法。现分述如下。

1. 基本体

基本体的尺寸注法如图 5-10 所示。

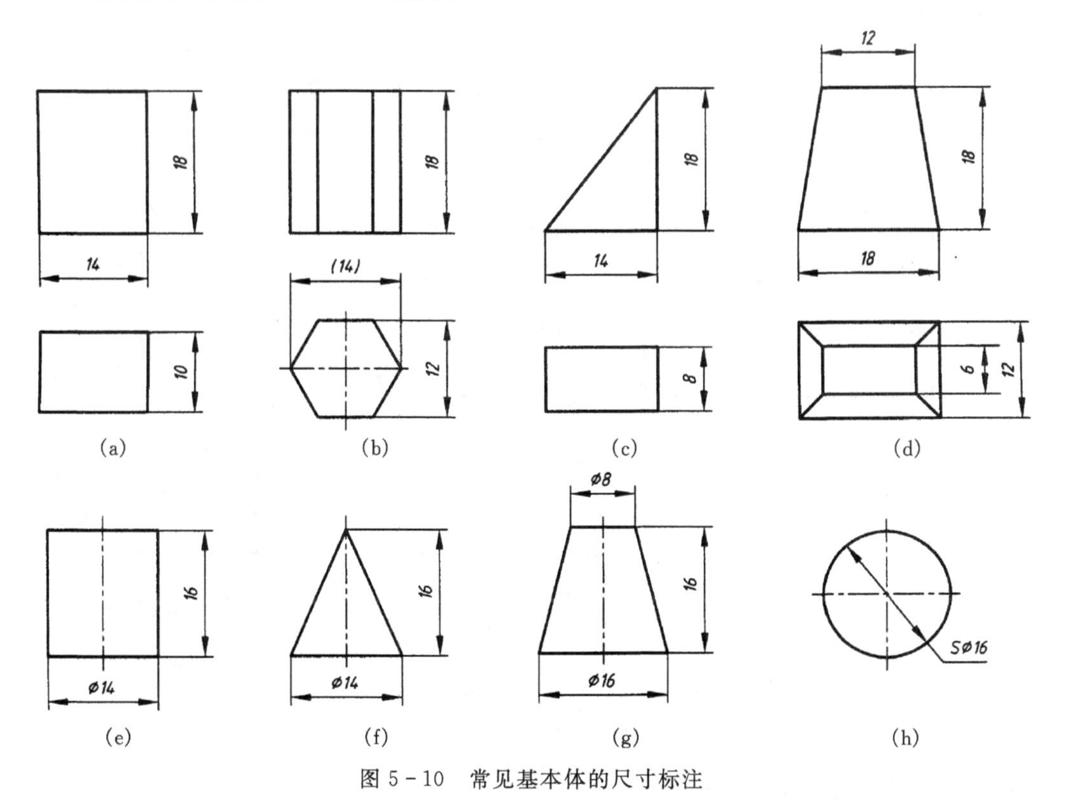

图 5-10　常见基本体的尺寸标注

2. 截割体

对于截割体，除了要注出基本体的尺寸外，还要注出截平面位置的尺寸。当截平面与形体的相对位置确定后，截交线就随之确定，因此不应再标注截交线的尺寸。图 5－11 给出了几个截割体的尺寸注法，其中，打“×”的为多余尺寸。

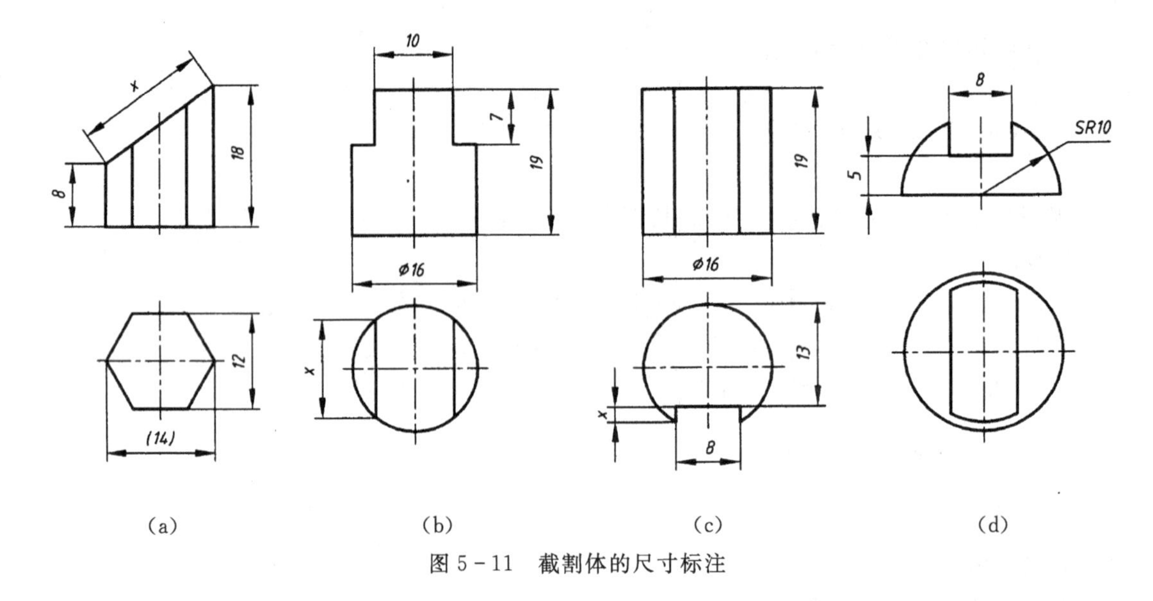

(a)　　(b)　　(c)　　(d)

图 5－11　截割体的尺寸标注

3. 相贯体

对于相贯体，除了要注出各基本体的尺寸外，还应注出基本体的相对位置尺寸。当基本体的尺寸和基本体之间的相对位置尺寸注全后，则相贯线就被唯一确定；因此，不应再标注相贯线的尺寸。图 5－12 给出了几个相贯体(包括表面相切)的尺寸注法。

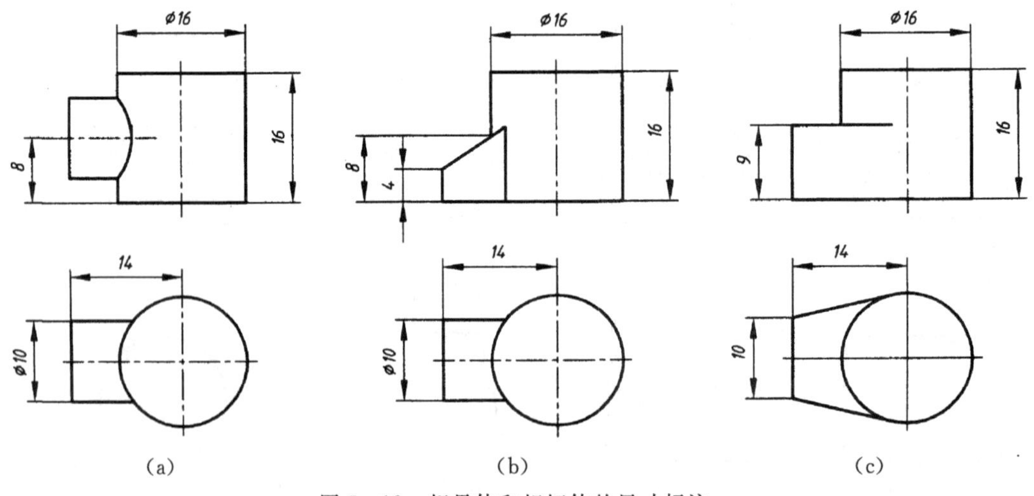

(a)　　(b)　　(c)

图 5－12　相贯体和相切体的尺寸标注

5.3.2　组合体的尺寸标注

标注组合体尺寸的基本方法是形体分析法，即先将组合体分解为若干基本形体，然后选择尺寸基准，逐一标注各基本形体的定位尺寸和定形尺寸，最后考虑总体尺寸，并对已注出的尺寸作必要的调整。下面以图 5－13 为例作尺寸分析。

1. 尺寸基准

标注尺寸的起点称为尺寸基准。通常选用组合体的对称平面、较大的平面、主要回转体的轴线作为尺寸基准。一般在长、宽、高三个方向至少各有一个尺寸基准。如果某方向有两个以上的基准，则其中一个是主要基准，其余是辅助基准。

如图 5－13(a)所示，组合体的左右对称平面为长度方向尺寸基准；底板的后端面为宽度方向尺寸基准；底板的底面为高度方向主要尺寸基准，立板上大孔中心的水平位置为高度方向辅助尺寸基准。

2. 定位尺寸

确定形体相对基准的位置尺寸以及基准之间的尺寸。如图 5－13(a)所示，由长度方向尺寸基准注出了底板上两圆孔的定位尺寸 28(注意，以对称面为基准的尺寸都应相对基准对称标注)；由宽度方向尺寸基准注出底板上圆孔的定位尺寸 18，竖板的定位尺寸 5；由高度方向主要尺寸基准注出竖板上大圆孔的定位尺寸 20；由高度方向辅助尺寸基准注出竖板上小圆孔的定位尺寸 10。

每个形体一般都应在三个方向分别相对基准标注定位尺寸。但是，当形体的某个平面、对称面或回转体的轴线在某一方向与尺寸基准重合时，在该方向应省略定位尺寸。当两形体之间在某一方向处于叠加(或挖切)、共面、对称、同轴之一情况时，在该方向也应省略定位尺寸。如图 5－13(a)所示，底板的对称面、后端面、底面分别与长度方向、宽度方向、高度方向的尺寸基准重合，故省去了底板的三个定位尺寸；底板上两圆柱孔相对于基准对称，故省去了一个长度方向的定位尺寸；立板在高度方向与底板叠加，故省去了一个长度方向的定位尺寸；立板在长度方向与底板对称，故省去了一个长度方向的定位尺寸，等等。

3. 定形尺寸

确定形体形状大小的尺寸。如图 5－13(b)所示，标注出了底板的长、宽、高尺寸(40、24、8)及其圆孔和圆角的尺寸(2×∅6、$R6$)；立板的长、宽、高尺寸(20、7、27)及圆孔和圆角的尺寸(∅9、∅6、$R4$)。标注定形尺寸时，相同的圆孔对称或均匀分布时，只需在一个形体上标注定形尺寸并加注数量，如图中的 2×∅6。相同的圆角也只需标注一个定形尺寸，但不注数量，如图中的 $R6$ 和 $R4$。

4. 总体尺寸

确定组合体总长、总宽和总高的尺寸。当注全了组合体的每个基本形体的定位尺寸和定形尺寸以后，组合体的尺寸就符合了完整性的要求。如果再标注总长、总宽、总高中的任何一个尺寸都会多余一个尺寸。因此，每标注一个总体尺寸，必须去除同方向的一个定形尺寸，如图 5－13(c)所示，标注总高尺寸 35，同时去掉竖板高度的定形尺寸 27(或保留 27 而去掉 8)。在去掉一个已经注出的尺寸时，存在着去掉哪个尺寸更合适的问题。这是尺寸标注的第四项基本要求——合理性的问题，在目前学习阶段，我们还不能考虑如何使所标注的尺寸满足合理性的要求。这里，仅给出如下结论，去掉的尺寸应该是该方向相关尺寸中一个最不重要的尺寸。

组合体一般都需要标注总长、总宽、总高尺寸。但是，如果总体尺寸与组合体内的某个基本形体的定形尺寸相同，则不再重复标注，如图 5－13(c)所示，底板的长和宽(40，24)就是该组合体的总长和总宽，因此不再另行标注组合体的总长和总宽尺寸。

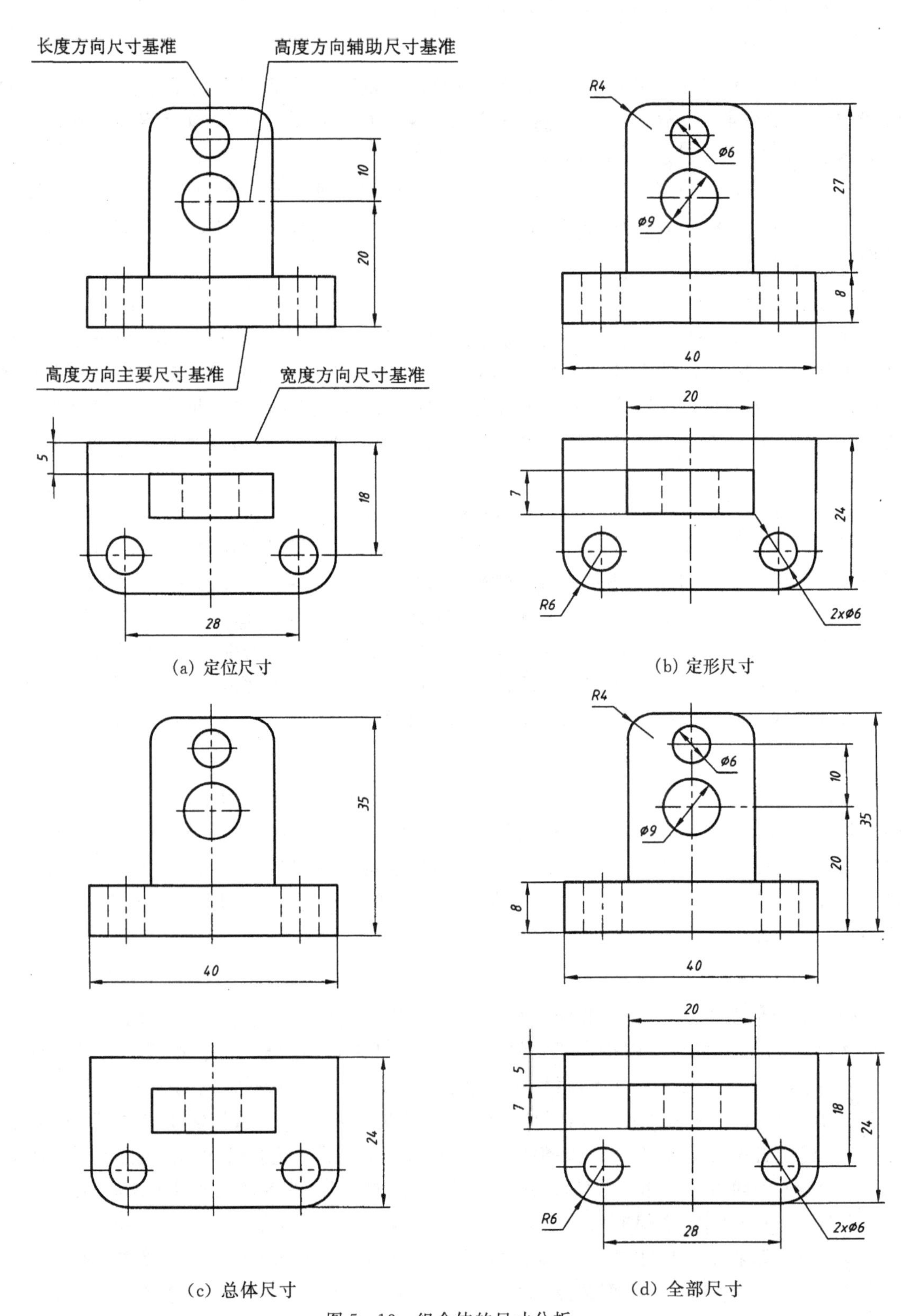

(a) 定位尺寸

(b) 定形尺寸

(c) 总体尺寸

(d) 全部尺寸

图 5－13　组合体的尺寸分析

如果组合体的端部是回转体或部分回转体时，总体尺寸一般不直接注出，而是注出其轴线位置和直径（或半径）尺寸。如图 5－14(a)～(e)各图中的总长尺寸均未直接注出，图 5－14(a)、(e)、(f)各图中的总宽尺寸也未直接注出。

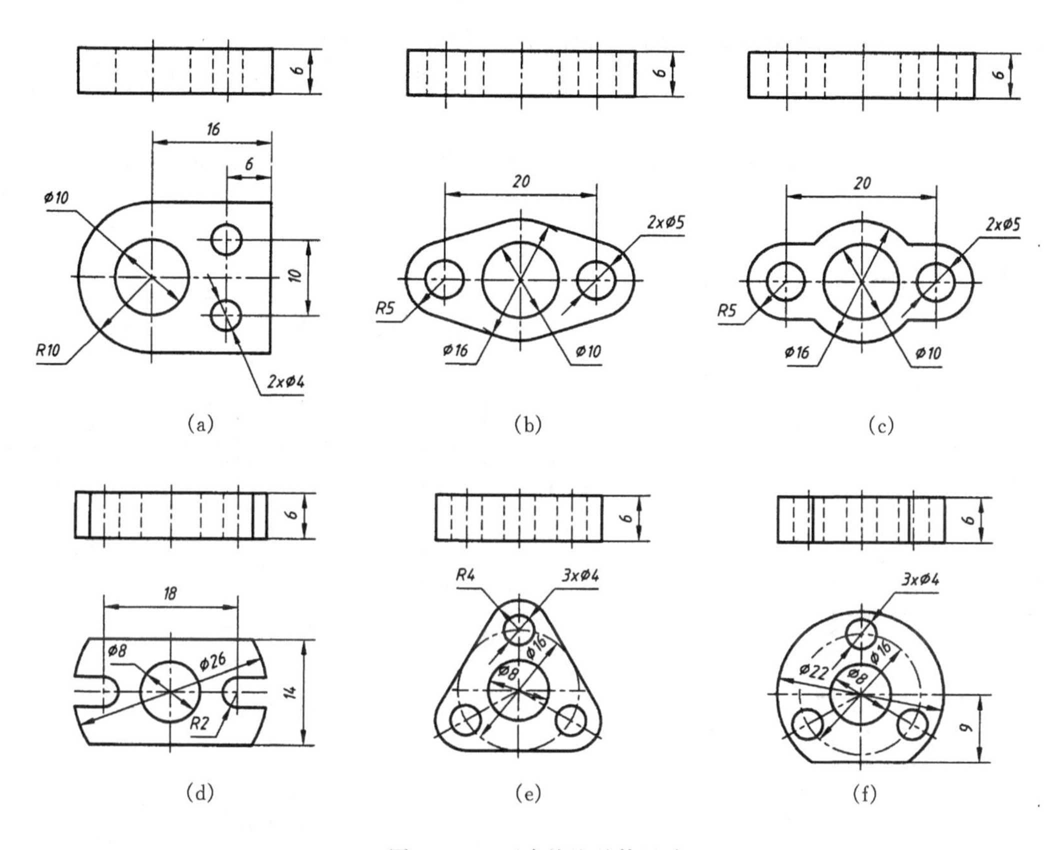

图 5－14　不直接注总体尺寸

在总体尺寸的标注方面，也有例外的情况。这种情况是考虑加工方便，既标注总体尺寸又保留定形尺寸，从而出现了多余尺寸，如图 5－15 所示。图中底板的四个圆角的圆柱面的轴线可能与孔的轴线同轴，也可能不同轴。但无论是否同轴，都要标注孔的定位尺寸和圆柱面的定形尺寸，还要标注总体尺寸。当两者同轴时，就有多余尺寸。

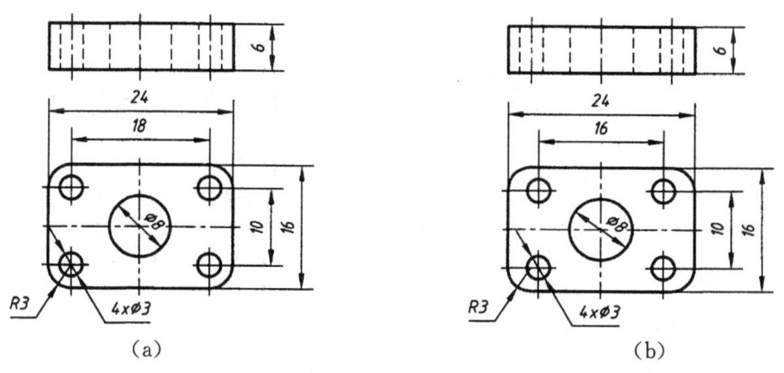

图 5－15　要注全总体尺寸

5. 尺寸的清晰布置

标注尺寸除了要求正确、完整以外，为了便于看图，还要求尺寸布置整齐、清晰。为此，标注尺寸时要注意以下几点。

①尺寸应标注在最能反映形体特征的视图上，如图 5-16 所示。

②同一形体的尺寸应尽量集中标注。如图 5-16(a)所示，底板上缺口的尺寸(5,5,8,20)呈现集中标注，因而便于读图。

③尺寸尽量标注在视图的外面，并使小尺寸在内、大尺寸在外，依次排列，如图 5-16(a)所示。

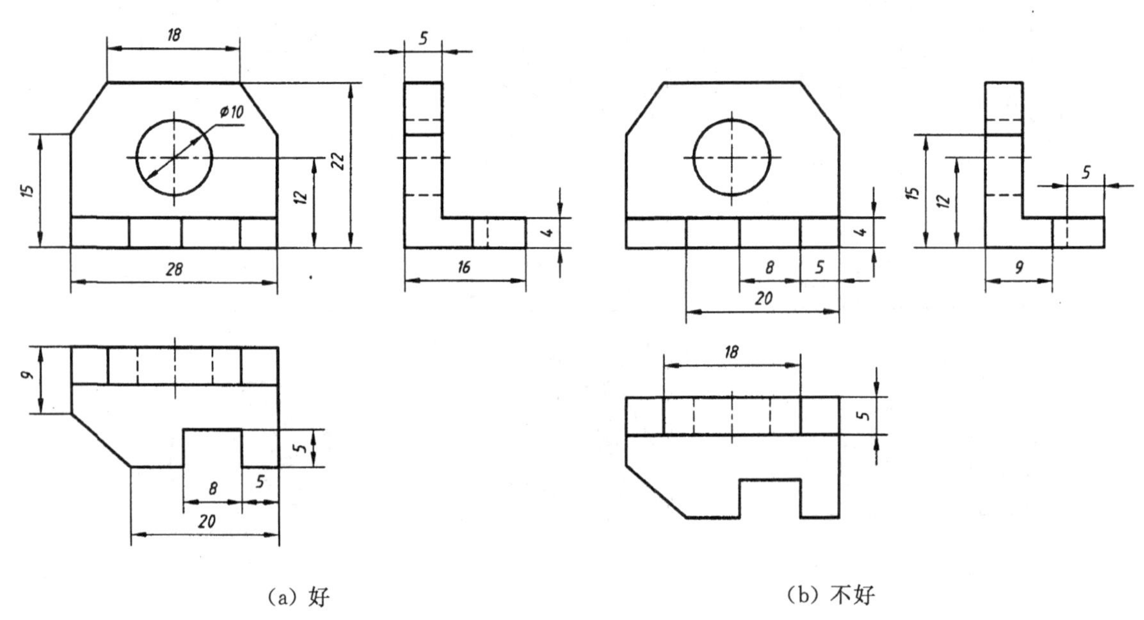

图 5-16 尺寸应注在反映形体特征最明显的视图上

④形体上的对称尺寸，应以对称中心线为基准对称标注，如图 5-17 所示。

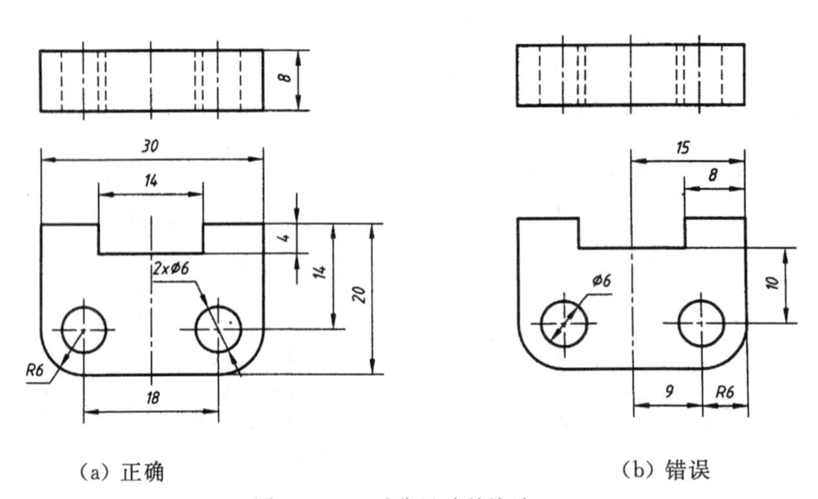

图 5-17 对称尺寸的注法

⑤直径尺寸尽量注在非圆视图上，而圆弧的半径尺寸必须注在反映圆弧实形的视图上，如图 5－18 所示。

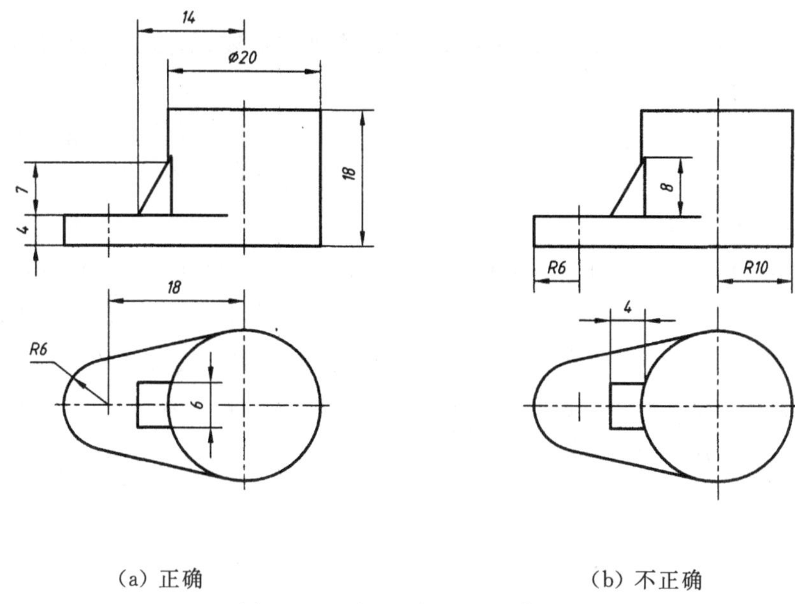

(a) 正确　　　　(b) 不正确

图 5－18　直径和圆弧的尺寸注法

⑥截交线和相贯线上不应注尺寸，如图 5－19 所示。

⑦虚线上尽量不注尺寸。

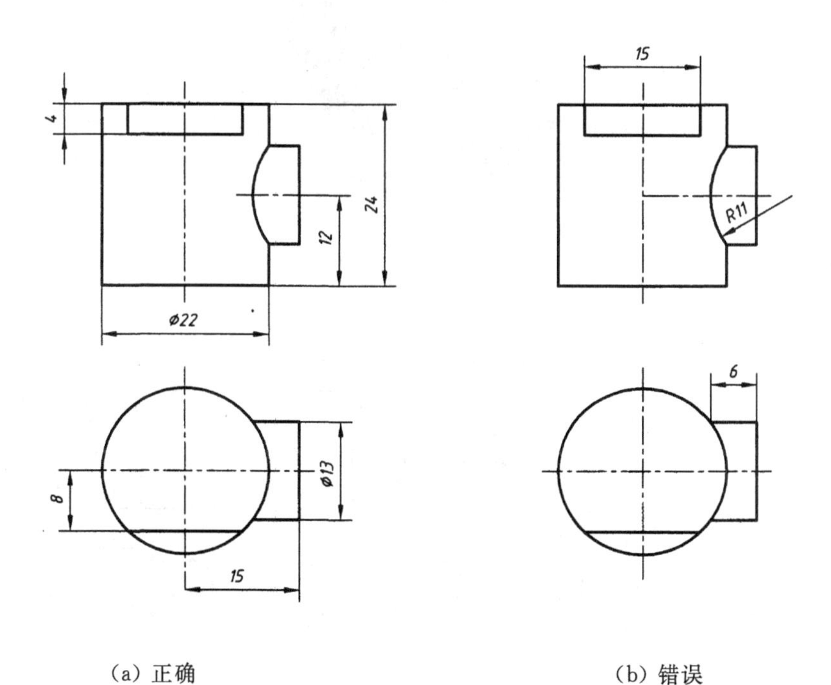

(a) 正确　　　　(b) 错误

图 5－19　截交线和相贯线的尺寸标注

例 5-1 标注支座尺寸(见图 5-7(a))。

分析与作图

(1) 形体分析

图 5-7(a)所示的支架,按形体分析法分解为六个基本形体,如图 5-7(b)所示。

(2) 选定尺寸基准

如图 5-20(a)所示,以直立空心圆柱的轴线为长度方向尺寸基准;以底板与直立空心圆柱的前后对称面为宽度方向的尺寸基准;以直立空心圆柱的上表面为高度方向的尺寸基准。

(3) 标注各基本形体的定位尺寸

如图 5-20(a)所示,支座的各个基本形体相对选定的 3 个尺寸基准所要标注的定位尺寸有:由长度方向尺寸基准标注底板孔、肋板和耳板的定位尺寸 80、56、52;由宽度方向尺寸基准标注水平圆柱的定位尺寸 48;由高度方向尺寸基准标注水平圆柱的定位尺寸 28。

确定支座的 6 个基本形体的位置需要 18 个定位尺寸,这里只标注了 5 个,省去了 13 个,为什么要省去它们,请读者自行分析。

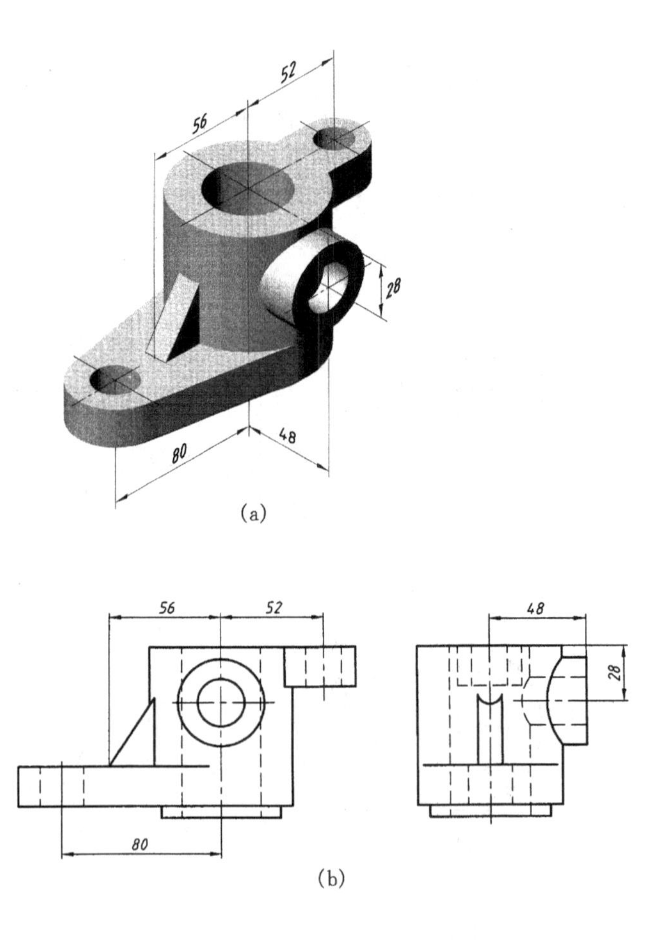

(a)

(b)

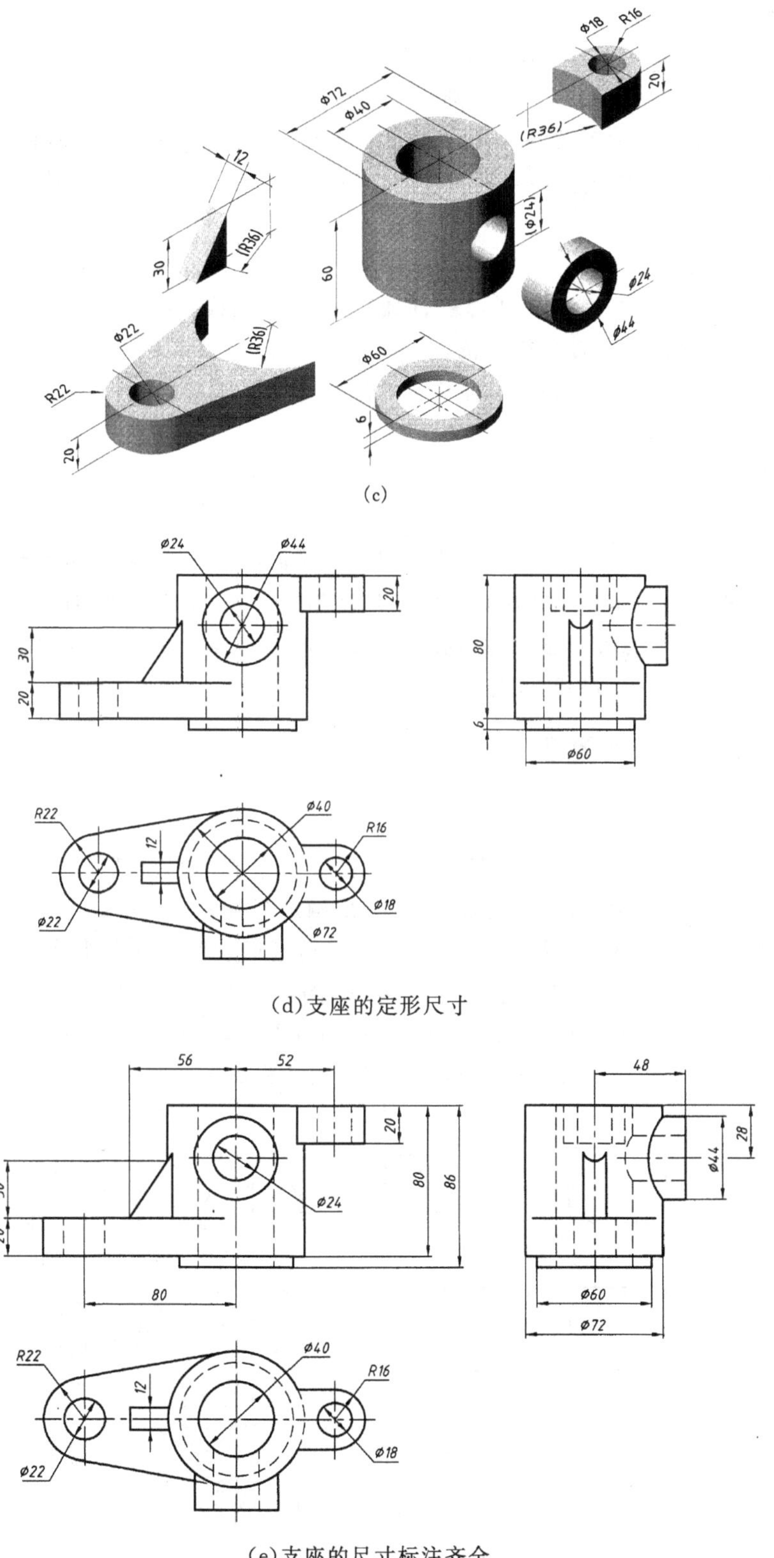

(c)

(d)支座的定形尺寸

(e)支座的尺寸标注齐全

图 5 - 20　支座的尺寸标注

(4) 标注各基本形体的定形尺寸

支座的各个基本形体所要标注的定形尺寸，如图 5－20(c)所示。这些尺寸应标注在哪个视图上，要根据具体情况而定。如直立圆柱的尺寸 80 可标注在主、左视图上，$\varnothing$40 应标注在俯视图上，$\varnothing$72 应标注在左视图上。底板的尺寸$\varnothing$22 和 R22 应标注在俯视图上，20 应注在主视图上。肋板的尺寸 30 应标注在主视图上，12 可标注在俯、左视图上。其余各部分尺寸，请读者自行分析。

(5) 标注总体尺寸

如图 5－20(e)所示，标注总高尺寸 86，同时去除空心圆板的高度尺寸 6。而总长和总宽尺寸不应标注，原因为何，请读者自行分析。

最后，经过对尺寸布局的调整，标注出的支座尺寸如图 5－20(e)所示。

5.4 读组合体的视图

画图是将空间的组合体用正投影的方法表示在平面上，而读图则是根据已画出的视图，运用投影规律，想象出组合体的空间形状。画图是读图的基础，读图是画图的逆过程。而通过读图可以进一步提高空间的形象思维能力和投影分析能力。为了正确、快速地读懂组合体的视图，需要掌握读图的基本要领和基本方法。

5.4.1 读图的基本要领

1. 要将几个视图联系起来看

表达一个组合体的形状，一般都需要几个视图。每个视图只反映了组合体的一个方面的形状。因此，仅由一个或两个视图往往不能唯一地确定组合体的形状。

如图 5－21 所示的两组物体的俯视图相同，但是它们表达的是形状各异的六个物体，并且，这组物体仅由它们的主、俯两个视图就可唯一确定其形状。而有些物体需要三个视图才能唯一确定其形状，例如，根据图 5－22 所示的主、俯视图，可以画出不同的左视图(a)、(b)或(c)，说明主、俯视图不能唯一地确定这两个视图所表达物体的形状。

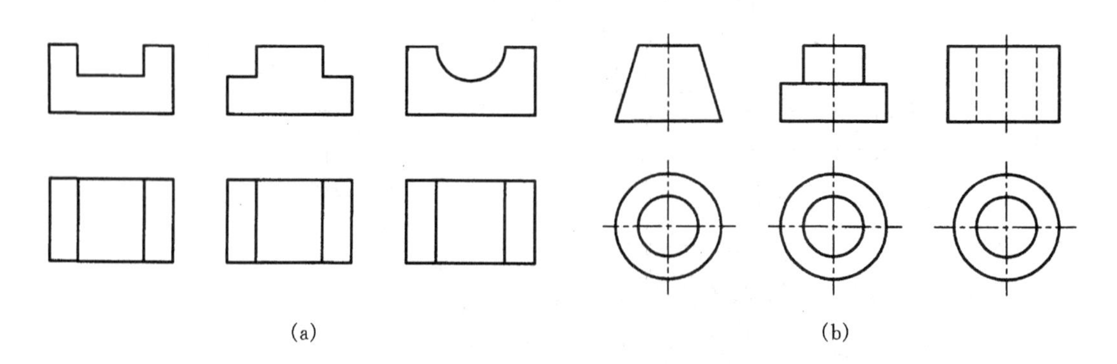

图 5－21　两个视图确定物体的形状

因此，读图时要几个视图联系起来看，互相对照分析，才能正确识别各形体的形状和形体间的相互位置，切忌看了一个或两个视图就下结论。

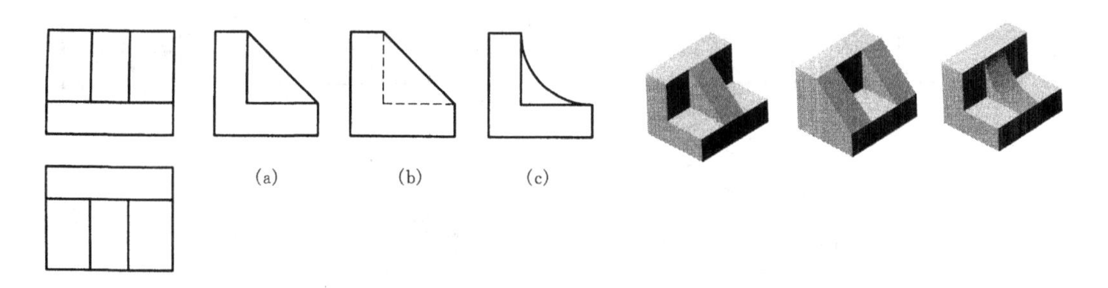

图 5－22　三个视图确定物体的形状

2. 理解视图中线段和线框的含义

① 如图 5－23 所示，视图上的一条线段可能是面（平面或曲面）的积聚性投影，或两面交线（棱线、截交线、相贯线）的投影，或回转体转向轮廓线的投影。

② 如图 5－24 所示，视图上的一个封闭线框可能是面（平面、曲面或平面和曲面相切的组合面）的投影，或孔的投影，也有可能是对读图起不到多少帮助作用的框（见图 5－24 中的 *abcd* 框）。如果一个封闭线框是某个面的投影，称这种封闭线框为面框。

视图中的线段和线框，有时只具有一种含义，也可能具有多种含义，看图时需要将几个视图对应起来看，才能准确判别每条线段或每个线框所表示的含义。

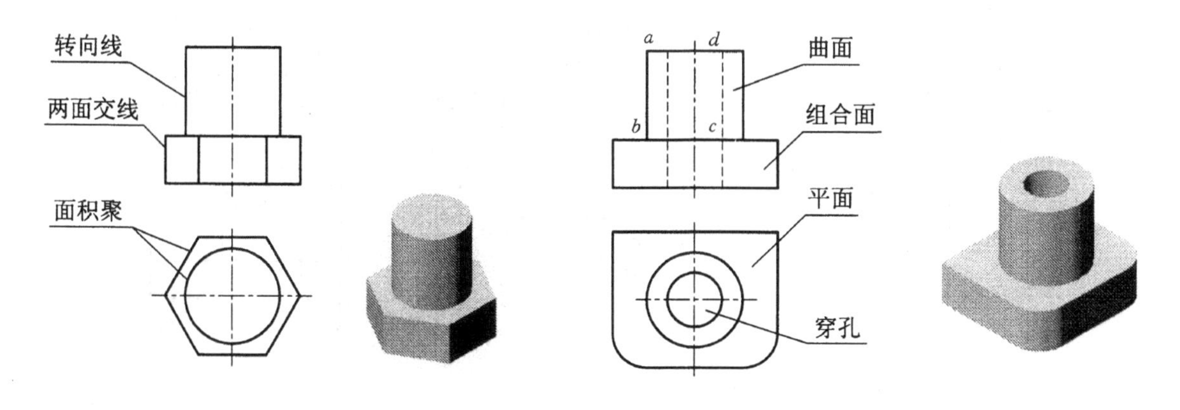

图 5－23　视图中线段的含义

图 5－24　视图中线框的含义

3. 熟悉面的投影特征

一般面的三个投影均为类似形；垂直面的两个投影是类似形，另一个投影为积聚性的线段；平行面的一个投影反映面的实形，另两个投影为积聚性的且平行于投影轴的线段。因此，如果一个线框是面框，必然对应类似形线框或者对应积聚性的线段。利用类似形的边数可以判定物体表面的形状、与投影面的相对位置。如图 5－25 所示，俯视图线框 p 对应左视图类似形线框 p''，而主视图中无类似线框与之对应，故必有一段积聚性的倾斜线段 p' 与之对应。所以，P 面为正垂面。

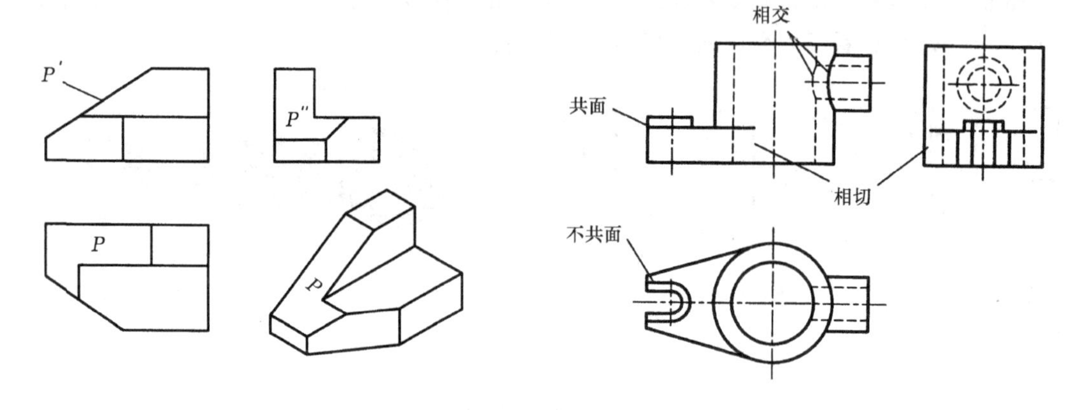

图 5-25　利用类似形读图

图 5-26　确定表面连接关系

4. 注意分析相邻形体的表面连接关系

相邻两个形体的表面之间的连接关系有共面、不共面、相切和相交四种情况。相邻两形体在其表面连接处无线或断线,两表面可能是共面,也可能是相切,如图 5-26 所示。

5. 相邻面框是两个错位或相交面的投影

如图 5-27 所示,当组合体某个视图出现两面框相邻,则表示物体上存在不同位置的两个表面。既然是两个表面,就一定存在错位或相交的关系。

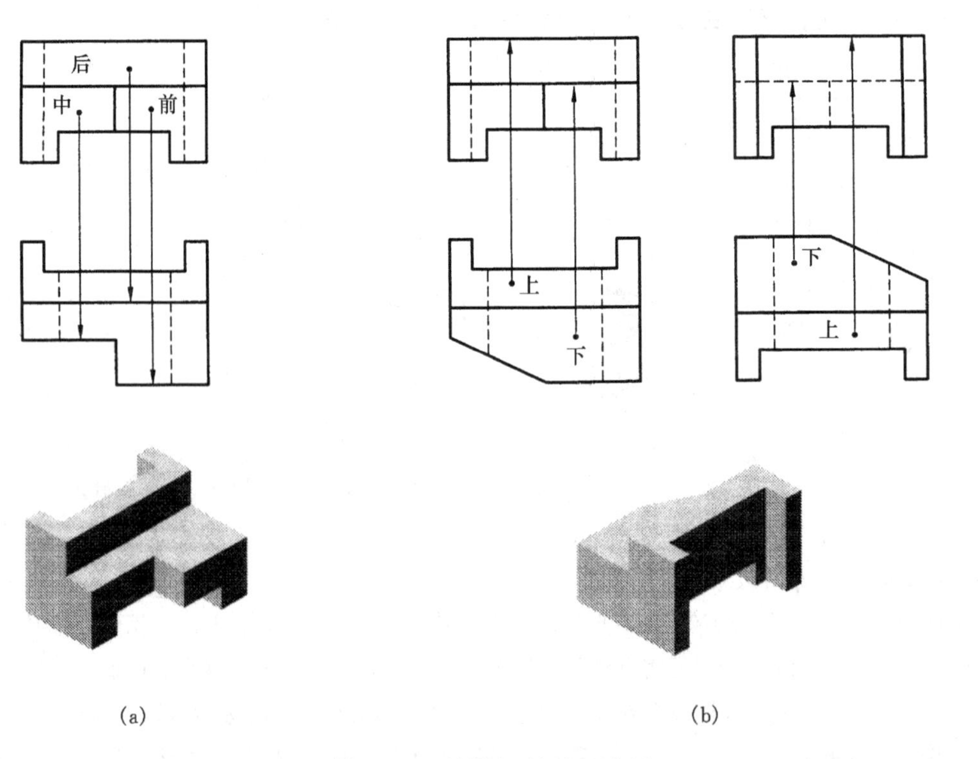

图 5-27　判别表面间相互位置

6. 从反映形体特征的视图入手

①最能反映物体形状特征的视图，称为特征视图。一个组合体常需要两个或两个以上的视图才能表达清楚，其中主视图最好的反映了组合体整体的形状特征、各形体间的相互位置和各形体的形状。所以，读图时一般从主视图入手。但组合体各部分的形体特征不一定都集中在主视图上，如图 5 - 28 所示支架，由三部分叠加而成，主视图反映竖板的形状特征，而底板和肋板的形状特征则在俯、左视图上。因此，读图时利用特征视图，再联系其它视图，就能快速、准确的想象出物体的空间形状。

②最能反映组合体各基本形体之间相互位置关系的视图，称为位置特征视图。如图5 - 29 所示，把主视图中的线框Ⅰ和线框Ⅱ与俯视图联系起来看，可以知道，一个形体是孔，另一个形体向前凸出，它们的形状特征明显，但相对位置不清楚，不能确定哪个是孔，哪个凸出。如果对照主、左视图，便可容易确定。因此，左视图的位置特征要好于俯视图。读图时利用位置特征视图也有助于快速、准确地想象物体的形状。

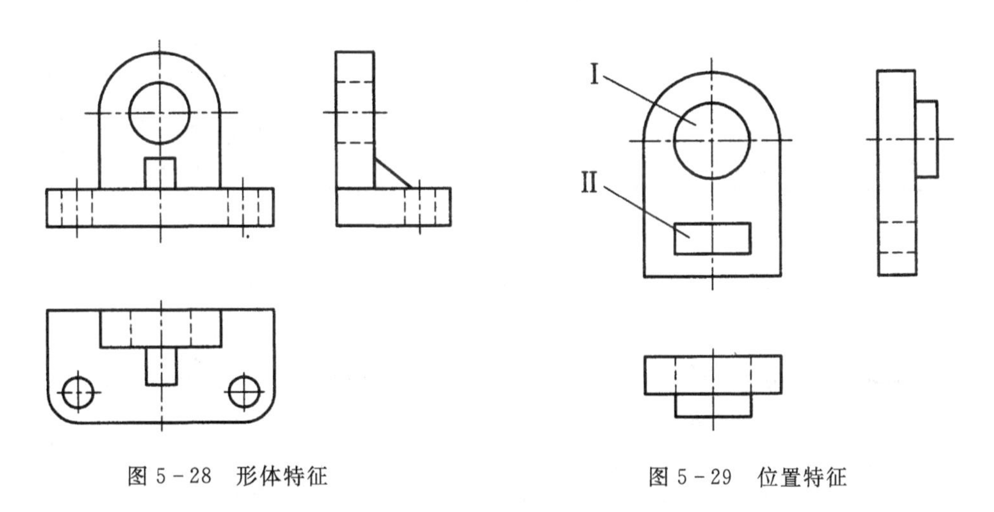

图 5 - 28　形体特征　　　　图 5 - 29　位置特征

5.4.2　形体分析法读图

形体分析法是读图的最基本方法。读图通常从最能反映物体形状特征的主视图入手，并联系其它两个视图，获知组合体的大体形状；再进一步分析该物体是由哪些基本形体所组成以及它们的组合方式；然后运用投影规律，逐个找出每个形体在其它视图上的投影，从而想象出各基本形体的形状以及各形体之间的相对位置关系；最后综合得出整个物体的空间形状。

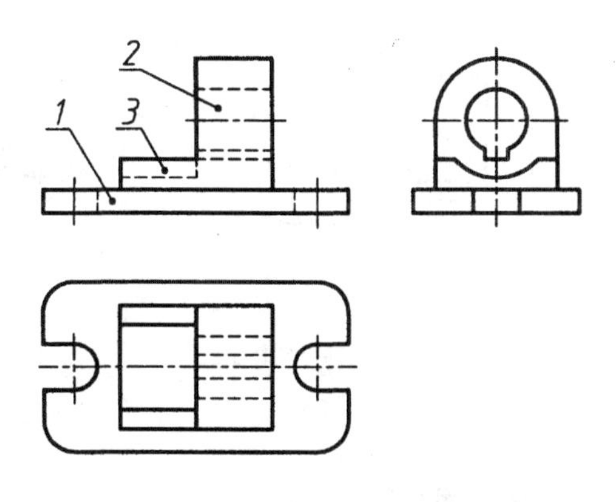

图 5 - 30　底座的三视图

下面以读图 5 - 30 所示底座的三视图为例，说明用形体分析法读图的方法和步骤。

1. 分线框，对投影

从主视图入手可将实线线框划分为两个封闭的线框，一个是下部的长方形线框 1；另一个是反 L 形线框。而反 L 形线框，又可分解为左、右两个长方形线框 2 和 3。从而底座被分解成三个部分。根据投影的对应关系找出这些线框在俯、左视图中的相应投影。

值得注意的是，划分线框时，不一定都在主视图上划分，也可以在其它视图上划分。但必须符合以下划分原则：

①划分出的线框能代表一个形体的投影；

②划分出的形体形状比较简单，并且各部分的组合连接关系比较明显。

2. 按投影，定形体

按照各线框在三视图中的投影，抓住各线框所表示形体的特征视图(对底座而言，俯视图反映了形体 1 的特征，左视图反映了形体 2 和 3 的特征)，再利用基本形体的投影特点，想象出各线框所表示形体的形状，如图 5-31(a)、(b)、(c)所示。

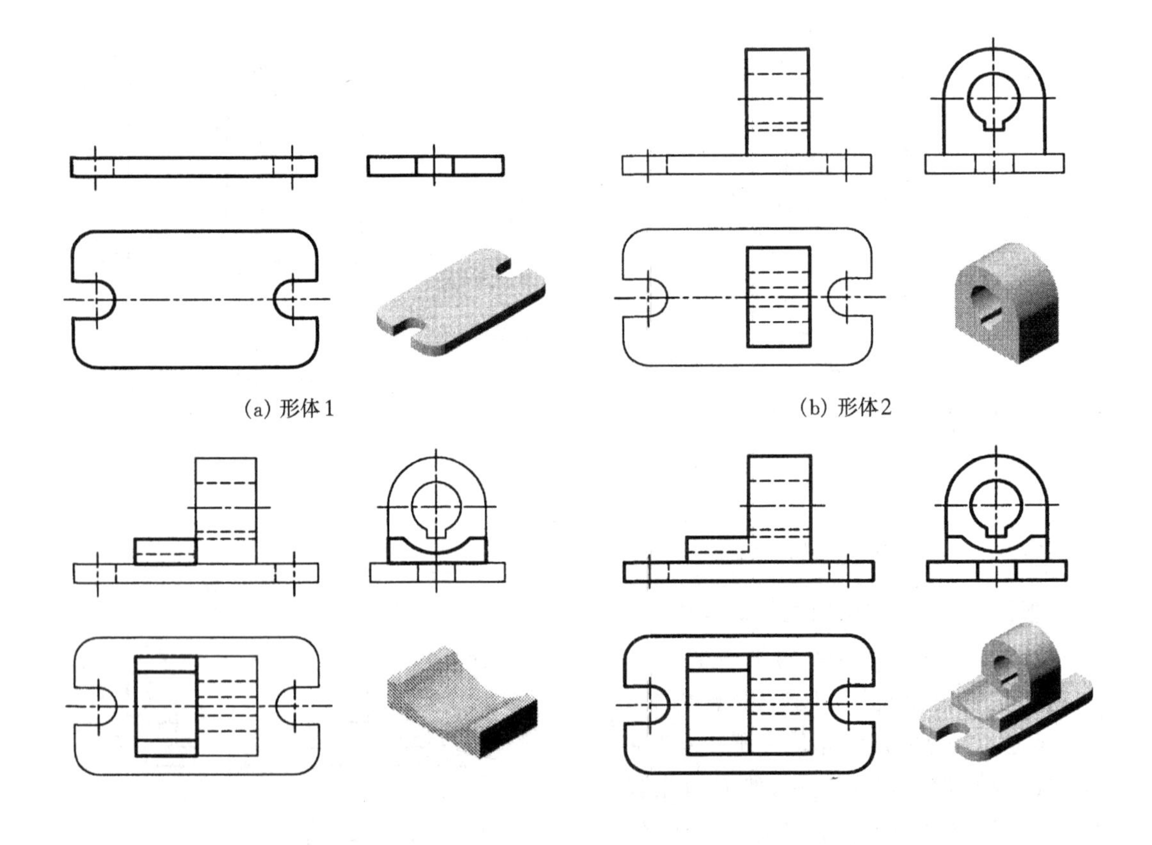

(a) 形体1　(b) 形体2

(c) 形体 3　(d) 底座的三视图和立体图

图 5-31　形体分析法读图

3. 综合起来想整体

分别想出各形体的形状以后，就可根据各形体之间的相对位置和表面连接关系想象出组合体的整体形状。这是一个前后对称、由一个长方形底板(两端挖有马蹄形槽,四角倒圆)、一个长方块(上部挖去小半圆)和一个拱形柱体(中间有孔、槽)组成的物体,长方块柱体和拱形柱体的前、后表面共面连接与底板叠加。

例 5-2 已知组合体的主、俯视图(见图 5-32(a)),想象组合体的空间形状,补画其左视图。

由物体的两个视图画出其第三视图,是读图和画图的一种综合练习,它是在读懂所给两视图的基础上进行的。

分析 从主视图入手联系俯视图可知,主视图较多地反映了组合体的形状特征和位置特征。按形体分析法将主视图分解为四个部分,如图 5-32(a)所示。按照投影关系,在俯视图中对应找出四个部分的投影,并分别构思出它们的空间形状,如图 5-32(b)所示。特别注意各形体之间的相对位置和表面连接关系,从主视图中可以判断出四个形体的上下位置关系、在俯视图中可以判断出它们的前后位置关系,四个形体左右处于对称位置。各形体的表面连接关系:形体 1,2,3 之间是相交关系,形体 1 与 4 也是相交关系。

作图 确定了各个形体的形状、相互位置和表面连接关系后,整个组合体的形状也就清楚了。按投影关系逐个画出每个形体的左视图,注意各形体表面间交线的投影,作图过程如图 5-32(c)~(f)所示。补画视图完成之后,应将看图过程中想象出的组合体的整体结构形状,与完成的左视图,逐个形体、逐个视图再对照检查一遍并加深,如图 5-32(g)、(h)所示。

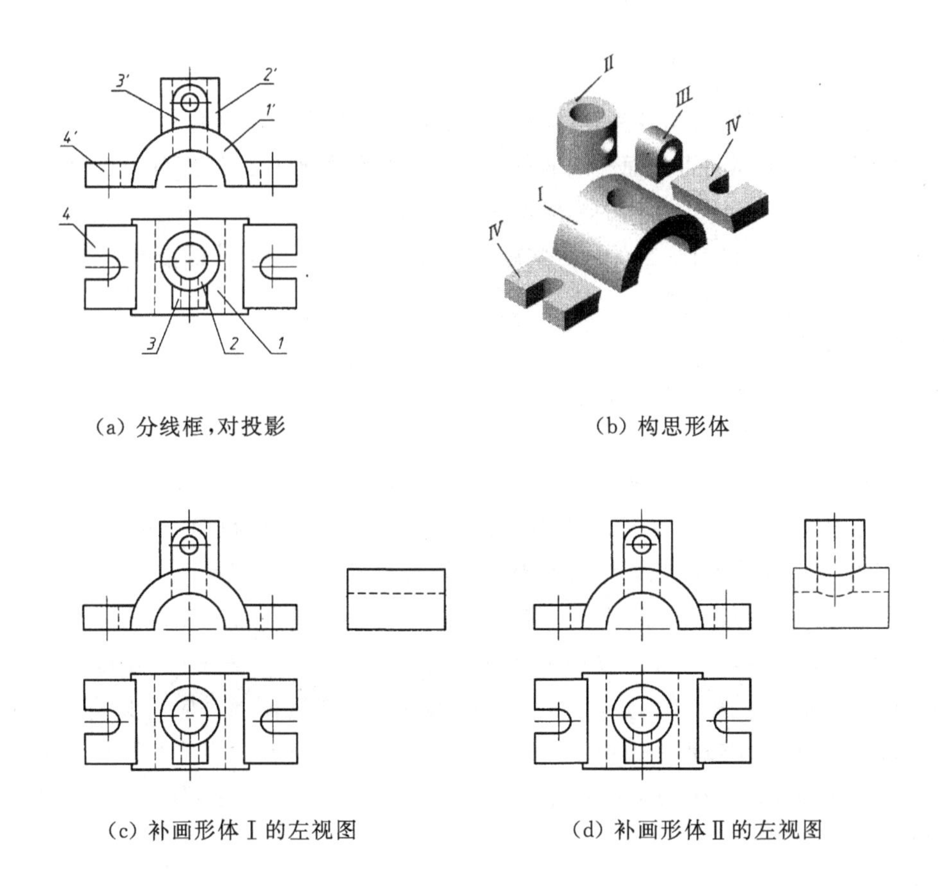

(a) 分线框,对投影

(b) 构思形体

(c) 补画形体Ⅰ的左视图

(d) 补画形体Ⅱ的左视图

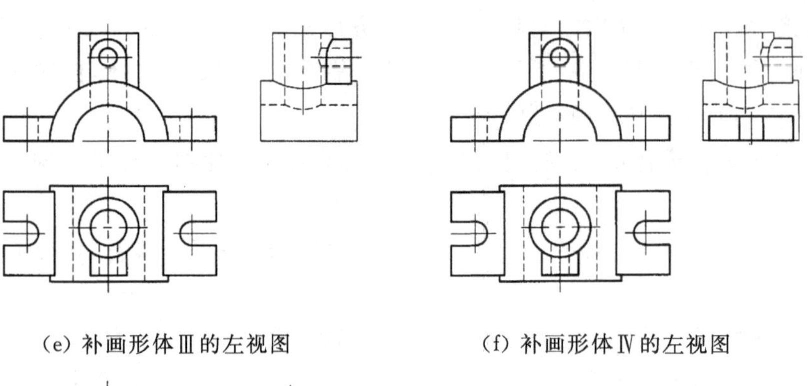

(e) 补画形体Ⅲ的左视图　　(f) 补画形体Ⅳ的左视图

(g) 组合体三视图

(h) 组合体的立体图

图 5-32　用形体分析法补画第三视图

5.4.3　线面分析法读图

形体分析法是从“体”的角度将物体分为由若干基本形体所组成的。但是，物体也可看成是由面和线围成的，因而还可从面和线的角度去分析物体的形成。线面分析法就是通过分析视图中的线、面的投影和它们之间的相对位置来构思物体空间形状的方法。线面分析法一般用来解决形体分析法读图时遇到的难点问题，也常用于切割式组合体的读图。

线面分析法的读图步骤是：

①分线框，对投影；

②按投影，定面的形状和位置；

③综合起来想整体。

下面以图 5-33(a)为例，说明用线面分析法读图的过程。

俯视图的边框是矩形，主视图和左视图的边框接近矩形，且各视图中的线段都是直线段，所以，这个物体可以认为是由长方体被若干平面切割而成的。

主视图可分为三个线框 a'、b'、c'，如图 5-33(a)所示。线框在 a' 俯视图上既对应线框 a 也对应正平线 m，再由线框在 a' 左视图上既对应斜线 a'' 也对应正平线 n''，可确定线框 a' 在俯视图中必对应线框 a，它表示侧垂的三角形平面；线框在 b' 俯视图上对应类似线框 b 且在左视图上对应斜线 b''，可确定线框 b 表示侧垂的四边形平面；线框 c' 在左视图中既对应线框 p'' 也对应线段 c''，但在俯视图中线框 c' 只对应正平线 c，故可确定它对应线段 c''，它表示正平的四边形平面，如图 5-33(b)所示。

继续分析俯视图中尚未分析过的线框 d、e、f，如图 5-33(c)所示。线框 d 在主视图中不能对应前面已确定的侧垂的三角形平面 a'，故只能对应水平线 d'，它表示水平的长方形平面；线框 e 在主视图上对应斜线 e'，在左视图上对应类似形 e''，可确定线框 e 表示的是正垂的六边形平面；线框 f 在主、左视图上分别对应水平线 f'、f''，可确定线框 f 表示水平的矩形平面，如图 5-33(d)所示。

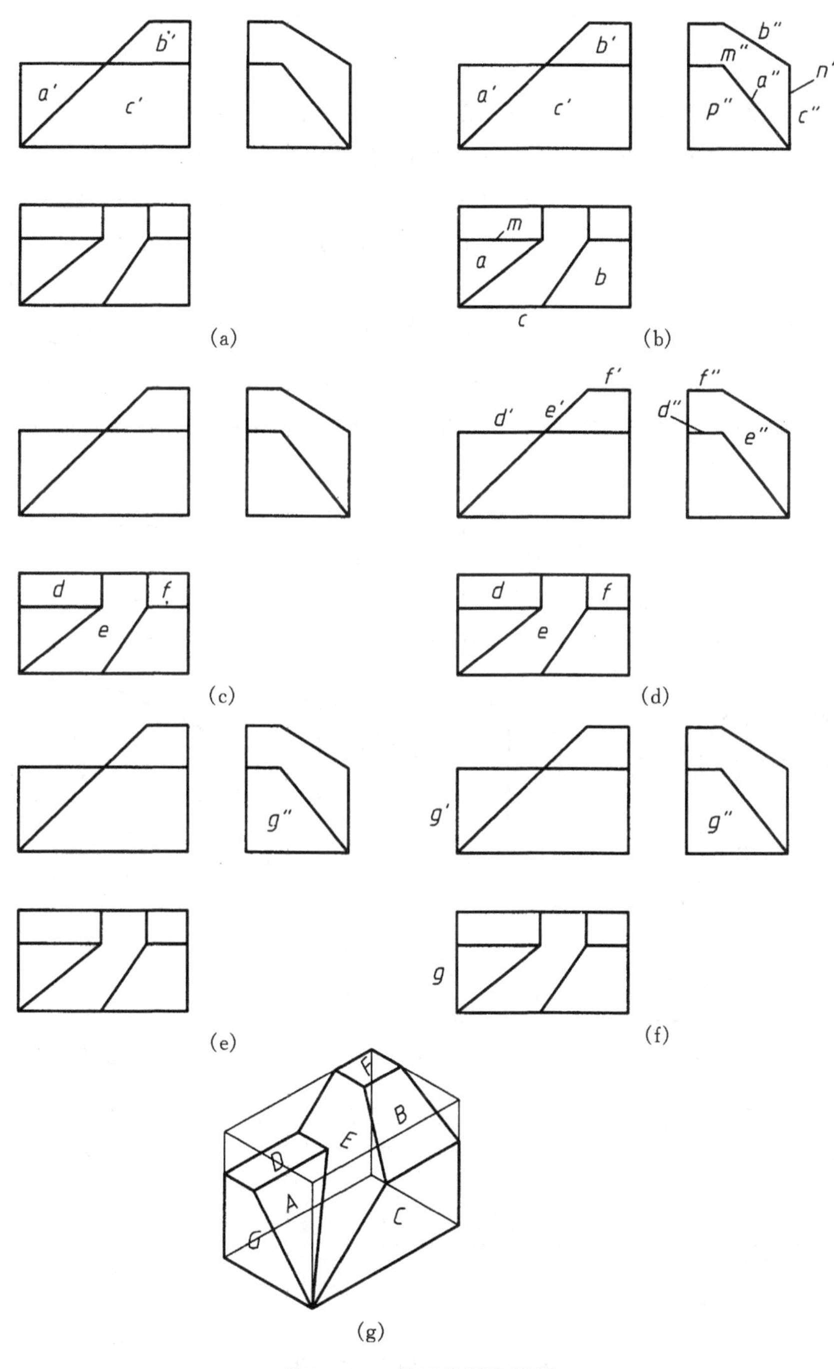

图 5-33　线面分析法读图

左视图上尚有线框 g'' 未分析，如图 5－33(e)所示。线框 g'' 在主视图中不能对应前面已确定的正平的四边形平面 c'，也不可能对应侧垂的三角形平面 a'，只能对应侧平的线段 g'，故可确定线框 g'' 表示侧平的四边形平面。

通过以上分析，将各线框的形状根据它们的形状和相对位置，综合起来就可以得出物体的整体形状，如图 5－33(g)所示。

例 5－3 根据压块的主、俯视图(见图 5－34(a))，想象其空间形状，补画其左视图。

分析

①形体分析：从压块的主、俯视图的外轮廓基本都是长方体，可以想象压块是长方体被挖切后形成的物体。从主视图可知长方体左上角被切去了一角；从俯视图可以看出形体前后对称并在左侧切掉了前后两个角，另外，从俯视图的两个投影圆对应主视图中的虚线，可知压块中间偏右挖了一个圆柱形阶梯孔。通过以上分析，对压块的整体形状有了初步了解，细节则需要用线面分析法作进一步分析。

②线面分析：如图 5－34(b)所示，将主视图分为 a'、b'、c' 三个线框，根据投影对应关系，主视图上的线框 a' 在俯视图中无类似七边形与之对应，按照“无类似形必积聚”的对应关系，线框 a' 只能对应前后两段斜线 a，所以 A 平面是铅垂面，长方体左端即被这两个面前后对称切割，如图 5－34(c)所示。

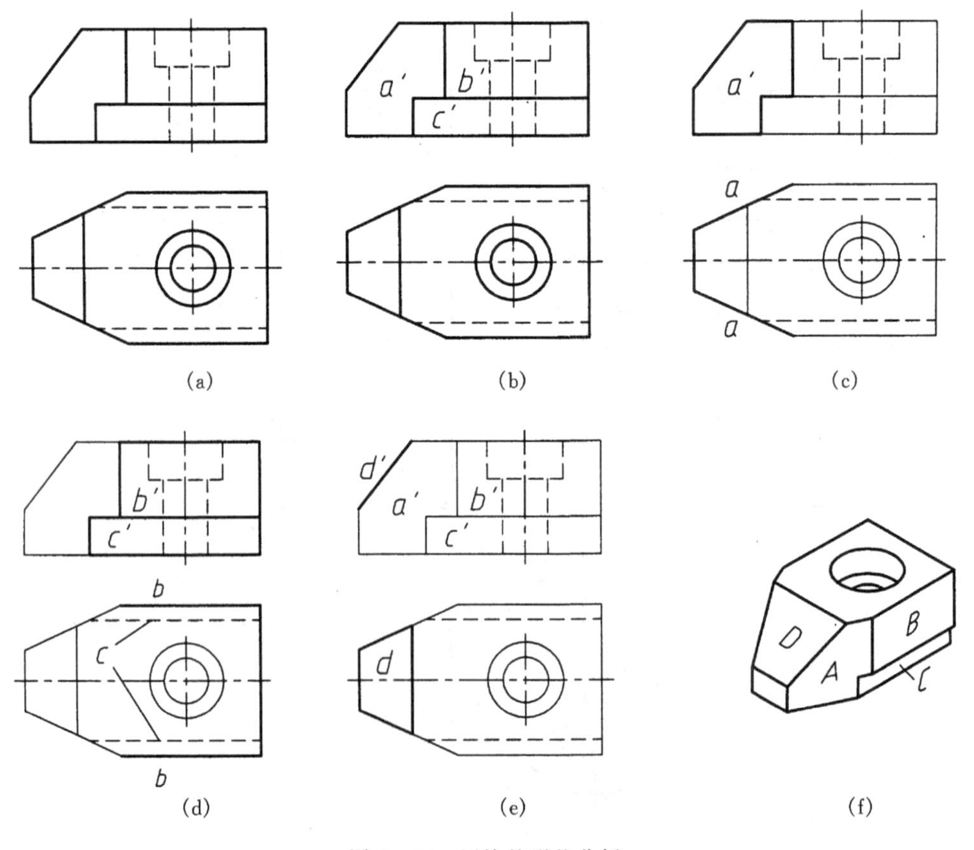

图 5－34 压块的形状分析

如图 5-34(d)所示，主视图上的线框 b' 对应俯视图中的前后两条正平线段 b，故 B 平面是位于压块前后对称位置的正平面。线框 c' 对应俯视图中的前后两条正平的虚线段 c，故 C 平面也是两个正平面。由 B 平面和 C 平面的前后位置关系可知，长方体下方的前后对称位置处各被切去了一部分。

如图 5-34(e)所示，俯视图中的梯形线框 d 在主视图中无对应的类似形，所以线框 d 只能对应斜线 d'，故 D 平面是一正垂面，长方体的左上角就是被这个平面切去了一部分。

其余表面的分析比较简单，读者可自行分析。

综合得出的压块的空间形状如图 5-34(f)所示。

作图 补画左视图。

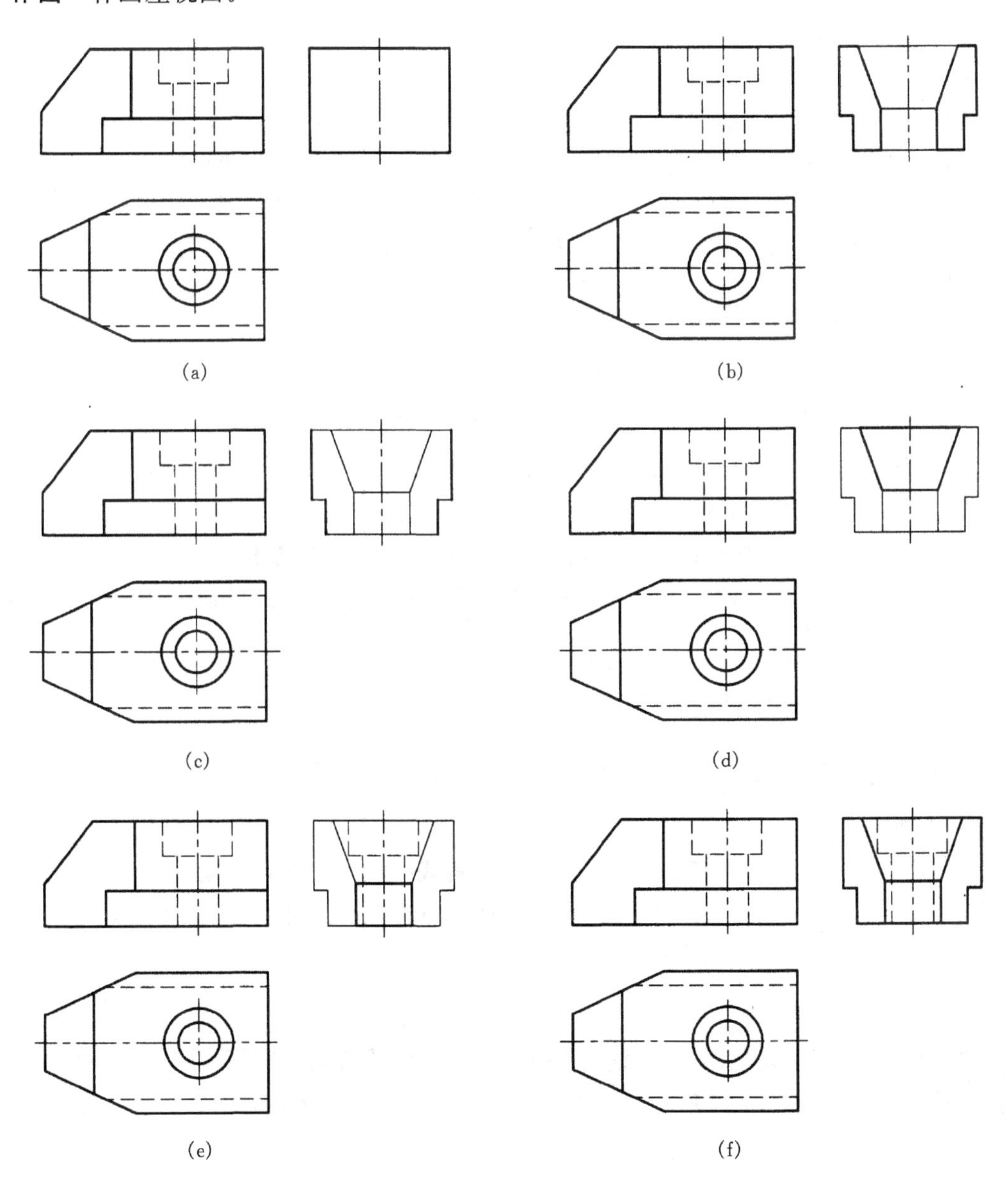

图 5-35 根据压块的主、俯视图，补画左视图

①画长方体的左视图，如图 5－35(a)所示。

②画铅垂面 A 的侧面投影，为前后两个类似七边形，如图 5－35(b)所示。

③画出正平面 B 和 C 的侧面投影，它们分别与七边形的两条铅垂边重合，如图 5－35(c)所示。

④画正垂面 D 的侧面投影，为类似形梯形，其中的两条斜边与七边形的斜边共边，如图 5－35(d)所示。

⑤画左端矩形和圆柱台阶孔的侧面投影，如图 5－35(e)所示。

⑥整理加深，完成压块左视图，如图 5－35(f)所示。

5.5 组合体构形设计

构形设计是产品设计的初级阶段，工业产品设计的外观、内形设计离不开形体构形思维与设计。而组合体构形设计是训练形体设计思维能力的重要基础，是将想法变成图形，再将图形变成模型，最终实现模型生成产品的初始环节。组合体构形设计是培养空间想象力，想法表达能力、看图思维能力以及计算机三维建模能力的重要方式。

5.5.1 组合体构形设计原则

进行组合体构形设计应遵循下列原则。

①设计思想明确，表达目的清晰，构形设计应符合产品功能的具体设计要求。

②构形应符合形体结构的工艺要求并且便于成形。组合体构形在满足功能的前提下，结构应简单紧凑，便于加工与制造。

③形体构形稳定，结构之间相互协调，造型符合装配及美观、艺术等效果需求。

④形体构形具有创新性。在满足要求的前提下，融合创新理念，设计出不同风格、结构新颖的形体。

5.5.2 组合体构形设计方法

组合体构形的方法有很多，由下列几种方式可构思出各类形体。

1. 平面移动构形

平面移动构形方法是指任意平面(母面)沿一直线(或曲线)平行移动，由平面的轨迹构成形体的方法，如图 5－36 所示。其中图 5－36(a)、(b)为平面沿直线方向平行移动构形而成。图 5－36(c)为平面沿曲线方向平行移动构形而成。

2. 平面压缩移动构形

平面压缩移动构形方法是指任意平面(母面)沿其法线方向平行压缩移动，由平面的轨迹构成形体的方法，如图 5－37 所示。图中形体为平面(母面)沿法线方向平行移动逐渐缩小构形而成。

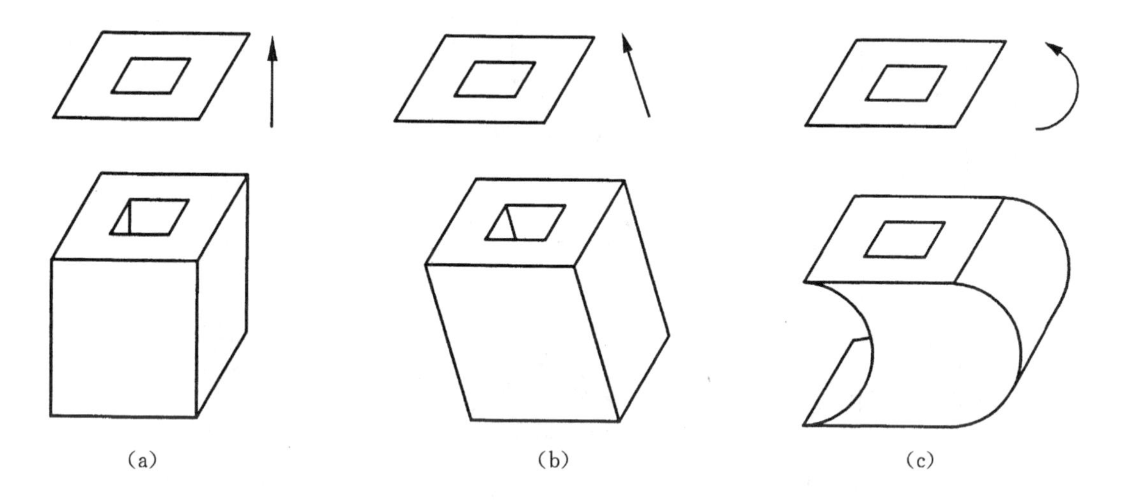

图 5-36　平面(母面)、移动方向及所构形体

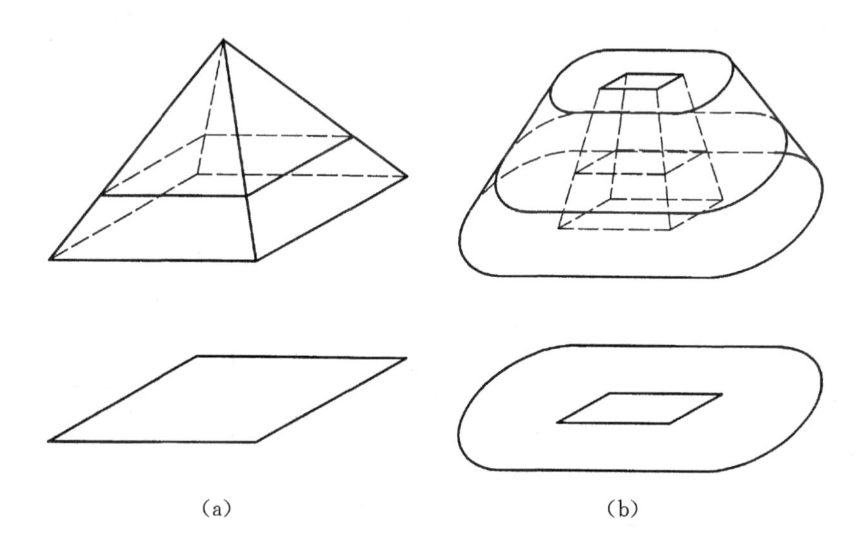

图 5-37　平面(母面)沿法线移动缩小所构形体

3. 平面沿轴线旋转构形

平面沿轴线旋转构形方法是指任意平面(母面)沿其指定轴线方向旋转,由平面的轨迹构成形体的方法,此方法形成回转类组合体,如图 5-38 所示。

4. 切割法构形

对于一个给定的基本体,通过切割得到另一形状的组合体的方法称为切割法构形。如图 5-39(a)所示,给定两个三视图,可根据给定基本体,进行一次至多次切割获得不同立体,如图 5-39(b)、(c)、(d)、(e)所示。多次切割和切割部位变化可生成多种简单至复杂程度不同的组合体。

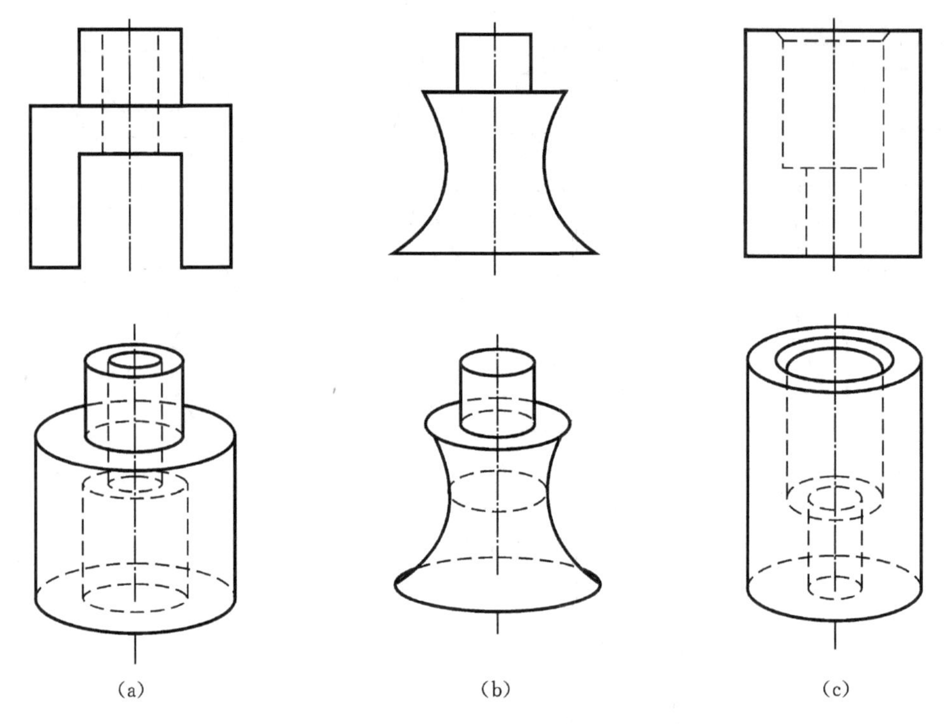

图 5 - 38　平面(母面)沿轴线旋转所构形体

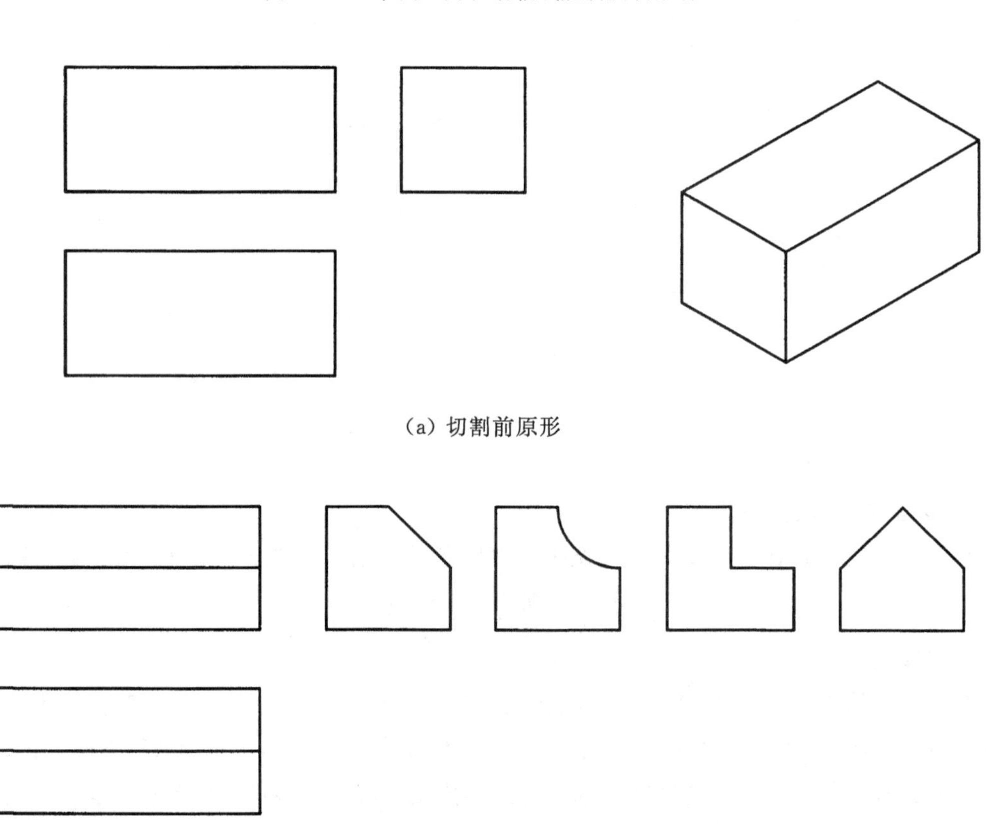

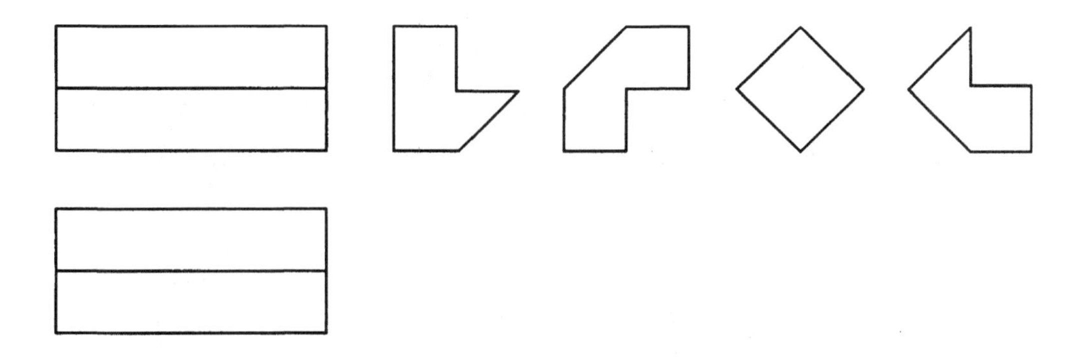

(d)三次切割　　　　　(e)四次切割

图 5-39　通过切割方式获得各类形体

5. 叠加法构形

通过给定的多个形体，采用不同叠加方式得到不同形状的组合体的方法称为叠加法构形，如图 5-40 所示的组合体分别是不同叠加方法构形得到的。实际上多数形体可以采用既切割又叠加的方式构形得到。

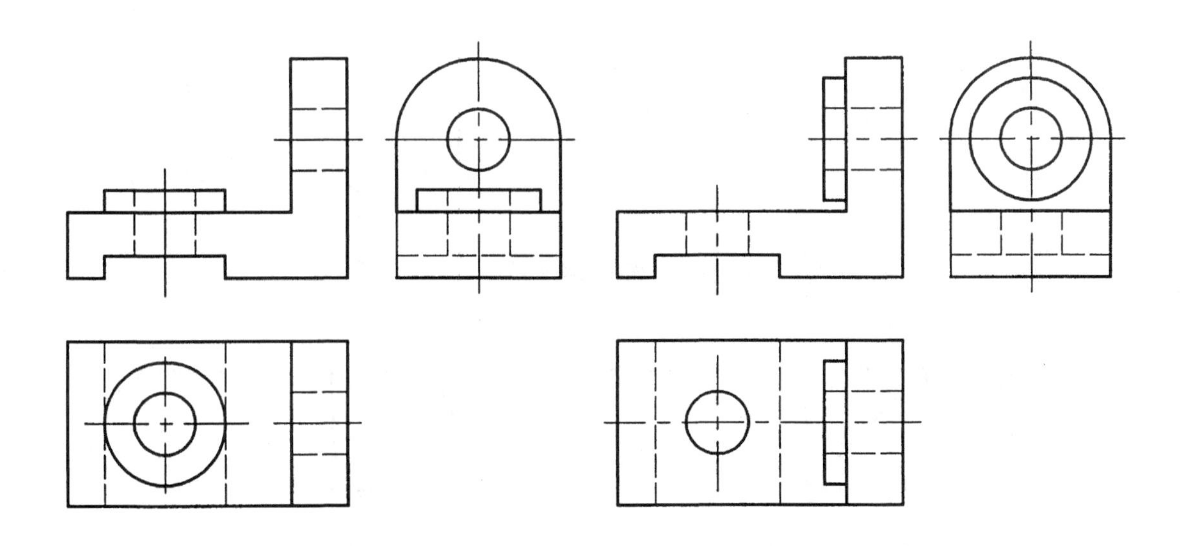

图 5-40　通过不同叠加方式获得形体

6. 通过单面或多面投影构思形体

一个单面投影可构思出多种形体，如图 5-41(a)所示；双面投影可构思多种的组合体，如图 5-41(b)、(c)所示。实际上给出投影越多，构思空间越小，三面或多面以上投影可使一般组合体获得定形。

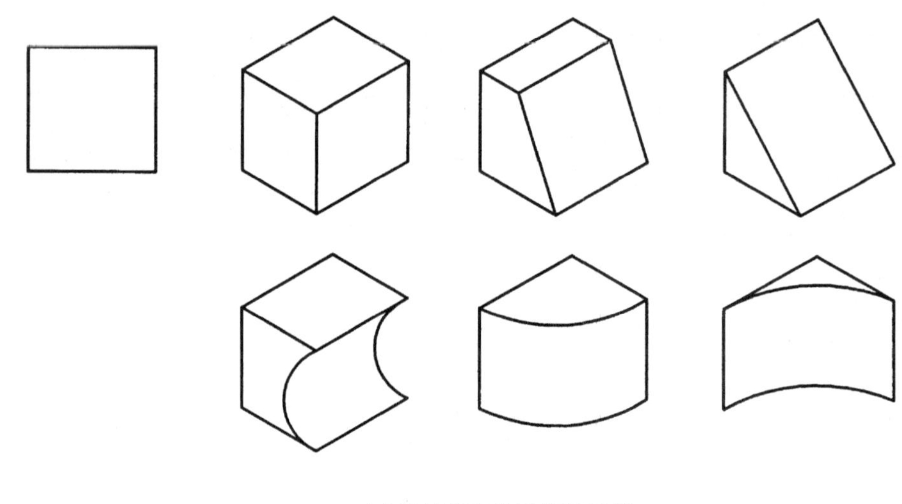

(a)通过单面投影构形示例

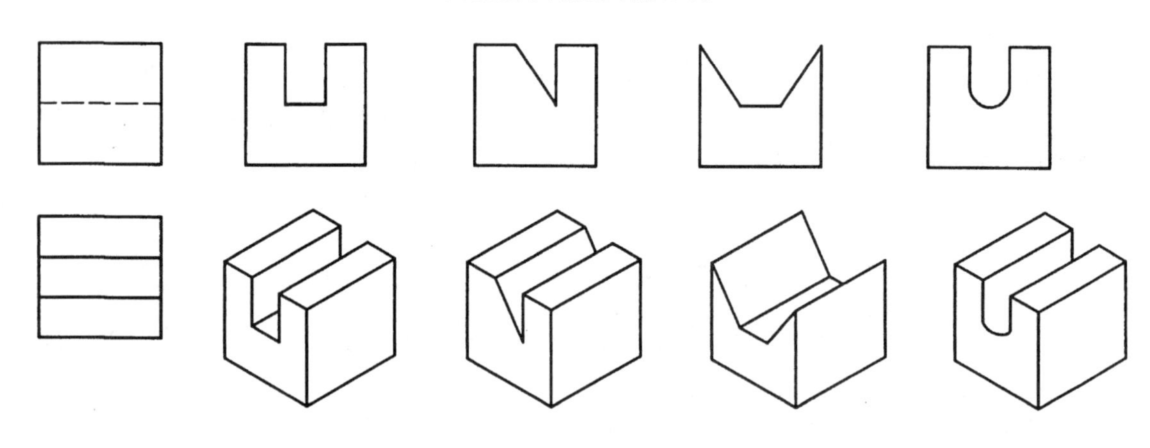

(b)通过双面投影构形示例(Ⅰ)

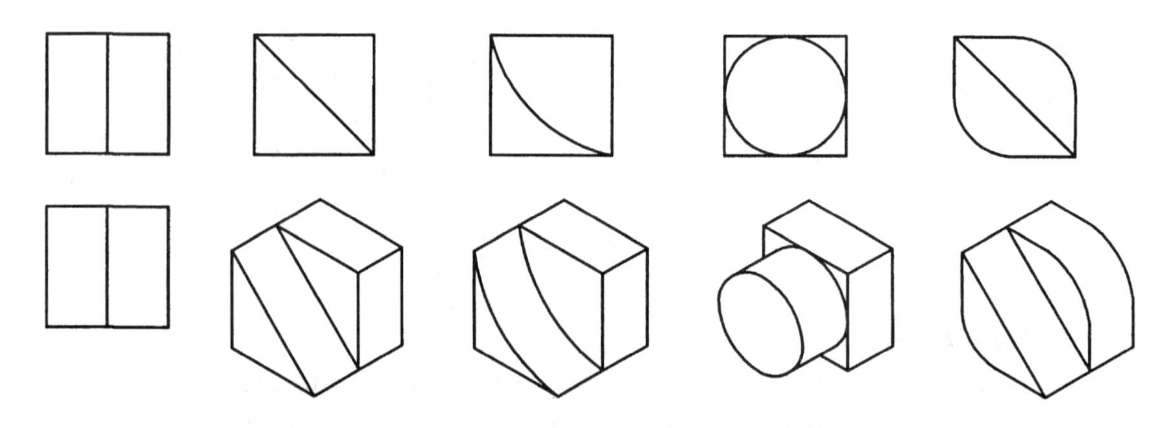

(c)通过双面投影构形示例(Ⅱ)

图 5-41　通过单面、双面投影构思得到各类形体

思考题

1. 组合体的构形方式有哪些?
2. 形体分析法和线面分析法有什么不同?
3. 组合体中相邻形体表面连接关系有几种情况?
4. 画组合体三视图的基本步骤是什么?
5. 组合体尺寸分几类?
6. 组合体的读图方法有哪些?

第 6 章　轴测投影图

轴测投影图简称轴测图，它是用平行投影法画出的单面投影图，它能同时表达出空间物体的长、宽、高三个方向的形状特征。轴测图的优点是直观性较强，能一目了然地表达出物体的结构特点。随着计算机绘图显示、造型技术的不断发展，大大提高了轴测图的绘制效率和准确性，同时，计算机绘图特有的动态表达效果，大幅度强化了轴测图的立体感。因此，轴测图的应用越来越广泛，比如，在技术文献和资料中，常运用轴测图来表达机器和设备的结构与工作原理等，产品广告也常采用轴测图。轴测图的不足是度量性差，作图过程也比较麻烦。轴测图在工程设计和施工中一般用来作为正投影图的辅助图样，可辅助进行空间构思、分析和表达。

6.1　轴测图的基本概念

6.1.1　轴测图的形成及有关术语

1. 轴测图的形成

将物体连同确定其空间位置的直角坐标系，沿不平行于任一坐标平面的方向，用平行投影的方法，向单一投影面（轴测投影面）投射，所得到的具有立体感的图形称为轴测投影图，简称轴测图。它能在一个投影面上同时反映物体三个面的形状，具有较好的直观性。

2. 轴测图的有关术语

（1）轴测轴　固连于物体上的直角坐标轴 OX、OY、OZ 的轴测投影 O_1X_1、O_1Y_1、O_1Z_1 叫轴测轴。

（2）轴间角　各轴测轴之间的夹角叫轴间角，即：$\angle X_1O_1Z_1$，$\angle X_1O_1Y_1$，$\angle Y_1O_1Z_1$。三轴间角之和为 360°。

（3）轴向变形系数　轴测轴上的单位长度与相应直角坐标轴上单位长度之比称为轴向变形系数，如图 6-1 所示，坐标轴上的一线段 OA 的轴测投影为 O_1A_1，则比值 O_1A_1/OA 即为轴向变形系数。OX、OY、OZ 轴的轴向变形系数分别用：$p=O_1A_1/OA$，$q=O_1B_1/OB$，$r=O_1C_1/OC$ 表示。

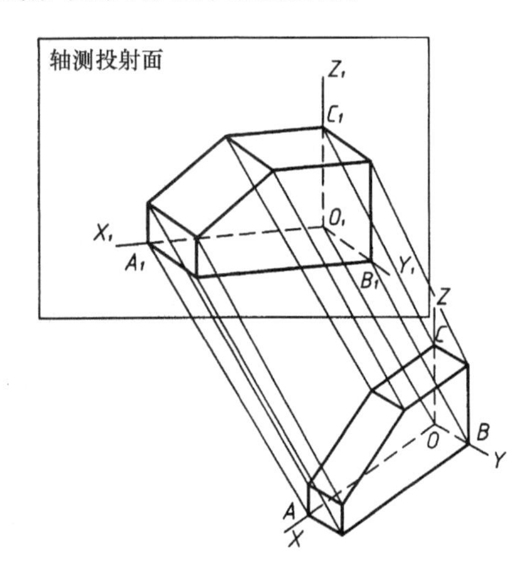

图 6-1　轴测图的形成

6.1.2　轴测投影的基本性质

（1）平行性　物体上相互平行的线段，其轴测投影仍相互平行；物体上平行于坐标轴的线段，其轴测投影仍平行于轴测轴。

(2)定比性　物体上两相互平行的线段或同一直线上两线段长度之比，在轴测投影图上保持不变；物体上平行于坐标轴的线段，其轴测投影与原线段实长之比等于相应的轴向变形系数。

6.1.3　轴测图的分类

根据投射方向与轴测投影面是否垂直，可将轴测图分为两类。

(1)正轴测图　投射方向与轴测投影面垂直。

(2)斜轴测图　投射方向与轴测投影面倾斜，即用斜投影法得到的轴测图。

根据轴向变形系数的不同，在每类轴测图中最常用的又分为以下三种。

①正(斜)等轴测图。三个轴向变形系数完全相等，即：$p=q=r\approx0.82$。

②正(斜)二等轴测图。两个轴向变形系数相等，如：$p=r\neq q(p=r=1;q=0.5)$。

③正(斜)三等轴测图。三个轴向变形系数均不相等，如：$P\neq q\neq r$。

从画图的便捷性和立体感考虑，国家标准推荐了三种常用的轴测图：正等测、正二测和斜二测。以下主要介绍正等测和斜二测轴测图的画图方法。

6.2　正等轴测图的画法

6.2.1　正等轴测图的轴间角及轴向变形系数

使物体上的三个直角坐标轴与轴测投影面的倾斜角度都相同，将物体向轴测投影面进行正投影，所得到的投影图称为正等轴测图。

由于物体上的三个直角坐标轴与轴测投影面的倾斜角度相同，因此正等轴测图的三个轴间角相等，各为120°，如图6-2所示，规定Z轴沿铅垂方向。它的三个轴向变形系数也相等，即：$p=q=r\approx0.82$。为了简化作图，通常用整数1作为简化变形系数，这样画出的正等轴测图比原投影放大了$1/0.82\approx1.22$倍，但图形的立体感未改变。

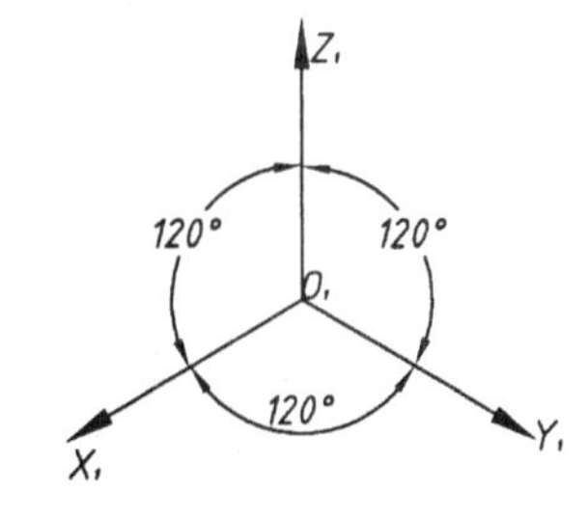

图6-2　正等轴测图的轴间角

6.2.2　平面立体的正等轴测图的基本作图方法

绘制平面立体轴测图的基本方法是根据立体表面上各顶点的坐标，分别画出它们的轴测投影，然后顺次连接各顶点的轴测投影(即绘制立体表面的轮廓线)，从而获得平面立体的轴测图，这种方法叫坐标法，如图6-3所示。坐标法是绘制轴测图的基本方法，它不仅适用于绘制平面立体，也适用于绘制曲面立体和其它类型的轴测图。

以下举例说明平面立体正等轴测图的画图步骤。

例6-1　已知四棱台的两个视图(见图6-3(a))，画出它的正等轴测图。

作图

①在已知视图上确定坐标系的位置。一般将坐标原点取在立体的对称面、轴线或角点。在此将坐标原点取在四棱台底面的对称中心，如图6-3(a)所示。

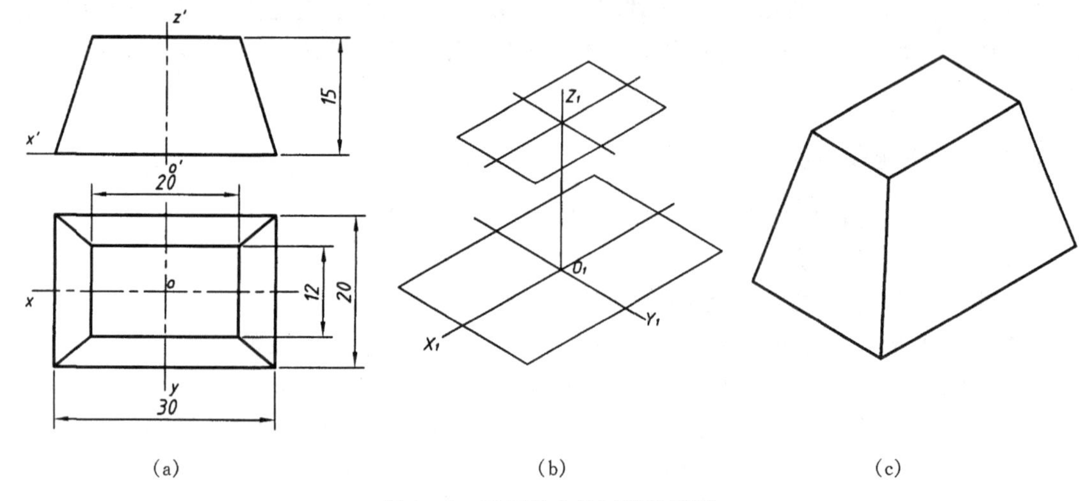

图 6-3　正四棱台的正等轴测图

②画出轴测轴和各顶点坐标。如图 6-3(b)所示，根据已知视图中所注尺寸，确定各顶点的坐标，用简化变形系数 1，分别画出底面及顶面各顶点的轴测投影图。

③用直线依次连接各顶点。

④整理，加深。规定在画轴测图时，将可见的棱线画成粗实线，不可见的棱线省略不画，一般在轴测图上不保留轴测轴。如图 6-3(c)所示，为四棱台的正等轴测图。

例 6-2　已知一立体的两个视图，如图 6-4(a)所示，画出它的正等轴测图。

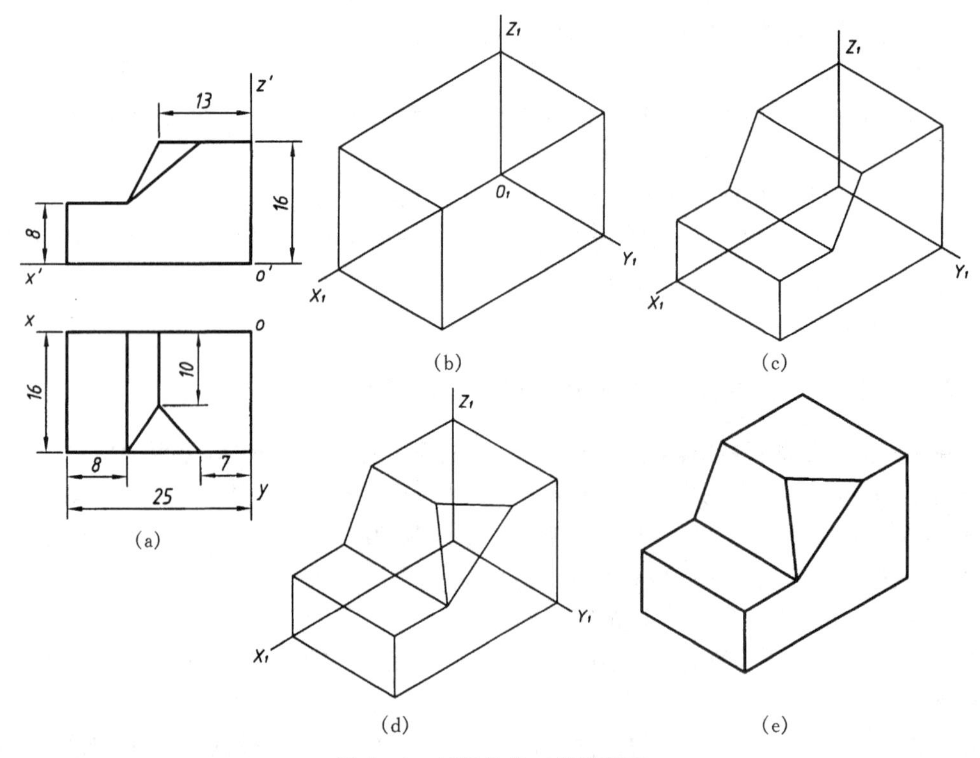

图 6-4　切割体的正等轴测图

作图

①在已知视图上确定坐标系的位置，如图 6－4(a)所示。

②画轴测轴，由 25、16、16 三个尺寸画出完整四棱柱的轴测图，如图 6－4(b)所示。

③由 8、8、13 三个尺寸，画出被切割去左上部棱柱体后的各顶点的轴测投影，并连接各点，如图 6－4(c)所示。

④由 10、7、8 三个尺寸，画出被切割去右上前方的三棱锥后各顶点的轴测投影，并连接各点，如图 6－4(d)所示。

⑤整理、加深，完成轴测图，如图 6－4(e)所示。

6.2.3 回转体的正等轴测图的画法

1. 平行于坐标面圆的画法

平行于坐标面的圆的正等轴测投影为椭圆，画图时一般采用近似画椭圆的方法(菱形法)来绘制。

如图 6－5(a)所示，为一水平圆(平行于 XOY 面的圆)，要画该圆的正等轴测图，作图步骤如下。

①作出圆的外切正四边形，取圆心 O 为坐标原点，中心线为坐标轴 OX、OY，如图 6－5(a)所示。

②画外切四边形的轴测图——菱形，并画出其长、短对角线，长对角线方向是椭圆的长轴方向，短对角线方向是椭圆的短轴方向，如图 6－5(b)所示。

③如图 6－5(c)所示，以菱形短对角线的顶点 O_2 为圆心，O_2 到对边中点 B_1 的距离为半径画大圆弧；同理，再以 O_3 为圆心画上下对称的大圆弧；连接 O_2B_1，与长对角线交于 O_4，以 O_4 为圆心，O_4B_1 为半径画小圆弧，同样方法画左右对称的小圆弧。

④整理加深后的水平圆的正等轴测图，如图 6－5(d)所示。

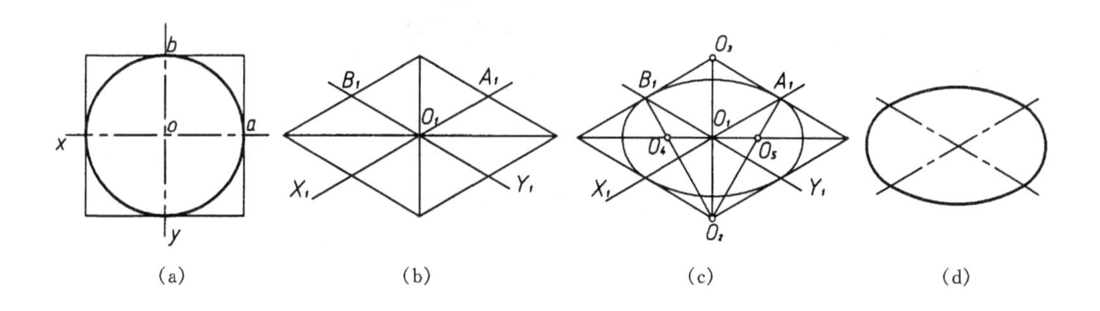

图 6－5 平行于 XOY 面圆的正等轴测图

图 6－6 给出了水平圆(平行于 XOY 坐标面)、正平圆(平行于 XOZ 坐标面)和侧平圆(平行于 YOZ 坐标面)的正等轴测图。从图中可以看出，平行于三个坐标面的圆的正等轴测图均为椭圆，椭圆的大小相同但方向不同，画图时都可用菱形法画出，菱形的长对角线是椭圆的长轴方向，短对角线是椭圆的短轴方向，画图过程与作水平圆的正等轴测图完全相同。

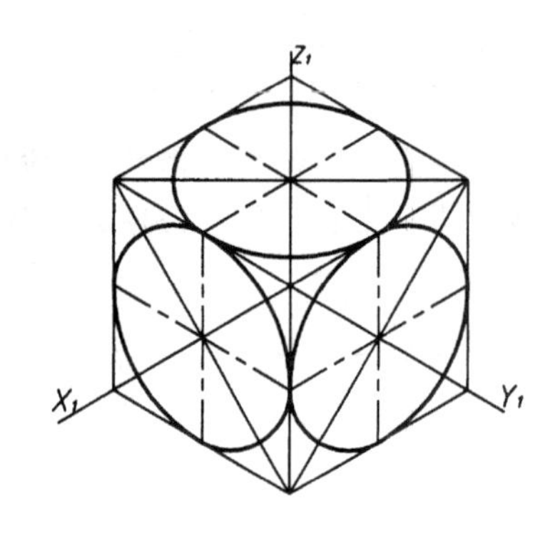

图 6-6　平行于坐标面的圆的正等轴测图

2. 圆柱体的画法

画圆柱体的正等轴测图，只需作出上、下底圆轴测投影的近似椭圆后，再作出两椭圆的外公切线即可。

如图 6-7 所示，为轴线垂直于水平面的圆柱体正等轴测图的作图步骤。首先在图 6-7(a)上标出坐标位置，后用菱形法画出上底椭圆，如图 6-7(b)所示，再用移心法，将上底椭圆的四段圆弧的圆心 1、2、3、4，分别沿 Z 轴方向下移圆柱高度 h，得圆心 1_h、2_h、3_h、4_h，即可画出下底椭圆，再作出两椭圆的外公切线，最后整理、加深，便完成了圆柱体的正等轴测图，如图 6-7(c)所示。

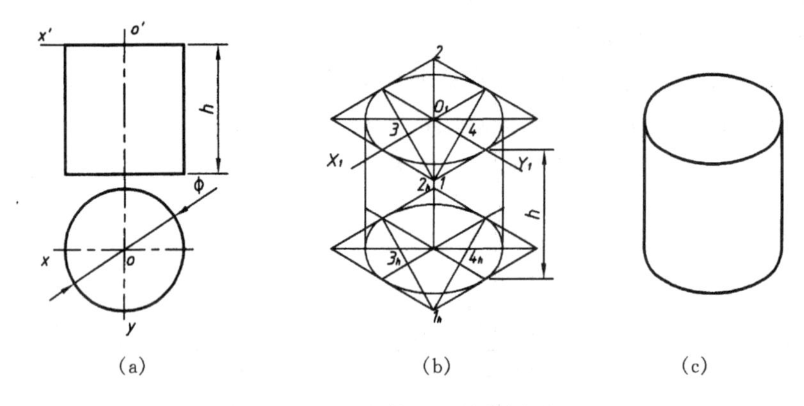

图 6-7　圆柱体的正等轴测图

3. 圆角的画法

画出图 6-8(a)所示带圆角底板的正等轴测图。

近似画图步骤如下。

①确定空间坐标，如图 6-8(a)所示。

②作轴测轴及长方体的正等轴测图，如图 6-8(b)所示。

③如图 6-8(c)所示，在长方体的上底面，由圆角的顶点处分别量取半径 R，截得四点 A、B、C、D；分别过 A、B、C、D 作各边的垂线，得两交点为 O_1、O_2，以 O_1 为圆心，O_1A 为半径和以 O_2 为圆心，O_2C 为半径画图弧。

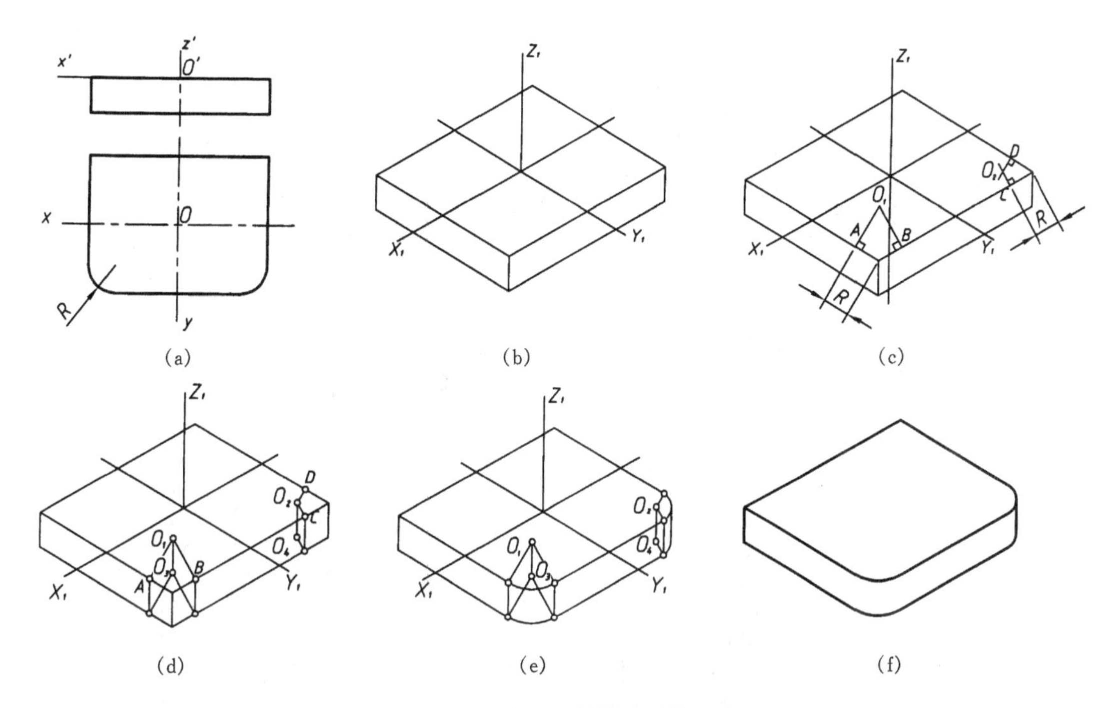

图 6-8　圆角的正等轴测图的画法

④用移心法，得圆角下底面的圆心 O_3、O_4，如图 6-8(d)所示，分别以 O_3、O_4 为圆心作出下底面的圆弧。

⑤作出上、下圆弧的外公切线，如图 6-8(e)所示。

⑥整理、加深，完成底板正等轴测图，如图 6-8(f)所示。

6.2.4　组合体正等轴测图的画法

在画组合体的正等轴测图时，也要应用形体分析法，按各形体在组合体中的位置，分别画出各个形体的正等轴测图。

例 6-3　图 6-9(a)为一组合体的三视图，画出其正等轴测图。

分析　该组合体由底板和侧立板两个柱体构成，应逐一画出它们的轴测图。

作图

(1)将坐标原点选在底板上表面右端的中点处，如图 6-9(a)所示。

(2)画底板的正等轴测图，如图 6-9(b)所示。先画底板上底面的正等轴测图，然后按其高度画出下底面，再画底板下底面的凹槽及底板上的腰圆形通孔的正等轴测图。

(3)画侧立板的轴测图，如图 6-9(c)所示。在底板的上底面沿 X 轴截取侧立板的厚度，画 Z 轴的平行线，即为侧立板前表面的对称线，在其上截圆孔中心高，得侧立板前表面的圆心，用菱形法先画出侧立板前表面的椭圆，用移心法可画出侧立板后表面的圆弧，再作前、后表面椭圆弧的外公切线；侧立板上的圆孔用菱形法画出。

(4)整理、加深，完成组合体的正等轴测图，如图 6-9(d)所示。

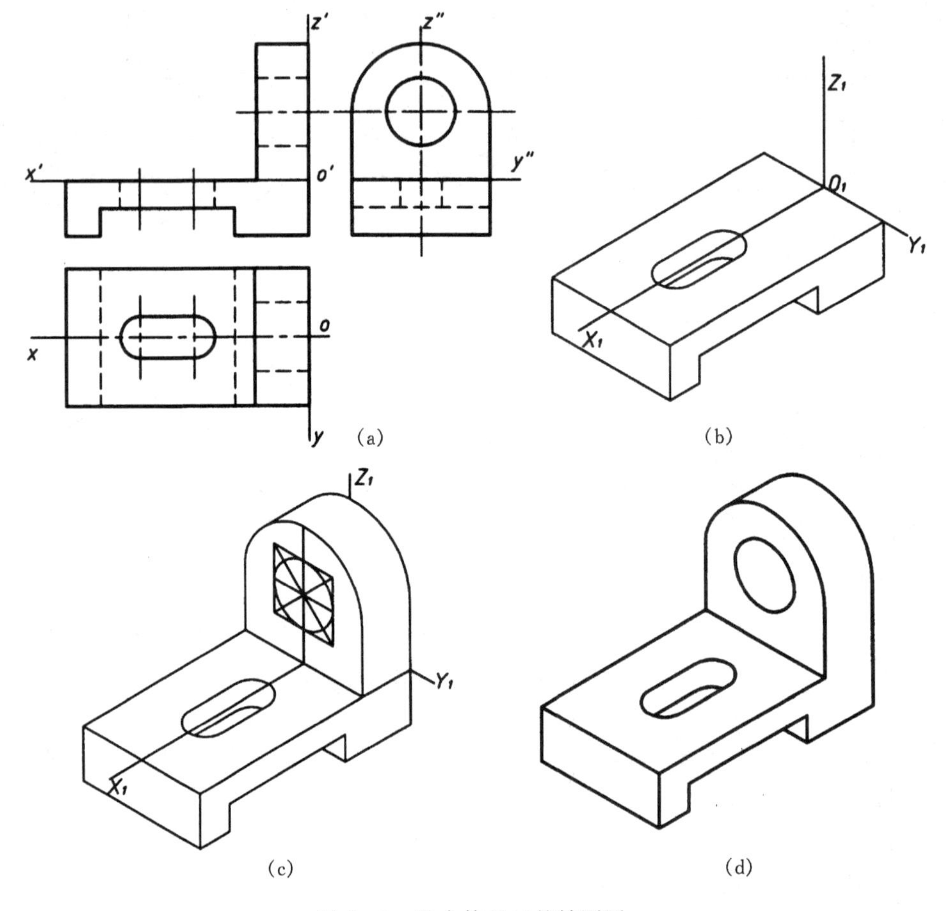

图 6-9 组合体的正等轴测图

6.3 斜二等轴测图的画法

6.3.1 斜二等轴测图的轴间角和轴向变形系数

斜二等轴测图(简称斜二测)是使物体的一个坐标面平行于轴测投影面,用斜投影法得到的轴测图。一般选择 XOZ 坐标面平行于轴测投影面,轴间角 $\angle X_1O_1Z_1=90°$、$\angle X_1O_1Y_1=135°$,$\angle Y_1O_1Z_1=135°$,如图 6-10 所示,X、Z 方向轴向变形系数相同,即:$p_1=r_1=1$;Y 轴向变形系数 $q_1=0.5$。

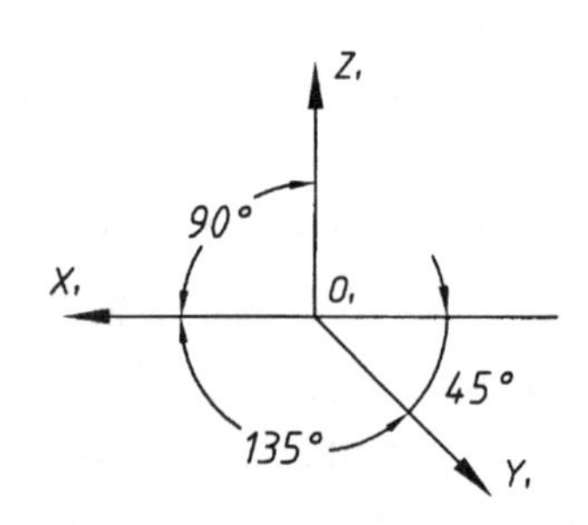

图 6-10 斜二等轴测图的轴间角

由于画斜二测时,物体的一个坐标面(XOZ)平行于轴测投影面,因此,斜二测能反映物体上 XOZ 面及其平行面的实形,所以斜二测适合于表达只在一个方向上有多个圆、同心圆或曲线的物体。

6.3.2 斜二测图的画法

斜二测与正等轴测图的主要区别在于轴间角与轴向伸缩系数不同，其画图方法基本相同。

例 6－4 图 6－11(a)为一组合体的两个视图，画出斜二测图。

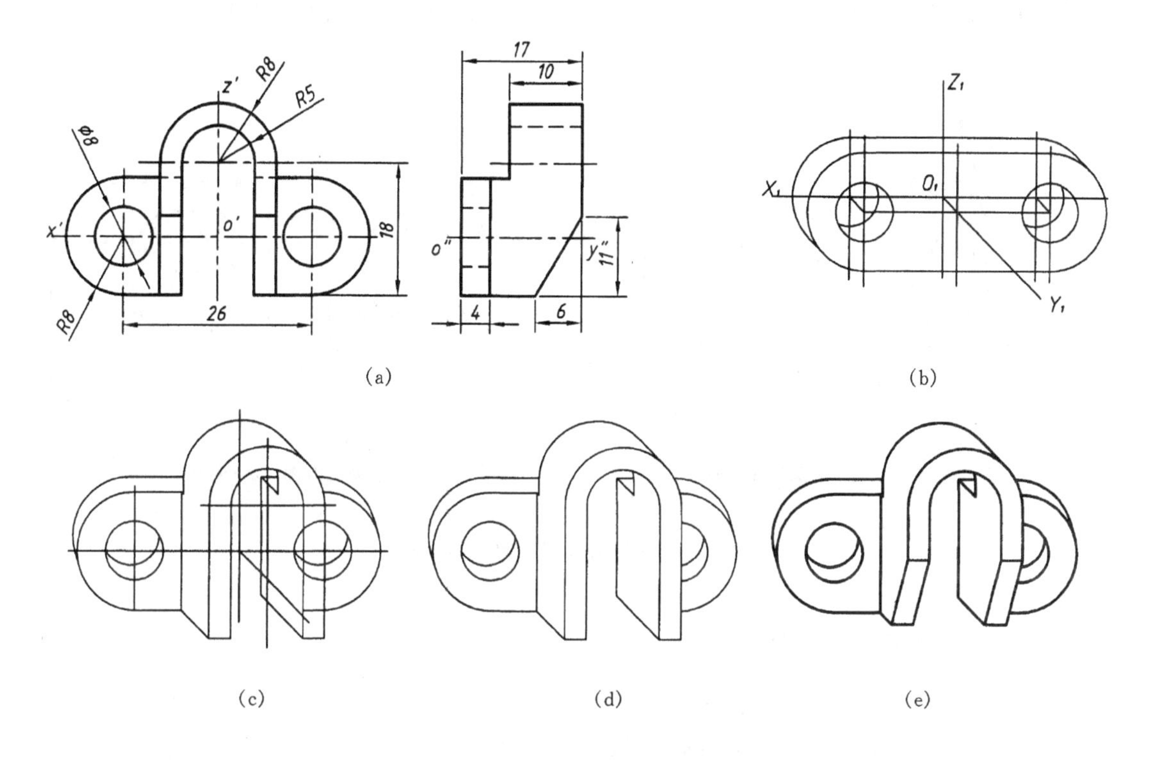

图 6－11 斜二测图的画法

分析 该组合体由一个拱形的柱体和立板构成，应分别画出它们的轴测图。

作图

(1)将坐标原点选在立板后表面的对称面上，X 轴通过立板圆孔的中心线，如图 6－11(a)所示。

(2)画轴测投影轴及立板的斜二测图，如图 6－11(b)所示。

(3)画拱形柱体的轴测图，如图 6－11(c)所示。

(4)整理、加深，完成组合体的斜二测图，如图 6－11(d)、(e)所示。

6.4 轴测剖视图的画法

为表达物体的内部形状，可假想用剖切平面切去物体的某一部分，画成轴测剖视图。

6.4.1 画轴测剖视图的规定

(1)剖切平面的选取 为了能同时表达物体的内、外形状，一般采用两个平行于坐标面的相交平面剖切物体的 1/4,剖切平面应通过物体的对称面或主要轴线。

(2)剖面线的画法　被剖切物体的截断面上应用细实线画上剖面线。截断面平行于不同的坐标面,其剖面线具有不同的方向,如图 6 - 12 所示,是平行于各坐标面的截断面上剖面线的画法。当剖切平面平行地剖切物体的肋板或薄壁结构的对称面时,这些结构上都不画剖面线,用粗实线将其与相邻部分分开,如图 6 - 13(c)所示,肋板的截断面上不画剖面线,且肋板与圆柱体之间要用粗实线分开。

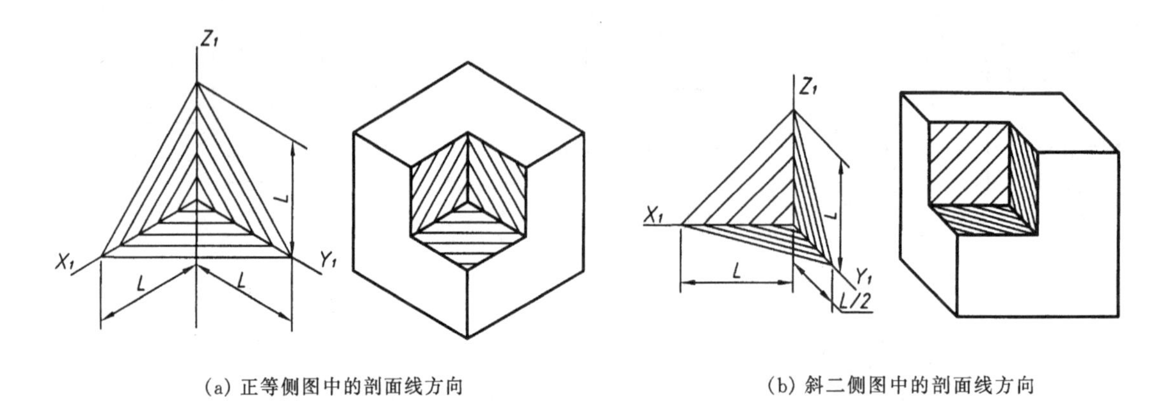

(a) 正等侧图中的剖面线方向　　(b) 斜二侧图中的剖面线方向

图 6 - 12　轴测剖视图剖面线的方向

6.4.2　轴测剖视图的画法

一般画轴测剖视图的方法有两种。

①先画外形,后画断面与内形。图 6 - 13 是先画外形后画剖视的画法举例。

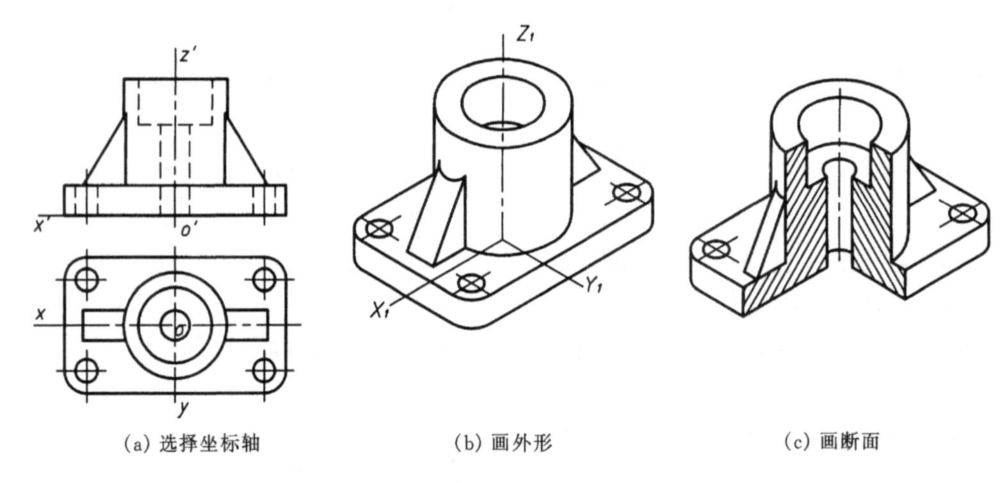

(a) 选择坐标轴　　(b) 画外形　　(c) 画断面

图 6 - 13　正等轴测剖视图的画法(一)

②先画断面,后画外形与内形。其画图方法如图 6 - 14 所示。

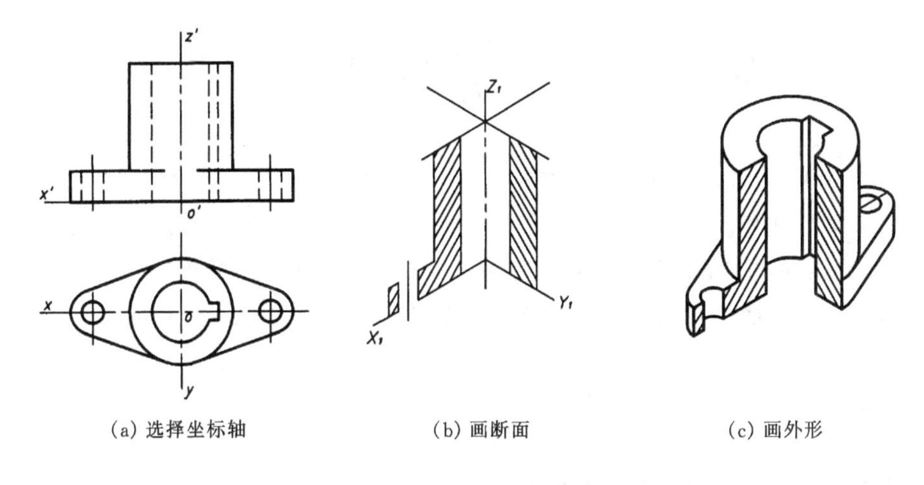

(a) 选择坐标轴　(b) 画断面　(c) 画外形

图 6－14　正等轴测剖视图的画法(二)

思考题

1. 轴测图是怎样形成的?
2. "轴测"的含义是什么?
3. 空间相互平行的轮廓线,在轴测图中相互平行吗?
4. 正等测的轴间角、轴向伸缩系数分别是多少?
5. 试述画轴测图的主要步骤。
6. 画正等测图的方法有哪些?
7. 圆、圆弧的近似画法如何用?
8. 斜二测的主要特点是什么?
9. 根据下列正投影图,构思形体并用轴测图画出来。

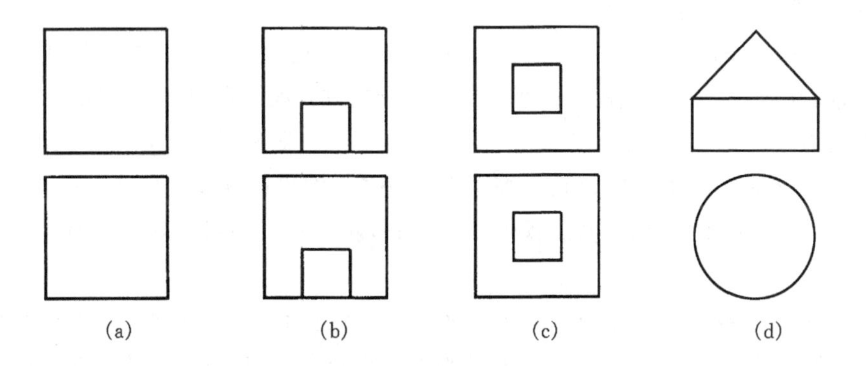

(a)　(b)　(c)　(d)

第7章　机件的表达方法

在工程实际中，机件的结构形状是千变万化的，只采用三视图，往往不能将复杂机件的内外形状和结构表达清楚。为了完整、清晰、简便地表达各种机件的结构形状，国家标准《技术制图》和《机械制图》规定了机件的各种表达方法。本章介绍其中常用的机件表达方法。学习时，要掌握好各种表达方法的特点、画法、图形的配置和标注方法，以便灵活地应用。

7.1　视图

机件向投影面投射所得的图形称为视图。视图主要用于表达机件的外部形状。所以，在视图中一般只画出机件的可见部分，只在必要时才用虚线画出其不可见部分。

视图分为：基本视图、向视图、局部视图和斜视图。

7.1.1　基本视图

用正六面体的六个面作为基本投影面，把机件放置在该六面体内，如图7－1所示，将机件分别向六个基本投影面投射，所得的视图称为基本视图。六个基本视图的名称和投射方向分别如下。

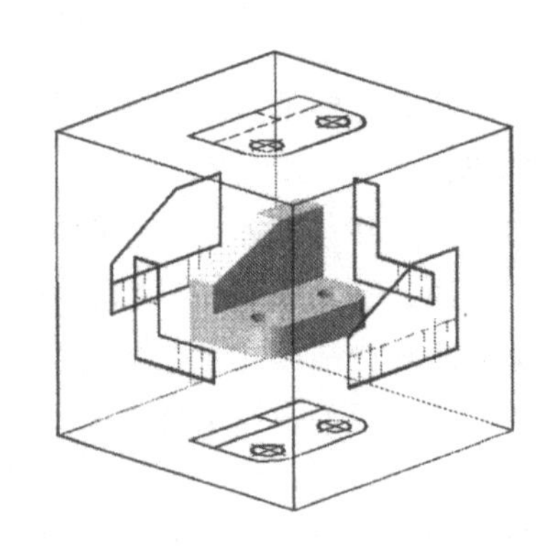

图7－1　六个基本投影面

主视图：由前向后投射所得的视图。

俯视图：由上向下投射所得的视图。

左视图：由左向右投射所得的视图。

右视图：由右向左投射所得的视图。

仰视图：由下向上投射所得的视图。

后视图：由后向前投射所得的视图。

为使六个基本视图处于同一平面，将六个基本投影面连同其上的视图一起展开。展开时，保持正面不动，其它各投影面按图7－2所示箭头所指的方向展开到与正面在同一平面上。展开后各视图的位置，如图7－3所示。在同一张图纸内，按图7－3配置视图时，一律不注视图名称。

六个基本视图之间仍保持“长对正、高平齐、宽相等”的投影规律。即主视图与俯视图及仰视图要长对正，与左视图、右视图及后视图要高平齐，左视图、右视图、俯视图和仰视图要宽相等，如图7－3所示。

六个基本视图与物体上六个方位的关系如图7－3所示。除后视图外，以主视图为基准，左视图、右视图、俯视图和仰视图中靠近主视图的一侧表示后方，远离主视图的一侧表示机件的前方。

画在同一张图纸上的基本视图并按图7－3所示位置配置，一律不标注视图的名称。

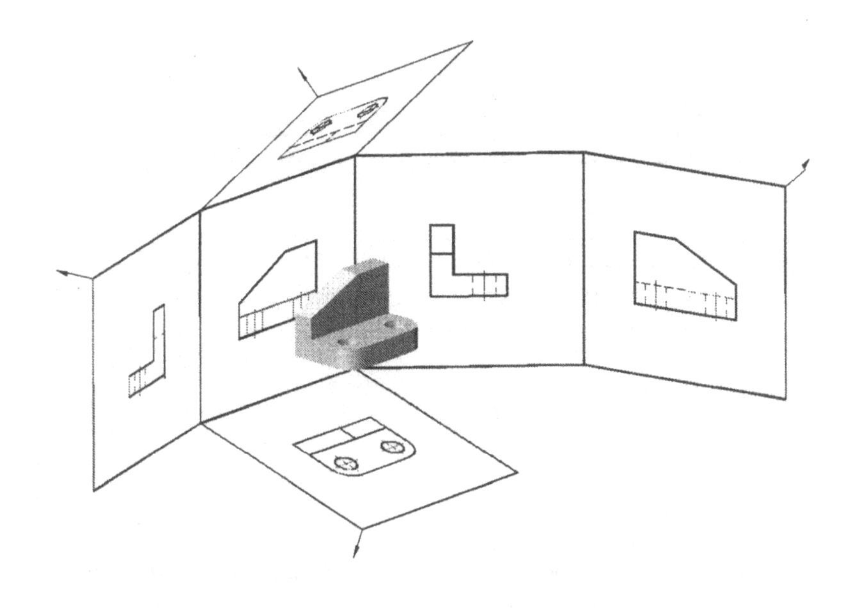

图 7-2　六个基本视图的展开

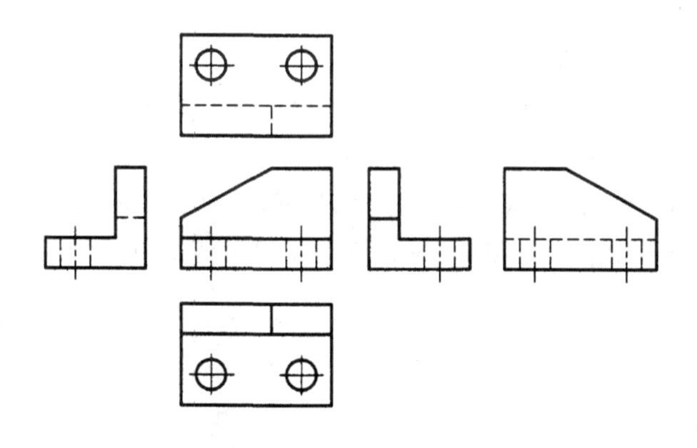

图 7-3　基本视图的配置

实际应用时，不是任何时候都需画出机件的六个基本视图，要根据机件结构的特点和复杂程度，选用其中的几个。

7.1.2　向视图

向视图是可以自由配置的基本视图。当基本视图不按图 7-3 基本视图的位置配置或不能画在同一张图纸上时，可用向视图表示。这时，在视图的上方用大写拉丁字母注出视图的名称，在相应视图附近用箭头指明投射方向并注上同样的字母，如图 7-4 所示。

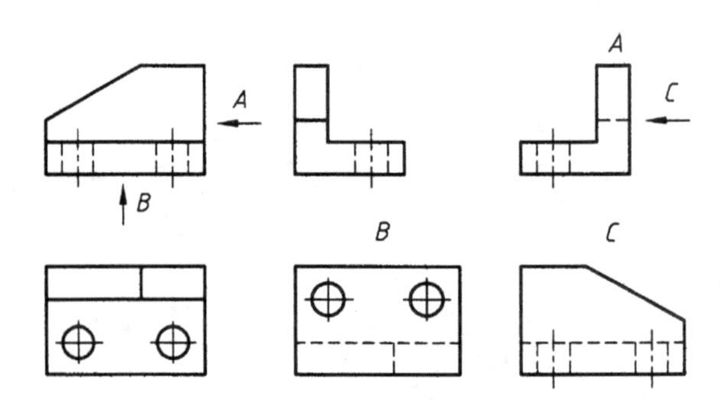

图 7－4　向视图

7.1.3　局部视图

将机件上的局部结构向基本投影面投射所得的视图称为局部视图。图 7－5(a)所示的机件，当画出主、俯两个基本视图后，机件的主体结构形状已表达清楚，但左、右两侧的凸缘形状没有表达清楚，如用完整的左视图和右视图表达，则显得繁琐和重复。图中采用了 A 向和 B 向两个局部视图来表达左、右两侧的凸缘形状，既可做到表达完整，又使视图简明，避免重复，便于画图和看图。

局部视图的画法、配置与标注。

(1) 局部视图的画法　由于局部视图所表达的只是机件某一部分的形状，故需要画出断裂边界，断裂边界用波浪线表示，如图 7－5(b)中的局部视图 B。当所表达的局部结构是完整的，且外轮廓线又成封闭时，波浪线可省略不画，如图7－5(b)中的局部视图 A。波浪线必须画在实体表面上，不应超出轮廓线。图 7－5(c)中表示出了两个错误的断裂线画法。

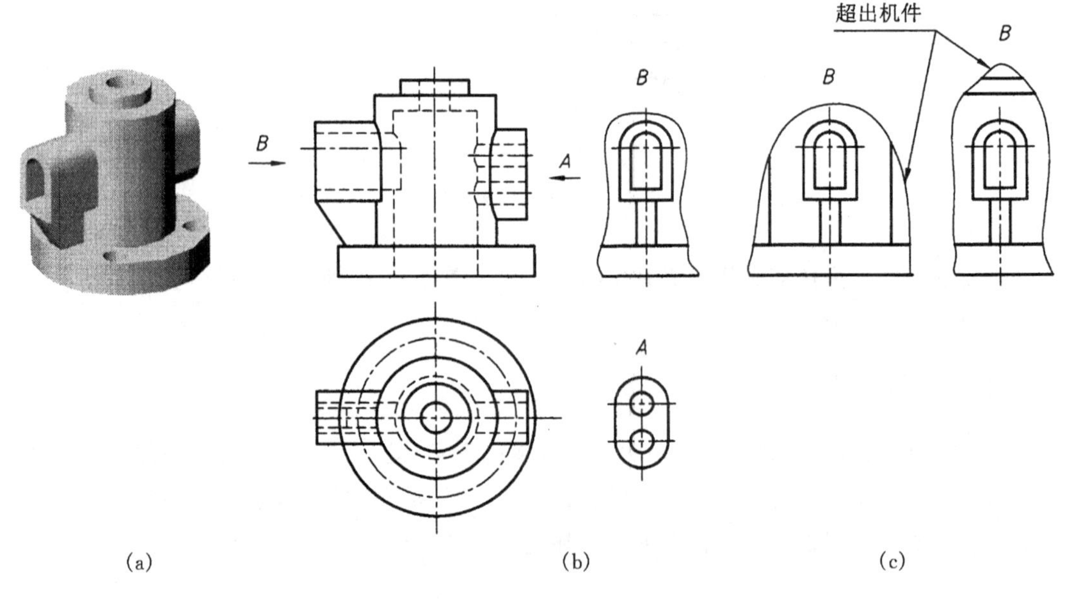

图 7－5　局部视图

(2) 局部视图的配置与标注　局部视图可按基本视图配置，这时可以省略标注，如图 7－5(b)中的局部视图 B 可省略标注；也可按向视图配置，这时必须标注，标注方法与向视图相同，如图 7－5(b)中的局部视图 A。

7.1.4　斜视图

将机件上的倾斜结构向不平行于任何基本投影面的平面投射所得的视图称为斜视图。如图 7－6(a)所示，为了表示出机件上的倾斜结构的真形，可以设置新的辅助投影面，使它平行于倾斜结构，并垂直于一个基本投影面。然后将倾斜结构向新设的投影面投射，便可得到反映实形的视图，如图 7－6(b)中的视图 A 和 B。

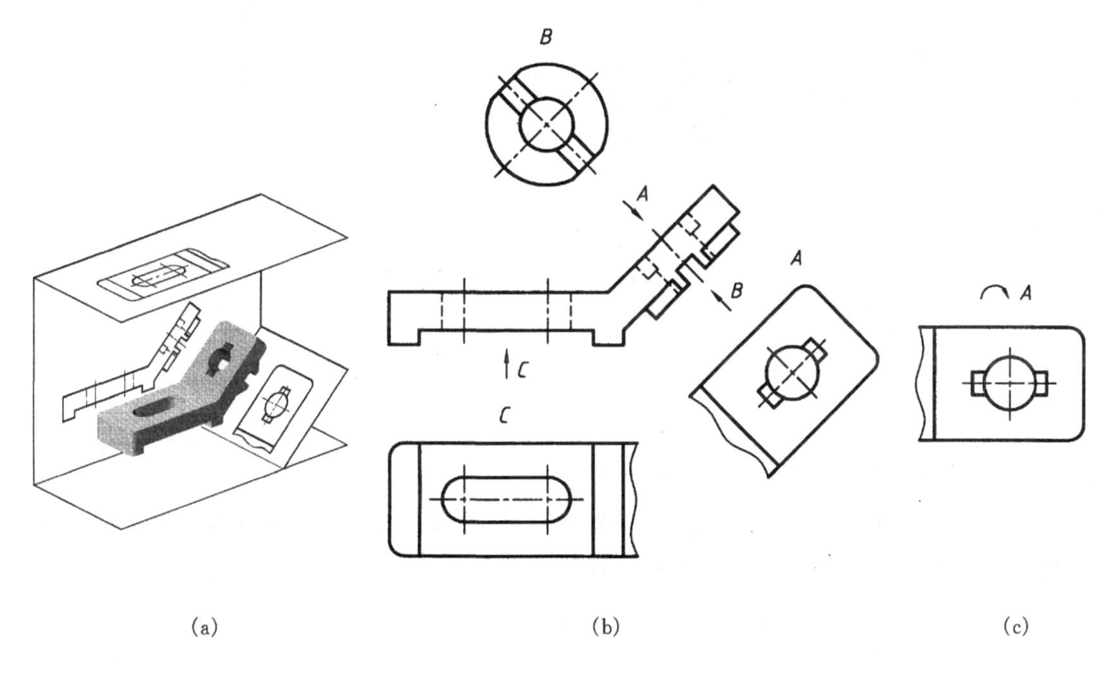

图 7－6　斜视图

斜视图的画法、配置与标注。

(1)斜视图的画法　斜视图一般只表达机件上的倾斜结构的实形，其余部分不必画出，这时用波浪线在适当位置断开，断裂边界的画法与局部视图相同。当所表示的结构是完整的，且外形轮廓线又成封闭时，波浪线可省略不画。

(2)斜视图的配置与标注　斜视图一般按投影关系配置，并且必须标注，其标注方法与局部视图相同，如图 7－6(b)所示。必要时允许将斜视图旋转后配置在适当的位置，此时必须加注旋转符号，如图 7－6(c)所示。旋转符号为半径等于字体高度的半圆弧，箭头方向应与图形的旋转方向相同，斜视图名称应水平注写在旋转符号的箭头一侧，还允许将旋转角度标在字母之后。

7.2　剖视图

视图主要用来表达机件的外部形状，对于机件内部不可见结构形状的投影是用虚线表示的，如图 7－7 所示。机件的内部结构形状越复杂，视图中的虚线就越多，这些虚线和实线交错重叠在一起，会影响图样的清晰，给看图、画图、尺寸标注带来困难。为了清晰表达机件的内部结构，常采用剖视图的画法。

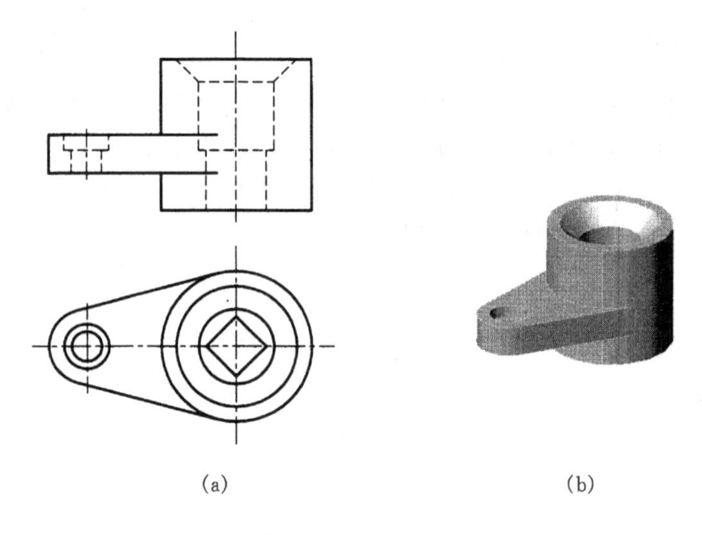

(a)　　　(b)

图 7－7　机件的视图

7.2.1　剖视图的基本概念

如图 7－8(a)所示，假想用剖切面剖开机件，将处在观察者和剖切面之间的部分移去，而将其余部分向投影面投射所得的图形称为剖视图，简称剖视。

如图 7－8(b)所示，主视图采用剖视图的画法后，原来不可见的机件内部结构变成了可见的，原来的虚线变成了实线，显然图样较为清晰。

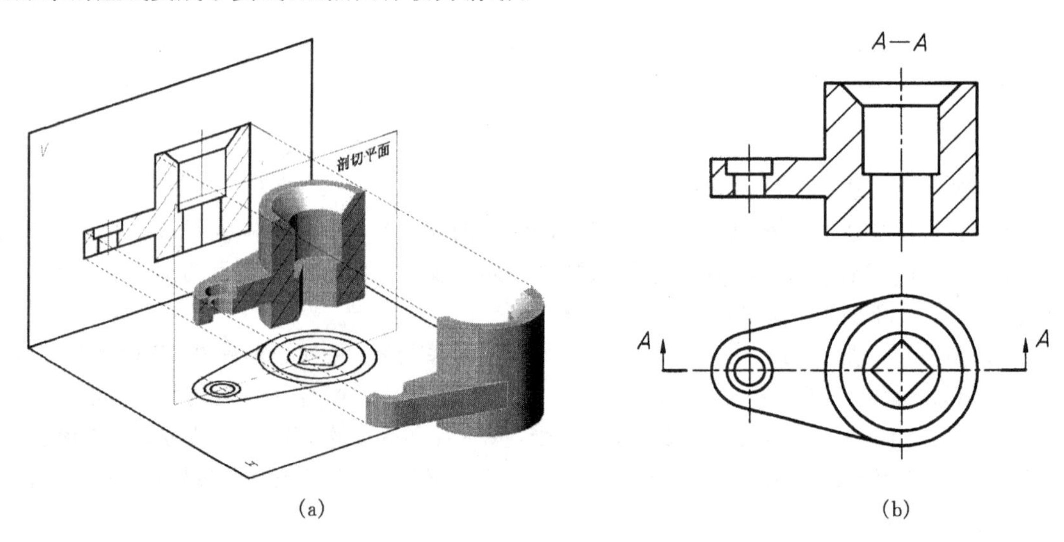

(a)　　　(b)

图 7－8　剖视图的概念和画法

7.2.2 剖视图的画法

①为了能反映出机件内部孔、槽等结构的真形，剖切平面一般应平行于某一投影面，并通过孔、槽的轴线或机件的对称面，如图 7－8 所示。

②用粗实线画出剖切平面与机件内、外表面接触部分所围成的断面图形，在断面图形内应画出与材料相应的剖面符号，以区别机件的实体与空腔部分。

各种材料的剖面符号如表 7－1 所示。其中金属材料的剖面符号是与水平方向成 45°且间隔均匀的细实线（也称剖面线），向左或向右倾斜均可，如图 7－9 所示。但同一机件在各个剖视图中的剖面线的倾斜方向和间隔必须一致。当图形中的主要轮廓线与水平方向成或接近 45°时，该图形的剖面线可画成 30°或 60°的线，但倾斜方向必须与其它剖视图的 45°剖面线一致，如图 7－10 所示。

表 7－1 剖面符号（GB4457.5—84）

材料名称	剖面符号	材料名称		剖面符号
金属材料 （已有规定剖面符号者除外）		液　　体		
非金属材料 （已有规定剖面符号者除外）		型砂、粉末冶金、砂轮、陶瓷刀片、硬质合金刀片等		
玻璃及供观察用的其他透明材料		砖		
线圈绕组元件		木材	纵剖面	
转子、电枢、变压器和电抗器等的叠钢片			横剖面	

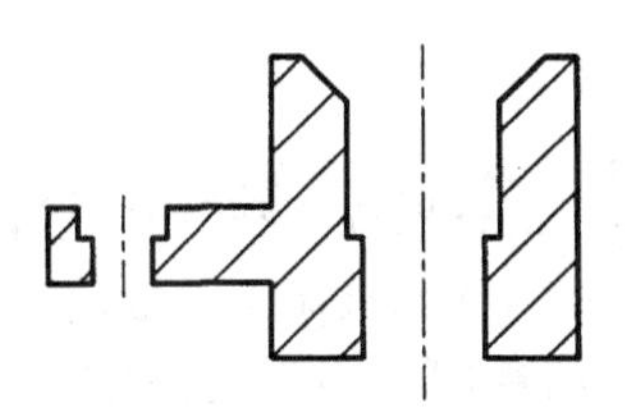

图 7－9　机件的断面图

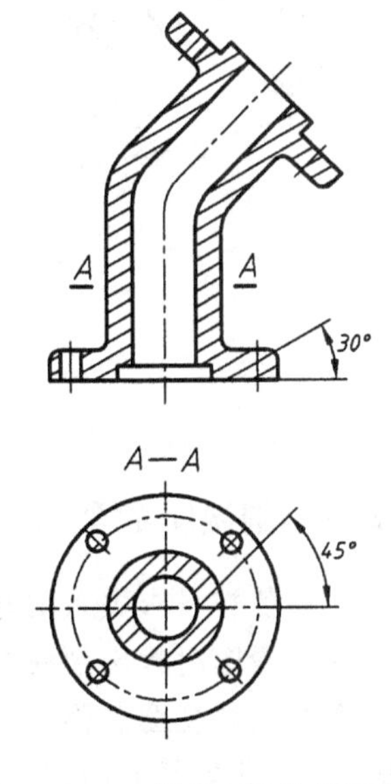

图 7－10　30°（或 60°）的剖面线

③画出剖切平面后面可见部分的投影，如图 7－11 所示。

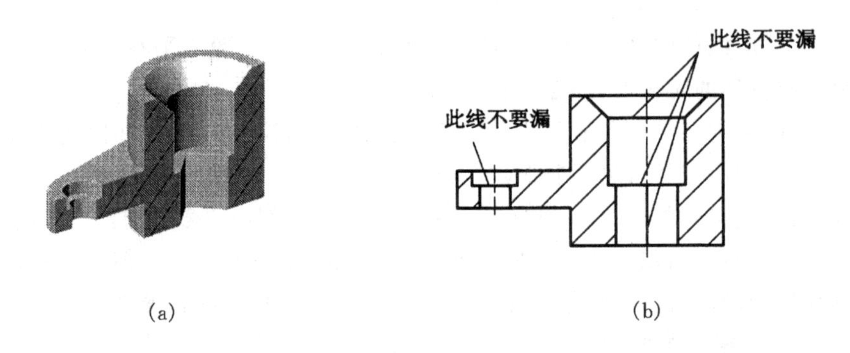

(a)　　　　(b)

图 7－11　画出切平面后可见的部分

④剖视图中不可见的结构形状，如有其它视图已表示清楚，其虚线应省略不画，如图 7－12(a)所示。只有尚未表达清楚的结构形状，才用虚线画出，如图 7－12(b)所示。

⑤由于剖切是假想的，一个视图画成剖视图后，其它视图的表达方案仍应按完整的机件来考虑，如图 7－8 所示。

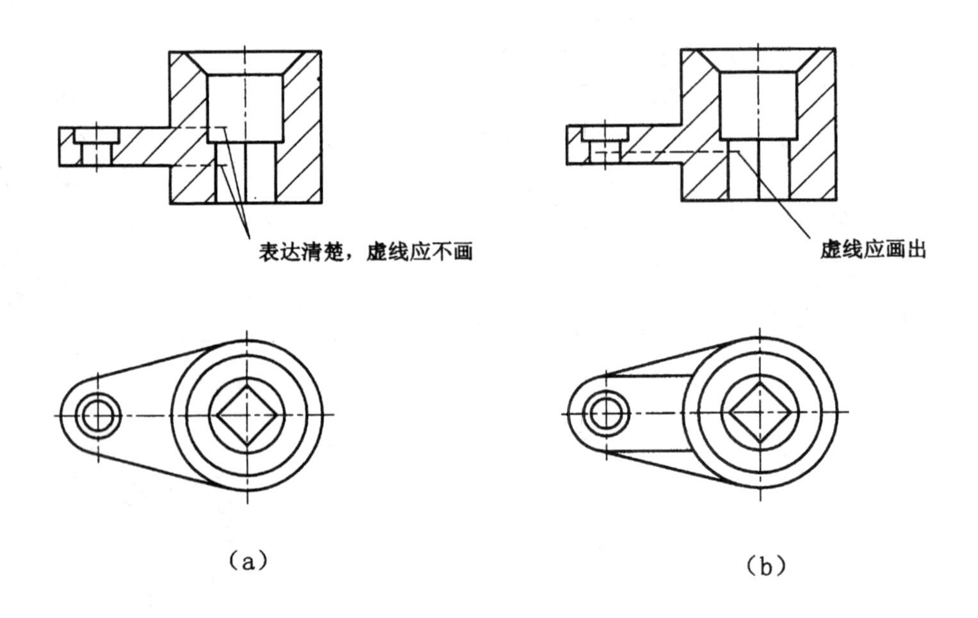

(a)　　　　(b)

图 7－12　剖视图中虚线的处理

7.2.3　剖视图的配置与标注

剖视图一般按投影关系配置，也可根据图面布局将剖视图配置在其它适当位置。

为了便于看图时找出剖视图与其它视图的投影关系，在剖视图上一般应标明剖切位置、剖切后的投射方向和视图名称。标注的方法是，在相应的视图上用剖切符号(线宽 1～1.5b，长为 5～10mm 的粗实线)标示出剖切平面的位置，剖切符号应尽量不与图形轮廓线相交，并在剖切符号的外端画出垂直于剖切符号的箭头指明投射方向，并水平注上大写的拉丁字母；在剖视图的上方用相同的字母标注剖视图的名称，如图 7－8(b)所示。

当剖视图按投影关系配置，中间又没有其它图形隔开时，可省略箭头，当单一剖切平面通过机件的对称平面或基本对称平面，且剖视图按投影关系配置，中间又没有其它图形隔开时，可省略标注，如图 7－10 所示。图 7－8(b)中的标记也可省略。

7.2.4 画剖视图的方法与步骤

以图 7－13(a)所示机件为例说明画剖视图的方法与步骤。

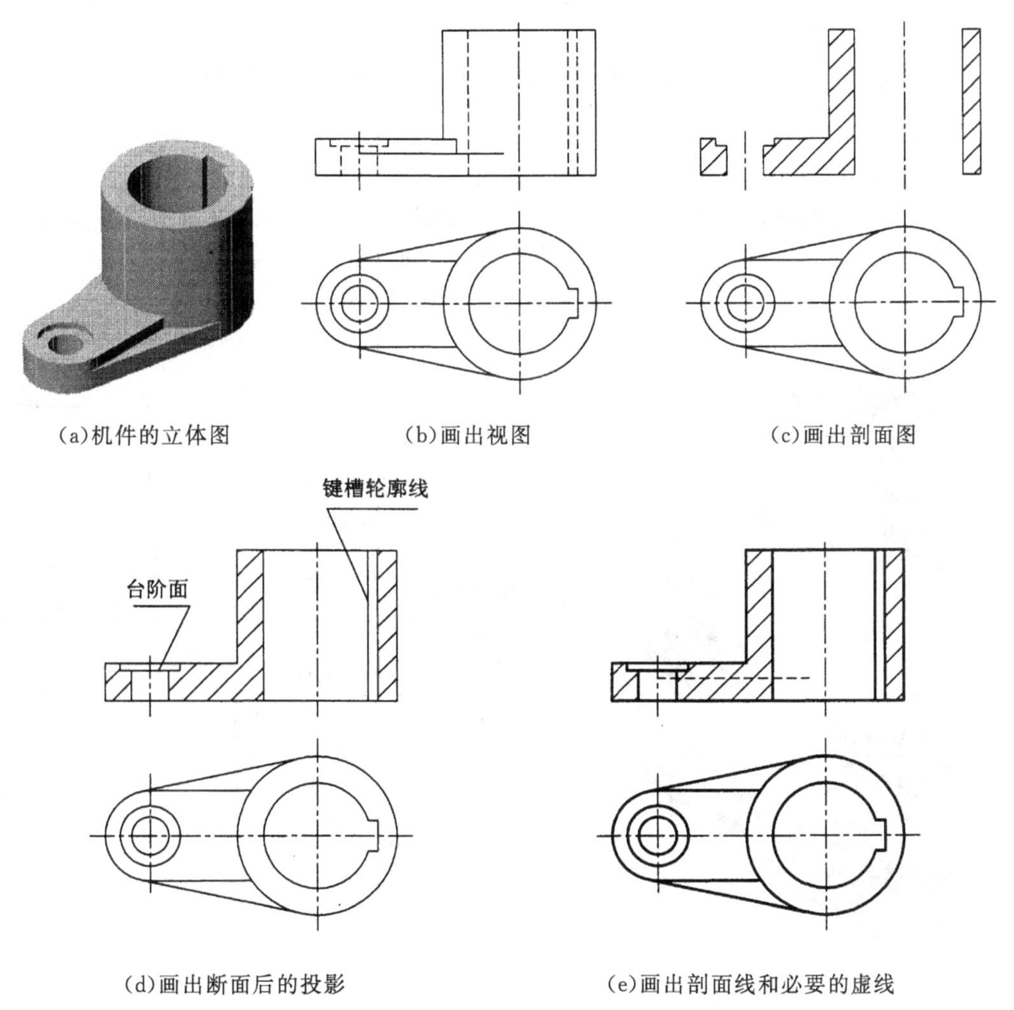

(a)机件的立体图　(b)画出视图　(c)画出剖面图

(d)画出断面后的投影　(e)画出剖面线和必要的虚线

图 7－13　画剖视图的方法与步骤

①画出机件的视图，如图 7－13(b)所示。

②确定剖切平面的位置，画出剖面图。剖切平面的位置选取通过两孔轴线的前后对称面，画出剖切平面与机件接触部分的断面图形，并画出剖面符号，如图 7－13(c)所示。

③画出剖切平面以后的所有可见部分。如图 7－13(d)中孔的台阶面的投影线和键槽的轮廓线容易漏画，应该引起注意。

对于断面后边的不可见部分，如果在其它视图上已表达清楚，虚线应该省略；对于没有表达清楚的部分，虚线必须画出，如图 7－13(e)所示。

④标注剖切符号和视图名称（机件前后对称，省略标注），检查加深，如图 7－13(e)所示。

7.2.5 剖视图的分类

按照机件假想被剖切的范围来分，剖视图可分为全剖视图、半剖视图和局部剖视图。

1. 全剖视图

用剖切平面完全地剖开机件所得的剖视图称为全剖视图。图 7－8(b)和 7－13(e)均为全剖视图。

全剖视图适用于表达外形结构简单而内部结构比较复杂的不对称机件。

2. 半剖视图

当机件具有对称平面，在垂直于对称平面的投影面上投影时，以对称中心线（细点画线）为界，一半画成剖视图用以表达内部结构形状，另一半画成视图用以表达外部结构形状，这种组合的图形称为半剖视图，如图 7－14 所示。半剖视图主要用于内、外结构形状都需要表示的对称机件。

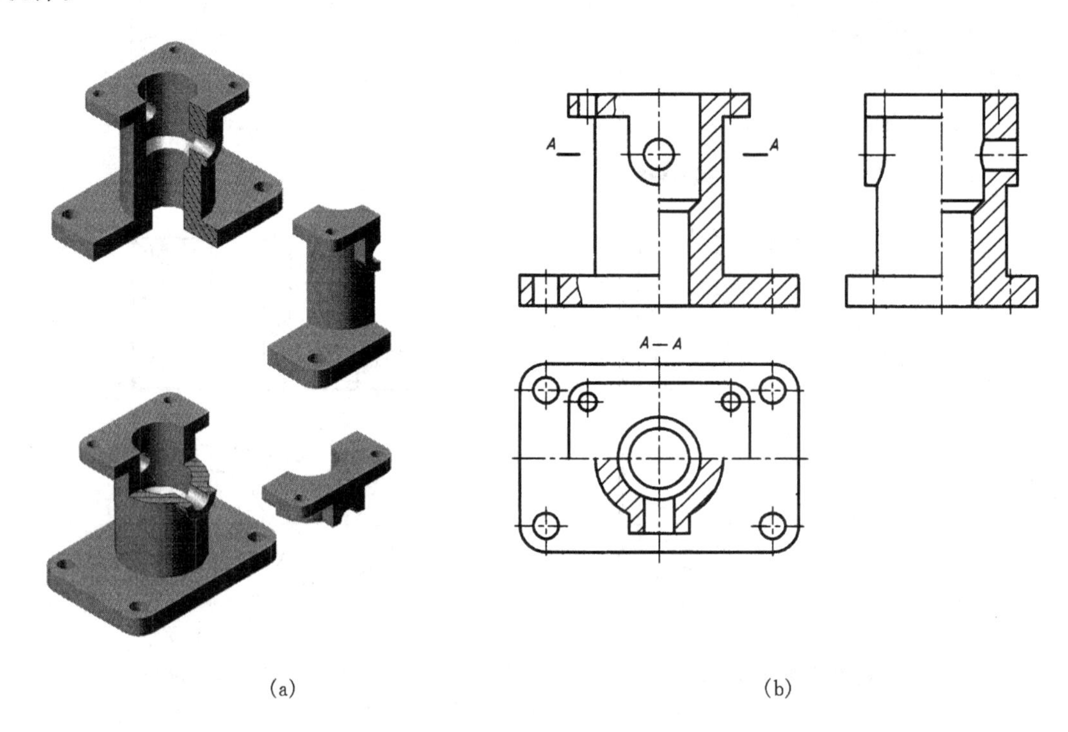

图 7－14 半剖视图

如图 7－14(a)所示的机件，内、外结构形状都比较复杂，如果主视图采用全剖视，则顶部方板下的 U 形凸台被切去，如果俯视图也采用全剖视，则顶部方板将被切去。虽然全剖视图能将机件的内部形状表示的较清楚，但影响机件外部形状的表达。为了能将机件的内、外形状同时在一个视图上表示出来，根据该机件前后、左右对称的特点，将机件的主视图和俯视图都画成半剖视图，剖开的一半表达机件的内部结构，不剖的一半表达机件的外部结构，如图 7－14(b)所示。

看半剖视图时，根据机件形状对称的特点，可从半个剖视图推想整个机件的内部形状，又可从另半个视图推想机件的外部形状。同一个图形内、外兼顾，不仅简化了作图，而且使图样更加清楚。

半剖视图的标注方法与全剖视图的有关规定相同。如图 7－14(b)所示，由于半剖视的主视图和左视图都符合省略标注的条件，所以都省略了标注；而半剖视的俯视图仅符合省略箭头的条件，所以只省略了箭头。

画半剖视图时应注意以下几点。

①半剖视图中，半个剖视图和半个视图的分界线规定必须画成点画线，而非粗实线。

②半剖视图中，机件的内部形状已由半剖视表达清楚，所以半个视图中表示内部形状的虚线省略不画。但是，对于孔或槽等，应画出其中心线的位置。

③若机件的形状接近对称，且不对称部分已有图形表达清楚时，也可画成半剖视图，如图 7－15 所示。

④半剖视图中，标注只画出一半机件对称图形的尺寸时，其尺寸线应略超出对称中心线，并仅在尺寸线的一端画出箭头，如图 7－16 所示。

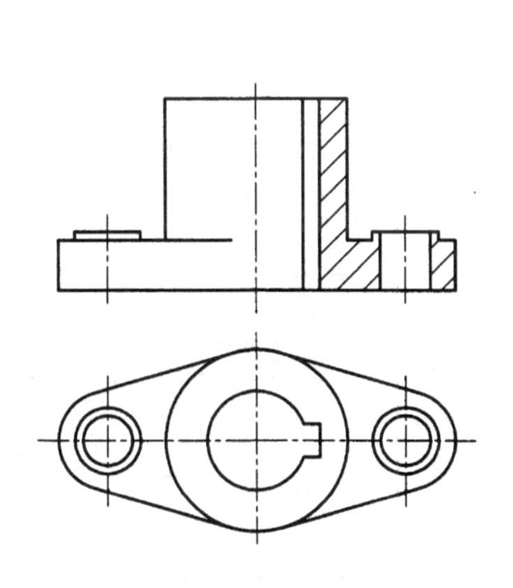

图 7－15　机件形状接近对称的半剖视图

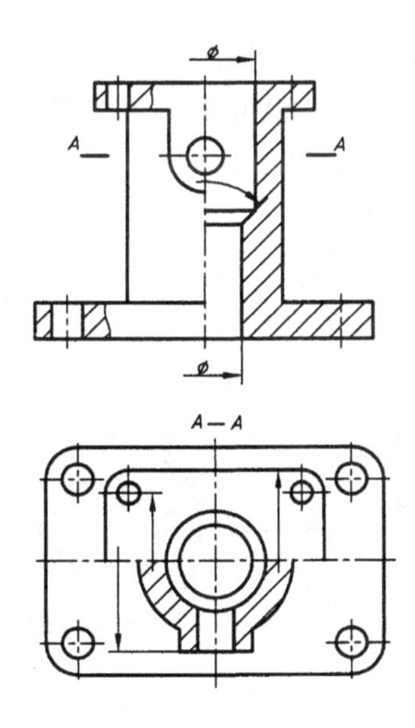

图 7－16　尺寸标注

3. 局部剖视图

用剖切平面局部地剖开机件所得的剖视图称为局部剖视图。如图 7－17 所示机件，其顶部有一矩形孔，底板上有四个安装孔，基件的前后、左右、上下都不对称。若采用全剖视图，既不能将内部形状完全表达清楚，又失去外部形状。同时，由于该机件形状不对称，也不能采用半剖视图。为了兼顾内外结构形状的表达，将主视图采用两个不同剖切位置的局部剖视图。在俯视图上，为了保留顶部的外形，采用水平 *A*—*A* 剖切位置的局部剖视图。

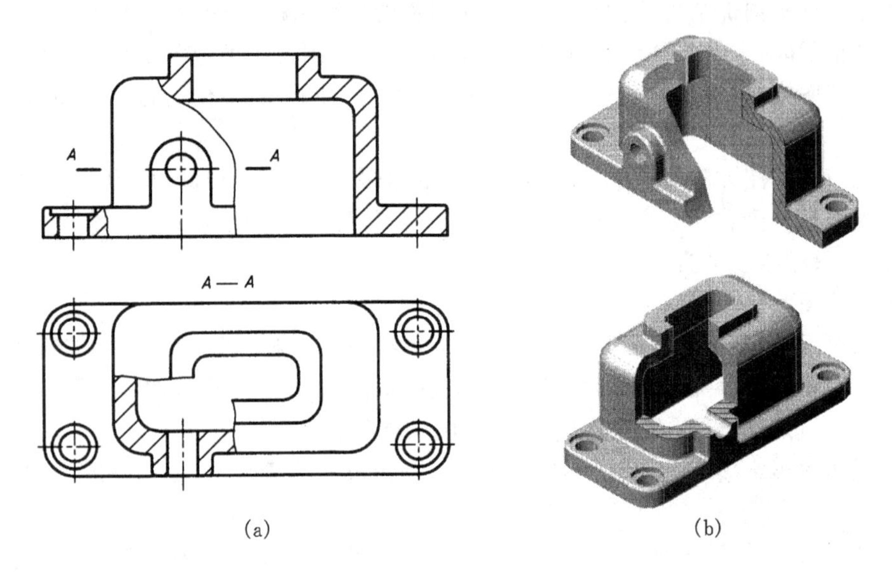

(a) (b)

图 7-17 局部剖视图

局部剖视图的剖切位置和范围的大小根据机件需要表达的内外形状而定。这是一种比较灵活的表达方法，运用得当，可使图形表达得简洁而清晰。局部剖视图通常用于下列情况。

①适用于内外形状都需要表达，或者只有局部结构的内形需剖切表示，但又不宜采用全剖、半剖的机件。

②当对称机件的轮廓线与中心线重合，不宜采用半剖视时，如图 7-18 所示。

③实心机件(如轴、杆等)上的孔、槽等局部结构常用局部剖视，如图 7-19 所示。

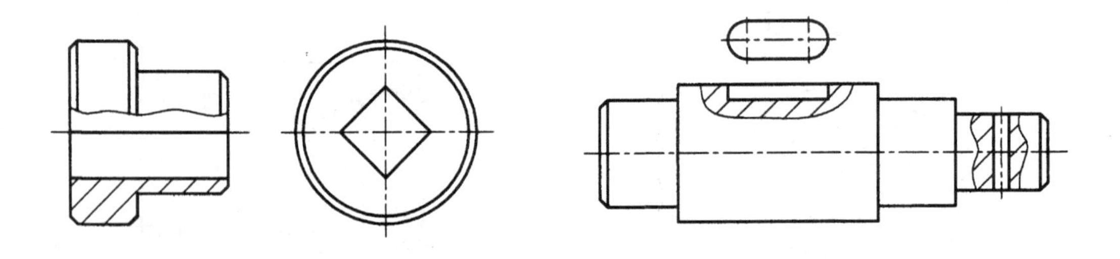

图 7-18 局部剖视表示的对称机件

图 7-19 局部剖视表示实心轴上的孔和槽

画局部剖视图时应注意以下几点。

①局部剖视图的适用范围较广，但在同一视图中，不应多处采用局部剖视图，以免图形显得零乱而影响图形清晰。

②局部剖视图中视图与剖视的分界线为波浪线。波浪线可假想为剖视部分与不剖部分的断裂面的投影，因此波浪线不能超出视图的轮廓线，也不能在穿通的孔和槽中连起来。另外，波浪线还不允许与图样中的其它图线重合，也不要画在其它图线的延长线上，以免引起误解。当被剖切的局部结构为回转体时，允许将该结构的中心线作为局部剖视与视图的分界线，如图 7-20 所示。

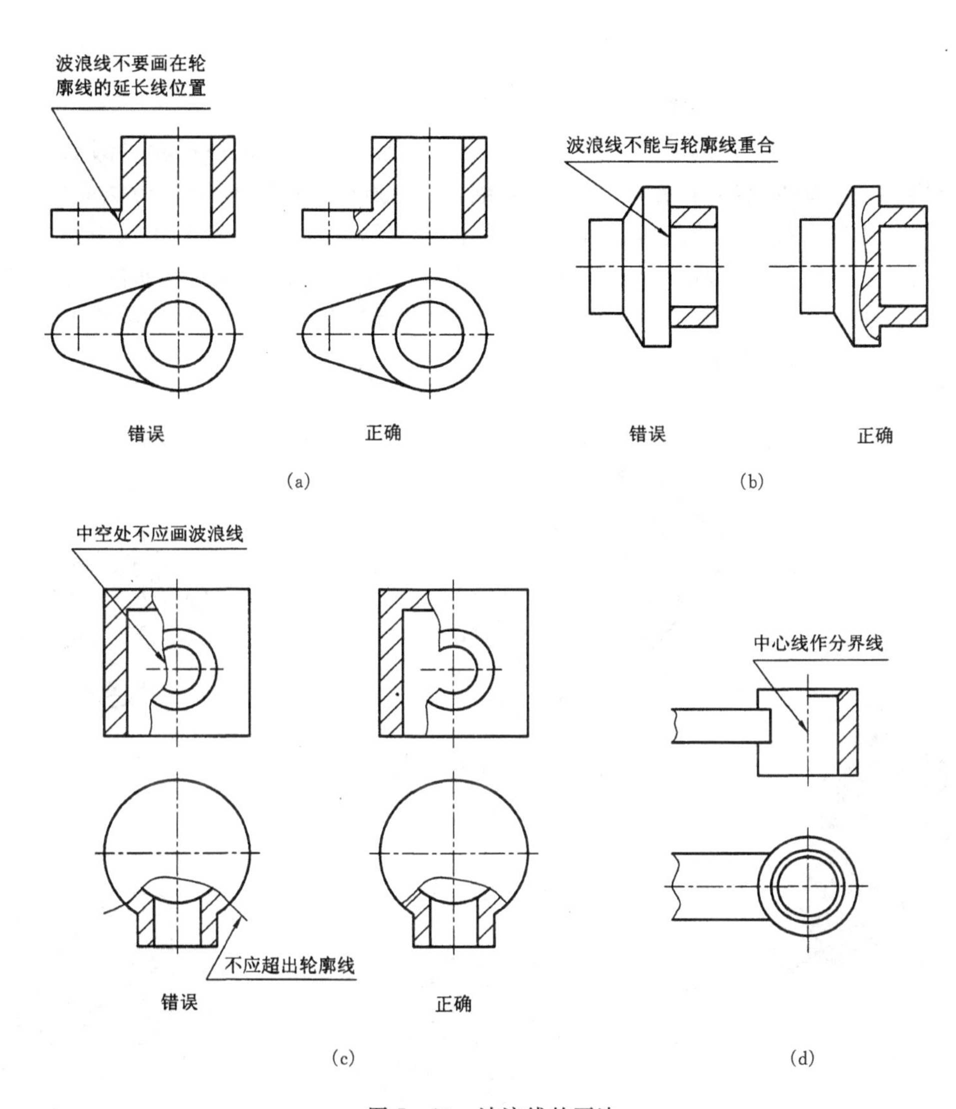

图 7-20 波浪线的画法

③局部剖视图的标注与全剖视图相同。当单一剖切平面的剖切位置明显时，局部剖视图可省略标注。当剖切位置不明显时才作标注，标注方法如图 7-17 所示。

7.2.6 剖视图常用剖切方法分类

由于机件的结构形状不同，画剖视图时所采用的剖切平面及剖切方法也就不一样，国家标准规定的剖切面有以下几种：

①单一剖切平面；

②几个平行的剖切平面；

③几个相交的剖切平面(交线垂直于某一投影面)；

④组合的剖切平面。

画剖视图时，应根据机件的结构特点，选用相应的剖切面和剖切方法，使物体的内外结构得到充分地表达。

1. 单一剖切平面

用一个剖切面剖开机件获得剖视图的方法称为单一剖。

单一剖切平面一般为投影面平行面。前面介绍的全剖视图、半剖视图和局部剖视图的例子都是采用平行于基本投影面的单一剖切平面剖开机件所得的投影图，这种方法应用最普遍。

用不平行于基本投影面的剖切平面剖开机件的方法称为斜剖。当机件上倾斜部分的内部结构形状需要表达时，与斜视图一样，可先选择一个与该倾斜部分平行的辅助投影面，然后用平行该投影面的剖切平面剖开机件，再向辅助投影面进行投影，这样得到的剖视图可以反映该部分结构形状的实形，如图 7-21 所示。

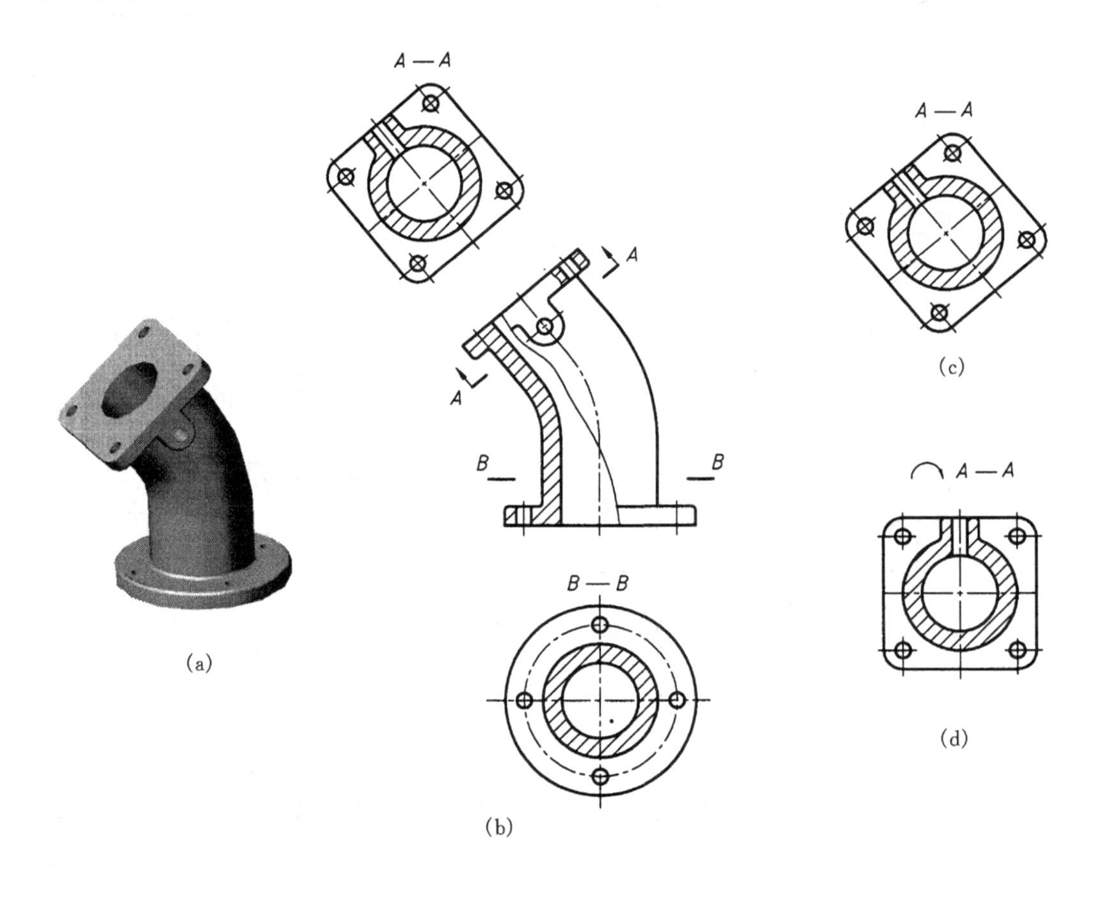

图 7-21 斜剖视图

采用斜剖视方法画出的剖视图，一般按投影关系配置在与剖切符号相对应的位置上，如图 7-21(b)所示，必要时也可配置在其它适当的位置，如图 7-21(c)所示。斜剖必须标注剖切平面位置、投射方向和视图名称，在不致引起误解时允许将图形旋转放正，但必须加注旋转符号，旋转符号的箭头所指方向应该与图形实际旋转方向一致，表示剖视图名称的大写字母应靠近旋转符号的箭头，如图 7-21(d)所示。

2. 几个平行的剖切平面

用几个平行的剖切平面剖开机件的方法称为阶梯剖。如图 7-22(a)所示机件，机件上几个孔(或槽)的位置不在同一平面内,如果用一个剖切平面剖切,不能将内部结构表达出来。需用两个(或两个以上)互相平行的剖切平面沿不同位置孔的轴线剖切才能表示清楚,因此采用阶梯剖的方法画出了机件的全剖视图,这样就能将不同层次的几个孔的结构在一个剖视图中清晰地表达出来,如图 7-22(b)所示。

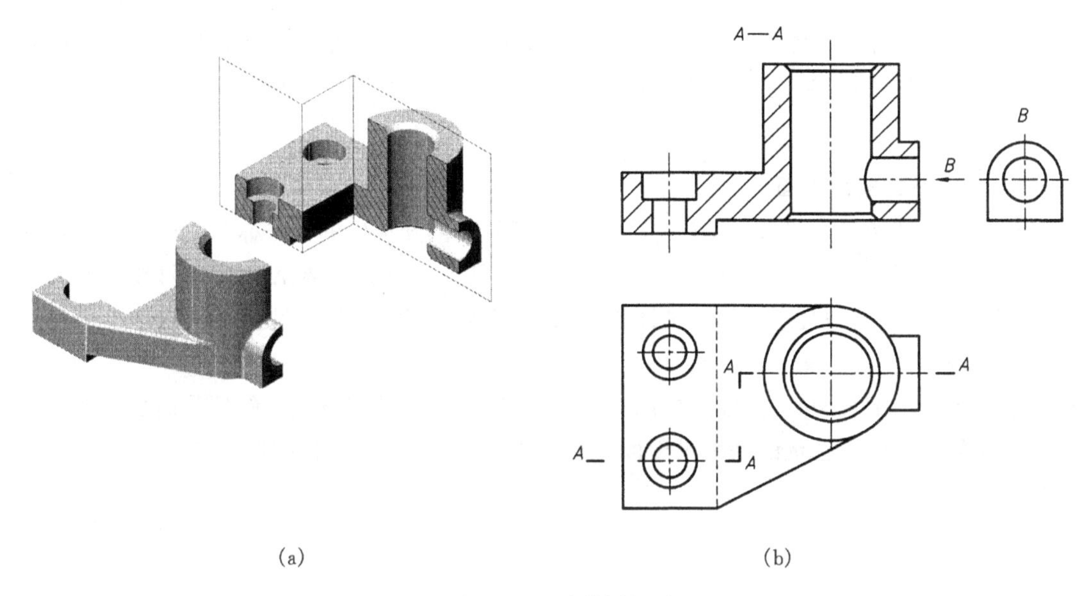

图 7-22 阶梯剖视图

用阶梯剖的方法画剖视图时应注意以下几点。

①剖切是假想的,在剖视图中不应画出两个剖切平面处转折平面的投影,如图 7-23(a)所示。

②剖切平面的转折处不应与视图中的轮廓线重合,如图 7-23(a)所示。

③采用阶梯剖时,在剖视图中不应出现不完整的要素。如图 7-23(b)所示,由于剖切平

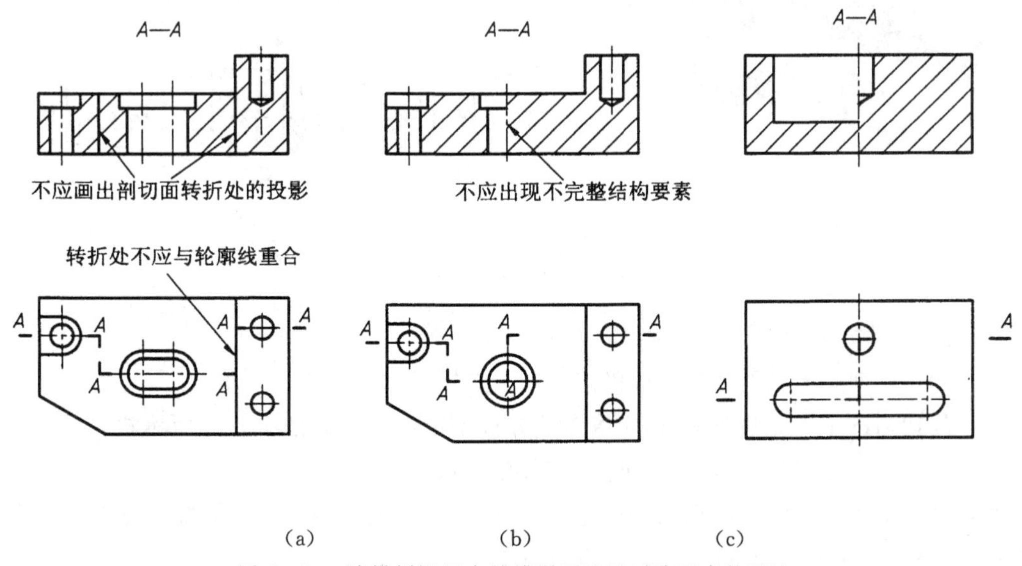

图 7-23 阶梯剖视图中的错误画法及对称要素的画法

面只剖切到半个孔，因此在剖视图上就出现不完整的孔的投影，这种画法是错误的。只有当两个要素在图形上具有公共对称中心线或轴线时，才可以各画一半，合并成一个视图。此时应以对称中心线或轴线为分界线，如图 7－23(c)所示。

④用阶梯剖的方法所获得的剖视图，必须加标注。标注时，在剖切平面的起、迄和转折处都应画上剖切符号，并标注上相同的字母，并在起、迄处用箭头标明投射方向，在所画的剖视图上方用相同的字母标注出图形的名称“*X*—*X*”。在剖切符号的转折处如位置有限又不致引起误解时，允许省略字母。当剖视图按投影关系配置，中间又没有其它图形隔开时，箭头可以省略。

3. 几个相交的剖切平面

用几个相交剖切平面(交线垂直于某一基本投影面)剖开机件的方法称为旋转剖。当机件的内部结构形状用单一剖切平面剖切不能完整表达，且该机件在整体上又具有明显的回转轴线，并且相交剖切平面的交线与回转轴线重合时，可以轴线为两相交剖切平面的交线，采用旋转剖的方法进行剖切，如图 7－24(a)所示。

采用旋转剖画剖视图时，先假想按剖切位置剖开机件，然后将被倾斜剖切平面切开的结构及其有关部分旋转到与选定的基本投影面平行后再进行投射，使剖视图既反映实形又便于画图，如图 7－24(b)所示。

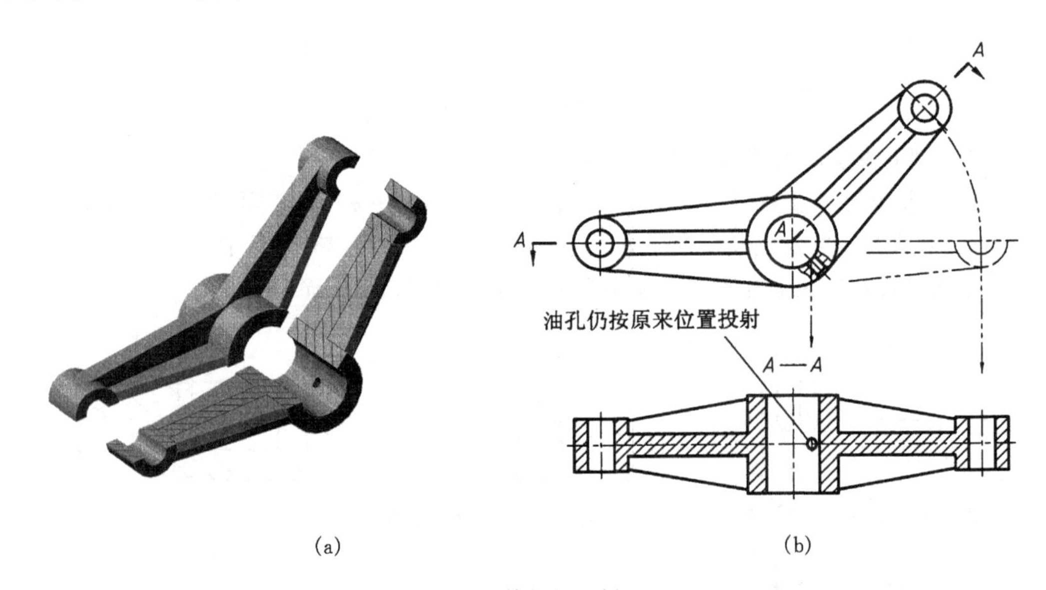

(a) (b)

图 7－24 旋转剖示例(一)

用旋转剖的方法画剖视图时应注意以下几点。

①在剖切平面后的其他结构一般仍按原来位置投射，如图 7－24 中的油孔。

②当剖切后产生不完整要素时，应将该部分按不剖绘制。如图 7－25 所示机件右部中间的臂被剖去了一部分，但在主视图中仍按不剖切绘制。

③旋转剖必须按规定在剖视图上标注剖切符号、名称及投射方向。若旋转剖视图按投影关系配置，中间又无其它图形隔开时，可省略箭头。

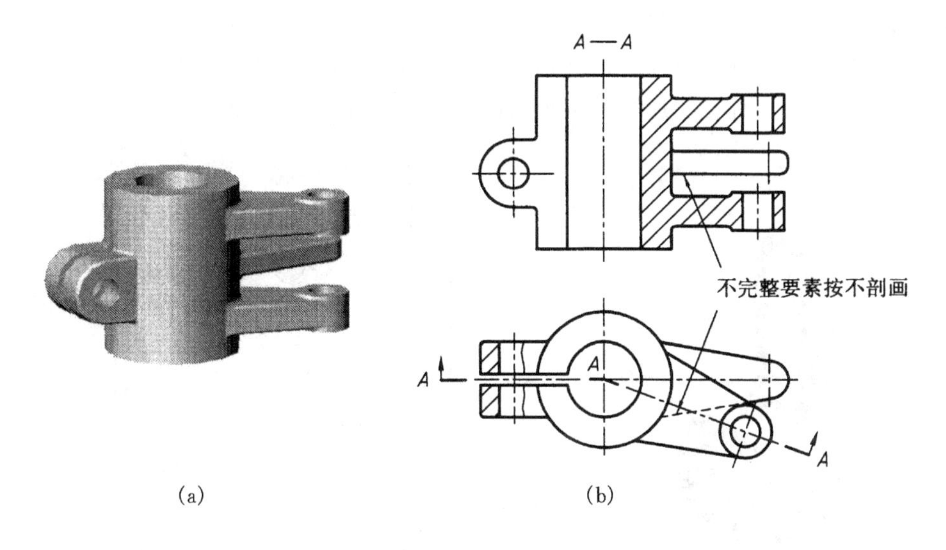

图 7-25　旋转剖示例(二)

4. 组合的剖切平面

除阶梯剖、旋转剖以外,用组合的剖切平面剖开机件的方法称为复合剖。复合剖常用来表达内部结构形状较为复杂,用上述单一剖切方法不能完全表达清楚的机件。图 7-26 所示的机件,用旋转剖或阶梯剖的方法都不能将其内部结构表达完整,因此采用了一组组合的剖切平面,这些剖切平面可以平行或倾斜于投影面,但它们必须都同时垂直于另一个投影面,并且将倾斜剖切平面剖切到的部分旋转到与选定的投影面平行后再进行投射。各剖切平面的剖切符号和剖视图的标记一般不能省略。

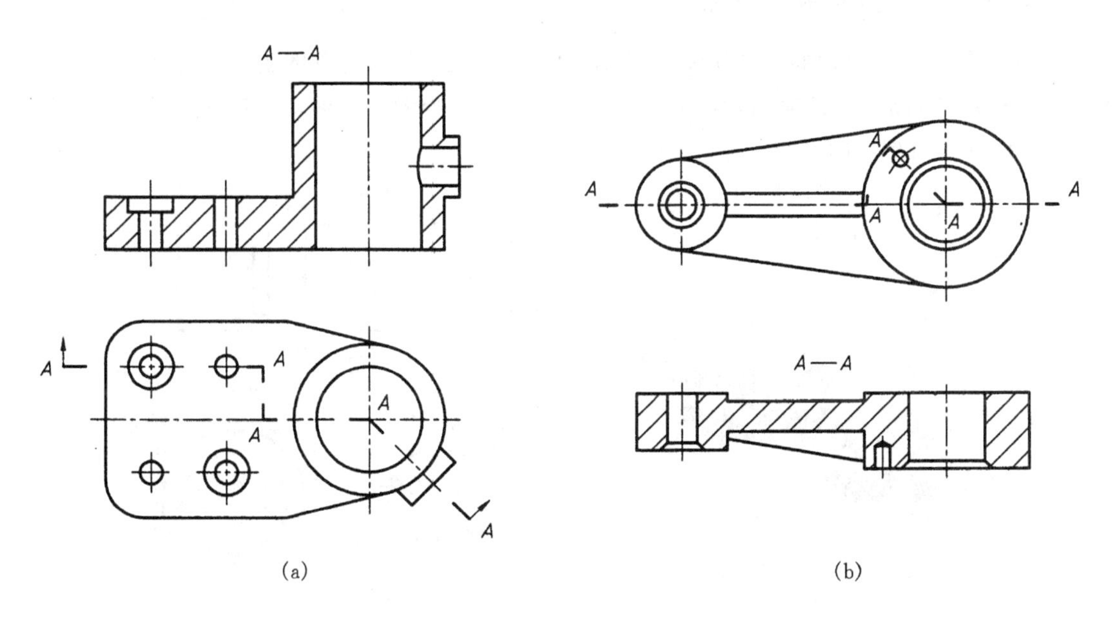

图 7-26　复合剖视图

当采用连续几个旋转剖的复合剖时，一般采用展开画法。如图 7－27 所示机件，由于下方两个剖切平面均需旋转到与侧面平行，因而剖视图被展开“拉长”了，它和主视图部分的投影不再保持投影关系。用这种方法所得的剖视图的上方应标注“X—X 展开”。

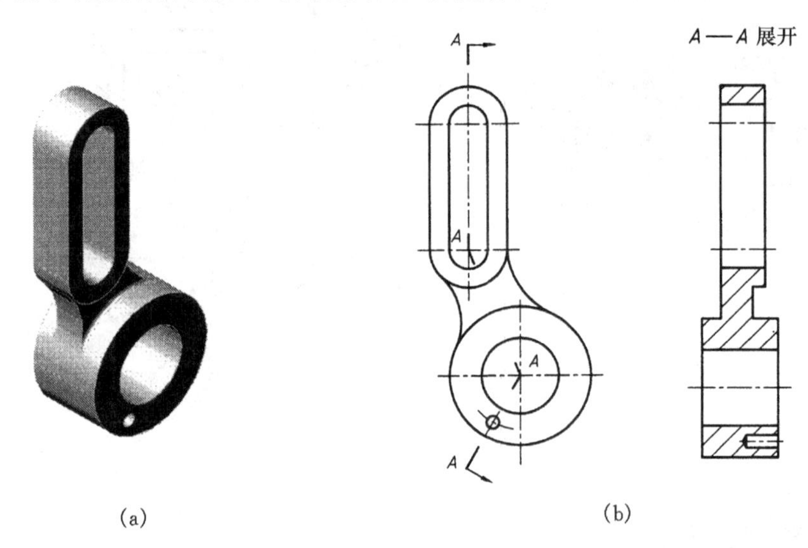

(a) (b)

图 7－27 展开画法的复合剖视

7.3 断面图

7.3.1 断面图的基本概念

假想用剖切面将机件的某处切断，仅画出剖切面与机件接触部分的图形称为断面图，简称断面，如图 7－28 所示。断面图常用来表达机件上某一部分的断面形状，如机件上的肋、轮辐、键槽、小孔、杆件和型材的断面等。

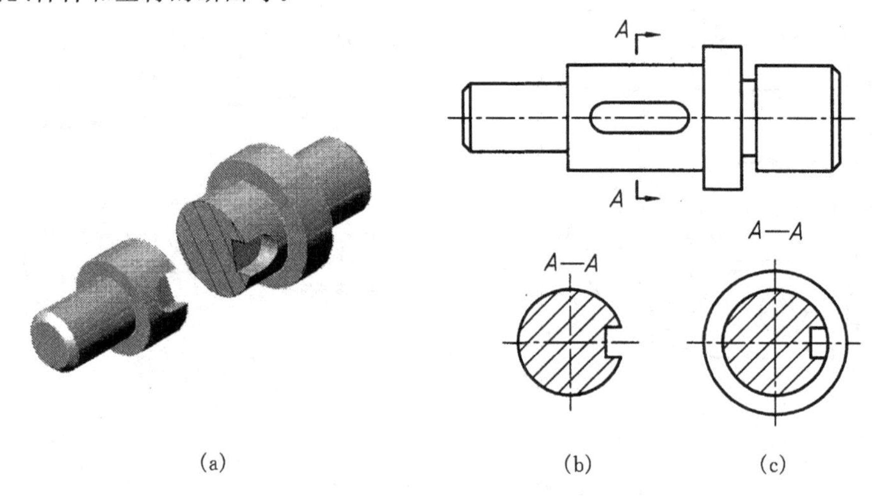

(a) (b) (c)

图 7－28 断面图的基本概念

画断面图时，为了表示断面的真实形状，剖切面应垂直于机件被切断处的轴线或轮廓线，然后向与剖切平面平行的投影面进行投影，再画出与机件材料相应的材料符号，便得到所需的断面图，如图 7－28(b)所示。

断面图与剖视图的区别在于：断面图只画出机件被剖切后的断面形状，而剖视图除了画出断面形状之外，还必须画出机件上位于剖切平面后的可见结构形状的投影，如图 7－28(c)所示。

7.3.2 断面图的分类和画法

根据断面图在图纸上配置的位置不同，分为移出断面和重合断面两种。

1. 移出断面图

画在视图之外的断面，称为移出断面图。画移出断面图时应注意以下几点。

①移出断面图的轮廓线应用粗实线绘制。

②当剖切平面通过由回转面形成的孔或凹坑的轴线时，这些结构应按剖视图绘制，如图 7－29(a)、(b)所示。

③当剖切平面通过非圆孔，会导致出现完全分离的两个断面时，这些结构也应按剖视图绘制，如图 7－30 所示。

④由两个或多个相交的剖切平面剖切所得到的移出断面图，一般将图形画在一起，但中间应断开，如图 7－31 所示。

⑤当断面图形对称时可将断面图形画在视图的中断处，如图 7－32 所示。

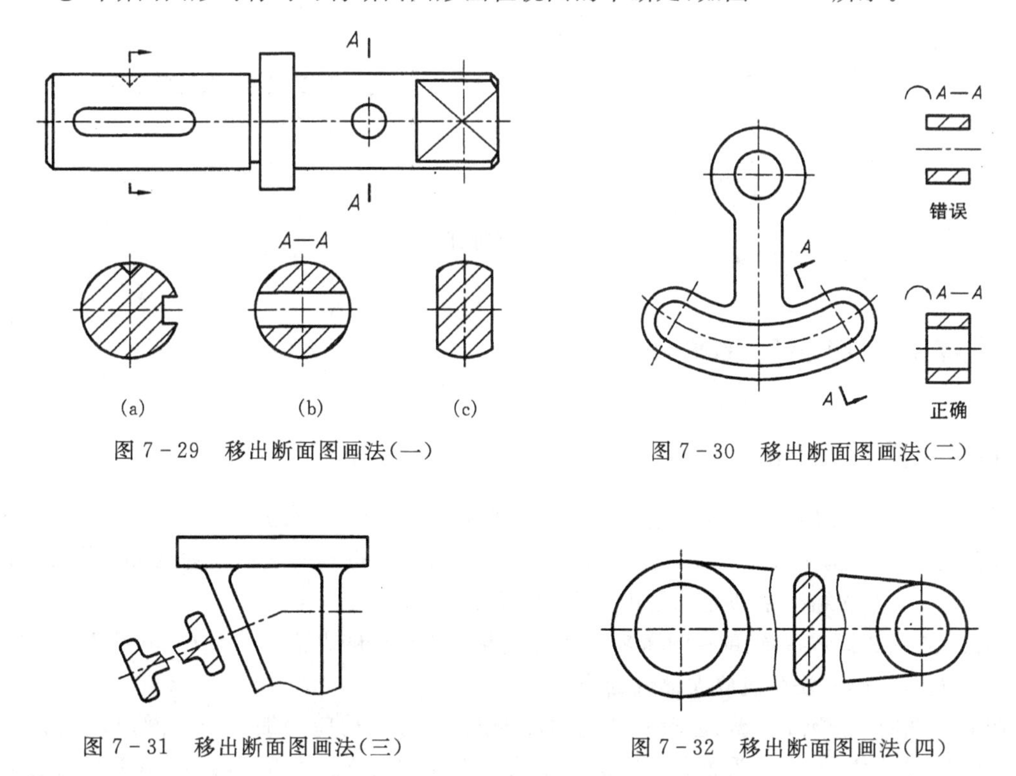

图 7－29 移出断面图画法(一)

图 7－30 移出断面图画法(二)

图 7－31 移出断面图画法(三)

图 7－32 移出断面图画法(四)

移出断面图的配置：移出断面图应尽量配置在剖切符号或剖切平面迹线(剖切平面与投影面的交线，用细点画线表示)的延长线上，如图 7－29(a)、(c)及图 7－31 所示。必要时可将移出断面图配置在其它适当的位置，如图 7－29(b)所示。在不致引起误解时，允许将图形旋转，如图 7－30 所示。

移出断面图的标柱：用剖切符号表示剖切平面的位置，用箭头表示投射方向，并注上大写拉丁字母，在断面图上方标出相同的字母名称“*X*—*X*”，如图 7－28(b)所示。当移出断面图放在剖切符号的延长线上时，不对称的断面图可省去字母名称，如图 7－29(a)所示；对称的断面图可不加标注，如图 7－29(c)所示；未放在剖切符号延长线上的对称断面图，可省去箭头，如图7－29(b)所示；不对称断面图，标注不能省，如图 7－28(b)所示。

2. 重合断面图

画在视图之内的断面图称为重合断面图。重合断面图的轮廓线用细实线绘制，如图 7－33(a)所示。当视图中的轮廓线与重合断面图的图形重合时，视图中的轮廓线仍应连续画出，不可间断，如图 7－33(b)所示。

重合断面图适用于断面形状简单，且不影响图形清晰的场合。一般情况多使用移出断面图。

重合断面图的标柱：标注时字母一律省略。对称的重合断面图，可不加标柱，如图 7－33(a)所示；不对称的重合断面图需画出剖切符号及箭头，如图 7－33(b)所示。

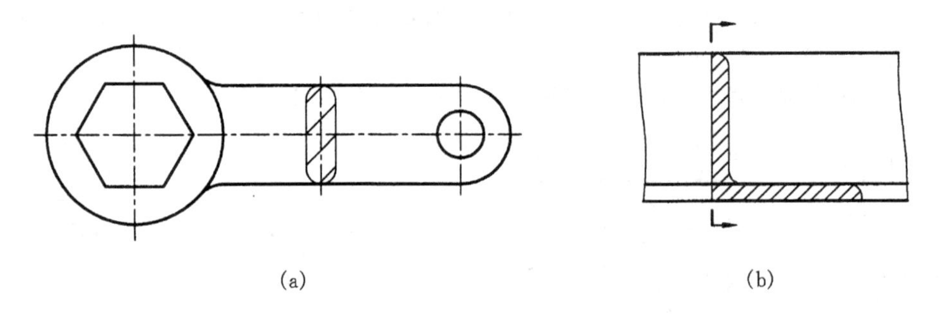

图 7－33　重合断面图

7.4　局部放大图和简化画法

7.4.1　局部放大图

机件上的某些细小结构，在视图上由于图形过小而表达不清，并使尺寸标注产生困难。画图时可将这些细小结构用大于原图形所采用的比例画出，这样得到的图形称为局部放大图，如图 7－34 所示，轴上的结构Ⅰ和Ⅱ就是用局部放大图表达的。

局部放大图可以画成视图、剖视图和断面图，它与被放大部分的表达方式无关，如图 7－35 所示。局部放大图应尽量放在被放大部分的附近。

绘制放大图时，除螺纹牙型、齿轮和链轮的齿形放大图外，均应用细实线圆圈出被放大的部位，并在局部放大图上方注明放大的比例。当同一机件有几个放大部位时，必须用罗马数字依次标明被放大的部位，并在局部放大图的上方标注出相应的罗马数字和所采用的比例，如图 7－34 所示。当机件上仅有一处需要放大时，在局部放大图的上方只需注明所采用的比例即可，如图 7－35 所示。

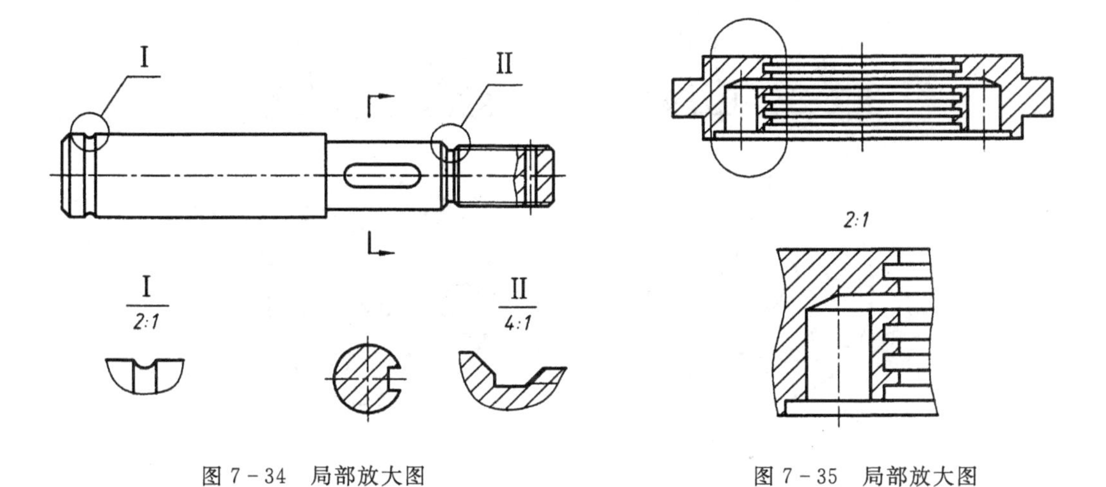

图 7－34　局部放大图

图 7－35　局部放大图

7.4.2　简化画法

在不影响完整清晰地表达机件的前提下，为了画图简便，国家标准《技术制图》和《机械制图》统一规定了一些简化画法，下面介绍一些常用的简化画法。

1. 剖视图中的简化画法

机件上的肋板、轮辐及薄壁等结构被剖切平面纵向剖切（剖切平面通过这些结构的对称平面或基本轴线）时，被剖到的这些结构的断面都不画剖面符号，而用粗实线将它与邻接部分分开。如图 7－36 中的 *A*—*A* 剖视图中肋板的简化画法。当剖切平面横向剖切肋板、轮辐及薄壁等结构时，这些结构的断面必须画上剖面符号。如图 7－36 中的 *B*—*B* 剖视图所示。

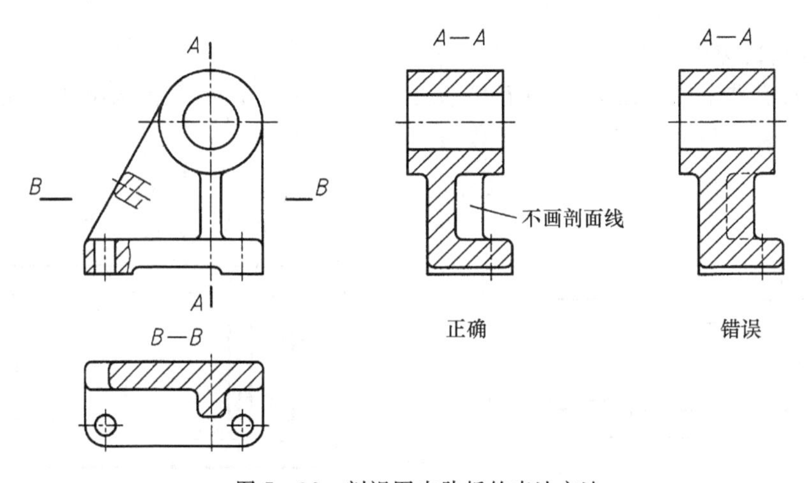

图 7－36　剖视图中肋板的表达方法

当回转体上均匀分布的肋板、轮辐、孔等结构不处于剖切平面上时，可将这些结构假想旋转到剖切平面上画出，如图 7－37 中的肋板和孔的画法。

当需要表示位于剖切平面前面的机件结构时，这些结构按假想投影的轮廓线（双点画线）绘制，如图 7－38 所示。

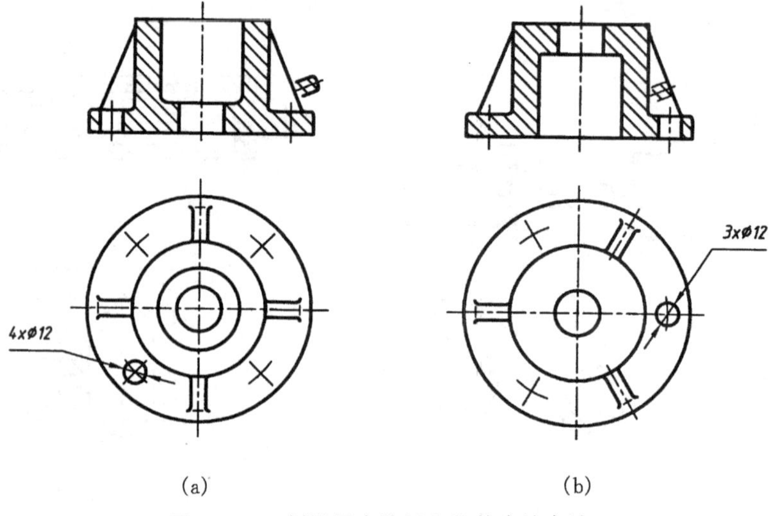

图 7－37　剖视图中肋板和孔的表达方法

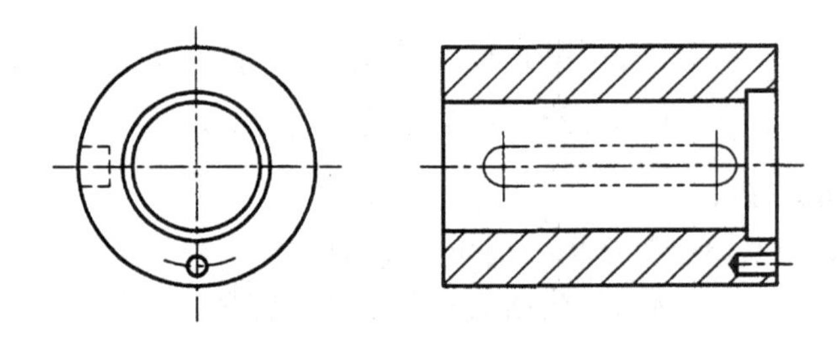
图 7－38　剖切平面前面结构的表达方法

2. 相同结构的简化画法

①当机件具有若干相同结构(齿、槽等),并按一定规律分布时,只需画出几个完整的结构,其余用细实线连接,但在图中应注明该结构的总数,如图 7－39 所示。

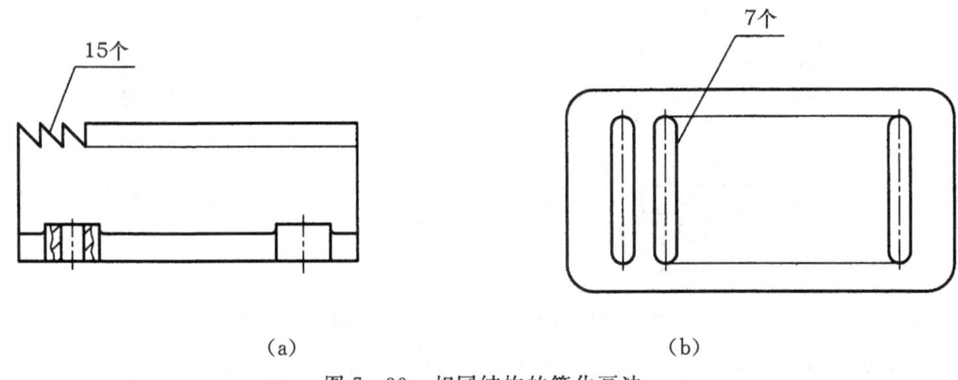

图 7－39　相同结构的简化画法

②当机件具有若干直径相同且成规律分布的孔(圆孔、螺孔、沉孔等),可以仅画出一个或几个,其余只需用点画线表示其中心位置,但在图中应注明孔的总数,如图 7－40 所示。

③机件上的滚花、网状物等结构，可以在轮廓线附近用粗实线完全或部分画出，并在图上注明这些结构的具体要求，如图 7 - 41 所示。

④圆柱形法兰或类似的零件上均匀分布的孔，可按图 7 - 42 绘制。

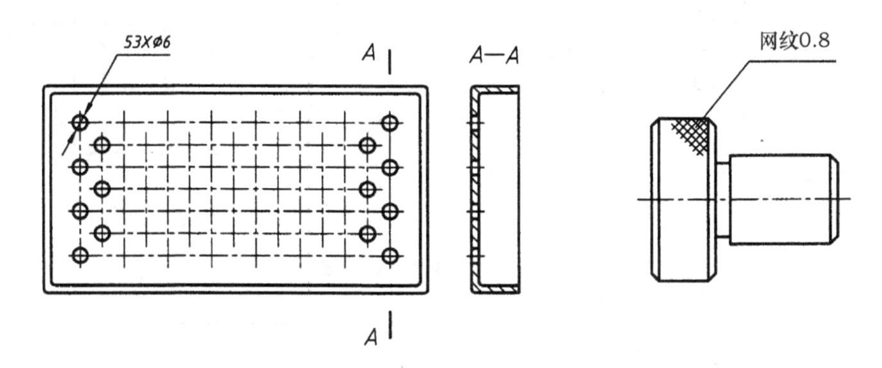

图 7 - 40　相同结构的简化画法

图 7 - 41　网纹的画法

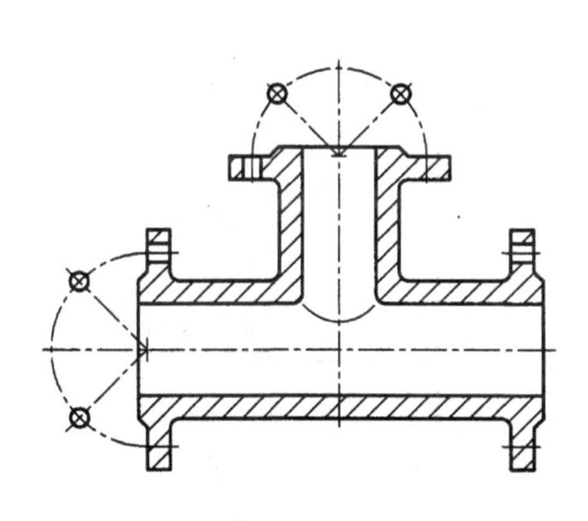

图 7 - 42　法兰上均布孔的画法

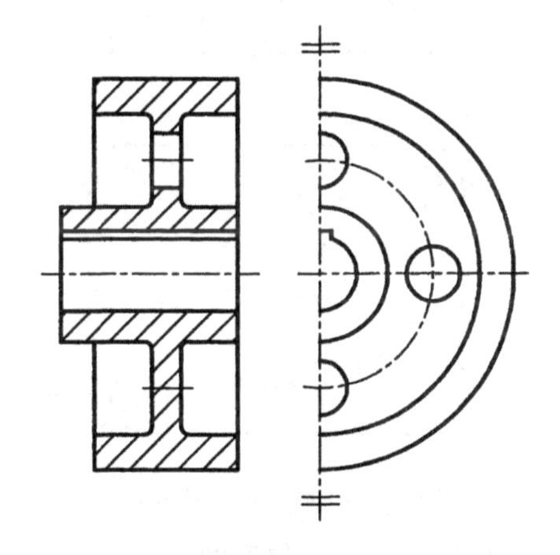

图 7 - 43　对称机件的简化画法

3. 对称结构的简化画法

①在不致引起误解时，对称机件的视图可只画一半或四分之一，并在对称中心线的两端画出两条与其垂直的平行细实线，如图 7 - 43 所示。

②零件上对称结构的局部视图，可按图 7 - 44 所示的方法绘制。

4. 机件上某些交线和投影的简化画法

①在不致引起误解时，图形中用细实线绘制的过渡线和用粗实线绘制的相贯线，可以用圆弧代替非圆曲线，如图 7 - 45(a)、(b)所示；当两回转体的直径相差较大时，相贯线可以用直线代替，如图 7 - 44 和图 7 - 45(c)所示。

②机件上与投影面的倾斜角度小于或等于 30°的圆或圆弧，其投影可用圆或圆弧代替，如图 7 - 46 所示。

③当图形不能充分表达平面时，可用平面符号(相交的两细实线)表示，如图 7 - 47 所示。

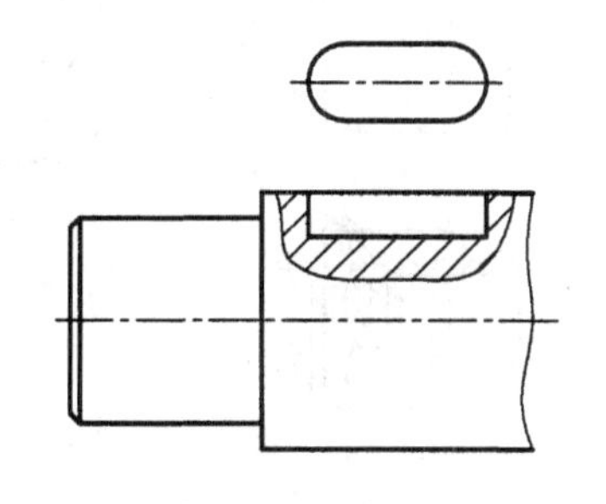

图 7 - 44　对称局部结构的简化画法

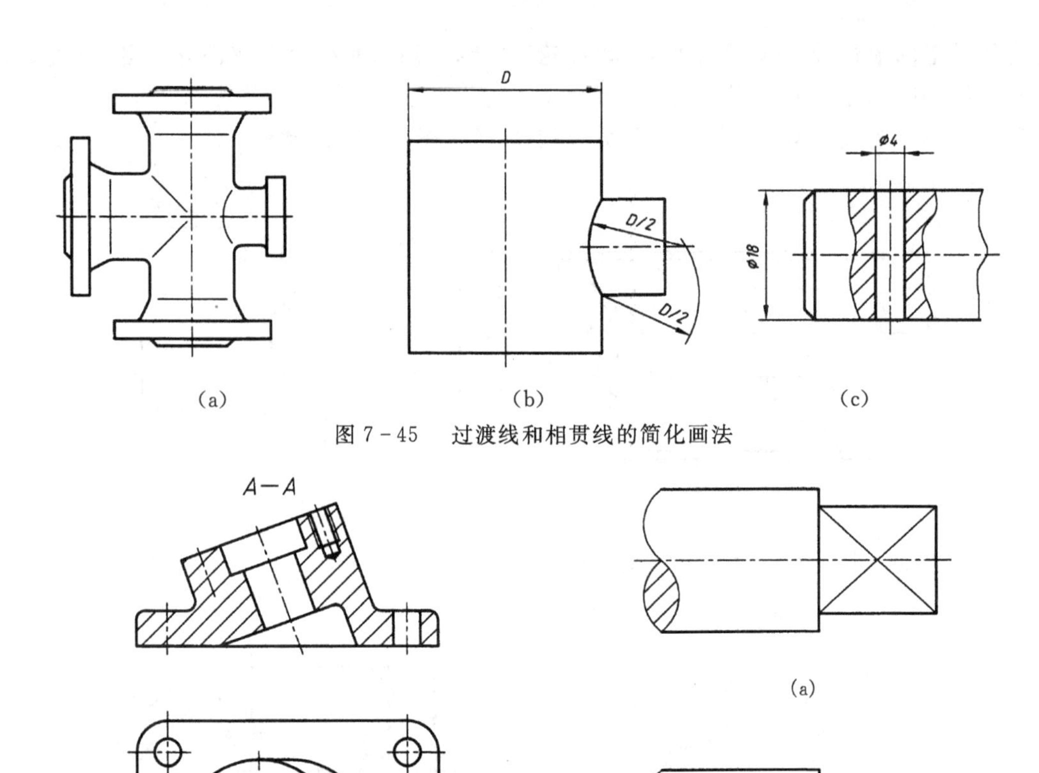

(a) (b) (c)

图 7-45 过渡线和相贯线的简化画法

(a)

(b)

图 7-46 倾斜面的简化画法

图 7-47 平面符号

5. 较小结构和较小斜度的简化画法

①机件上较小的结构，当在一个图形中已表达清楚时，其它图形可简化或省略，如图 7-48 所示。

②机件上斜度不大的结构，如在一个图形中已表达清楚时，其它图形可按小端画出，如图 7-49 所示。

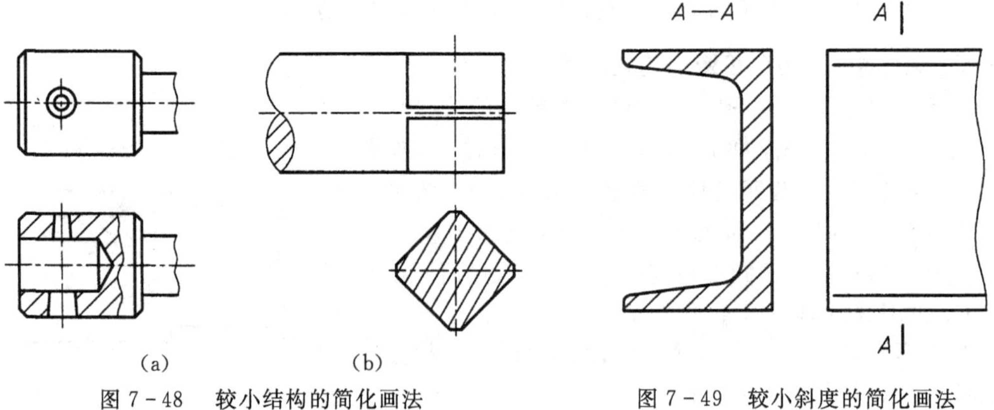

(a) (b)

图 7-48 较小结构的简化画法

图 7-49 较小斜度的简化画法

6. 折断画法

较长的机件(轴杆、型材、连杆)沿长度方向的形状一致或按一定规律变化时,可断开后缩短绘制,但尺寸仍按机件的实际长度标注,如图 7-50 所示。

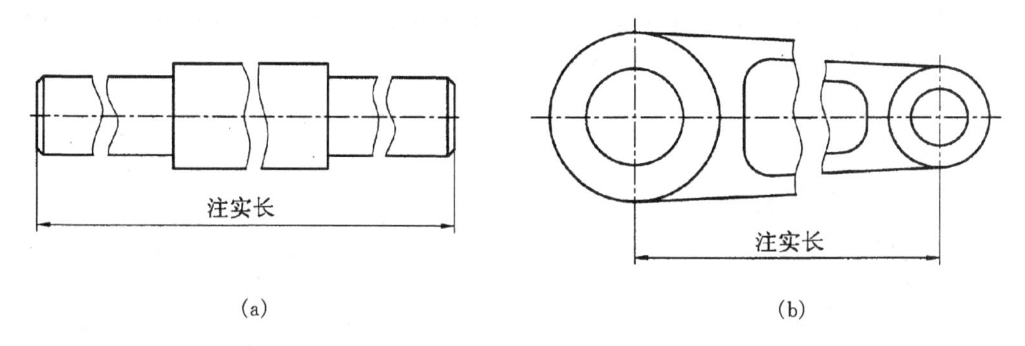

图 7-50 较长机件的折断画法

7.5 表达方案综合应用举例

绘制机件视图时,应根据其结构形状的具体特点,综合地选择视图、剖视和断面等表达方法,完整清晰地表达出机件各部分的内外形状,力求作图简单,读图方便。下面举例说明。

例 7-1 选择图 7-51(a)所示支座的表达方法。

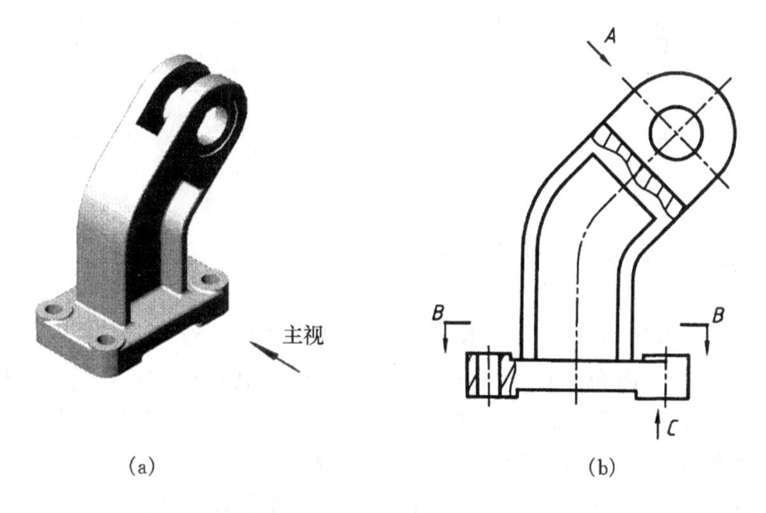

图 7-51 表达方案举例(一)

分析与作图

(1)形体分析 支座由三部分构成:上部是开有槽和孔的半圆头倾斜叉架,下部是带有凸台、孔、圆角和槽的矩形板,中间部分是工字形柱杆。支座前后对称。

(2)视图选择 选取图 7-51(a)中箭头所指方向为主视图的投射方向,因为该方向能最清楚地反映支座各部分的形状和相对位置。为了表达支座的外形,同时表达斜槽与底板上圆孔等结构，主视图宜作局部剖视图，如图 7-51(b)所示。为了表达倾斜叉架的真形，采用 A 向斜视图，并作局部剖切。俯视图采用 B—B 全剖视图，既可表达柱杆的断面形状又可表达底板的形状及其上四个圆孔的分布情况。为了表达底板下方的槽，可采用 C 向局部视图，或者在俯视图中画出槽宽投影的两条虚线。在这里，画出少量虚线，既未增加读图的困难，还减少了一个局部视图，所以也是一个不错的选择。因此，表达这个支座可以有两个比较好的方案，它们都能完整、清晰地表达支座的结构形状，如图 7-52 所示。

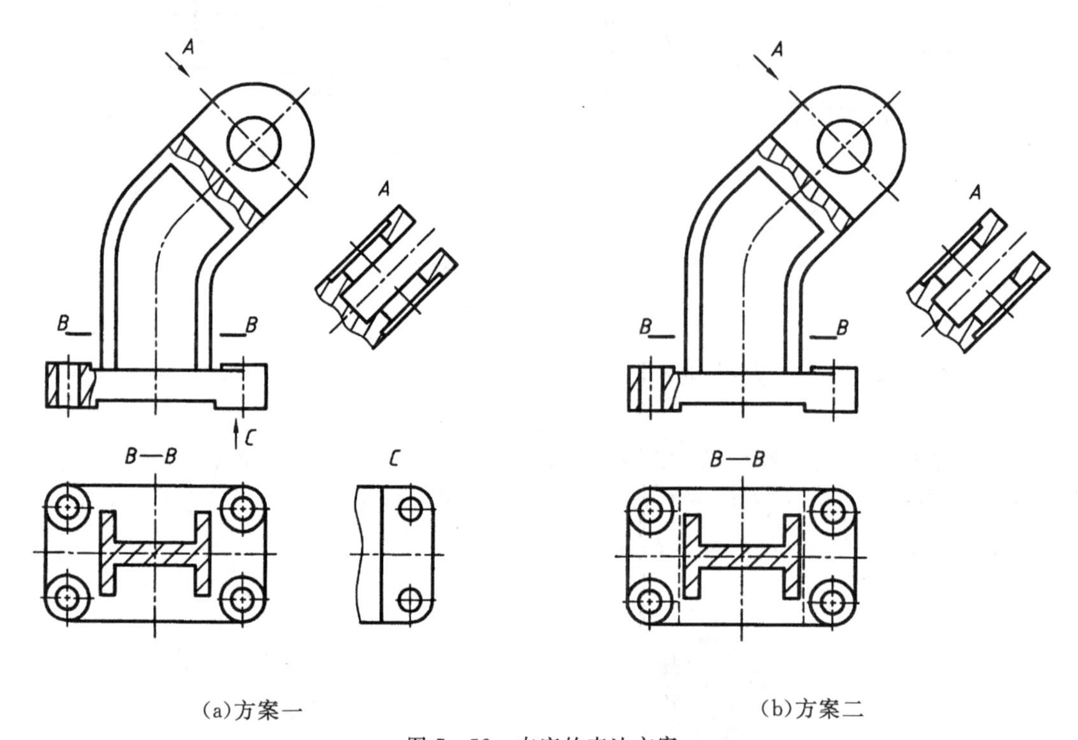

(a)方案一　　(b)方案二

图 7-52　支座的表达方案

例 7-2　选择图 7-53(a)所示四通管的表达方法。

分析与作图

(1)形体分析　四通管由五部分构成：上部是正方形顶板；下部是圆形底板；左侧(以图 7-53(a)的箭头所指方向为观察方向)部分是圆筒及同轴的圆盘形凸缘；右前侧部分是圆筒及卵圆形凸缘；中间部分是圆柱筒，圆柱筒上下贯通的孔与处于水平位置的左、右侧小圆筒的孔相贯通，轴线垂直相交，形成四通管；此外，顶板、底板、凸缘上还有小孔、圆角等结构。

(2) 视图选择　由于图 7-53(a)中箭头所指方向最清楚地反映了四通管各部分的形状和相对位置，所以选取该方向为主视图的投射方向。为了表示四通管的内部结构形状及其四个方向的连通情况，主视图采用如图 7-53(b)所示的旋转剖全剖视图；为了表示左侧圆筒、右侧斜管及其倾斜角度和底板的形状，俯视图采用如图 7-53(c)所示的阶梯剖全剖视图。按照上述剖切方法得到的主视图和俯视图如图 7-53(d)所示。由主、俯视图可知，四通管的主要结构形状虽已表达清楚，但一些局部结构尚未表达清楚，还需采用下面的表达方法来补充表示。

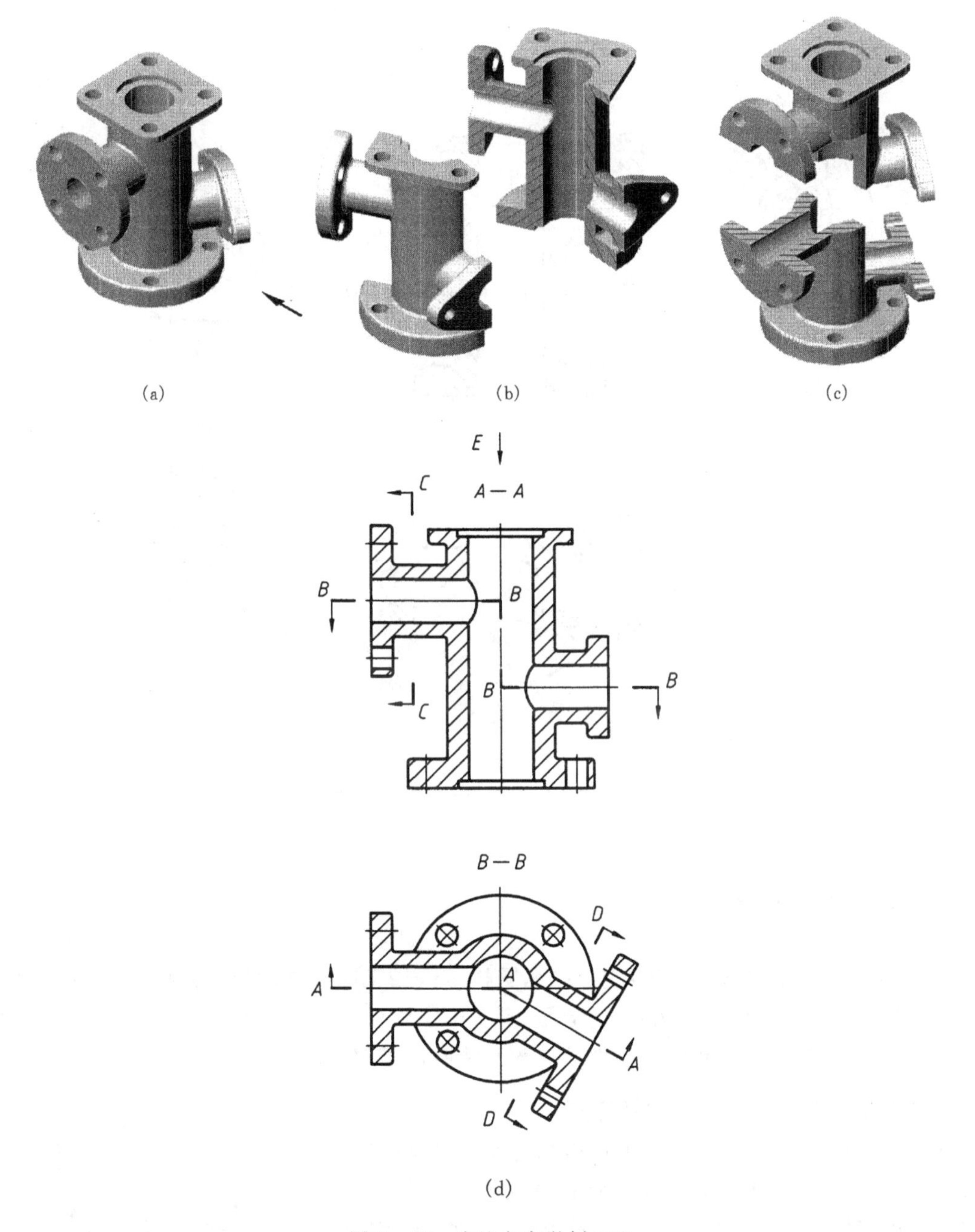

图 7-53 表达方案举例(二)

采用全剖视图 $C—C$ 表达左边圆盘形凸缘上四个小孔的分布位置以及凸缘与圆筒的相对位置;采用全剖视的斜剖视图 $D—D$ 表达卵圆形凸缘上的两个小孔的位置以及斜管与圆筒的相对位置;再用 E 向局部视图表示上端面的形状以及四个小孔的分布位置,如图 7-53(d)所示。

这样,四通管采用了五个视图,以主、俯视图为主,配合其它三个视图就将四通管完整地表达清楚了。这几个视图的每个视图都有各自的表达重点,它们起到了相互配合和补充的作用。上述表达方案完全清楚地表达了四通管的内外结构形状,如图 7-54 所示。

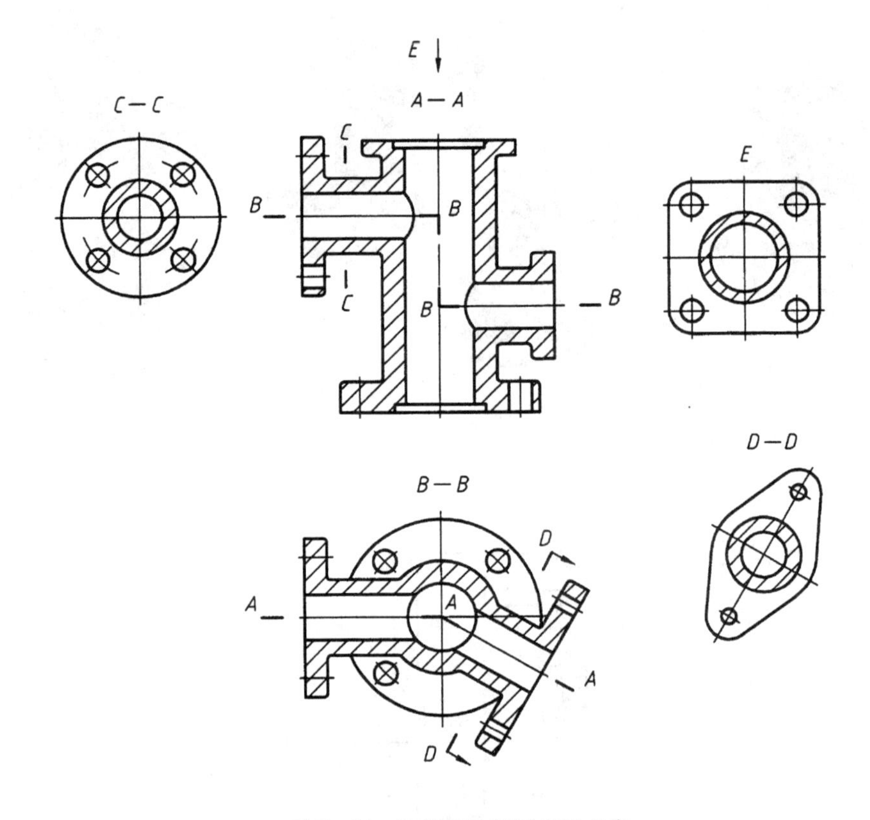

图 7 - 54　四通管的视图表达方案

7.6　第三角投影简介

国家标准《技术制图投影法》规定:“技术图样应采用正投影法绘制,并优先采用第一角画法。”世界上多数国家采用第一角画法,但是,有些国家则采用第三角画法。为了便于日益增多的国际间技术交流和协作,我们应该对第三角画法有所了解。

1. 第三角画法与第一角画法的区别

如图 7 - 55 所示的三个互相垂直相交的投影面,将空间分为八个分角,依次为Ⅰ～Ⅷ分角。将机件放在第一分角内向 V、H、W 面投射所得的多面正投影图为第一角画法;将机件放在第三分角内向 V、H、W 面投射所得的多面正投影图为第三角画法。

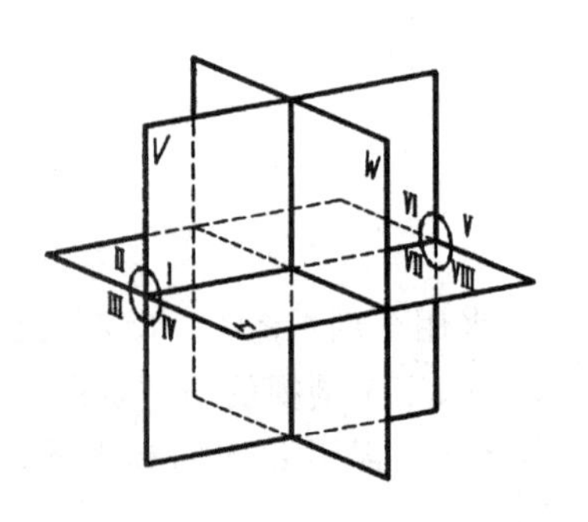

图 7 - 55　八个分角

第一角画法是将物体放在投影面和观察者之间进行投射;第三角画法是将看作透明的投影面放在物体和观察者之间进行投射,如图 7 - 56 所示。

第三角画法中,自前方投射在 V 面上形成的视图为主视图,自上方投射在 H 面上形成的视图为俯视图,自右方投射在右面上形成的视图为右视图。投影面展开规定是，V 面保持正立位置不动，将 H 面和 W 面分别绕它们与 V 面的交线向上、向右旋转 90°，与 V 面共面。由图 7-56 可见，俯视图在主视图的上方，右视图在主视图右方，并且与第一角画法类似，有下述投影规律：主、俯视图长对正；主、右视图高平齐；俯、右视图宽相等。

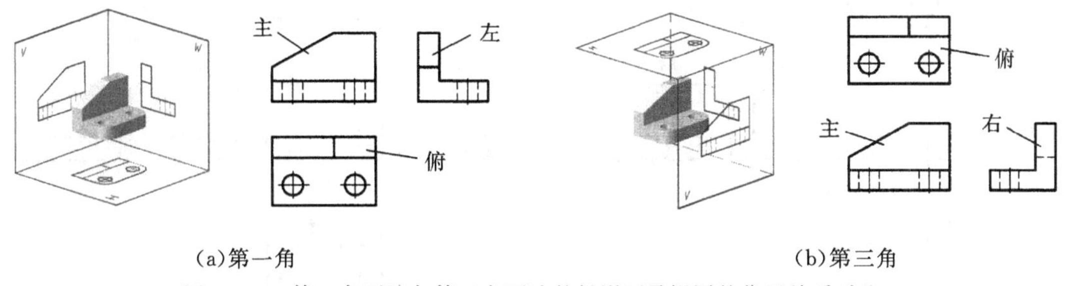

(a)第一角　　(b)第三角

图 7-56　第一角画法与第三角画法的投影面及视图的位置关系对比

2. 第三角画法的基本视图配置

与第一角画法一样，在第三角画法的三面体系中再增加三个投影面，即构成一个正六面体。将机件向正六面体的六个面(基本投影面)投射，再按图 7-57 所示方法展开即得六个基本视图(主视图、俯视图、右视图、左视图、仰视图、后视图)，它们的配置如图 7-58 所示。在同一张图纸内按图 7-58 配置时一律不注视图名称。

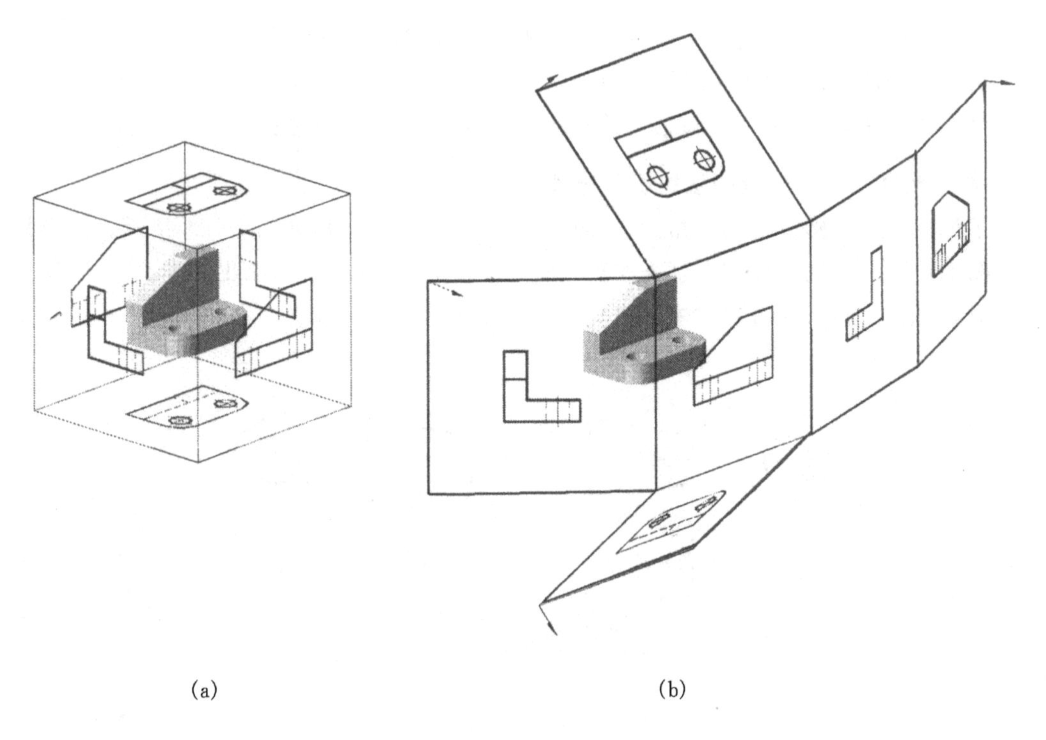

(a)　　(b)

图 7-57　第三角画法的六个基本视图及其展开

从第三角画法的六个基本视图之间的关系可以看出，除后视图外，其它几个视图靠近主视图的一边代表物体的前面，远离的一边代表物体的后面。与我们习惯的第一角画法正好相反。

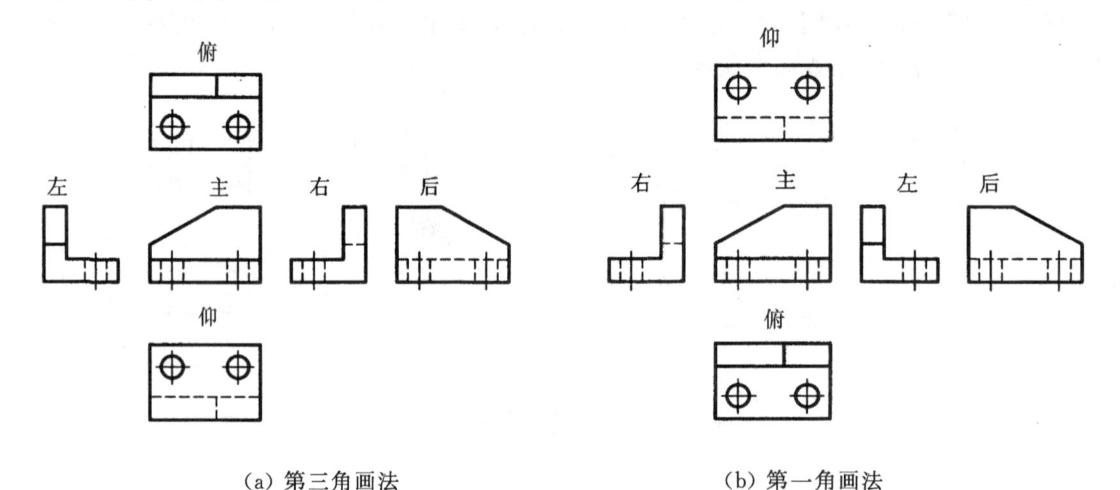

(a) 第三角画法　　(b) 第一角画法

图 7-58　第三角画法与第一角画法的六面视图对比

第三角画法与第一角画法在各自的投影体系中，观察者、机件、投影面三者之间的相对位置不同，决定了它们的六个基本视图的配置关系的不同，从图 7-58 所示两种画法的对比中可以看到：

①第三角画法的俯、仰视图与第一角画法的俯、仰视图的位置互换；

②第三角画法的左、右视图与第一角画法的左、右视图的位置互换；

③第三角画法的主、后视图与第一角画法的主、后视图的位置相同。

3. 第三角画法与第一角画法的识别符号

为了识别第三角画法与第一角画法，规定了相应的识别符号，如图 7-59 所示。该符号一般标在图纸标题栏的上方或左方。采用第三角画法时，必须在图样中画出识别符号；采用第一角画法时，一般不画，只在必要时才画出。

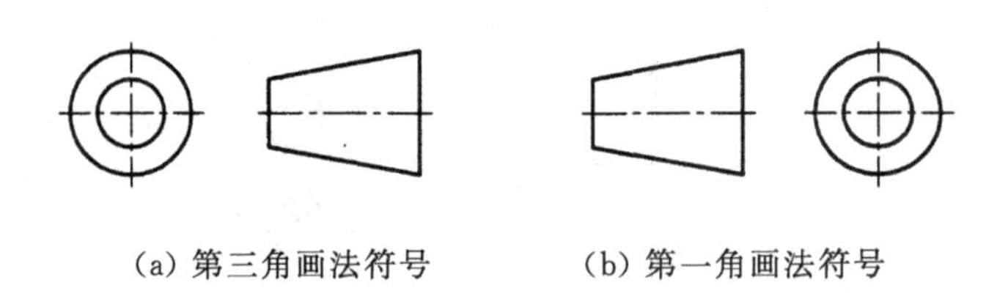

(a) 第三角画法符号　　(b) 第一角画法符号

图 7-59　第三角画法和第一角画法的识别符号

思考题

1. 视图有哪几种？
2. 画各种视图时应注意哪些问题？图中虚线应如何处理？
3. 什么是剖视图？剖视图分为几类？适用条件分别是什么？
4. 画剖视图时,应注意哪些问题？
5. 剖视图剖切平面通常如何选择？
6. 断面图分为几种？在画法上各有什么特点？
7. 断面图怎样标注？何时可省略标注？
8. 断面图和剖视图有什么区别？
9. 简述局部放大图和简化画法。
10. 第三角画法与第一角画法有哪些异同点？

第8章 标准件及常用件

零件是组成各类机器设备的基本构件，按零件的功能和结构特点区分，零件可分为：普通零件、常用件和标准件。

常见的各类产品和设备中，广泛地使用着螺钉、螺栓、螺母、垫圈、键、销、滚动轴承等零件。这些零件的型式、结构、画法、尺寸和技术要求，国家均制定有统一的标准，通常把这类零件统称为标准件。

另一些常用的零件，如齿轮、弹簧等，它们的部分结构、参数及尺寸也已标准化，这些零件在工程制图中都有规定的画法，习惯上将它们称为常用件。

8.1 螺纹及螺纹紧固件

8.1.1 螺纹

1. 螺纹的形成

在圆柱或回转体表面上，用规定的牙型截面，沿着螺旋线所形成的连续螺旋面，由螺旋面构成的实体称为螺纹。在零件外表面上形成的螺纹称为外螺纹，在零件孔内表面上形成的螺纹称为内螺纹，如图8－1所示。

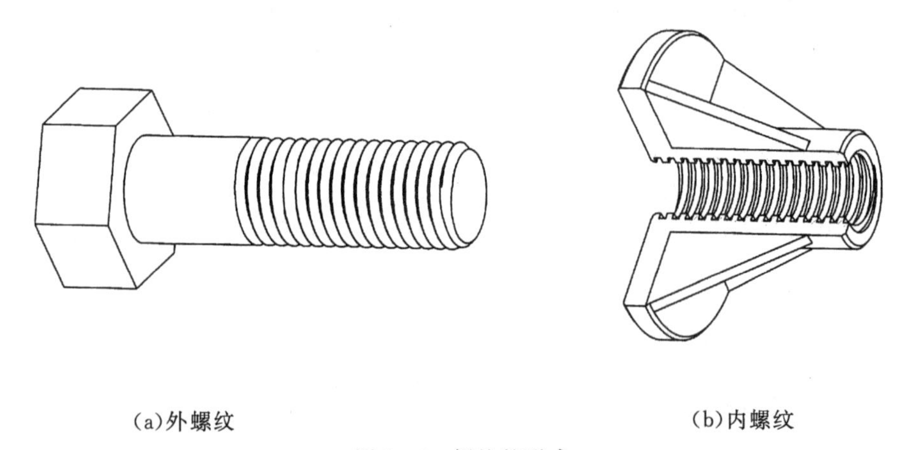

(a)外螺纹　　(b)内螺纹

图8－1　螺纹的形式

除了专业化加工螺纹的方法外，一般零件上的螺纹在车床上加工；对于箱体、底座等装配螺纹孔，先钻出适当口径和深度的螺纹底孔，再用标准丝锥攻丝完成，如图8－2所示。

螺纹可分为两类：用于连接或紧固的连接螺纹，用于传递动力或运动的传动螺纹。

2. 螺纹的基本要素

螺纹由下列要素组成。

(1)牙型　在通过螺纹轴线的截面上，螺纹的轮廓形状称为螺纹牙型。常见的螺纹牙型有三角形，标注代号为 M；梯形，标注代号为 Tr；锯齿形，标注代号为 B 等。

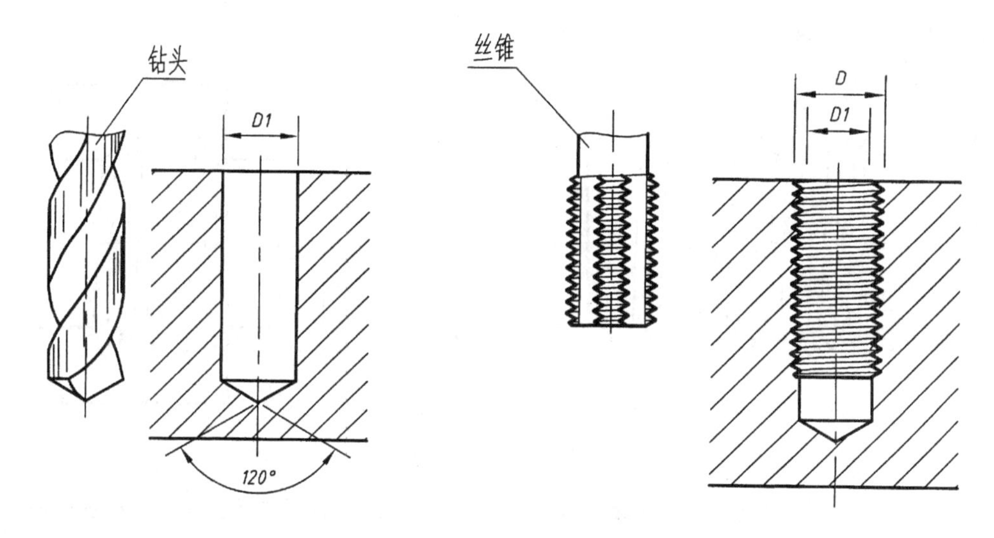

图 8-2　螺纹的制作

60°的三角形牙型螺纹用得较多，一般称为普通螺纹，主要用于连接或紧固。55°的三角形牙型螺纹一般用于管螺纹。梯形和锯齿形螺纹是传动螺纹。常见螺纹的式样和标注代号如表 8-1 所示。

表 8-1　螺　纹

螺纹分类	螺纹种类	螺纹牙型实样图	螺纹标注代号	螺纹种类	螺纹牙型实样图	螺纹标注代号
连接螺纹	60°粗牙普通螺纹	60°	M	55°非密封管螺纹	55°	G
	60°细牙普通螺纹			55°密封管螺纹、60°锥管螺纹	55°	R（外） Rc、Rp （内）
传动螺纹	30°梯形螺纹	30°	Tr	33°锯齿形螺纹	3° 30°	B

(2)直径　如图 8－3 所示，螺纹有大径(d、D)、中径(d_2、D_2)、小径(d_1、D_1)，其中大径称为公称直径，作为零件图上的标注直径，中径和小径不标注。普通螺纹的公称直径就是大径；管螺纹的公称直径是管子孔径尺寸(英寸)。

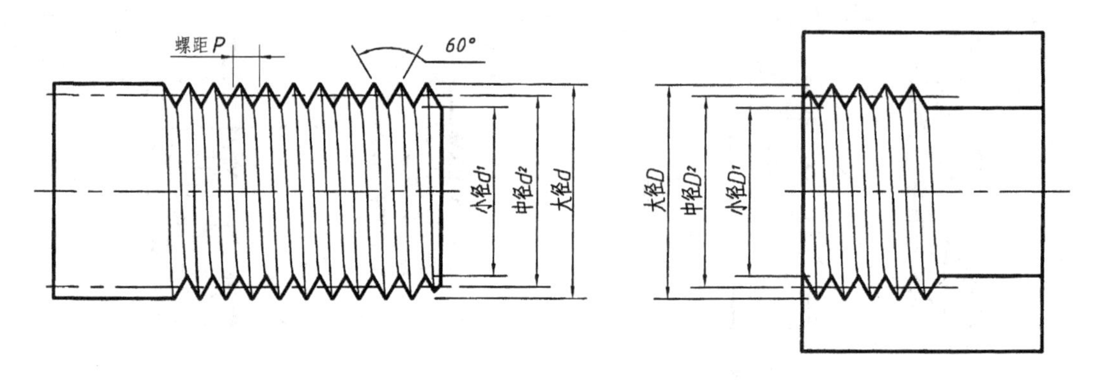

图 8－3　螺纹的直径

(3)头数 n　螺纹有单线和多线之分。由一个截面沿一条螺旋线所形成的螺纹称为单线螺纹；由两个或多个截面沿两条或两条以上螺旋线所形成的螺纹称为双线或多线螺纹，如图 8－4所示。一般使用的都是单线螺纹，有些产品为了提高轴向传递速度采用多线螺纹。

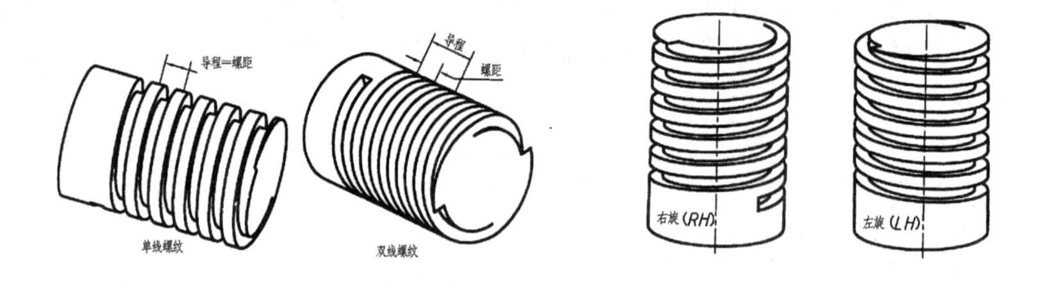

图 8－4　螺纹的导程　　　　图 8－5　螺纹的线数

(4)导程(Ph)和螺距(P)　同一条螺旋线上相邻两牙在中径线上对应两点间的轴向距离称为导程，以 Ph 表示。相邻两牙在中径线上对应两点间的轴向距离称为螺距，以 P 表示。单线螺纹的导程等于螺距，即 $Ph=P$；多线螺纹的导程等于线数乘以螺距，即 $Ph=nP$，如图 8－4 所示。

(5)旋向　螺纹分为右旋(RH)和左旋(LH)两种螺纹。根据右手定则，顺时针旋转时旋入的螺纹称为右旋螺纹，逆时针旋转时旋入的螺纹称为左旋螺纹，如图 8－5 所示。由于右旋螺纹用得较多，因此规定在螺纹标记中“RH”省略不标注。

内、外螺纹成对使用，只有当螺纹的五个基本要素均相同的内、外螺纹才能互相旋合。为便于设计计算和加工制造，国家标准对螺纹要素作了规定。在螺纹的要素中，牙型、直径和螺距是决定螺纹的最基本的要素，通常称为螺纹三要素。凡螺纹三要素符合国家标准的称为标准螺纹；如果仅牙型不符合国家标准的螺纹称为特殊螺纹；其余情况的螺纹称为非标螺纹，如矩形牙型的螺纹是非标准螺纹。标准螺纹的公差带和螺纹标记均已标准化。螺纹的线数和旋向，如果没有特别注明，则为单线右旋。

3. 螺纹的表示法

如果设计制造需要，螺纹实体及真实投影图可用手工或计算机设计软件，如 UG、Pro/E 等完成。采用的国家标准为《螺纹画法 GB/T4459.1—1995》。

(1)外螺纹的画法　如图 8-6 所示，外螺纹一般是在端部有倒角的圆柱体上制成。不论其牙型如何，其大径线(牙顶)用粗实线绘制；小径线(牙底)用细实线绘制，并应画入螺杆的倒角或倒圆内；有效螺纹的终止界线(简称终止线)用粗实线绘制。画图时，大、小径两线的间距不小于 0.7 mm。在投影为圆的视图中，大径圆画成粗实线，表示小径的细实线只画约 3/4 圆弧(其位置不作规定)，倒角圆省略不画。

外螺纹画成剖视图时，终止线只画牙高的一小段，而剖面线需画到粗实线止。

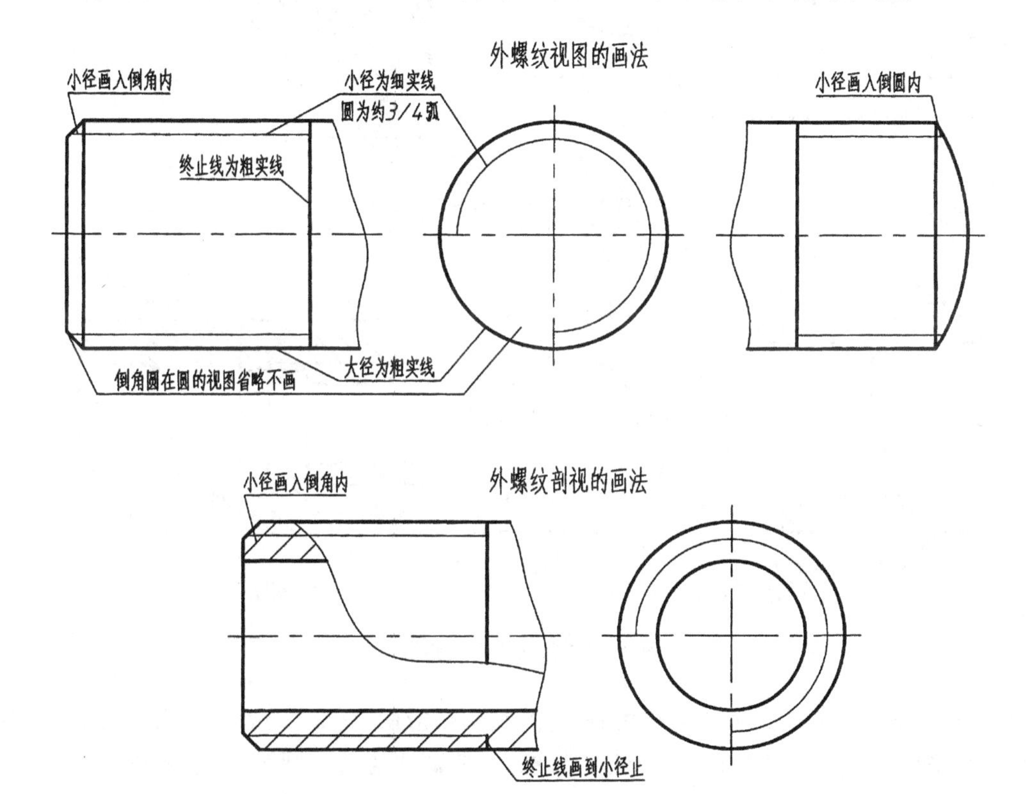

图 8-6　螺纹的画法

(2)内螺纹的画法　如图 8-7 所示，内螺纹是在端部有倒角的圆柱孔上制成。内螺纹一般用剖视图表示，不论其牙型如何，其大径线(牙底)用细实线绘制；小径线(牙顶)用粗实线绘制，剖面线应画到粗实线止；对不穿通的螺孔(盲孔)，一般应将钻孔深度和螺孔深度分别画出，两个深度相差约 0.5D(其中 D 为螺纹孔公称直径)，钻头钻孔尖端锥角为 120°，螺纹的终止线也用粗实线绘制。在投影为圆的视图中，小径圆画成粗实线圆，表示大径的细实线只画约 3/4 圆弧(其位置不作规定)，倒角圆省略不画。

(3)内、外螺纹连接的画法　如图 8-8 所示，用剖视图表示内、外螺纹连接时，其旋合部分一律按外螺纹的画法表示，未旋合的部分仍按内或外螺纹的各自画法表示。当实心螺杆沿轴线剖切时，螺杆按没有剖切来画；若需剖切时，内、外螺纹的剖面线方向应相反。

必须注意，外螺纹的大径线（粗实线）必须与内螺纹的大径线（细实线）对齐；外螺纹的小径线（细实线）必须与内螺纹的小径线（粗实线）对齐，它表明内、外螺纹具有相同的大径和小径。

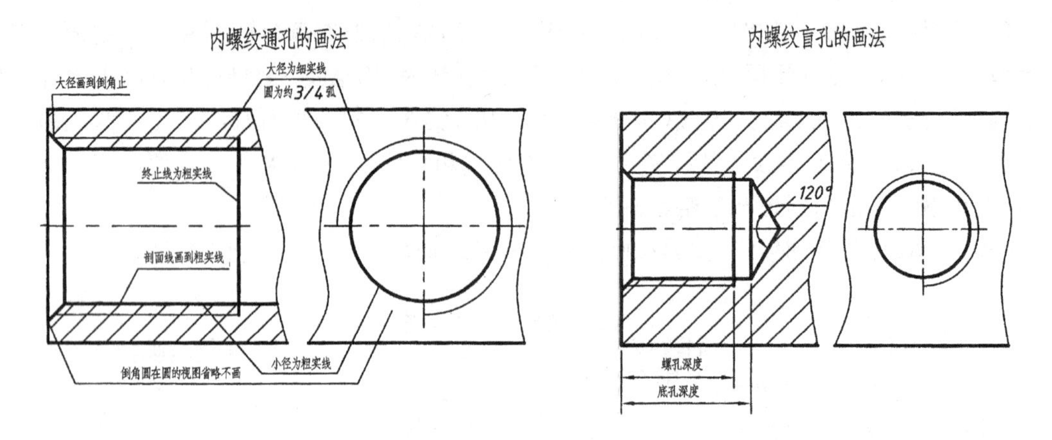

图 8－7　螺纹的画法

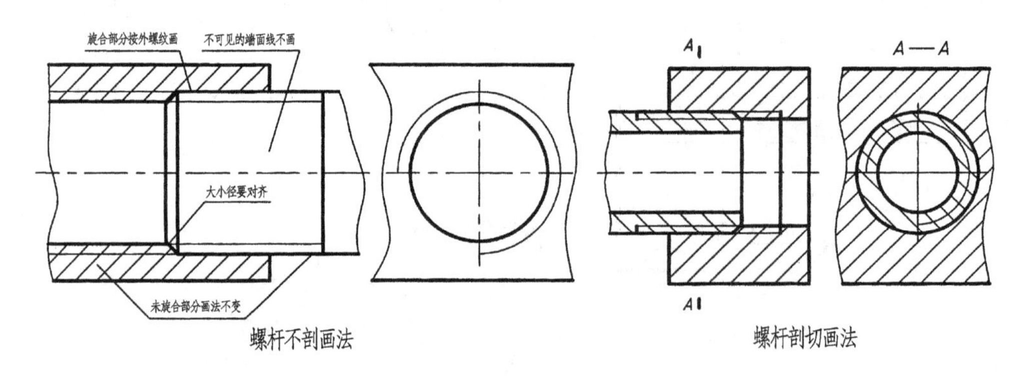

图 8－8　螺纹的连接画法

当螺纹表面上有相贯线或其它结构时，这些结构不应影响螺纹的表达。当需要表示螺纹牙型时，可采用局部放大图表示。对于非标准螺纹，除画出螺纹的牙型外，还要标注所需要的尺寸及有关要求。为满足使用和加工过程的需求，在螺纹上会出现倒角、退刀槽等结构，这些结构的画法及尺寸可查有关标准手册。

4. 螺纹的标记及其标注

由于各种螺纹的画法都是相同的，因此国家标准规定，对于标准螺纹（牙型、尺寸规格及技术要求等均已标准化的螺纹），必须用规定的标记在螺纹的大径上进行标注，以区分不同种类的螺纹。标准螺纹的标记和标注大体可分为以下两大系列。

（1）螺纹的标记和标注　普通螺纹是最常用的连接螺纹，三角形牙型角为 60°，根据螺距的不同，有粗牙和细牙之分。在相同的大径下，粗牙螺纹的螺距最大，较小的螺距为细牙螺纹，多用于薄壁或精密零件的连接，其牙型代号为“M”。

梯形螺纹的牙型角为 30°，常用于传递运动和动力，如机床丝杠、压力机螺杆等，其牙型代号为“Tr”。

锯齿形螺纹的牙型角为3°、30°,常用于传递单向动力,如千斤顶螺杆等,其牙型代号为“B”。

这三类螺纹的完整标记由基本要素和控制要素两部分组成。基本要素包括牙型代号、公称直径、螺距(导程)、旋向等;而控制要素则由公差带代号及旋合长度代号组成。具体的标记内容与格式如下。

牙型代号　公称直径×螺距或导程(*P* 螺距) 旋向－螺距公差带代号－旋合长度代号

按规定,粗牙普通螺纹不必注出螺距;右旋螺纹不必注出旋向,而左旋螺纹则需注出“LH”字样。

螺纹公差带代号包括中径公差带代号和顶径公差带代号,分别由数字和字母组成,数字表示公差等级,字母反映公差带位置。大写字母表示内螺纹(螺孔),如5H6H;小写字母表示外螺纹(螺杆),如5g6g。若中径和顶径的公差带代号相同,可只注写一个代号,如5H或5g。梯形螺纹和锯齿形螺纹只注中径公差带代号。

螺纹的旋合长度分短、中、长三种,其代号分别为S、N、L。梯形螺纹和锯齿形螺纹仅分中(N)、长(L)种。中等旋合长度的代号“N”可省略不注。例如:

“M10”表示公称直径为10 mm,螺距为1.5 mm的单线右旋粗牙普通螺纹。

“M10×1 LH” 表示公称直径为10 mm,螺距为1 mm的单线左旋细牙普通螺纹。

“Tr40×14(P7)LH－7e” 表示公称直径为40 mm,螺距为7 mm的双线左旋梯形外螺纹,中径和顶径公差带代号为7e,中等旋合长度。

“B40×7－7E－L” 表示公称直径为40 mm,螺距为7 mm的单线右旋锯齿形内螺纹,中径和顶径公差带代号为7 E,长旋合长度。

(2)管螺纹的标记和标注　管螺纹用于管子、管接头、旋塞、阀门等零件的连接。它可分为以下几种。

① 用螺纹密封的管螺纹。包括圆锥内螺纹(代号为Rc)与圆锥外螺纹(代号为R)、圆柱内螺纹(代号为Rp)与圆柱外螺纹两种连接方式,这两种连接方式的螺纹副(内、外螺纹装配在一起)本身具有一定的密封能力。其标记内容与格式为

螺纹特征代号　尺寸代号－旋向代号

② 非螺纹密封的管螺纹。螺纹副本身不具有密封性,其标记内容与格式为

螺纹特征代号　尺寸代号　公差等级代号－旋向代号

非螺纹密封的管螺纹的特征代号为G;公差等级代号分A、B两级,对内螺纹则不用标记。

以上两种螺纹的牙型角均为55°。其尺寸代号不是指螺纹大径的尺寸,而是指管子孔径的英寸制代号(1英寸＝25.4 mm),作图时可根据尺寸代号在有关螺纹设计标准表中查得大径尺寸。当螺纹为左旋时,需注出“LH”;右旋省略不标。

管螺纹标注时应用引线从大径或对称中心线端面处引出,标记注写在指引线的横线上。例如:

“G1”表示公称尺寸代号为1,非密封的管螺纹(外)。

“G3/4A”表示公称尺寸代号为3/4,公差等级为A级,非密封的管螺纹(内)。

“Rc1/2”表示公称尺寸代号为1/2,用螺纹密封的圆锥内螺纹。

"Rp1/2"表示公称尺寸代号为 1/2,用螺纹密封的圆柱内螺纹。

"R1/2"表示公称尺寸代号为 1/2,用螺纹密封的与圆柱内螺纹配合的圆锥外螺纹。

各类螺纹的标注示例和相关部分国家标准见表 8-2～表 8-7。

更多的螺纹标准可查机械设计手册。

表 8-2　螺纹的标注示例

螺纹类别		螺纹特征		标注示例	说明
连接螺纹	普通螺纹	M	粗牙	M10-6g　M10-6H	粗牙普通螺纹,大径为 10,右旋;外螺纹中径和顶径公差带代号都为 6g;内螺纹中径和顶径公差带代号都为 6H;内、外螺纹都是中等旋合长度,螺距为 1.5(查表获得)
			细牙	M10X1LH-6h　M10X1LH-7H	细牙普通螺纹,大径为 10,螺距为 1,左旋;外螺纹中径和顶径公差带代号都为 6h;内螺纹中径和顶径公差带代号都为 6H;内、外螺纹都是中等旋合长度
	管螺纹	G	55°非密封	G1A　G1	非密封管螺纹,左旋;外螺纹与内螺纹的尺寸代号都为 1;都是右旋;外螺纹是 A 级
		Rp R Rc	55°密封	Rp1/2-LH　R1/2　Rc1/2	用螺纹密封的圆柱内螺纹,尺寸代号为 1/2,左旋 用螺纹密封的圆锥外螺纹(R)和圆锥内螺纹(Rc),它们的尺寸代号均为 1/2,右旋

续表 8－2

螺纹类别		螺纹特征	标注示例	说明
传动螺纹	梯形螺纹		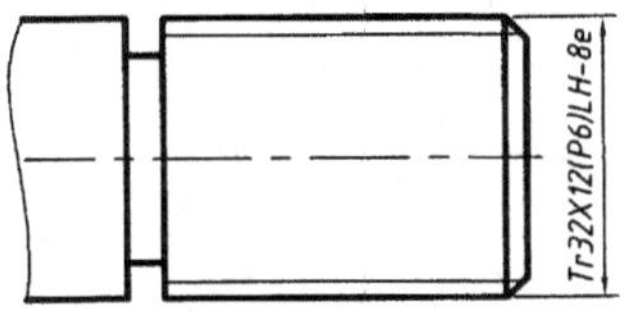 Tr32X12(P6)LH-8e	梯形螺纹，大径为 32，导程为 12，双线，左旋，中径公差带代号都为 8e，中等旋合长度
	锯齿形螺纹		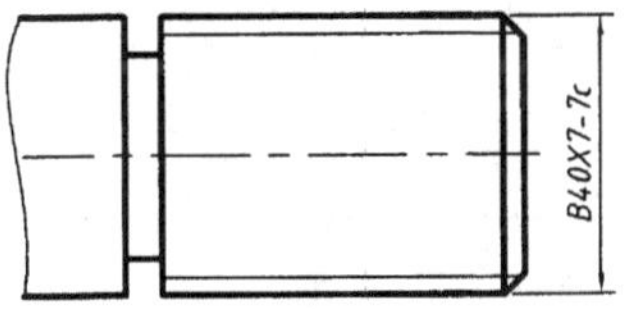 B40X7-7c	锯齿形螺纹，大径为 40，螺距为 7，右旋，中径公差带代号都为 7c，中等旋合长度
	矩形螺纹	非标准螺纹	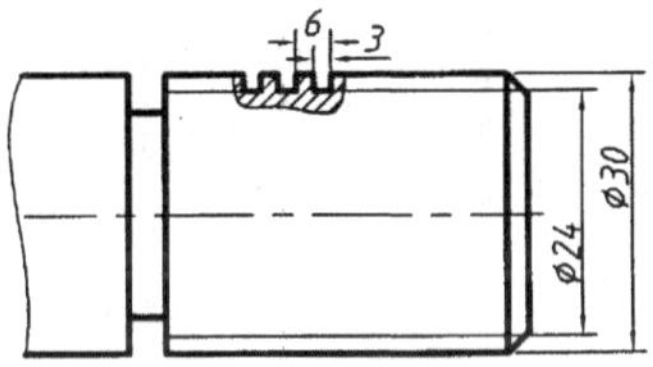 6　3　ϕ24　ϕ30	矩形螺纹，单线，右旋，螺纹尺寸如图所示

表 8－3　普通螺纹直径与螺距系列、基本尺寸(GB/T 193—1981)　mm

公称直径 d			粗牙小径 $d1$	螺距 P		公称直径 d			螺距 P	
第一系列	第二系列	第三系列		粗牙	细牙	第一系列	第二系列	第三系列	粗牙	细牙
3			2.459	0.5	0.35	72				6,4,3,2,1.5(1)
	3.5		2.850	(0.6)	0.35,0.5			75		(4),(3),2,1.5
4			3.242	0.7	0.5		76			6,4,3,2,1.5(1)
		4.5	3.688	(0.75)				78		2
5			4.134	0.8		80				6,4,3,2,1.5(1)
		5.5			0.75,(0.5)			82		2
6		7	4.917	1	1,0.75,(0.5)	90	85			6,4,3,2,(1.5)
8			6.647	1.25	1.25,1,0.75,(0.5)	100	95			
		9		1.25	1.5,1.25,1,0.75,(0.5)	110	105			
10			8.376	1.5		125	115			
		11		(1.5)			120			
12			10.106	1.75			130	135		
	14		11.835	2		140	150	145		

续表 8-3

公称直径 d			粗牙小径 $d1$	螺距 P		公称直径 d			螺距 P	
第一系列	第二系列	第三系列		粗牙	细　牙	第一系列	第二系列	第三系列	粗牙	细　牙
		15			1.5,1,(0.75)			155		6,4,3,(2)
16			13.835	2	1.5,(1)	160	170	165		
		17			2,1.5,1 (0.75),(0.5)	180		175		
20	18		15.294	2.5			190	185		
	22		19.294			200		195		
24			20.752	3				205		6,4,3
		25			2,1.5,1		240	215		
		26				220		225		
	27		23.752	3				230		
		28			(3),2,1.5, 1,(0.75)		260	235		
30			26.211	3.5		250		245		
		32						255		6,4,(3)
	33		29.211	3.5				265		
		35			(1.5)			270		
36			31.670	4	3,2,1.5,(1)			275		
		38			1.5	280		285		
	39		34.670	4	3,2,1.5,(1)			290		
		40			(3),(2),1.5		300	295		
42	45		37.129	4.5	(4)3,2,1.5,(1)			310		6.4
48			42.587	5		320		330		
		50			(3),(2),1.5		340	350		
	52		46.587	5	(4),3,2,1.5,(1)	360		370		
		55			(4),(3),2,1.5	400	380	390		
56			50.046	5.5	4,3,2,1.5,(1)		420	410		6
		58			(4),(3),2,1.5		440	430		
	60			(5.5)	4,3,2,1.5,(1)	450	460	470		
		62			(4),(3),2,1.5		480	490		
64				6	4,3,2,1.5,(1)	500	520	510		
		65			(4),(3),2,1.5	550	540	530		
	68			6	4,3,2,1.5,(1)		560	570		
		70			(6),(3),2,1.5	600	580	590		

注:1. 优先选用第一系列,其次是第二系列,第三系列尽可能不用。括号内尺寸尽可能不用。

2. M14×1.25 仅用于火花塞;M35×1.5 仅用于滚动轴承锁紧螺母。

表 8－4　细牙普通螺纹直径与螺距与小径的关系(GB/T196—1981)　　mm

螺　距 P	小径 D_1、d_1	螺 距 P	小径 D_1、d_1	螺 距 P	小径 D_1、d_1
0.35	$d-1+0.621$	1	$d-2+0.918$	2	$d-3+0.835$
0.5	$d-1+0.459$	1.25	$d-2+0.647$	3	$d-4+0.752$
0.75	$d-1+0.188$	1.5	$d-2+0.376$	4	$d-5+0.670$

表 8－5　梯形螺纹直径与螺距系列、基本尺寸(GB/T5796.2—1986、GB/T 5796.3—1986)　　mm

公称直径 d 第一系列	公称直径 d 第二系列	螺距 P	中径 D_2 d_2	大径 D_4	小径 d_3	小径 D_1
8		1.5	7.25	8.3	6.2	6.5
	9	1.5	8.25	8.3	7.2	7.5
		2	8	8.5	6.5	7
10		1.5	9.25	10.3	8.2	8.5
		2	9.00	10.5	7.5	8
	11	2	10	11.5	8.5	9
		3	9.50	11.5	7.5	8
12		2	11	12.5	9.5	10
		3	10.5	12.5	8.5	9
	14	2	13	14.5	11.5	12
		3	12.5	14.5	10.5	11
16		2	15	16.5	13.5	14
		4	14	16.5	11.5	12
	18	2	17	18.5	15.5	16
		4	16	18.5	13.5	14
20		2	19	20.5	17.5	18
		4	18	20.5	15.5	16
	22	3	20.5	22.5	18.5	19
		5	19.5	22.5	16.5	17
		8	18	23	13	14
24		3	22.5	24.5	20.5	21
		5	21.5	24.5	18.5	19
		8	20	25	15	16

公称直径 d 第一系列	公称直径 d 第二系列	螺距 P	中径 D_2 d_2	大径 D_4	小径 d_3	小径 D_1
	26	3	24.5	26.5	22.5	23
		5	23.5	26.5	20.5	21
		8	22	27	17	18
28		3	26.5	28.5	24.5	25
		5	25.5	28.5	22.5	23
		8	24	29	19	20
	30	3	28.5	30.5	26.5	29
		6	27	31	23	24
		10	25	31	19	20
32		3	30.5	32.5	28.5	29
		6	29	33	25	26
		10	27	33	21	22
	34	3	32.5	34.5	30.3	31
		6	31	35	27	28
		10	29	35	23	24
36		3	34	36.5	32.5	33
		6	33	37	29	30
		10	31	37	25	26
	38	3	36.5	38.5	34.5	35
		7	34.5	39	30	31
		10	33	39	27	28
40		3	38.5	40.5	36.5	37
		7	36.5	41	32	33
		10	35	41	29	30

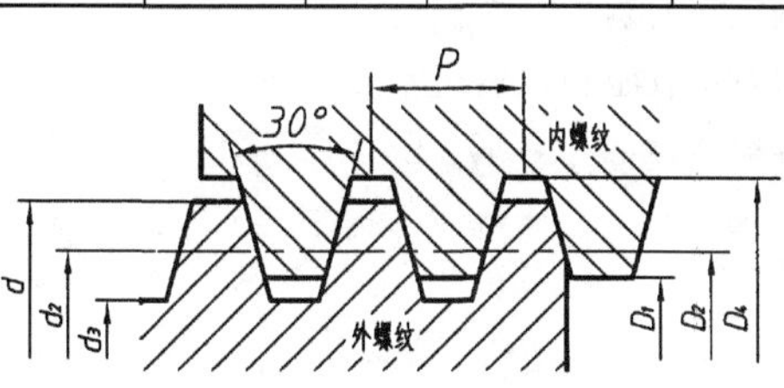

标记示例

公称直径为 40 mm，螺距为 7 mm 的单线右旋梯形螺纹：Tr40×7

公称直径为 40 mm，导程为 14 mm，螺距为 7 mm 的双线左旋梯形螺纹：Tr40×14(P7)LH

表 8-6　非螺纹密封的管螺距(GB/T7307—1987)　mm

尺寸代号	每 25.4 mm 内的牙数 n	螺距 P	牙高 h	圆弧半径 $r\approx$	基本尺寸		
					大径 $d=D$	中径 $d_2=D_2$	小径 $d_1=D_1$
1/16	28	0.907	0.581	0.125	7.723	7.142	6.561
1/8	28	0.907	0.581	0.125	9.728	9.147	8.566
1/4	19	1.337	0.856	0.184	13.157	12.301	11.445
3/8	19	1.337	0.856	0.184	16.662	15.806	14.950
1/2	14	1.814	1.162	0.249	20.955	19.793	18.631
5/8	14	1.814	1.162	0.249	22.911	21.749	20.587
3/4	14	1.814	1.162	0.249	26.441	25.279	24.117
7/8	14	1.814	1.162	0.249	30.201	29.039	27.877
1	11	2.309	1.479	0.317	33.249	31.770	30.291
1 1/8	11	2.309	1.479	0.317	37.897	36.418	34.939
1 1/4	11	2.309	1.479	0.317	41.910	40.431	38.952
1 1/2	11	2.309	1.479	0.317	47.803	46.324	44.845
1 3/4	11	2.309	1.479	0.317	53.746	52.267	50.788
2	11	2.309	1.479	0.317	59.614	58.135	56.656
2 1/4	11	2.309	1.479	0.317	65.710	64.231	62.752
2 1/2	11	2.309	1.479	0.317	75.184	73.705	72.226
2 3/4	11	2.309	1.479	0.317	81.534	80.055	78.576
3	11	2.309	1.479	0.317	87.884	86.405	84.926
3 1/2	11	2.309	1.479	0.317	100.330	98.851	97.372
4	11	2.309	1.479	0.317	113.030	111.551	110.072
4 1/2	11	2.309	1.479	0.317	125.730	124.251	122.772
5	11	2.309	1.479	0.317	138.430	136.951	135.472
5 1/2	11	2.309	1.479	0.317	151.130	149.651	148.172
6	11	2.309	1.479	0.317	163.830	162.351	160.872

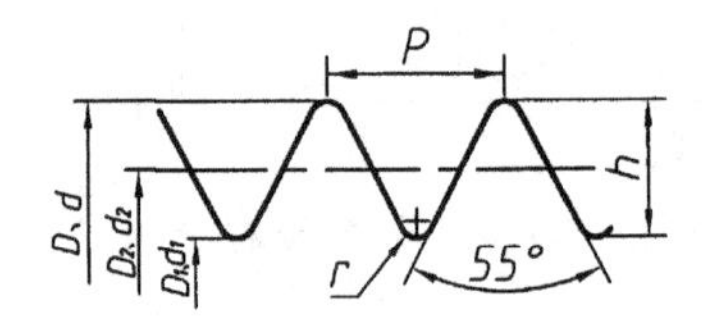

标记示例

尺寸代号 1 1/2,内螺纹:G1 1/2;

尺寸代号 1 1/2,A 级外螺纹:G1 1/2 A;

尺寸代号 1 1/2,B 级外螺纹,左旋:G1 1/2 B-LH

表 8-7 用螺纹密封的管螺距(GB/T7306—1987) mm

尺寸代号	每 25.4 mm 内的牙数 n	螺距 P	牙高 h	圆弧半径 $r\approx$	基本尺寸		
					大径 $d=D$	中径 $d_2=D_2$	小径 $d_1=D_1$
1/16	28	0.907	0.581	0.125	7.723	7.142	6.561
1/8	28	0.907	0.581	0.125	9.728	9.147	8.566
1/4	19	1.337	0.856	0.184	13.157	12.301	11.445
3/8	19	1.337	0.856	0.184	16.662	15.806	14.950
1/2	14	1.814	1.162	0.249	20.955	19.793	18.631
3/4	14	1.814	1.162	0.249	26.441	25.279	24.117
1	11	2.309	1.479	0.317	33.249	31.770	30.291
1 1/4	11	2.309	1.479	0.317	41.910	40.431	38.952
1 1/2	11	2.309	1.479	0.317	47.803	46.324	44.845
2	11	2.309	1.479	0.317	59.614	58.135	56.656
2 1/2	11	2.309	1.479	0.317	75.184	73.705	72.226
3	11	2.309	1.479	0.317	87.884	86.405	84.926
3 1/2	11	2.309	1.479	0.317	100.330	98.851	97.372
4	11	2.309	1.479	0.317	113.030	111.551	110.072
5	11	2.309	1.479	0.317	138.430	136.951	135.472
6	11	2.309	1.479	0.317	163.830	162.351	160.872

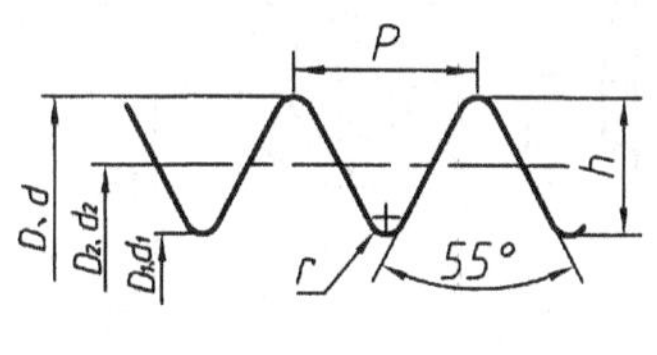

圆柱螺纹

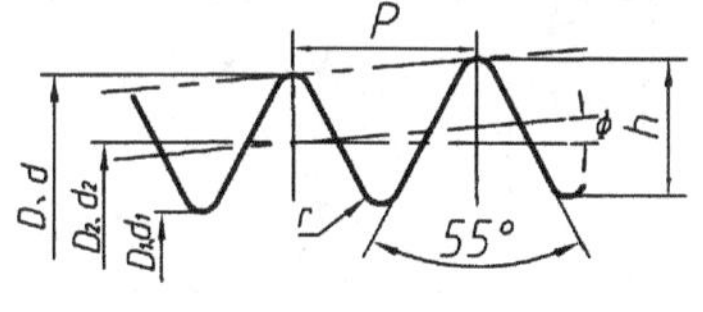

圆锥螺纹

标记示例

1 1/2 圆锥内螺纹:Rc1 1/2; 1 1/2 圆柱内螺纹:Rp1 1/2; 1 1/2 圆锥外螺纹:R1 1/2;
1 1/2 圆锥外螺纹,左旋:R1 1/2-LH

8.1.2 螺纹紧固件

1. 常用的螺纹紧固件及其标记

螺纹紧固件有螺栓、螺柱、螺钉、垫圈、螺母等,它们均属标准件,由标准件厂统一生产。一般无需画出它们的零件图,主要用于装配图中连接关系,只需按规定进行标记,根据标记从有关标准中可查到它们的结构型式和尺寸。常用螺纹紧固件的标记见表 8-8。

表 8-8　用螺纹密封的管螺距

名称及视图	规定标记示例	名称及视图	规定标记示例
六角头螺栓 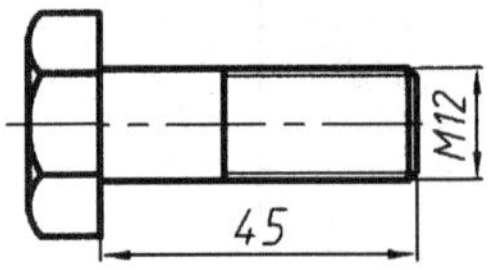	螺栓 GB/T 5782—2000 M12×45	内六角圆柱头螺钉 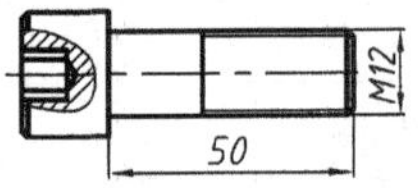	螺钉 GB/T 70—2000 M12×50
双头螺柱 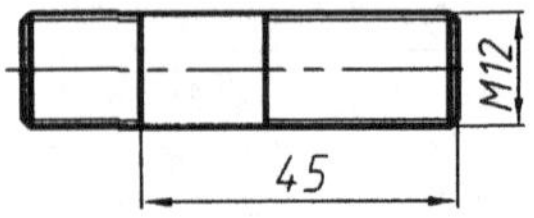	螺柱 GB/T 899—1988 M12×45	开槽圆柱头螺钉 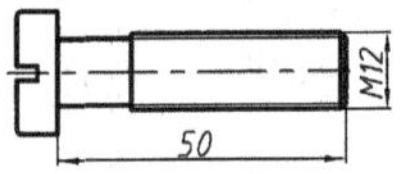	螺钉 GB/T 65—2000 M12×50
开槽沉头螺钉 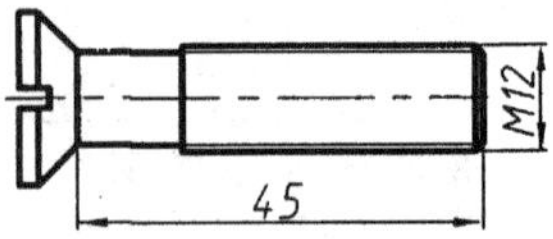	螺钉 GB/T 68—2000 M12×45	六角开槽螺母 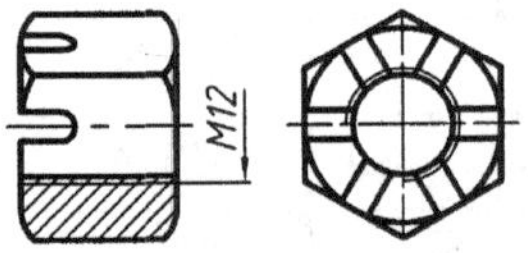	螺母 GB/T 6179—1986 M12
开槽锥端紧定螺钉 	螺钉 GB/T 71—1985 M12×50	平垫圈—A 级 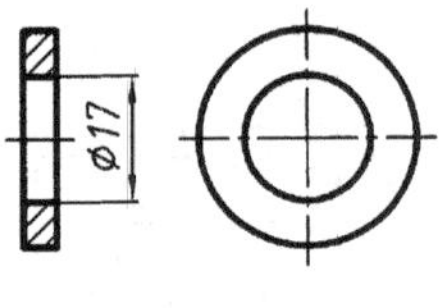	垫圈 GB/T 97.1—1985 17—140HV
六角螺母 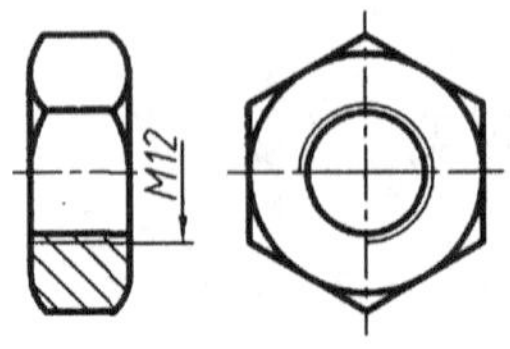	螺母 GB/T 6170—2000 M12	弹簧垫圈 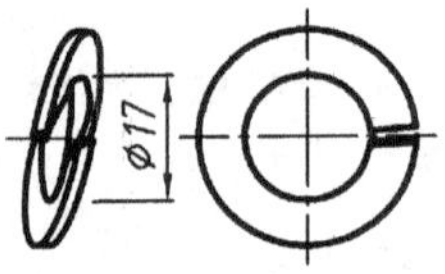	垫圈 GB/T 93—1987 17

2. 螺纹紧固件的连接画法

螺纹紧固件的连接形式有螺栓连接、螺柱连接和螺钉连接三种。在绘制连接图时，应遵守下列装配绘图规定。

① 两零件的接触面只画一条线;凡不接触的相邻表面,不论其间隙大小均需画成两条线(小间隙可夸大画出,一般不小于 0.7 mm)。

② 当剖切平面通过螺纹紧固件的轴线时,这些紧固件均按不剖绘制,即仍画其外形。

在剖视图中,相邻两零件的剖面线方向应相反,或方向相同,其间距需不同;同一零件的剖面线方向、间距应相同一致。

③画连接装配图时可采用简化画法:螺纹紧固件上的工艺结构如倒角、退刀槽、缩径等均可省略不画;对不穿的通螺孔可不画出钻孔深度以及简化螺栓、螺母、螺钉的头部等。

(1) 螺栓连接　螺栓连接适用于两个不太厚零件的连接。连接前,先在两被连接件上钻出通孔(孔径 d_0 取 1.1d),如图 8-9 所示;将螺栓插入孔中,再加上平垫圈(有时还要加弹簧垫圈),拧紧螺母,即完成螺栓连接。

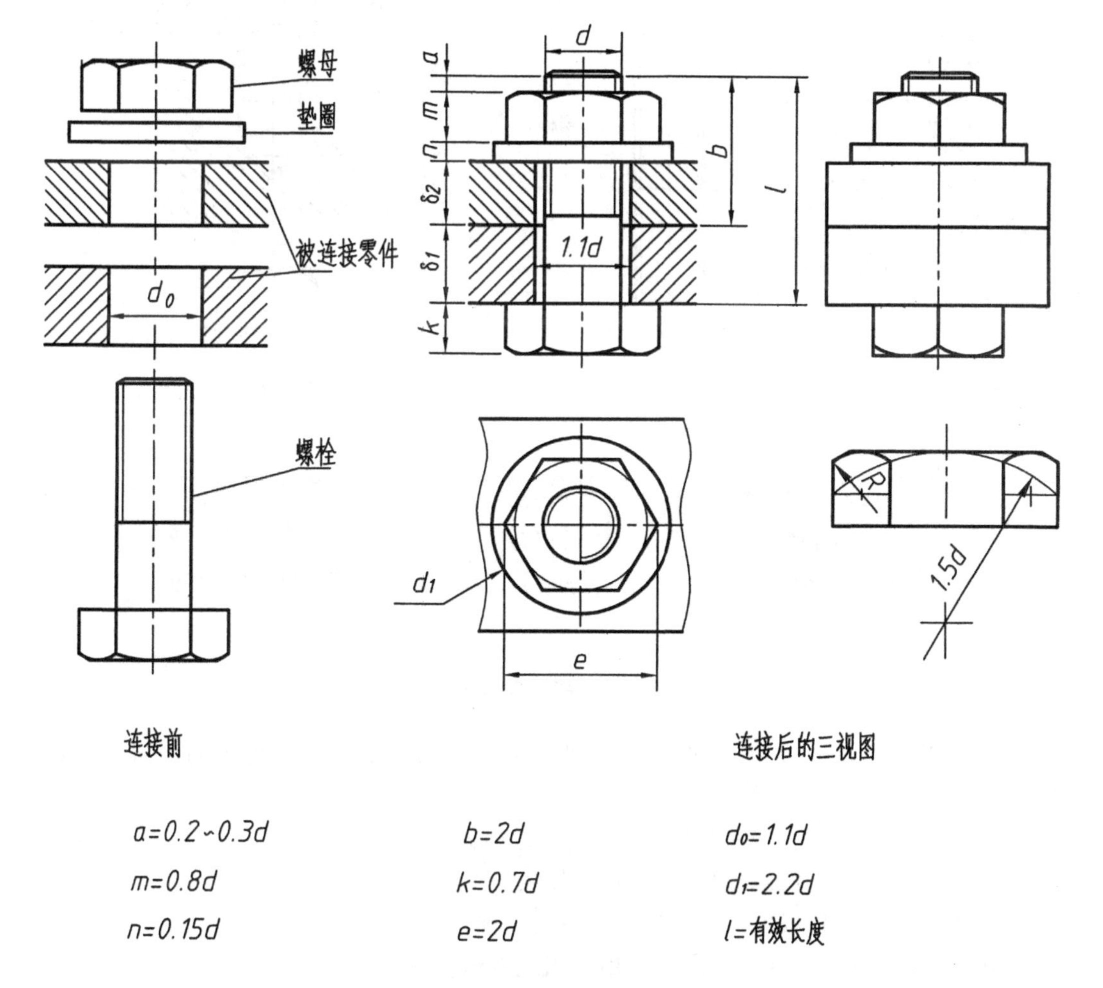

图 8-9　螺栓连接画法

绘图时可根据被连接件的厚度及选定的螺栓、垫圈、螺母,查表确定它们的有关尺寸,估算螺栓的公称长度 l。从图 8-9 中可知,l 应满足下列公式

$$l \geqslant \delta_1 + \delta_2 + h + m + a \text{(查表后取标准长度)}$$

(2) 螺柱连接　当被连接零件之一较厚，不允许被钻成通孔时，可采用螺柱连接。螺柱的两端均制有螺纹。连接前，先在较厚的零件上制出所需深度的螺孔，在另一零件上加工出通孔，如图 8-10 所示；将螺柱的一端(称旋入端)全部旋入到螺孔内，再在另一端(称紧固端)套上通孔零件，加上垫圈，拧紧螺母，即完成螺柱连接。

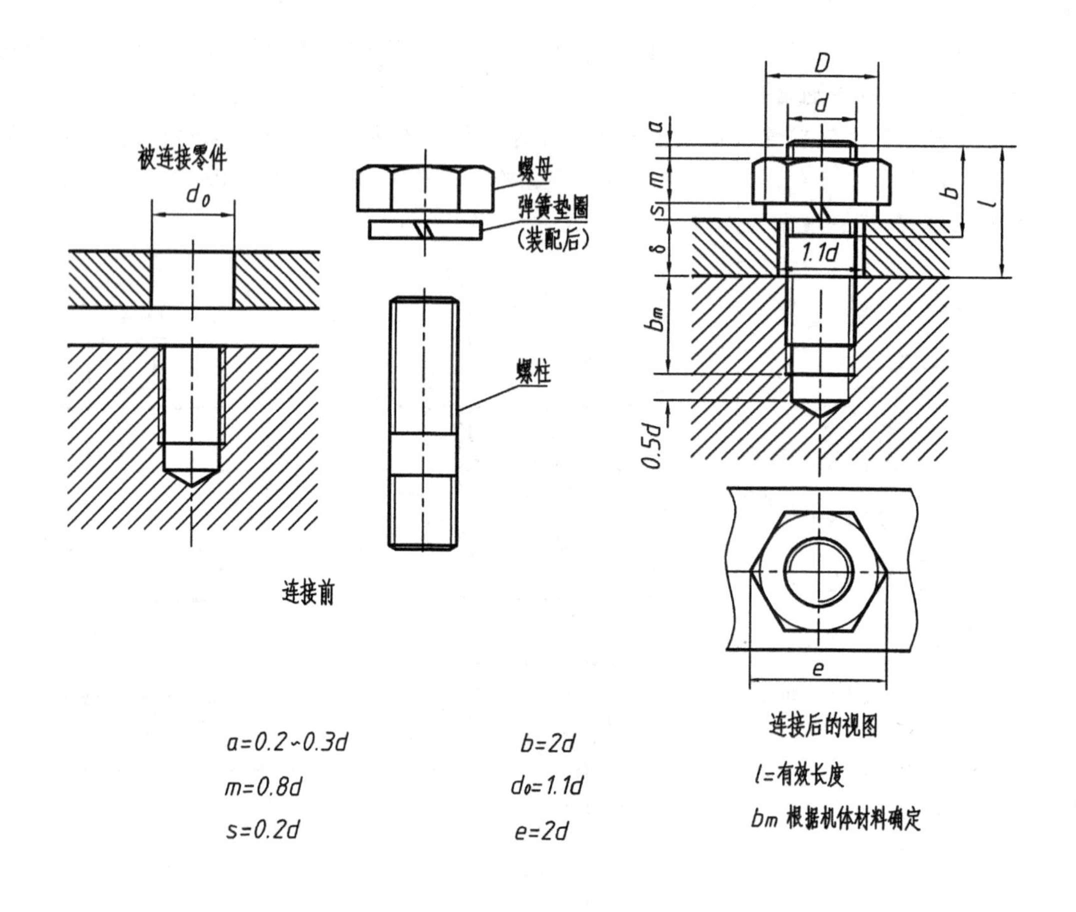

图 8-10　螺柱连接画法

为保证连接强度，螺柱旋入端的长度 b_m 随被旋入零件(机体)材料的不同而有以下四种规格。

$b_m=d$　(GB/T897—1988)　用于钢或青铜

$b_m=1.25d$(GB/T898—1988)　用于铸铁

$b_m=1.5d$ (GB/T899—1988)　用于铸铁、硬铝

$b_m=2d$　(GB/T900—1988)　用于铝或较软材料

螺柱的公称长度 l 估可按下式估算，并查表取标准长度

$$l \geqslant \delta + s + m + a$$

图 8-10 中的垫圈为弹簧垫圈，可起防松作用，弹簧垫圈开槽方向为阻止螺母松动的方向，画成与水平线约成 75°左斜的平行线，间距约为 1.2 mm。按比例作图时，取$s=0.2d$；$D=1.5d$。

(3)螺钉连接　螺钉按用途可分连接螺钉和紧定螺钉两种。连接螺钉一般用于受力不大

而不需经常拆卸的零件连接中；紧定螺钉用来固定两零件的相对位置，使其不产生相对运动。

如图 8－11 所示，为紧定螺钉的连接画法。

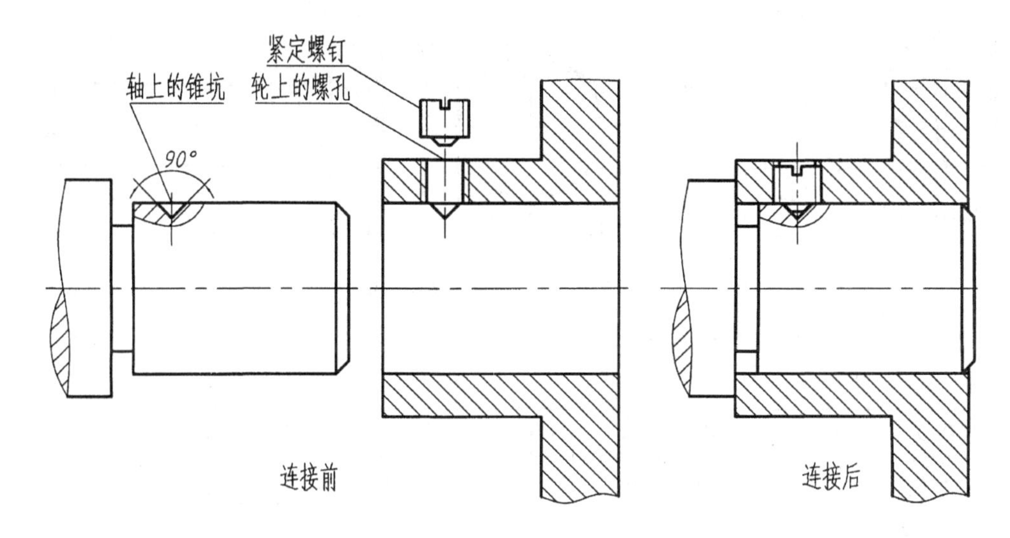

图 8－11　紧定螺钉连接画法

如图 8－12 所示，为常见的三种螺钉连接图。连接前，先在较厚的零件上制出螺孔，在另一零件上加工出通孔，且根据螺钉头的形状加工出相应的坑。将螺钉穿过通孔拧入螺孔中。螺钉头部的一字槽或十字槽在俯视图中画成 45°的倾斜位置；并在俯视图中均用加粗线（$2d$ 线宽）画出。

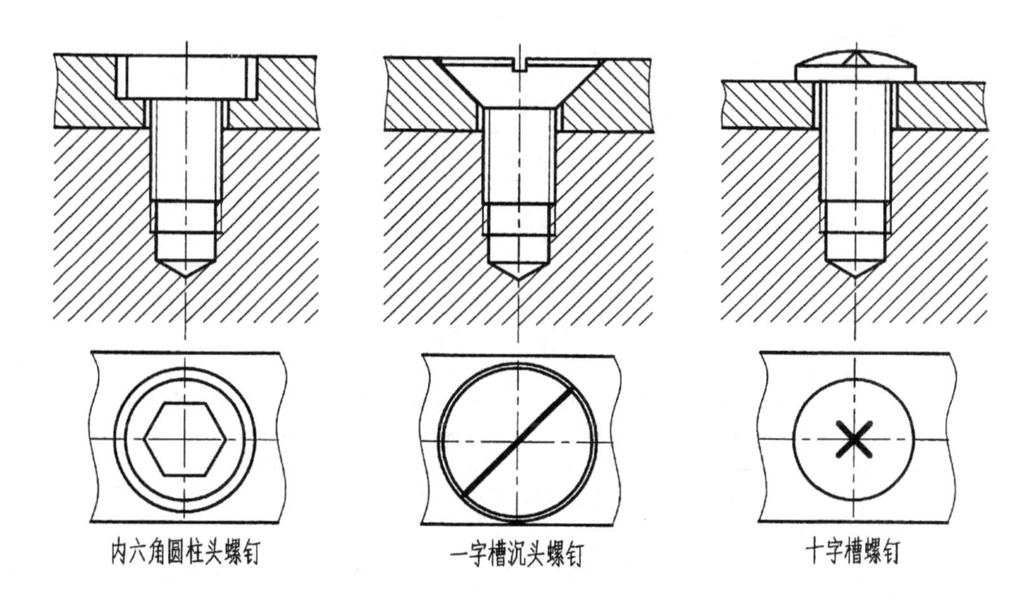

图 8－12　螺钉连接画法

各种螺纹紧固件的各部分尺寸可从国家技术标准摘选的表 8－9～表 8－16 中查取。

表 8－9　六角头螺栓—A 和 B 级(GB/T5782、5783—2000)

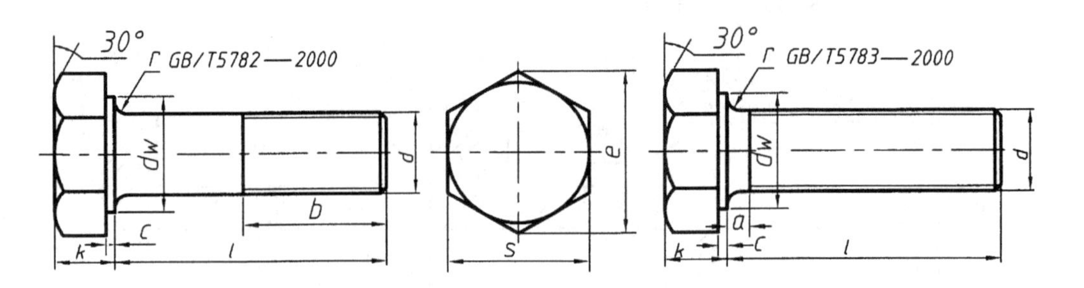

标记示例

螺纹规格 d=M12、公称长度 l=80 mm,其标记为:

螺栓 GB/T5782—2000—M12×80

mm

螺纹规格 d			M3	M4	M5	M6	M8	M10	M12	M16	M20	M24	M30	M36	M42
b 参考	l≤125		12	14	16	18	22	26	30	38	46	54	66	78	—
	125<l≤200		—	—	—	—	28	32	36	44	52	60	72	84	96
	l>200		—	—	—	—	—	—	—	57	65	73	85	97	109
c			0.4	0.4	0.5	0.5	0.6	0.6	0.6	0.8	0.8	0.8	0.8	0.8	1
dw	产品等级	A	4.6	5.9	6.9	8.9	11.6	14.6	16.6	22.5	28.2	33.6	—	—	—
		B	—	—	6.7	8.7	11.4	14.4	16.4	22	27.7	33.2	42.7	51.1	60.6
e	产品等级	A	6.07	7.66	8.79	11.05	14.38	17.77	20.03	26.75	33.53	39.98	—	—	—
		B	—	—	8.63	10.89	14.20	17.59	19.85	26.17	32.95	39.55	50.85	60.79	72.02
k 公称			2	2.8	3.5	4	5.3	6.4	7.5	10	12.5	15	18.7	22.5	26
r			0.1	0.2	0.2	0.25	0.4	0.4	0.6	0.6	0.8	0.8	1	1	1.2
s 公称			5.5	7	8	10	13	16	18	24	30	36	46	55	65
l(商品规格范围)	GB/T5782		20～30	25～40	25～50	30～60	35～80	40～100	45～120	55～160	65～200	80～240	90～300	110～360	130～400
	GB/T5783		6～30	8～40	10～50	12～60	16～80	20～100	25～100	35～100	40～100				80～500
l 系列			6,8,10,12,16,20,25,30,35,40,45,50,(55),60,(65),70,80,90,100,110,120,130,140,150,160,180,200,220,240,260,280,300,320,340,360,380,400												

注:A 级用于 d≤24 和 l≤10d 或≤150 mm 的螺栓;B 级用于 d>24 和 l>10d 或>150 mm 的螺栓

表 8-10　双头螺柱(GB/T897、898、899、900—1988)

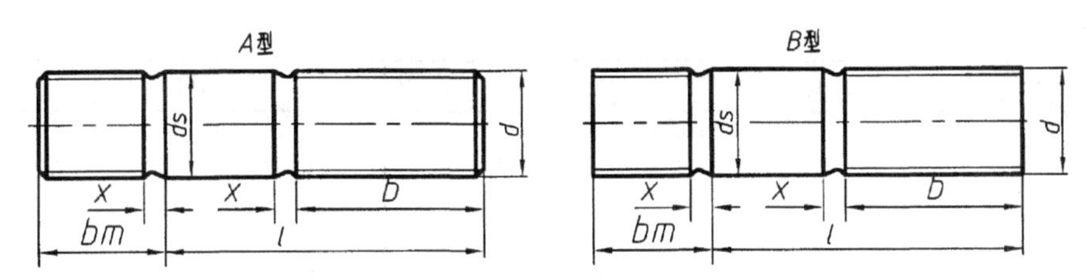

标记示例

两端均粗牙普通螺纹，$d=10$，$l=50$，其 $bm=d$ 的双头螺柱：

螺柱 GB/T897—1988—M10×50

mm

螺纹规格 d		M5	M6	M8	M10	M12	M16	M20	M24	M30	M36	M42
bm	GB/T897—1988	5	6	8	10	12	16	20	24	30	36	42
	GB/T898—1988	6	8	10	12	15	20	25	30	38	45	52
	GB/T899—1988	8	10	12	15	18	24	30	36	45	54	65
	GB/T900—1988	10	12	16	20	24	32	40	48	60	72	84
bs		5	6	8	10	12	16	20	24	30	36	42
x		1.5P(P 是粗牙螺纹的螺距)										
l/b		16～22/10 25～50/16	20～22/10 25～30/16 32～75/18	20～22/10 25～30/16 32～90/22	25～28/14 30～38/16 40～120/26 130/32	25～30/16 30～40/20 45～120/30 130～180/36	30～38/20 40～45/30 60～120/38 130～200/44	35～40/25 45～65/35 70～120/46 130～200/52	45～50/30 55～75/45 80～120/46 130～200/60	60～65/40 70～90/50 95～120/60 130～200/72 210～250/85	65～75/45 80～110/60 120/78 130～200/84 210～300/91	65～80/50 85～110/70 120/90 130～200/96 210～300/109
l 系列		16,(18),20,(22),25,(28),30,(32),35,(38),40,45,50,(55),60,(65),70,(75),80,(85),90,(95),100,110,120,130,140,150,160,170,180,190,200,210,220,230,240,250,260,280,300										

表 8-11　开槽圆柱头螺钉(GB/T65—2000)

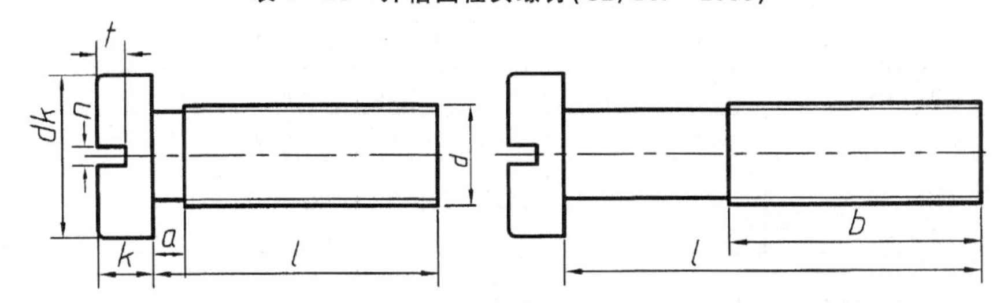

标记示例

螺纹规格 d=M5、公称长度 l=20 mm，其标记为：

螺钉 GB/T65—2000—M5×20

mm

螺纹规格 d	M4	M5	M6	M8	M10
P 螺距	0.7	0.8	1	1.25	1.5
a max	1.4	1.6	2	2.5	3
b min	38				
dk max	7	8.5	10	13	16
k	2.6	3.3	3.9	5	6
n	1.2	1.2	1.6	2	2.5
t min	1.1	1.3	1.6	2	2.4
l(商品规格系列)	5～40	6～50	8～60	10～100	12～80
l 系列	5,6,8,10,12,(14),16,20,(22),25,30, 35,40,45,50,(55),60,(65),70,(75),80				

注：1. l 值尽可能不采用括号内的规格。

2. $l \leqslant 40$ 时，螺钉制出全螺纹。

表 8-12　开槽沉头螺钉(GB/T68—1985)、十字槽沉头螺钉(GB/T819—1985)
十字槽半沉头螺钉(GB/T820—1985)

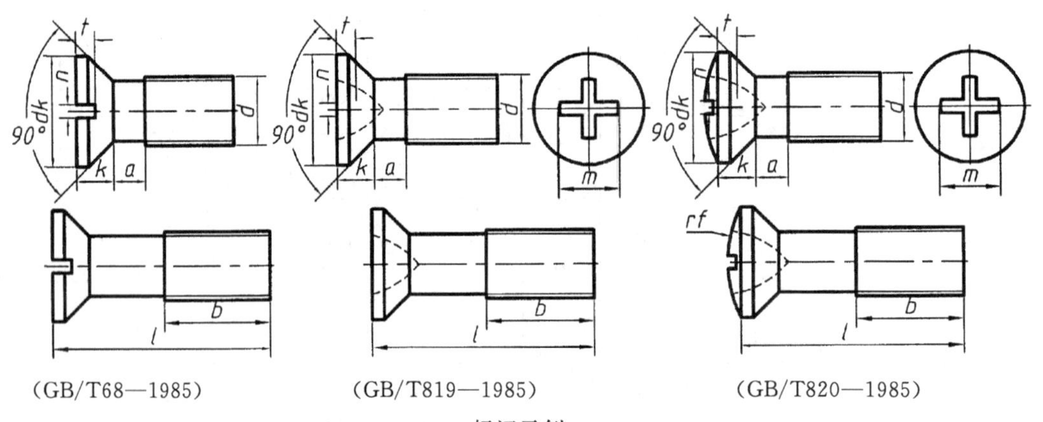

(GB/T68—1985)　(GB/T819—1985)　(GB/T820—1985)

标记示例

螺纹规格 d=M5、公称长度 l=20 mm，其标记为：螺钉 GB/T68—1985—M5×20

mm

螺纹规格 d	M2	M2.5	M3	M4	M5	M6	M8	M10
P 螺距	0.4	0.45	0.5	0.7	0.8	1	1.25	1.5
a max	0.8	0.9	1	1.4	1.6	2	2.5	3
b min	25			38				
dk max	3.8	4.7	5.5	8.4	9.3	11.3	15.8	18.3
k max	1.2	1.5	1.65	2.7	2.7	3.3	4.65	5
$rf \approx$	4	5	6	9.5	9.5	12	16.5	19.5
n	0.5	0.6	0.8	1.2	1.2	1.6	2	2.5

续表 8－12

螺纹规格 d		M2	M2.5	M3	M4	M5	M6	M8	M10
t min		0.4	0.5	0.6	1	1.1	1.2	1.8	2
十字槽 m 参考	GB/T819—1985	1.9	2.9	3.2	4.6	5.2	6.8	8.9	10
	GB/T820—1985	2	3	3.4	5.2	5.4	7.3	9.6	10.4
l(商品规格系列)	GB/T68—1985	3～20	4～25	5～30	6～40	8～50	8～60	10～80	12～80
	GB/T819—1985 GB/T820—1985	3～20	3～25	4～30	5～40	6～50	8～60	10～60	12～60
l 系列	2.5,3,4,5,6,8,10,12,(14),16,20,25,30, 35,40,45,50,(55),60,(65),70								

表 8－13　开槽紧定螺钉(GB/T71～74—1985)

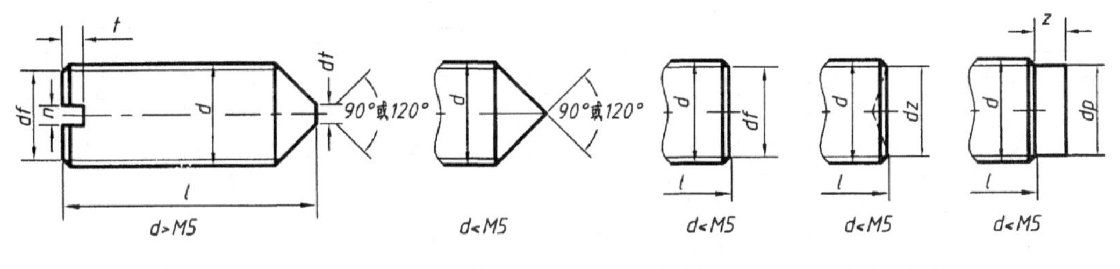

锥端 GB/T71—1985　　平端 GB/T73　　凹端 GB/T74　　长圆柱端 GB/T75

标记示例

螺纹规格 d=M5、公称长度 l=12 mm,其标记为:螺钉 GB/T71—1985—M5×12

mm

螺纹规格 d		M1.6	M2	M2.5	M3	M4	M5	M6	M48	M10	M12
P 螺距		0.35	0.4	0.45	0.5	0.7	0.8	1	1.25	1.5	1.75
df =		螺纹小径									
n		0.25	0.25	0.4	0.4	0.6	0.8	1	1.2	1.6	2
t		0.74	0.84	0.95	1.05	1.42	1.63	2	2.5	3	3.6
dt		0.16	0.2	0.25	0.3	0.4	0.5	1.5	2	2.5	3
dp		0.8	1	1.5	2	2.5	3.5	4	5.5	7	8.5
z		1.05	1.25	1.5	1.75	2.25	2.75	3.25	4.3	5.3	6.3
l(商品规格系列)	GB/T71—1985	2～8	3～10	3～12	4～16	6～20	8～25	8～30	10～40	12～50	14～60
	GB/T73—1985	2～8	2～10	2.5～12	3～16	4～20	5～25	6～30	8～40	10～50	12～60
	GB/T75—1985	2.5～8	3～10	4～12	5～16	6～20	8～25	10～30	10～40	12～50	14～60
l 系列		2,2.5,3,4,5,6,8,10,12,(14),16,20,25,30, 35,40,45,50,(55),60									

表 8-14 六角螺母(GB/T6170、6172—1986)

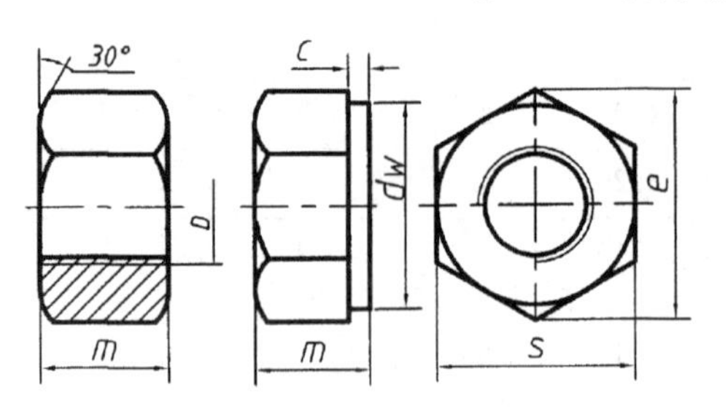

GB/T6170—1986

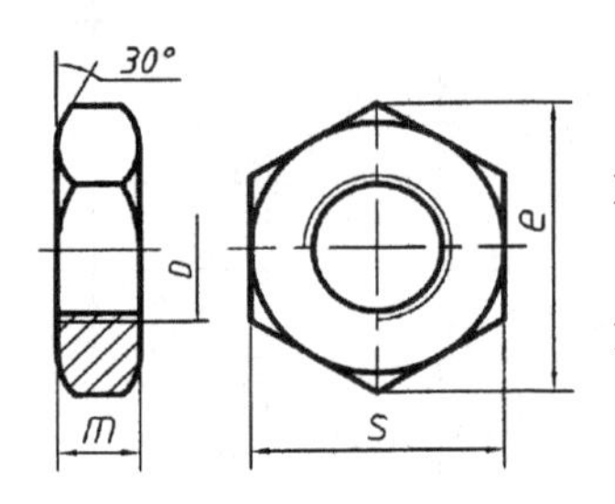

GB/T6172—1986

标记示例

螺纹规格 $D=$ M12,其标记为:

螺母 GB/T6170-1986-M12

mm

螺纹规格 d		M2	M2.5	M3	M4	M5	M6	M48	M10	M12	M16	M20	M24	M30
c max		0.2	0.3	0.4	0.4	0.5	0.5	0.6	0.6	0.6	0.8	0.8	0.8	0.8
dw min		3.1	4.1	4.6	5.9	6.9	8.9	11.6	14.6	16.6	22.5	27.7	33.2	42.7
e min		4.32	5.45	6.01	7.66	8.79	11.05	14.38	17.77	20.03	26.75	32.95	39.55	50.85
m max	GB/T6170—1986	1.6	2	2.4	3.2	4.7	5.2	6.8	8.4	10.8	14.8	18	21.5	25.6
	GB/T6172—1986	1.2	1.6	1.8	2.2	2.7	3.2	4	5	6	8	10	12	15
s	max	4	5	5.5	7	8	10	13	16	18	24	30	36	46

注:A 级用于 $D\leqslant16$ 的螺母,B 级用于 $D>16$ 的螺母。

表 8-15 垫圈(GB/T848、97.1、97.2—1985)

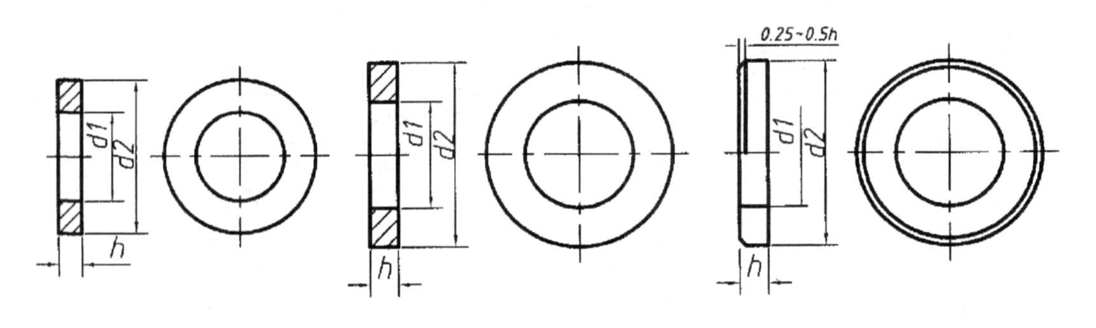

GB/T848—1985　　GB/T97.1—1985　　GB/T97.2—1985

标记示例

公称尺寸 $d=8$ mm,其标记为:

垫圈 GB/T97.1—1985—8—140HV

mm

公称尺寸(螺纹规格 d)		2	2.5	3	4	5	6	8	10	12	14	16	20	24	30	36
d_1 min	GB/T848—1985	2.2	2.7	3.2	4.3	5.3	6.4	8.4	10.5	13	15	17	21	25	31	37
	GB/T97.1—1985					5.3	6.4	8.4	10.5	13	15	17	21	25	31	37
	GB/T97.2—1985															

续表 8-15

公称尺寸(螺纹规格 d)		2	2.5	3	4	5	6	8	10	12	14	16	20	24	30	36
$d2$ max	GB/T848—1985	4.5	5	6	8	9	11	15	18	20	24	28	34	39	50	60
	GB/T97.1—1985	5	6	7	9	10	12	16	20	24	28	30	37	44	56	66
	GB/T97.2—1985					10	12	16	20	24	28	30	37	44	56	66
h	GB/T848—1985	0.3	0.5	0.5	0.5	1	1.6	1.6	1.6	2	2.5	2.5	3	4	4	5
	GB/T97.1—1985	0.3	0.5	0.5	0.8	1	1.6	1.6	1.6	2	2.5	2.5	3	4	4	5
	GB/T97.2—1985															

表 8-16 弹簧垫圈(GB/T93、859—1987)

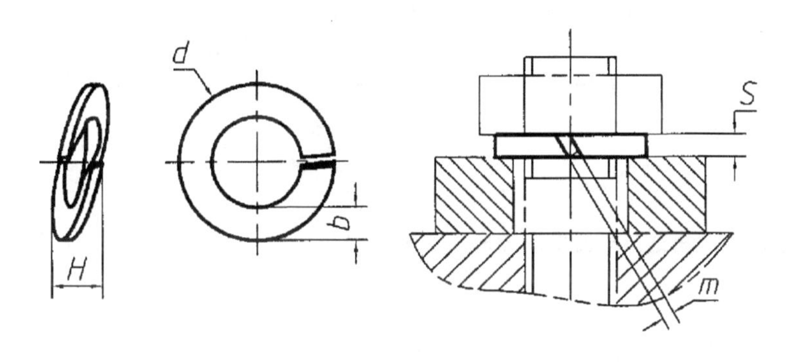

标记示例

公称尺寸 d=16 mm、其标记为：

垫圈 GB/T93—1987—16

mm

公称尺寸(螺纹大径)		3	4	5	6	8	10	12	(14)	16	(18)	20	(22)	24	(27)	30
d_1 min		3.1	4.1	5.1	6.1	8.1	10.2	12.2	14.2	16.2	18.2	20.2	22.5	24.5	27.5	30.5
H min	GB/T93—1987	1.6	2.2	2.6	3.2	4.2	5.2	6.2	7.2	8.2	9	10	11	12	13.6	15
	GB/T859—1987	1.2	1.6	2.2	2.6	3.2	4	5	6	6.4	7.2	8	9	10	11	12
S(b)	GB/T93—1987	0.8	1.1	1.3	1.6	2.1	2.6	3.1	3.6	4.1	4.5	5	5.5	6	6.8	7.5
S	GB/T859—1987	0.6	0.8	1.1	1.3	1.6	2	2.5	3	3.2	3.6	4	4.5	5	5.5	6
$m\leqslant$	GB/T93—1987	0.4	0.55	0.65	0.8	1.05	1.3	1.55	1.8	2.05	2.25	2.5	2.75	3	3.4	3.75
	GB/T859—1987	0.3	0.4	0.55	0.65	0.8	1	1.25	1.5	1.6	1.8	2	2.25	2.5	2.75	3
b	GB/T859—1987	1	1.2	1.5	2	2.5	3	3.5	4	4.5	5	5.5	6	7	8	9

注：m 应大于零。

8.2 键与销连接

8.2.1 键连接

1. 键与键槽

键主要用于轴和轴上零件(如齿轮、带轮等)间的周向连接，以传递扭矩。装配时，在轴上和轮毂孔内制出键槽，将键置于轴槽内，再对准轮毂上的键槽将其推入，如图 8－13 所示。

键是标准件，常用的键有普通平键、半圆键和钩头楔键等多种，如图 8－14 所示。普通平键的型式、尺寸，键和键槽的断面尺寸如表 8－17 所示。

普通平键和键槽的尺寸可根据轴径 d 在表 8－17 中查取，键长（键槽长）根据轮毂宽也可在键长标准系列中选用（键长≤轮毂宽）。

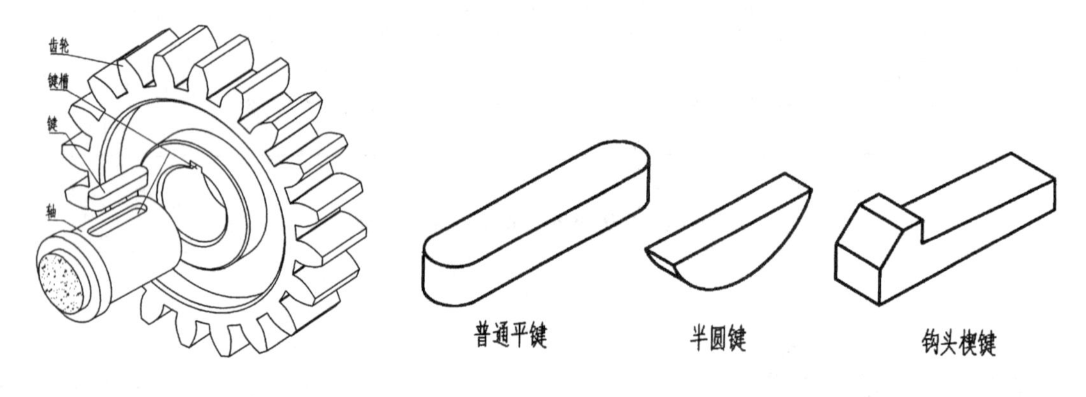

图 8－13　键连接槽　　　　图 8－14　键

表 8－17　普通平键及键槽（GB/T 1075—1975）　　mm

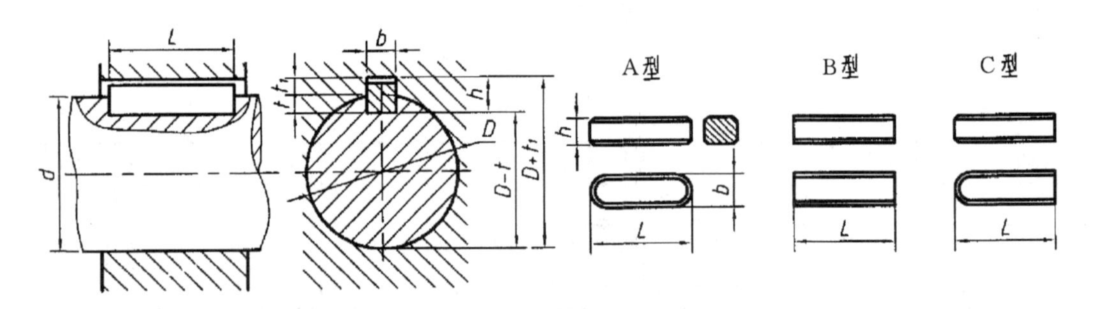

标记示例

A 型平键，b=18 mm，h=11 mm，L=100 mm，其标记为：键 18×100 GB/T1096—1979

B 型平键，b=18 mm，h=11 mm，L=100 mm，其标记为：键 B18×100 GB/T1096—1979

C 型平键，b=18 mm，h=11 mm，L=100 mm，其标记为：键 C18×100 GB/T1096—1979

轴径 D		6～8	>8～10	>10～12	>12～17	>17～22	>22～30	>30～38	>38～44	>44～50	>50～58	>58～65	>65～75	>75～85	>85～95	>95～110	>110～130
公称尺寸	b	2	3	4	5	6	8	10	12	14	16	18	20	22	25	28	32
	h	2	3	4	5	6	7	8	8	9	10	11	12	14	14	16	18
槽深	t	1.2	1.8	2.5	3.0	3.5	4.0	5.0	5.0	5.5	6.0	7.0	7.5	9.0	9.0	10	11
	$t1$	1.0	1.4	1.8	2.3	2.8	3.3	3.3	3.3	3.8	4.3	4.4	4.9	5.4	5.4	6.4	7.4
倒角	C	0.16～0.25			0.25～0.40			0.60～0.80					1.0～1.2				
l 系列		6,8,10,12,14,16,18,20,22,25,28,30,32, 36,40,45,50,56,63,70,80,90,100,110,125,140															

普通平键键槽的画法和尺寸标注如图 8－15 所示。

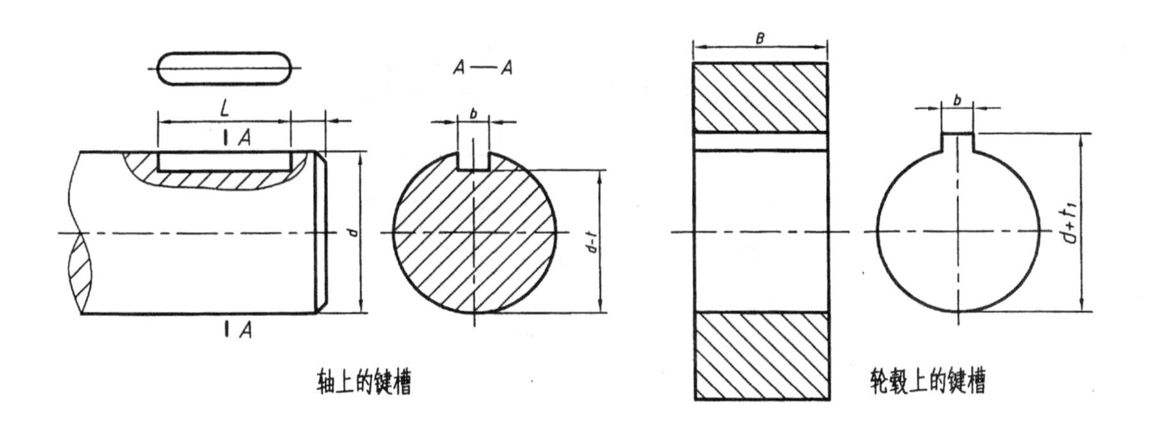

图 8－15　键槽的画法

2. 键的连接画法

如图 8－16 所示，为普通平键和半圆键的连接画法。这两种键连接的作用原理相似，它们的工作面均为两侧面，画一条线；而顶面有间隙存在，应画为两条线。在反映键长的剖视图中，键按不剖处理，将轴作局部剖切。

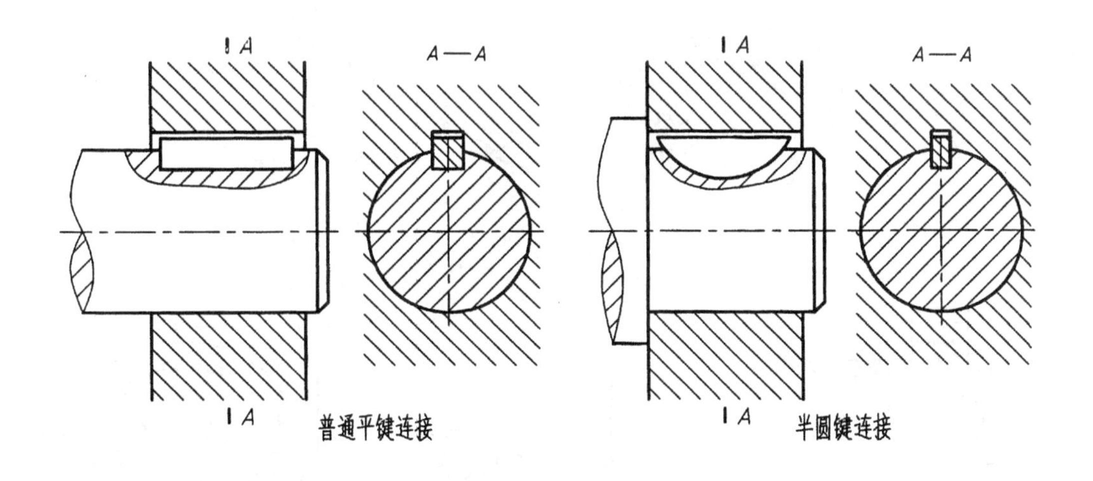

图 8－16　键连接画法

如图 8－17 所示，为钩头楔键的连接画法。钩头楔键的顶面有 1∶100 的斜度，装配时，将键从轴端槽口处打入到键槽中，靠键与键槽上下两面的摩擦力连接。它的工作面为上下底面，各画一条线；而两侧面留有间隙应画为两条线。

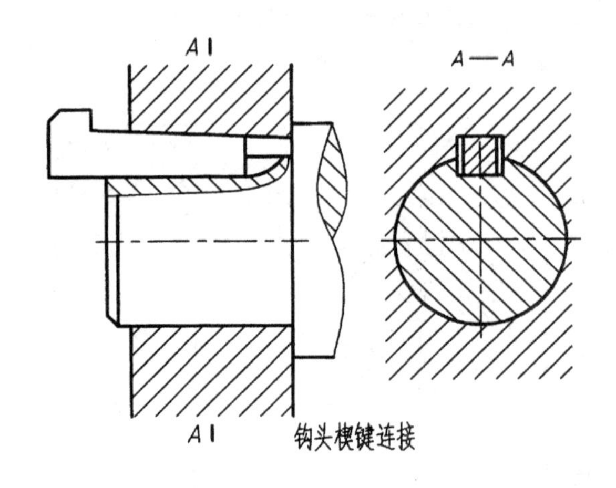

图 8-17　钩头楔键的连接

8.2.2　销连接

如图 8-18 所示，常用的销有圆柱销、圆锥销和开口销，前两种销主要用于零件间的连接或定位，后一种销可用于防止螺母的松动以固定其它零件。

如图 8-19 所示为几种销的连接画法，当剖切平面通过销的轴线时，销按不剖处理，将轴作局部剖切。销为标准件，圆柱销的尺寸可从表 8-18 中查取。

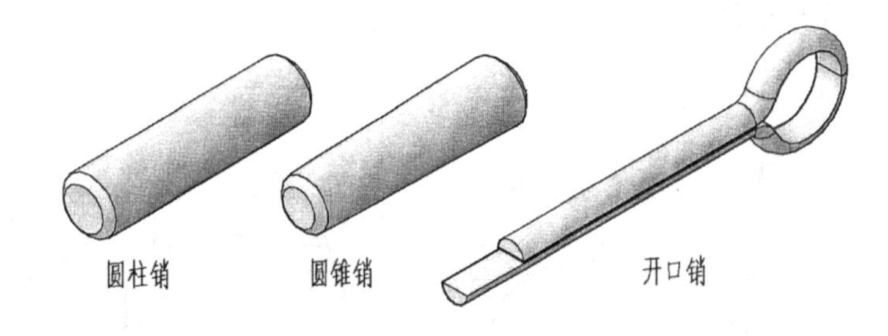

图 8-18　销

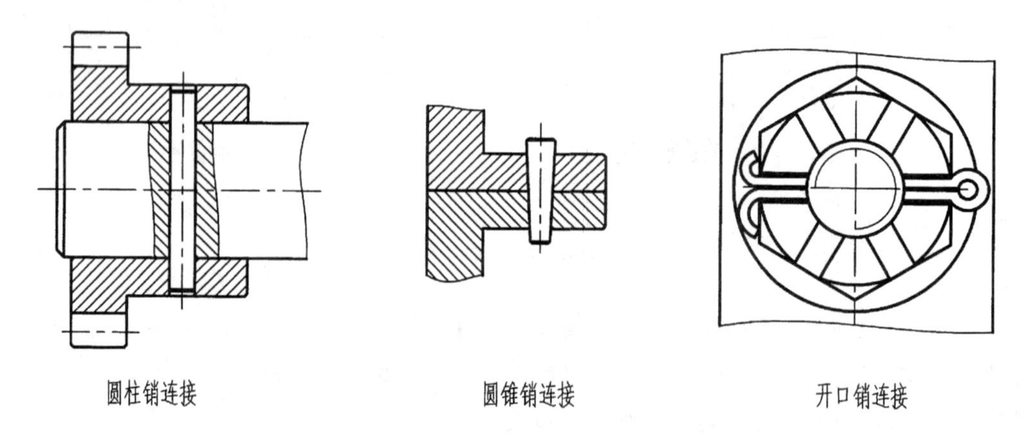

图 8-19　销连接

表 8-18　圆柱销的尺寸(GB/T 119.1—2000)　　mm

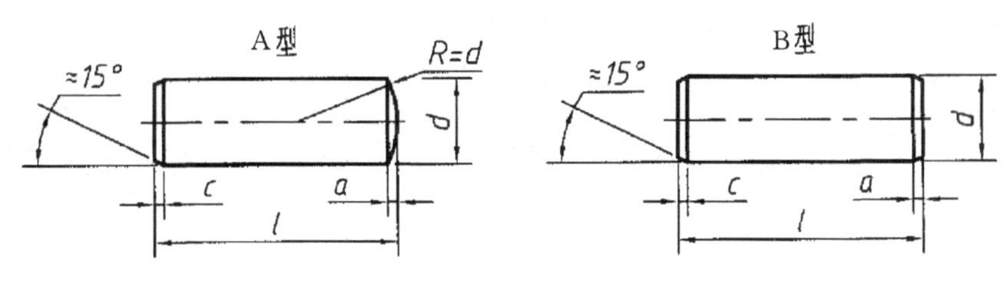

标记示例

B 型圆柱销，d=8 mm，l=30 mm，其标记为：销 GB/T119.1—2000 B8×30

d(公称)	2	2.5	3	4	5	6	8	10	12	16
a≈	0.25	0.30	0.40	0.50	0.63	0.80	1.0	1.2	1.6	2.0
C	0.35	0.40	0.50	0.63	0.80	1.2	1.6	2.0	2.5	3.0
l(商品规格系列)	6～20	6～24	8～30	8～40	10～50	12～60	16～80	18～95	22～120	26～180
l 系列	6,8,10,12,14,16,18,20,22,24,26,28,30,32,35,40,45,50,55,60,65,70,75,80,85,90,95,100,120,180									

8.3 齿　轮

齿轮在机器中是传递动力和运动的常用零件，齿轮传动可以完成变速、变向、计时等功能。如图 8-20 所示，常用的齿轮传动型式有以下几种。

圆柱齿轮传动——用于两平行轴之间的传动。

圆锥齿轮传动——用于两相交轴之间的传动。

蜗杆蜗轮传动——用于两交叉轴之间的传动。

(a)直齿圆柱齿轮

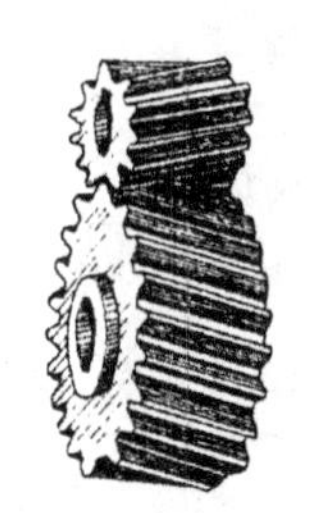
(b)斜齿圆柱齿轮

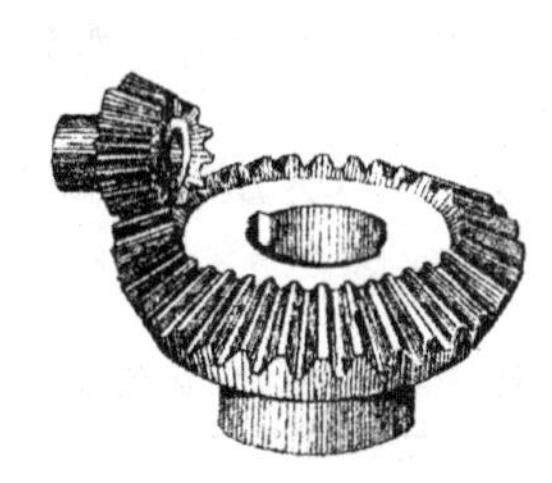
(c)直齿圆锥齿

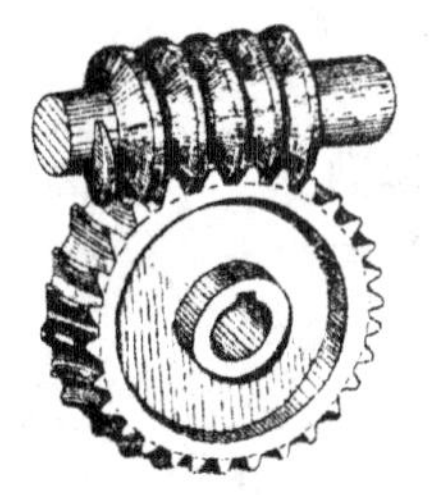
(d)蜗轮蜗杆

图 8-20　齿轮

在齿轮传动中，为了运动平稳、啮合正确，齿轮轮齿的齿廓曲线可以制成渐开线、摆线，其中渐开线齿廓为常见。轮齿的方向有直齿(齿向与齿轮轴线平行)、斜齿、人字齿或弧形齿。

齿轮有标准齿轮与非标准齿轮之分，具有标准齿的齿轮称为标准齿轮。本节主要介绍圆柱直齿轮投影的规定表示画法。

8.3.1　圆柱齿轮

1. 圆柱直齿轮有关部分的名称、代号及尺寸计算

圆柱直齿轮如图 8-21 所示。

(1) 齿数 z　齿轮上轮齿的个数。

(2) 齿顶圆(直径 da)　通过各齿顶端的圆。

齿根圆(直径 df)　通过各齿槽底部的圆。

分度圆(直径 d)　在齿顶圆与齿根圆之间的一个假想约定的基准圆，它是设计、制造齿轮时计算尺寸的依据。

(3) 齿距 p　相邻两齿同侧齿廓间在分度圆上所占的弧长，对于标准齿轮，齿厚 s＝槽宽 $w=p/2$。

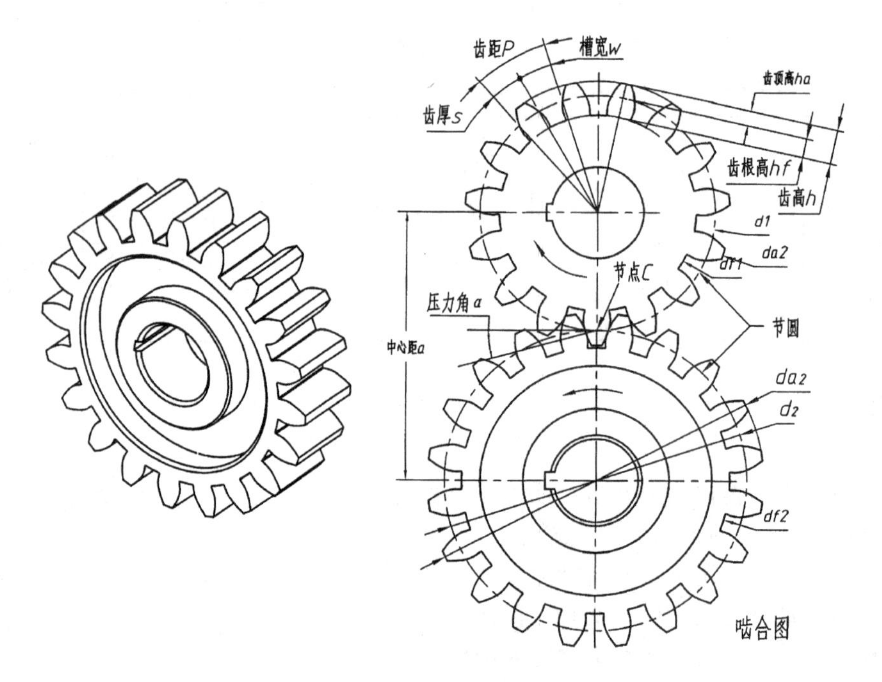

图 8－21　圆柱齿轮

(4) 模数 m　当齿轮齿数为 z 时，分度圆周长为 $\pi d=z\cdot p$，则 $d=z(p/\pi)$，其中 π 为常数，为计算方便，设 $(p/\pi)=m$，称 m 为模数，单位为 mm，其数值已标准化，见表 8－19。

表 8－19　渐开线圆柱齿轮模数(GB/T 1357—1987)　　mm

第一系列	第二系列
0.8,1.1.25,1.5,2,2.5,3,4,5,6,8, 10,12,16,20,25,32,40,50	0.9,1.75,2.25,2.75,(3.25),3.5,(3.75),4.5, 5.5(6.5),7,9,(11),14,18,22

模数是齿轮设计、制造中的重要参数。由于 $m=p/\pi$，m 大则齿厚 s 也大，在其它条件相同的情况下，能传递的力矩也大。齿轮模数不同。

(5) 齿高 h　齿顶圆与齿根圆之间的径向距离称为全齿高 h。它被分度圆分成两部分，齿顶圆到分度圆之间的径向距离称为齿顶高，以 ha 表示；分度圆到齿根圆之间的径向距离称为齿根高，以 hf 表示，$h=ha+hf$。

对于标准齿轮，$ha = m$，$hf = 1.25\ m$。

(6) 节圆 d'　一对啮合齿轮的齿廓在两中心连线 O_1O_2 上的啮合接触点 C 称为节点，过节点 C 的两个圆称为节圆。齿轮的啮合传动可想象为这两个节圆在作无滑动的纯滚动。一对安装准确的标准齿轮，其节圆与分度圆正好重合。

(7) 压力角 α　一对啮合齿轮的受力方向(齿廓曲线的公法线)与运动方向(两节圆的内公切线)间的夹角称为压力角，又称啮合角或齿形角，按我国规定，标准渐开线齿轮的压力角 $\alpha=20°$。标准直齿轮轮齿部分的尺寸计算见表 8-20。

表 8-20　标准直齿轮轮齿部分的尺寸计算

名称	代号	计算公式	名称	代号	计算公式
模数	m	由强度计算决定，并选标准值	齿高	h	$h=ha+hf=2.25m$
齿数	z	由传动比决定，$i_{12}=\omega_1+\omega_2$	齿顶圆直径	da	$da=m(z+2)$
分度圆直径	d	$d=mz$	齿根圆直径	df	$df=m(z-2.5)$
齿顶高	ha	$ha=m$	齿距	p	$p=\pi m$
齿根高	hf	$hf=1.25m$	中心距	a	$a=(d_1+d_2)/2=m(z_1+z_2)/2$

2. 圆柱齿轮的规定画法(GB/T4459.2—1984)

(1) 单个圆柱齿轮的画法(见图 8-22)

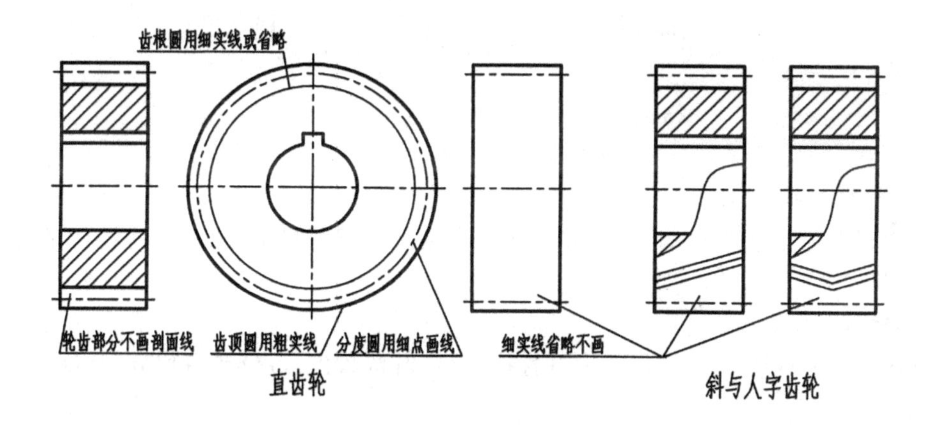

图 8-22　圆柱齿轮画法

单个齿轮的轮齿部分，可按表 8-21 所示的线型、规定画法绘制，而其余部分仍按其真实投影绘制。

表 8-21　齿轮轮齿的规定画法

名 称	在投影为圆的视图上	在剖视图上
分度圆和分度线	细点画线	细点画线
齿顶圆和齿顶线	粗实线	粗实线
齿根圆和齿根线	细实线(也可省略不画)	轮齿部分按不剖处理，齿根线画粗实线

对于斜齿或人字齿轮应画成半剖视图或局部剖视图，在外形上画三条与齿线方向一致的细实线。

(2) 啮合画法(见图 8-23)

画啮合齿轮时，啮合区外按单个齿轮的画法绘制，啮合区内按下列规定绘制。

① 在投影为非圆的剖视图中，啮合区内的两节线重合；齿根线均画成粗实线；一条齿顶线画成粗实线，另一条齿顶线画成虚线或省略不画，如图 8－23(a)所示。

② 在投影为圆的视图中，两节圆相切；两齿顶圆均画成粗实线，或将齿顶圆在啮合区内的两段圆弧省略不画。

③ 在非圆的外形视图中，啮合区仅画一条粗实线表示节线，如图 8－23(b)所示。

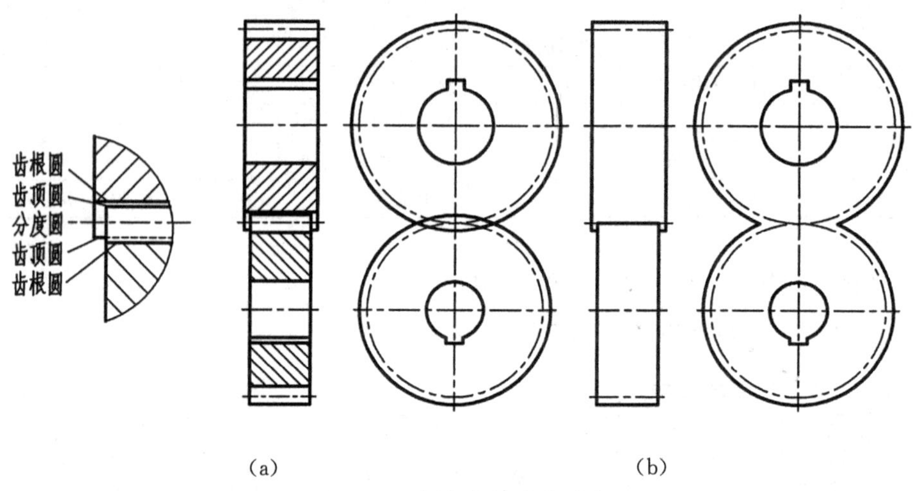

图 8－23 圆柱齿轮啮合画法

3. 标准直齿轮的测绘

根据现有齿轮通过测量、计算，确定其主要参数及各部分尺寸，绘制所需视图的过程称为测绘，其步骤如下。

①数出齿数 z。

②量取齿顶圆直径 da。对偶数齿可直接量得；对奇数齿，可分步量取 $da=D+2H$，如图 8－24所示。

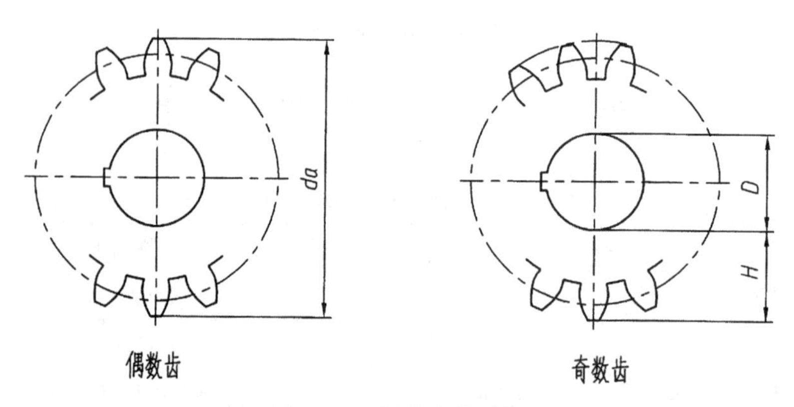

图 8－24 圆柱齿轮测量

③计算模数 m。由 $m=da/(z+2)$，求得 m，再查表取一较接近的标准模数。

④根据齿数和模数计算轮齿各部分尺寸及测量其它部分尺寸。

⑤绘制齿轮零件图。如图 8－25 所示为直齿轮零件图例。

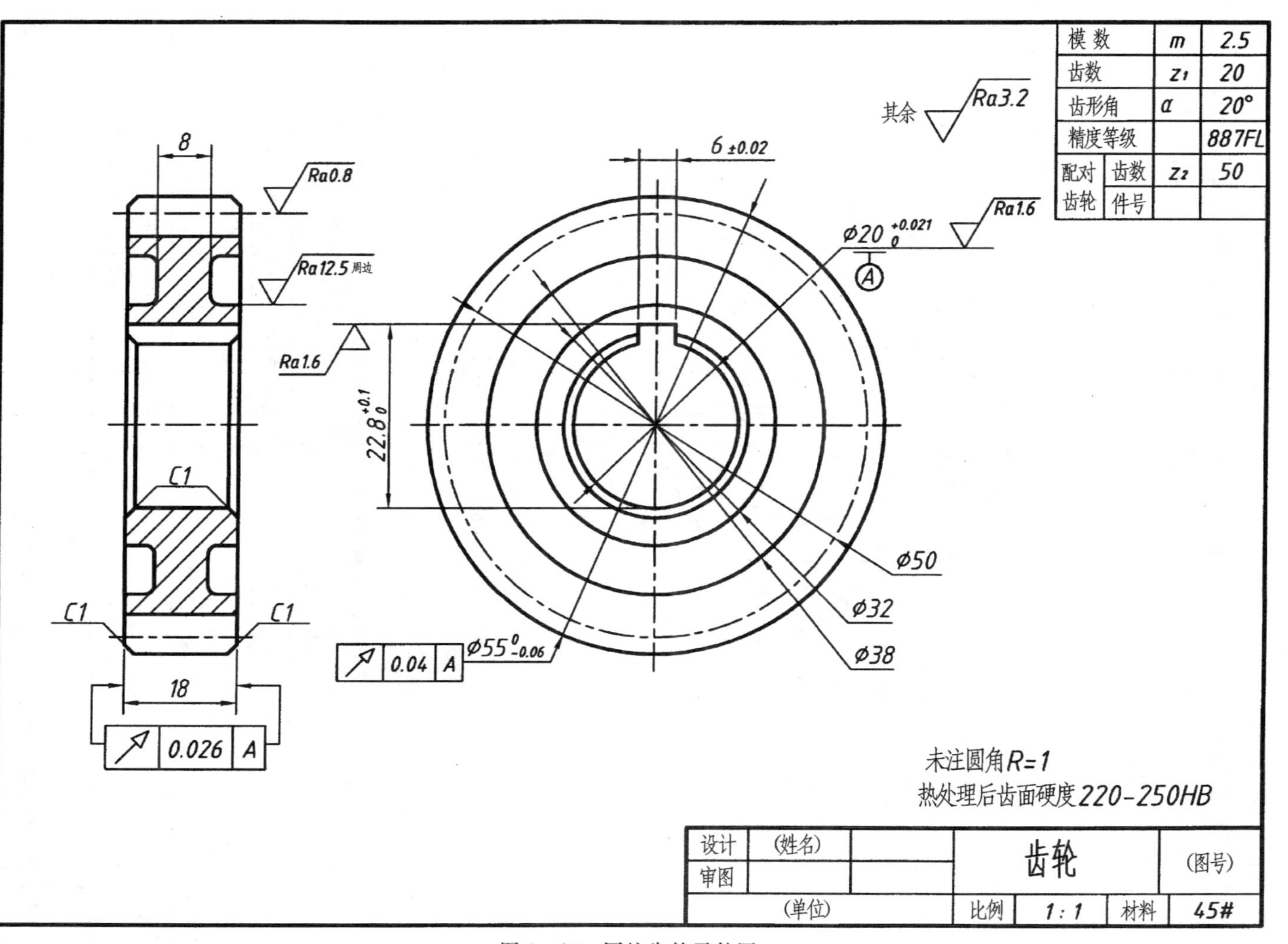

图 8－25　圆柱齿轮零件图

8.3.2 圆锥齿轮简介

1. 圆锥齿轮各部分名称及尺寸计算

圆锥齿轮的轮齿分布在圆锥面上，齿厚、模数和直径，由大端到小端是逐渐变小的。为了便于设计和制造，规定以大端模数为标准来计算各部分尺寸。齿顶高、齿根高沿大端背锥线量取，背锥线与分锥线相互垂直。如图 8－26 所示。

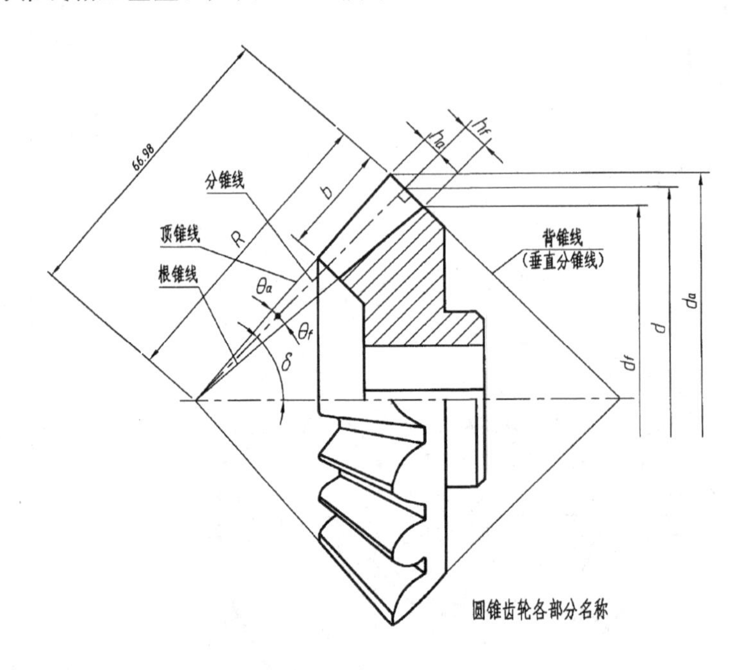

图 8－26 圆锥齿轮各部分名称

圆锥齿轮的各部分尺寸计算如表 8－22 所示。

表 8－22 圆锥齿轮轮齿部分的尺寸计算

名称	代号	计算公式	名称	代号	计算公式
齿顶高	ha	$ha = m$	齿根圆直径	df	$df = m(z-2.4\cos\delta)$
齿根高	hf	$Hf = 1.2m$	外锥角	R	$R = mz/2\sin\delta$
分度圆锥角	δ	$\delta_1 = \mathrm{arccot}\, z_1/z_2$ $\delta_2 = \mathrm{arccot}\, z_2/z_1$	齿顶角	θa	$\theta a = \mathrm{arccot}\,(2\sin\delta/z)$
分度圆直径	d	$d = mz$	齿根角	θf	$\theta f = \mathrm{arccot}\,(2.4\sin\delta/z)$
齿顶圆直径	da	$da = m(z+2\cos\delta)$	齿宽	b	$b \leqslant R/3$

2. 圆锥齿轮的规定画法

圆锥齿轮的画法及步骤如图 8－27、图 8－28 所示。

圆锥齿轮的啮合画法如图 8－29 所示。

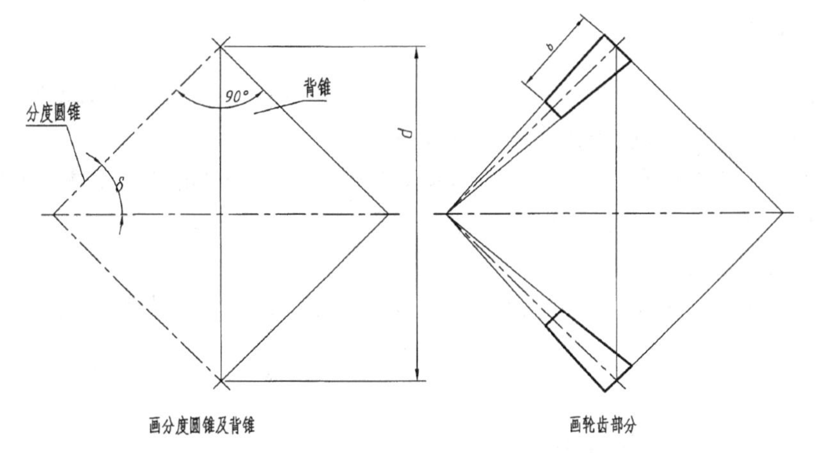

图 8－27　圆锥齿轮作图

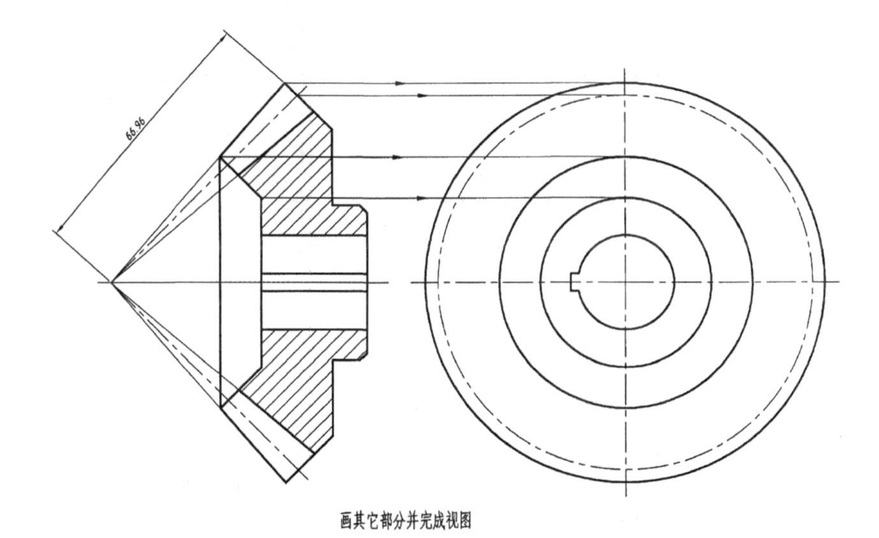

图 8－28　圆锥齿轮作图

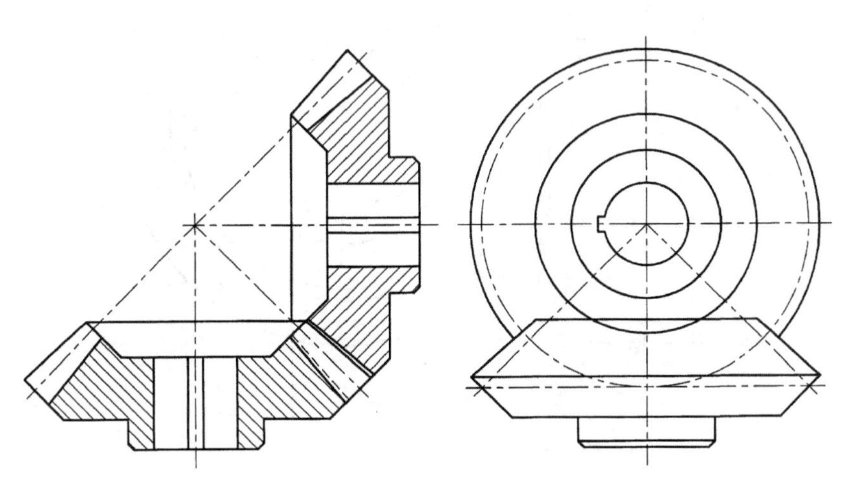

图 8－29　圆锥齿轮啮合画法

8.3.3 蜗轮、蜗杆简介

蜗轮、蜗杆传动具有结构紧凑、传动平稳、传动比大等优点，但传动效率较低。在一般情况下，蜗杆为主动，蜗轮为从动，被用作来减速机构。

蜗杆的头数相当于螺杆上螺纹的线数，常用单头和双头。蜗轮可看成是一个斜齿轮，为增加蜗杆与蜗轮传动时的接触面积，常将蜗轮的外圆面加工成凹形环面。

蜗轮、蜗杆的规定画法如下。

①蜗杆的规定画法如图 8-30 所示，其牙形可用局部剖视图或局部放大图画出，以便标注尺寸。

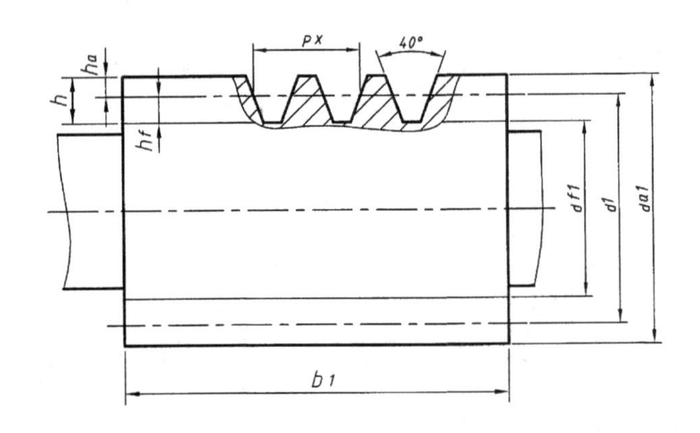

图 8-30 蜗杆

②蜗轮的规定画法如图 8-31 所示。

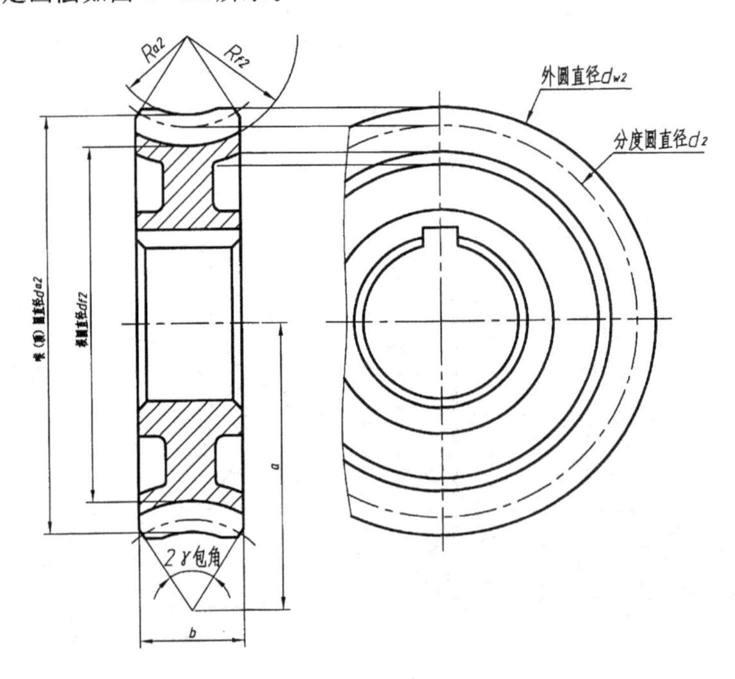

图 8-31 蜗轮

③蜗轮、蜗杆的啮合画法如图 8－32 所示。

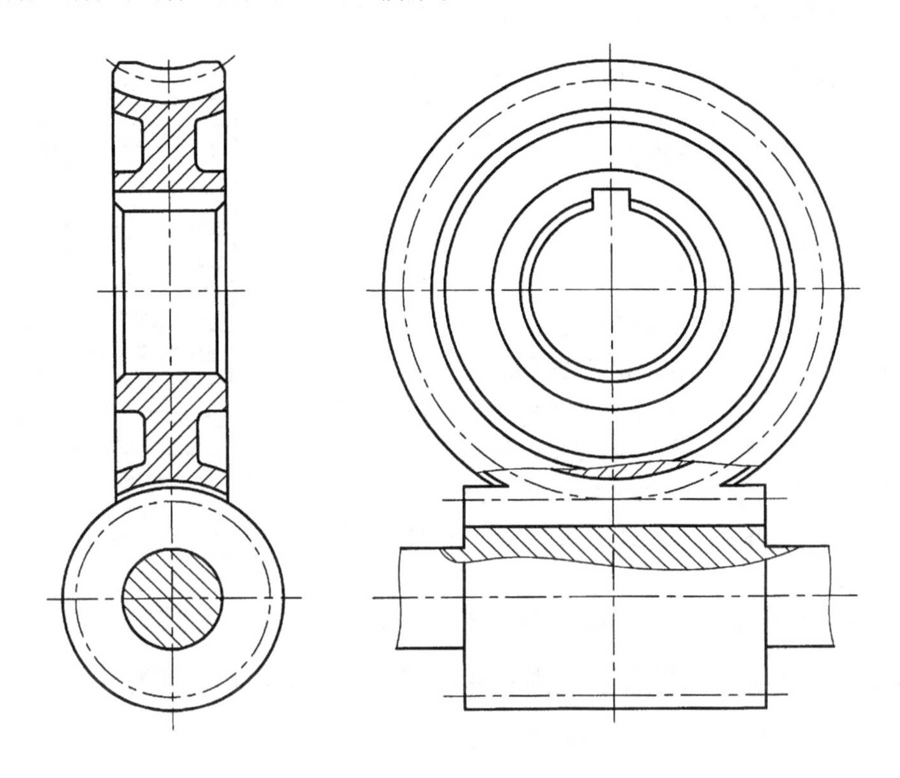

图 8－32　蜗轮、蜗杆啮合画法

8.4　弹　簧

弹簧是利用材料的弹性，通过变形储存能量的一种零件，可用于减震、夹紧、测力等。

常用螺旋弹簧如图 8－33 所示。根据受力方向不同，圆柱螺旋弹簧又分为压缩弹簧、拉伸弹簧和扭转弹簧三种。本节主要介绍圆柱压缩弹簧的尺寸计算及画法。

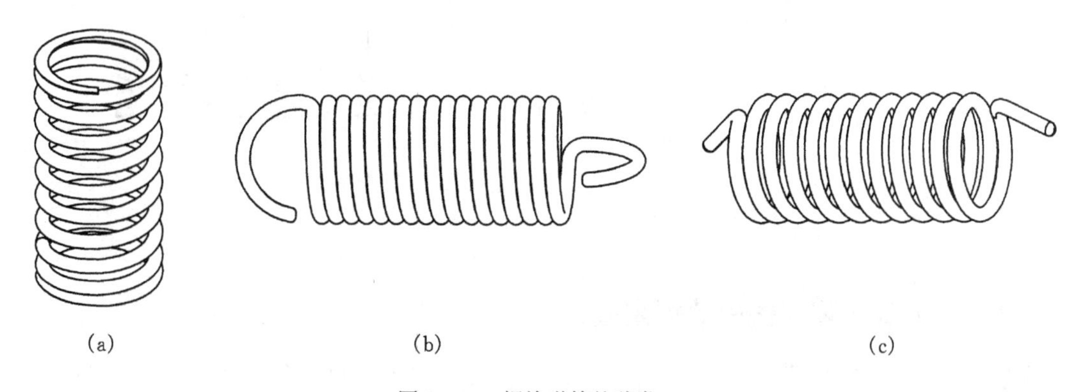

(a)　　(b)　　(c)

图 8－33　螺旋弹簧的种类

8.4.1 圆柱螺旋压缩弹簧各部分名称及代号

(1) 簧丝直径 d　制造弹簧的钢丝直径。如图 8－34 所示。

(2) 弹簧外径 D　弹簧的最大直径。

弹簧内径 D_1　弹簧的最小直径。

弹簧中径 D_2　弹簧外径和内径之合的平均值，即 $D_2=(D+D_1)/2=D-d$。

(3) 节距 t　两相邻有效圈截面中心线的轴向距离。

(4)有效圈数 n　保持节距相等的圈数。

支撑圈数 n_2　为保证弹簧被压缩时受力均匀，常将弹簧的两端磨平并压紧，它们仅起支撑作用称为支撑圈。一般支撑圈为 1.5 圈、2 圈和 2.5 圈，以 2.5 圈居多。

(5)弹簧的自由高度 H_0　弹簧在不受外力时的最大高度。

(6) 弹簧簧丝展开长度 L　制造弹簧的簧丝长度。

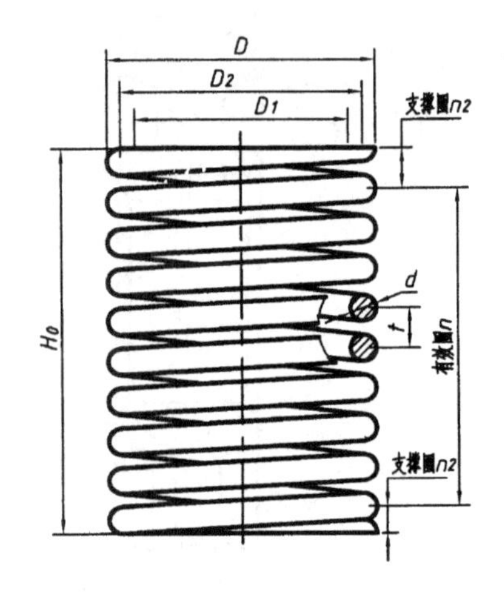

图 8－34　弹簧的画法

8.4.2 圆柱螺旋压缩弹簧的规定画法(GB/T 4459.4—1984)

弹簧各圈的轮廓在平行于轴线的投影面的视图中通常以倾斜直线近似地代替螺旋线画出，不论是左旋或右旋弹簧，一律画成右旋，但左旋弹簧要注出旋向“左”字；当有效圈数 $n>4$ 时，只需画出其两端的 1～2 圈(支撑圈除外)，中间各圈用细点画线代替。

圆柱螺旋弹簧的画图步骤如图 8－35 所示。

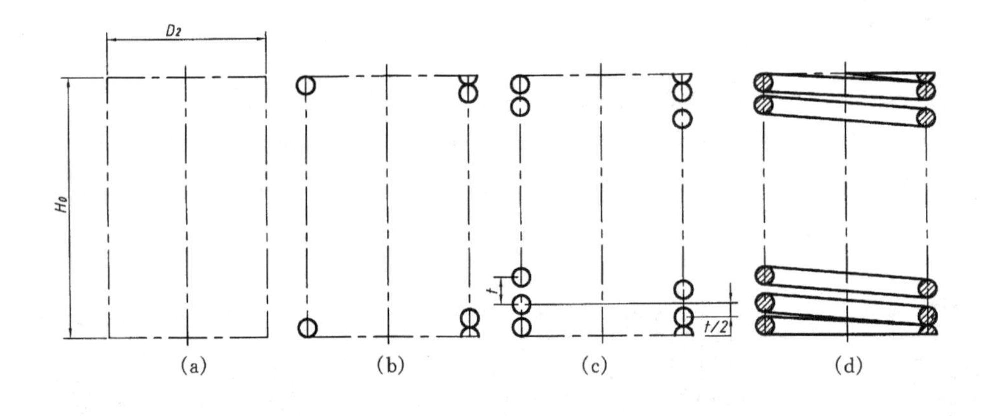

图 8－35　弹簧的画法

8.4.3 弹簧在装配图中的规定画法

在装配图中，螺旋弹簧被剖切后，弹簧后面被挡住的零件轮廓一律不画；当簧丝直径 $d\leqslant 2$ mm时，其断面可用涂黑表示，或采用示意画法，如图 8－36 所示。

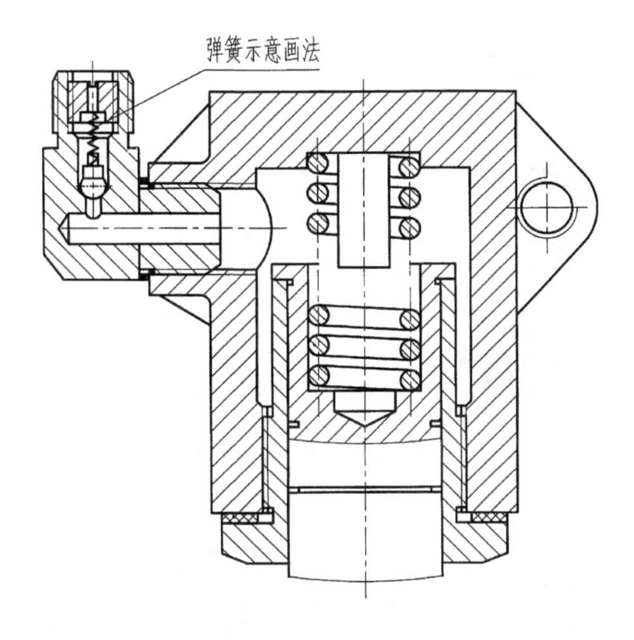

图 8－36　装配图中弹簧的画法

8.5　滚动轴承

滚动轴承是用来支承轴的部件，具有结构紧凑，摩擦阻力小的特点，因此在机器中得到广泛使用。

滚动轴承的类型很多，它的结构一般由外圈（座圈）、内圈（轴圈）、滚动体和保持架等组成。本节主要介绍常见的深沟球轴承、圆锥轴承和推力球轴承的画法和标记。

8.5.1　滚动轴承的画法

滚动轴承是标准件，不必画出它的零件图，只需在装配图中根据给定的轴承代号，从轴承标准中查出外径 D、内径 d、宽度 $B(T)$等几个主要尺寸，按规定画法或特征画法画出，其具体画法见表 8－23。

表 8－23　常用滚动轴承的规定画法和特征画法

轴承名称及代号	结构形式	规定画法	特征画法
深沟球轴承 GB/T276—1994 类型代号 6 主要参数 D、d、B	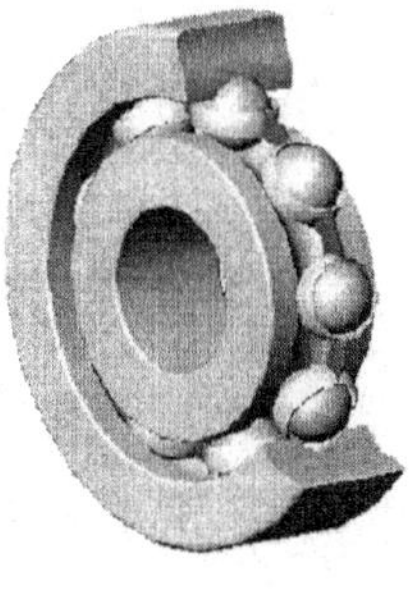	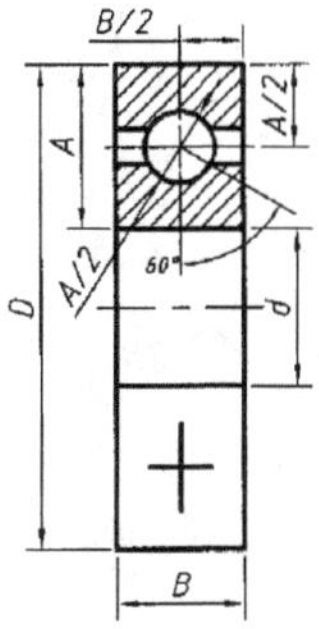	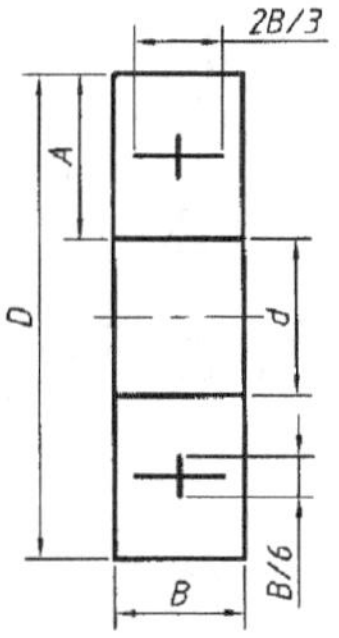

续表 8-23

轴承名称及代号	结构形式	规定画法	特征画法
圆锥滚子轴承 GB/T297—1994 类型代号 3 主要参数 D、d、T			
推力球轴承 GB/T301—1995 类型代号 5 主要参数 D、d、T			

轴承作为一个整体零件，在剖视图中，轴承的内圈和外圈的剖面线方向和间隔均要相同。

在表示轴承端面的视图上，无论滚动体的形状(球、柱、锥、针等)和尺寸如何，可将轴承按通用画法画出，如图 8-37 所示。

如图 8-38 所示，是滚动轴承的装配图例。

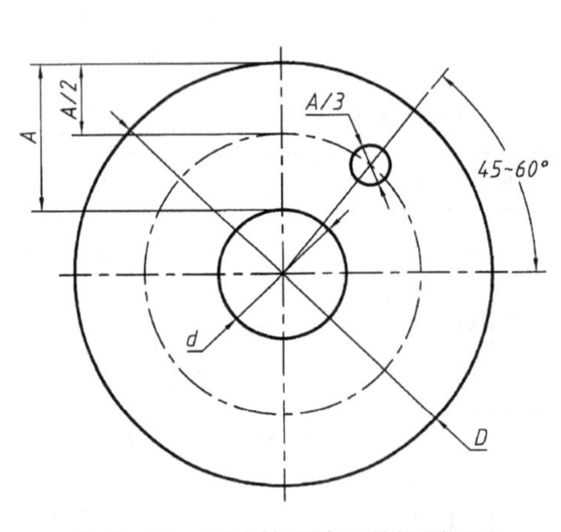

图 8-37　滚动轴承端面的视图画法

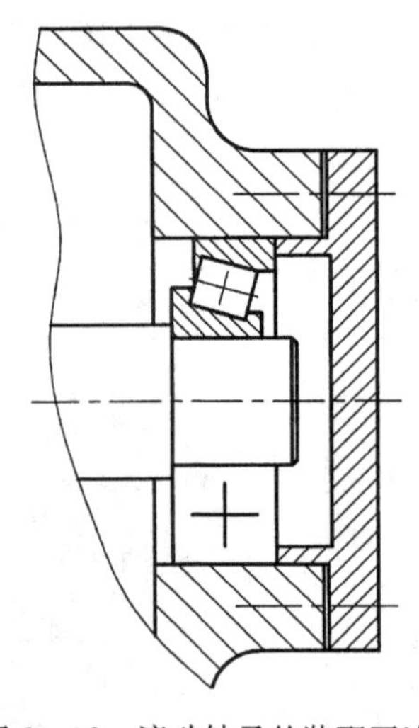

图 8-38　滚动轴承的装配画法

8.5.2 滚动轴承的标记

滚动轴承的标记由名称、代号和标准编号三部分组成。轴承的代号有基本代号和补充代号，基本代号表示轴承的基本结构、尺寸、公差等级、技术性能等特征。

滚动轴承的基本代号(滚针轴承除外)由轴承类型代号、尺寸系列代号、内径代号三部分组成。滚动轴承的标记示例如下：

滚动轴承　6208　GB/T 276—1994

这里，6—深沟球轴承类型代号；2 (02) —尺寸系列代号；08 —内径代号。

滚动轴承　30307　GB/T 297—1994

这里，3—圆锥滚子轴承类型代号；03 —尺寸系列代号；07—内径代号。

一般实际内径尺寸为：内径代号×5。如 30307 的实际内径尺寸为 7×5=35 mm。

轴承的类型代号用数字或字母表示。常见的类型代号“3”表示为圆锥滚子轴承；“5” 表示为推力球轴承；“6” 表示为深沟球轴承；“N”表示为圆柱滚子轴承。

为适应不同的工作(受力)情况，在内径一定的情况下，轴承有不同的宽(高)度和不同的外径大小，它们成一定的系列，称为轴承的尺寸系列。一般尺寸内径代号表示见表 8-24。

表 8-24　部分轴承的公称内径代号

轴承公称内径/ mm		内径代号		示例
10 到 17	10	00		深沟球轴承 6200 $d=\varnothing 10$ mm
	12	01		
	15	02		
	17	03		
20 到 480 (20、28、32 除外)		公称直径除以 5 的商数，当商数为个位数时，需在商数左边加“0”		深沟球轴承 6208 $d=\varnothing 40$ mm
20、28、32		用公称内径毫米数直接表示，但在与尺寸系列代号之间用“/”分开		深沟球轴承 62/08 $d=\varnothing 22$ mm

当轴承在形状结构、尺寸、公差、技术要求等有改变时，可使用补充代号。在基本代号前面添加的补充代号(字母)称为前置代号，在基本代号后面添加的补充代号(字母或字母加数字)称为后置代号。前置代号和后置代号的有关规定可查阅有关手册。

表 8-25、表 8-26、表 8-27 分别给出深沟球轴承、圆锥滚子轴承和推力球轴承的各部分尺寸，供设计绘图时查阅。

表 8 - 25　深沟球轴承各部分尺寸（GB/T 276—1994）

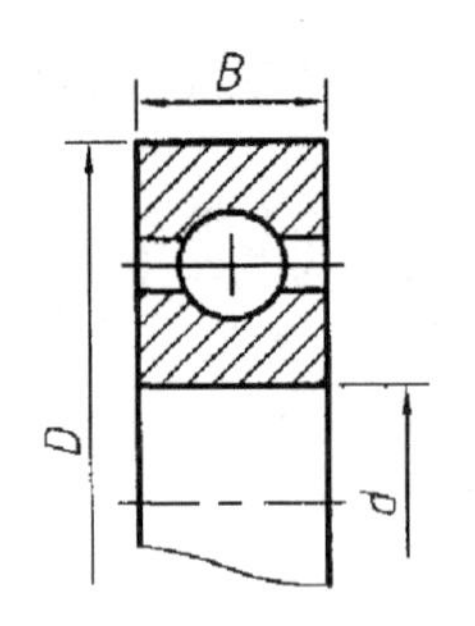

类型代号 6

标记示例

内径 d 为$\varnothing$60 mm、尺寸系列代号为(0)2 的深沟球轴承，其标记为：

滚动轴承 6212 GB/T 276

轴承代号	尺寸/ mm			轴承代号	尺寸/ mm		
	d	D	B		d	D	B
尺寸系列代号(1)0				尺寸系列代号(0)3			
6000	10	26	8	6307	35	80	21
6001	12	28	8	6308	40	90	23
6002	15	32	9	6309	45	100	25
6003	17	35	10	6310	50	110	27
尺寸系列代号(0)2				尺寸系列代号(0)4			
6202	15	35	11	6408	40	110	27
6203	17	40	12	6409	45	120	29
6204	20	47	14	6410	50	130	31
6205	25	52	15	6411	55	140	33
6206	30	62	16	6412	60	150	35
6207	35	72	17	6413	65	160	37
6208	40	80	18	6414	70	180	42
6209	45	85	19	6415	75	190	45
6210	50	90	20	6416	80	200	48
6211	55	100	21	6417	85	210	52
6212	60	110	22	6418	90	225	54
6213	65	120	23	6419	95	240	55

表 8 - 26　圆锥滚子轴承各部分尺寸 (GB/T 297—1994)

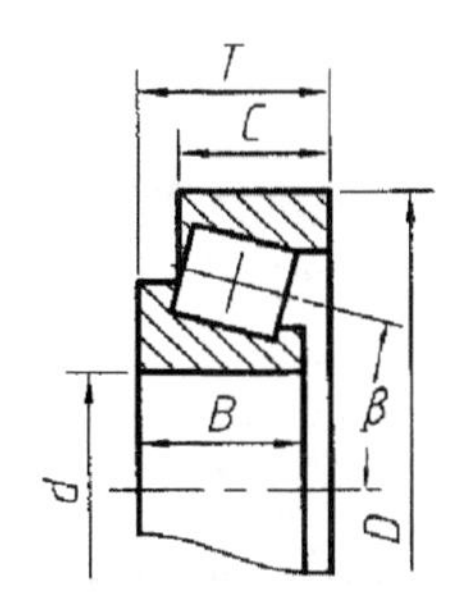

类型代号 3

标记示例

内径 d 为∅35 mm、尺寸系列代号为03 的圆锥滚子轴承，其标记为：

滚动轴承 30307 GB/T 297

轴承代号	尺寸/ mm					轴承代号	尺寸/ mm				
	d	D	T	B	C		d	D	T	B	C
尺寸系列代号(0)2						尺寸系列代号(0)4					
30207	35	72	18.25	17	15	32309	45	100	38.25	36	30
30208	40	80	19.75	18	16	32310	50	110	42.25	40	33
30209	45	85	40.75	19	16	32311	55	120	45.5	43	35
30210	50	90	21.75	20	17	32312	60	130	48.5	46	37
30211	55	100	22.75	21	18	32313	65	140	51	48	39
30212	60	110	23.75	22	19	32314	70	150	54	51	42
尺寸系列代号 03						尺寸系列代号 30					
30307	35	80	22.75	21	18	33005	25	47	17	17	14
30308	40	90	25.25	23	20	33006	30	55	20	20	16
30309	45	100	27.25	25	22	33007	35	62	21	21	17
30310	50	110	29.25	27	23	尺寸系列代号 31					
30311	55	120	31.5	29	25	33108	40	75	26	26	20.5
30312	60	130	33.5	31	26	33109	45	80	26	26	20.5
30313	65	140	36	33	28	33110	50	85	26	26	20
30314	70	150	38	35	30	33111	55	95	30	30	23

注：原轴承型号为“7”。

表 8-27　圆锥滚子轴承各部分尺寸(GB/T 297—1994)

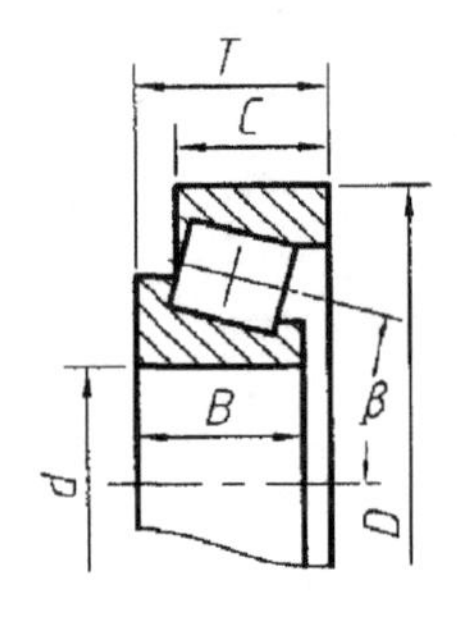

类型代号 5

标记示例

轴圈内径 d 为∅40 mm、尺寸系列代号为 13 的推力球轴承，其标记为：

滚动轴承 51308 GB/T 301

轴承代号	尺寸/ mm				轴承代号	尺寸/ mm			
	d	d_1	D	T		d	d_1	D	T
尺寸系列代号(0)11					尺寸系列代号(0)12				
51112	60	62	85	17	51214	70	72	105	27
51113	65	67	90	18	51215	75	77	110	27
51114	70	72	95	18	51216	80	82	115	28
尺寸系列代号 12					尺寸系列代号 13				
51204	20	22	40	14	51304	20	22	47	18
51205	25	27	47	15	51305	25	27	52	18
51206	30	32	52	16	51306	30	32	60	21
51207	35	37	62	18	51307	35	37	68	24
51208	40	42	68	19	51308	40	42	78	26
51209	45	47	73	20	尺寸系列代号 14				
51210	50	52	78	22	51405	25	27	60	24
51211	55	57	90	25	51406	30	32	70	28
51212	60	62	95	26	57407	35	37	80	32

注：原轴承型号为“8”。

思考题

1. 螺纹的基本要素有哪些?
2. 标准螺纹有哪几种，它们的牙型代号是什么?
3. 公称直径为 10 mm 的左旋细牙普通螺纹，它的螺距有几种，其螺纹孔如何标记?
4. 试述螺纹的倒角、螺纹终止线、大径和小径的画法规定。
5. 写出下列螺纹的标记

   (1)粗牙普通螺纹，大径为 24，螺距为 3，右旋，中径和顶径公差带代号均为 6g，中等旋合长度。

   (2)细牙普通螺纹，大径为 20，螺距为 2，左旋，中径公差带代号为 5H，顶径公差带代号为

6H,长旋合长度。

(3) 梯形螺纹,大径为 28,螺距为 5,单线,左旋,中径公差带代号为 8e,中等旋合长度。

6. G1/2, G3/4A,R1 表示什么意思?试查表写出 G1/4 的螺纹大径和螺纹小径的数值。

7. 螺栓、双头螺柱和螺钉这三种紧固连接,在结构上和应用上有什么区别?

8. 螺栓 GB/T 5782—1986—M12×50,垫圈 GB/T 93—1987—10 各表示什么意思?

9. 键 18×100 GB/T 1096—1979 表示什么意思?

10. 键槽的尺寸如何标注?

11. 圆柱直齿齿轮的分度圆直径如何计算?

12. 滚动轴承 6206 表示什么意思?

第9章　零 件 图

组成机器或部件最基本的构件是零件。根据零件在机器或部件上的作用不同，一般可将零件分为三种类型：①标准件，如紧固件（螺栓、螺母、螺钉、垫圈等）、键、销等，它们的形状结构、尺寸、材料都已标准化，设计人员只需查表选用，无需自行设计加工；②常用件，此类零件的部分结构参数也已标准化、系列化，如齿轮、弹簧等；③一般零件，除以上两类外，其余多数零件都必须按照部件及机器的功能、结构要求进行设计绘制零件图。如图 9－1 所示为滑动轴承和轴承座零件立体图，图 9－2 为滑动轴承中轴承座的零件图。

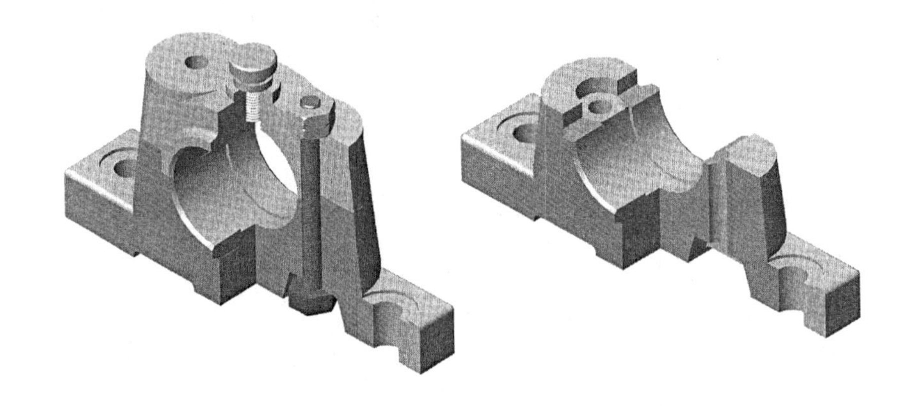

(a)滑动轴承　　　　(b)轴承座

图 9－1　滑动轴承和轴承座零件立体图

9.1　零件图的作用及内容

9.1.1　零件图的作用

表示单个零件的结构形状、大小及技术要求等内容的图样称为零件图。零件图是加工、制造和检验零件的依据，是生产中重要的技术文件。

9.1.2　零件图的内容

图 9－2 是轴承座的零件图，从中可以看出，一张完整的零件图应包括以下内容。

(1) 一组图形　根据零件的结构特点，选择适当的表达方法，表达零件的内、外结构形状。可采用视图、剖视图、断面图、局部放大图等各种表达方法。

(2) 一组尺寸　正确、完整、清晰、合理地标注出制造和检验零件所需的全部尺寸。

(3) 技术要求　用一些规定的符号、数字或文字注解，表达出制造、检验零件时应达到的各项技术指标，如表面结构要求、尺寸公差、形位公差、材料及热处理等。

(4) 标题栏　填写零件的名称、材料、绘图比例、数量、图号、日期以及设计者、审核者的签名等。

如图 9－2 所示，零件的表达选择了主视半剖、左视半剖和俯视图。图中标注有反映内外形状及细部结构的所有尺寸，图中的 ⌀60H8 是基本尺寸及公差代号，图中还标注有表面结构要求及以文字形式注写的技术要求等内容。

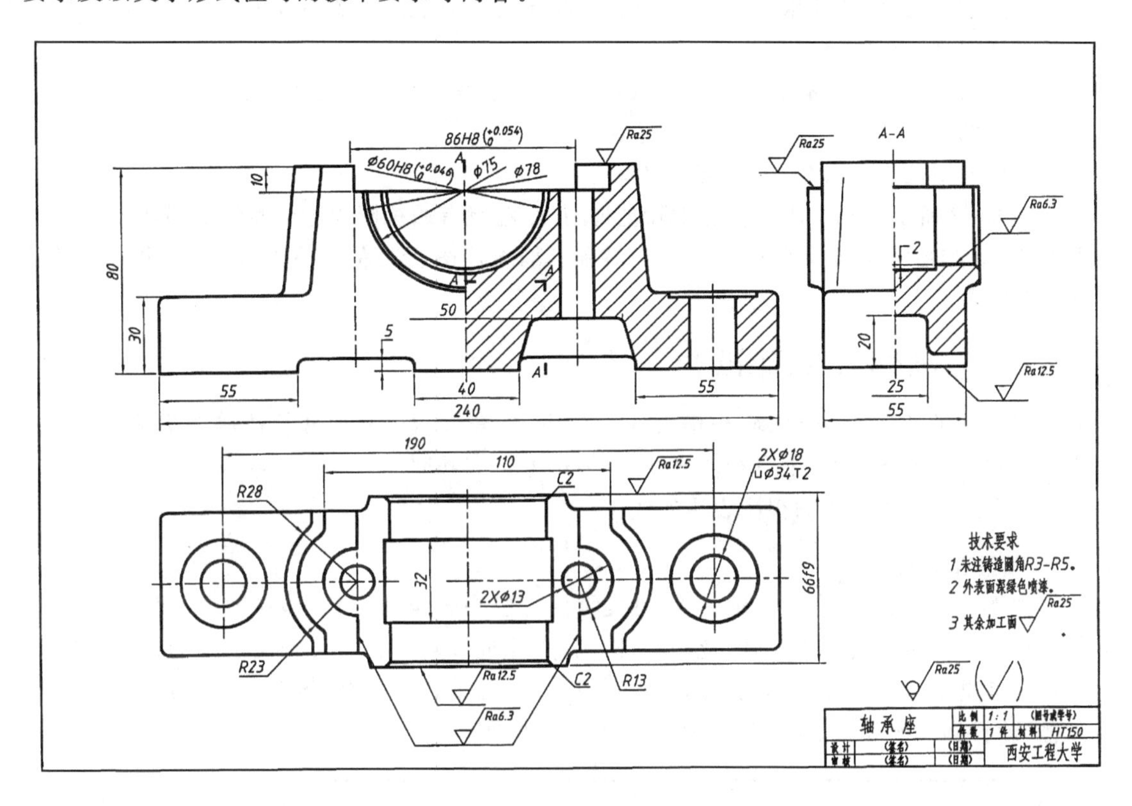

图 9－2　轴承座零件图

9.2　零件图的视图表达

9.2.1　零件图的视图选择

零件图的视图选择，是选择适当的表达方法，将零件的内、外结构形状正确、完整、清晰地表达出来，以利于看图。

主视图是视图中最主要的一个视图，应该首先确定主视图，然后确定其它视图。

1. 主视图的选择

选择主视图时，应遵循以下原则。

（1）以零件加工位置或工作位置放置　加工位置是指零件加工过程中在机床上的装夹位置。而工作位置是零件在安装或工作中所处的位置。零件加工位置明显时应按加工位置安放绘制主视图，以有利于加工时看图方便。有些零件加工过程比较复杂，需要在各种不同的机床上加工，主视图按零件在机器中的工作位置画出。

(2)反映形状特征　选择主视方向以能较多的反映零件的形状特征作为主视投影方向。如图 9－2 所示主视反映轴承座形状特征较好。

2. 其它视图的选择

主视图选择之后，还应根据表达零件的需要，选择其它视图和表达方法。

选择其它视图应注意以下几点。

①应分析出主视图没有反映出的形状与结构，配置其它图形以完整表达。

②配置的每一个图形应有明确的表达目的。

③采用合适的表达方法，表达结构简单清晰。

如图 9－2 所示的轴承座零件图中除主视图外，配置有俯视图表达此零件上部轴承孔处真形及宽度，下部底板处真形及两沉孔分布；另有半剖左视图反映左端外形、轴承孔的阶梯深度及底部开槽等。

9.2.2　典型零件的视图选择

机械零件种类繁多，按结构、作用大致可分为：轴套、轮盘、叉架和箱体等四类典型零件。每一类零件在结构上、功能上有相似之处，在表达上也有共同的特点。

下面介绍这几类零件的视图表达方法。

1. 轴套类零件

这类零件主要有轴、套筒和轴套等，轴类零件安装在轴承或轴孔上，在轴上安装传动件用以传递运动和扭矩。套筒类零件是空心结构，起支撑轴和对轴上零件轴向定位的作用。轴套类零件通常是由若干段直径不同的圆柱体组成，常见的结构有阶梯、键槽、孔、倒角、螺纹以及退刀槽、砂轮越程槽等。如图 9－3 所示，它是泵轴的零件图。

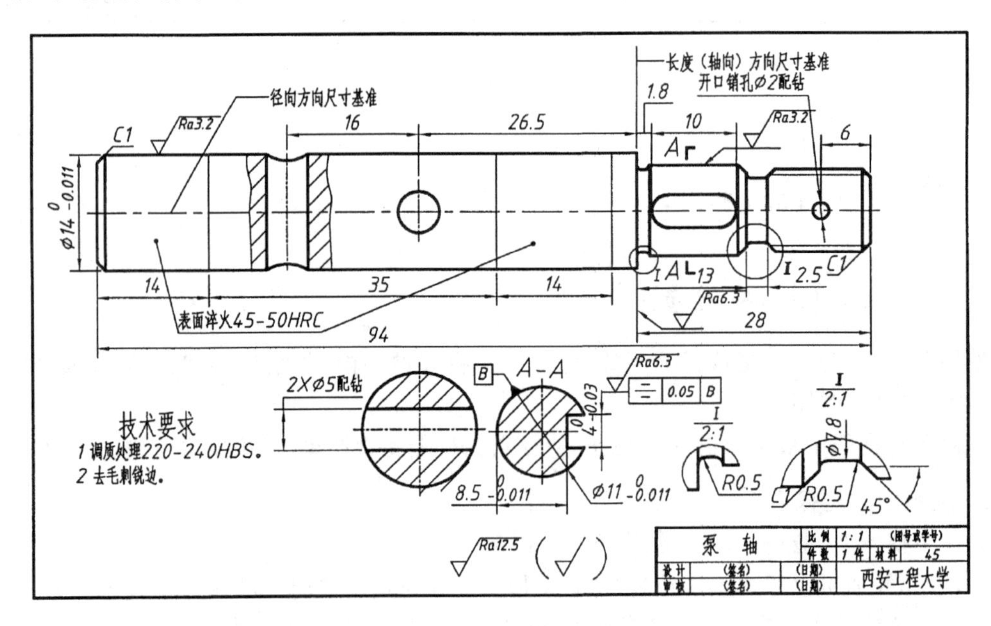

图 9－3　泵轴的零件图

轴套类零件主要在车床、磨床上加工，加工时其轴线必须水平放置。为了加工时看图方便，主视图选择加工位置安放，以垂直轴线方向作为主视投影方向，如图 9-3 所示。

键槽、孔、退刀槽等结构，在主视图上未表达清楚的，可用移出断面图、局部视图、局部放大图等方法确切表达其形状和标注尺寸。如图 9-3 中所示，用两个移出断面图、两个局部放大图，分别表达圆柱销孔的位置、键槽的深度以及越程槽、退刀槽的结构及尺寸。

轴套类零件一般多采用一个基本视图和若干个断面图、局部放大图等来表示。主视图中常有局部剖视。

2. 盘盖类零件

盘盖类零件如齿轮、皮带轮、手轮、法兰盘和端盖等，形状多为扁平的盘状结构，径向尺寸较大，而轴向尺寸较小。盘盖类零件多有阶梯孔或阶梯柱。盘盖常有沿圆周分布的孔、槽、肋、轮辐等结构，如图 9-4 所示，为一端盖的零件图。

盘盖类零件主要在车床上加工，盘盖类零件的表达一般选取两个基本视图，主视图将轴线水平放置，采用全剖视、半剖或旋转剖等。图 9-4 的主视图就是轴线水平放置的全剖视图，表达出端盖的厚度、中心的阶梯轴孔及均布的阶梯小孔的内形。

盘盖类零件的外形及上面的孔、槽、肋、轮辐等结构的分布状况，一般采用左视图（或右视图）来表示，如图 9-4 选择了左视图，反映六个阶梯孔的分布和两个销钉孔的位置等。

此外，对于两个基本视图尚未表达清晰的局部或细小结构，应考虑采用局部视图或局部放

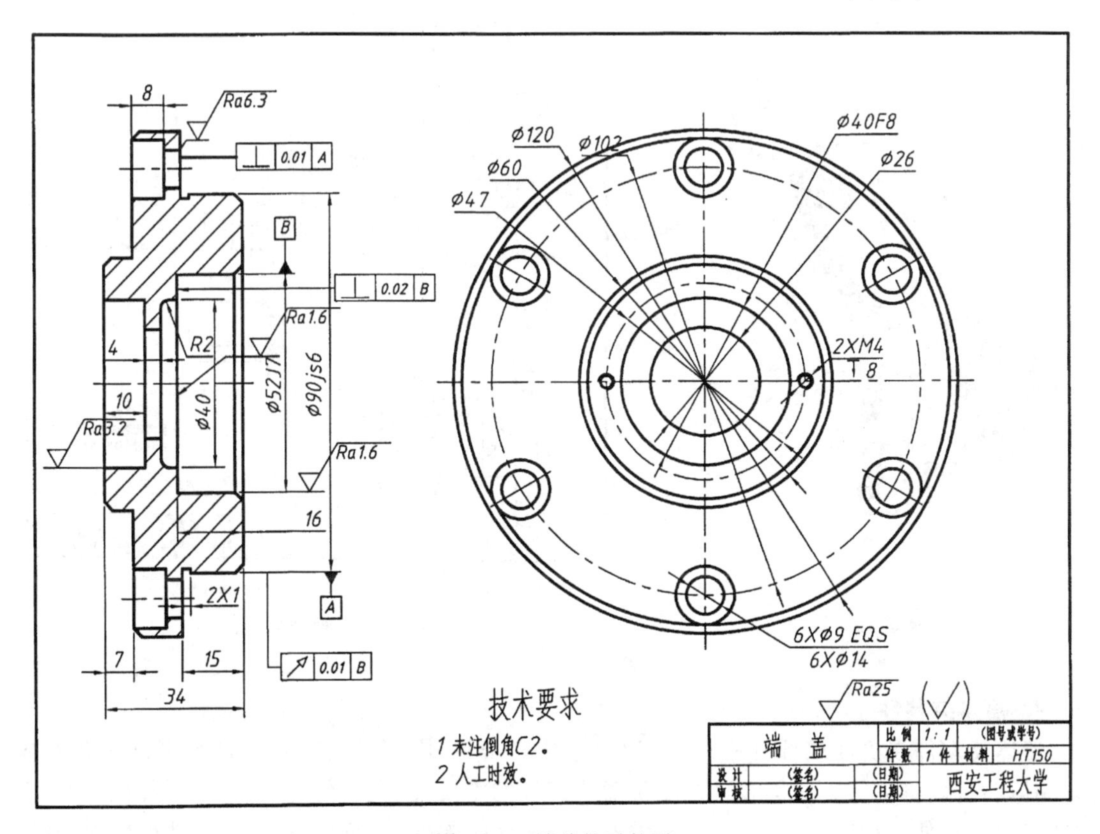

图 9-4　端盖的零件图

大图等补充表达。

3. 叉架类零件

叉架类零件包括拨叉、连杆、支架等。拨叉与连杆多用于机床与内燃机的操纵与控制系统中。支架主要起支撑和连接作用。叉架类零件一般是铸造或锻造的，结构复杂，且需要多工序机械加工。此类零件通常由工作部分、支撑部分及连接部分组成。图 9-5 是踏脚板的轴测图，如图所示，该零件由支撑在轴上的套筒（支撑部分）、固定在其它零件上的安装板（工作部分），以及起连接作用的肋板（连接部分）等组成。

踏脚板在选择主视图时，主要考虑反映形状特征。如图 9-6 所示，主视图主要表达了该零件的三个部分结构及连接关系。

主视图仅表达了踏脚板的主要形状，因此还要选择一些其它视图将其表达完整。如图 9-6中，除主视图外，还采用局部剖的俯视图表达前后对称关系、套筒上凸台真形及位置、肋板的宽度、踏板的凹坑小孔等等。

B 向视图则表达安装板的形状及安装孔的位置。移出断面表达连接结构的断面形状。

叉架类零件常需要多个视图表达其结构，尤其是拨叉，用在机床、内燃机等机器中的控制系统或操纵系统中，受空间位置的影响，零件上歪曲扭斜部分较多，表达时多用到斜视图或斜剖视图。

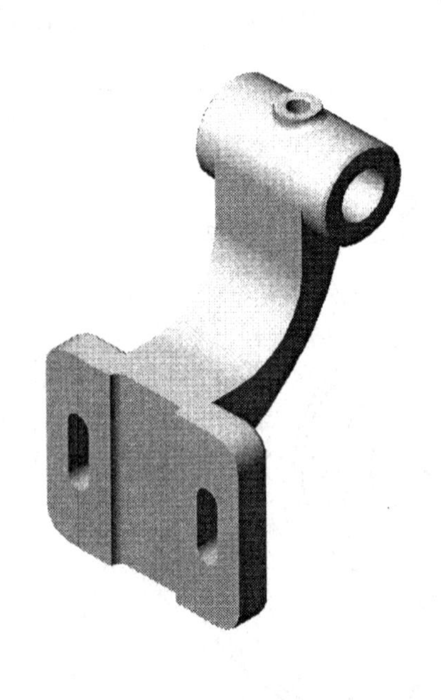

图 9-5 脚踏板轴测图

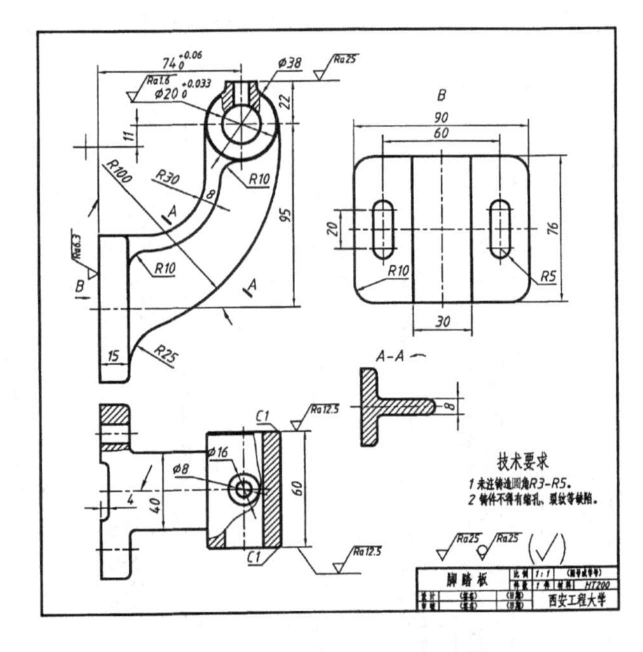

图 9-6 脚踏板零件图

4. 箱体类零件

箱体类零件在机器或部件中用于容纳、支承和密封、固定其它零件。这类零件主要有泵体、阀体、箱体、机座等。这类零件多是机器或部件的主要件、最大件，内形与外形都很复杂，毛坯几乎都是铸件。如图 9-7 是箱体类零件——泵体的零件图，可以看出，该零件由底板、圆形空腔、连接肋板以及两侧及后端的圆形凸台等组成。

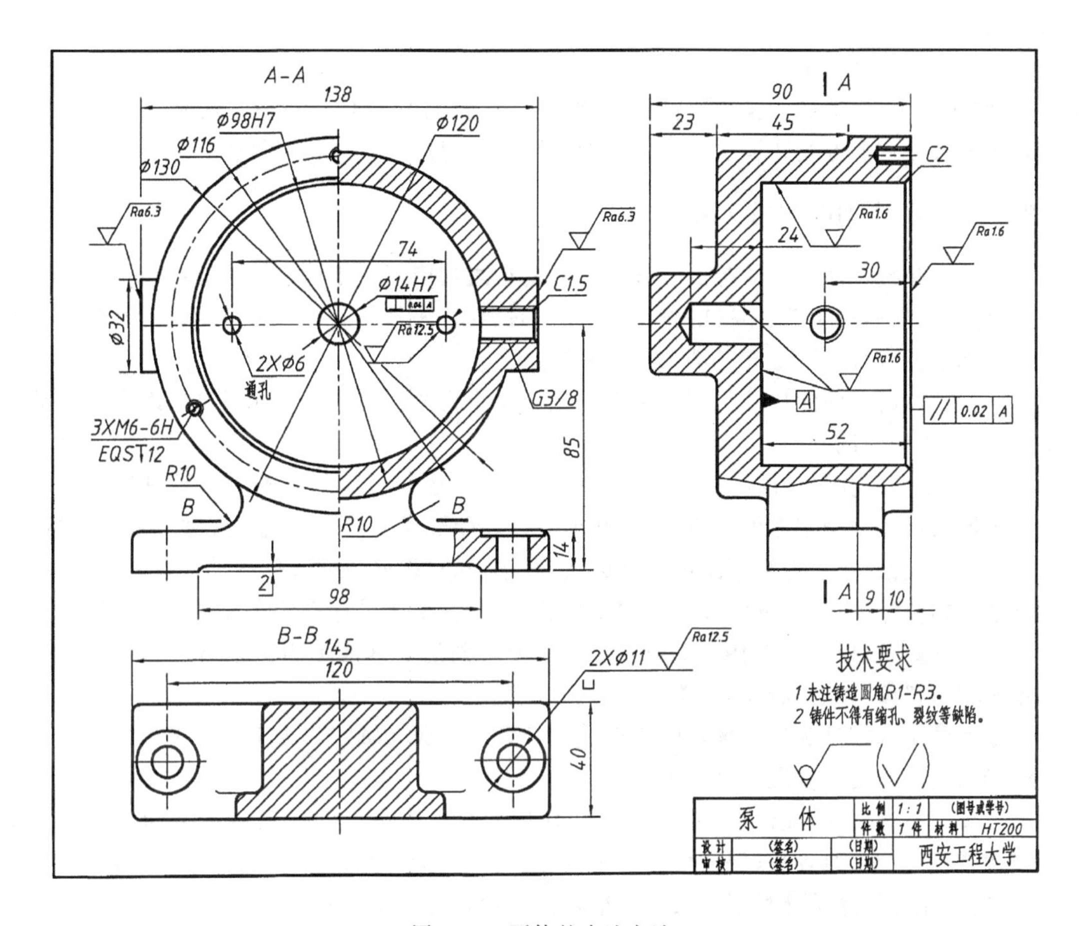

图 9-7 泵体的表达方法

箱体类零件加工工序较复杂,加工位置多变,而工作位置固定,故在选择主视图时,一般按工作位置放置,而其投影方向则以能充分反映出零件的形状特征为选取原则。如图 9-7 所示,泵体的主视图就是按工作位置并考虑形状特征、从正前方投影,采用半剖画出的,既反映出泵体的端面真形,螺纹小孔分布,又兼顾表达一端带管螺纹油孔的内形。底板做局部剖反映沉孔(锪平)。这样,该零件的主要形状特征、内部结构以及两端凸台位置、肋板形状、底板凹坑都已基本表达清楚。

除主视图外,还采用了左视局部剖视图,表达圆形空腔以及轴孔、螺纹孔的深度和位置;B—B为俯视剖视图则表达了底板的形状及两安装孔的位置、肋板的厚度及位置。

可见,箱体类零件常需多个基本视图表达,不仅外形复杂,往往有底板、支撑轴的凸台及安装平面,内形多为空腔,以安装传动件等,因此在视图中全剖、半剖、局部剖及阶梯剖常被采用。局部视图也多被用来表达凸台及底板真形。

9.3 零件图的尺寸标注

9.3.1 零件图尺寸标注的基本要求

尺寸标注是零件图的一个重要组成,完整、清晰、合理地标注尺寸是加工出合格零件的必备条件。

零件图尺寸合理是指所注尺寸一要满足设计要求，以保证产品的质量性能；二要满足工艺要求，以便于加工、制造和检验。要做到合理仅有本门课程的知识还不够，还必须了解其它相关课程内容及一定的专业知识、了解加工过程及工艺知识。

9.3.2 零件图的尺寸基准

尺寸基准是指标注尺寸的起点。确定尺寸基准之前应了解零件在部件(或机器)中的安装位置、零件之间的连接关系、零件的作用及加工的过程。按基准的作用可分为设计基准和工艺基准。按基准的地位可分主要基准和辅助基准。

零件长、宽、高方向的尺寸都应有基准。当一个方向上尺寸基准有几个时，其中之一是主要基准，其余皆为辅助基准。

(1)设计基准　在设计时根据零件的结构和设计要求而设定的基准为设计基准。设计基准是在机器或部件中确定零件位置的面、线或点。在装配尺寸链中组成环尺寸的首尾相接处，一般就是设计基准，在零件图中常以零件的底面、端面、对称面及回转体的轴线作为设计基准。从设计基准出发标注尺寸，可以直接反映设计要求，能体现所设计零件在部件中的功能。

(2)工艺基准　根据零件在加工或测量时的要求而选定基准称为工艺基准。工艺基准是确定零件相对机床、工装或量具位置的面、线或点。

在零件图中选零件和相邻零件的接触面或公共对称面及轴线作为工艺基准方便装夹与定位，选端面、底面作工艺基准有利于测量。

为了保证设计要求，又便于加工测量，选择尺寸基准时尽可能使设计基准和工艺基准重合。当两者不能统一时，应以保证设计要求为主。使设计基准为主要基准，工艺基准为辅助基准，某方向的主要尺寸基准和辅助尺寸基准之间一定要有联系尺寸。

如图 9-3 所示轴套类零件，一般以水平放置的轴线作为径向尺寸基准(也是宽度和高度方向的尺寸基准)。这样就把加工设计上的要求和加工时的工艺基准统一起来了。轴套类零件长度方向的尺寸基准常选用重要的端面、接触面(轴肩)或加工面等。如图 9-3 所示，将轴肩端面(这里装配时，将靠着传动齿轮)作为长度方向的尺寸基准，为设计基准。由此注出 13、28、1.8 和 26.5 等尺寸。以右端作为长度辅助基准，它是工艺基准，从而注出总长 94 和开口销孔∅2 的定位尺寸 6。泵轴中的键槽深度是由 8.5 决定的，其测量基准是键所在那段轴的一条轮廓素线，它是工艺基准。在长度方向的设计基准轴肩及工艺基准右端面之间有一长 28 的联系尺寸。

对盘盖类零件，如图 9-4 所示的端盖来说，径向是以轴线作为设计基准，轴向则是以∅120柱的右端面作为设计基准，此端面是端盖和箱体的接触面。而端盖的最右端面可作为工艺基准，15 是两基准之间的联系尺寸。

9.3.3 尺寸标注的基本形式

由于零件的设计要求、结构特点、加工方法不同，尺寸基准的选择也不相同，使得标注的基本形式有所不同。主要形式有以下几种。

(1)坐标式　同一方向的一组尺寸都从同一基准标注，如图 9-8(a)所示。所有尺寸都由右端面直接引出，各段的精度只影响尺寸自身，不影响其它及整体尺寸。这种尺寸配置的优点是易于保证各端面至基准面的尺寸精度。

(2)链状式　同一方向上的一组尺寸首尾相接标出，前一个尺寸的终止处即为后一个尺寸的基准，如图 9-8(b)所示。相当于一组尺寸串联标注，这种尺寸配置的优点是易于保证各段的长度尺寸精度，但总体尺寸精度难以控制。

(3)综合式　同一方向的一组尺寸是坐标式和链状式的综合，如图 9-8(c)所示。这种尺寸配置的形式具有上述两种形式的优点，可灵活搭配、运用，是应用最多的一种形式。

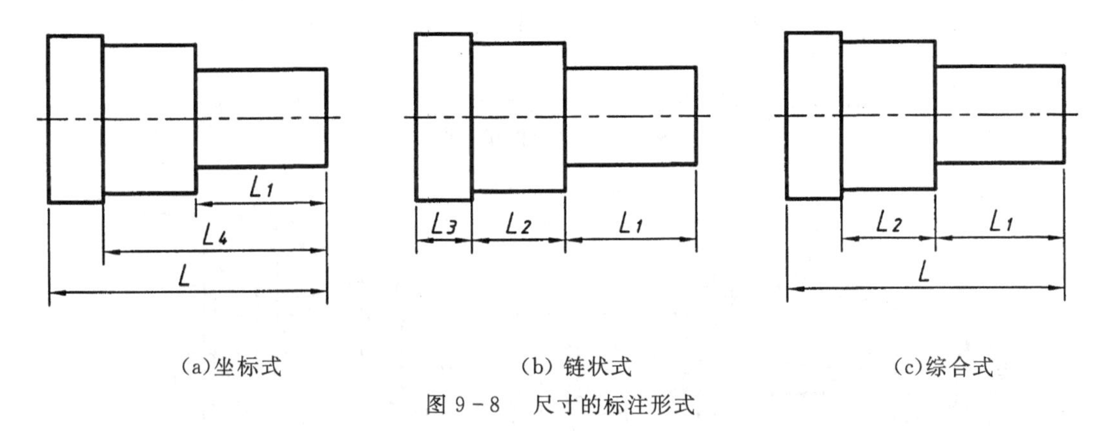

(a)坐标式　　(b) 链状式　　(c)综合式

图 9-8　尺寸的标注形式

9.3.4　尺寸标注的几点基本要求

1. 关键尺寸必须从设计基准直接注出

关键尺寸是指影响产品性能、工作精度和配合的尺寸。关键尺寸应从设计基准直接注出，以避免加工误差的积累，保证尺寸的精度。如图 9-7 所示的泵体，为了保证安装时泵轴孔中心高度的精度，尺寸 85 应从设计基准(底平面)直接注出，以便在加工时得到保证。同理，为了保证安装时，底板上两个 ∅11 的孔与机座上的两个孔能准确配合，两个 ∅11 孔的定位尺寸 120 也应从设计基准(左右对称平面)直接注出。

2. 避免注成封闭的尺寸链

如图 9-9(a)所示，若将小轴的总长和各段长度都注上尺寸，这样就形成了一环接一环而又首尾相接的尺寸标注形式，称为封闭的尺寸链。注出封闭的尺寸链，同时保证各段长度及总体长度，工艺上无法实现。因此，零件图上的尺寸不允许注成封闭的尺寸链。设计中是将其中不重要的一段尺寸空出，这样方能在工艺中保证各段及总体尺寸精度，使误差落入空出的一段，如图 9-9(b)所示。

3. 标注尺寸应适应加工方法、加工顺序的需要

图 9-10 所示阶梯轴，在考虑长度方向的尺寸标注时，先要考虑这根轴各部分外圆的加工顺序，按照这个加工过程把尺寸一一注出，这样便于加工和测量。先粗车 ∅33 外圆，下料保证总长；车 ∅26 保证长度 14；再调头依次车出 ∅33，∅26，∅21，分别保证 39、14 和 12。图 9-10(a)上部尺寸是铣削所用的，下部尺寸为车削加工尺寸。而图 9-10(b)则是将零件的内、外形尺寸分开标注，便于加工。

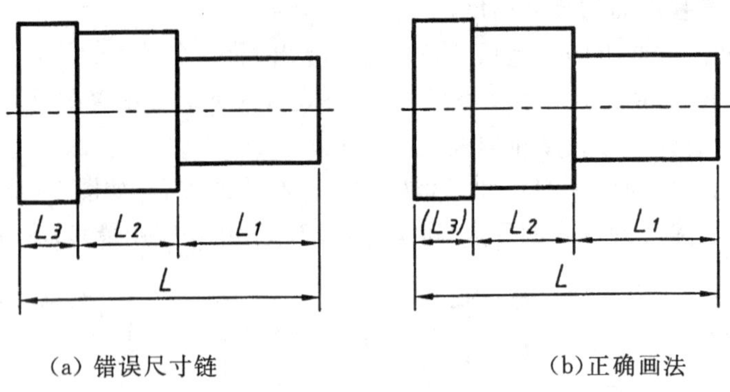

(a) 错误尺寸链　　　　(b)正确画法

图 9-9　尺寸链的正与误

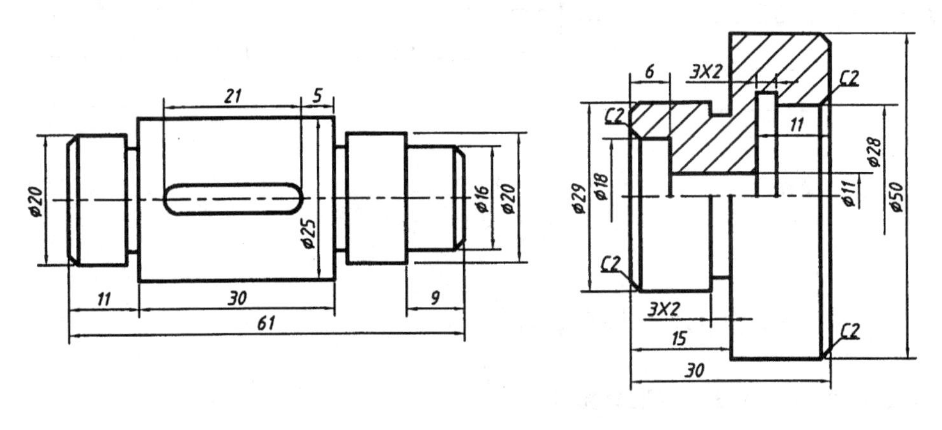

(a) 不同工序尺寸标注　　　　(b)内外形尺寸标注

图 9-10　标注尺寸参照加工方法、加工顺序

4. 标注尺寸考虑测量方便

零件的尺寸应符合设计要求,但同时还应考虑测量方便。图 9-11(a)、(b)虽然都能满足设计要求,但显然图 9-11(b)中 32 难以测量。因此标注时应避免出现此类。

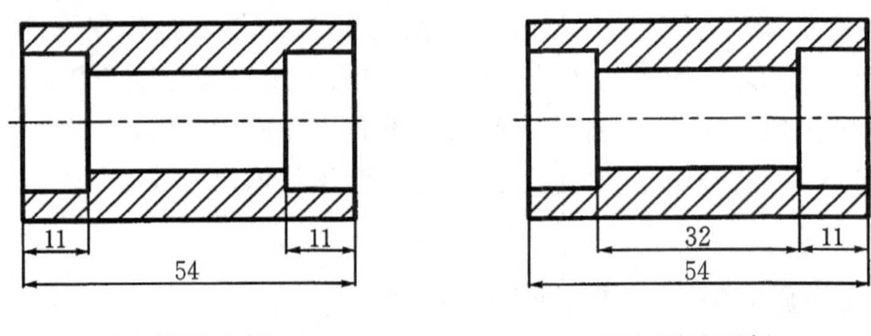

(a) 测量方便　　　　(b) 测量不便

图 9-11　标注尺寸考虑测量方便

9.3.5 常见孔、槽的标注形式

零件上常见孔和工艺结构的尺寸标注方法,如表 9-1 所示。

表 9-1　零件常见孔、槽的尺寸标注

类型	尺寸注法	解释含义
光孔	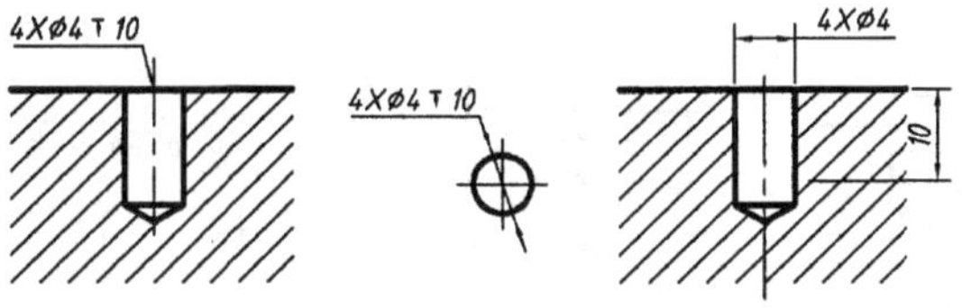 4XØ4↧10；4XØ4↧10；4XØ4，10	表示三个直径为 4 的光孔，孔深为 10
螺纹通孔	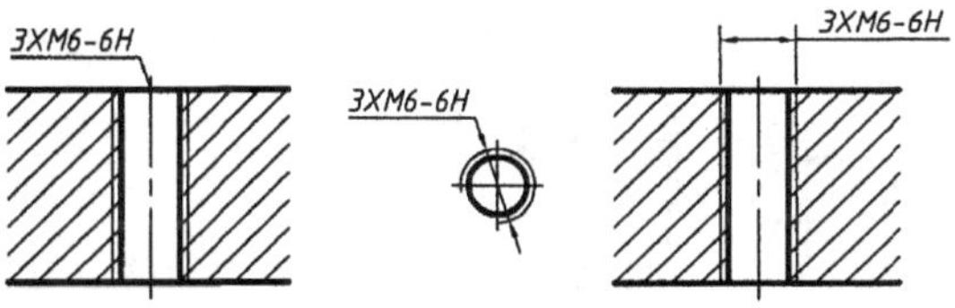 3XM6-6H；3XM6-6H；3XM6-6H	表示三个螺纹通孔均匀分布，公称直径为 6，中径及顶径公差代号均为 6H
螺纹盲孔	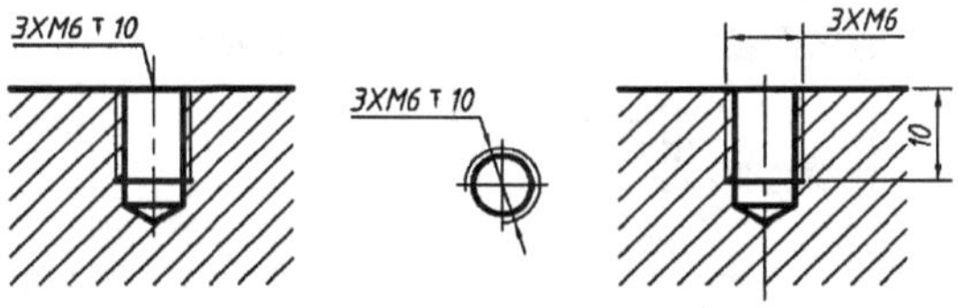 3XM6↧10；3XM6↧10；3XM6，10	表示三个螺纹盲孔均匀分布，公称直径为 6，螺纹深度为 10
沉孔	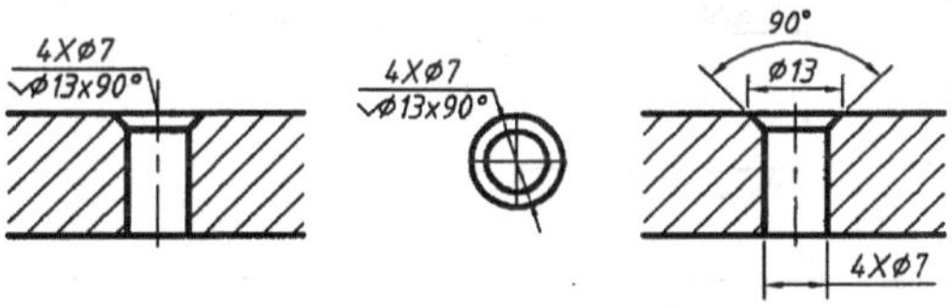 4XØ7 ∨Ø13x90°；4XØ7 ∨Ø13x90°；90°，Ø13，4XØ7	表示锥形沉孔四个，锥形孔大端直径为 13，下端通孔直径为 7。“∨”表示埋头孔符号
沉孔	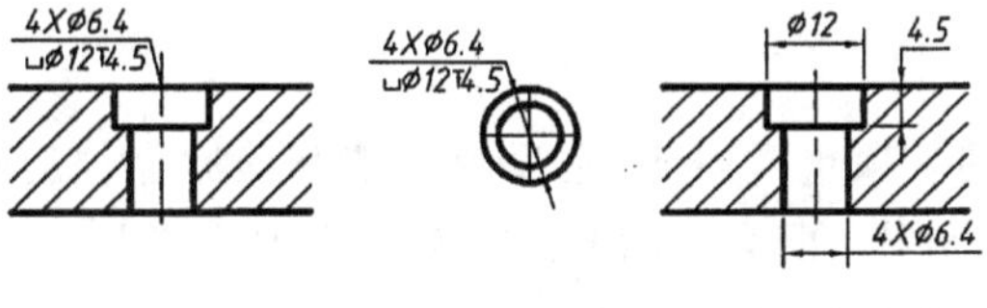 4XØ6.4 ⌴Ø12↧4.5；4XØ6.4 ⌴Ø12↧4.5；Ø12，4.5，4XØ6.4	表示柱形沉孔，四个直径为 6.4 均匀分布的孔，沉孔的直径为 12，深度为 4.5
锪孔	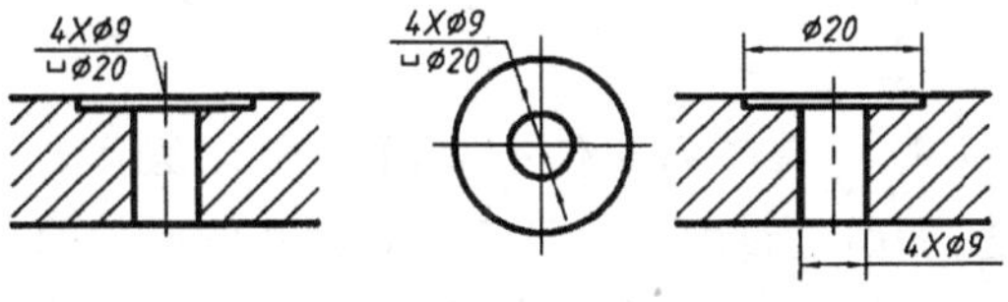 4XØ9 ⌴Ø20；4XØ9 ⌴Ø20；Ø20，4XØ9	锪平孔直径为 20，锪到去除掉毛面为止，深度不标，不做要求，孔径为 9
退刀槽	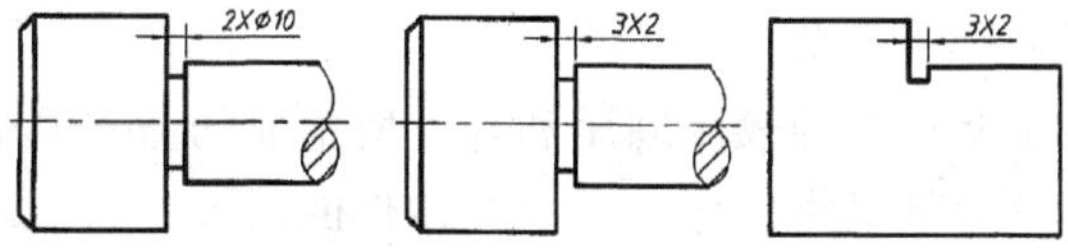 2XØ10；3X2；3X2	退刀槽的尺寸注法通常有两种： 1. 槽宽×直径 (2×Ø10) 2. 槽宽×槽深 (3×2)

续表 9-1

类型	尺寸注法	解释含义
砂轮越程槽	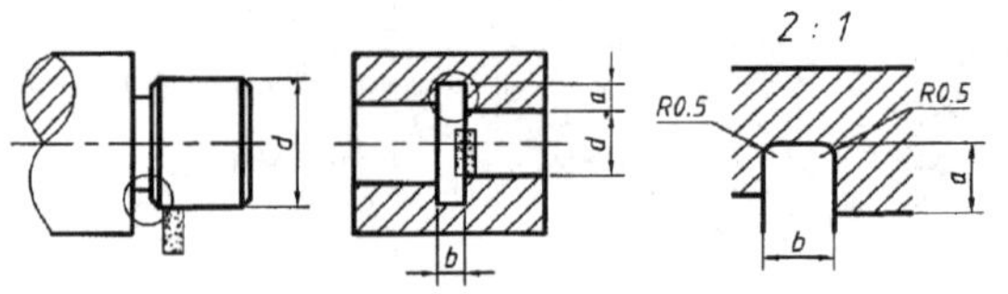	砂轮越程槽尺寸查阅书后附录Ⅰ中附表 1-2 标注
倒角	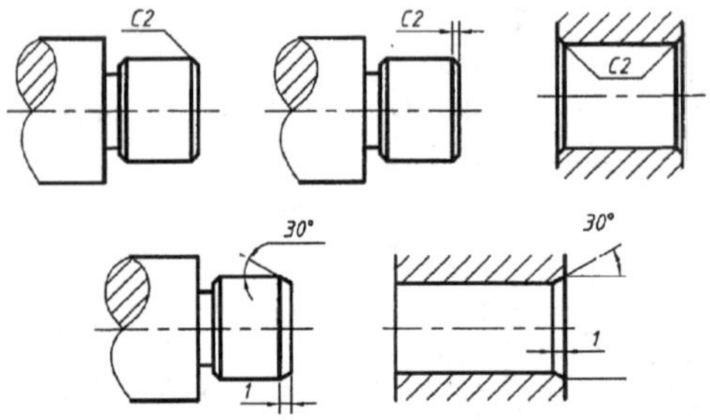	C2 表示倒角 45°,倒角宽为 2,倒角也有 30°、60°,需标注角度与倒角宽度
键槽	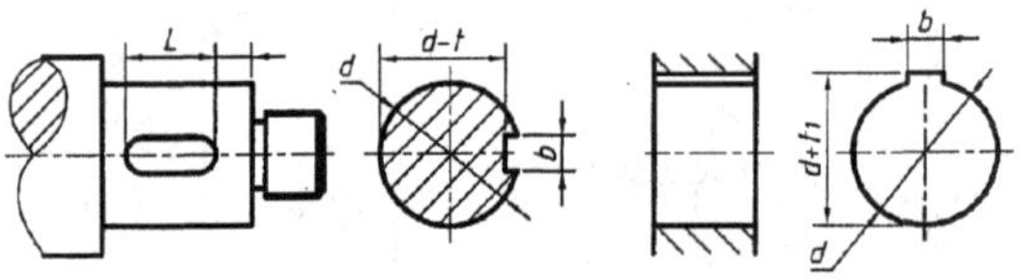	键槽属于标准结构,它的尺寸应根据直径大小查阅第 8 章表8-17

9.4 零件图的技术要求

零件图技术要求是组成零件图的一项重要内容,它反映制造和检验零件应达到的质量要求。技术要求的内容包括表面结构、极限与配合、几何公差、材料及其热处理、表面处理等。本节仅简要介绍表面结构、极限与配合、几何公差等内容。

9.4.1 表面结构

国家标准《产品几何技术规范(GPS)技术产品文件中表面结构的表示法》(GB/T 131—2006)中规定,表面结构是表面粗糙度、表面波纹度、表面缺陷、表面几何形状的总称。

零件在加工的过程中,由于刀具与工件之间的摩擦、机床震动、零件表面的塑性变形以及人工等因素,使得看起来似乎很光滑。经机械加工后的零件表面在放大镜或显微镜下观察,表面都是有峰有谷、凹凸不平的,如图 9-12 所示。

表面粗糙度是指零件的加工表面上具有的较小间距和峰谷所组成的微观几何形状特征。

表面粗糙度是评定零件表面质量的重要指标之一。它对零件的耐磨性、抗腐蚀性、抗疲劳强度、配合性能、密封性和外观等都有影响。零件表面粗糙度要求越高,则表面质量越高,其加工成本也越高。因此,在满足功用的前提下,应合理地选择表面粗糙度的数值。

表面波纹度是由于机床、工作和刀具系统的震动,在工作表面所形成的间距比粗糙度大得多的表面不平度。零件表面的波纹度是影响零件寿命和引起振动的重要因素。

表面几何形状一般由机器或工件的挠曲或导轨误差引起。

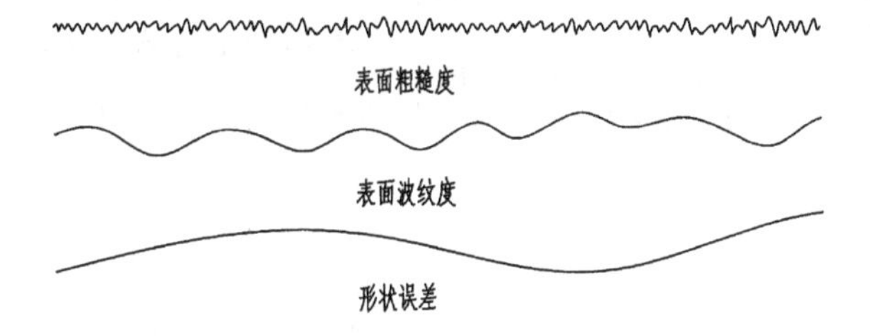

图 9-12　表面粗糙度、波纹度和形状误差的区别

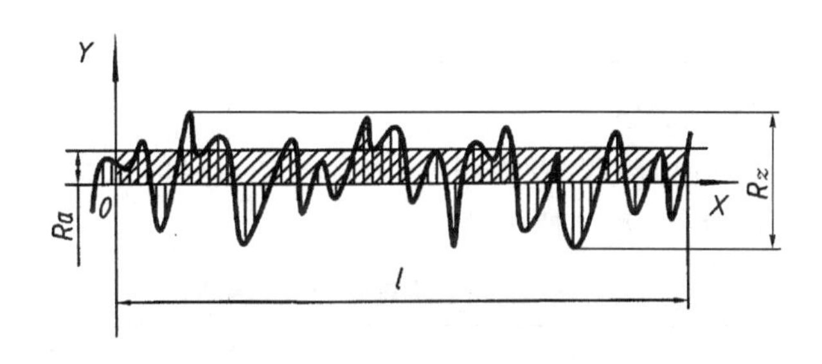

图 9-13　表面粗糙度的评定参数 Ra

1. 表面结构的评定参数

为了科学地评定表面结构，国标规定了评定表面结构的几个参数，即：轮廓参数、图形参数及基于支承率曲线的参数。而轮廓参数是我国机械图样中目前最常用的评定参数。生产中评定表面结构的主要参数是表面轮廓算术平均偏差 Ra 和轮廓最大高度 Rz。

轮廓算术平均偏差 Ra 是指在取样长度 L 内，轮廓偏距 y 绝对值的算术平均值；而轮廓最大高度是在同一取样长度内，最大的轮廓峰高和最大的轮廓谷深之和的高度，如图 9-13 所示。

常用的表面结构及与之对应的加工方法和适用情况如表 9-2 所示。

表 9-2　Ra 数值及应用举例表

Ra/μm	表面特征	主要加工方法	应用举例
100	明显可见刀痕	粗车、粗铣、粗刨、钻、粗纹锉刀、粗砂轮加工	粗糙度参数值大的加工面，一般较少使用
50	可见刀痕		
25	微见刀痕	粗车、刨、立铣、钻	不接触表面、不重要的接触面，如螺钉孔、倒角等
12.5	可见加工痕迹	精车、粗铣、精刨、铰、镗、粗磨等	无相对运动的零件接触面，如箱、盖、套筒要求紧贴的表面，键和键槽工作表面；相对运动速度不高的接触面，如支架孔、衬套、轴孔工作面
6.3	微见加工刀痕		
3.2	看不见加工刀痕		

$Ra/\mu m$	表面特征	主要加工方法	应用举例
1.6	可辨加工痕迹方向	精车、精铰、精拉、精镗、精磨等	要求较高的接触面及配合面，如导轨表面、圆锥销孔、齿轮工作面、滚动轴承、滑动轴承的配合表面
0.80	微辨加工痕迹方向		
0.40	不可辨加工痕迹方向		
0.20	暗光泽面	研磨、抛光、超级精细研磨	高精度、高速运动零件的配合表面、重要的装饰面、精密量具的工作表面、高速滚动轴承的滚珠及滚柱表面等
0.10	亮光泽面		
0.05	镜状光泽面		
0.025	雾状镜面		
0.012	镜面		

2. 表面结构的图形符号及含义

在零件图中，表面结构由符号和参数组成，表面结构符号的意义及画法如表 9-3 所示。表面结构代号及含义示例如表 9-4 所示。

表 9-3 表面结构符号的意义及画法

符号	意义与说明	符号画法及完整符号
60° H_2 H_1	基本符号，仅适用于简化代号的标注。没有补充说明时不单独使用 h 为字体高度，线宽为 $0.1h$，$H_1=0.1h$	以上各符号的长边上加以横线，以便标注对表面结构的各种要求
	表示用去除材料的方法获得的表面，例如，车、铣、钻、磨、剪切、抛光、腐蚀、电火花加工、气割等	
	表示用不去除材料的方法获得的表面，例如，铸、锻、冲压变形、热轧、冷轧、冷拔、粉末冶金等	

表 9-4 表面粗糙度代号示例

代号	意义
Ra12.5	用不去除材料方法获得的表面，Ra 的单向上限值为12.5μm
Ra3.2	用去除材料方法获得的表面，Ra 的单向上限值为3.2μm

3. 表面结构的标注方法

表面结构要求对每一表面仅标注一次，并尽可能注在相应尺寸及其公差的同一视图上。除非另有说明，所标注的表面结构要求是对完工零件表面的要求。表 9-5 摘要列举了表面结构标注的规定及图例。

表 9－5　表面结构标注图例

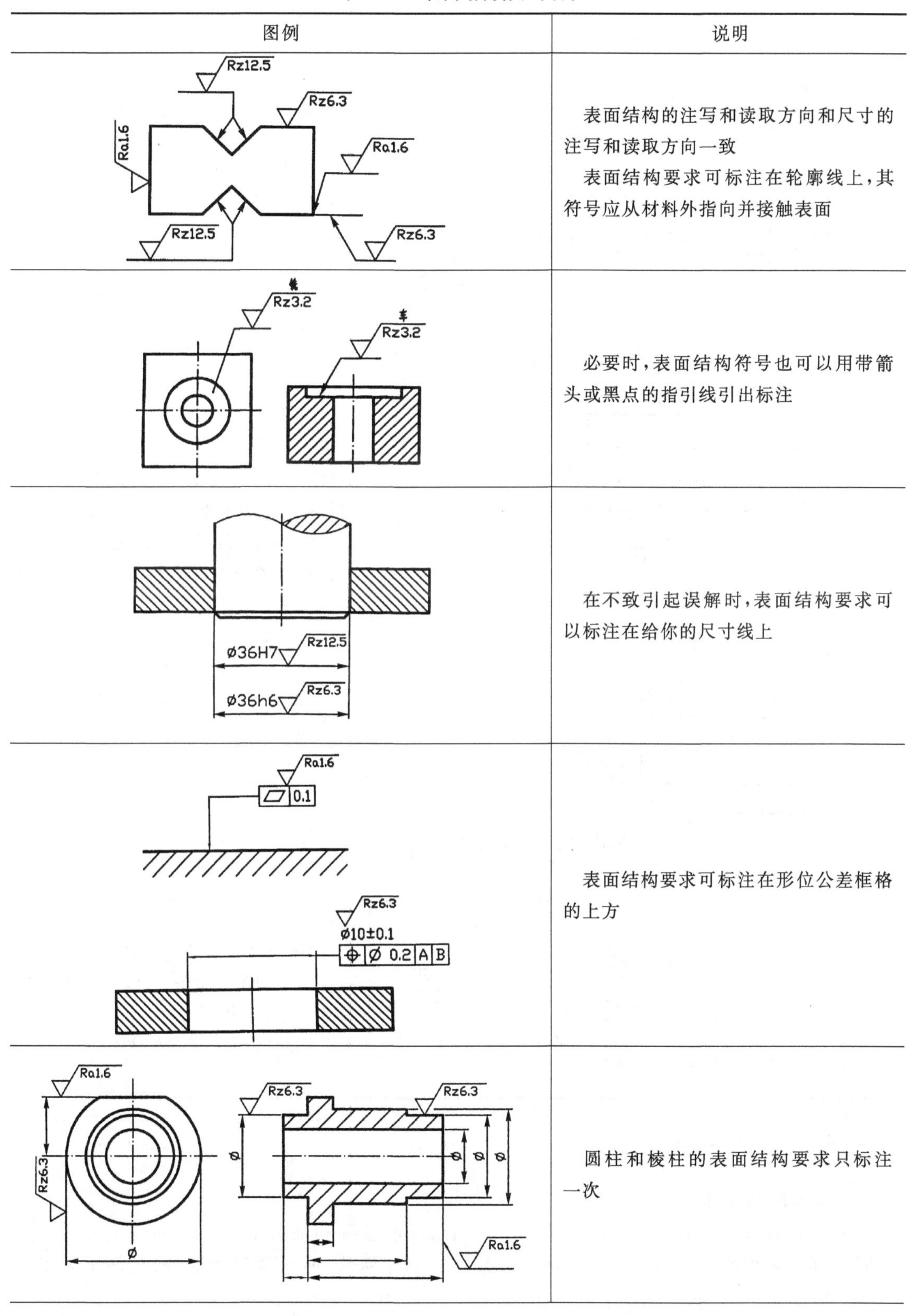

图例	说明
	表面结构的注写和读取方向和尺寸的注写和读取方向一致 表面结构要求可标注在轮廓线上，其符号应从材料外指向并接触表面
	必要时，表面结构符号也可以用带箭头或黑点的指引线引出标注
	在不致引起误解时，表面结构要求可以标注在给你的尺寸线上
	表面结构要求可标注在形位公差框格的上方
	圆柱和棱柱的表面结构要求只标注一次

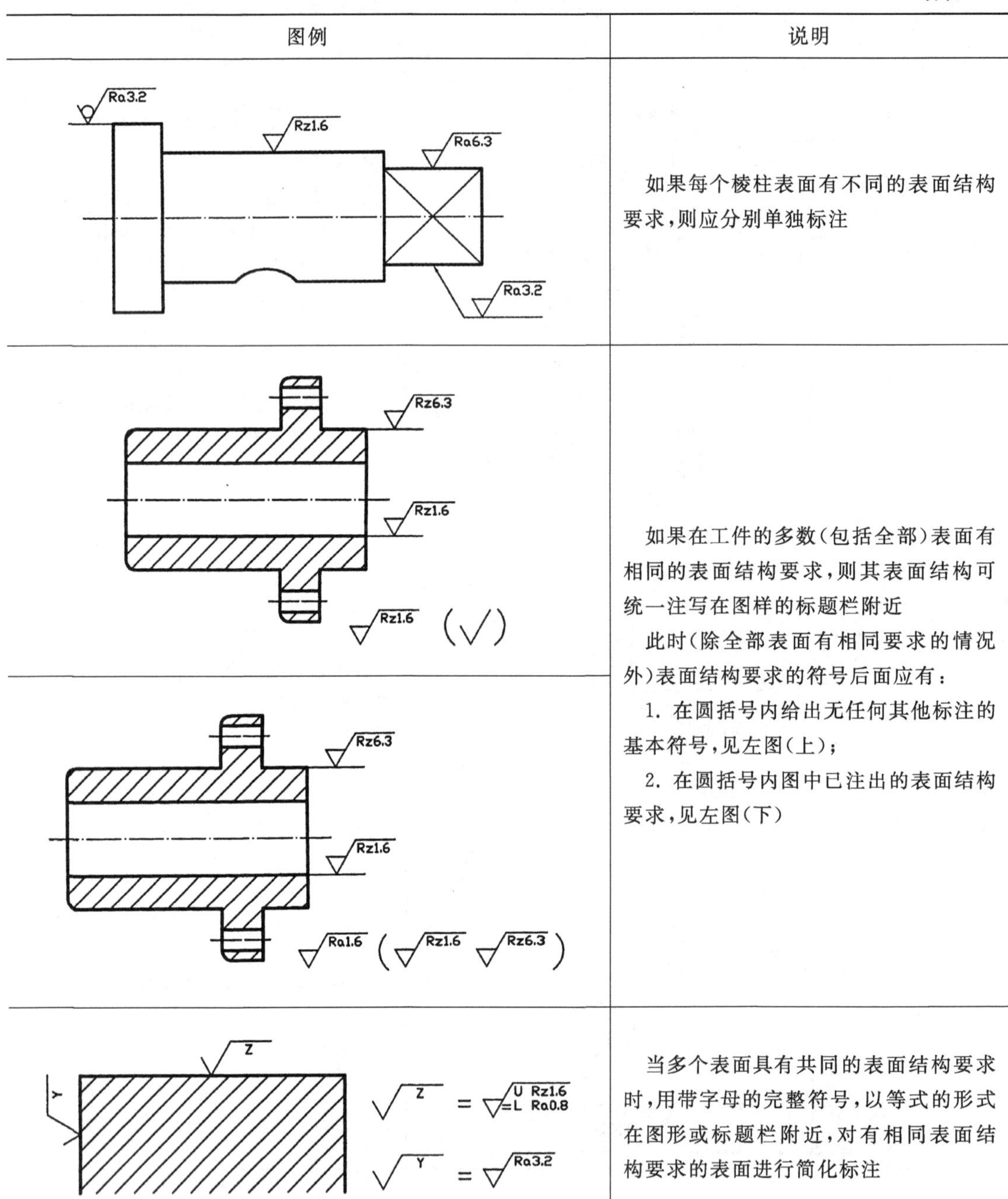

图例	说明
	如果每个棱柱表面有不同的表面结构要求，则应分别单独标注
	如果在工件的多数（包括全部）表面有相同的表面结构要求，则其表面结构可统一注写在图样的标题栏附近 此时（除全部表面有相同要求的情况外）表面结构要求的符号后面应有： 1. 在圆括号内给出无任何其他标注的基本符号，见左图（上）； 2. 在圆括号内图中已注出的表面结构要求，见左图（下）
	当多个表面具有共同的表面结构要求时，用带字母的完整符号，以等式的形式在图形或标题栏附近，对有相同表面结构要求的表面进行简化标注

9.4.2 尺寸公差

1. 零件的互换性

一批相同规格的零件中，任取一个不经任何修配能够顺利地装到机器或部件上并且满足其使用性能，零件的这种性能称为互换性。零件具有互换性，便于装配和维修，也便于采用专用的刀具、量具，还有利于组织生产协作，提高生产率，降低成本，促进工业产品的标准化和系列化。

2. 尺寸公差

在零件的加工过程中，由于受机床精度、刀具磨损、工人技术、测量条件等诸多因素的影响，难以将零件的尺寸加工得绝对准确。为了保证零件具有互换性，必须对零件的尺寸规定一个允许的变动量，这个允许的变动量称为尺寸公差，简称公差。

下面以图 9-14(a)为例介绍公差的基本术语。

(1)基本尺寸　设计时给定的尺寸。

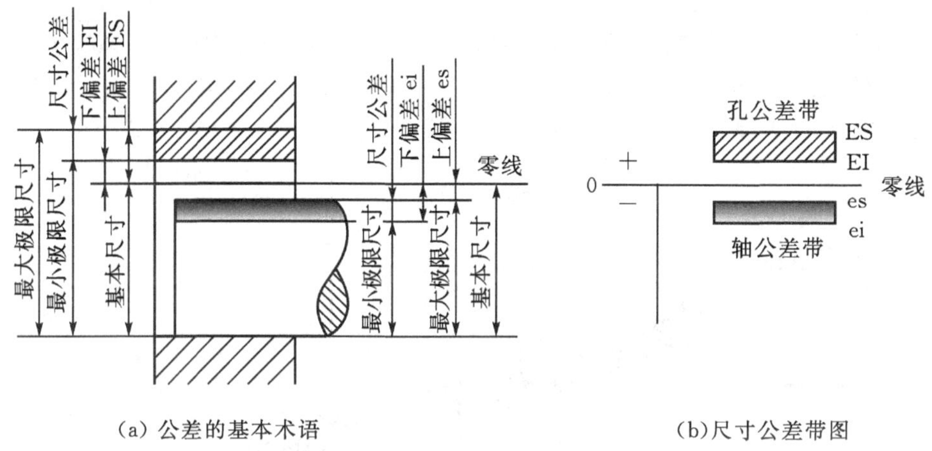

(a) 公差的基本术语　　(b)尺寸公差带图

图 9-14　尺寸公差术语及公差带图

(2)实际尺寸　零件加工后实际测量得到的尺寸。

(3)极限尺寸　零件加工中允许尺寸变化的两个界限值。分别是：

a. 最大极限尺寸——允许尺寸变化的最大界限值；

b. 最小极限尺寸——允许尺寸变化的最小界限值。

(4)尺寸偏差(简称偏差)　某一尺寸(实际尺寸、极限尺寸等)减其基本尺寸所得的代数差。偏差有：

a. 上偏差＝最大极限尺寸－基本尺寸

b. 下偏差＝最小极限尺寸－基本尺寸

c. 上、下偏差统称为极限偏差。其偏差值可以为正值、负值或零。

国标规定：孔的上、下偏差用大写字母“ES”和“EI”表示；轴的上、下偏差用小写字母“es”和“ei”表示。

(5)尺寸公差　允许尺寸的变动量。

尺寸公差＝最大极限尺寸－最小极限尺寸　或　尺寸公差＝上偏差－下偏差

因为最大极限尺寸总是大于最小极限尺寸，所以公差没有负值。

例如某一尺寸：$\varnothing 50^{+0.007}_{-0.018}$，表示∅50 为基本尺寸，∅50.007 为最大极限尺寸，∅49.982 为最小极限尺寸，上偏差为＋0.007，下偏差为－0.018，尺寸公差为 0.007－(－0.018)＝0.025。实际加工允许的尺寸范围为∅49.982≤实际尺寸≤∅50.007。

(6)公差带和零线　为了便于分析，常把基本尺寸、偏差及公差之间的关系，按放大比例画成简图，称为公差带图，如图 9-14(b)所示。在公差带图中，代表上、下偏差的两条直线所限定的一个区域称为公差带；确定上、下偏差的基准直线，称为零偏差线（简称零线），通常零线表示基本尺寸。

从图 9－14(b)中可以看出，公差带由“公差带大小”和“公差带位置”两个要素组成。标准公差确定公差带的大小，基本偏差确定公差带的位置。

(7)标准公差　标准公差是国标所规定的，用以确定公差带大小的任一公差。标准公差分为 20 个等级即：IT01，IT0，IT1，IT2，…，IT18。其中 IT01 公差值最小，尺寸精度最高；从 IT01 到 IT18，级别依次增大，公差值越大，尺寸精度越低，越容易加工。在一般机器的配合尺寸中，孔用 IT6～IT12 级；轴用 IT5～IT12 级。标准公差数值由基本尺寸和公差等级确定，查阅书后附录Ⅱ中附表 2－2。

(8)基本偏差　为了确定公差带相对零线的位置，将上、下偏差中的某一偏差规定为基本偏差，一般指靠近零线的那个偏差。当公差带位于零线上方时，其基本偏差为下偏差；当公差带位于零线下方时，其基本偏差为上偏差，图 9－15 所示。

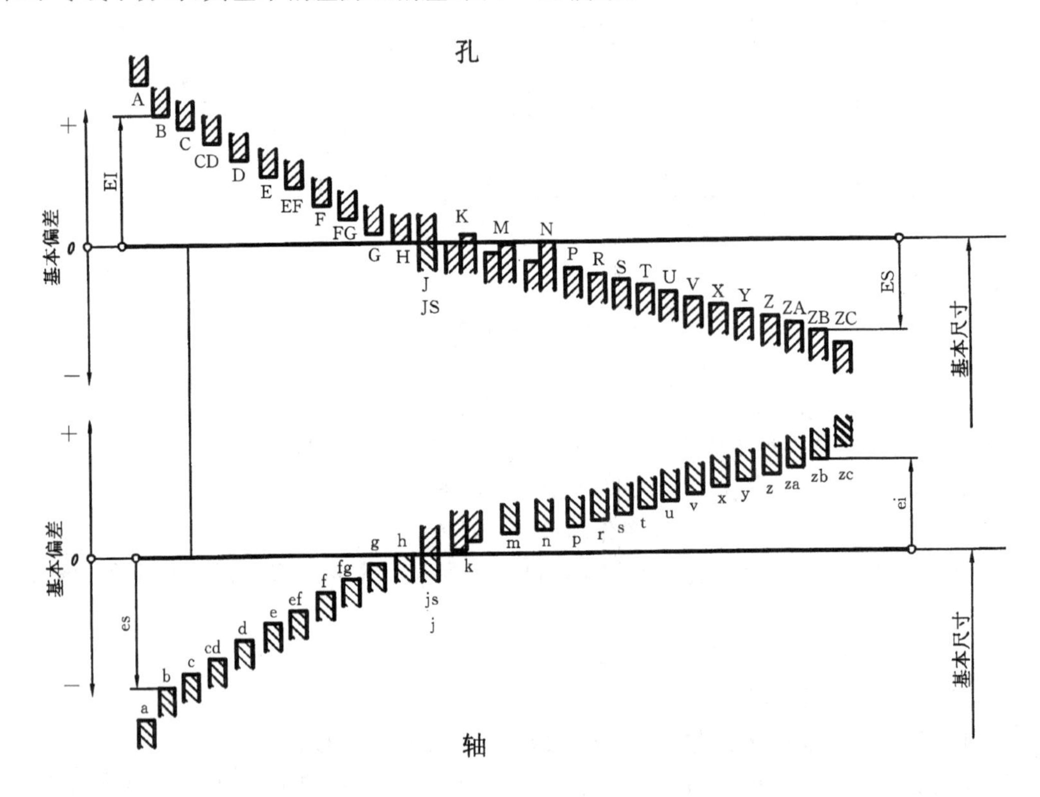

图 9－15　基本偏差系列

国家标准分别对孔和轴规定了 28 个基本偏差，其代号用拉丁字母表示，大写字母表示孔的基本偏差，小写字母表示轴的基本偏差，如图 9－15 为基本偏差系列。

轴的基本偏差中 a ～ h 为上偏差，j ～ zc 为下偏差，js 完全对称于公差带零线，其基本偏差可为(＋IT/2)，也可以为(－IT/2)。孔的基本偏差中 A～H 为下偏差，J～ZC 为上偏差，JS 完全对称于公差带零线，其基本偏差可为(＋IT/2)，也可以为(－IT/2)。

由于基本偏差仅表示了公差带位置，因此另一端是开口的，应由相应的标准公差确定。孔、轴的公差带代号由基本偏差代号和标准公差等级代号组成。例如：

∅50H8 (H 为基本尺寸为 50 的孔的基本偏差，8 是指标准公差等级为 IT8)。

∅50f7（f 为基本尺寸为 50 的轴的基本偏差，7 是指标准公差等级为 IT7）。

9.4.3 配合与两种基本制度

1. 配合的种类

基本尺寸相同，相互结合的孔和轴的公差带之间的关系，称为配合。配合反映出轴和孔之间的装配松紧程度。

孔、轴配合，是机器中常见的形式，由于使用要求不同，孔和轴的配合有松有紧，国家标准将配合分为以下三大类。

(1)间隙配合　孔与轴装配时，具有间隙（包括最小间隙等于零）的配合。此时，孔的公差带完全在轴的公差带上方，如图 9－16(a)所示。

(2)过盈配合　孔与轴装配时，具有过盈（包括最小过盈等于零）的配合。此时，孔的公差带完全在轴的公差带下方，如图 9－16(b)所示。

(3)过渡配合　孔与轴装配时，可能有间隙也可能是过盈的配合。此时，孔的公差带与轴的公差带相互交叠，如图 9－16(c)所示。

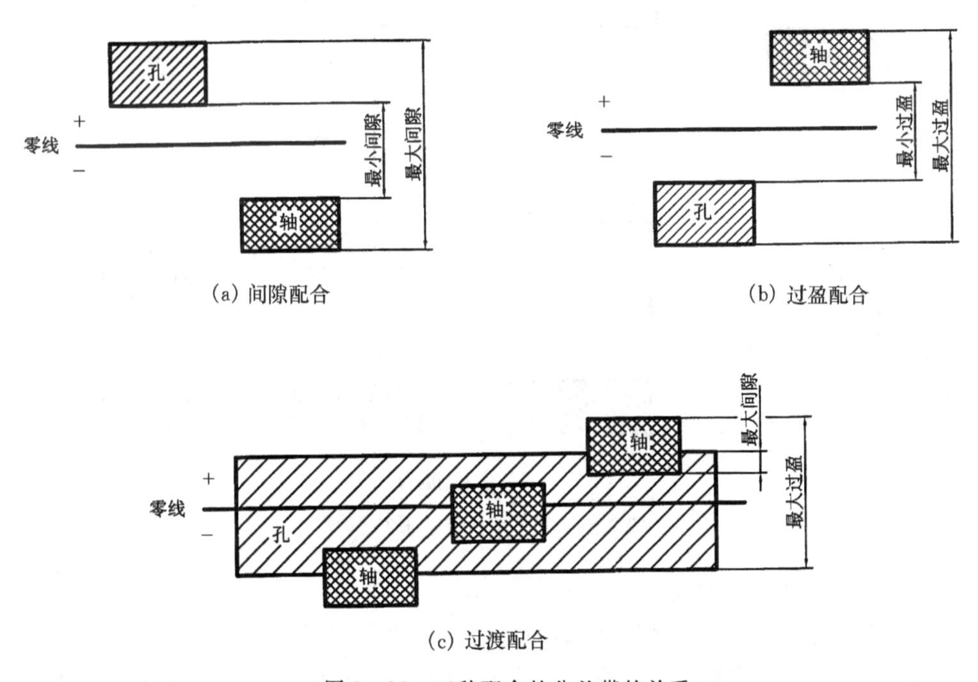

图 9－16　三种配合的公差带的关系

2. 配合的基准制

根据实际生产的需要，在加工相互配合的零件时，采取其中一个零件作为基准件，保持其基本偏差不变，通过改变另一个零件的基本偏差以得到不同性质的配合。国家标准规定了两种配合基准制。

(1)基孔制　孔的基本偏差保持一定，通过改变轴的基本偏差来达到各种不同松紧程度的配合，这种配合的制度，称为基孔制，如图 9－17(a)所示。

基孔制中的孔称为基准孔，基本偏差代号规定为 H。基准孔的下偏差为零，上偏差为正值。

(2)基轴制　轴的基本偏差保持一定，通过改变孔的基本偏差来达到各种不同松紧程度的配合，这种配合的制度，称为基轴制，如图 9 - 17(b)所示。

基轴制中的轴称为基准轴，基本偏差代号规定为 h。基准轴的上偏差为零，下偏差为负值。在基孔制中，基准孔 H 与轴配合，a～h 用于间隙配合，p～zc 用于过盈配合，j～n 一般用于过渡配合。在基轴制中，基准轴 h 与孔配合，A～H 用于间隙配合，P～ZC 用于过盈配合，J～N一般用于过渡配合。

采用基孔制还是基轴制，应根据实际情况而定。由于加工相同公差等级的孔比加工轴要更困难，因此应优先采用基孔制。但在有些情况下则需要采用基轴制，例如滚动轴承外圈与孔的配合，当一根轴上要装上不同配合的零件时，采用基轴制较为合理。

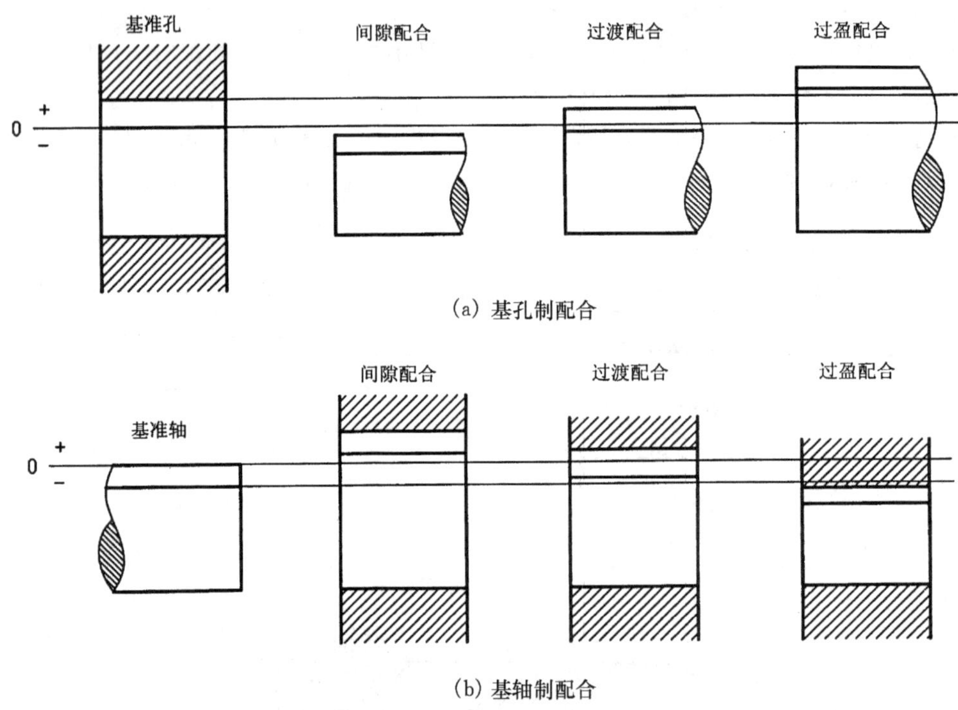

图 9 - 17　基孔制与基轴制

3. 公差与配合的标注及查表

(1)在装配图中的标注　在装配图中的配合代号由两个相互结合的孔和轴的公差带代号组成，用分数形式表示，分子为孔的公差带代号，分母为轴的公差带代号，在分数形式前注写基本尺寸数值，标注形式如图 9 - 18(a)所示。

标注格式：

$$\text{基本尺寸}\frac{\text{孔的公差带代号}}{\text{轴的公差带代号}}$$

或标注为“基本尺寸孔的公差带代号/轴的公差带代号”如：

$$\varnothing 50\ \frac{H8}{f7}\quad \text{或}\quad \varnothing 50H8/f7$$

(2)在零件图中的标注　在零件图上标注公差，只需在零件轴和孔分别标出各自的基本尺寸及公差带即可，如图9－18(b)、(c)所示。

在零件图上标注公差有以下三种形式。

①标注公差带代号。

②标注极限偏差数值。

③同时标注公差带代号和极限偏差数值。

当上、下偏差数值相同时，可写在一起，如$\varnothing 20\pm 0.015$。

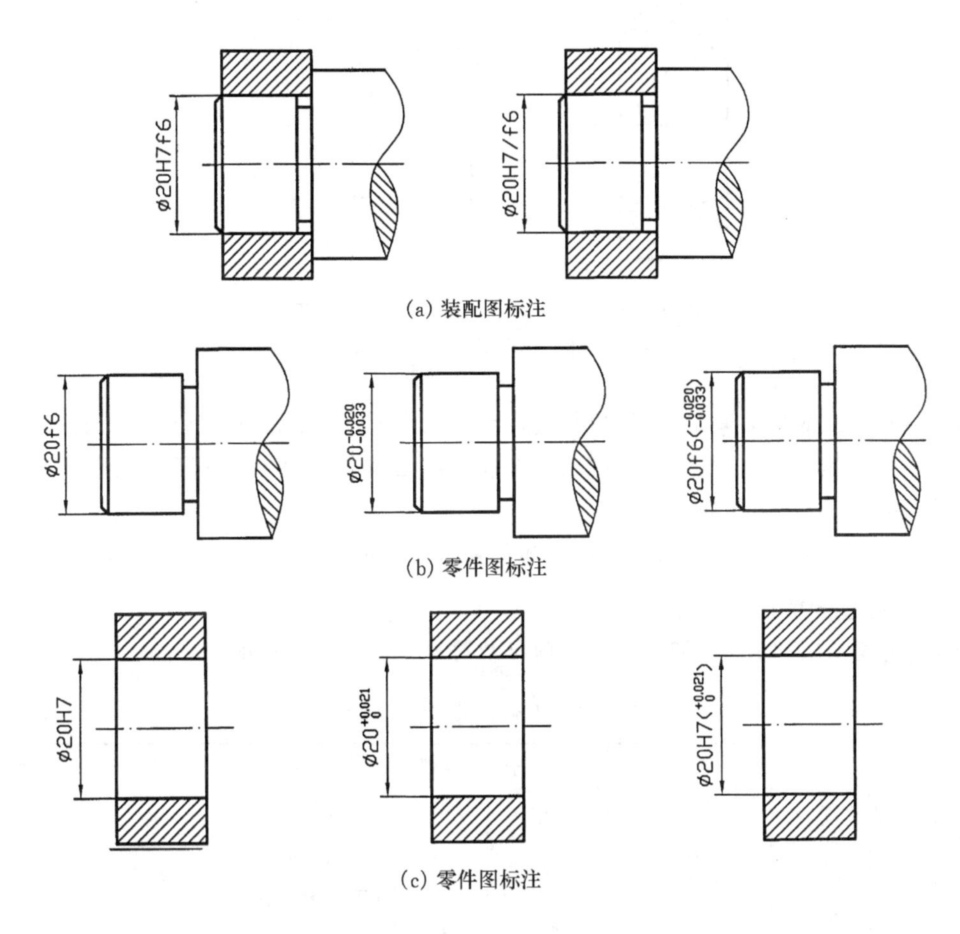

图 9－18　装配图和零件图的公差标注

(3)查表举例

例 9－1　要求确定$\varnothing$30H8/f7 中孔和轴的上、下偏差。

孔的公差带为$\varnothing$30H8，查书后附录Ⅱ附表 2－7《常用及优先孔公差带极限偏差》，得到其上偏差为＋0.033 mm，下偏差为 0，可写成$\varnothing 30_{0}^{+0.033}$；轴的公差带为$\varnothing$30 f7，查书后附录Ⅱ附表 2－6《常用及优先轴公差带极限偏差》，得到其上偏差为－0.020 mm，下偏差为－0.041 可写成$\varnothing 30_{-0.041}^{-0.020}$，可以看出该配合为间隙配合。

9.4.4 几何公差

几何公差是指零件的实际形状和实际位置对理想形状和理想位置的允许变动量。零件加工时，由于机床、技术、测量等多方面误差，会造成尺寸误差，还会引起形状和位置的误差。零件的形状和位置上的误差会直接影响到机器的使用性能。几何公差和尺寸公差、表面结构要求一样，也是评定产品质量的一项重要指标。形状和位置存在误差如图 9－19(a)、(b)所示。

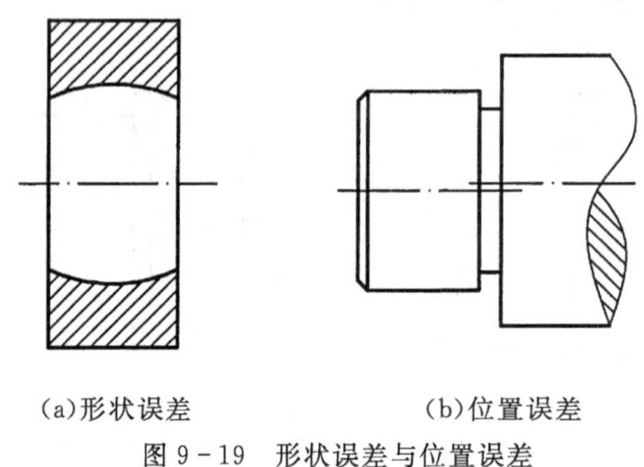

(a)形状误差　　(b)位置误差

图 9－19　形状误差与位置误差

零件的形状及相关要素的位置出现误差会对零件的使用性能、互换性有很大的影响。严重时会导致无法装配。因此，必须控制这些误差的范围，对于精度要求较高的零件不但要标出尺寸公差，而且还要标出几何公差。

零件的几何公差包括形状、方向、位置和跳动公差四项内容(GB/T1182—2008)。

1. 几何公差的项目和符号

国家标准规定了 19 项几何公差特征项目及符号，如表 9－6 所示。

表 9－6　几何公差的特征项目

类别	项目	符号	基准要求	类别	项目	符号	基准要求
形状公差	直线度	—	无	位置公差	位置度	⌖	有或无
	平面度	⏥	无		同心度（用于中心点）	◎	有
	圆　度	○	无		同心度（用于轴线）	◎	有
	圆柱度	⌭	无		对称度	⌯	有
	线轮廓度	⌒	无		线轮廓度	⌒	有
	面轮廓度	⌓	无		面轮廓度	⌓	有
方向公差	平行度	//	有	跳动公差	圆跳动	↗	有
	垂直度	⊥	有		全跳动	⌰	有
	倾斜度	∠	有				
	线轮廓度	⌒	有				
	面轮廓度	⌓	有				

2. 几何公差在图样中的标注

国家标准 GB/T1182—1996 规定用代号来标注几何公差。几何公差代号由框格、指引线和基准代号三部分组成。

(1)公差框格　框格用细实线画出，如图 9-20(a)所示，分为两格或多格，框格从左至右依次填写的内容为几何公差符号、公差数值、基准代号的字母等。指引线通常从框格的一端引出，指向被注要素。

(2)基准要素的标注　基准要素由带方框的大写字母(基准字母)用细实线和基准三角线(基准符号)连接组成，如图 9-20(b)所示。

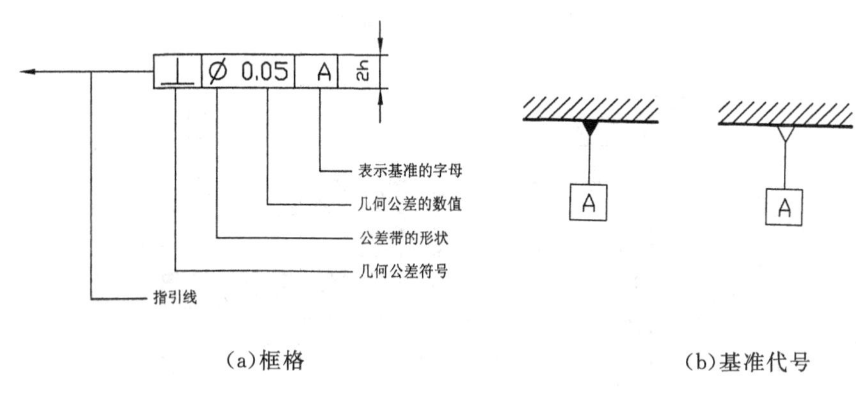

(a)框格　　(b)基准代号

图 9-20　几何公差的框格和基准代号

(3)被测要素的标注方法　用带箭头的指引线将框格和被测要素相连，按以下方式标注。

①当被测要素为线或表面时，指引线的箭头应指在该要素的轮廓线或其延长线上，并与尺寸线错开，如图 9-21(a)、(b)所示。

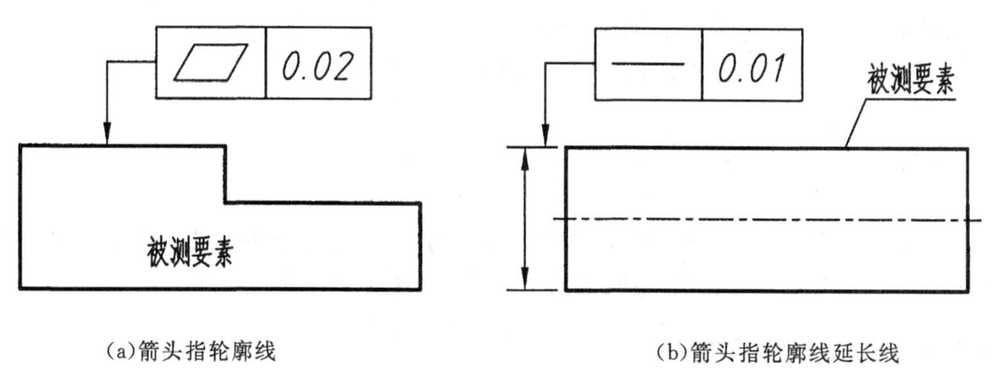

(a)箭头指轮廓线　　(b)箭头指轮廓线延长线

图 9-21　被测要素的标注 1

②当被测要素为轴线或中心平面时，指引线的箭头应与该要素的尺寸线对齐，如图 9-22(a)、(b)所示。

(4)形位公差标注示例　如图 9-23 所示为一气门阀杆标注形位公差的实例。对各框的解释如下：

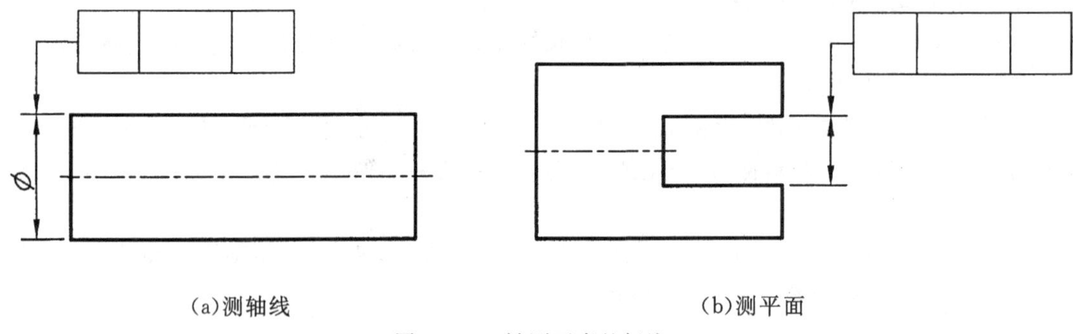

(a)测轴线　　　　(b)测平面

图 9-22　被测要素的标注 2

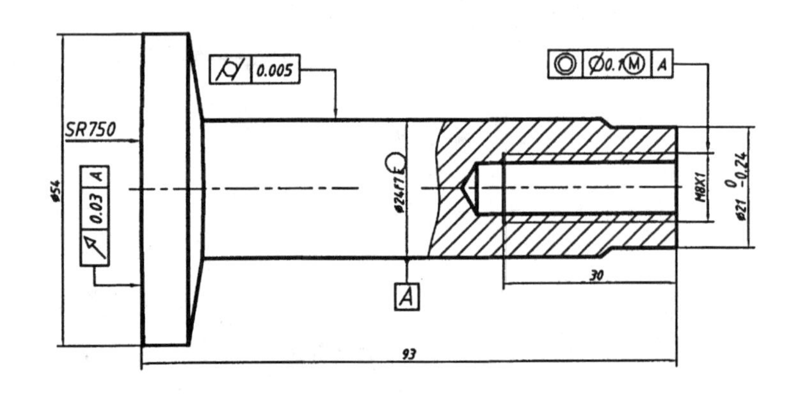

图 9-23　形位公差综合标注实例

① ∅24 圆柱的圆柱度的公差为 0.005；

② SR750 球面对于柱面∅24 轴线的圆跳动公差为 0.03；

③ 螺纹孔 M8×1 的轴线对圆柱面∅24 的轴线同轴度公差为∅0.1。

9.5　零件的工艺结构

零件的结构特点是由它在机器中的作用以及它的加工工艺决定的。零件上常见的工艺结构有铸造工艺结构及机加工结构，不同工艺结构需要在零件图上表达与标注。

9.5.1　常见铸造工艺结构

铸造是把融化的金属液体浇注到预先做好的砂型之中(砂型内有与零件毛坯形状相同的空腔和浇注冒口)，金属液体冷却后凝固便形成铸件。

1. 拔模斜度

铸造零件毛坯时，为了便于从砂型中起模又不至于碰坏砂型，沿拔模方向将模型的内外表面做出一定的斜度，这种斜度称为拔模斜度，通常为 1∶20(≈3°)，如图 9-24(a)所示。

拔模斜度在零件图中一般不必画出，也不需标注，必要时可注写在技术要求中。

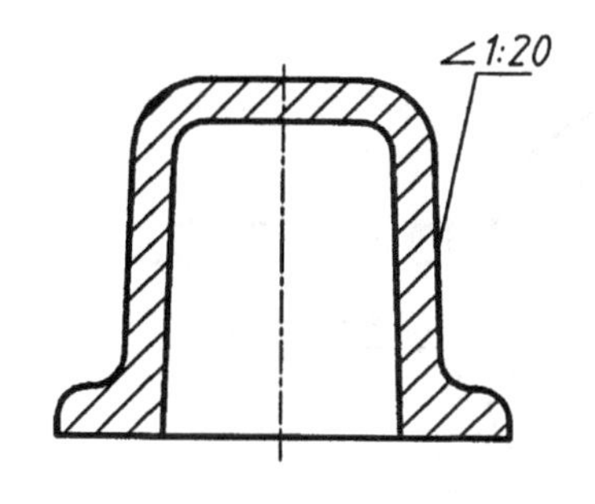

(a) 拔模斜度

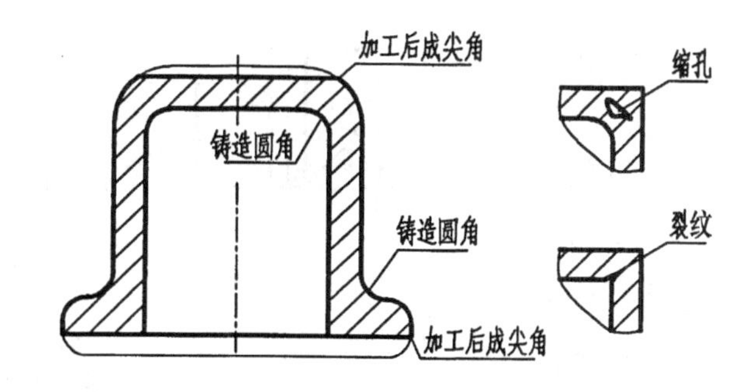

(b)铸造圆角

图 9－24　拔模斜度和铸造圆角

2. 铸造圆角

为了便于造型时取出木模，防止浇注时铁水冲坏砂型转角处，同时避免冷却时产生裂纹与缩孔，将铸件的转角铸件两表面相交处应做成圆角，称之为铸造圆角。如图 9－24(b)所示。

铸造圆角的半径一般为 3～5 mm，不必在圆角处标注，可在技术要求中作统一说明。另外，铸件经过机床加工，铸造圆角会被削平，变为尖角。

3. 过渡线

零件表面的圆角过渡，表面交线将不再十分明显，但为了读图方便仍需画出交线，此时交线称之为过渡线。当两圆柱相交、相切时，过渡线的画法如图 9－25 所示。

过渡线的画法与相贯线的画法基本相同，由于存在圆角，交线的两端与轮廓线留出间隙。

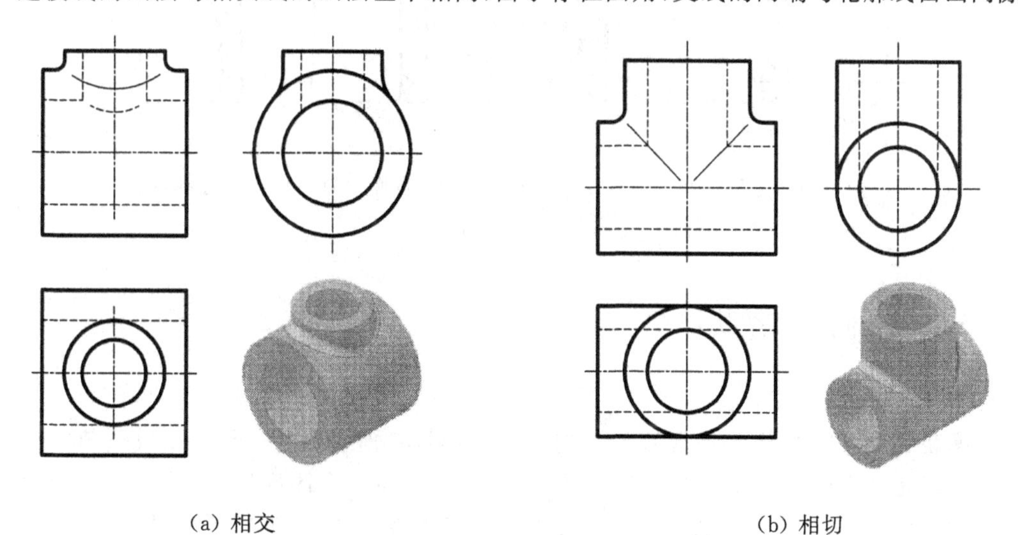

(a) 相交　　　(b) 相切

图 9－25　过渡线的画法

在画平面与平面或平面与曲面的过渡线时，应该在转角处断开，并加画过渡圆弧，其弯向与铸造圆角的弯向一致，如图 9－26(a)、(b)所示。

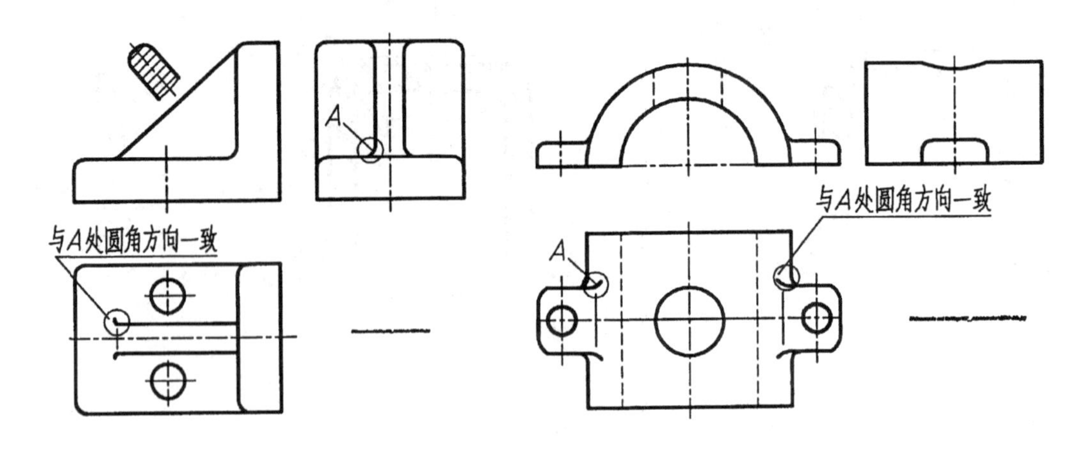

(a) 平面与平面过渡线　　　　(b)平面与曲面过渡线

图 9-26　过渡线的画法

4. 铸件壁厚设计均匀

浇铸零件时,壁厚薄处比壁厚较厚处冷却要快,易于缩孔与裂纹。因此,铸件壁厚设计应尽量均匀或逐渐均匀过渡,避免局部肥大,如图 9-27(a)、(b)、(c)、(d)所示。

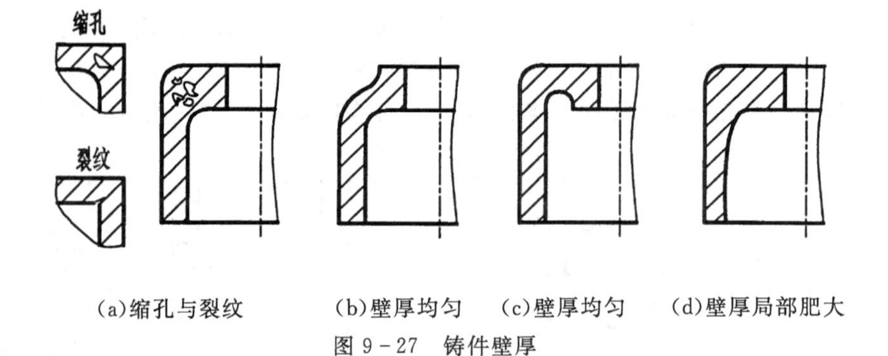

(a)缩孔与裂纹　　(b)壁厚均匀　　(c)壁厚均匀　　(d)壁厚局部肥大

图 9-27　铸件壁厚

9.5.2　机械加工结构

1. 倒角和倒圆

考虑装配和操作安全,需去除零件上的锐边、毛刺,将轴或孔的端部加工成倒角。倒角多为 45°,有时是 30°或 60°。倒角为 45°时,用 C×(“×”表示锥台高度尺寸)表示;倒角不是 45°时,要分开标注。为了避免轴肩转折处因应力集中产生裂纹,常加工成圆角过渡的形式,称为倒圆。倒角和倒圆的画法及尺寸标注,如图 9-28(a)、(b)、(c)、(d)所示。具体标注形式可参见表 9-1。

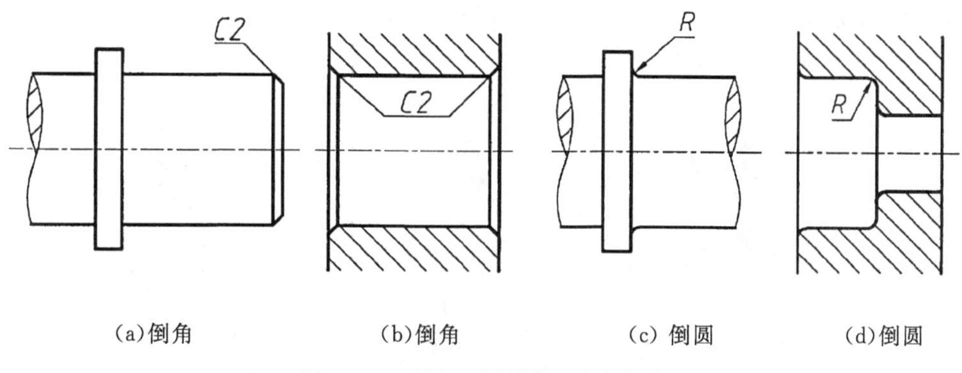

(a)倒角　(b)倒角　(c) 倒圆　(d)倒圆

图 9－28　倒角和倒圆的画法与标注

2. 退刀槽和砂轮越程槽

为了在切削过程中方便退出刀具，并保证加工质量及装配时与相关零件易于靠紧、接触，常在需加工表面的轴肩处预先加工出退刀槽或砂轮越程槽，如图 9－29(a)、(b)、(c)所示。(具体标注形式可参见表 9－1)

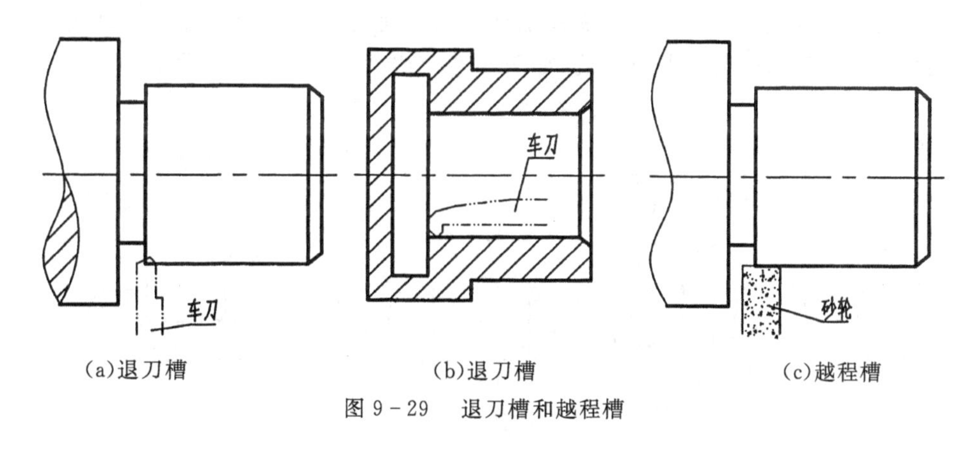

(a)退刀槽　(b)退刀槽　(c)越程槽

图 9－29　退刀槽和越程槽

3. 钻孔

钻孔用钻头钻出，钻头的底部有一个 120°的锥角，钻盲孔时，孔的底部留下 120°的锥坑，钻孔深度是指圆柱部分的深度，不包括锥坑，其画法及尺寸标注，如图 9－30(a)所示。在加工阶梯孔时，过渡处也存在锥角为 120°的圆台，其画法及尺寸标注，如图 9－30(b)所示。

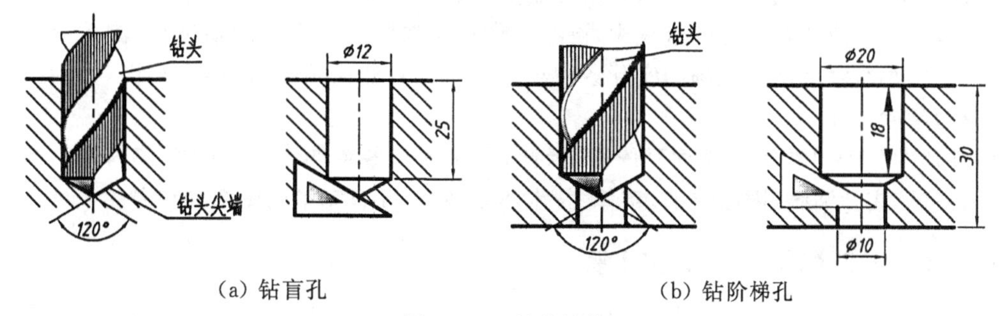

(a) 钻盲孔　(b) 钻阶梯孔

图 9－30　钻孔结构

钻孔时，钻头应与被钻的端面垂直。如遇斜面、曲面时，应预先加工出凸台或凹坑，否则钻头会因单边受力而折断，如图 9－31(a)、(b)、(c)所示。

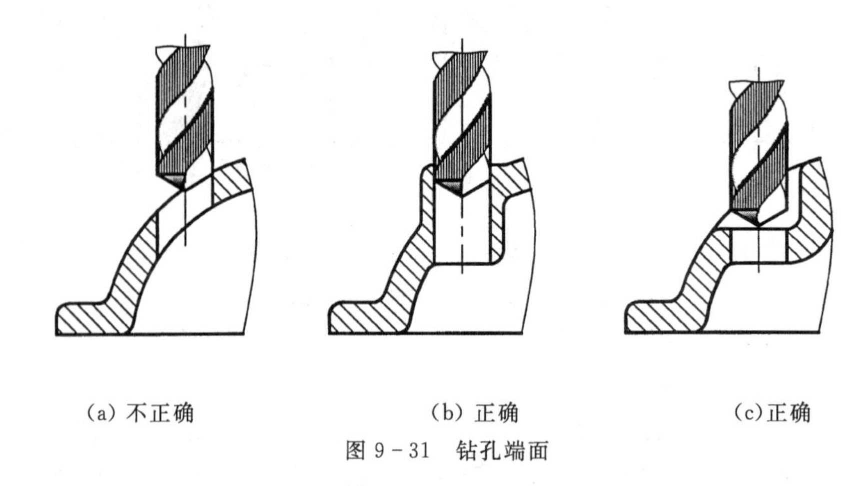

(a) 不正确　　(b) 正确　　(c)正确

图 9－31　钻孔端面

4. 凸台和凹坑

零件与其它零件的接触面一般都需加工，为了减小加工的面积并保证两零件接触良好，常在零件接触面上设计出凸台和凹坑结构，如图 9－32(a)、(b)、(c)、(d)所示。

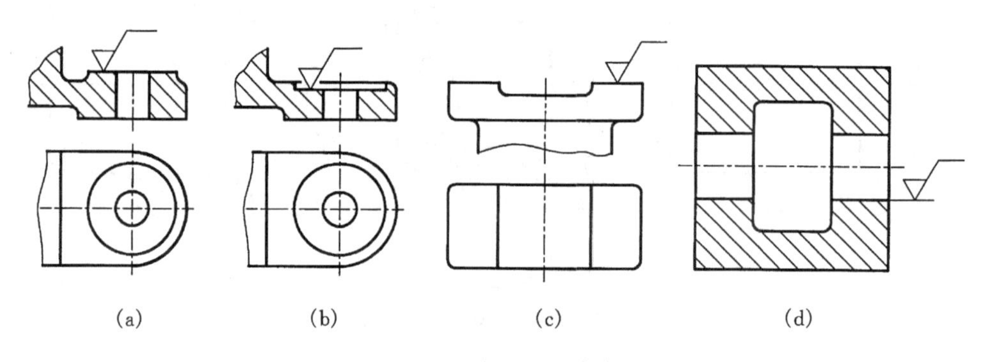

(a)　(b)　(c)　(d)

图 9－32　凸台和凹坑等结构

9.6　零件的测绘

零件测绘是指对已有零件分析、测量并制定技术要求最终绘出草图的过程。零件测绘应用于机器的维修、改造及仿制的过程中，测绘工作有时在零件的拆卸现场进行，因此应先绘草图，根据草图再绘零件图。现场的实际条件决定了有时只能采用目测、徒手绘图，然后再进行测量，填写精确尺寸。

零件草图是绘制零件图的重要依据，因此，它必须具备零件图应有的全部内容。要求做到：图形正确，表达清晰，图面整洁，字体、技术要求齐全，并有完整的图框和标题栏。

9.6.1　零件测绘的方法和步骤

①了解观察零件。首先应了解零件的名称、用途、材料以及它在机器或部件中的位置和作用，观察零件的内外结构，选择合理的表达方案。

②在现场若徒手绘制零件草图，线段长短、圆的大小目测绘制，注意观察，不漏掉细部结构。

③对零件进行精确测量，准确完整标注，标准结构需查阅手册，合理标注。对一些缺损结构应参考部件(或机器)上的其它相邻零件及相关技术资料，恢复结构，标注尺寸。

若是徒手绘制草图，还应根据零件草图整理并绘制成正式零件图。

绘制零件草图的步骤，如图 9-33(a)、(b)、(c)、(d)所示。下列草图有条件可在现场用电脑绘制，无条件直接徒手绘制。徒手绘制时，可直接画或拓印。

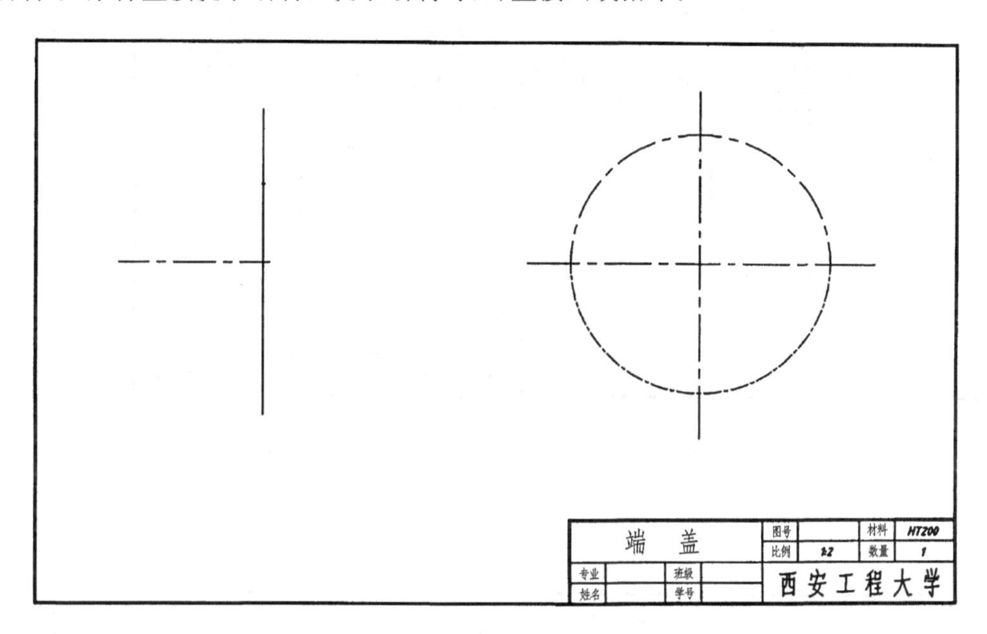

(a) 步骤一，确定图幅比例、主视图位置

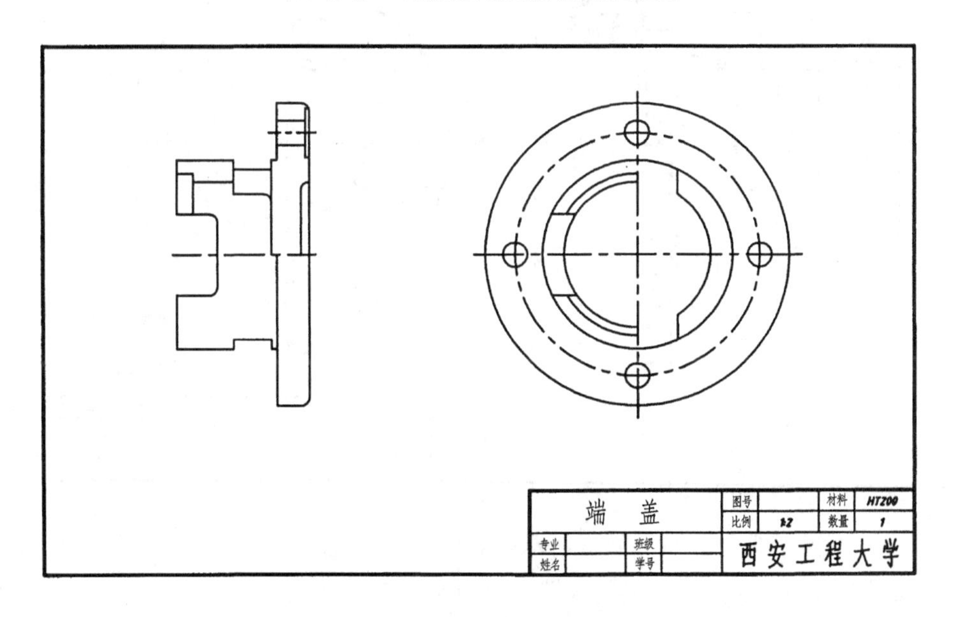

(b)步骤二，画出零件主要轮廓线

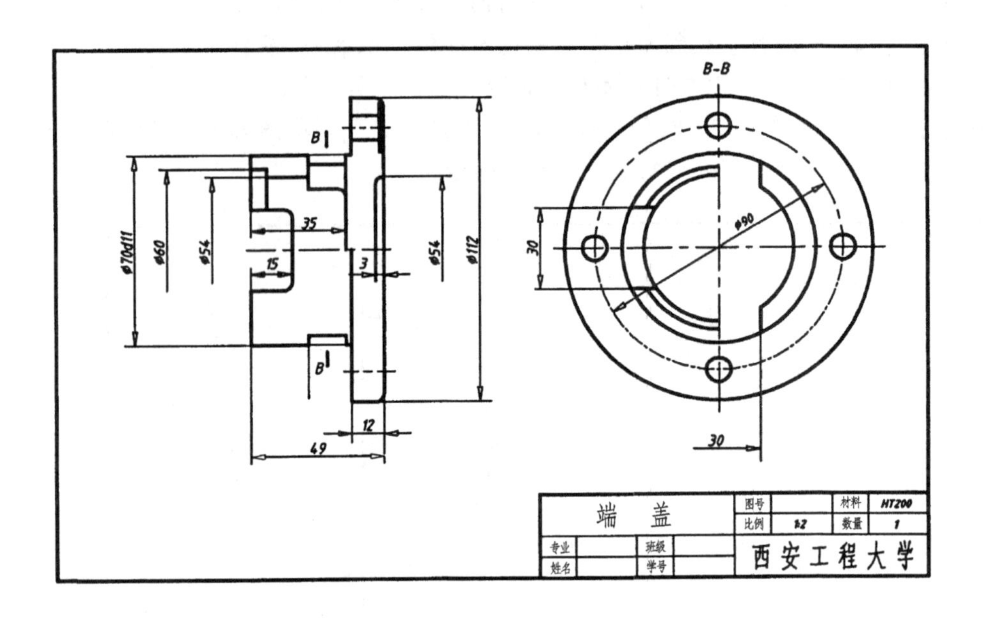

(c) 步骤三，标注尺寸，画出辅助细节

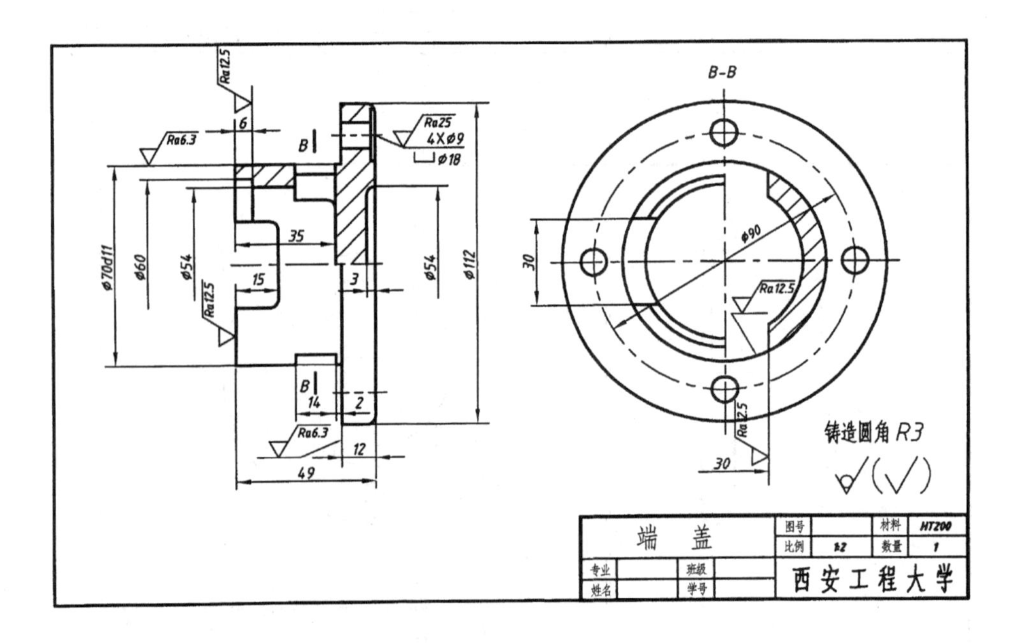

(d)步骤四，标注形位公差、加工工艺

图 9－33　零件测绘步骤

9.6.2 常用测量工具及测量方法

1. 常见的测量工具

常用的简单测量工具有钢板尺，内、外卡钳，游标卡尺及千分尺等，如图 9－34(a)、(b)、(c)、(d)、(e)所示。

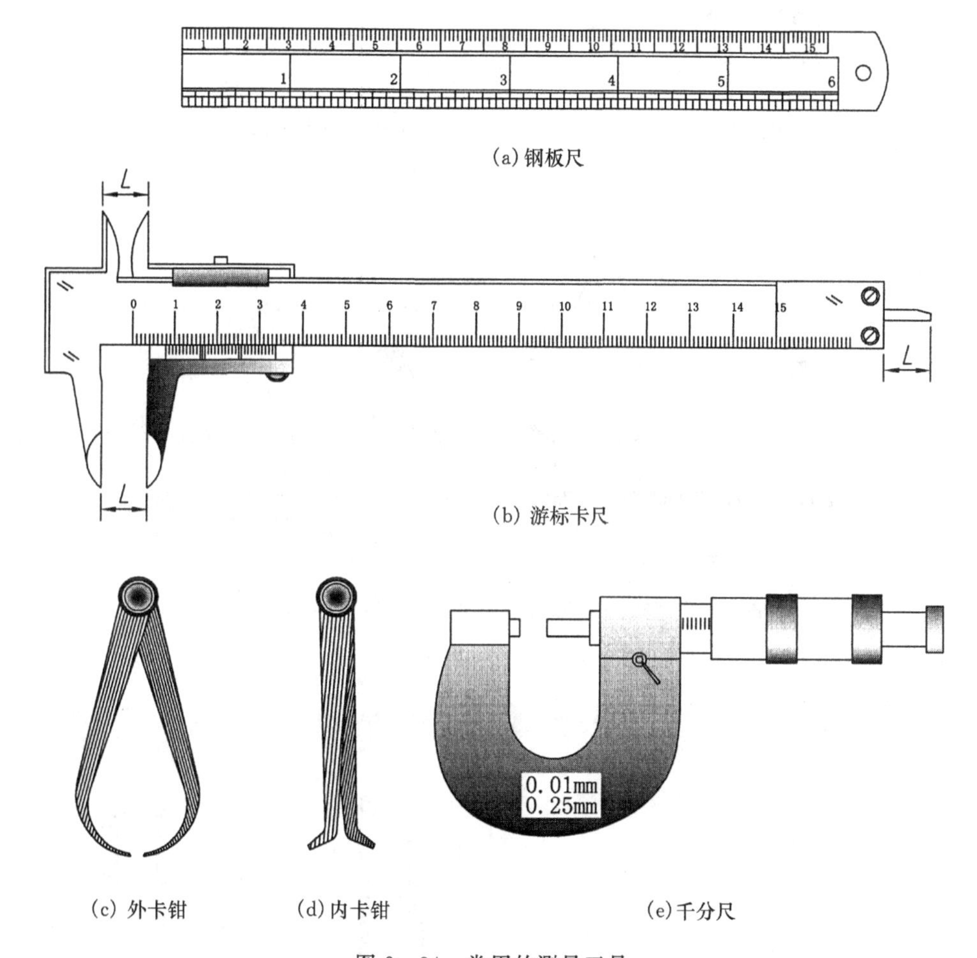

(a) 钢板尺

(b) 游标卡尺

(c) 外卡钳　(d) 内卡钳　(e) 千分尺

图 9－34　常用的测量工具

2. 常见的测量方法

(1)长度测量　长度测量一般直接用钢板尺或卷尺，必要时直尺、三角板配合使用，精度要求较高时用游标卡尺测量。

(2)直径的测量　一般用内、外卡钳测量，再用直尺读数，精度较高时用游标卡尺测量，如图9－35(a)、(b)、(c)、所示。

(3)壁厚的测量　测量零件壁厚时，可用内、外卡钳或外卡钳与钢板尺配合测量。如图 9－36所示。

(4) 孔间距与中心高的测量　测量孔间距及中心高时可用钢板尺、卡钳及游标卡尺，再进行适当的计算即可得到，如图 9－37(a)、(b)所示。

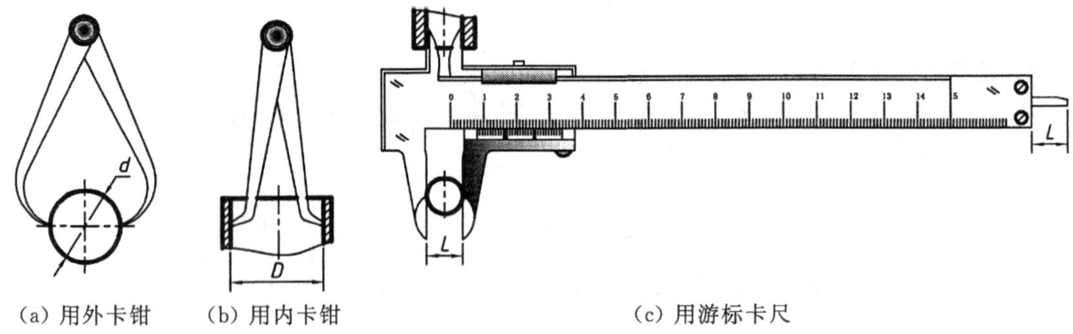

(a) 用外卡钳　(b) 用内卡钳　(c) 用游标卡尺

图 9－35　直径的测量方法

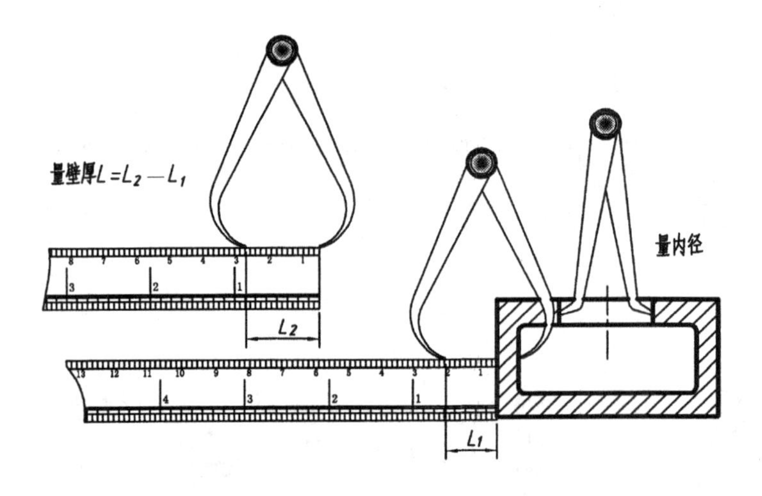

图 9－36　壁厚的测量方法

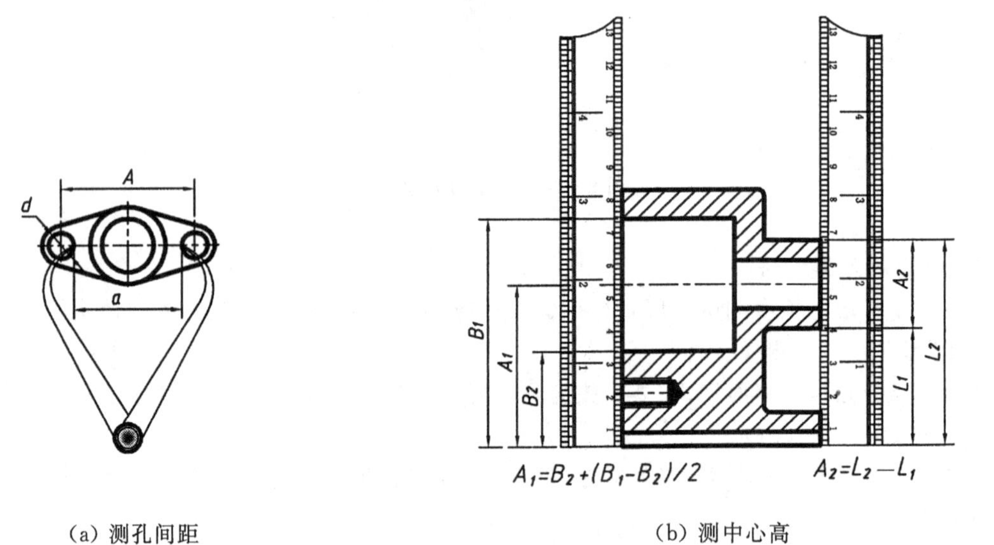

(a) 测孔间距　(b) 测中心高

图 9－37　孔间距及中心高的测量方法

9.7 读零件图

零件图是加工零件的依据，是用于技术交流的重要文件。在设计、生产的各个环节需要看零件图，看零件图的目的就是根据零件图了解零件的结构形状，分析零件的结构、尺寸和技术要求，以及零件的材料、名称、件数等内容，从而指定出加工零件的方法及工序、测量、检验方法。下面以图 9－38 箱体为例，介绍读零件图的一般方法和步骤。

9.7.1 概括了解

图 9－38 是减速器箱体的零件图。从标题栏看出，零件的名称为箱体，材料为铸铁(HT150)，绘图比例为 1∶1，件数是 1。从比例可以直接想象零件的真实大小，减速器箱体的作用是支撑、包容传动件。

9.7.2 分析视图，想象零件形状

减速器箱体零件图是由四个基本视图和两个局部视图组成，主视、左视全剖及俯视图反映外形，从而可了解箱体的内腔结构与形状、箱体下方的轴孔及肋板形状；从 *C—C* 剖视图及两个局部视图可了解轴孔、肋板的位置，底板的真形及两个凸出的安装平台的真形，从而想象减速箱形状及内外结构。

9.7.3 分析尺寸

分析零件长、宽、高三个方向尺寸基准，了解各部分的定位尺寸和定形尺寸，分清哪些是主要尺寸。

长度主要基准为左端安装平面，以此来确定∅47 轴孔轴线的位置及右端安装平面的位置，∅47 轴孔轴线为辅助基准可以确定箱体长度方向其它尺寸。宽度方向∅47 轴孔轴线作为主要基准，由此标出的 41±0.035 是重要的定位尺寸，以此保证箱内两传动轴之间的精确位置，而高度方向以底面作为主要基准，而上端面则为辅助基准。

9.7.4 技术要求

读懂零件图的技术要求就是读懂图中的表面结构、尺寸公差、几何公差及材料热处理等内容。图 9－38 减速器箱体多个端面，上、下底面及孔的内表面进行了机床加工，其中用于安装轴、轴承的内孔表面的 *Ra* 为 3.2，这些都是配合表面。而用于安装端盖的端面、底面的 *Ra* 为 6.4，而其它的机加工面 *Ra* 为 12.5，剩下的表面都是铸造表面。

此零件轴孔、螺钉孔及螺栓孔多，因此定位尺寸较多，并且都有公差要求。另外，还多处标有形位公差。

箱体材料为铸铁，热处理要求铸件加工后经人工时效处理，以消除内应力，确保加工后不致变形。

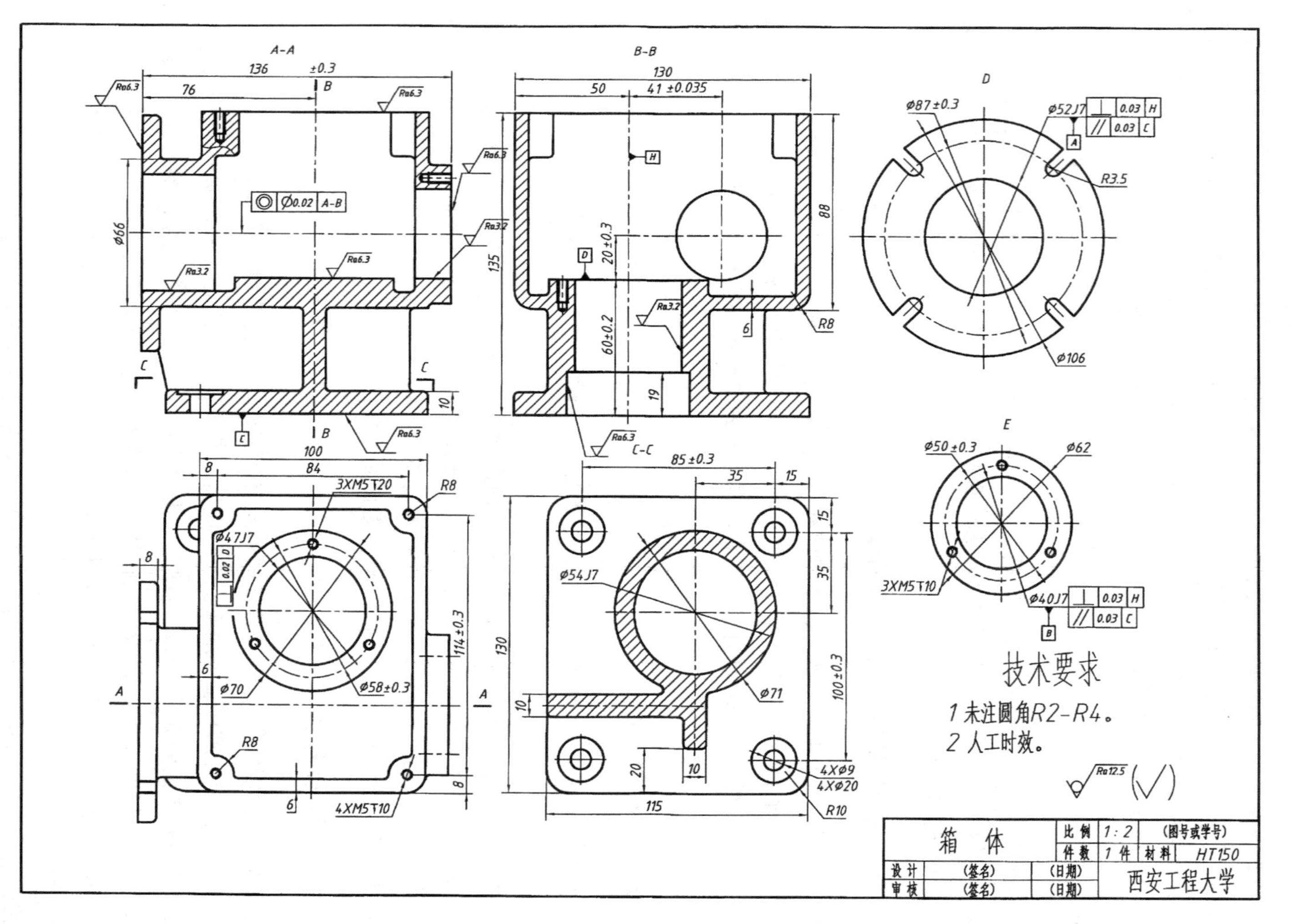

图 9－38 减速箱体的零件图

思考题

1. 零件图中包含哪些内容，它的作用是什么？
2. 零件图的视图表达的原则是什么？
3. 典型零件有哪几类，它们的视图表达有何特点？
4. 零件图的尺寸基准通常如何确定？如何理解尺寸标注的合理性？
5. 零件图的技术要求包括哪些内容？
6. 什么是表面结构，它将影响零件的哪些性能？评定表面结构要求的参数是什么？
7. 什么是尺寸公差？解释基本偏差、间隙配合、过盈配合、过渡配合的含义。
8. 公差与配合的两种基准制是什么？零件图及装配图上的公差如何标注？
9. 零件上常见铸造结构及机加工结构有哪些？有何特点？
10. 常见的测量工具有哪些？如何测量壁厚与孔间距？
11. 读零件图的基本步骤是什么？

第 10 章　装配图

装配图是表达机器或部件的图样。装配图主要用来表达机器或部件的工作原理、各零件的相对位置和装配连接关系及主要零件结构特点。在设计、装配、调试、检验、安装、使用和维修时都需要装配图。因此，装配图在设计、生产中具有重要的作用。

10.1　装配图的内容

如图 10－1 所示，是球阀的装配图，可以看出，一张完整的装配图应具有下列内容。

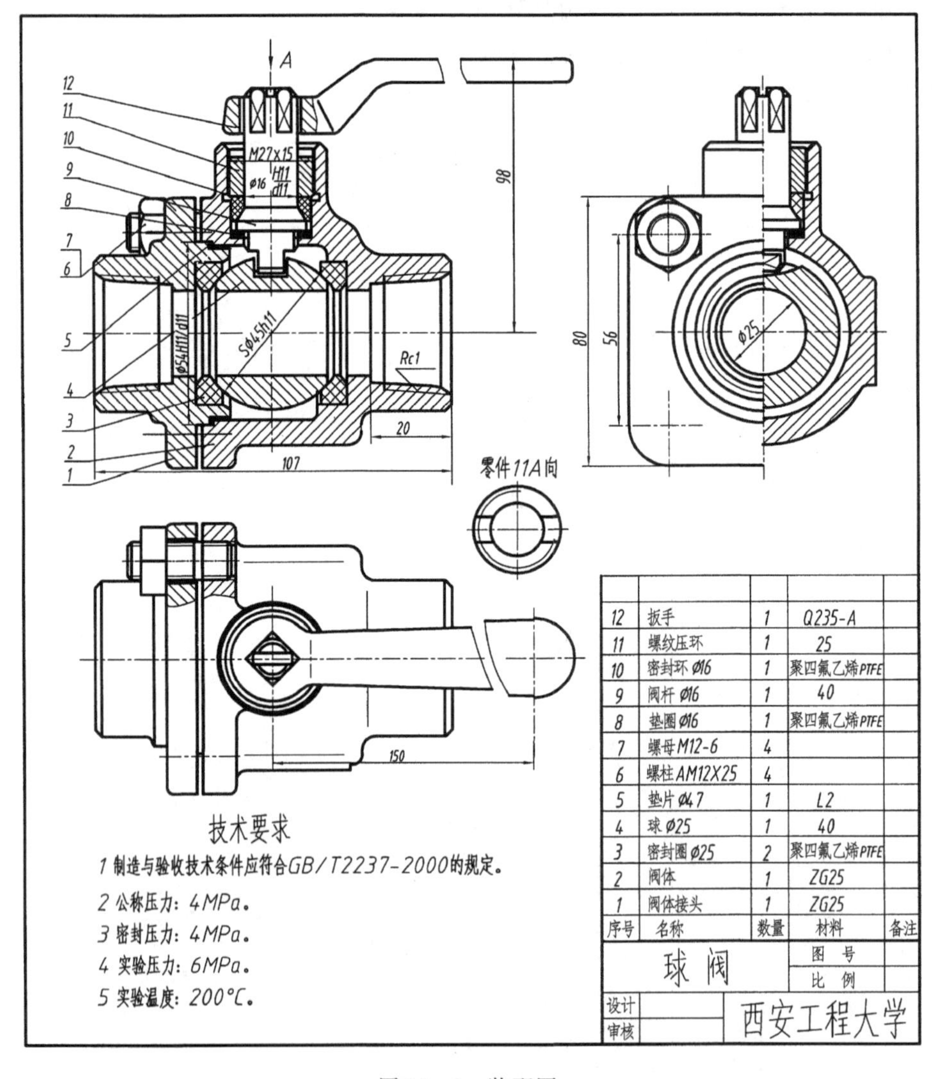

图 10－1　装配图

1. 必要数量的视图

用一般表示法和特殊表示法，正确、简便地表达机器或部件的工作原理、零件之间的装配关系和主要零件的结构特征。

2. 几类尺寸

根据装配图的功能，设计时要由装配图拆画零件图，生产时要用装配图进行装配、检验、安装运输等，所以装配图需要标注出性能规格尺寸、装配尺寸、外形尺寸、安装尺寸和其它所需的重要尺寸。

3. 技术要求

说明机器或部件在装配、调试、检验、安装时所需达到的指标要求。

4. 标题栏、明细栏和零件编号

说明机器或部件及其所包括的零件的序号、代号、名称、材料、数量、比例以及设计者的签名及日期等。

10.2 装配图的画法

视图、剖视图、断面图等零件的各种表达方法，在表达机器或部件时也完全适用。但机器或部件是由若干个零件所组成的，装配图不仅要表达结构形状，更重要的是要表达工作原理、装配和连接关系，因此机械制图国家标准，对装配图提出了一些规定画法和特殊表达方法。

10.2.1 规定画法

①两零件的接触表面和配合表面只用一条线表示，非接触表面用两条轮廓线表示，如图 10－2 所示。

②为了便于区分不同的零件，在装配剖视图中，相邻金属零件的剖面线，其倾斜方向应相反，或方向一致而间隔不等。当剖面的宽度小于或等于 2 mm 时，可用涂黑代替剖面符号。同一装配图中的同一零件的剖面线必须方向相同、间隔相等。如图10－2所示。

③对紧固件以及轴、连杆、拉杆、手柄、球、键、销和钩子等实心零件，若剖切平面通过其轴线或对称平面时，这些零件均按不剖绘制。如果需要表明其中的键槽、销孔、凹坑等，可用局部剖视图表示。如图 10－2 所示。

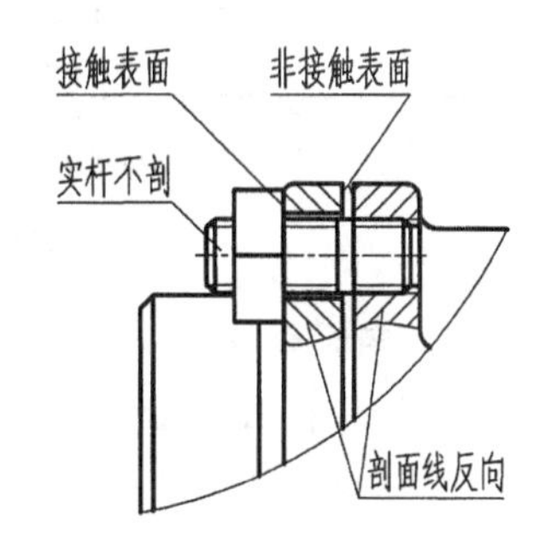

图 10－2　装配图中的规定画法

10.2.2 装配图的特殊表达方法

1. 沿零件结合面剖切和拆卸画法

在装配图的视图中，可以假想沿某两个零件的结合面进行剖切，此时，零件的结合面不画剖面线，但被横向剖切的轴、螺栓或销等要画剖面线。对采用拆卸画法的视图，可在其上方加注说明，如拆去“××＃”零件等。如图 10－3 所示。

2. 假想画法

为了表示装配体中运动零件的极限位置或本部件与相邻零件或部件的相互位置关系，可用细双点画线画出该零件或部件的外形轮廓。如图 10－3 所示。

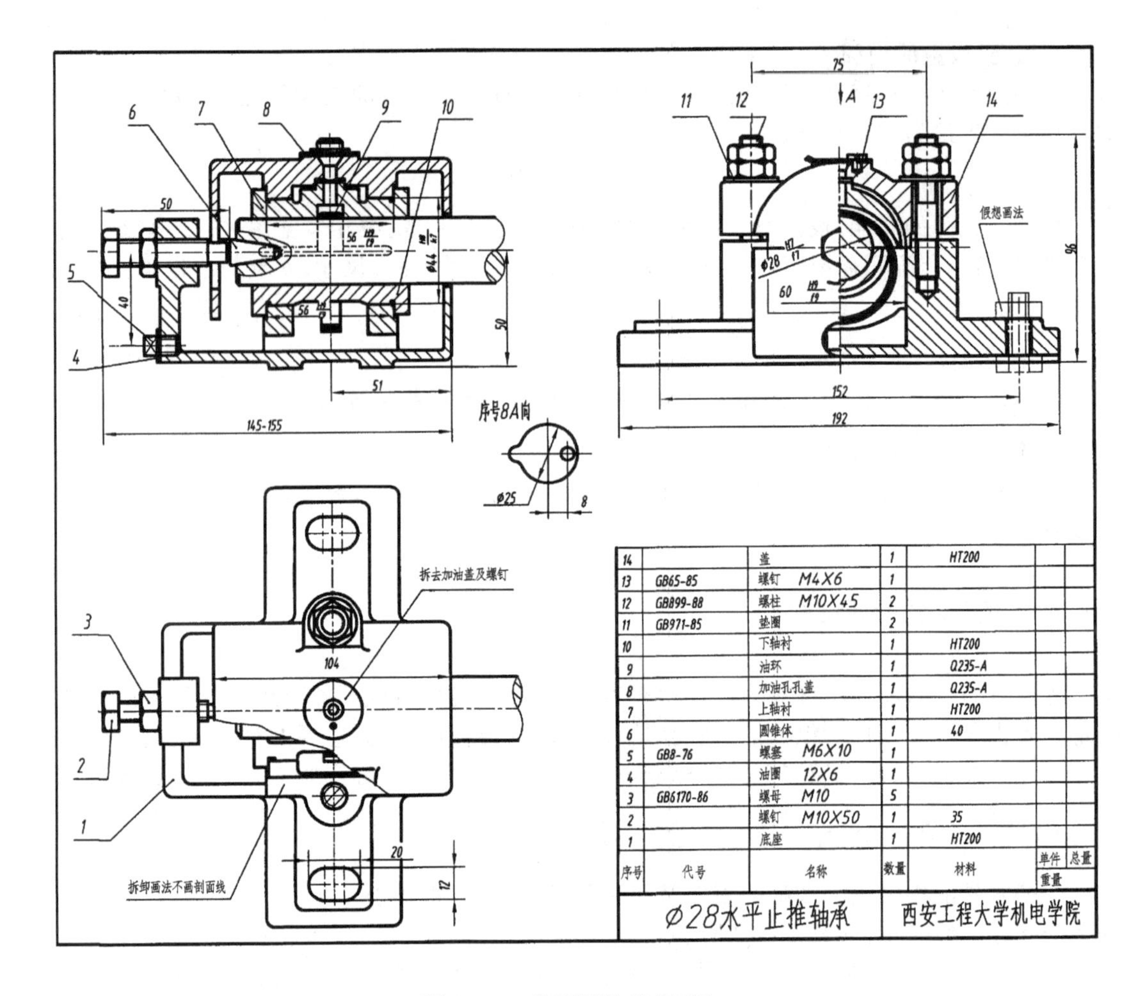

序号	代号	名称	数量	材料	单件	总量
14		盖	1	HT200		
13	GB65-85	螺钉 M4X6	1			
12	GB899-88	螺柱 M10X45	2			
11	GB971-85	垫圈	2			
10		下轴衬	1	HT200		
9		油环	1	Q235-A		
8		加油孔孔盖	1	Q235-A		
7		上轴衬	1	HT200		
6		圆锥体	1	40		
5	GB8-76	螺塞 M6X10	1			
4		油圈 12X6	1			
3	GB6170-86	螺母 M10	5			
2		螺钉 M10X50	1	35		
1		底座	1	HT200		
					重量	

Ø28水平止推轴承	西安工程大学机电学院

图 10-3 装配图的特殊画法

3. 夸大画法

对于直径或厚度小于 2 mm 的较小零件或较小间隙，如簿垫片、细丝弹簧等，若按它们的尺寸画图难以明显表示时，可不按其比例而采用夸大画法。如图 10-4 所示。

4. 简化省略画法

装配图中零件的工艺结构，如退刀槽、倒角等，允许省略不画；若干个相同零件组，如螺栓连接、油杯等，可详细地画出一组或几组，其余只用轴线或中心线表示其位置。如图 10-4 所示。

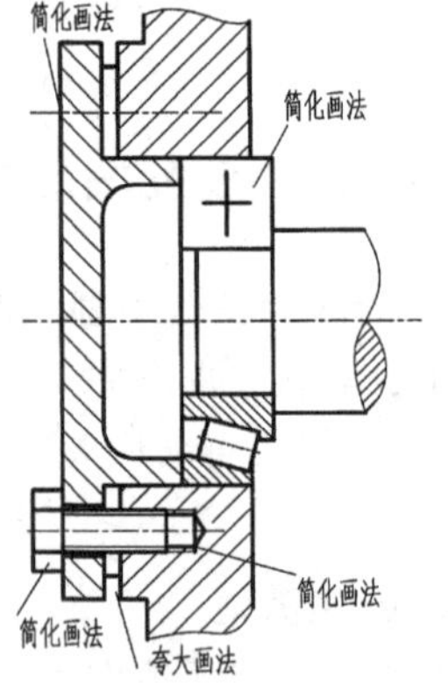

图 10-4 装配图的简化省略画法

10.3 装配图的尺寸注法和技术要求

10.3.1 装配图的尺寸标注

装配图不是制造零件的依据，因此在装配图中不需注出每个零件的尺寸，而只需注出一些必要的尺寸，这些尺寸按其作用不同，可分为以下五类。

1. 性能尺寸

性能尺寸也称为规格尺寸，它表示与机器或部件的性能、规格的有关尺寸。这些尺寸在设计时就已确定，例如油缸的活塞直径、活塞的行程，各种阀门连接管路的直径等。如图 10－1 中的∅25，为 1 英寸的手阀。

2. 装配尺寸

表示零件间有装配要求的尺寸和重要的相对位置尺寸(如中心矩等)，这些尺寸称为装配尺寸。如图 10－5 中的∅3 H7/h6，∅20H7/m6 等。

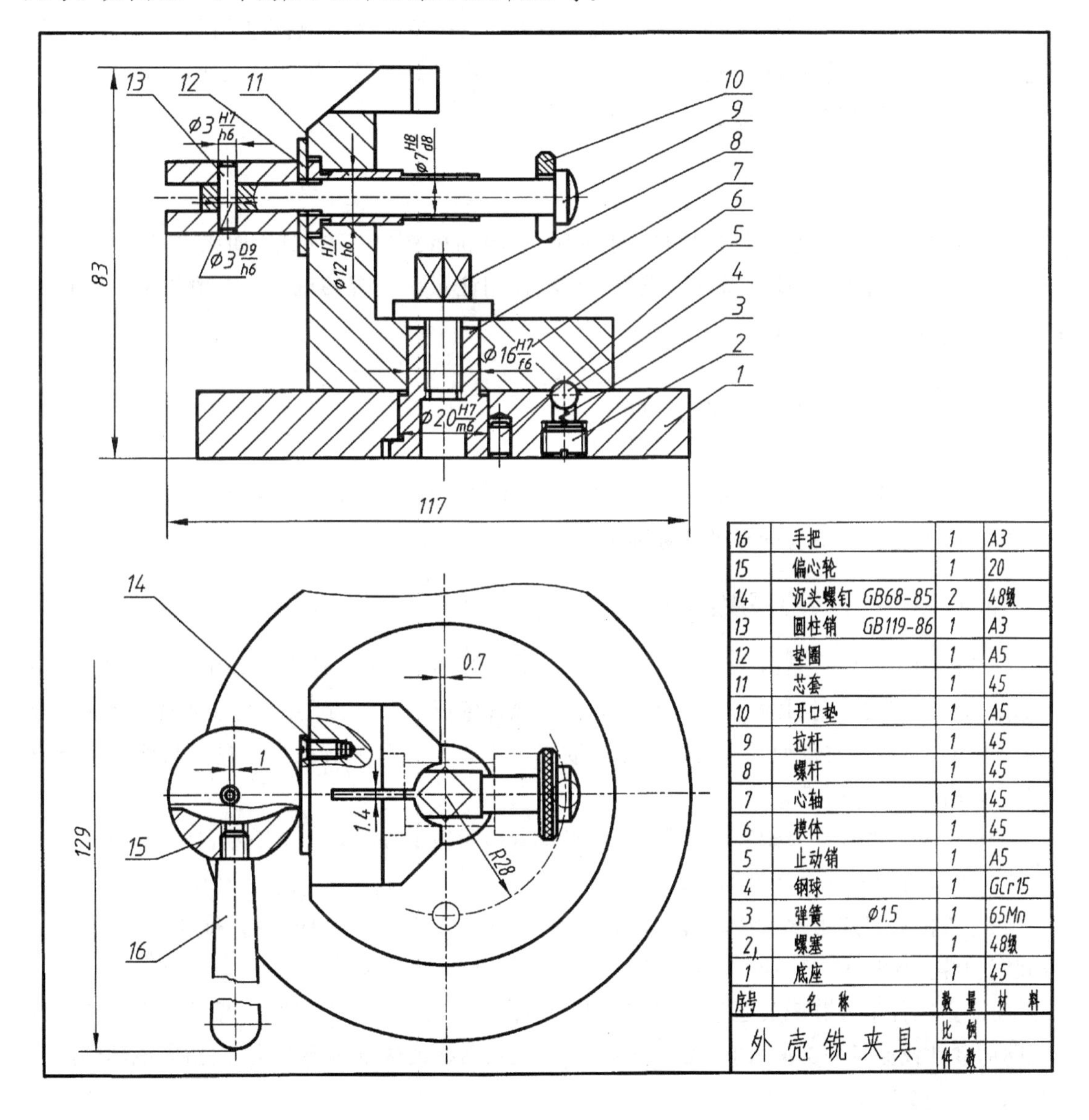

16	手把		1	A3
15	偏心轮		1	20
14	沉头螺钉	GB68-85	2	4.8级
13	圆柱销	GB119-86	1	A3
12	垫圈		1	A5
11	芯套		1	45
10	开口垫		1	A5
9	拉杆		1	45
8	螺杆		1	45
7	心轴		1	45
6	楔体		1	45
5	止动销		1	A5
4	钢球		1	GCr15
3	弹簧	Ø1.5	1	65Mn
2	螺塞		1	4.8级
1	底座		1	45
序号	名称		数量	材料

图 10－5　装配图的尺寸标注

3. 安装尺寸

安装机器或部件所需的定位、定形尺寸，如图 10－1 中的 Rc1 尺寸。

4. 外形尺寸

表明机器或部件的总体长、宽、高的尺寸，它表明机器或部件所占空间的大小，可给包装、运输、安装提供参考，如图 10－5 中的 129、117 和 83。

5. 设计重要尺寸

影响机器或部件的设计性能、运动规律等的重要尺寸，如图 10－5 中的 1、$R28$。

应说明的是，并不是每一张装配图上都注有上述几类尺寸，但装配图上所标注的尺寸必须属于上述五类。因此在标注装配图上的尺寸时，应在掌握上述五类尺寸意义的基础上，根据该机器或部件的实际情况合理地加以标注。

10.3.2　技术要求

装配图的技术要求是指装配时的调整说明，试验和检验的有关数据，如压力、温度、密封、润滑、噪音、速度等，技术性能指标及维护、保养、使用注意事项等的说明。一般用文字写在明细栏的上方或图纸下方空白处。

10.4　装配图的零件序号和明细栏

为了便于看图，做好生产的准备，管理零件图样或编制其它技术文件，在装配图中必须对每个零件进行编号及书写标准件的标准编号。

10.4.1　序号的编写规则

①装配图中的序号是由点、指引线、横线（或圆圈）和序号数字这四部分组成。指引线、横线都由细实线画出。指引线之间不允许相交，但允许弯折一次，当指引线通过剖面线区域时应与剖面线斜交，避免与剖面线平行。序号的数字要比该装配图中所注尺寸数字高度大一号或大两号，如图 10－6 所示。

②每个不同的零件只编写一个序号，规格完全相同的零件用同一个序号，且一般只标注一次，多次出现时用同一个序号书写。

③零件的序号应沿水平或垂直方向，按顺时针或逆时针方向顺序、整齐排列，并尽量使序号间隔相等。序号可有序地编写在不同方向的视图上。

④对紧固件组或装配关系清楚的零件组，允许采用一条公共指引线。若指引线所指部分（很薄的零件或涂黑的剖面）内不便画圆点时，可在指引线的端部画出箭头，并指向该部分的轮廓，如图 10－7 所示。

⑤装配图中的标准化组件，如油杯、滚动轴承、电动机等，可看成一个整体，只编注一个序号。

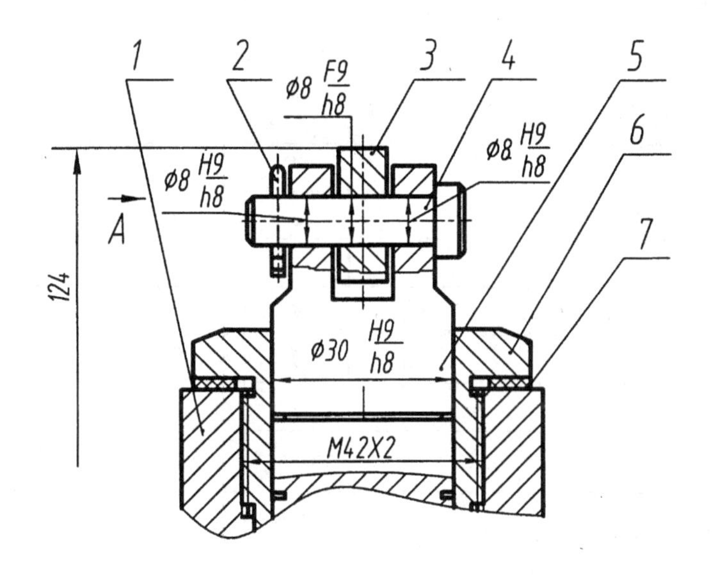

图 10－6　装配图的序号编写

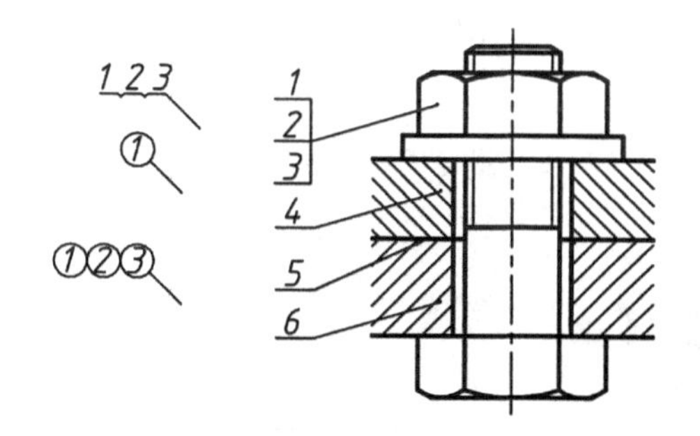

图 10－7　装配图的指引线形式

10.4.2　明细栏

明细栏是装配图中全部零件(或部、组件)的详细目录,填写时应遵守下列规定。

①明细栏画在标题栏上方,序号应自下而上顺序填写,如位置不够,可在标题栏左边接着填写。

②“名称”栏内填写零、部件的名称,对于标准件,则填写名称及规格(如螺栓 M10×1);对于齿轮、弹簧等具有重要参数的零件,则常在名称后面写出参数(如齿轮的模数、齿数、齿形角等;弹簧的簧丝直径、自由高度等)。

③“数量”栏填写本台机器(或部件)对该零件所需要的数量。

④“材料”栏填写制造该零(部)件所用的材料名称或牌号。

⑤“备注”栏内常填写有关零件的热处理、表面处理或其它说明。

明细栏下方标题栏的格式一般参照国家标准或由设计单位自行拟定，如图 10－8 所示。

6				
5	螺钉 M12X35	2	Q235	
4	填料		石棉	无图
3	齿轮 m=4　Z=8	1	15Cr	
2	轴	1	45	
1	机体	1	HT200	
序号	名　称	数量	材　料	备注

（装配体名称）			（比例）	（图号或学号）
			共　张　第　张	
设计	（签名）	（日期）	西安工程大学	
审核	（签名）	（日期）		

图 10－8　装配图的明细栏和标题栏格式

10.5　装配结构的合理性

在绘制装配图过程中，应考虑装配结构的合理性，以保证机器和部件的性能，便于零件的加工和装配。确定合理的装配结构，必须具有丰富的生产实际经验，并能对各种类型结构作深入地分析比较后进行选择，使所画图样更加合理。

①两零件在同一方向上（轴向或径向）只应有一组接触面。否则，零件无法准确定位，如图 10－9 所示。

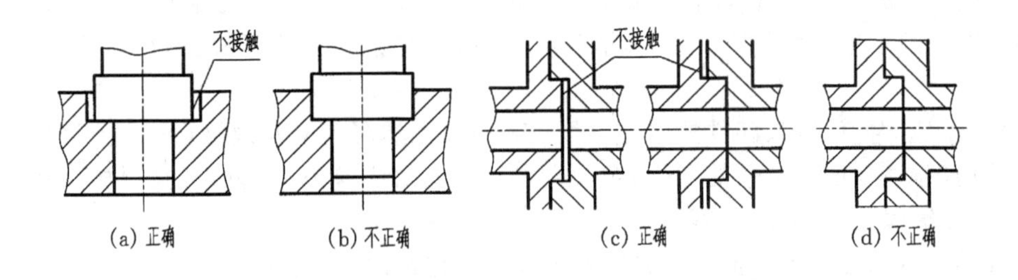

图 10－9　装配面不能过定位

②两零件有一对相交的接触面时，应在转角处制出倒角、圆角、凹槽等。否则，零件会发生干涉，影响装配，如图 10－10 所示。

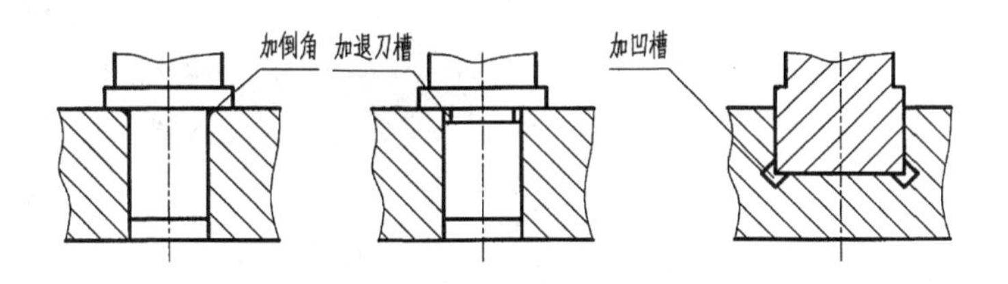

图 10－10　装配拐角防止干涉

③为了使螺栓、螺母、螺钉、垫圈等紧固件与被连接表面接触良好，在被连接的表面应加工成局部凸台或沉孔等结构，如图 10－11 所示。

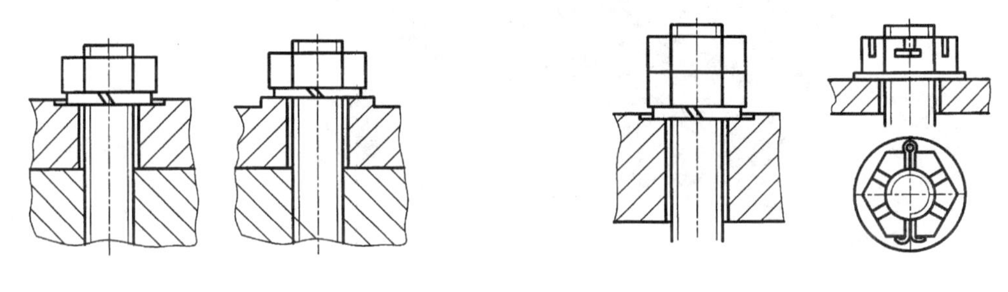

图 10－11　装配结构图

图 10－12　防松结构

④为了防止机器在运转过程中由于振动而将螺纹连接件振松，常采用一些防松装置，如图 10－12 所示。

10.6　由零件图画装配图的方法和步骤

根据已知的零件工作图，按照它们之间的装配关系，拼装画出其装配工作图，是学习绘制装配图的重要方法。

10.6.1　了解部件的装配关系和工作原理

看懂零件图，了解零件的结构和功能，对照实物或装配示意图，分析零件的装配关系及工作原理。

图 10－13 为齿轮油泵的分解立体图。齿轮油泵主要由泵体、传动齿轮轴、齿轮轴、左泵盖、右泵盖、皮带轮和其它标准件组成。看懂零件结构形状的同时，还应了解零件间的相互位置及连接关系。

齿轮油泵的工作原理如图 10－14 所示，当主动齿轮逆时针旋转，则从动齿轮被带动按顺时针旋转，使泵室右腔压力下降产生局部真空，油池内的油便在大气压力作用下，从吸油口进入泵室右腔低压区，随着齿轮继续转动，由齿间将油带入泵室左腔，并使油产生压力经出油口排出。

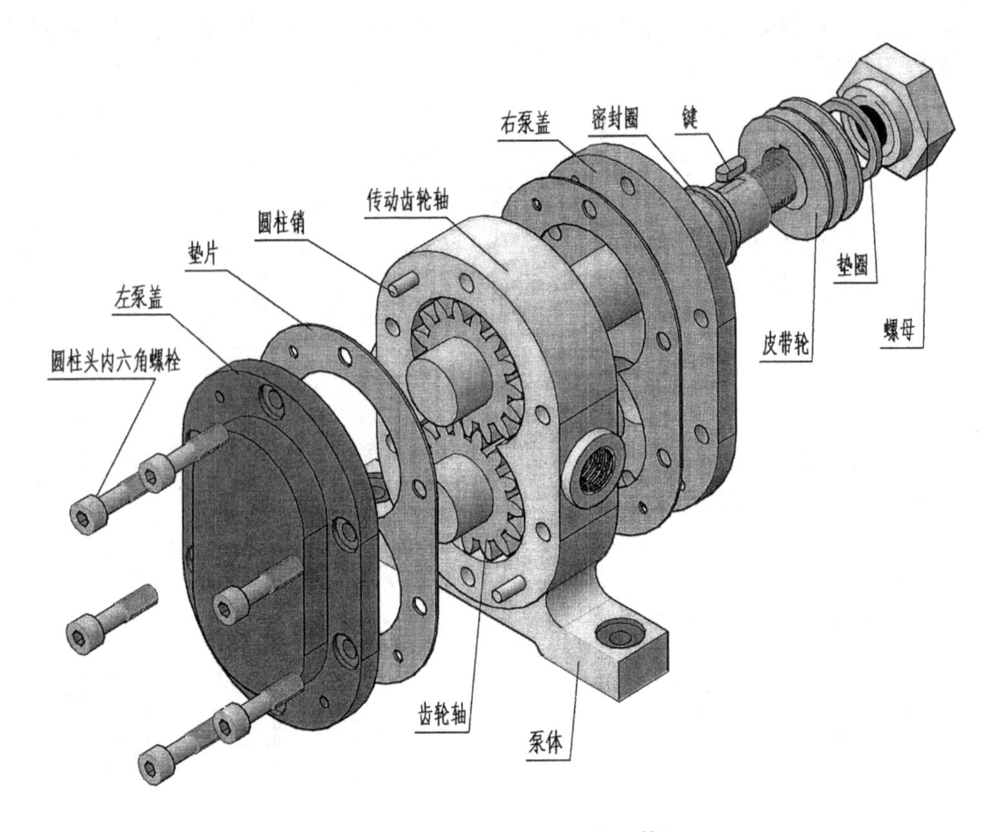

图 10－13　齿轮油泵的分解立体图

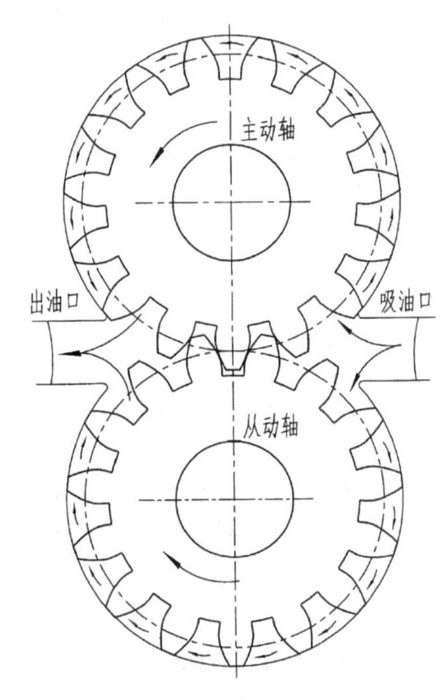

图 10－14　齿轮油泵工作原理

10.6.2 视图选择

(1) 装配图的主视图　如图 10－15 所示。

装配图应以工作位置和清楚地反映主要关系的那个方向作为主视图,并尽可能反映其工作原理,因此主视图多采用剖视图。

(2)其它视图、剖视图及断面图的选择　如图 10－15 所示。

选择其它视图、剖视图及断面图,主要是补充主视图的不足,进一步表达装配关系和主要零件的结构形状。

10.6.3 画装配图的步骤

①根据已确定的装配体表达方案,选取绘图比例和图纸幅面,统筹安排各视图的位置。要注意留出编注零件序号、标注尺寸、技术要求及明细栏的位置。

②画各视图的主要轴线、定位基准线。

③由主视图入手配合其它视图,按照装配干线,一般由装配轴开始,由里向外逐个画出与轴相邻的零件,或从壳体由外向里逐个画出各个装配零件,完成装配图的底图。画图顺序可根据情况进行变换。

④校核底图、擦去多余图线,加深轮廓线,画剖面线,标注尺寸。

⑤编注零件序号,填写标题栏、明细栏和技术要求。检查、完成装配图,如图 10－15 所示。

如果在计算机上直接用 AutoCAD 软件绘图,一般按 1∶1 比例绘图,打印时再考虑图幅规格,绘图步骤也可随之调整。

10.7 读装配图和拆画零件图的方法

在设计、装配、安装、维修机器设备以及进行技术交流时,往往要读装配图,因此应学习和掌握读装配图的一般方法。

10.7.1 读装配图的要求

①了解部件的名称、用途、性能和工作原理。

②了解部件的结构、各零件的相对位置和装配关系以及拆装顺序和方法。

③弄清部件中每个零件的名称、数量、材料、作用和结构形状。

要达到上述要求,除了利用制图知识进行形体分析和结构分析外,还须具备一定的机械设计和工艺知识以及有关部件的专业知识。所以在学习过程中,还应仔细阅读有关部件的说明书或其它资料。

现以图 10－17 所示蜗轮减速器为例,说明读装配图的方法和步骤。

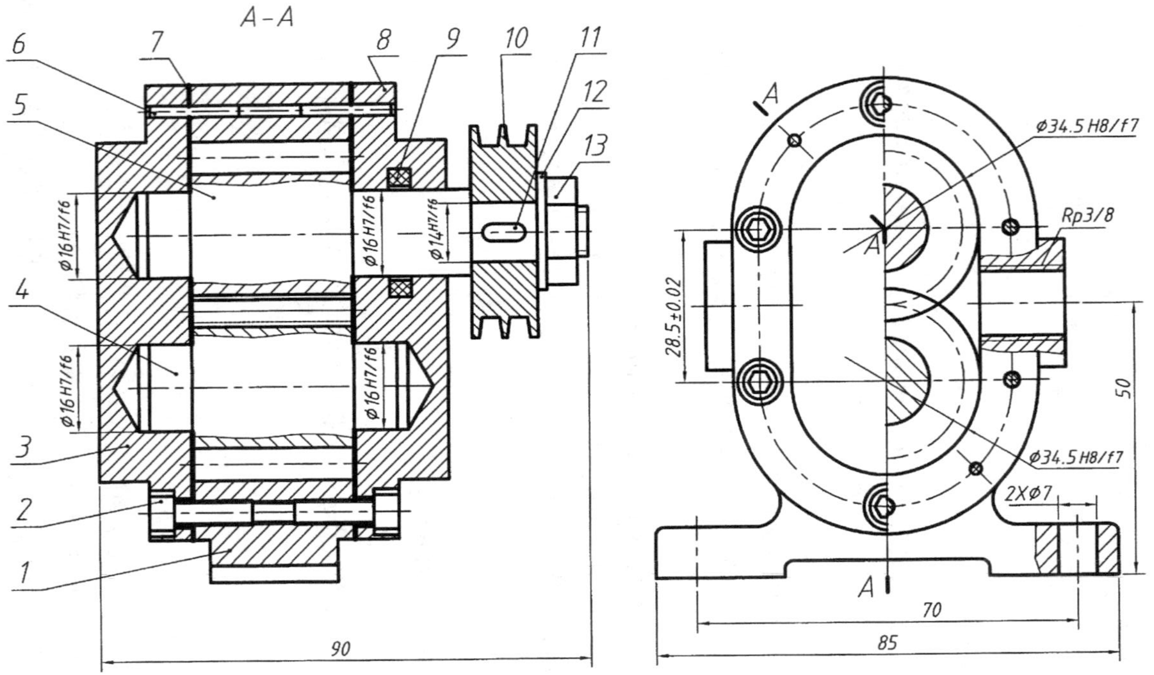

A-A

技术要求

1 装配后传动齿轮轴转动灵活。
2 试验压力3MPa。
3 工作压力2MPa。

13	螺母		1	35	
12	垫圈	GB/T97-2000	1	35	
11	键	GB/T1096-2000	1	45	
10	皮带轮		1	45	
9	密封圈		1	橡胶	
8	右泵盖		1	HT200	
7	垫片		2	纸板	
6	销	GB/T119-2000	4	45	
5	传动齿轮轴	m=3 Z=15	1	45	

4	齿轮轴 m=3 Z=15	1	45	
3	左泵盖	1	HT200	
2	螺钉 M6X16 GB/T70-2000	12	35	
1	泵体	1	HT200	
序号	名称	数量	材料	备注

齿轮油泵			(比例)	(图号或学号)
			共 张	第 张
设计	(签名)	(日期)	西安工程大学	
审核	(签名)	(日期)		

图 10-15 齿轮油泵装配图

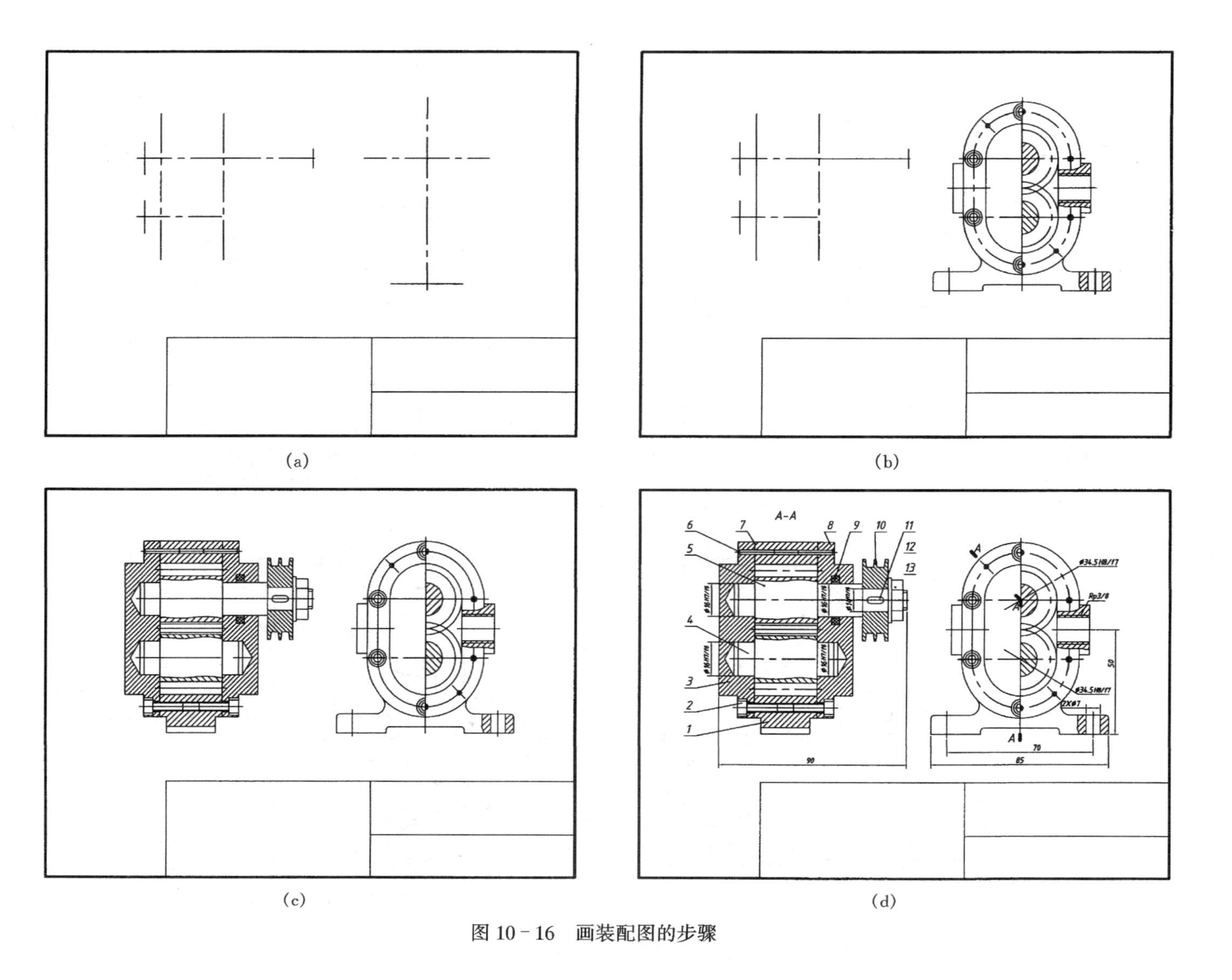

图 10-16　画装配图的步骤

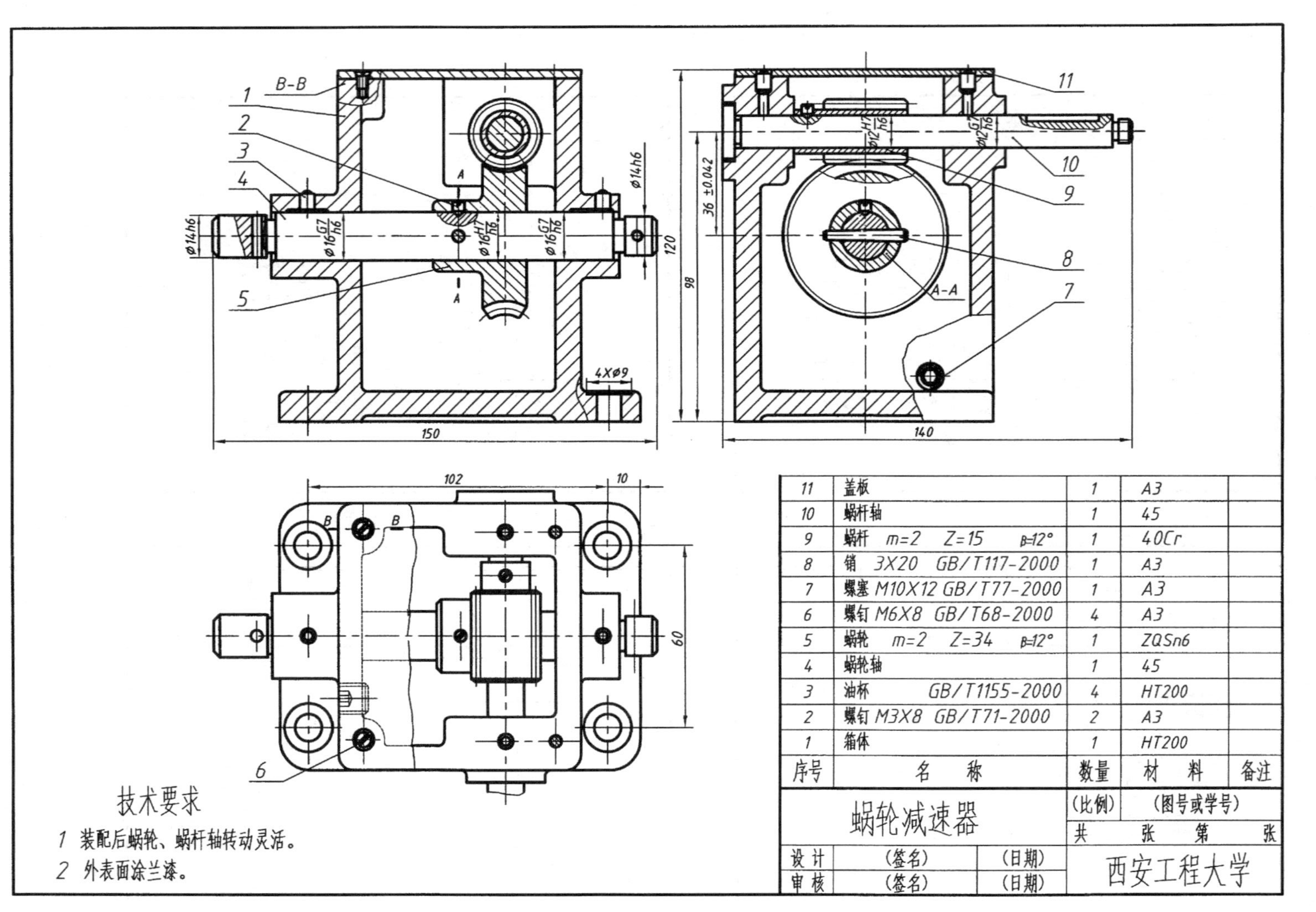

序号	名称	数量	材料	备注
11	盖板	1	A3	
10	蜗杆轴	1	45	
9	蜗杆 m=2 Z=15 β=12°	1	40Cr	
8	销 3X20 GB/T117-2000	1	A3	
7	螺塞 M10X12 GB/T77-2000	1	A3	
6	螺钉 M6X8 GB/T68-2000	4	A3	
5	蜗轮 m=2 Z=34 β=12°	1	ZQSn6	
4	蜗轮轴	1	45	
3	油杯 GB/T1155-2000	4	HT200	
2	螺钉 M3X8 GB/T71-2000	2	A3	
1	箱体	1	HT200	

图 10-17 读蜗轮减速器装配图

10.7.2 读装配图的方法和步骤

1. 了解部件的名称、用途、性能和工作原理

通过看标题栏、明细栏、产品说明书和其它有关资料可知，该蜗轮减速器为二级减速器，采用蜗轮、蜗杆减速的特点是体积小，同时可获得较大的传动比。减速器是机械设计中常用的装置。它由箱体(1)、油杯(3)、蜗轮轴(4)、蜗轮(5)、螺塞(7)、蜗杆(9)、蜗杆轴(10)、盖板(11)等零件装配而成。旋转动力从蜗杆轴(10)输入，通过相互啮合的蜗杆(9)和蜗轮(5)减速后，由蜗轮轴(4)的两端输出。

2. 分析视图

看图 10-17，先把各视图之间的投影关系和表达方法弄清楚。蜗轮减速器装配图由三个基本视图组成，投影关系是典型的三视图，即主、俯及左视图。主视图采用了全剖视、四处局部剖视；俯视图采用了沿箱体(1)顶端面的局部剖、视图。蜗杆轴(10)采用了断裂简化画法；左视图采用了四处局部剖视。

其次分析各视图所表达的内容。主视图主要表达了蜗轮轴(4)、蜗轮(5)、蜗杆(9)、蜗杆轴(10)、箱体(1)、盖板(11)、油杯(3)等输出轴装配线上各零件的装配、位置关系。蜗轮轴(4)和蜗轮(5)由螺钉(2)紧固为一体，蜗轮(5)的弧状面与蜗杆(9)啮合，因此，蜗轮轴的轴向位置是由蜗杆(9)的位置来确定的。

俯视图主要表达了箱体(1)顶面、底面和内形的轮廓形状，各个装配孔的数量及位置，蜗轮轴(4)与蜗杆轴(10)是垂直异面交叉的位置。

左视图主要表达了输入轴蜗杆轴(10)、蜗杆(9)、箱体(1)、油杯(3)、螺塞(7)、蜗轮(5)、蜗轮轴(4)、盖板(11)等输入轴装配线上各零件的装配、位置关系。蜗杆轴(10)的轴向位置是由蜗杆轴的大端轴肩端面与箱体(1)壁厚的外壁平面接触，内壁平面由蜗杆轴(10)与蜗杆(9)紧固为一体蜗杆端面接触，从而达到蜗杆轴定位的目的。

3. 了解零件的形状、作用及其装拆关系

一般先从主要零件开始。为了弄清零件的形状，首先要从装配图上将该零件的投影轮廓从各视图中分离出来，其方法是从标注该零件序号的视图入手，用对线条、找投影关系以及根据“统一零件的剖面线方向和间隔一致”等关系在其它视图上找出这个零件的各投影，结合功能特点，进而构思出该零件的结构形状。

以 1 号件箱体为例，根据各视图间的投影关系和剖面线方向，分离出来的箱体的各视图如图 10-18 所示。有了这些视图，除了装蜗轮轴、蜗杆轴箱体外壁的凸台不确定外，它的主要结构形状是不难构想了。

要了解零件的装拆关系，通常可以从反映装配轴线的那个视图入手。蜗轮减速器装配图主要有两条装配线，输出轴装配线在主视图上，输入轴装配线在左视图上。在主视图中，蜗轮轴(4)由箱体(1)支撑，其两个支撑孔与蜗轮轴之间为 $\varnothing 16G7/h6$ 的间隙配合，并有两个油杯(3)进行润滑，蜗轮(5)由一个紧定螺钉(2)和圆锥销(8)固定连接在蜗轮轴上，蜗轮与蜗杆啮合。盖板由四个螺钉(6)连接在箱体上。在左视图中，蜗杆轴(10)由箱体(1)支撑，其两个支撑孔与蜗杆轴之间为 $\varnothing 12G7/h6$ 的间隙配合，也有两个油杯(3)进行润滑，蜗杆(9)由一个紧定螺钉固定连接在蜗杆轴上，蜗杆与蜗轮啮合。箱体下方装配有一个螺塞(7)。

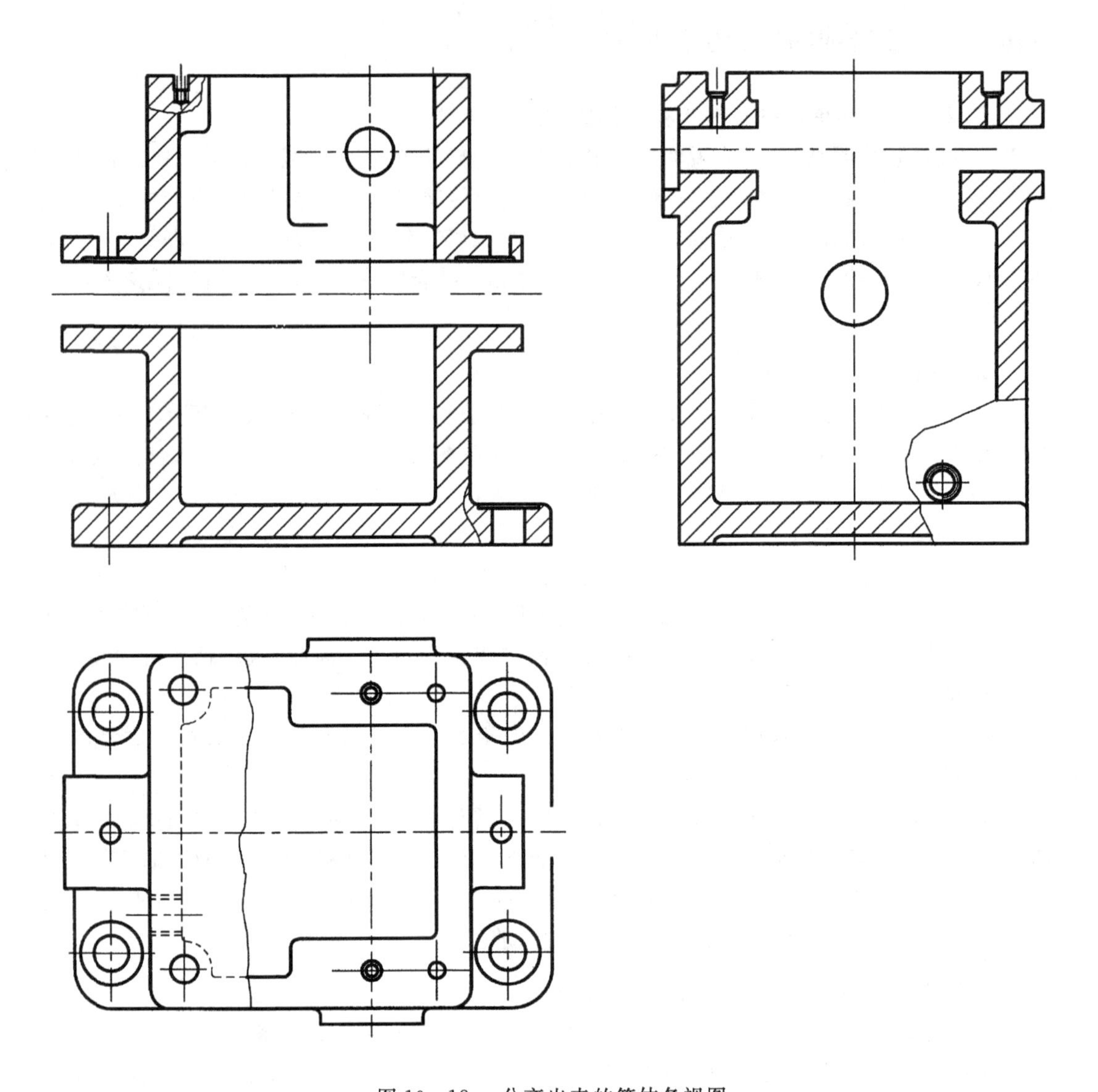

图 10 - 18　分离出来的箱体各视图

分析清楚两条装配轴线上有关零件的装配关系后，零件的形状和作用实际上大部分已了解了。零件的作用往往还可通过它的名称而获得了解，如“盖板”等。

根据以上分析，蜗轮减速器装配图拆分为单个零件的顺序为：拆螺钉(6)、盖板(11)，拆蜗杆上的螺钉(2)、蜗杆(9)、蜗杆轴(10)，再拆蜗轮上的螺钉(2)、销(8)、蜗轮轴(4)，然后可拆油杯(3)、螺塞(7)等。安装按分解的逆顺序装配即可。

4. 分析尺寸

分析装配图上所注的尺寸，可以进一步了解部件的性能规格、大小、零件间的配合性质以及部件的安装方法。如图 10 - 17 中的 ∅16G7/h6、∅16H7/h6 是基轴制的间隙配合尺寸，150、120、140 为外形尺寸，102、10、60、4×∅9 为安装尺寸。

5. 总结归纳

在以上分析的基础上，进一步分析部件的传动和工作原理、各零件间的装配关系和装拆顺序、安装方法、各零件的结构形状是否合理等，可以加深对部件的认识。同时，注意学习装配图上的视图表达和尺寸注法上的特点。

10.7.3 根据装配图拆画零件图

在设计过程中，根据装配图设计零件，拆画出零件图，简称拆图。拆图时，通常先画出主要零件，然后根据装配关系，逐一拆画有关的零件，以保证各零件的形状、尺寸等能协调一致。根据零件图的内容要求，拆画零件图时应注意考虑如下几方面问题。

1. 关于零件的结构形状和视图表达方案

在画装配图时，并不一定把每个零件的结构形状全部都表达清楚。因此在拆画零件图时，还需根据零件的作用、装配关系和工艺上的要求(如铸件壁厚要均匀……)进行设计。此外，装配图上未画出的工艺结构，如倒角、圆角、退刀槽等，在零件图上都必须详细画出。

零件图的视图表达方案，尽量不要简单地从装配图上照搬，应结合该零件的形状特征、工作位置或加工位置等方面重新考虑后再画图。如轴类零件常按车床加工位置作为主视图的投影方向放置。

2. 关于零件上的尺寸

在拆图时，零件上的尺寸可用下面 4 种方法确定。

①直接按装配图上的尺寸标注　除了装配图上某些需要经过计算的尺寸外，其它已注出的零件的尺寸都应直接移注到零件图上去。装配图上用配合代号注出的尺寸(如$\varnothing$16H7)，在零件图上常需查表后用偏差数值直接注出(如$\varnothing 16_{0}^{+0.018}$)。

②查手册决定的尺寸　对零件上的标准结构，如螺栓通孔、倒角、退刀槽、键槽等尺寸，都应查阅有关设计手册确定。

③需经计算确定的尺寸 如齿轮的分度圆、齿顶圆直径等。

④在装配图上按比例量取的尺寸　零件上大部分不重要或非配合的尺寸，一般都可在装配图上直接量取，并将量得的数值取整数。

应该注意的是，相关零件间有装配关系的尺寸，必须注得协调一致；其次，应根据零件的设计和加工要求选择尺寸基准，将尺寸注得正确、完整、清晰、合理。

3. 关于零件的表面粗糙度及技术要求

零件各表面的粗糙度等级及其他技术要求，都应根据零件的作用和装配要求来确定，通常的方法是查阅有关手册或参考同类型产品的图纸加以比较而确定。

4. 校核

画完零件图后，应对所拆画的零件图进行仔细的校核。校核内容除了检查每张零件图的各项内容是否完整合理外，还应对有关相互配合的尺寸、表面粗糙度等级的要求等是否一致，以及名称、材料、数量等是否与明细栏相符等进行查对。

图 10－19、图 10－20 是拆画的箱体(1)、蜗轮轴(4)的零件图，供参考。

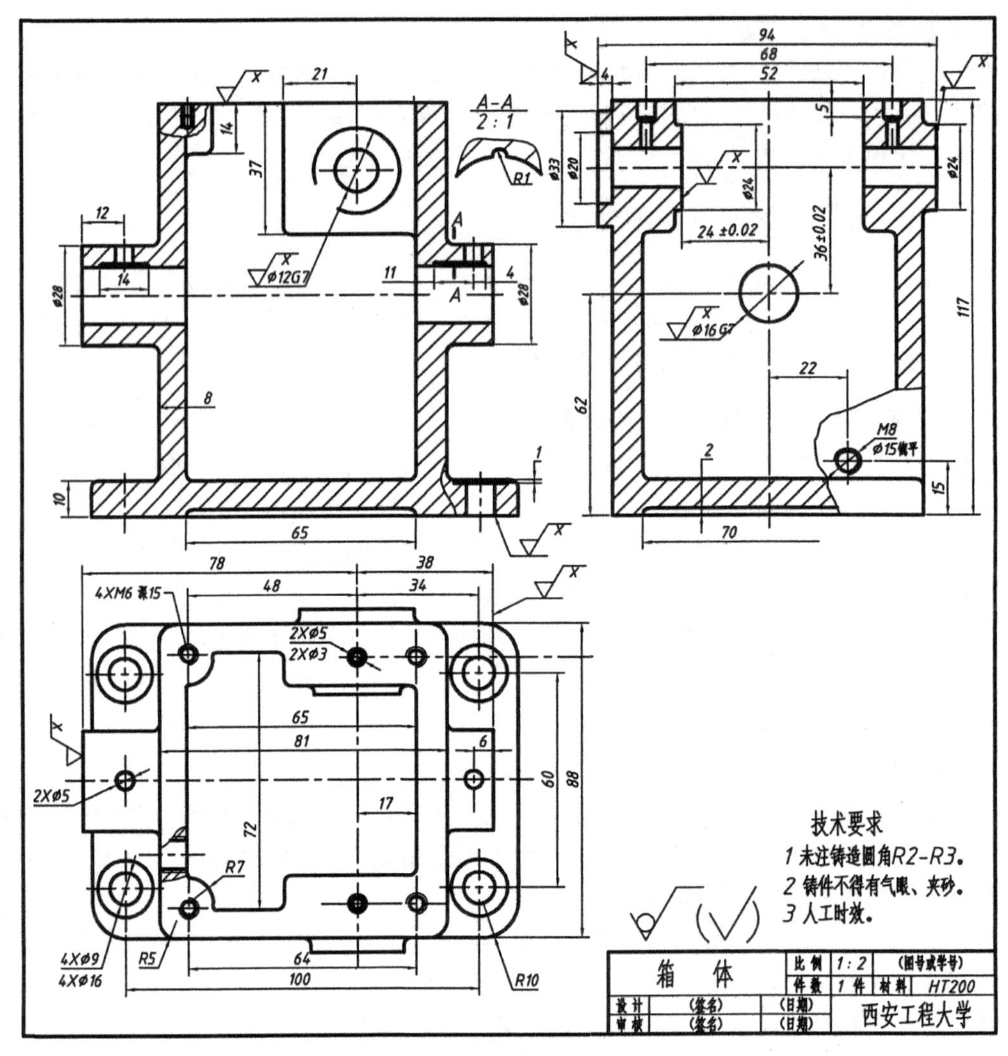

图 10-19 箱体的零件图

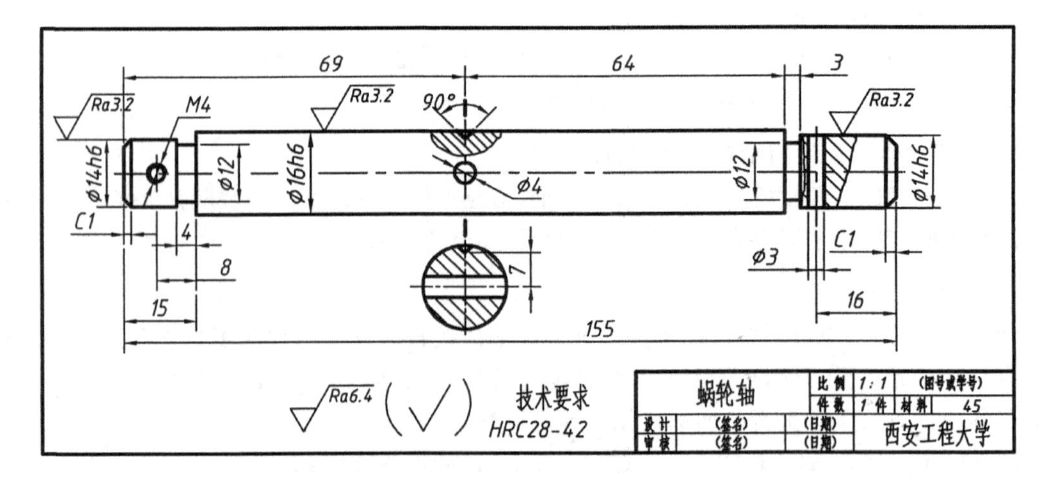

图 10-20 蜗轮轴的零件图

10.8 部件的测绘

对已有的部件(或机器)进行测绘,整理出装配图和全部零件图的过程,称为部件测绘。在仿制或对机器设备进行技术改造以及维修机器设备时,常需要通过测绘来获得它们的装配图和零件图,因此掌握部件测绘技巧在生产中具有重要的实用意义。下面主要介绍部件测绘的方法和步骤。

1. 了解并分析部件

通过观察部件,收集和阅读该部件的产品说明书或其它有关资料,了解部件的用途、性能、工作原理、结构特点、传动系统以及各类军舰的装配连接关系等。在收集资料过程中,尤其要重视技术人员和操作人员对该部件的使用情况和改进意见,为测绘工作的顺利进行作好准备。

2. 拆卸零件

开始拆卸前,要充分研究拆卸顺序和拆卸方法,对不可拆的有关零件(如焊接件或过盈配合的有关零件)以及拆卸后会严重影响机器质量的有关零件,应尽可能不拆卸。拆卸前,对一些重要尺寸(如装配间隙、运动零件的极限位置尺寸等)应先予以测量,以便装配时校验用。

在拆卸过程中,应进一步了解零件间的装配关系、零件的形状和作用等,以补充未拆卸前所不易了解到的一些内容。

3. 画装配示意图

画装配示意图的目的是拆卸时用以记录部件中各零件的相对位置和装配关系。其画法上的特点如图 10-21 所示。

①用简单的线条和符号来表示零件的大致形状和装配关系(如轴件和螺钉等可用单线表示)。

②相邻两零件的接触面及配合面之间,绘图时要留有间隙。

③所有零件应进行编号,并列表注明各零件的名称、数量、材料等。对于标准件(如螺栓、螺母等),因一般不画它们的零件图,所以还要量出它们的有关尺寸,以便能对照相关标准注出它们的规定标记。

4. 画零件草图

画零件草图时,零件上的缺陷(如制造中的缺陷及运行中的磨损等)不应反映到草图中来。

5. 根据装配示意图和零件草图画装配图

画装配图时,对零件草图上的差错及有关零件间的不协调处(如有配合关系的孔与轴,其基本尺寸是否一致,它们的表面粗糙度等级是否协调等)应予以改正,以供画零件图时参考。

6. 根据装配图和零件草图画零件图

7. 零件图完成后,把拆开的部件及时重新装配起来

如果教学条件(学时、教具、量具等)许可,建议学生分组进行测绘实践。

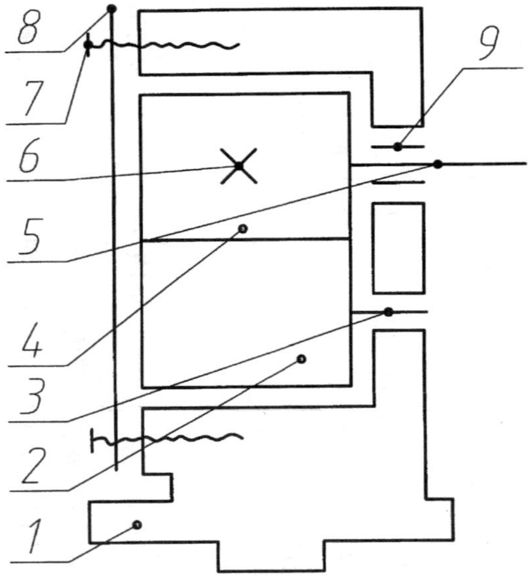

序号	名　称	数量	材　料
1	泵体	1	HT200
2	从动齿轮　Z=8　m=4	1	45
3	小轴	1	45
4	主动齿轮　Z=8　m=4	1	45
5	轴	1	45
6	销 GB/T119-2000 A3X20	1	35
7	螺钉 GB/T68-2000 M6X15	6	Q235
8	端盖	1	HT200
9	衬套	1	ZCuSn5Pb5Zn5

图 10－21　齿轮泵的装配示意图

思考题

1. 一张完整的装配图应包括哪些内容?
2. 装配图的主要作用是什么?
3. 装配图的规定画法有哪些?
4. 装配图的特殊画法有哪些?
5. 装配图中,零件序号如何编写?
6. 装配图上尺寸种类分哪五类?
7. 试述由零件图拼画装配图的方法步骤。
8. 读装配图的要求是什么?
9. 试述读装配图的方法步骤。
10. 在拆绘零件图时,零件的视图表达方案为什么有时与装配图中的表达方案不同?
11. 在拆绘零件图时,有哪些尺寸是直接根据装配图中所注尺寸标注的?有哪些尺寸是从机械零件手册查得的?有哪些尺寸是从装配图中量取的?

第 11 章 AutoCAD 的基本知识

计算机绘图是一门研究如何以计算机为工具，来实现图形的生成与存储、显示与输出的一项技术。计算机绘图系统由两部分组成：计算机硬件系统及软件系统。硬件系统包括主机、图形输入及输出设备。常见的图形输入设备：鼠标、键盘、光笔、扫描仪等。常见的图形输出设备：显示器、打印机和绘图机等。软件系统包括系统软件、绘图应用软件及客户软件等。

随着计算机硬件功能的不断完善，计算机绘图软件的发展突飞猛进，各种绘图软件层出不穷，特别是 AutoCAD 绘图软件自 1982 年推出了 R1.0 版到现在应用最广泛的 AutoCAD 2008 版，历经数十次升级，功能已日臻完善，尤其是在机械、建筑、电子等工程领域内得到广泛的应用。

与传统的手工绘图相比，计算机绘图主要有如下一些优点：

- 高速的数据处理能力，极大地提高了绘图的精度及速度；
- 图形修改容易、方便、快速，存储管理容易，不会污损，携带方便；
- 促进图形设计工作的规范化、系列化和标准化；
- 先进的网络技术，包括局域网、企业内联网和 Internet 互联网上的传输共享等；
- 与计算机辅助设计相结合，使设计周期更短，速度更快，方案更完美；
- 具有实体造型和曲面造型三维设计功能，可实现渲染、真实感和虚拟现实等效果；
- 在计算机上模拟装配，进行尺寸校验，不仅可避免经济损失，而且还可以预览效果。

目前，计算机绘图已成为科研、教育、国防和民用诸多领域不可缺少的辅助绘图和设计手段，也是现代工程技术人员必须掌握的基本技能之一。

本书以 AutoCAD 2008 版本为例来介绍计算机绘图的基本方法。

11.1 启动和退出

双击桌面上的“AutoCAD 2008”程序图标“”，或者单击 Windows“开始”按钮，从“程序”菜单中选择“AutoCAD 2008”程序组，再选择“AutoCAD 2008”程序项均可启动 AutoCAD 2008。

当绘制或编辑图形结束后，要退出 AutoCAD，常用的方法如下。

①在命令行输入“EXIT”或“QUIT”命令。

②从“文件(E)”菜单中选择“退出(X)”命令。

③用鼠标单击 AutoCAD 窗口右上角的关闭图标“×”。

11.2 AutoCAD 的工作界面

启动 AutoCAD 后，系统即进入 AutoCAD 2008 的工作界面。其工作界面主要由标题栏、菜单栏、工具栏、绘图窗口、十字光标、坐标系图标、命令行、状态栏等部分组成，如图 11－1 所示。

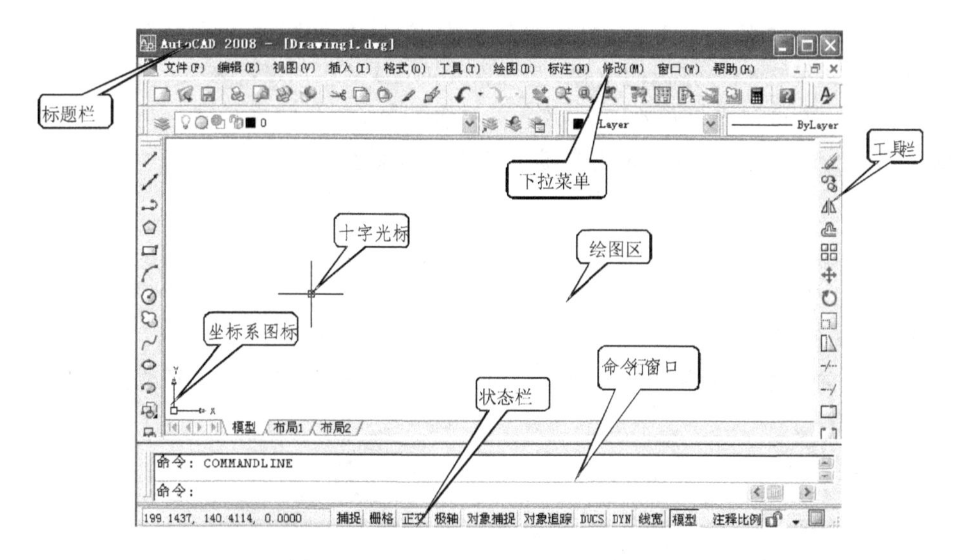

图 11-1　AutoCAD 2008 的工作界面

1. 标题栏

标题栏位于程序窗口的最上方，显示 AutoCAD 程序图标及当前所操作的图形文件名称。左上角显示的是 AutoCAD 2008 系统名称及打开的图形文件的名称，右上角是该文件的窗口管理按钮(其操作和 Windows 窗口的操作相同)。

2. 下拉菜单和光标菜单

下拉菜单提供了 AutoCAD 的大部分命令，并按不同的命令类型对应在不同的下拉菜单中。通过逐层选择相应的下拉菜单，可以激活 AutoCAD 命令或相应的对话框。在 AutoCAD 中有 11 个下拉菜单，分别为：[文件]、[编辑]、[视图]、[插入]、[格式]、[工具]、[绘图]、[标注]、[窗口]和[帮助]。凡是下拉菜单中有三角形符号的菜单项，表示还有子菜单，如图 11-2 所示，凡是选择下拉菜单中有“……”符号的菜单项，则出现一个对话框。

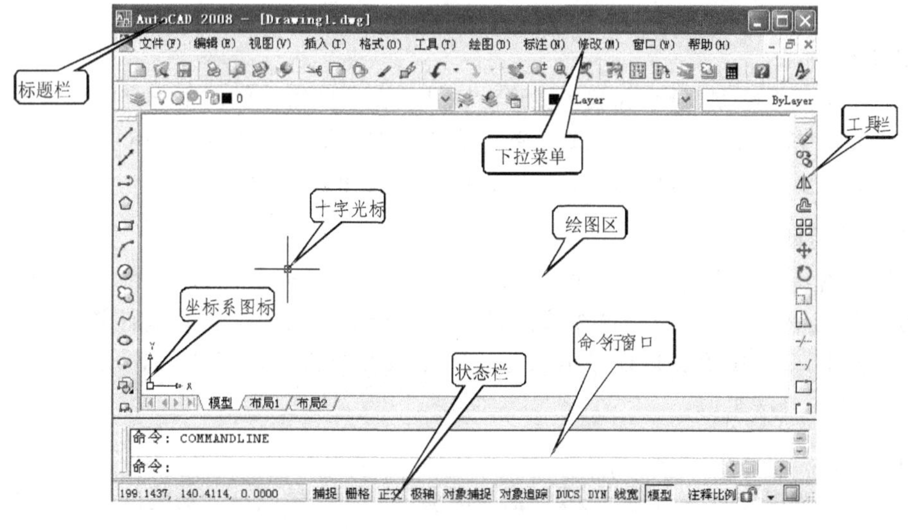

图 11-2　下拉菜单和子菜单

另一种形式的菜单是光标菜单，当单击鼠标右键时，在光标的当前位置上将出现光标菜单。光标菜单提供的命令与光标的位置，也与 AutoCAD 的当前状态有关。例如，把光标放在绘图区域单击右键，与把光标放在工具栏上再单击右键，打开的光标菜单是不一样的。如图 11－3 所示，为光标放在绘图区域单击右键打开的光标菜单。

3. 工具栏

工具栏是一些常用命令的集合。AutoCAD 2008 中提供了多种标准化的工具栏。在默认界面中，只显示 6 种工具栏：[标准]、[样式]、[图层]、[对象特性]、[绘图]和[修改]。工具栏的调用，可通过光标移到任何一工具栏，点击右键，出现一个快捷菜单，如图 11－4 所示，通过勾选“工具栏”标签前的方框实现。工具栏是浮动的，用户可根据需要把工具栏拖放到窗口的任意位置。

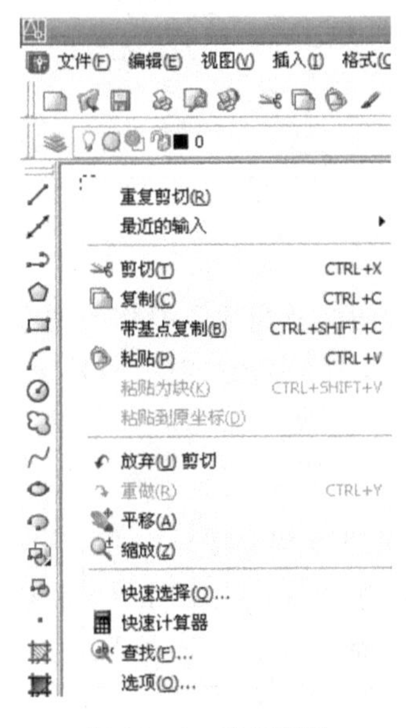

图 11－3　光标菜单

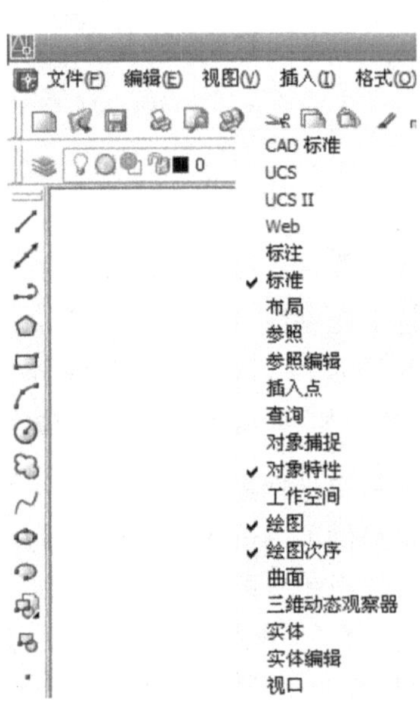

图 11－4　调用工具栏

4. 绘图窗口

绘图窗口是用来绘制、显示和编辑图形的区域。在绘图窗口的左下角有一个坐标系图标，表示当前绘图所使用的坐标系的形式和坐标轴的方向。缺省情况下，AutoCAD 使用世界坐标系。如果有必要，用户也可以通过 UCS 命令建立自己的坐标系。

5. 命令提示窗口

命令提示窗口位于程序窗口的底部，是显示 AutoCAD 的各种命令和信息提示的地方。该窗口是用户与 AutoCAD 进行命令交互的窗口。绘图时用户应密切关注该窗口提示的信息。缺省情况下，命令提示窗口仅显示三行，用户也可根据需要改变其大小，方法同改变 Windows 窗口大小的方法类似。

6. 滚动条

滚动条位于程序窗口的右边及底边，拖动滚动条上的滑块或单击两端的三角形箭头，可以使绘图窗口中的图形，沿水平或垂直方向滚动显示。

7. 状态栏

状态栏位于程序窗口的最底部，用于显示当前的绘图状态。其左边显示当前光标的坐标，中间有 8 种辅助绘图按钮，它们分别是："捕捉"、"栅格"、"正交"、"极轴"、"对象捕捉"、"对象追踪"、"线宽"和"模型"，右边是通讯中心和状态栏菜单中的状态托盘设置。绘图时正交、对象捕捉和对象追踪这三项功能最常用。要启用状态栏的某一项功能，只需将光标指向某一状态，单击鼠标左键，按钮凹下即为启用了该功能；单击鼠标左键，按钮弹起即为关闭了该功能。

11.3 图形文件管理

管理图形文件一般包括创建新文件，打开已有的图形文件，保存文件及浏览，搜索图形文件等，以下分别进行介绍。

1. 建立新图形文件

命令启动方法如下。

- 下拉菜单：[文件]→[新建]。
- 工具栏：[标准]工具栏中□的按钮。
- 命令：NEW。

启动新建图形命令后，弹出创建新图形对话框，如图 11－5 所示。

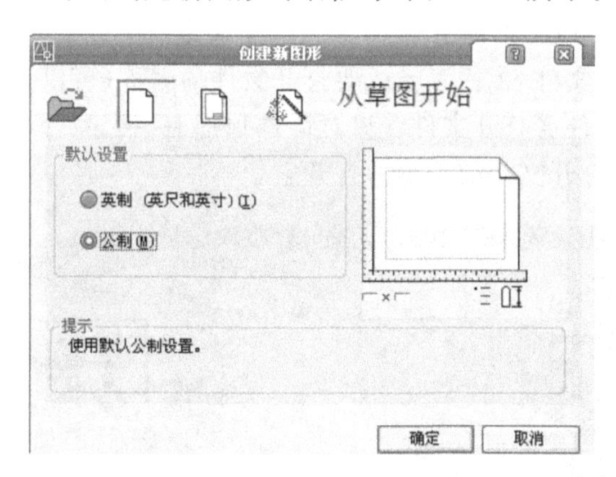

图 11－5 创建新图形对话框

其中各项按钮含义如下。

□按钮：指使用"缺省"设置新建图形文件，在选择好采用英制或公制后，点取"确定"按钮，即可进入 AutoCAD 绘制图形。

□按钮：指"使用样板"设置新建的图形文件环境，其所具有的环境和指定的样板文件相同。使用样板可以减少大量的重复的图形设置工作，如图 11－6 所示。

AutoCAD 提供的样板文件按不同的制图标准分为六大类：GB 为我国标准、ISO 为国际标准，ANSI 为美国标准，DIN 为德国标准，JIS 为日本标准及公制标准。在每一类制图标准的样板文件中一般都有五种幅面(A0～A4)供选择。

按钮：指“使用向导”设置新建的图形文件环境。“向导设置”包含“快速设置”和“高级设置”两种方式，用户可以根据其内容进行设置，如图 11－7 所示。

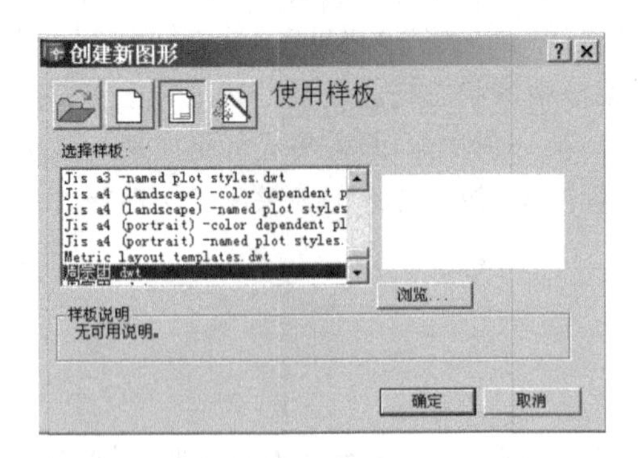

图 11－6　创建新图形——使用样板对话框

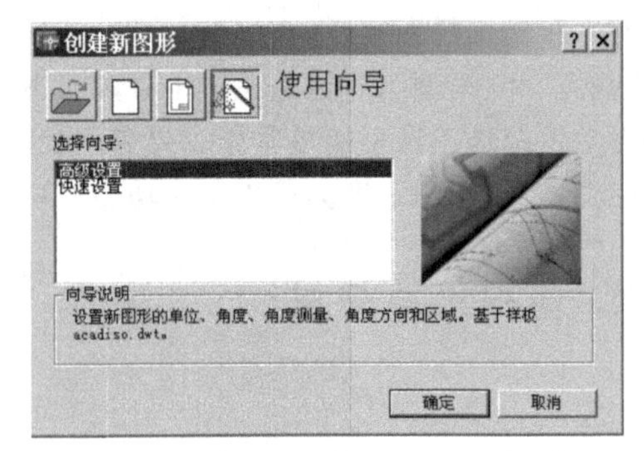

图 11－7　创建新图形——使用向导对话框

2. 打开图形文件

命令启动方法如下。

- 下拉菜单：[文件]→[打开]。
- 工具栏：[标准]工具栏中的“ ”按钮。
- 命令：OPEN。

启动打开图形命令后，AutoCAD 弹出[选择文件]对话框，如图 11－8 所示。该对话框与微软公司 Office 2000 中相应对话框的样式及操作方式是类似的。用户可直接在对话框中选择要打开的文件，或是在“文件名”栏里输入要打开文件的名称(可以包含路径)。此外，还可在文件列表框中通过双击文件名打开文件。该对话框顶部有“搜索”下拉列表，左边有文件位置列表，可利用它们确定要打开文件的位置并打开它。

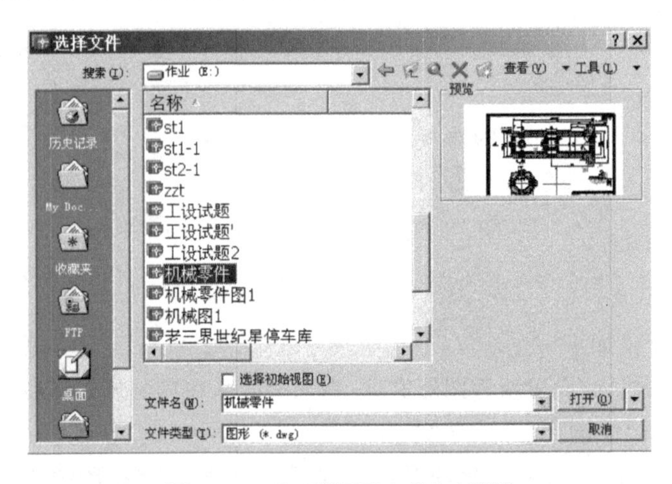

图 11－8　打开“图形文件”对话框

3. 保存图形文件

将图形文件存入磁盘一般采取两种方式：一种是以当前文件名保存图形，另一种是指定新文件名存储图形。

(1) 快速保存　命令启动方法如下。

- 下拉菜单:[文件]→[保存]。
- 工具栏:[标准]工具栏中的“ ”按钮。
- 命令:QSAVE。

发出快速保存命令后,系统将当前图形文件以原文件名直接存入磁盘,而不会给用户任何提示。若当前图形文件名是缺省名且是第一次存储文件时,则 AutoCAD 弹出[图形另存为]对话框,如图 11-9 所示,在此对话框中用户可指定文件存储位置、文件类型及输入新文件名。

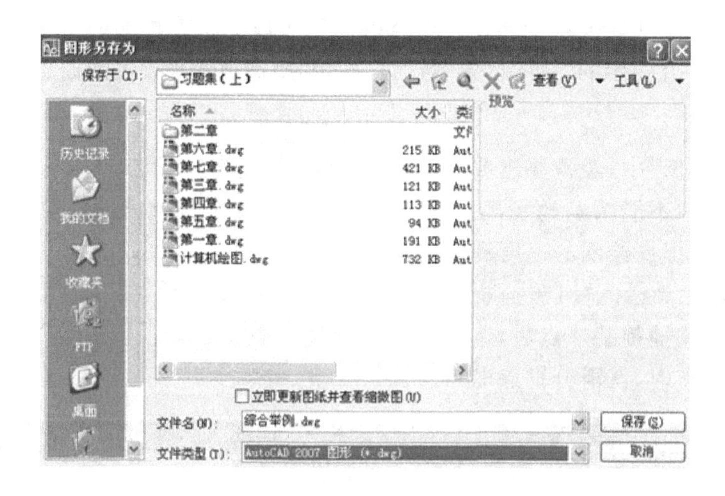

图 11-9 “图形另存为”对话框

(2) 赋名存盘　命令启动方法如下。

- 下拉菜单:[文件]→[另存为]。
- 命令:SAVEAS。

启动换名保存命令后,AutoCAD 弹出[图形另存为]对话框,如图 11-9 所示。用户在该对话框的“文件名”栏中输入新文件名,并可在“保存于”及“文件类型”下拉列表中分别设定文件的存储目录和类型。

11.4 绘图辅助工具

1. 图形的显示命令

在绘图过程中,有时需要将图形放大绘制或显示细部构造,有时却要观看图形的全貌。AutoCAD 提供的图形显示功能只是改变图形在屏幕上显示的大小和位置,而并未改变图形的实际大小和实际空间位置,大大方便了用户观察和绘制图形的需要。常用的显示命令:实时缩放、实时平移和窗口缩放,如图 11-10 所示。

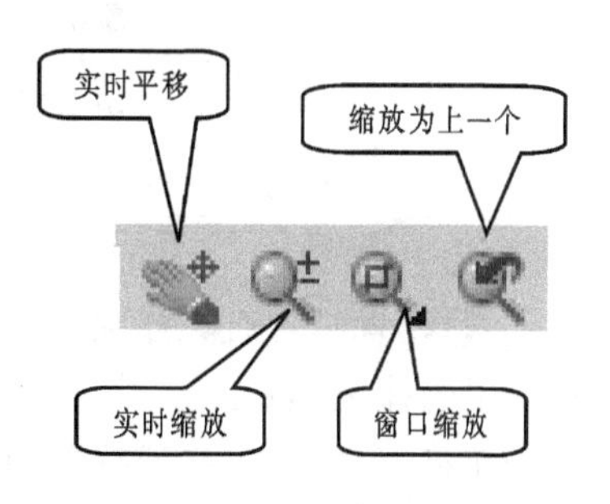

图 11-10 显示命令按钮

(1) 实时缩放(ZOOM)　实时缩放如同摄像机的变焦镜头,图形随着光标的移动而缩放。

(2) 实时平移(PAN)　实时平移可以改变图形在窗口中的位置,而不改变图形的大小。实时平移移动的只是图形视口,并非真正改变图形的空间位置。

(3) 窗口缩放(ZOOM)　窗口缩放时,系统会提示定义窗口的两个对角点,命令执行后将会把两对角点所确定的矩形范围内的图形放大到全屏。

2. 栅格与捕捉

在 AutoCAD 中,栅格是由一系列排列规则的光栅点阵组成的一种可见位置参考图标,它类似于坐标纸,有助于定位。栅格捕捉功能是使光标在指定的栅格点上移动。单击状态栏上的捕捉按钮可以打开或关闭捕捉功能。栅格点的间距可以在状态栏的栅格按钮上,单击鼠标右键,选择“设置(S)”。在显示的“草图设置”对话框中,利用选项卡来设置光栅点的行距和列距。

3. 对象捕捉

在图形绘制的过程中,经常要选取一些特殊的点,如:圆心、交点、端点、中点和垂足等,这些点靠人的眼力往往不能精确地找出。而 AutoCAD 提供的“对象捕捉”功能能迅速、准确地捕捉到这些点,从而提高绘图的速度和精度。

(1) 对象捕捉工具栏　“对象捕捉”工具栏如图 11－11 所示,是一种暂时使用的捕捉模式。当选择某一按钮捕捉某一点后,这一对象捕捉模式就将自动关闭。假如当绘制某一图形需要分别捕捉三个点时,就需分别点取三次。

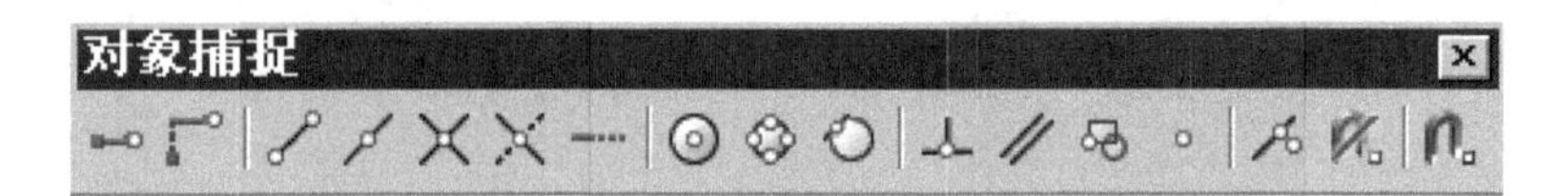

图 11－11　“对象捕捉”工具栏

常见对象捕捉的类型及作用,如表 11－1 所示。

表 11－1　常见对象捕捉的类型及作用

图标按钮	对象捕捉名称	对象捕捉标记	作用说明
	端点捕捉	□	捕捉对象的端点
	中点捕捉	△	捕捉对象的中点
	交点捕捉	✕	捕捉两对象的交点
	圆心捕捉	○	捕捉圆、圆弧或椭圆的圆心
	象限点捕捉	◇	捕捉圆、圆弧或椭圆的象限点
	切点捕捉		捕捉圆、圆弧或椭圆的切点
	垂足捕捉		捕捉对象的垂足

(2)设置隐含对象捕捉　这种对象捕捉模式能自动捕捉到预先设定的特殊点,它是一种长效使用的捕捉模式。

在状态栏的“对象捕捉”按钮上,单击鼠标右键,选择“设置(S)”,显示“草图设置”对话框,再选择“对象捕捉”选项卡,如图 11－12 所示。“对象捕捉模式”有 13 种类型供选择,捕捉标记如前所述。用户可任选一种、几种或选取“全部选择”按钮。用“全部清除”按钮可清除所选对象，单击“确定”按钮确定设置，关闭该对话框。当设置多种捕捉类型时，将出现多个捕捉点，例如使用“端点”和“交点”两种模式，可用〈Tab〉键在端点和交点之间切换。

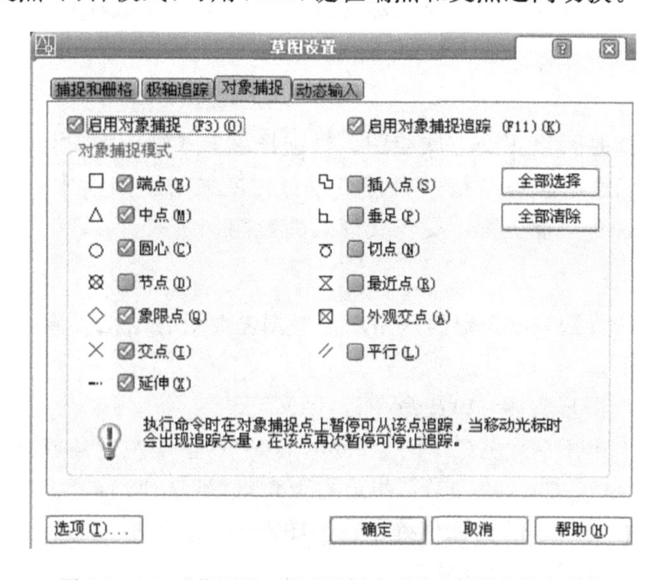

图 11-12 “草图设置”对话框中的“对象捕捉”选项卡

4. 极轴

极轴追踪可以在预先设定的极轴角度上根据提示精确移动光标，实现快速定位。单击状态栏上的“极轴”按钮，可以打开或关闭极轴追踪功能。

极轴追踪的角度设置，可以在状态栏的“极轴”按钮上单击鼠标右键，选择“设置(S)”，将显示图 11-13 所示的“草图设置”对话框，可利用该选项卡进行设置。

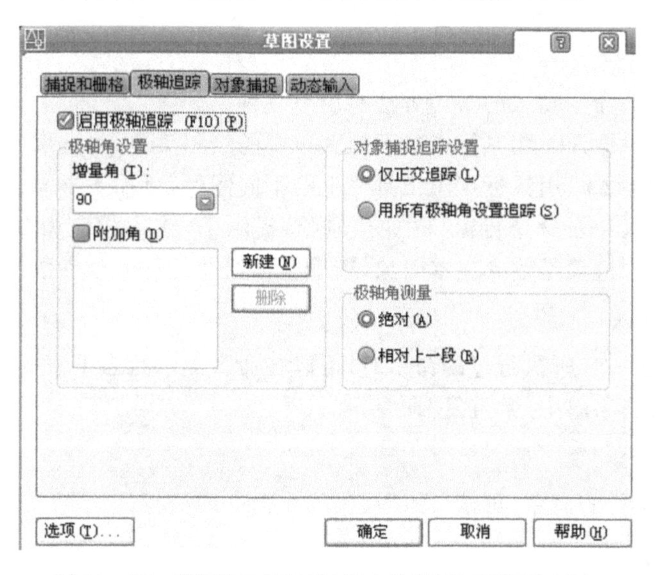

图 11-13 “草图设置”对话框中的“极轴追踪”选项卡

5. 对象追踪

对象追踪可以沿着基于对象捕捉点的辅助线方向移动光标，实现快速定位。单击状态栏上的对象追踪按钮可以打开或关闭对象追踪功能。在启用对象追踪功能之前，必须首先打开对象捕捉功能。

6. 正交

正交模式用于选择是否以正交方式绘图。当选择该方式绘图时，可以绘制与 *X*、*Y* 轴平行的线段。单击状态栏“正交”按钮或按〈F8〉键可以打开或关闭正交模式。当正交模式打开时，从键盘上输入点或进行对象捕捉都不受正交模式的影响。

7. 设置绘图界限

缺省状态下的绘图界限是 A3 幅面。用户可根据需要设置绘图界限。

命令输入方法如下。

- 格式菜单(O)→图形界限(A)或命令行：LIMITS。
- 指定左下角或[开(ON)/关(OFF)]〈0.00,0.00〉：(指定左下角或开/关〈默认值〉)
- 指定右上角点〈420.00,297.00〉：(指定右上角点〈默认值〉)

即输入左下角和右上角点的坐标值确定新的图形界限。

设置图形界限后，一般要在命令状态下，输入“Z”(ZOOM)命令，再选择“A”(ALL)选项，即在屏幕上显示刚设置的图幅全貌。AutoCAD 提供的栅格点，只限定在绘图界限内。设置绘图界限完全是为了限定一个绘图区域，便于控制绘图及图形的输出。

系统默认为“OFF”状态，即不进行图形界限校核，图形绘制允许超出界限的范围。当输入“ON”时，允许进行图形界限校核，即限制点位在图形界限以内。

11.5 绘图的基本操作方法

1. 命令的输入方法

AutoCAD 提供的命令输入的常用方法有以下三种。

(1)利用下拉菜单输入　用鼠标点击下拉菜单中的绘图菜单，再选取不同的绘图命令。

(2)利用工具栏输入　用鼠标点击工具栏上的不同图标，可输入不同的绘图命令。

(3)利用键盘输入　在命令行窗口中的“命令”提示下，输入相应命令的全称或简称后回车，即可执行该命令。键盘是输入文本对象、精确坐标值及各种命令参数值的唯一方法。

2. 命令的重复输入

如需重复执行前一步所执行过的命令时，可以在命令提示状态下直接回车，或在绘图区单击鼠标右键，选择快捷菜单中的“重复”命令。

3. 终止命令的方法

如需结束正在执行的命令，可按“Esc”键来终止命令的执行。

4. 对象的选择方法

在进行图样的绘制、编辑修改时，经常需要从所绘制的图形中，选择某些要进行操作的图元对象(如直线、圆、圆弧、文字等)，此时十字光标变成一个小方框(又称拾取框)。AutoCAD

提供了多种选择对象的方式，常用的选择方式有以下几种。

(1)直接点选　将拾取框移动到需要选取的对象上点击鼠标，此时该对象以虚线方式显示，表明其已被选中，如图 11－14(a)所示，直线 1 被选取。

(2)窗口方式　当系统出现“选择对象”提示时，用户在图形元素的左上角或左下角附近点击一点，然后从左向右拖动鼠标，此时完全落在此两点所确定的矩形范围内的对象均被选中。如图 11－14(b)所示，圆和直线 1 被选取。

(3)交叉窗口方式　当系统出现“选择对象”提示时，用户在图形元素的右上角或右下角附近点击一点，然后从右向左拖动鼠标，此时不仅完全落在此两点所确定的矩形范围内的对象均被选中，而且与窗口边界相交的对象也将被选中。例如图 11－14(c)所示，圆和直线 1、2、3 均被选取。

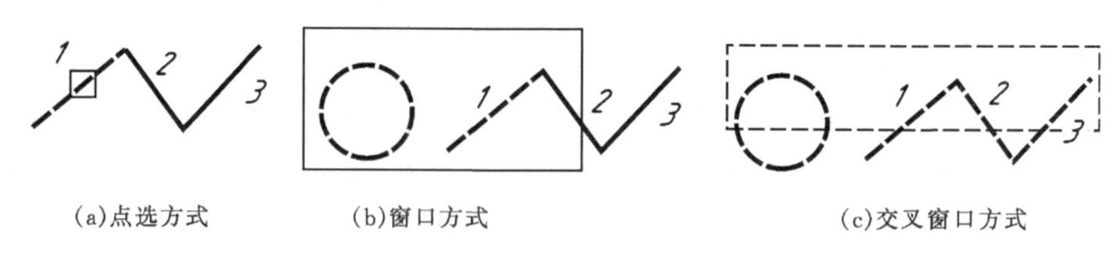

(a)点选方式　(b)窗口方式　(c)交叉窗口方式

图 11－14　对象的选择方法

(4)全选　当系统出现“选择对象”提示时，从命令行键入“ALL”，当前图形文件中所有内容均被全部选取。

11.6　数据的输入方法

在执行 AutoCAD 命令时，系统经常会提示要求输入某些数据，如：坐标点、直径(或半径)、距离和角度等，因此有必要了解 AutoCAD 中数据的表示方式和输入方法。

1. 点的表示方式

缺省情况下，绘图窗口的坐标系是世界坐标系，用户在屏幕左下角可以看到表示世界坐标系的图标。该坐标系 X 轴是水平的，Y 轴是垂直的，Z 轴则垂直于屏幕(正方向指向屏幕外)。二维绘图时，只需在 XY 平面内指定点的位置(这时将 Z 坐标视为 0)。点的位置坐标的表示方式有两种：直角坐标(X,Y)和极坐标(极半径，极角)。在直角坐标中又分为：绝对直角坐标和相对直角坐标。同样在极坐标中也分为绝对极坐标和相对极坐标。绝对坐标值是指目标点相对于原点的坐标值。相对坐标值是指目标点相对于当前点的坐标值。

绝对直角坐标的输入格式是：“X,Y”。如果输入某点的坐标值是“20,30”，表示该点相对于原点的 X 坐标值是 20，Y 坐标值是 30。

相对直角坐标的输入格式是：“@X,Y”。如果输入某点的坐标值是“@20,30”，表示该点相对于当前点的 X 坐标值是 20，Y 坐标值是 30。

绝对极坐标的输入格式是：“$R<\alpha$”。如果输入某点的坐标值是“20＜30”，表示该点相对于原点的距离是 20，该点同原点的连线与 X 轴正向的夹角是 30°。

相对极坐标的输入格式是：“@ $R<\alpha$”。如果输入某点的坐标值是“@20＜30”，表示该点相对于当前点的距离是 20，该点同当前点的连线与 X 轴正向的夹角是 30°。

2. 点的输入方法

AutoCAD 提供了以下四种准确输入点的坐标的输入方法。

①利用键盘输入点的坐标值(可按相对坐标输入,也可按绝对坐标输入)。

②利用光标在屏幕上拾取点:在系统提示输入点时,也可用鼠标拖动十字光标到需要的位置直接点击鼠标左键来输入点,点击鼠标时光标的位置即为输入点的坐标值。

③利用对象捕捉确定点:在绘制图形时,经常会遇到有些点的位置有赖于其它一些特殊点的位置,若用坐标输入法就很难满足其要求,而用光标直接在屏幕上拾取点,又不能保证点的精确位置,这时可利用目标捕捉迅速而精确地确定所需要点的位置。

④利用方向距离法确定点:打开状态栏中的[正交]或[极轴],利用正交或极轴锁定方向,将光标移动到需要的方向后,输入一个长度即可确定点的位置。

3. 角度的表示方式与输入格式

AutoCAD 中所用的角度一般以“度”为单位(也可以选用其它单位),系统默认 X 轴的正方向角度为零,并且角度的增加是以逆时针方向来计算的,即逆时针为正角,顺时针为负角。

角度的输入可通过键盘直接输入角度数值。例如:要输入 30°,只需在指定角度提示符下输入“30”即可。

4. 距离和其它数据的输入

当系统提示要求输入距离或半径、直径等数据时,可以直接从键盘输入相应的数值。

思考题

1. AutoCAD 用户界面主要由哪几部分组成?
2. 请讲述状态栏中 8 个控制按钮的主要功能。
3. 调用 AutoCAD 命令的常用方法有哪几种?
4. 如何重复执行上一个命令?
5. 如何取消正在执行的命令?
6. 如何打开、关闭和移动工具栏?
7. 利用[标准]工具栏上的哪些按钮可以来快速缩放和移动图形?
8. 什么是绝对坐标? 什么是相对坐标? 用计算机输入时应如何表达?
9. 在绘图或编辑图元时,选择对象的常用方法有几种? 它们的区别是什么?
10. 如何创建一幅 A3 幅面,单位为公制,图名为“平面图形练习”的新图?

第 12 章　AutoCAD 2008 绘制二维图形

12.1　基本绘图命令

AutoCAD 的绘图工具栏中提供了常用的基本绘图命令，如图 12－1 所示。利用这些命令可以绘制各种基本平面图形。

图 12－1　绘图工具栏

1. 直线

通过确定线段的两个端点，或确定一个端点后在给定直线的方向上的一个位移来得到直线段。端点的确定除了输入其坐标外，往往依据一定的约束条件，通过对象捕捉等方式得到。

利用直线命令既可以绘制单条直线，又可以绘制一系列的连续直线。在连续绘制两条以上的直线时，可在“指定下一点”提示符下输入 C 形成闭合折线。

例如：绘制图 12－2 所示图形，操作如下。

命令：line 指定第一点：A

指定下一点或[放弃(U)]：@90，0

指定下一点或[放弃(U)]：@0，80

指定下一点或[放弃(U)]：@－50，0

指定下一点或[放弃(U)]：@0，－30

指定下一点或[放弃(U)]：C(或@－40，－50)

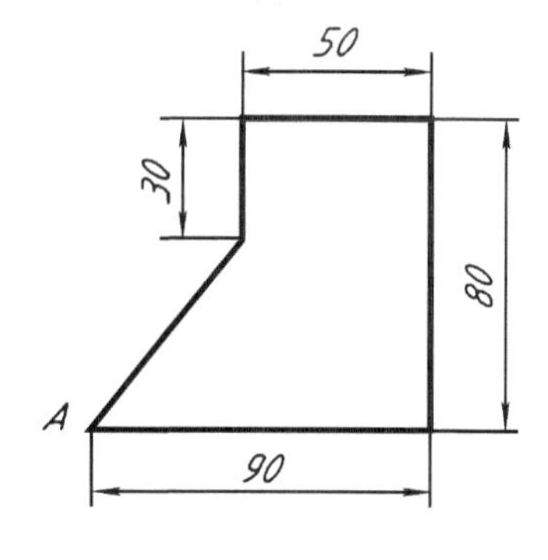

图 12－2　画直线段

2. 结构线

结构线是既无起点又无终点的无限长直线。在作图时，常被用作辅助线。利用结构线可以绘制水平线、垂直线或与水平方向成一定角度的直线，还可以用来等分角度。

3. 多段线

多段线是由多个线段(直线或圆弧)组合而成的单一图形实体，允许各段图线具有不同的宽度，封闭的多段线可通过查询命令计算其面积和周长。

利用多段线命令，按照提示选择适当的选项就可以画出不同宽度的直线、圆弧或封闭图形，如图 12－3 所示。

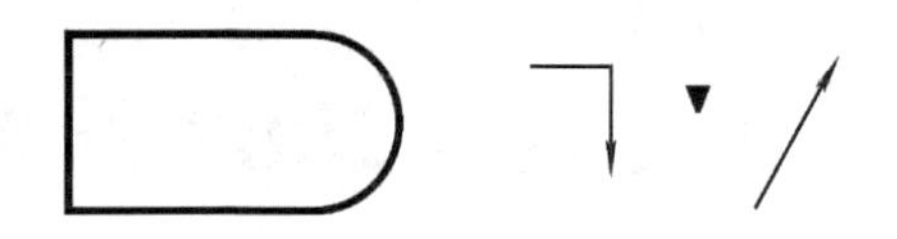

图 12－3　绘制多段线

4. 圆

AutoCAD 提供了 6 种绘制圆的方法，如图 12－4 圆的下级子菜单所示。画圆时，可根据画圆命令，按照提示选择适当的选项或选择下拉菜单绘图/圆(C)项并单击下级子菜单实现。

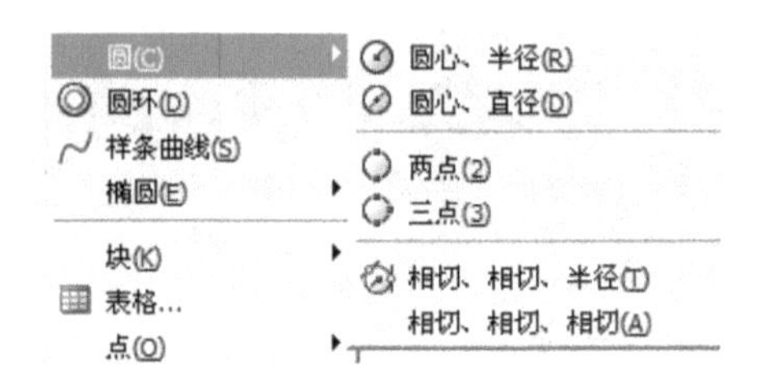

图 12－4　绘图菜单中作圆的子菜单

5. 圆弧

AutoCAD 提供了 11 种绘制圆弧的方法，如图 12－5 圆弧的下级子菜单所示。画圆弧时，可根据画圆弧命令，按照提示选择适当的选项或选择下拉菜单绘图/圆弧(A)项并单击下级子菜单实现。

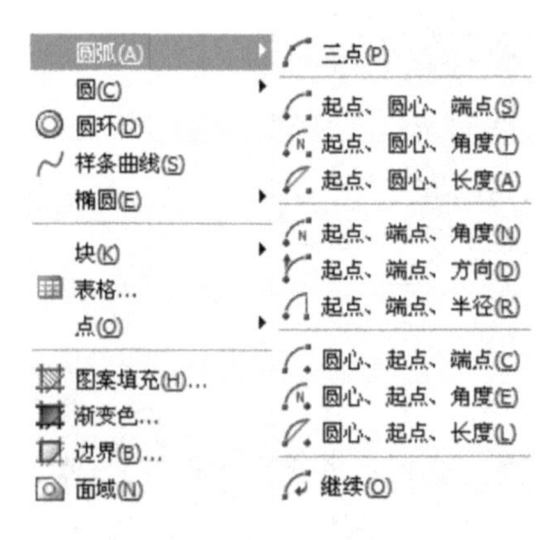

图 12－5　绘图菜单中作圆弧的子菜单

6. 矩形

AutoCAD 中，绘制矩形时仅需提供其两个对角点的坐标就可绘制出所需矩形，还可设置一些选项，得到具有一定性质的矩形，这些选项包括以下几种。

①倒角(C)：设置矩形四个角的倒角。

②标高(E)：设置绘制矩形时的 Z 平面，但在平面视图中显示不出。

③圆角(F)：设置矩形四个角的圆角半径。

④厚度(T)：设置矩形厚度，即 Z 轴方向的高度。

⑤宽度(W):设置绘制矩形的线宽。

7. 正多边形

AutoCAD 提供了内接法、外接法和边长三种绘制正多边形的方法,绘制正多边形时,按照提示输入相应的数据并选择需要的选项,即可得到所需要的正多边形。

8. 椭圆和椭圆弧

(1) 绘制椭圆 AutoCAD 中,椭圆的形状主要由其中心、长轴和短轴三个参数来确定。绘制椭圆时,可通过椭圆命令,按照提示输入相应的数据并选择需要的选项,即可得到所需要的椭圆。

(2) 椭圆弧 AutoCAD 中,绘制椭圆弧时,先绘制椭圆,然后通过椭圆弧的起始角和终止角来确定椭圆弧。

9. 图案填充

在大量的的工程图上,为了标识某一区域的意义和用途,通常将这一区域填充某种图案,例如剖视图中断面图上的剖面符号,用 AutoCAD 系统提供的图案填充可方便地实现这一功能。

当执行图案填充命令后,系统将弹出“边界图案填充”对话框,如图 12 - 6 所示,该对话框用以确定图案填充的图案、填充的区域以及填充方式等内容。

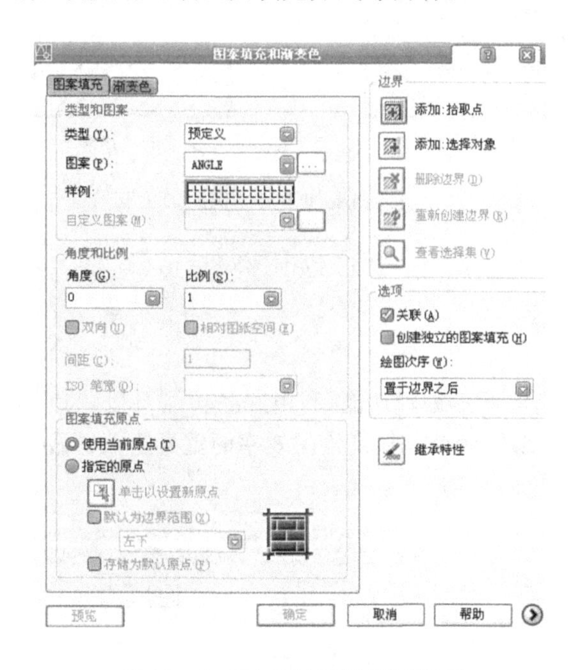

图 12 - 6 “边界图案填充”对话框

①点击“样例”将弹出“填充图案选项板”对话框,如图 12 - 7 所示,选取所需填充的图案,点击“确定”按钮,返回“填充图案选项板”对话框。

②点击“选取点”或“选择对象”,在欲填充图案的对象内点击或选取填充图案的对象后,点击“确定”即可完成图案填充。

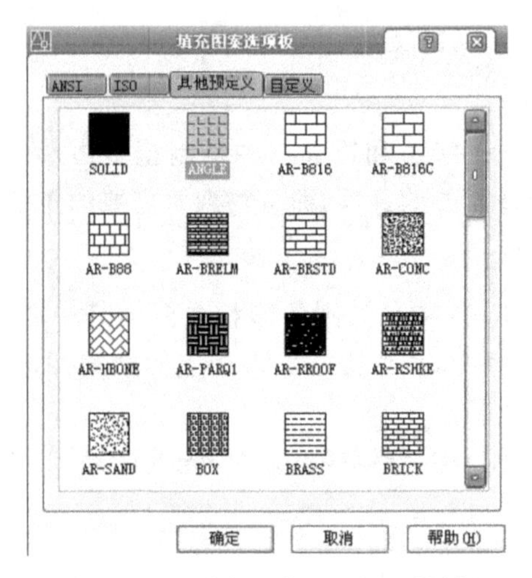

图 12-7　“填充图案选项板”对话框

此外,“选择图案填充”对话框中,“角度”下拉列表框用于指定填充图案中的线条与当前“UCS”的 X 轴的夹角;“比例”下拉列表框用于指定填充图案的比例系数,用户可以根据图纸要求和审美要求调整比例系数,以使图案稀疏或紧密,如图 12-8 所示。

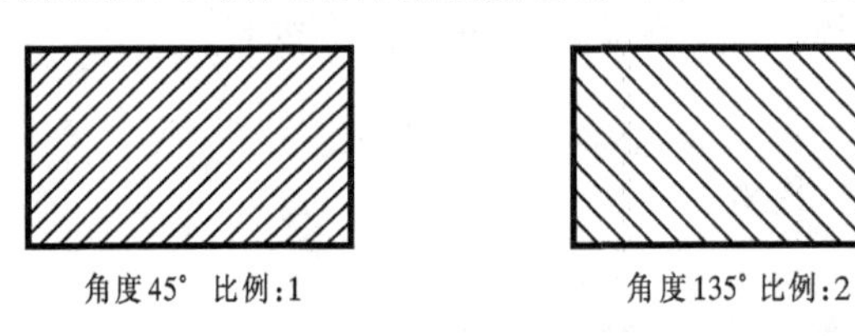

图 12-8　不同角度和不同比例时的填充效果

12.2　基本编辑命令

AutoCAD 提供了丰富的图形编辑功能,利用这些功能可以快速、准确地绘制各种基本图形,熟练掌握 AutoCAD 的编辑命令是提高绘图效率的重要手段。AutoCAD 的修改工具栏提供了常用的编辑命令,如图 12-9 所示。

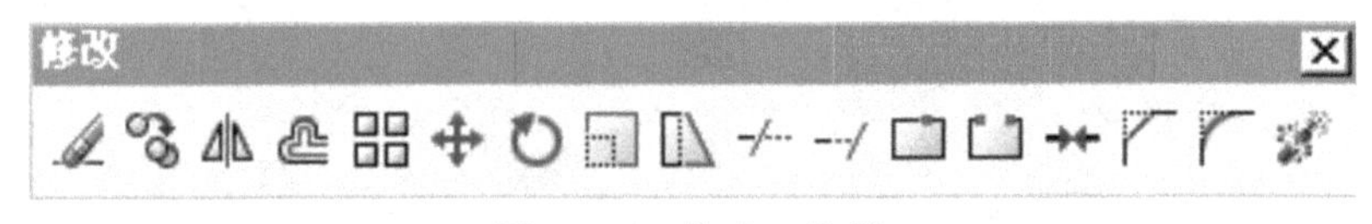

图 12-9　修改工具栏

1. 删除对象

删除命令用于将不需要的图形对象删除。删除时,先选择要删除的对象,按回车键即可。

2. 复制对象

复制命令用于在当前图形中复制单个或多个对象。在具体操作时,基点的选取非常重要,因为它是实现精确定位复制的保证。

例 12-1 将图 12-10(a)中的图形复制到 *B* 处。

命令：_copy

选择对象：　　　　　　　　　　　　（选择要复制的图形）

选择对象：　　　　　　　　　　　　（回车，确认）

指定基点或位移，或者[重复(M)]　　（用对象捕捉的方式拾取 A 点）

指定位移的第二点或〈用第一作位移〉（用对象捕捉的方式拾取 B 点）

即可完成定位复制，如图 12-10(b)所示。

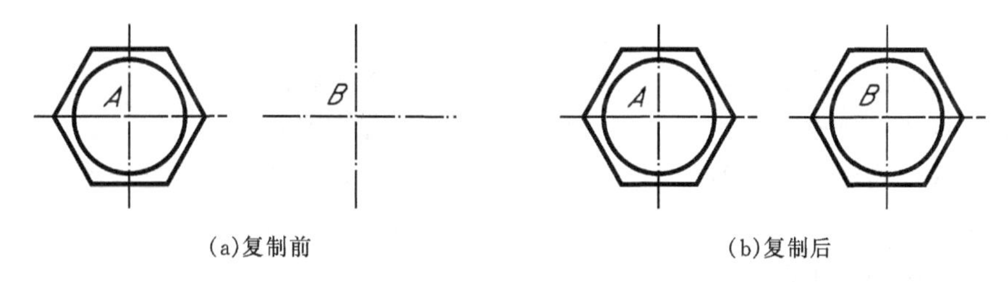

(a)复制前　　　　(b)复制后

图 12-10　复制对象示例

3. 镜像复制对象

镜像命令可以将选定的对象沿一指定的镜像线进行对称拷贝，常用于绘制对称图形。

例 12-2 将图 12-11(a)中的图形沿 1、2 镜像线进行镜像复制。

命令：_mirror

选择对象：　　　　　　　　　　　　（利用窗选选取要镜像复制的图形对象）

选择对象：　　　　　　　　　　　　（回车，确认）

指定镜像线的第一点：指定镜像线的第二点　（利用对象捕捉选取镜像线的两个端点 1 和 2）

是否删除源对象？[是(Y)/否(N)]〈N〉（回车选默认值，不删除原对象）

即可完成如图 12-11(b)所示的对称图形。

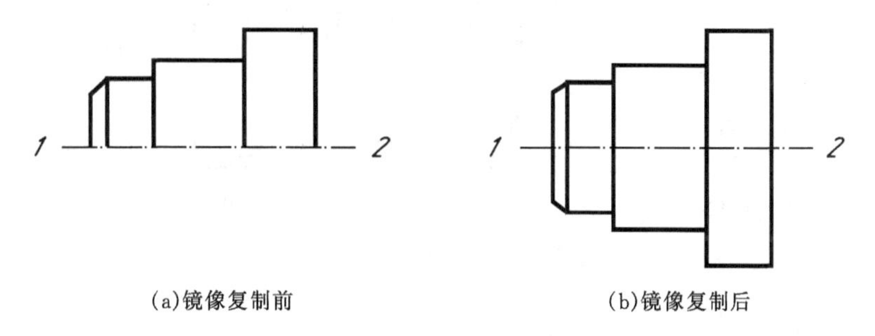

(a)镜像复制前　　　　(b)镜像复制后

图 12-11　镜像复制对象示例

4. 偏移对象

偏移命令常用于生成相对于已有对象的平行直线、平行曲线、同心圆或多边形。

例 12-3 将图 12-12(a)所示的图形等距偏移 8 mm。

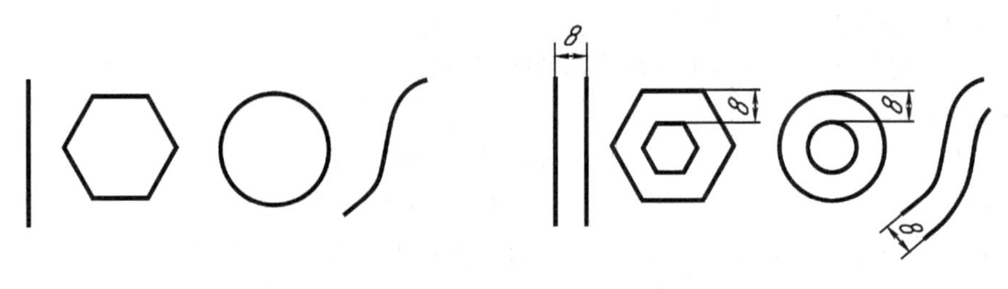

(a)偏移前　　(b)偏移后

图 12－12　偏移对象示例

命令：_offset

指定偏移距离或［通过(T)］〈1.0000〉：8	(设置偏移距离为 8)
选择要偏移的对象或〈退出〉：	(选择直线)
指定点以确定偏移所在一侧：	(在要偏移的一侧任选一点)
选择要偏移的对象或〈退出〉：	(选择正六边形)
指定点以确定偏移所在一侧：	(在要偏移的一侧任选一点)
选择要偏移的对象或〈退出〉：	(选择圆)
指定点以确定偏移所在一侧：	(在要偏移的一侧任选一点)
选择要偏移的对象或〈退出〉：	(选择曲线)
指定点以确定偏移所在一侧：	(在要偏移的一侧任选一点)
选择要偏移的对象或〈退出〉：	(回车，确认)

即可完成如图 12－12(b)所示的图形的等距偏移效果。

5. 阵列复制对象

阵列命令可以将选定的对象生成按一定规律排列的相同的图形。阵列分为矩形阵列和环形阵列两种。下面通过举例说明阵列的操作方法。

例 12－4　将图 12－13(a)所示图形以行间距 38，列间距 42，2 行 4 列的矩形阵列的方式进行排列。

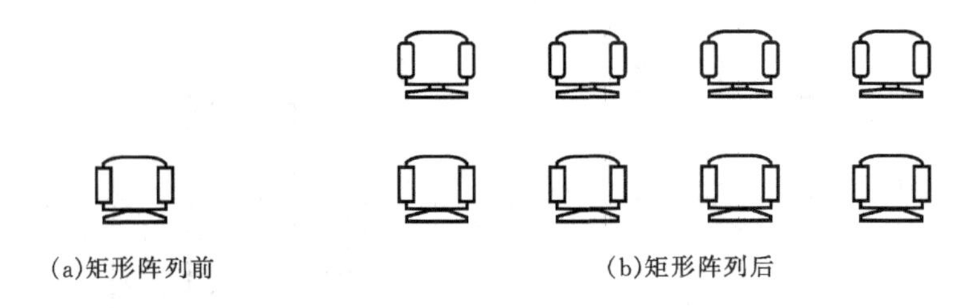

(a)矩形阵列前　　(b)矩形阵列后

图 12－13　矩形阵列示例

具体操作步骤如下。

①点击阵列按钮，弹出“阵列”对话框，如图 12－14 所示，选择矩形阵列。

②在“阵列”对话框中点击选择对象按钮，选择阵列对象。

③返回“阵列”对话框，设置行数为 2，列数为 4，行偏移为 38，列偏移为 42，阵列角度为 0，如图 12－14 所示。

④点击“确定”，即可生成如图 12－13(b)所示的阵列结果。

注意：行、列偏移为正，阵列方向向右和向上；行、列偏移为负，阵列方向向左和向下。

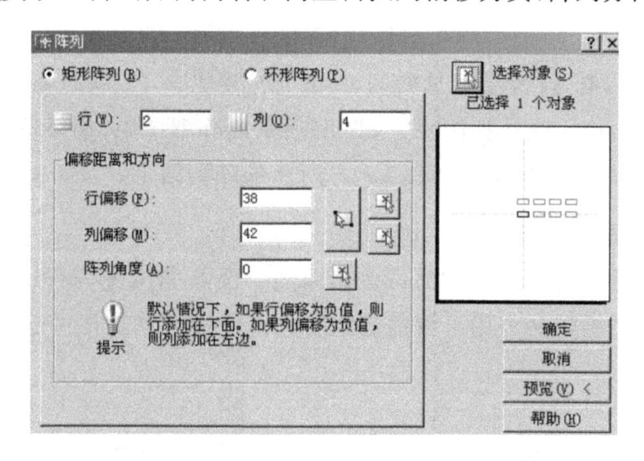

图 12－14 “阵列”对话框

例 12－5 将图 12－15(a)所示图形以 A 点为中心，以数目为 6 的环形阵列的方式进行排列。

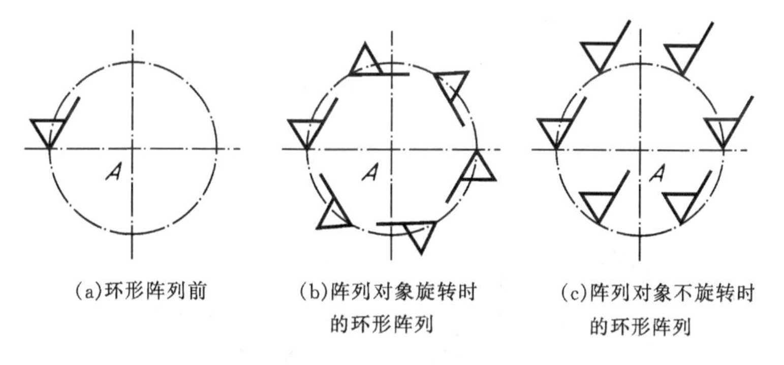

(a)环形阵列前　(b)阵列对象旋转时的环形阵列　(c)阵列对象不旋转时的环形阵列

图 12－15 环形阵列示例

具体操作步骤如下。

①点击阵列按钮，弹出“阵列”对话框，如图 12－16 所示，选择环形阵列。

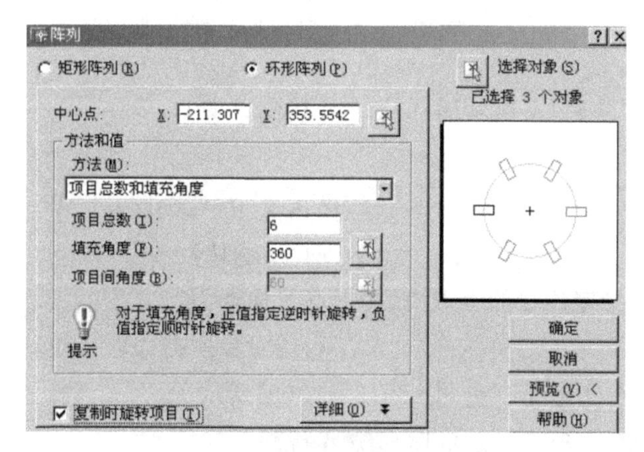

图 12－16 “阵列”对话框

②在“阵列”对话框中点击选择对象按钮，选择阵列对象。

③返回“阵列”对话框，点击中心点按钮，拾取中心点 A。

④返回“阵列”对话框，设置项目总数为 6，填充角度为 360°，同时将“复制时旋转项目”复选框选中，点击“确定”，即可生成如图 12－15(b)所示的阵列结果；如果不选择“复制时旋转项目”复选框，点击“确定”，则生成如图 12－15(c)所示的阵列结果。

6. 移动对象和旋转对象

移动命令用于将选定的对象从当前位置移动到一个新的位置，而不改变图形的大小和方向，如图 12－17 所示。旋转命令用于将选定的对象绕一指定点旋转一定的角度，如图12－18 所示。

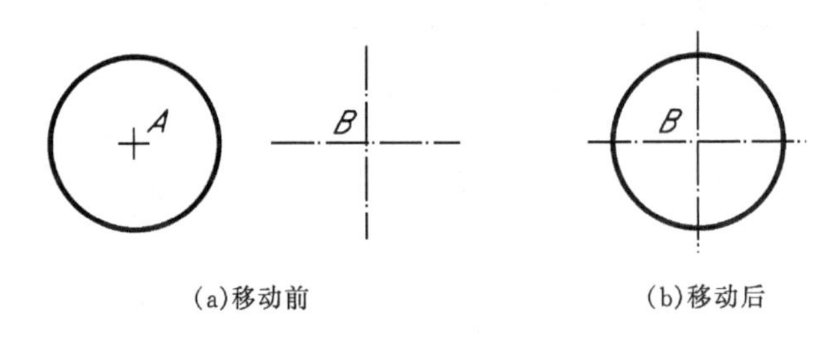

(a)移动前　(b)移动后

图 12－17　移动对象示例

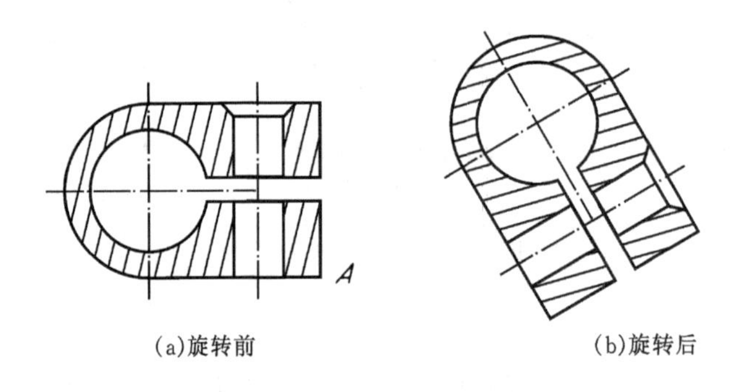

(a)旋转前　(b)旋转后

图 12－18　旋转对象示例

例 12－6　将图 12－17(a)所示的圆从 A 处移到 B 处。

命令：_move

选择对象：　找到 1 个(选择圆)

选择对象：　(回车，确认)

指定基点或位移：指定位移的基点 A，再指点目标点 B

(利用对象捕捉选取移动基点 A 和目标点 B)

即可完成把圆从 A 处移到 B 处，如图 12－17(b)所示。

例 12－7　将图 12－18(a)所示的图形绕 A 旋转－60°。

命令：_rotate

选择对象:指定对角点：找到 1 个

指定基点:指定基点 A

指定旋转角度或［参照(R)］：－60。

即可完成如图 12－18(b)所示的旋转结果。

7. 比例缩放

比例缩放命令用于将图形按指定的比例放大或缩小。也可以按参照其它对象进行缩放。命令格式和操作如下。

命令：_scale

选择对象：　　　　　　　　　　　　（选择要缩放的对象）

选择对象：　　　　　　　　　　　　（回车,确认）

指定基点：　　　　　　　　　　　　（指定缩放基点）

指定比例因子或［参照(R)］:2　　　（指定缩放的比例因子或参照）

即可得图 12－19(b)所示图形。

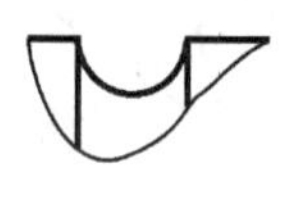

(a)比例缩放前

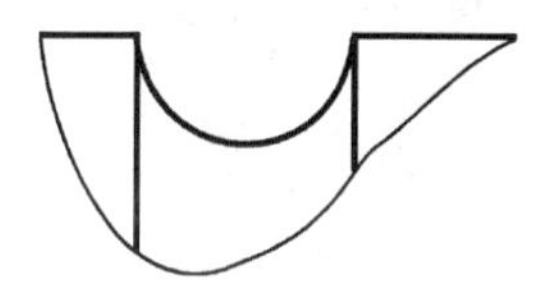

(b)比例缩放后

图 12－19　比例缩放对象

8. 拉伸

拉伸用于调整图形的大小和位置,如图 12－20(a)所示。

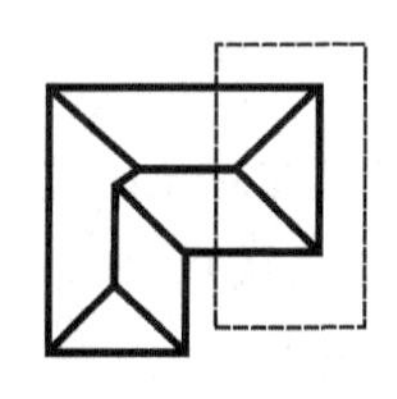

(a)选择拉伸对象

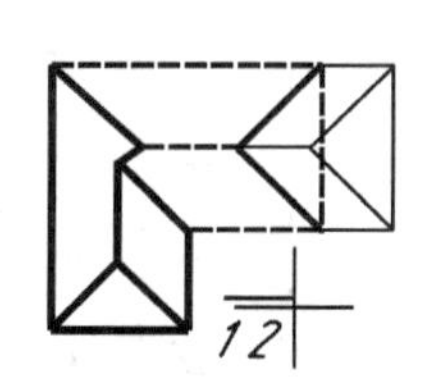

(b)拉伸过程

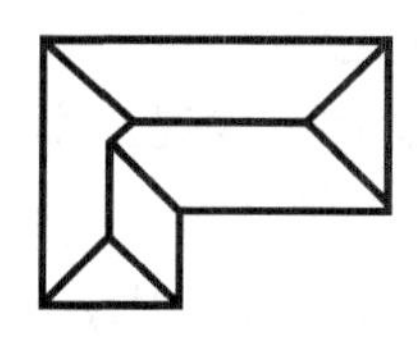

(c)拉伸结果

图 12－20　拉伸对象

命令格式和操作方法如下。

命令：_stretch

以交叉窗口或交叉多边形选择要拉伸的对象...

选择对象：　　　　　　　　　　　　（以窗交模式选择对象,见图 12－20(a)）

选择对象：　　　　　　　　　　　　（回车,确认）

指定基点或位移：　　　　　　　　　（指定基点 1)

指定位移的第二个点或〈用第一个点作位移〉：（指定基点 2)

即可生成如图 12 - 20(b)所示的拉伸结果。

9. 修剪

修剪命令用于将对象上超出边界的多余部分剪切掉。

命令格式和操作方法如下：

命令：_trim

选择剪切边...

选择对象：指定对角点：找到 5 个　　　　（用点选或窗选方式选择欲剪切边的边界）

选择对象：　　　　（回车，确认）

选择要修剪的对象，或[投影(P)/边(E)/放弃(U)]：

　　　　（选择被剪切的边）

即可生成如图 12 - 21(b)所示图形。

(a)原图

(b)修剪结果

图 12 - 21　修剪对象

10. 延伸

延伸命令用于将对象的一个(或两个)端点延伸到指定的边界。

命令格式和操作方法如下：

命令：_extend

选择对象：找到 1 个　　　　（选择延伸对象的边界）

选择对象：　　　　（回车，确认）

选择要延伸的对象，或[投影(P)/边(E)/放弃(U)]：　　（选择直线）

选择要延伸的对象，或[投影(P)/边(E)/放弃(U)]：　　（选择圆弧）

即可生成如图 12 - 22(b)所示图形。

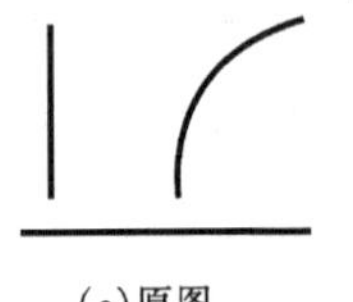

(a)原图

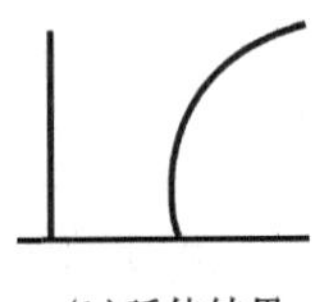

(b)延伸结果

图 12 - 22　延伸对象

11. 打断

打断命令用于将选定的对象一分为二或去掉其中的一部分，如图 12－23 所示。

(a)打断前　　(b)打断后

图 12－23　打断对象

命令格式和操作如下。

命令：_break 选择对象：　　(选择对象时拾取 *A* 点)

指定第二个打断点或［第一点(F)］：　　(拾取 *B* 点)

即可生成如图 12－23(b)所示图形。

12. 倒角

倒角命令用于将相交(或隐含相交)的两直线倒角。

命令格式和操作如下：

命令：_chamfer

(“修剪”模式) 当前倒角距离 1 ＝ 0.0000，距离 2 ＝ 0.0000

选择第一条直线或［多段线(P)/距离(D)/角度(A)/修剪(T)/方式(M)/多个(U)］：d

指定第一个倒角距离〈0.0000〉：5

指定第二个倒角距离〈5.0000〉：3

选择第一条直线或［多段线(P)/距离(D)/角度(A)/修剪(T)/方式(M)/多个(U)］：

(选择直线 A)

选择第二条直线：　　(选择直线 B)

即可完成如图 12－24 所示的两直线的倒角。

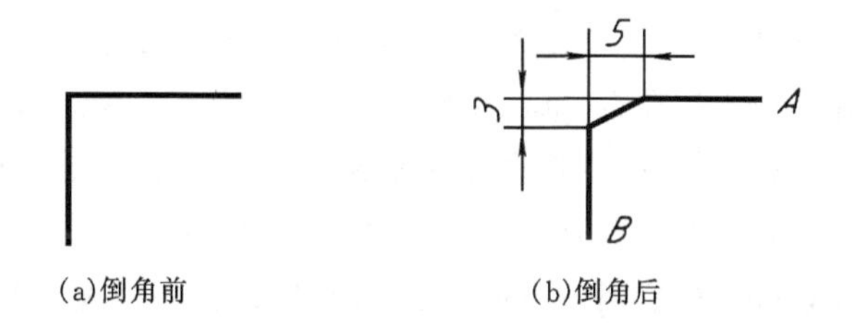

(a)倒角前　　(b)倒角后

图 12－24　倒角

13. 倒圆

倒圆命令用于将两对象用指定半径的圆弧光滑连接起来。

例 12－8　完成图 12－25 中所示的圆弧连接。

图 12-25　倒圆

命令：FILLET
当前设置：模式 = 修剪，半径 = 0.0000
选择第一个对象或［多段线(P)/半径(R)/修剪(T)/多个(U)］：r（设置半径）
指定圆角半径〈0.0000〉：5　　（指定圆角半径为 5）
选择第一个对象或［多段线(P)/半径(R)/修剪(T)/多个(U)］：　（选择圆弧或直线）
选择第二个对象：　　（选择圆弧或直线）
即可完成图 12-25 中所示的圆弧连接。

14. 炸开

炸开命令用于将多段线、多线、尺寸标注、块、图案填充等对象分解为若干对象，以便修改。
命令格式和操作如下。
命令：_explode
选择对象：　　（选择要分解的对象）
选择对象：　　（回车，确认）
即将选择对象分解。

12.3　图层、颜色、线型和线宽的设置

图层是 AutoCAD 的重要绘图工具之一，它像一张没有厚度的透明纸，可以在上面绘制图形。一幅图形中，既有各种线型要素，如粗实线、细实线、点画线、虚线等，又有尺寸、文字、图例符号等要素，为了便于组织和管理图形的各种要素，AutoCAD 绘制图形时设置多个图层，各层之间完全对齐，每种相同的图形要素放在同一图层上，这些图层叠放在一起就构成了一幅完整的图形。每个图层用户可以设置相应的图层名、颜色、线型、线宽及打印样式，同时，还可以通过图层控制开关来控制各自的显示/关闭、冻结/解冻、锁定/解锁、打印/不打印，从而方便绘图和编辑。应用时激活图层特性管理器，在弹出的“图层特性管理器”对话框中，可进行如新建图层、设置各图层特性和状态等操作，如图 12-26 所示。

点击“ ”按钮：用于创建新图层。

点击“×”按钮：用于删除选定的图层。

点击“√”按钮：用于显示和设置当前的图层。

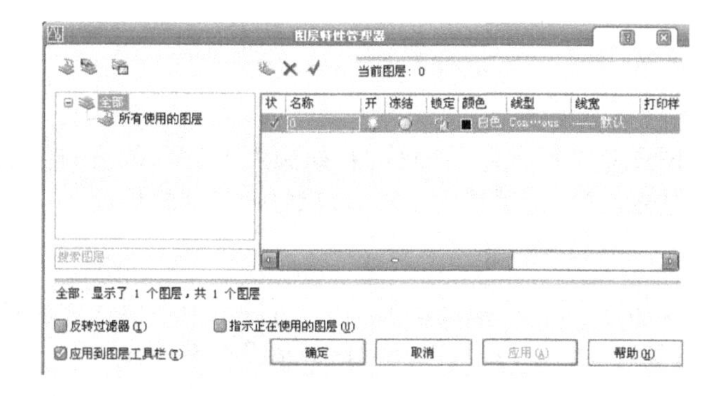

图 12 - 26 “图层特性管理器”对话框

在对话框的详细信息栏中，用户可以设置当前图层的名称、颜色、线型和线宽。点击颜色图标，打开“选择颜色”对话框设置颜色，如图 12 - 27 所示。点击线型图标，打开“线型管理器”对话框设置线型，如图 12 - 28 所示。当“线型管理器”对话框中没有所需线型时，可点击对话框中的“加载”按钮，打开“加载或重载线型”对话框，从中选择所需线型，如图 12 - 29 所示。点击线宽图标，打开“线宽”对话框设置线宽，如图 12 - 30 所示。

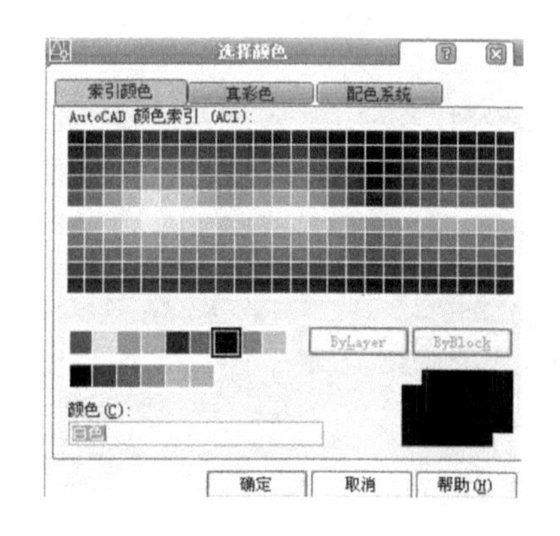

图 12 - 27 “选择颜色”对话框

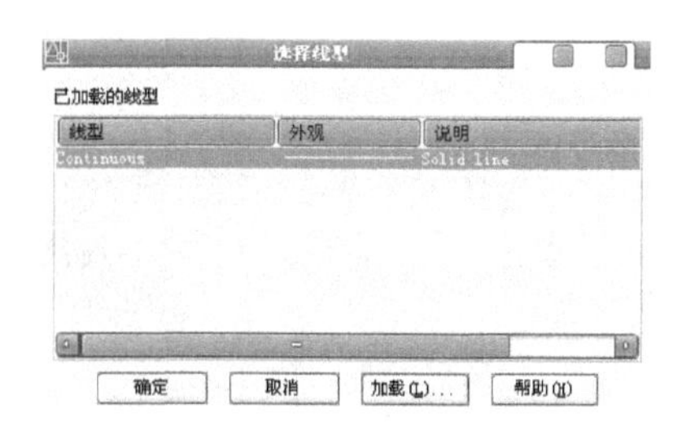

图 12 - 28 “线型管理器”对话框

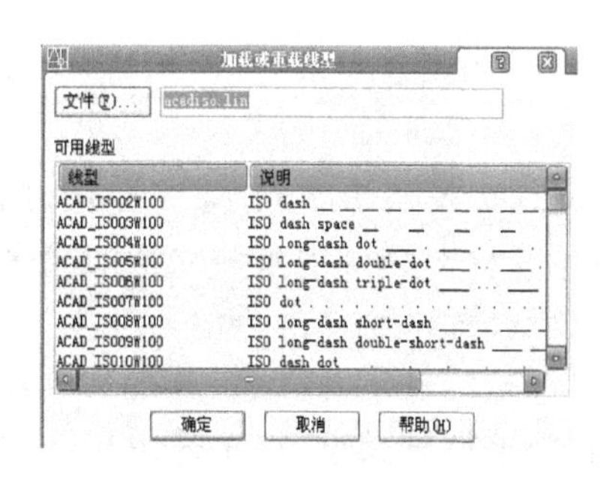

图 12 - 29 “加载或重载线型”对话框

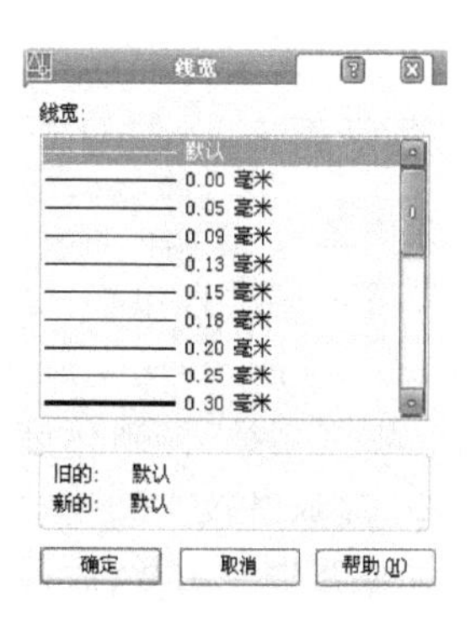

图 12 - 30 “线宽”对话框

12.4 特性编辑

AutoCAD 中每个图形对象都有自己的特性，如颜色、线型、线宽、样式、大小等等这些特性有的是共有的，有的是专用的，通过特性编辑，可以方便地编辑修改。

1. 特性编辑

选取该命令后，出现如图 12－31 所示的对话框，可以直观地修改所选对象的特性，如改变图素的图层、颜色、线型等特性，还可以更改尺寸的数值及公差等。

2. 特性匹配

利用特性匹配命令，可以将某对象图素的特性修改成另一对象图素的特性。

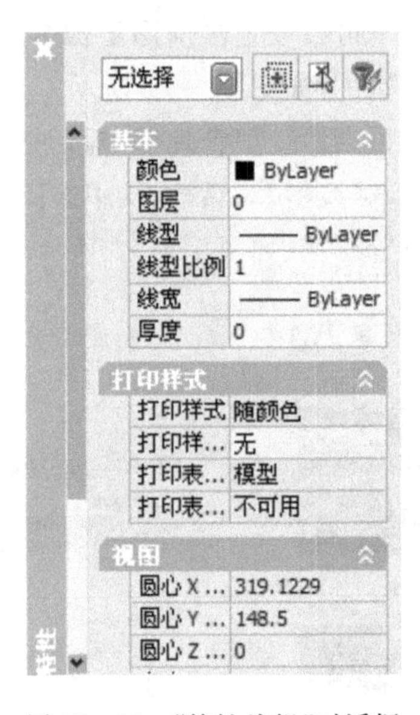

图 12－31 “特性编辑”对话框

12.5 文本标注

文字普遍存在于工程图样中，如技术要求、标题栏、明细栏以及尺寸标注时注写的尺寸数值等内容，因此必须掌握 AutoCAD 在图中注写文字的方法。

1. 文本类型的设置

文本类型的设置可通过直接输入命令 Style 或选择菜单格式/文字样式，执行此操作后，系统将弹出如图 12－32 所示“文字样式”对话框，在此对话框中可建立新的文字样式名，可对文字的字体、字高、宽度系数、倾斜角度等参数进行设置。

在工程图样中，国标对数字和汉字的书写有严格的规定，因此在进行文本标注时，首先应设置文本类型。对我国用户而言，应设置汉字和数字两种类型，汉字采用宋体，高宽比系数为 0.75，数字采用 isocp.shx 或 gbeitc.shx 格式，倾斜角度(与竖直方向)成 15°。

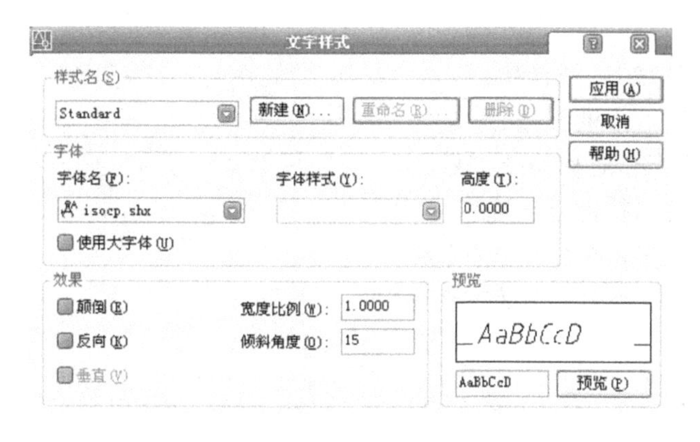

图 12－32　“文字样式”对话框

2. 文本的输入

(1)多行文字　该命令主要用于输入多行文本。激活该命令后，根据提示先选定要书写文字范围的两个对角点，出现如图 12－33 所示的“多行文字编辑器”对话框，通过该对话框可对字体、字高、对齐方式等特性进行设置，在文字输入窗口输入文字内容后，点击“确定”按钮，即可在屏幕的指定位置显示输入文字。

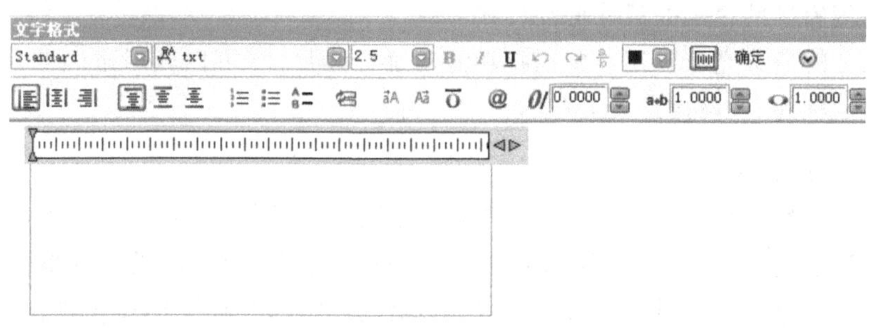

图 12－33　“多行文字编辑器”对话框

(2)输入单行文字　单行文字是一种书写位置灵活的文字输入方法，所点位置即为书写位置。

命令：_dtext

当前文字样式：sz 当前文字高度：5.6558

指定文字的起点或 [对正(J)/样式(S)]：s　　　　(设置文字样式或文字的对正方式)

输入样式名或 [?] 〈sz〉：hz

当前文字样式：hz 当前文字高度：2.5000

指定文字的起点或 [对正(J)/样式(S)]：

指定高度 〈2.5000〉：5

指定文字的旋转角度 〈0〉：

输入文字：制图　审核　西安工程科技学院

输入文字：按键盘上的“Enter”回车，结束命令。

另外，对键盘上不能直接输入的特殊字符，AutoCAD 提供了控制码来注写特殊字符。常见的特殊字符控制码如下。

%%C:用于生成“∅”直径符号。

%%D:用于生成“°”角度符号。

%%P:用于生成“±”对称偏差符号。

%%%:用于生成“%”百分比符号。

%%O:用于打开或关闭文字的上划线。

%%U:用于打开或关闭文字的下划线。

12.6 尺寸标注

图形仅表达了物体的形状,其大小需通过所标注的尺寸来确定。AutoCAD 系统提供了一系列完整的尺寸标注命令,标注尺寸时,系统将自动测量实体的大小标注在尺寸线上,若不想采用测量值,也可以通过命令提示选项输入新的尺寸文本。为了便于尺寸标注的统一和绘图的方便,在 AutoCAD 中标注尺寸时应该遵循以下基本准则。

①设置专用的尺寸标注图层。

②设置供尺寸标注用的文字样式。

③设置按国家标准规定的尺寸标注样式。

④标注尺寸时应该充分利用对象捕捉功能准确标注尺寸,可以获得正确的尺寸数值。为了便于修改尺寸标注,应该设定成关联的。

1. 设置尺寸标注样式

AutoCAD 中没有直接提供符合国标的尺寸标注样式,因此需要自行设置符合国标的尺寸标注样式。通过工具条、下拉菜单或标注样式命令,打开“标注样式管理器”对话框,如图 12-34所示,用户利用此对话框直观地设置尺寸标注样式。在“标注样式管理器”对话框中,可以根据缺省样式“ISO-25”作为基础样式进行修改设置,也可选择“新建”按钮,弹出“创建新标注样式”对话框,如图 12-35 所示,新建样式名为“副本 ISO-25”(可改其它名)。先选择“所有标注”,再点击“继续”,弹出“新建尺寸标注样式副本 ISO-25”对话框的选项卡,如图 12-36所示,利用此选项卡可以对新建的标注尺寸样式进行以下修改。

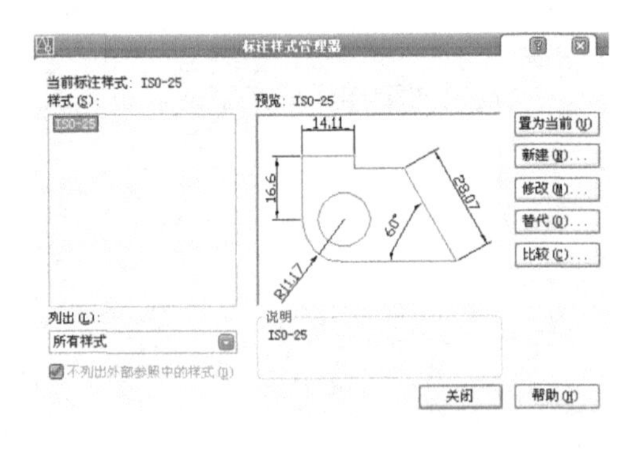

图 12-34 “标注样式管理器”对话框

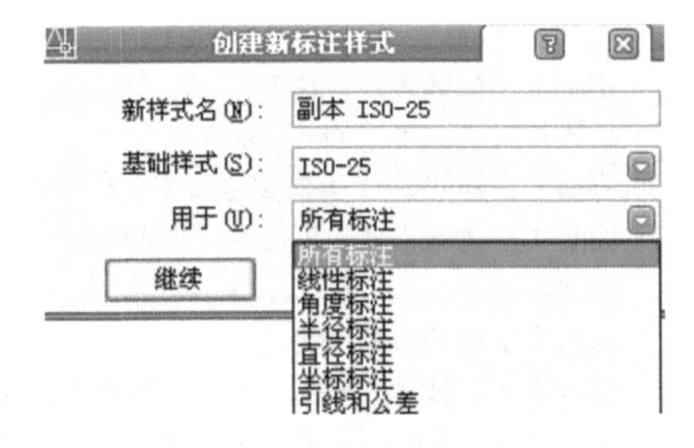

图 12-35 “创建新标注样式”对话框

(1) 直线和箭头　点击“直线和箭头”按钮，弹出“新建标注样式”直线和箭头设置对话框，如图 12－36 所示，利用该对话框的选项卡，可以进行基线间距(基线标注中两尺寸线之间的距离)、尺寸界线中起点偏移量、尺寸界线中超出尺寸线距离、箭头的大小和形式等内容的设置。

(2)文字　点击“文字”按钮，弹出“新建标注样式”文字设置对话框，如图 12－37 所示，利用该对话框的选项卡，可以进行文字样式、文字高度、文字位置以及文字距离尺寸线的基线间距偏移量等内容的设置。

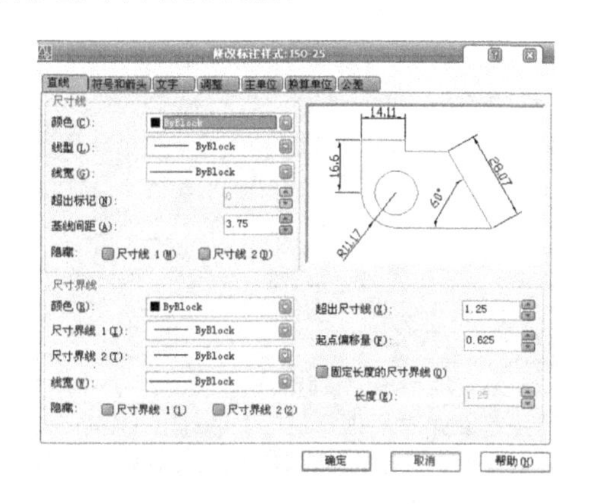

图 12－36　“新建标注样式”直线和箭头设置对话框

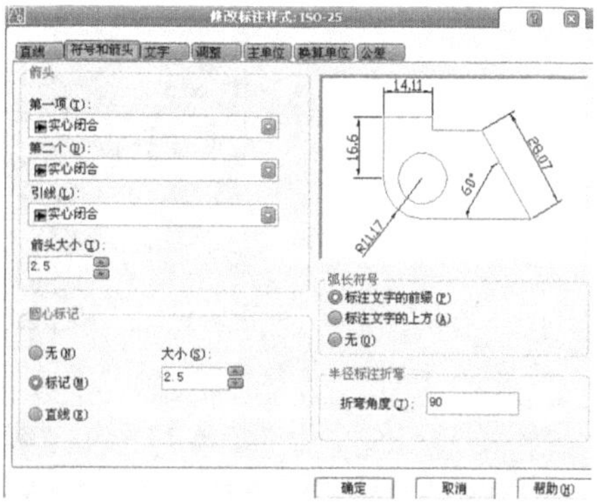

图 12－37　“新建标注样式”文字设置对话框

(3)调整　点击“调整”按钮，弹出“新建标注样式”调整设置对话框，如图 12－38 所示，利用该对话框的选项卡，可以进行文字和箭头位置的设置。当设置为“标注时手动放置文字位置”时，文字可以按照用户要求随意拖放。

(4)主单位设置　点击“主单位”按钮，弹出“新建标注样式” 主单位设置对话框，如图 12－39所示，利用该对话框的选项卡，可以进行包括单位格式、尺寸数字的精度以及比例因子等内容的设置。当图样不是按 1∶1 绘制时，改变比例因子使之和绘图比例一致，这样 AutoCAD 标注的数值就是实际尺寸。

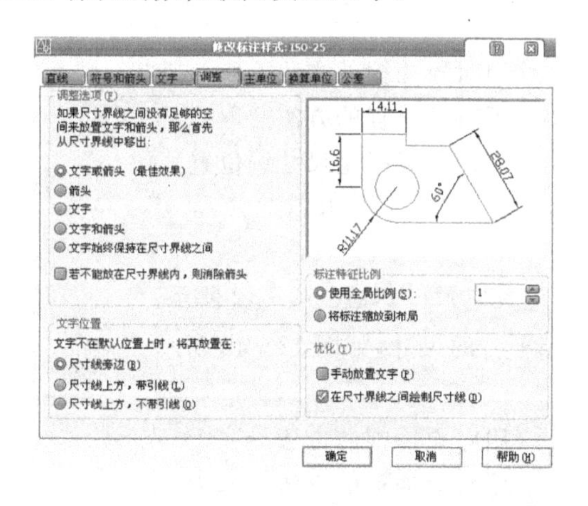

图 12－38　“新建标注样式”调整设置对话框

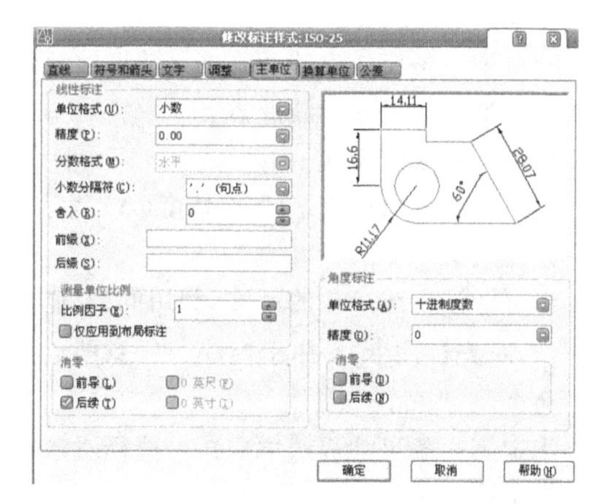

图 12－39　“新建标注样式”主单位设置对话框

(5) 换算单位设置　将同时标注十进制尺寸与英制尺寸，一般不采用。

(6)尺寸公差设置　点击“尺寸公差”按钮，弹出“新建标注样式”尺寸公差设置对话框，如图 12 - 40 所示，利用该对话框的选项卡，可以进行公差格式、公差的精度、公差文字高度比例等内容的设置。

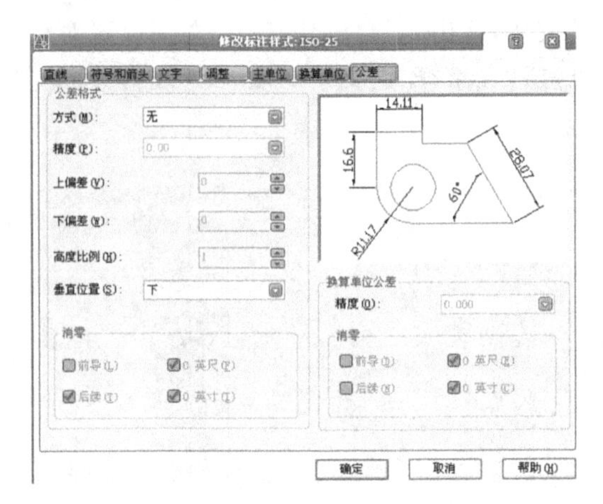

图 12 - 40　“新建标注样式”公差设置对话框

2. 尺寸标注的方法

尺寸标注通常使用尺寸标注工具条来进行尺寸标注，如图 12 - 41 所示。

图 12 - 41　尺寸标注工具条

下面就一些常见的尺寸标注方法介绍如下。

(1) 线性尺寸　用于标注水平尺寸和垂直尺寸。

命令：_dimlinear

指定第一条尺寸界线原点或〈选择对象〉：　　　(用对象捕捉的方法拾取 A 点)

指定第二条尺寸界线原点：　　　(用对象捕捉的方法拾取 B 点)

指定尺寸线位置或　　　(拖动鼠标指定尺寸线位置)

[多行文字(M)/文字(T)/角度(A)/水平(H)/垂直(V)/旋转(R)]：

标注文字 =20

即可标注直线 AB 的尺寸，利用同样的方法标注其它尺寸，如图 12 - 42 所示。

(2)对齐标注　用于标注与任意两点连线相平行的尺寸，如图 12 - 43 所示。

命令：_dimaligned

指定第一条尺寸界线原点或〈选择对象〉：　　　(用对象捕捉的方法拾取 P_1 点)

指定第二条尺寸界线原点：　　　(用对象捕捉的方法拾取 P_2 点)

指定尺寸线位置或　　　(拖动鼠标指定尺寸线位置)

[多行文字(M)/文字(T)/角度(A)]：

标注文字 =18

完成如图 12－43 所示尺寸标注。

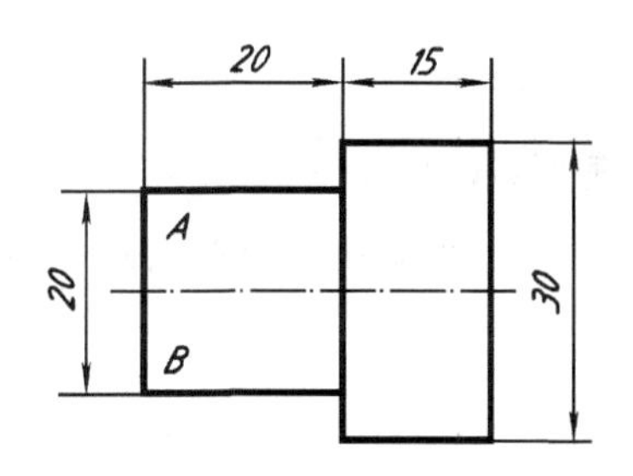

图 12－42　线性尺寸标注

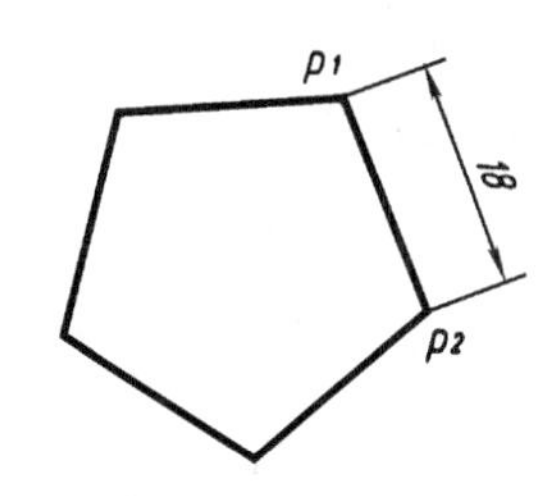

图 12－43　对齐尺寸标注

(3)基线标注　用于创建一系列从同一个基准位置引出的标注，如图 12－44 所示。

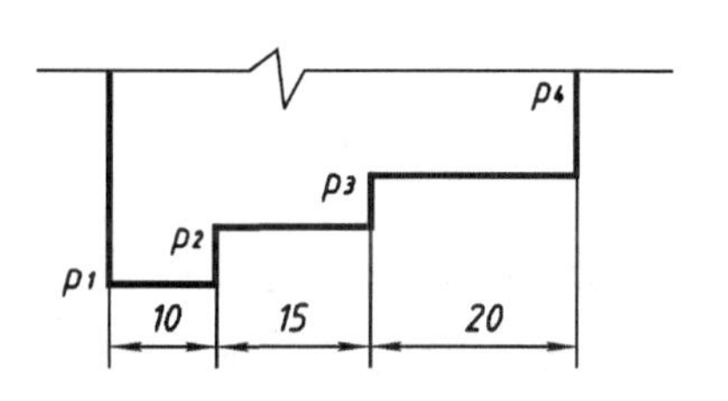

图 12－44　基线尺寸标注

标注时，先用线性标注的方式标注 P_1P_2 线段的尺寸，然后点击基线标注图标，再依次拾取 P_3、P_4 点，回车即可得到如图 12－44 所示尺寸标注。

(4)连续标注　用于创建一系列首尾相连放置的标注，每个连续标注都从前一个标注的第二尺寸界线处开始，如图 12－44 所示。

标注时，先用线性标注的方式标注 P_1P_2 线段的尺寸，然后点击连续标注图标，再依次拾取 P_3、P_4 点，回车即可得到如图 12－45 所示尺寸标注。

(5)半径尺寸标注　用于标注圆弧的半径尺寸，如图 12－46 所示。

命令：_dimradius

选择圆弧或圆：

标注文字 20　　　　（系统测量值）

指定尺寸线位置或[多行文字(M)/文字(T)/角度(A)]。

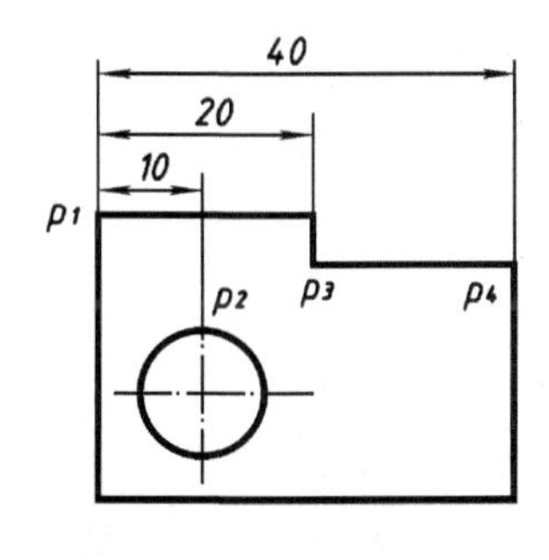

图 12－45　连续尺寸标注

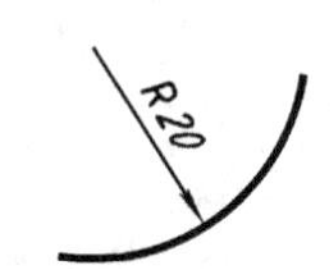

图 12－46　半径尺寸标注

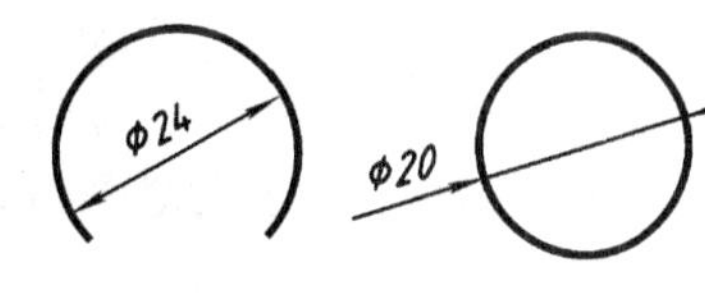

图 12－47　直径尺寸标注

(6)直径尺寸标注　用于标注圆弧或圆的直径尺寸，如图 12－47 所示。

命令：_dimdiameter

选择圆弧或圆：

标注文字 :24(20)　　（系统测量值）

指定尺寸线位置或［多行文字(M)/文字(T)/角度(A)］。

(7)角度尺寸标注　用于标注圆弧的圆心角、圆周上某一段圆弧的圆心角或两条不平行直线之间的夹角，如图 12-48 所示。

图 12-48　角度尺寸标注

例 12-9　标注图 12-48(a)中圆弧的圆心角。

命令：_dimangular

选择圆弧、圆、直线或〈指定顶点〉：　　（选择圆弧）

指定标注弧线位置或［多行文字(M)/文字(T)/角度(A)］：

标注文字 =90　　（系统测量值）

例 12-10　标注图 12-48(b)中两直线之间的夹角。

命令：_dimangular

选择圆弧、圆、直线或〈指定顶点〉：　　（选择直线 1）

选择第二条直线：　　（选择直线 2）

指定标注弧线位置或［多行文字(M)/文字(T)/角度(A)］：

标注文字 =60　　（系统测量值）

(8)引线标注　用于引出标注一些说明、形位公差、装配图的序号等，其对话框如图 12-49所示，用户可根据需要进行选择设置。

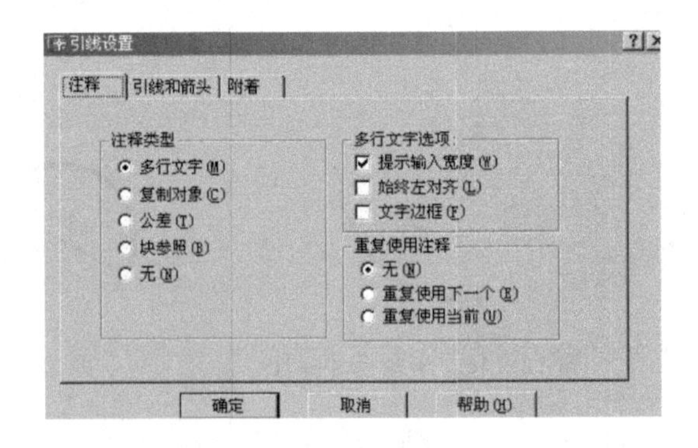

图 12-49　“引线设置”对话框

例 12-11　标注如图 12-50 所示的倒角尺寸和形位公差。

① 标注倒角尺寸。

命令：_qleader

指定第一个引线点或［设置(S)］〈设置〉：

指定下一点：〈正交 关〉

指定下一点：

指定文字宽度〈0〉：

输入注释文字的第一行〈多行文字(M)〉：

1.5x45%%D

输入注释文字的下一行：

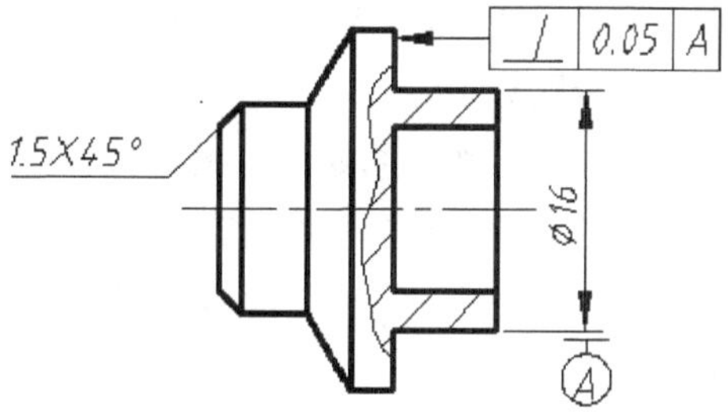

图 12-50　引线标注示例

② 标注形位公差。

命令：_qleader

指定第一个引线点或［设置(S)］〈设置〉：　（回车，确认，出现引线设置对话框，设置“公差”选项）

指定下一点：　（指定形位公差引线的起点）

指定下一点：　（指定形位公差引线的端点）

指定下一点：　（回车，确认）

出现如图 12-51 所示对话框，点击“符号”，在出现的符号选项对话框中，选取要标注的形位公差，符号选项对话框消失，在随后出现的“形位公差”数据设置对话框中（见图 12-52），输入要标注的数值和基准，即可得到如图 12-51 所示的形位公差标注。

此外，还有修改尺寸标注、修改尺寸文本位置、更改尺寸样式等命令，在此不再一一赘述。

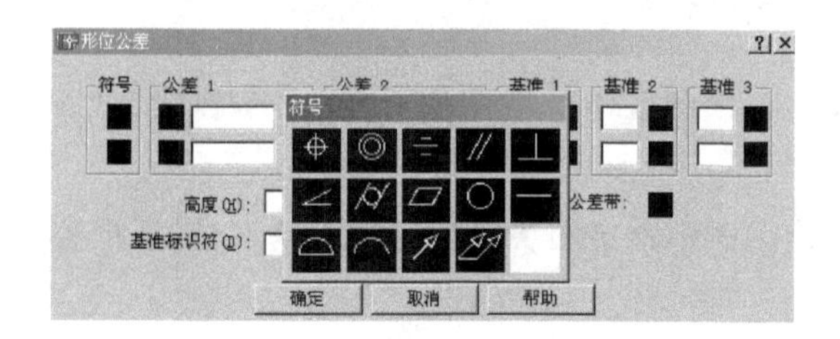

图 12-51　“形位公差”符号设置对话框

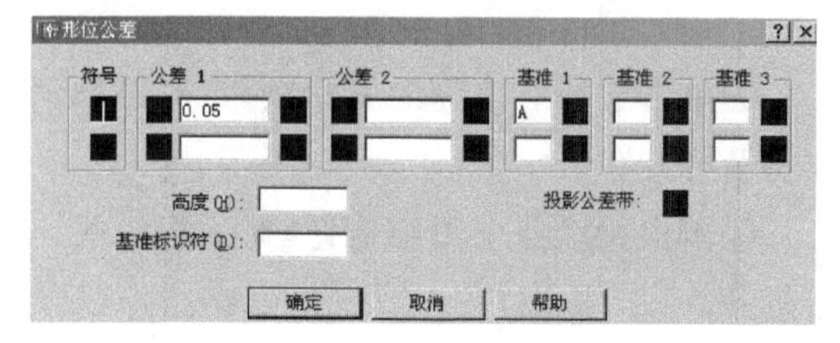

图 12-52　“形位公差”数据设置对话框

12.7　图块、图库的创建

图块是一组图形实体的对象集合。在使用 AutoCAD 绘图时，可以将图形中相同或相似的内容创建成图块，需要时直接插入到当前图形中。

图块的引用使绘图过程变得更为方便。通过使用图块建立常用符号、机械零部件或标准件、建筑常用件的标准图库，绘图时可以直接插入引用，从而减少了不必要的重复劳动，提高了绘图效率。

1. 创建图块

创建图块时，首先应绘制需要定义图块的图形对象，然后通过图块创建命令制作图块，其方法和步骤如下。

①单击绘图工具条上的命令按钮，系统弹出“块定义对话框”，如图 12－53 所示。在该对话框名称栏中，定义图块的名称。

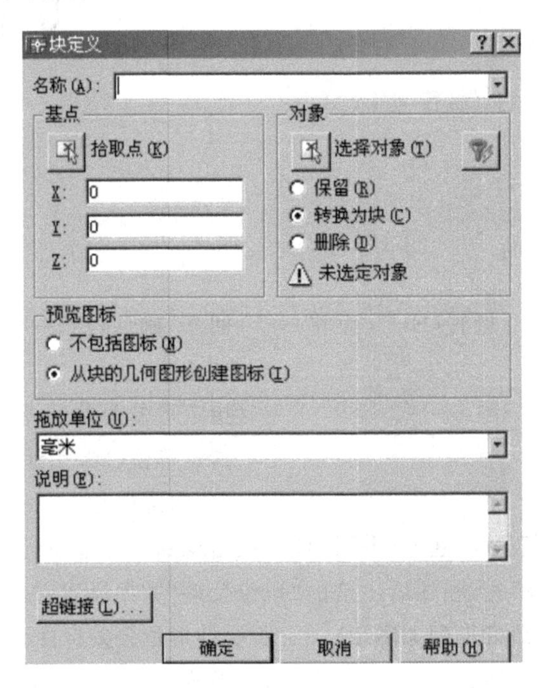

图 12－53 “块定义”对话框

②单击选择对象前的图标按钮，对话框消失。在绘图区中选取图块对象，回车确认，对话框重新打开。

③单击拾取点前图标按钮，对话框消失。在绘图区中指定图块对象的插入基点，对话框重新打开。

④设置好对话框中其它相关参数后，单击“确定”按钮，退出对话框，即可完成图块的创建。

通过上述方法创建的图块只存在定义该块的图形文件中，如果要在其它的图形文件中引用该块需要用 wblock 命令建立图块，用户可以根据对话框的内容进行设置，在此不再赘述。

2. 插入图块

创建图块的目的就是为了在绘图过程插入引用。插入图块的方法和步骤如下。

①单击绘图工具条上的命令按钮，系统弹出“插入对话框”，如图 12－54 所示。在右侧的下拉列表框中，选择插入当前图形中已有的图块名称；单击右侧的“浏览”按钮，在弹出的“选择图形文件”对话框中可以选择直接插入的图形文件。

②指定插入图块的插入点、缩放比例、旋转角度以及插入后是否需要分解。

③单击“确定”按钮，即可完成图块或图形文件的插入。

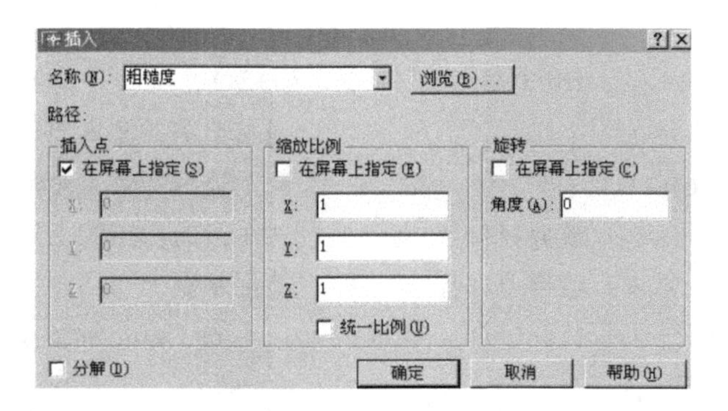

图 12-54 “插入”图块对话框

12.8 综合举例

例 12-12 绘制图 12-55 所示的图形。学会在画线时如何输入点的坐标,及掌握利用对象捕捉、极轴追踪和自动追踪等工具快速画图。

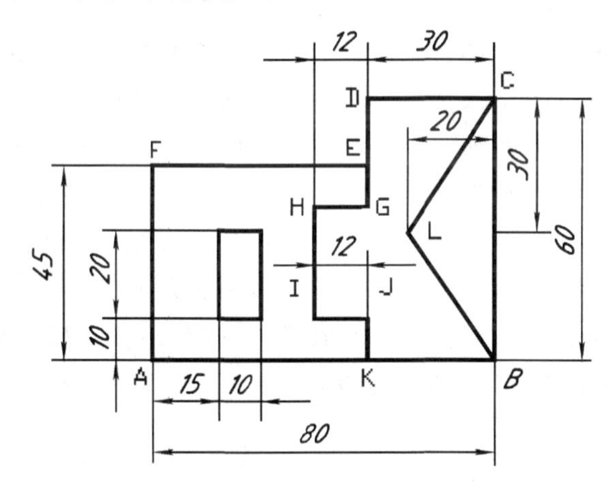

图 12-55 画线练习

(1) 打开对象捕捉、极轴追踪和自动追踪等功能。

(2) 使用 line 画线命令,画线段 AB、BC、CD、DE、EF、FA。

命令:_line 指定第一点:A

指定下一点或 [放弃(U)]:80	//向右追踪并输入 AB 的长度
指定下一点或 [放弃(U)]:60	//向上追踪并输入 BC 的长度
指定下一点或 [闭合(C)/放弃(U)]:30	//向左追踪并输入 CD 的长度
指定下一点或 [闭合(C)/放弃(U)]:15	//向下追踪并输入 DE 的长度
指定下一点或 [闭合(C)/放弃(U)]:	//从 A 建立追踪参考点
指定下一点或 [闭合(C)/放弃(U)]:	//从 A 向上追踪确定 F 点
指定下一点或 [闭合(C)/放弃(U)]:	//捕捉 A 点
指定下一点或 [闭合(C)/放弃(U)]:	//按 Enter 键结束

(3) 画矩形(10×20)。

命令：_line 指定第一点：from 基点：〈偏移〉：@15,10

指定下一点或 [放弃(U)]：10　　　　　　　　//向右追踪并输入矩形的短边长度 10

指定下一点或 [放弃(U)]：20　　　　　　　　//向上追踪并输入矩形的长边长度 20

指定下一点或 [闭合(C)/放弃(U)]：　　　　　//从矩形的基点向上追踪确定角点

指定下一点或 [闭合(C)/放弃(U)]：　　　　　//捕捉基点

指定下一点或 [闭合(C)/放弃(U)]：*取消*　　//按 Enter 键结束

(4) 画线段 CL、LB。

命令：_line 指定第一点：　　　　　　　　　//捕捉 C 点

指定下一点或 [放弃(U)]：@20,−30　　　　　//画 CL

指定下一点或 [放弃(U)]：　　　　　　　　　//捕捉 B 点,画 LB

指定下一点或 [闭合(C)/放弃(U)]：

(5) 画线段 EG、GH、HI、IJ、JK。

命令：_line 指定第一点：　　　　　　　　　//捕捉 E 点

指定下一点或 [放弃(U)]：10　　　　　　　　//向下追踪并输入 EG 的长度

指定下一点或 [放弃(U)]：12　　　　　　　　//向左追踪并输入 GH 的长度

指定下一点或 [闭合(C)/放弃(U)]：25　　　　//向下追踪并输入 HI 的长度

指定下一点或 [闭合(C)/放弃(U)]：　　　　　//从 K 建立追踪参考点

指定下一点或 [闭合(C)/放弃(U)]：　　　　　//从 I 向右追踪确定 J 点

指定下一点或 [闭合(C)/放弃(U)]：　　　　　//捕捉 K 点

指定下一点或 [闭合(C)/放弃(U)]：*取消*　　//按 Enter 键结束

例 12 - 13　绘制图 12 - 56(a) 所示的图形。

作图步骤如下。

(1) 打开 AutoCAD 2008,建立一个新的绘图文件。

(2) 设置绘图环境。

① 设置图幅。

② 设置图层、颜色和线型:本图应设置点画线、粗实线、尺寸标注等图层。

③ 设置文字样式:工程图样中的数字和汉字文字样式应符合国标规范。

④ 设置尺寸标注样式:工程图样中的尺寸标注样式应符合国标规范。

(3) 绘图步骤及使用的绘图命令提示。

① 绘制基准线,用:line、offset 命令。如图 12 - 56(b)所示。

② 绘制∅40、∅24、∅20 的圆及切线,使用:circle、line 及切点捕捉命令。如图 12 - 56(c)所示。

③ 绘制右部的矩形结构,使用:line、offset、arc 及 trim 命令。如图 12 - 56(d)所示。

④ 使用:break 命令修整图形。

⑤ 按照图 12 - 57(a)所示标注尺寸。

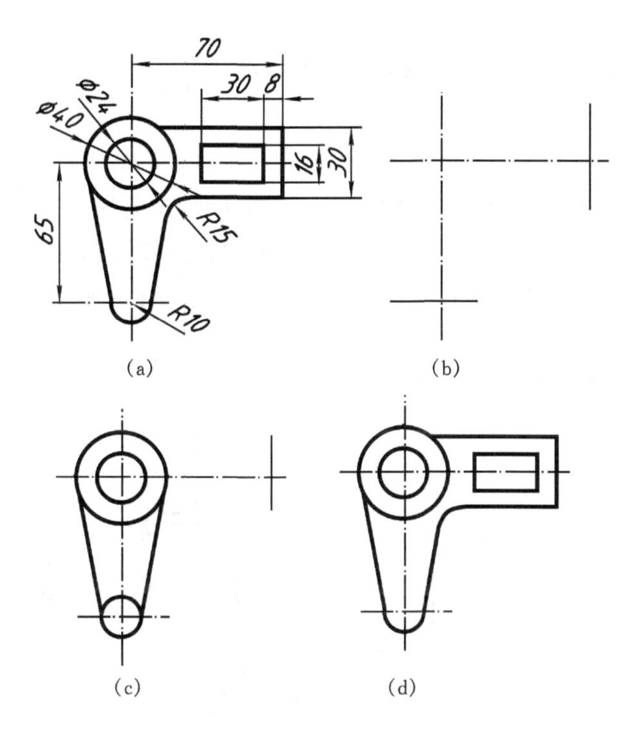

图 12-56 综合练习

例 12-14 利用 AutoCAD 2008 绘制如图 12-57 所示齿轮零件图。

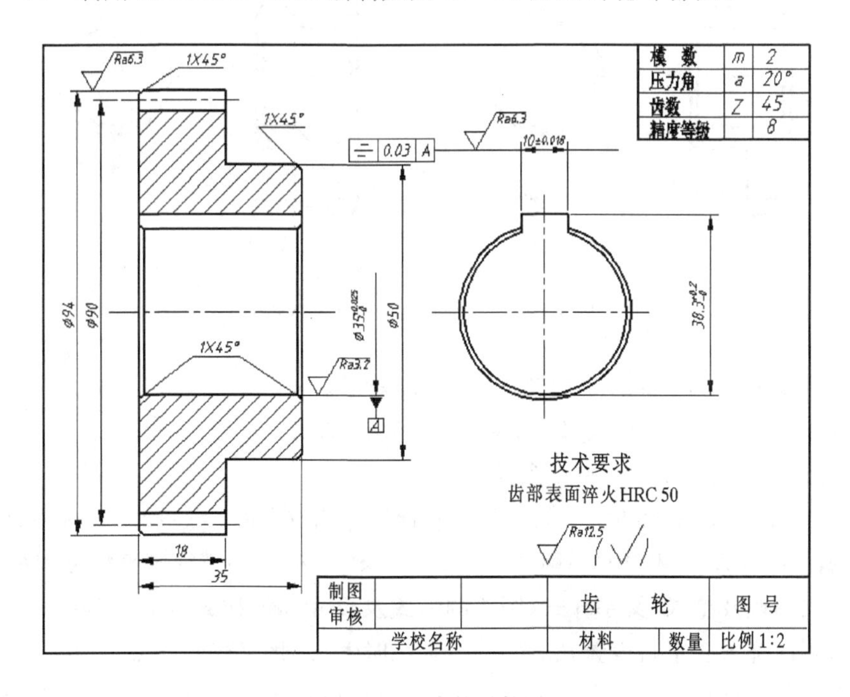

图 12-57 齿轮零件图

作图步骤如下。

(1) 打开 AutoCAD 2008，建立一个新的绘图文件。

(2) 设置绘图环境。

① 设置图幅。

② 设置图层、颜色和线型：本图应设置点画线、粗实线、图案填充、尺寸标注等图层。

③ 设置文字样式：工程图样中的数字和汉字文字样式应符合国标规范。

④ 设置尺寸标注样式：工程图样中的尺寸标注样式应符合国标规范。

(3) 绘图。

① 绘制基准线，如图 12－58(a)所示。

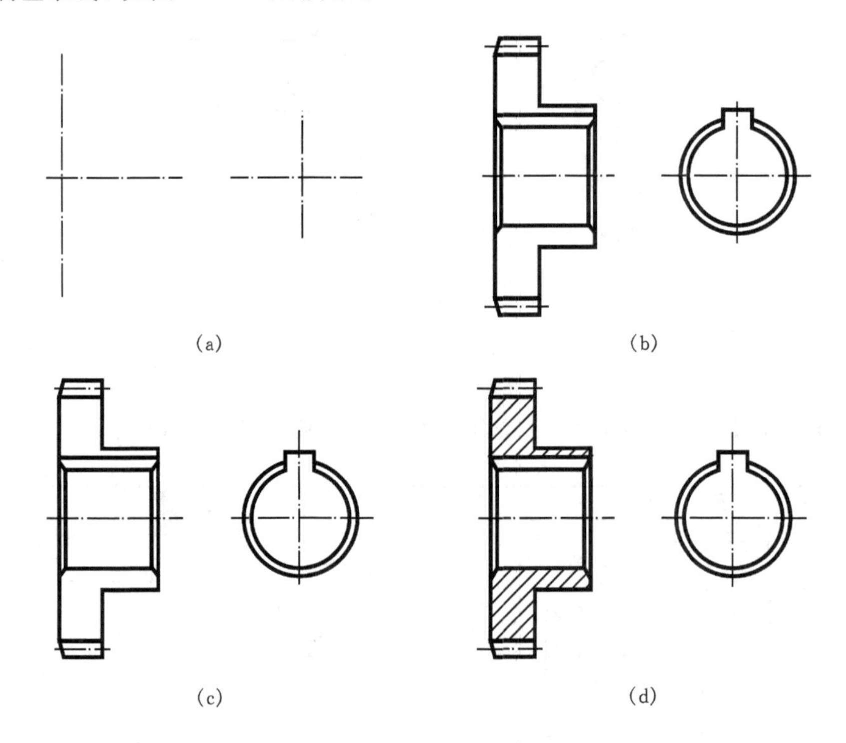

图 12－58　绘制齿轮零件图步骤

② 绘制图形的内、外轮廓线，如图 12－58(b)所示。

③ 利用特性匹配进行图线编辑，如图 12－58(c)所示。

④ 填充剖面线，如图 12－58(d)所示。

(4) 标注尺寸、注写技术要求。绘制图框和标题栏完成全图如图 12－57 所示。

工程图样作为工程领域中的一种非常重要的技术文件，必须遵守国家标准和技术规范，其内容一般包括：图幅及格式、文字样式、图线的型式及尺寸标注样式等。工程技术人员在绘制工程图样时，每次都需要重新设置，工序繁冗，耗工时大，为此应充分挖掘 AutoCAD 软件的功能，按照图形文件的标准和规范要求，制作合适的图形样板，最后以图形样板的形式存入计算机之中备用。具体作法：①新建一种图形文件，命名为工程图形样板；②图幅及格式设置，绘制图框和标题栏；③在当前图形文件中设置图层，建立相关的图线类型；④文字样式及尺寸标注格式规范的设置；⑤以.dwt格式存入该文件。以上工作完成后，下一次绘图时打开该图形样板文件，直接“填空输入”即可。

思考题

1. 图块的主要功能是什么？和复制命令有何异同之处？如何创建和插入图块？
2. 如何进行文本样本的设置？常用的文本输入方式有哪些？
3. 图层的主要功能是什么？如何设置和应用图层？
4. 进行尺寸样式的设置应注意哪些方面？如何标注尺寸公差？
5. 使用缩放命令修改图形时，标注的尺寸数值是否发生变化？
6. 样板文件一般应包含哪些内容？如何创建样板文件？
7. 使用 AutoCAD 绘制一张完整的工程图，一般要经过哪些步骤？

第 13 章　AutoCAD 2008 三维造型基础

实际工程应用中大多数设计是通过二维投影图来表达设计思想并组织施工或加工的，但二维图形的直观感差，为了获得更直观、立体感强的设计效果，需要绘制二维图形的立体图。利用 AutoCAD 模拟三维空间，绘制三维图形 已是可以实现的。AutoCAD 绘制三维图形常用的是线框模型、曲面模型和实体模型，由于线框模型只画出了空间物体的轮廓，就像一个铁丝做的模型框架，不能使用消隐、渲染等操作，因此实际绘图时很少用线框模型表示三维物体。本章只介绍曲面模型和实体模型的造型设计。

13.1　三维绘图基础

1. 建立三维用户坐标系

AutoCAD 默认的坐标系为世界坐标系 WCS，很多绘图和编辑只能在 *XY* 平面上进行，而三维绘图不可能限制在一个平面上。为此 AutoCAD 提供了用户坐标系命令，用户可以相对于世界坐标系 WCS 定义自己的用户坐标系 UCS，使 *XY* 面位于需要进行绘图操作的位置和方向，方便作图。

通过 UCS 工具条可以方便地定义和使用用户坐标系，如图 13－1 所示。

图 13－1　用户坐标系工具栏

UCS 工具条中图标按钮的名称、命令名和相应的功能如表 13－1 所示。

表 13－1　UCS 用户工具栏的功能及说明

图标按钮	命令	功能及说明
	UCS	用于定义、保存和恢复一个 UCS
	DisplayUCS	通过对话框进行以上操作
	UCS Previous	将前一个 UCS 恢复为当前 UCS
	World UCS	返回世界坐标系
	Object UCS	基于被选择对象定义当前 UCS，新的 UCS 与原 UCS 的 *Z* 方向一致
	Face UCS	以 3D 实体的表面定义当前 UCS，以选择点上最近的点为原点

续表 13-1

图标按钮	命令	功能及说明
	View UCS	使当前 UCS 与屏幕平面平行
	Origin	定义当前 UCS 的原点
	ZAxis Vector UCS	指定 *Z* 轴的方向定义 UCS
	3 Point UCS	通过三点定义当前 UCS,第一点为坐标原点,第二点为 *X* 轴正方向上的一点,第三点为 *Y* 轴正方向上的一点
	XAxis Rotate UCS	通过绕 *X* 轴旋转坐标系来定义当前 UCS
	YAxis Rotate UCS	通过绕 *Y* 轴旋转坐标系来定义当前 UCS
	ZAxis Rotate UCS	通过绕 *Z* 轴旋转坐标系来定义当前 UCS
	Apply UCS	将当前 UCS 应用于指定视区或所有视区

2. 三维视点的设置

在进行三维造型时都必须先设置视点,视点即观察物体的位置。视点与坐标原点的连线为视线(它是一个矢量)。视线可由两个夹角确定,即:视线对 *XY* 面的倾角和视线在 *XY* 面上的投影与 *X* 轴的夹角来确定(见图 13-2)。这两个角的组合就决定了视线的方向。

(1)视点的设置　如图 13-3 所示。

命令格式:DDVPOINT

下拉菜单:视图(V)→三维视图(3)→视点(V)

执行该命令后,弹出“视点”设置对话框,如图 13-3 所示,对话框中有两个表盘,左边表盘显示视线在 *XY* 平面上的投影与 *X* 轴的夹角,右边表盘显示视线对 *XY* 面的倾角。通过表盘中的指针位置,或在表盘下方的“X Axis:”数据框和“XY Plane:”数据框直接输入数据,可以设置。

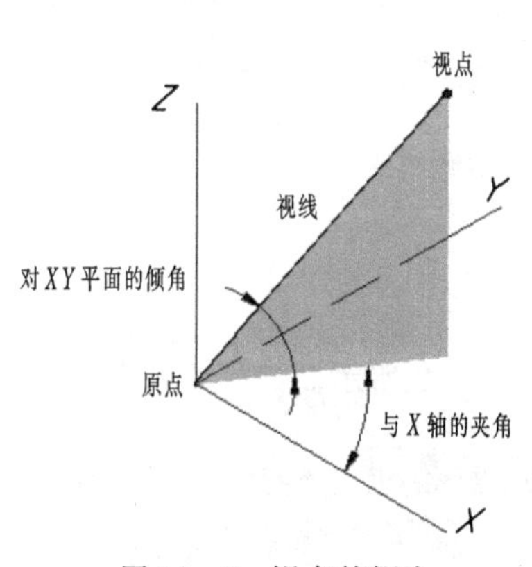

图 13-2　视点的概念

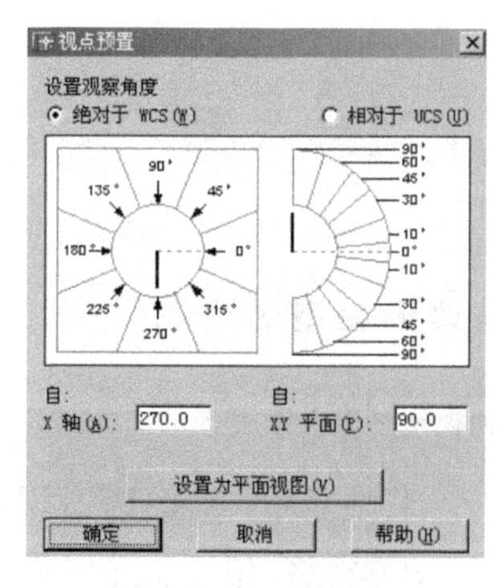

图 13-3　“视点”设置对话框

(2) 设置动态视点　视图(V)—三维视图(3)—视点预置(V)。

执行命令后,屏幕上出现动态坐标系和方向罗盘,如图 13－4 所示。当光标移动时,动态坐标系随着转动,直观地反映观察方向。

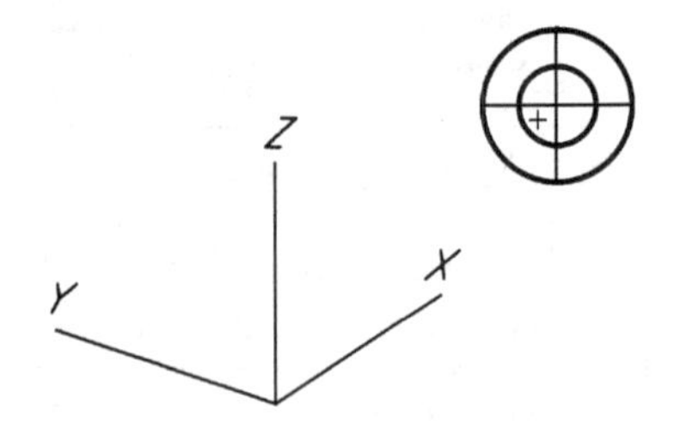

图 13－4　动态视点设置

(3)利用视图工具栏设置视点　如图 13－5 所示。

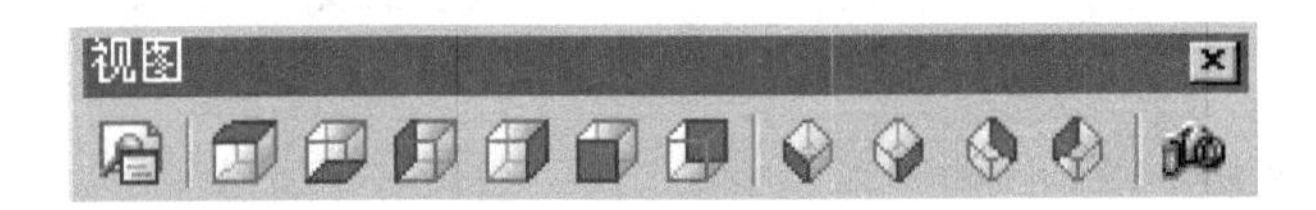

图 13－5　视图工具栏

3. 显示模式的设置

AutoCAD 着色工具栏提供了 7 种显示模式,如图 13－6 所示,效果如图 13－7 所示。

图 13－6　着色工具栏

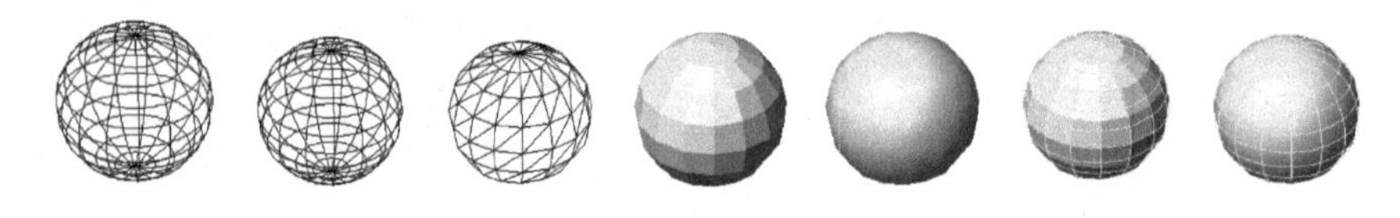

图 13－7　7 种依次显示的着色模式

13.2　曲面模型的绘制

曲面模型可以直接用 Surfaces 工具条生成,如图 13－8 所示。

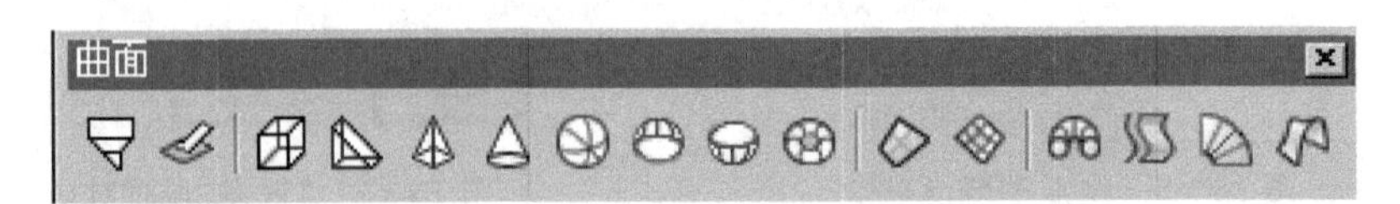

图 13－8　曲面模型工具栏

下面介绍一些常用的曲面模型的创建。

1. 创建系统提供的基本曲面对象

从曲面模型工具条选取相应的命令按钮，系统均会提示用户输入相应的绘图参数，这里不再赘述。

2. 创建旋转曲面

用于创建回转体的回转曲面，如图 13－9 所示。

命令格式如下。

命令：_revsurf

当前线框密度：SURFTAB1＝12　SURFTAB2＝12

选择要旋转的对象：

选择定义旋转轴的对象：

指定起点角度〈0〉：

指定包含角(＋为逆时针，－为顺时针)〈360〉：

即可获得如图 13－9 所示的旋转曲面。

图 13－9　旋转曲面

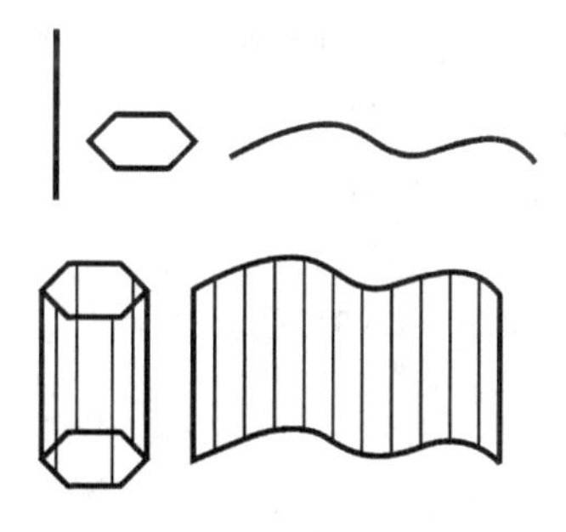

图 13－10　平移曲面

3. 创建平移曲面

用于将路径曲线沿方向矢量平移后生成的拉伸曲面。路径曲线可以是直线、多段线、圆弧或椭圆弧。方向矢量用来指明拉伸的方向和长度，可以是直线、非闭合的多段线或样条曲线。

命令格式如下。

命令：_tabsurf

当前线框密度：SURFTAB1＝12

选择用作轮廓曲线的对象：

选择用作方向矢量的对象：

即可获得如图 13－10 所示的平移曲面。

4. 创建直纹曲面

用于生成由两条指定曲线为相对两边界的三维曲面。两条指定曲线可以是点(不能同时为点)、直线、多段线、圆(弧)、椭圆弧或样条曲线，而且必须同时闭合或同时打开。

命令格式如下。

命令：_rulesurf

当前线框密度：SURFTAB1＝12

选择第一条定义曲线：

选择第二条定义曲线：

即可获得如图 13－11 所示的直纹曲面。

图 13－11　直纹曲面

5. 创建边界曲面

用于生成以四条空间曲线为边界的空间曲面。四条空间曲线可以为直线、多段线、圆（弧）、椭圆弧或样条曲线，但必须首尾相连，形成闭合曲线。

命令格式如下。

命令：_edgesurf

当前线框密度：SURFTAB1＝12　SURFTAB2＝12

选择用作曲面边界的对象 1：

选择用作曲面边界的对象 2：

选择用作曲面边界的对象 3：

选择用作曲面边界的对象 4：

即可获得如图 13－12 所示的边界曲面。

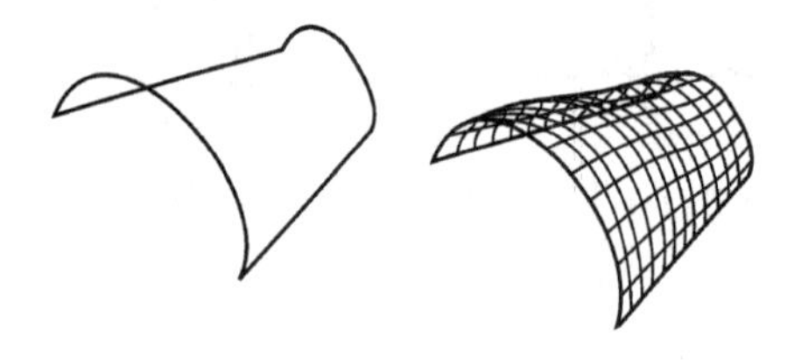

图 13－12　边界曲面

13.3　实体模型的绘制

实体模型是信息最完整的三维模型，它不仅描述了三维对象的表面，而且完整地描述了三维对象的体积特征。AutoCAD 实体工具条提供了长方体、球体、圆柱体、圆锥体、楔体和圆环体以及回转体和拉伸体的基本实体的建模方法，如图 13－13 所示。组合体的实体建模，在创建了简单的基本实体后，再对它们进行布尔运算等操作即可生成。

图 13－13　实体工具栏

1. 创建基本实体

AutoCAD 提供了长方体、球体、圆柱体、圆锥体、楔体和圆环体六种基本体的创建命令。创建时，用户只需要按命令行提示输入所需参数，即可得到相应的基本体。

2. 创建拉伸体

在 AutoCAD 中，可以将二维封闭图形经过拉伸或沿着指定的路径放样，直接生成三维实体模型。创建时，用户只需要按命令行提示输入所需参数，即可得到相应的基本体，如图 13－14所示。

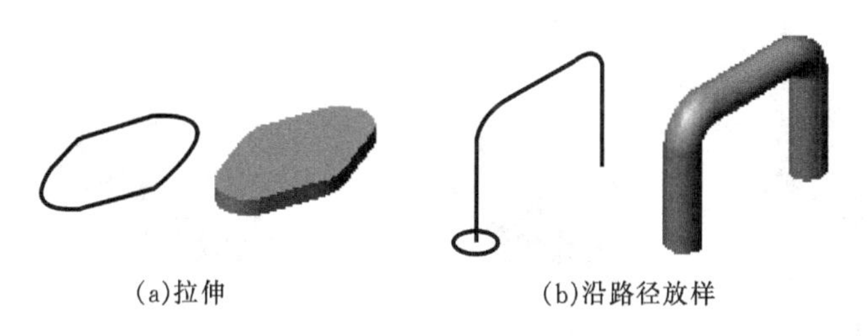

(a)拉伸　　(b)沿路径放样

图 13－14　创建拉伸体

3. 创建回转体

在 AutoCAD 中，可以将二维封闭图形绕指定轴线旋转，形成回转体实体模型。

创建时，用户只需要按命令行提示输入所需参数，即可得到相应的基本体，如图 13－15 所示。

图 13－15　创建回转体

4. 创建三维切割体

用指定的截平面将三维实体切割为独立的两部分，形成切割体。

创建时，用户只需要按命令行提示选取截平面，截平面可以用三点(利用捕捉方式)、*XY* 平面、*YZ* 平面或 *XZ* 平面等方法来获得，切开的实体可以保留其中的一部分，也可以都保留，如图 13－16 所示。

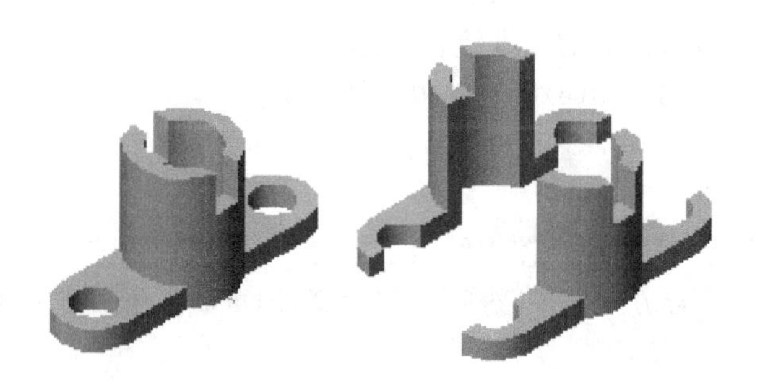

图 13－16　创建三维切割体

13.4 布尔运算绘制三维实体模型

对三维实体进行并、交、差运算称为布尔运算。通过对简单的三维实体进行布尔运算，可以生成复杂的组合体。在“实体编辑工具条”中，用户通过选取并集、差集、交集按钮，方便地实现求并、求差、求交这样的布尔运算。

1. 并集运算

用于将多个实体(见图 13-17(a))组合成一个实体，如图 13-17(b)所示。

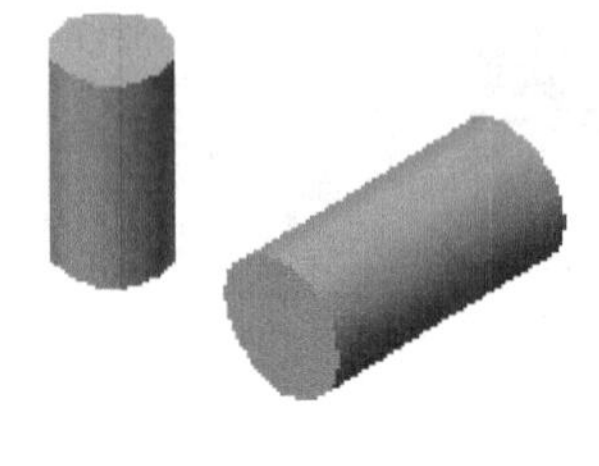

(a)用作布尔运算的实体

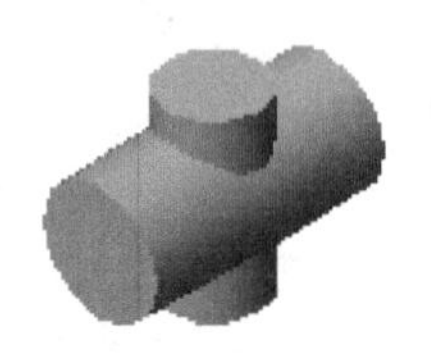

(b)并集运算

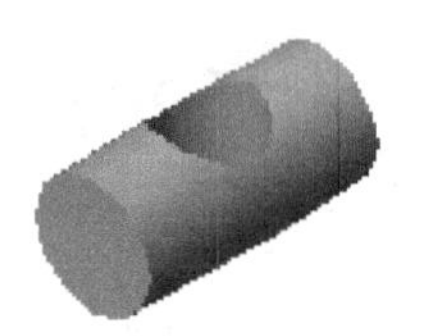

(c)差集运算

(d)交集运算

图 13-17　布尔运算

2. 差集运算

用于从一些实体中减去另一些实体，从而得到一个新的实体，如图 13-17 所示。

图 13-18　三维实体的倒角和倒圆

3. 交集运算

用于生成多个实体相交的公共部分，如图 13-17 所示。

此外，可以利用“修改工具条”中的倒角和倒圆命令，方便地实现三维实体的倒角和倒圆，如图 13-18 所示。

13.5 创建三维组合实体综合举例

创建之前，先对三维组合实体进行形体分析，将三维组合实体分解为若干个 AutoCAD 能直接生成的基本体、拉伸体或旋转体，然后应用 AutoCAD 的布尔运算，通过叠加、挖切等组合方式将这些简单体组合成所需要的三维组合实体。

例 13-1　制作如图 13-19(e)所示的组合体模型。

具体方法和步骤如下。

(1) 设置三维视点。

(2) 调整用户坐标系，创建组合体中的基本体、拉伸体或旋转体。

(3) 根据组合体的组合方式需要，进行布尔运算，即可获得所需三维组合体。

制作过程如图 13-19 所示。

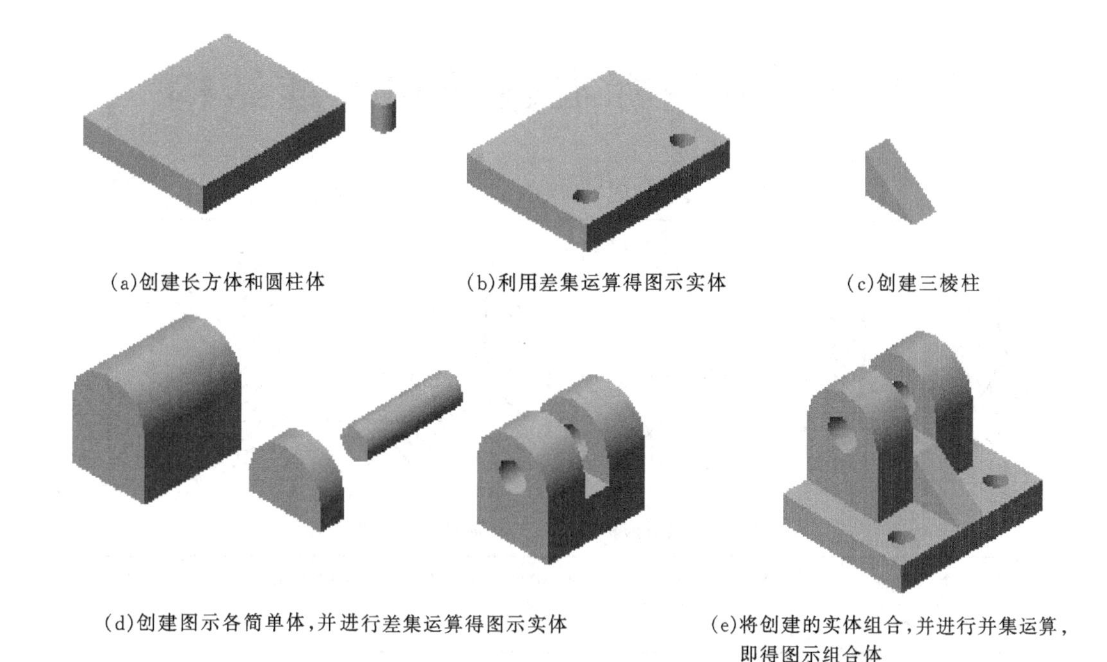

(a)创建长方体和圆柱体　(b)利用差集运算得图示实体　(c)创建三棱柱

(d)创建图示各简单体，并进行差集运算得图示实体　(e)将创建的实体组合，并进行并集运算，即得图示组合体

图 13 - 19　制作组合体方法和步骤

思考题

1. 什么是视点，常见的设置视点的方法有哪些？视点在三维绘图时有什么意义？
2. 什么是面域，面域在三维绘图中有何作用？
3. 什么是用户坐标系？在三维绘图时，坐标系变换的目的是什么？
4. 在三维实体建模时，布尔运算有何作用？
5. 在三维实体建模时，倒角和倒圆命令有何作用？
6. 创建三维组合实体，一般要经过哪些步骤？
7. 打印输出时主要设置哪些内容？如何输出一张完整的工程图？

附录 1　常用标准数据和标准结构

附表 1－1　零件倒圆与倒角(GB/T 6403.4—1986)

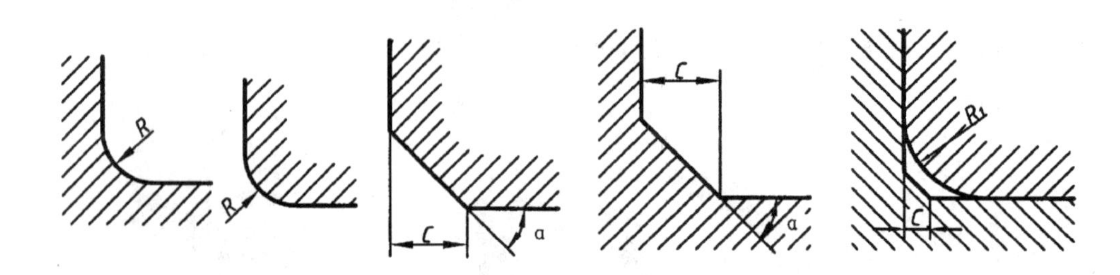

与直径∅相对应的倒角 C、倒圆 R 的推荐值　　mm

∅	～3	>3～6	>6～10	>10～18	>18～30	>30～50	>50～80	>80～120	>120～180
C 或 R	0.2	0.4	0.6	0.8	1.0	1.6	2.0	2.5	3.0

内角倒角、外角倒圆时 C 的最大值 C_{max} 与 R_1 的关系　　mm

R_1	0.3	0.4	0.5	0.6	0.8	1.0	1.2	1.6	2.0	2.5	3.0	4.0
C_{max}	0.1	0.2	0.2	0.3	0.4	0.5	0.6	0.8	1.0	1.2	1.6	2.0

附表 1－2　砂轮越程槽(GB/T 6403.5—1986)

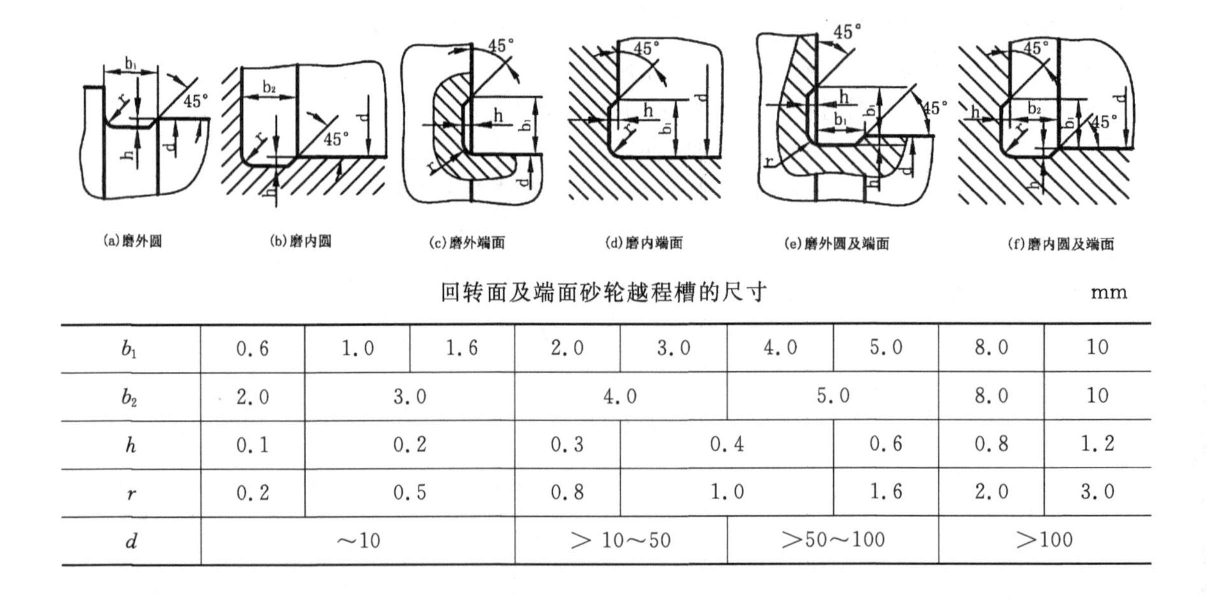

(a)磨外圆　(b)磨内圆　(c)磨外端面　(d)磨内端面　(e)磨外圆及端面　(f)磨内圆及端面

回转面及端面砂轮越程槽的尺寸　　mm

b_1	0.6	1.0	1.6	2.0	3.0	4.0	5.0	8.0	10
b_2	2.0	3.0		4.0		5.0		8.0	10
h	0.1	0.2		0.3	0.4		0.6	0.8	1.2
r	0.2	0.5		0.8	1.0		1.6	2.0	3.0
d	～10			> 10～50		>50～100		>100	

附录 2　极限与配合

附表 2－1　基本尺寸至 500 mm 的轴、孔公差带(摘自 GB/T 1801—1999)

基本尺寸至 500 mm 的轴公差带规定如下，选择时，应优先选用带＊的公差带，其次选用方框中的公差带，最后选用其它的公差带。

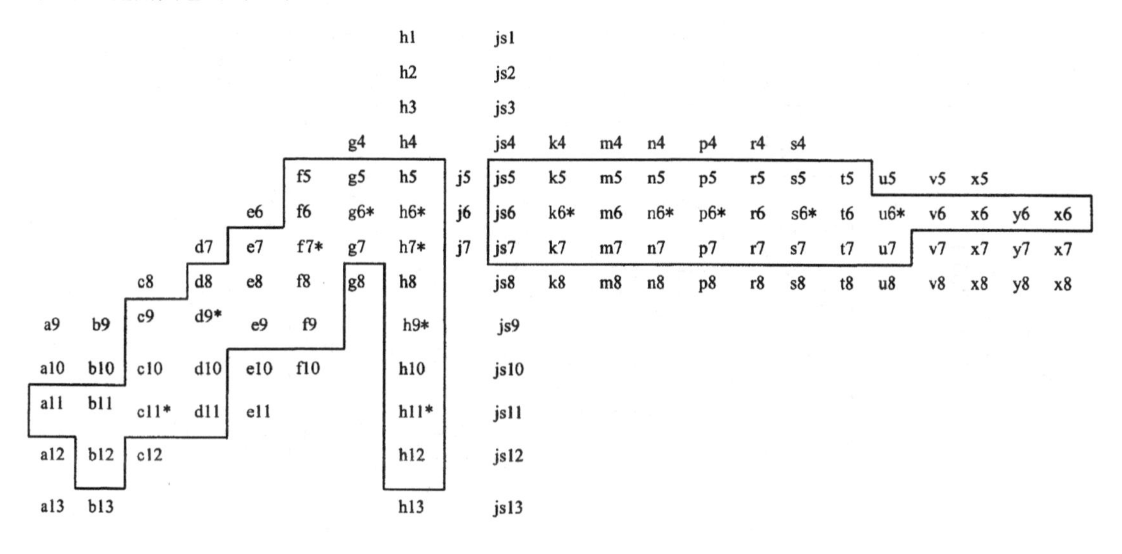

基本尺寸至 500 mm 的孔公差带规定如下，选择时，应优先选用带＊的公差带，其次选用方框中的公差带，最后选用其它的公差带。

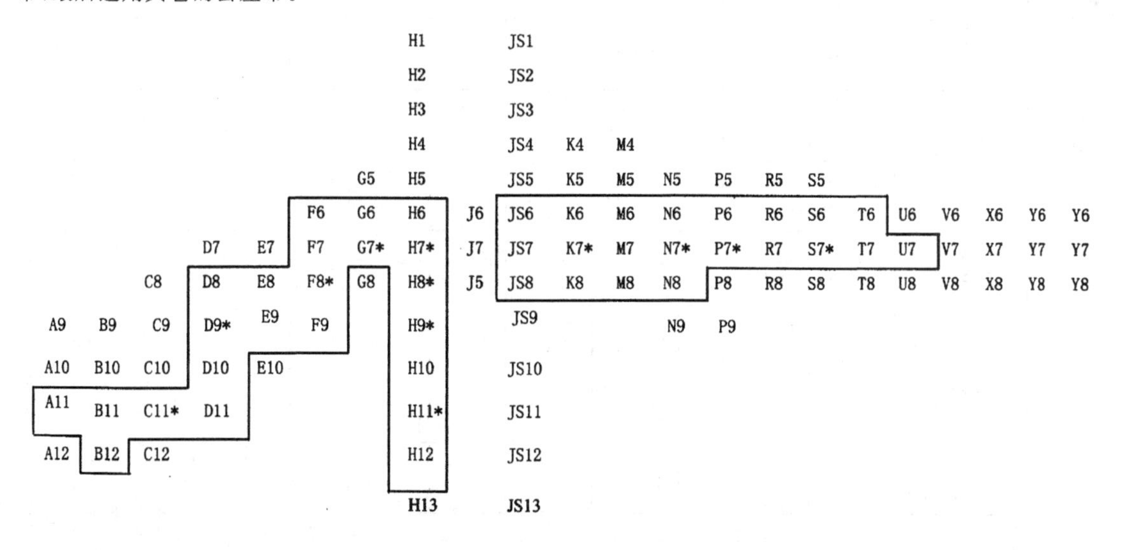

附表 2－2　标准公差数值

基本尺寸 / mm	标准公差等级																			
	μm													mm						
	IT00	IT01	IT1	IT2	IT3	IT4	IT5	IT6	IT7	IT8	IT9	IT10	IT11	IT12	IT13	IT14	IT15	IT16	IT17	IT18
≤3	0.3	0.5	0.8	1.2	2	3	4	6	10	14	25	40	60	0.10	0.14	0.25	0.40	0.60	1.0	1.4
>3～6	0.4	0.6	1	1.5	2.5	4	5	8	12	18	30	48	75	0.12	0.18	0.30	0.48	0.75	1.2	1.8
>6～10	0.4	0.6	1	1.5	2.5	4	6	9	15	22	36	58	90	0.15	0.22	0.36	0.58	0.90	1.5	2.2
>10～18	0.5	0.8	1.2	2	3	5	8	11	18	27	43	70	110	0.18	0.27	0.43	0.70	1.10	1.8	2.7
>18～30	0.6	1	1.5	2.5	4	6	9	13	21	33	52	84	130	0.21	0.33	0.52	0.84	1.30	2.1	3.3
>30～50	0.6	1	1.5	2.5	4	7	11	16	25	39	62	100	160	0.25	0.39	0.62	1.00	1.60	2.5	3.9
>50～80	0.8	1.2	2	3	5	8	13	19	30	46	74	120	190	0.30	0.46	0.74	1.20	1.90	3.0	4.6
>80～120	1	1.5	2.5	4	6	10	15	22	35	54	87	140	220	0.35	0.54	0.87	1.40	2.20	3.5	5.4
>120～180	1.2	2	3.5	5	8	12	18	25	40	63	100	160	250	0.40	0.63	1.00	1.60	2.50	4.0	6.3
>180～250	2	3	4.5	7	10	14	20	29	46	72	115	185	290	0.46	0.72	1.15	1.85	2.90	4.6	7.2
>250～315	2.5	4	6	8	12	16	23	32	52	81	130	210	320	0.52	0.81	1.30	2.10	3.20	5.2	8.1
>315～400	3	5	7	9	13	18	25	36	57	89	140	230	360	0.57	0.89	1.40	2.30	3.60	5.7	8.9
>400～500	4	6	8	10	15	20	27	40	63	97	155	250	400	0.63	0.97	1.55	2.50	4.00	6.3	9.7
>500～630	4.5	6	9	11	16	22	30	44	70	110	175	280	440	0.70	1.10	1.75	2.8	4.4	7.0	11.0
>630～800	5	7	10	13	18	25	35	50	80	125	200	320	500	0.80	1.25	2.00	3.2	5.0	8.0	12.5
>800～1000	5.5	8	11	15	21	29	40	56	90	140	230	360	560	0.90	1.40	2.30	3.6	5.6	9.0	14.0
>1000～1250	6.5	9	13	18	24	34	46	66	105	165	260	420	660	1.05	1.65	2.60	4.2	6.6	10.5	16.5
>1250～1600	8	11	15	21	29	40	54	78	125	195	310	500	780	1.25	1.95	3.10	5.0	7.8	12.5	19.5
>1600～2000	9	13	18	25	35	48	65	92	150	230	370	600	920	1.50	2.30	3.70	6.0	9.2	15.0	23.0
>2000～2500	11	15	22	30	41	57	77	110	175	280	440	700	1100	1.75	2.80	4.40	7.0	11.0	17.5	28.0
>2500～3150	13	18	26	36	50	69	93	135	210	330	540	860	1350	2.10	3.30	5.40	8.6	13.5	21.0	33.0

附表 2-3　基本尺寸至 500 mm 的基孔制优先和常用配合(摘自 GB/T 1801—1999)

基孔制	轴																				
	a	b	c	d	e	f	g	h	js	k	m	n	p	r	s	t	u	v	x	y	z
	间隙配合								过渡配合			过盈配合									
H6						$\frac{H6}{f5}$	$\frac{H6}{g5}$	$\frac{H6}{h5}$	$\frac{H6}{js5}$	$\frac{H6}{k5}$	$\frac{H6}{m5}$	$\frac{H6}{n5}$	$\frac{H6}{p5}$	$\frac{H6}{r5}$	$\frac{H6}{s5}$	$\frac{H6}{t5}$					
H7						$\frac{H7}{f6}$	◤$\frac{H7}{g6}$	◤$\frac{H7}{h6}$	$\frac{H7}{js6}$	◤$\frac{H7}{k6}$	$\frac{H7}{m6}$	◤$\frac{H7}{n6}$	◤$\frac{H7}{p6}$	$\frac{H7}{r6}$	◤$\frac{H7}{s6}$	$\frac{H7}{t6}$	◤$\frac{H7}{u6}$	$\frac{H7}{v6}$	$\frac{H7}{x6}$	$\frac{H7}{y6}$	$\frac{H7}{z6}$
H8					$\frac{H8}{e7}$	◤$\frac{H8}{f7}$	$\frac{H8}{g7}$	◤$\frac{H7}{h7}$	$\frac{H8}{js7}$	$\frac{H8}{k7}$	$\frac{H8}{m7}$	$\frac{H8}{n7}$	$\frac{H8}{p7}$	$\frac{H8}{r7}$	$\frac{H8}{s7}$	$\frac{H8}{t7}$	$\frac{H8}{u7}$				
				$\frac{H8}{d8}$	$\frac{H8}{e8}$	$\frac{H8}{f8}$		$\frac{H8}{h8}$													
H9			$\frac{H9}{c9}$	◤$\frac{H9}{d9}$	$\frac{H9}{e9}$	$\frac{H9}{f9}$		◤$\frac{H9}{h9}$													
H10			$\frac{H10}{c10}$	$\frac{H10}{d10}$				$\frac{H10}{h10}$													
H11	$\frac{H11}{a11}$	$\frac{H11}{b11}$	◤$\frac{H11}{c11}$	$\frac{H11}{d11}$				◤$\frac{H11}{h11}$													
H12		$\frac{H12}{b12}$						$\frac{H12}{h12}$													

注:1. $\frac{H6}{n5}$、$\frac{H7}{p6}$在基本尺寸小于或等于 3 mm 和$\frac{H8}{r7}$在小于或等于 100 mm 时,为过渡配合

2. 标注◤的配合为优先配合

附表 2-4　基本尺寸至 500 mm 的基轴制优先和常用配合(摘自 GB/T1801—1999)

基准轴	孔																				
	A	B	C	D	E	F	G	H	JS	K	M	N	P	R	S	T	U	V	X	Y	Z
	间隙配合								过渡配合			过盈配合									
h5						$\frac{F6}{h5}$	$\frac{G6}{h5}$	$\frac{H6}{h5}$	$\frac{JS6}{h5}$	$\frac{K6}{h5}$	$\frac{M6}{h5}$	$\frac{N6}{h5}$	$\frac{P6}{h5}$	$\frac{R6}{h5}$	$\frac{S6}{h5}$	$\frac{T6}{h5}$					
h6						$\frac{F7}{h6}$	◤$\frac{G7}{g6}$	◤$\frac{H7}{h6}$	◤$\frac{JS7}{h6}$	◤$\frac{K7}{h6}$	$\frac{M7}{h6}$	◤$\frac{N7}{h6}$	◤$\frac{P7}{h6}$	$\frac{R7}{h6}$	◤$\frac{S7}{h6}$	$\frac{T7}{h6}$	◤$\frac{U7}{h6}$				
h7					$\frac{E8}{h7}$	◤$\frac{F8}{h7}$		◤$\frac{H8}{h7}$	$\frac{JS8}{h7}$	$\frac{K8}{h7}$	$\frac{M8}{h7}$	$\frac{N8}{h7}$									
h8				$\frac{D8}{h8}$	$\frac{E8}{h8}$	$\frac{F8}{h8}$		$\frac{H8}{h8}$													
h9				$\frac{D9}{h8}$	$\frac{E9}{h9}$	$\frac{F9}{h9}$		$\frac{H9}{h9}$													
h10				$\frac{D10}{h10}$				$\frac{H10}{h10}$													
h11	$\frac{A11}{h11}$	$\frac{B11}{h11}$	◤$\frac{C11}{h11}$	$\frac{D11}{h11}$				◤$\frac{H11}{h11}$													
h12		$\frac{B12}{h12}$						$\frac{H12}{h12}$													

注:标注◤的配合为优先配合

附表 2－5　优先配合特性及应用举例

基孔制	基轴制	优先配合特性及应用举例
$\frac{H11}{c11}$	$\frac{C11}{h11}$	间隙非常大,用于很松的、转动很慢的动配合,或要求大公差与大间隙的外露组件,或要求装配方便的很松的配合
$\frac{H9}{d9}$	$\frac{D9}{h9}$	间隙很大的自由转动配合,用于精度非主要要求时,或有大的温度变动、高转速或大的轴颈压力时
$\frac{H8}{f7}$	$\frac{F8}{h7}$	间隙不大的转动配合,用于中等转速与中等轴颈压力的精确转动,也用于装配较易的中等定位配合
$\frac{H7}{g6}$	$\frac{G7}{h6}$	间隙很小的滑动配合,用于不希望自由转动,但可自由移动和滑动并精密定位时,也可用于要求明确的定位配合
$\frac{H7}{h6}$ $\frac{H8}{h7}$ $\frac{H9}{h9}$ $\frac{H11}{h11}$	$\frac{H7}{h6}$ $\frac{H8}{h7}$ $\frac{H9}{h9}$ $\frac{H11}{h11}$	均为间隙定位配合,零件可自由装拆,而工作时一般相对静止不动。在最大实体条件下的间隙为零,在最小实体条件下的间隙由公差等级决定
$\frac{H7}{k6}$	$\frac{K7}{h6}$	过渡配合,用于精密定位
$\frac{H7}{n6}$	$\frac{N7}{h6}$	过渡配合,允许有较大过盈的更精密定位
$\frac{H7^*}{p6}$	$\frac{P7}{h6}$	过盈定位配合,即小过盈配合,用于定位精度特别重要时,能以最好的定位精度达到部件的刚性及对中性要求,而对内孔承受压力无特殊要求,不依靠配合的紧固性传递摩擦负荷
$\frac{H7}{s6}$	$\frac{S7}{h6}$	中等压入配合,适用于一般钢件,或用于薄壁件的冷缩配合,用于铸铁件可得到最紧的配合
$\frac{H7}{u6}$	$\frac{U7}{h6}$	压入配合,适用于可以承受大压入力的零件或不宜承受大压入力的冷缩配合

注:基本尺寸小于或等于 3 mm 为过渡配合

附表 2-6　常用及优先轴公差带极限偏差(摘自 GB/T 1800.4—1999)

μm

基本尺寸 / mm		常用及优先公差带(带 * 者为优先公差带)												
		a	b		c			d				e		
大于	至	11	11	12	9	10	11 *	8	9 *	10	11	7	8	9
—	3	−270 −330	−140 −200	−140 −240	−60 −85	−60 −100	−60 −120	−20 −34	−20 −45	−20 −60	−20 −80	−14 −24	−14 −28	−14 −39
3	6	−270 −345	−140 −215	−140 −260	−70 −100	−70 −118	−70 −145	−30 −48	−30 −60	−30 −78	−30 −105	−20 −32	−20 −38	−20 −50
6	10	−280 −370	−150 −240	−150 −300	−80 −116	−80 −138	−80 −170	−40 −62	−40 −76	−40 −98	−40 −130	−25 −40	−25 −47	−25 −61
10	14	−290 −400	−150 −260	−150 −330	−95 −138	−95 −165	−95 −205	−50 −77	−50 −93	−50 −120	−50 −160	−32 −50	−32 −59	−32 −75
14	18													
18	24	−300 −430	−160 −290	−160 −370	−110 −162	−110 −194	−110 −240	−65 −98	−65 −117	−65 −149	−65 −195	−40 −61	−40 −73	−40 −92
24	30													
30	40	−310 −470	−170 −330	−170 −420	−120 −182	−120 −220	−120 −280	−80 −119	−80 −142	−80 −180	−80 −240	−50 −75	−50 −89	−50 −112
40	50	−320 −480	−180 −340	−180 −430	−130 −192	−130 −230	−130 −290							
50	65	−340 −530	−190 −380	−190 −490	−140 −214	−140 −260	−140 −330	−100 −146	−100 −174	−100 −220	−100 −290	−60 −90	−60 −106	−60 −134
65	80	−360 −550	−200 −390	−200 −500	−150 −224	−150 −270	−150 −340							
80	100	−380 −600	−220 −440	−220 −570	−170 −257	−170 −310	−170 −390	−120 −174	−120 −207	−120 −260	−120 −340	−72 −107	−72 −126	−72 −159
100	120	−410 −630	−240 −460	−240 −590	−180 −267	−180 −320	−180 −400							
120	140	−460 −710	−260 −510	−260 −660	−200 −300	−200 −360	−200 −450	−145 −208	−145 −245	−145 −305	−145 −395	−85 −125	−85 −148	−85 −185
140	160	−520 −770	−280 −530	−280 −680	−210 −310	−210 −370	−210 −460							
160	180	−580 −830	−310 −560	−310 −710	−230 −330	−230 −390	−230 −480							
180	200	−660 −950	−340 −630	−340 −800	−240 −355	−240 −425	−240 −530	−170 −242	−170 −285	−170 −355	−170 −460	−100 −146	−100 −172	−100 −215
200	225	−740 −1030	−380 −670	−380 −840	−260 −375	−260 −445	−260 −550							
225	250	−820 −1110	−420 −710	−420 −880	−280 −395	−280 −465	−280 −570							
250	280	−920 −1240	−480 −800	−480 −1000	−300 −430	−300 −510	−300 −620	−190 −271	−190 −320	−190 −400	−190 −510	−110 −162	−110 −191	−110 −240
280	315	−1050 −1370	−540 −860	−540 −1060	−330 −460	−330 −540	−330 −650							
315	355	−1200 −1560	−600 −960	−600 −1170	−360 −500	−360 −590	−360 −720	−210 −299	−210 −350	−210 −440	−210 −570	−125 −182	−125 −214	−125 −265
355	400	−1350 −1710	−680 −1040	−680 −1250	−400 −540	−400 −630	−400 −760							
400	450	−1500 −1900	−760 −1160	−760 −1390	−440 −590	−440 −690	−440 −840	−230 −327	−230 −385	−230 −480	−230 −630	−135 −198	−135 −232	−135 −290
450	500	−1650 −2050	−840 −1240	−840 −1470	−480 −635	−480 −730	−480 −880							

注:基本尺寸小于 1 mm 时,各级的 a 和 b 均不采用。

附表 2-6(续 1)　常用及优先轴公差带极限偏差　μm

基本尺寸/mm		常用及优先公差带（带 * 者为优先公差带）															
		f					g			h							
大于	至	5	6	7 *	8	9	5	6 *	7	5	6 *	7 *	8	9 *	10	11 *	12
—	3	−6 −10	−6 −12	−6 −16	−6 −20	−6 −31	−2 −6	−2 −8	−2 −12	0 −4	0 −6	0 −10	0 −14	0 −25	0 −40	0 −60	0 −100
3	6	−10 −15	−10 −18	−10 −22	−10 −28	−10 −40	−4 −9	−4 −12	−4 −16	0 −5	0 −8	0 −12	0 −18	0 −30	0 −48	0 −75	0 −120
6	10	−13 −19	−13 −22	−13 −28	−13 −35	−13 −49	−5 −11	−5 −14	−5 −20	0 −6	0 −9	0 −15	0 −22	0 −36	0 −58	0 −90	0 −150
10 14	14 18	−16 −24	−16 −27	−16 −34	−16 −43	−16 −59	−6 −14	−6 −17	−6 −24	0 −8	0 −11	0 −18	0 −27	0 −43	0 −70	0 −110	0 −180
18 24	24 30	−20 −29	−20 −33	−20 −41	−20 −53	−20 −72	−7 −16	−7 −20	−7 −28	0 −9	0 −13	0 −21	0 −33	0 −52	0 −84	0 −130	0 −210
30 40	40 50	−25 −36	−25 −41	−25 −50	−25 −64	−25 −87	−9 −20	−9 −25	−9 −34	0 −11	0 −16	0 −25	0 −39	0 −62	0 −100	0 −160	0 −250
50 65	65 80	−30 −43	−30 −49	−30 −60	−30 −76	−30 −104	−10 −23	−10 −29	−10 −40	0 −13	0 −19	0 −30	0 −46	0 −74	0 −120	0 −190	0 −300
80 100	100 120	−36 −51	−36 −58	−36 −71	−36 −90	−36 −123	−12 −27	−12 −34	−12 −47	0 −15	0 −22	0 −35	0 −54	0 −87	0 −140	0 −220	0 −350
120 140 160	140 160 180	−43 −61	−43 −68	−43 −83	−43 −106	−43 −143	−14 −32	−14 −39	−14 −54	0 −18	0 −25	0 −40	0 −63	0 −100	0 −160	0 −250	0 −400
180 200 225	200 225 250	−50 −70	−50 −79	−50 −96	−50 −122	−50 −165	−15 −35	−15 −44	−15 −61	0 −20	0 −29	0 −46	0 −72	0 −115	0 −185	0 −290	0 −460
250 280	280 315	−56 −79	−56 −88	−56 −108	−56 −137	−56 −186	−17 −40	−17 −49	−17 −69	0 −23	0 −32	0 −52	0 −81	0 −130	0 −210	0 −320	0 −520
315 355	355 400	−62 −87	−62 −98	−62 −119	−62 −151	−62 −202	−18 −43	−18 −54	−18 −75	0 −25	0 −36	0 −57	0 −89	0 −140	0 −230	0 −360	0 −570
400 450	450 500	−68 −95	−68 −108	−68 −131	−68 −165	−68 −223	−20 −47	−20 −60	−20 −83	0 −27	0 −40	0 −63	0 −97	0 −155	0 −250	0 −400	0 −630

附表 2-6(续 2) 常用及优先轴公差带极限偏差 μm

基本尺寸 / mm		常用及优先公差带（带 * 者为优先公差带）															
		js			k			m			n			p			r
大于	至	5	6	7	5	6 *	7	5	6	7	5	6 *	7	5	6 *	7	5
—	3	±2	±3	±5	+4 0	+6 0	+10 0	+6 +2	+8 +2	+12 +2	+8 +4	+10 +4	+14 +4	+10 +6	+12 +6	+16 +6	+14 +10
3	6	±2.5	±4	±6	+6 +1	+9 +1	+13 +1	+9 +4	+12 +4	+16 +4	+13 +8	+16 +8	+20 +8	+17 +12	+20 +12	+24 +12	+20 +15
6	10	±3	±4.5	±7	+7 +1	+10 +1	+16 +1	+12 +6	+15 +6	+21 +6	+16 +10	+19 +10	+25 +10	+21 +15	+24 +15	+30 +15	+25 +19
10	14	±4	±5.5	±9	+9 +1	+12 +1	+19 +1	+15 +7	+18 +7	+25 +7	+20 +12	+23 +12	+30 +12	+26 +18	+29 +18	+36 +18	+31 +23
14	18																
18	24	±4.5	±6.5	±10	+11 +2	+15 +2	+23 +2	+17 +8	+21 +8	+29 +8	+24 +15	+28 +15	+36 +15	+31 +22	+35 +22	+43 +22	+37 +28
24	30																
30	40	±5.5	±8	±12	+13 +2	+18 +2	+27 +2	+20 +9	+25 +9	+34 +9	+28 +17	+33 +17	+42 +17	+37 +26	+42 +26	+51 +26	+45 +34
40	50																
50	65	±6.5	±9.5	±15	+15 +2	+21 +2	+32 +2	+24 +11	+30 +11	+41 +11	+33 +20	+39 +20	+50 +20	+45 +32	+51 +32	+62 +32	+54 +41
65	80																+56 +43
80	100	±7.5	±11	±17	+18 +3	+25 +3	+38 +3	+28 +13	+35 +13	+48 +13	+38 +23	+45 +23	+58 +23	+52 +37	+59 +37	+72 +37	+66 +51
100	120																+69 +54
120	140	±9	±12.5	±20	+21 +3	+28 +3	+43 +3	+33 +15	+40 +15	+55 +15	+45 +27	+52 +27	+67 +27	+61 +43	+68 +43	+83 +43	+81 +63
140	160																+83 +65
160	180																+86 +88
180	200	±10	±14.5	±23	+24 +4	+33 +4	+50 +4	+37 +17	+46 +17	+63 +17	+54 +31	+60 +31	+77 +31	+70 +50	+79 +50	+96 +50	+97 +77
200	225																+100 +80
225	250																+104 +84
250	280	±11.5	±16	±26	+27 +4	+36 +4	+56 +4	+43 +20	+52 +20	+72 +20	+57 +34	+66 +34	+86 +34	+79 +56	+88 +56	+108 +56	+117 +94
280	315																+121 +98
315	355	±12.5	±18	±28	+29 +4	+40 +4	+61 +4	+46 +21	+57 +21	+78 +21	+62 +37	+73 +37	+94 +37	+87 +62	+98 +62	+119 +62	+133 +108
355	400																+139 +114
400	450	±13.5	±20	±31	+32 +5	+45 +5	+68 +5	+50 +23	+63 +23	+86 +23	+67 +40	+80 +40	+103 +40	+95 +68	+108 +68	+131 +68	+153 +126
450	500																+159 +132

附表 2-6(续 3)　常用及优先轴公差带极限偏差　μm

基本尺寸/mm		常用及优先公差带(带 * 者为优先公差带)													
		r		s			t			u		v	x	y	z
大于	至	6	7	5	6 *	7	5	6	7	6 *	7	6	6	6	6
—	3	+16 +10	+20 +10	+18 +14	+20 +14	+24 +14	—	—	—	+24 +18	+28 +18	—	+26 +20	—	+32 +26
3	6	+23 +15	+27 +15	+24 +19	+27 +19	+31 +19	—	—	—	+31 +23	+35 +23	—	+36 +28	—	+43 +35
6	10	+28 +19	+34 +19	+29 +23	+32 +23	+38 +23	—	—	—	+37 +28	+43 +28	—	+43 +34	—	+51 +42
10	14	+34 +23	+41 +23	+36 +28	+39 +28	+46 +28	—	—	—	+44 +33	+51 +33	—	+51 +40	—	+61 +50
14	18						—	—	—			+50 +39	+56 +45	—	+71 +60
18	24	+41 +28	+49 +28	+44 +35	+48 +35	+56 +35	—	—	—	+54 +41	+62 +41	+60 +47	+67 +54	+76 +63	+86 +73
24	30						+50 +41	+54 +41	+62 +41	+61 +43	+69 +48	+68 +55	+77 +64	+88 +75	+101 +88
30	40	+50 +34	+59 +34	+54 +43	+59 +43	+68 +43	+59 +48	+64 +48	+73 +48	+76 +60	+85 +60	+84 +68	+96 +80	+110 +94	+128 +112
40	50						+65 +54	+70 +54	+79 +54	+86 +70	+95 +70	+97 +81	+113 +97	+130 +114	+152 +136
50	65	+60 +41	+71 +41	+66 +53	+72 +53	+83 +53	+79 +66	+85 +66	+96 +66	+106 +87	+117 +87	+121 +102	+141 +122	+163 +144	+191 +172
65	80	+62 +43	+73 +43	+72 +59	+78 +59	+89 +59	+88 +75	+94 +75	+105 +75	+121 +102	+132 +102	+139 +120	+165 +146	+193 +174	+229 +210
80	100	+73 +51	+86 +51	+86 +71	+93 +71	+106 +71	+106 +91	+113 +91	+126 +91	+146 +124	+159 +124	+168 +146	+200 +178	+236 +214	+280 +258
100	120	+76 +54	+89 +54	+94 +79	+101 +79	+114 +79	+110 +104	+126 +104	+139 +104	+166 +144	+179 +144	+194 +172	+232 +210	+276 +254	+332 +310
120	140	+88 +63	+103 +63	+110 +92	+117 +92	+132 +92	+140 +122	+147 +122	+162 +122	+195 +170	+210 +170	+227 +202	+273 +248	+325 +300	+390 +365
140	160	+90 +65	+105 +65	+118 +100	+125 +100	+140 +100	+152 +134	+159 +134	+174 +134	+215 +190	+230 +190	+253 +228	+305 +280	+365 +340	+440 +415
160	180	+93 +68	+108 +68	+126 +108	+133 +108	+148 +108	+164 +146	+171 +146	+186 +146	+235 +210	+250 +210	+277 +252	+335 +310	+405 +380	+490 +465
180	200	+106 +77	+123 +77	+142 +122	+151 +122	+168 +122	+186 +166	+195 +166	+212 +166	+265 +236	+282 +236	+313 +284	+379 +350	+454 +425	+549 +520
200	225	+109 +80	+126 +80	+150 +130	+159 +130	+176 +130	+200 +180	+209 +180	+226 +180	+287 +258	+304 +258	+339 +310	+414 +385	+499 +470	+604 +575
225	250	+113 +84	+130 +84	+160 +140	+169 +140	+186 +140	+216 +196	+225 +196	+242 +196	+313 +284	+330 +284	+369 +340	+454 +425	+549 +520	+669 +640
250	280	+126 +94	+146 +94	+181 +158	+290 +158	+210 +158	+241 +218	+250 +218	+270 +218	+347 +315	+367 +315	+417 +385	+507 +475	+612 +580	+742 +710
280	315	+130 +98	+150 +98	+193 +170	+202 +170	+222 +170	+263 +240	+272 +240	+292 +240	+382 +350	+402 +350	+457 +425	+557 +525	+682 +650	+322 +790
315	355	+144 +108	+165 +108	+215 +190	+226 +190	+247 +190	+293 +268	+304 +268	+325 +268	+426 +390	+447 +390	+511 +475	+626 +590	+766 +730	+936 +900
355	400	+150 +114	+171 +114	+233 +208	+244 +208	+265 +208	+319 +294	+330 +294	+351 +294	+471 +435	+492 +435	+566 +530	+696 +660	+856 +820	+1036 +1000
400	450	+166 +126	+189 +126	+259 +232	+272 +232	+295 +232	+357 +330	+370 +330	+393 +330	+530 +490	+553 +490	+635 +595	+780 +740	+960 +920	+1140 +1100
450	500	+172 +132	+195 +132	+279 +252	+292 +252	+315 +252	+387 +360	+400 +360	+423 +360	+580 +540	+603 +540	+700 +660	+860 +820	+1040 +1000	+1290 +1250

附表 2－7　常用及优先孔公差带的极限偏差(摘自 GB/T1800.4—1999)　μm

基本尺寸 / mm		常用及优先公差带（带 * 者为优先公差带）													
		A	B		C	D				E		F			
大于	至	11	11	12	11 *	8	9 *	10	11	8	9	6	7	8 *	9
—	3	+330 +270	+200 +140	+240 +140	+120 +60	+34 +20	+45 +20	+60 +20	+80 +20	+28 +14	+39 +14	+12 +6	+16 +6	+20 +6	+31 +6
3	6	+345 +270	+215 +140	+260 +140	+145 +70	+48 +30	+60 +30	+78 +30	+105 +30	+38 +20	+50 +20	+18 +10	+22 +10	+28 +10	+40 +10
6	10	+370 +280	+240 +150	+300 +150	+170 +80	+62 +40	+76 +40	+98 +40	+130 +40	+47 +25	+61 +25	+22 +13	+28 +13	+35 +13	+49 +13
10	14	+400 +290	+260 +150	+330 +150	+205 +95	+77 +50	+93 +50	+120 +50	+160 +50	+59 +32	+75 +32	+27 +16	+34 +16	+43 +16	+59 +16
14	18														
18	24	+430 +300	+290 +160	+370 +160	+240 +110	+98 +65	+117 +65	+149 +65	+195 +65	+73 +40	+92 +40	+33 +20	+41 +20	+53 +20	+72 +20
24	30														
30	40	+470 +310	+330 +170	+420 +170	+280 +120	+119 +80	+142 +80	+180 +80	+240 +80	+89 +50	+112 +50	+41 +25	+50 +25	+64 +25	+87 +25
40	50	+480 +320	+340 +180	+430 +180	+290 +130										
50	65	+530 +340	+380 +190	+490 +190	+330 +140	+146 +100	+170 +100	+220 +100	+290 +100	+106 +60	+134 +60	+49 +30	+60 +30	+76 +30	+104 +30
65	80	+550 +360	+390 +200	+500 +200	+340 +150										
80	100	+600 +380	+440 +220	+570 +220	+390 +170	+174 +120	+207 +120	+260 +120	+340 +120	+126 +72	+159 +72	+58 +36	+71 +36	+90 +36	+123 +36
100	120	+630 +410	+460 +240	+590 +240	+400 +180										
120	140	+710 +460	+510 +260	+660 +260	+450 +200	+208 +145	+245 +145	+305 +145	+395 +145	+148 +85	+185 +85	+68 +43	+83 +43	+106 +43	+143 +43
140	160	+770 +520	+530 +280	+680 +280	+460 +210										
160	180	+830 +580	+560 +310	+710 +310	+480 +230										
180	200	+950 +660	+630 +340	+800 +340	+530 +240	+242 +170	+285 +170	+355 +170	+460 +170	+172 +100	+215 +100	+79 +50	+96 +50	+122 +50	+165 +50
200	225	+1030 +740	+670 +380	+840 +380	+550 +260										
225	250	+1110 +820	+710 +420	+880 +420	+570 +280										
250	280	+1240 +920	+800 +480	+1000 +480	+620 +300	+271 +190	+320 +190	+400 +190	+510 +190	+191 +110	+240 +110	+88 +56	+108 +56	+137 +56	+186 +56
280	315	+1370 +1050	+860 +540	+1060 +540	+650 +330										
315	355	+1560 +1200	+960 +600	+1170 +600	+720 +360	+299 +210	+350 +210	+440 +210	+570 +210	+214 +125	+265 +125	+98 +62	+119 +62	+151 +62	+202 +62
355	400	+1710 +1350	+1040 +680	+1250 +680	+760 +400										
400	450	+1900 +1500	+1160 +760	+1390 +760	+840 +440	+327 +230	+385 +230	+480 +230	+630 +230	+232 +135	+290 +135	+108 +68	+131 +68	+165 +68	+223 +68
450	500	+2050 +1650	+1240 +840	+1470 +840	+880 +480										

注:基本尺寸小于 1 mm 时,各级的 A 和 B 均不采用。

附表 2-7(续 1)　常用及优先孔公差带的极限偏差 μm

基本尺寸/mm		常用及优先公差带（带 * 者为优先公差带）																	
		G		H							Js			K			M		
大于	至	6	7 *	6	7 *	8 *	9 *	10	11 *	12	6	7	8	6	7 *	8	6	7	8
—	3	+8 +2	+12 +2	+6 0	+10 0	+14 0	+25 0	+40 0	+60 0	+100 0	±3	±5	±7	0 −6	0 −10	0 −14	−2 −8	−2 −12	−2 −16
3	6	+12 +4	+16 +4	+8 0	+12 0	+18 0	+30 0	+48 0	+75 0	+120 0	±4	±6	±9	+2 −6	+3 −9	+5 −13	−1 −9	0 −12	+2 −16
6	10	+14 +5	+20 +5	+9 0	+15 0	+22 0	+36 0	+58 0	+90 0	+150 0	±4.5	±7	±11	+2 −7	+5 −10	+6 −16	−3 −12	0 −15	+1 −21
10 14	14 18	+17 +6	+24 +6	+11 0	+18 0	+27 0	+43 0	+70 0	+110 0	+180 0	±5.5	±9	±13	+2 −9	+6 −12	+8 −19	−4 −15	0 −18	+2 −25
18 24	24 30	+20 +7	+28 +7	+13 0	+21 0	+33 0	+52 0	+84 0	+130 0	+210 0	±6.5	±10	±16	+2 −11	+6 −15	+10 −23	−4 −17	0 −21	+4 −29
30 40	40 50	+25 +9	+34 +9	+16 0	+25 0	+39 0	+62 0	+100 0	+160 0	+250 0	±8	±12	±19	+3 −13	+7 −18	+12 −27	−4 −20	0 −25	+5 −34
50 65	65 80	+29 +10	+40 +10	+19 0	+30 0	+46 0	+74 0	+120 0	+190 0	+300 0	±9.5	±15	±23	+4 −15	+9 −21	+14 −32	−5 −24	0 −30	+5 −41
80 100	100 120	+34 +12	+47 +12	+22 0	+35 0	+54 0	+87 0	+140 0	+220 0	+350 0	±11	±17	±27	+4 −18	+10 −25	+16 −38	−6 −28	0 −35	+6 −48
120 140 160	140 160 180	+39 +14	+54 +14	+25 0	+40 0	+63 0	+100 0	+160 0	+250 0	+400 0	±12.5	±20	±31	+4 −21	+12 −28	+20 −43	−8 −33	0 −40	+8 −55
180 200 225	200 225 250	+44 +15	+61 +15	+29 0	+46 0	+72 0	+115 0	+185 0	+290 0	+460 0	±14.5	±23	±36	+5 −24	+13 −33	+22 −50	−8 −37	0 −46	+9 −63
250 280	280 315	+49 +17	+69 +17	+32 0	+52 0	+81 0	+130 0	+210 0	+320 0	+520 0	±16	±26	±40	+5 −27	+16 −36	+25 −56	−9 −41	0 −52	+9 −72
315 355	355 400	+54 +18	+75 +18	+36 0	+57 0	+89 0	+140 0	+230 0	+360 0	+570 0	±18	±28	±44	+7 −29	+17 −40	+28 −61	−10 −46	0 −57	+11 −78
400 450	450 500	+60 +20	+83 +20	+40 0	+63 0	+97 0	+155 0	+250 0	+400 0	+630 0	±20	±31	±48	+8 −32	+18 −45	+29 −68	−10 −50	0 −63	+11 −86

附表 2-7(续 2) 常用及优先孔公差带的极限偏差 μm

基本尺寸 / mm		常用及优先公差带（带 * 者为优先公差带）											
		N			P		R		S		T		U
大于	至	6	7 *	8	6	7 *	6	7	6	7 *	6	7	7 *
—	3	−4 −10	−4 −14	−4 −18	−6 −12	−6 −16	−10 −16	−10 −20	−14 −20	−14 −24	—	—	−18 −28
3	6	−5 −13	−4 −16	−2 −20	−9 −17	−8 −20	−12 −20	−11 −23	−16 −24	−15 −27	—	—	−19 −31
6	10	−7 −16	−4 −19	−3 −25	−12 −21	−9 −24	−16 −25	−13 −28	−20 −29	−17 −32	—	—	−22 −37
10	14	−9 −20	−5 −23	−3 −30	−15 −26	−11 −29	−20 −31	−16 −34	−25 −36	−21 −39	—	—	−26 −44
14	18												
18	24	−11 −24	−7 −28	−3 −36	−18 −31	−14 −35	−24 −37	−20 −41	−31 −44	−27 −48	—	—	−33 −54
24	30										−37 −50	−33 −54	−40 −61
30	40	−12 −28	−8 −33	−3 −42	−21 −37	−17 −42	−29 −45	−25 −50	−38 −54	−34 −59	−43 −59	−39 −64	−51 −76
40	50										−49 −65	−45 −70	−61 −86
50	65	−14 −33	−9 −39	−4 −50	−26 −45	−21 −51	−35 −54	−30 −60	−47 −66	−42 −72	−60 −79	−55 −85	−76 −106
65	80						−37 −56	−32 −62	−53 −72	−48 −78	−69 −88	−64 −94	−91 −121
80	100	−16 −38	−10 −45	−4 −58	−30 −52	−24 −59	−44 −66	−38 −73	−64 −86	−58 −93	−84 −106	−78 −113	−111 −146
100	120						−47 −69	−41 −76	−72 −94	−66 −101	−97 −119	−91 −126	−131 −166
120	140	−20 −45	−12 −52	−4 −67	−36 −61	−28 −68	−56 −81	−48 −88	−85 −110	−77 −117	−115 −140	−107 −147	−155 −195
140	160						−58 −83	−50 −90	−93 −118	−85 −125	−127 −152	−119 −159	−175 −215
160	180						−61 −86	−53 −93	−101 −126	−93 −133	−139 −164	−131 −171	−195 −235
180	200	−22 −51	−14 −60	−5 −77	−41 −70	−33 −79	−68 −97	−60 −106	−113 −142	−105 −151	−157 −186	−149 −195	−219 −265
200	225						−71 −100	−63 −109	−121 −150	−113 −159	−171 −200	−163 −209	−241 −287
225	250						−75 −104	−67 −113	−131 −160	−123 −169	−187 −216	−179 −225	−267 −313
250	280	−25 −57	−14 −66	−5 −86	−47 −79	−36 −88	−85 −117	−74 −126	−149 −181	−138 −190	−209 −241	−198 −250	−295 −347
280	315						−89 −121	−78 −130	−161 −193	−150 −202	−231 −263	−220 −272	−330 −382
315	355	−26 −62	−16 −73	−5 −94	−51 −87	−41 −98	−97 −133	−87 −114	−179 −215	−169 −226	−257 −293	−247 −304	−369 −426
355	400						−103 −139	−93 −150	−197 −233	−187 −244	−283 −319	−273 −330	−414 −471
400	450	−27 −67	−17 −80	−6 −103	−55 −95	−45 −108	−113 −153	−103 −166	−219 −259	−209 −272	−317 −357	−307 −370	−467 −530
450	500						−119 −159	−109 −172	−239 −279	−229 −292	−347 −387	−337 −400	−517 −580

附录3　常用材料及热处理

附表3-1　铸铁

标准	名称	牌号	应用举例	说　明
GB/T 9439—1988	灰铸铁	HT100 HT150	用于低强度铸件，如盖、手轮、支架等 用于中强度铸件，如底座、刀架、轴承座、胶带轮、端盖等	“HT”表示灰铸铁，后面的数字表示抗拉强度值(N/mm²)
		HT 200 HT 250	用于高强度铸件，如床身、机座、齿轮、凸轮、汽缸泵体、联轴器等	
		HT 300 HT 350	用于高强度耐磨铸件，如齿轮、凸轮、重载荷床身、高压泵、阀壳体、锻模、冷冲压模等	
GB/T 1348—1988	球墨铸铁	QT800—2 QT700—2 QT600—2	具有较高强度，但塑性低，用于曲轴、凸轮轴、齿轮、汽缸、缸套、轧辊、水泵轴、活塞环、摩擦片等零件	“QT”表示球墨铸铁，其后第一组数字表示抗拉强度值(N/mm²)，第二组数字表示延伸率(%)
		QT500—5 QT420—10 QT400—17	具有较高的塑性和适当的强度，用于承受冲击负荷的零件	
GB/T 9440—1988	可锻铸铁	KTH 300—06 KTH 300—08 * KTH 350—10 KTH 370—12 *	黑心可锻铸铁，用于承受冲击振动的零件：汽车、拖拉机、农机铸件	“KT”表示可锻铸铁，“H”表示黑心，“B”表示白心，第一组数字表示抗拉强度值(N/mm²)，第二组数字表示延伸率(%) KTH 300—06 使用于气密性零件 有 * 号者为推荐牌号
		KTB 350—04 KTB 380—12 KTB 400—05 KTB 450—07	白心可锻铸铁，韧性较低，但强度高，耐磨性、加工性好。可代替低、中碳钢及低合金钢的重要零件，如曲轴、连杆、机床附件等	

附表 3-2　钢

标准	名称	牌号	应用举例	说　明
GB/T 700—1988	普通碳素结构钢	Q215　A级 B级	金属结构件、拉杆、套圈、铆钉、螺栓、短轴、心轴、凸轮(载荷不大的)、垫圈;渗碳零件及焊接件	“Q”为碳素结构钢屈服点。“屈”字的汉语拼音首位字母,后面数字表示屈服点数值。如Q235表示碳素结构钢屈服点为235 N/mm^2 新旧牌号对照: Q215—A2(A2F) Q235—A3 Q275—A5
		Q235　A级 B级 C级 D级	金属结构件,心部强度要求不高的渗碳或氰化零件,吊钩、拉杆、套圈、汽缸、齿轮、螺栓、螺母、连杆、轮轴、楔、盖及焊接件	
		Q275	轴、轴销、刹车杆、螺母、螺栓、垫圈、连杆、齿轮以及其它强度较高的零件	
GB/T 699—1988	优质碳素结构钢	08F 10 15 20 25 30 35 40 45 50 55 60 65	可塑性要求高的零件,如管子、垫圈、渗碳件、氰化件等; 拉杆、卡头、垫圈、焊件; 渗碳件、紧固件、冲模锻件、化工储器; 杠杆、轴套、钩、螺钉、渗碳件与氰化件; 轴、棍子、连接器,紧固件中的螺栓、螺母; 曲轴、转轴、轴销、连杆、横梁、星轮; 曲轴、摇杆、拉杆、键、销、螺栓; 齿轮、齿条、链轮、凸轮、轧辊、曲柄轴; 齿轮、轴、联轴器、衬套、活塞销、链轮; 活塞杆、轮轴、齿轮、不重要的弹簧; 齿轮、连杆、扁弹簧、轧辊、偏心轮、轮圈、轮缘; 偏心轮、弹簧圈、垫圈、调整片、偏心轴等; 叶片弹簧、螺旋弹簧	牌号的两位数字表示平均含碳量,称碳的质量分数,45钢即表示碳的质量分数为0.45%,表示平均含碳量为0.45% 碳的质量分数≤0.25%的碳钢属低碳钢(渗碳钢); 碳的质量分数在0.25%~0.6%之间的碳钢属中碳钢(调质钢); 碳的质量分数≥0.6%的碳钢属高碳钢; 在牌号后加符号“F”表示沸腾钢
		15Mn 20Mn 30Mn 40Mn 45Mn 50Mn 60Mn 65Mn	活塞销、凸轮轴、拉杆、铰链、焊管、钢板; 螺栓、传动螺杆、制动板、传动装置、转换拨叉; 方向联轴器、分配轴、曲轴、高强度螺栓、螺母;滑动滚子轴; 承受磨损零件、摩擦片、转动滚子、齿轮、凸轮; 弹簧、发条; 弹簧环、弹簧垫圈	锰的质量分数较高的钢,需加注化学元素符号“Mn”

附表 3-3 钢

标准	名称	牌号	应用举例	说 明
GB/T 3077—1988	铬钢	15Cr 20Cr 30Cr 40Cr 45Cr 50Cr	渗碳齿轮、凸轮、活塞销、离合器； 较重要的渗碳件； 重要的调质零件，如轮轴、齿轮、摇杆、螺栓等； 较重要的调质零件，如齿轮、进气阀、棍子、轴等； 强度及耐磨性高的轴、齿轮、螺栓等； 重要的轴、齿轮、螺旋弹簧、止推环	钢中加入一定量的合金元素，提高了钢的力学性能和耐磨性，也提高了钢在热处理时的淬透性，保证金属在较大截面上获得好的力学性能 铬钢、铬锰钢和铬锰钛钢都是常用的合金结构钢（GB/T 3077—1988）
	铬锰钢	15CrMn 20CrMn 40CrMn	垫圈、汽封套筒、齿轮、滑键拉钩、齿杆、偏心轮； 轴、轮轴、连杆、曲柄轴及其他高耐磨零件； 轴、齿轮	
	铬锰钛钢	18CrMnTi 30CrMnTi 40CrMnTi	汽车上重要渗碳件，如齿轮等 汽车、拖拉机上强度特高的渗碳齿轮 强度高、耐磨性高的大齿轮、主轴等	
GB/T 1298—1986	碳素工具钢	T7 T7A	能承受震动和冲击的工具，硬度适中时有较大的韧性。用于制造凿子、钻软岩石的钻头、冲击式打眼机钻头、大锤等	用“碳”或“T”后附以平均含碳量的千分数表示，有T7～T13。高级优质碳素工具钢需在牌号后加注“A”。平均含碳量约为0.7%～1.3%
		T8 T8A	有足够的韧性和较高的硬度，用于制造能承受震动的工具，如钻中等硬度岩石的钻头、简单模子、冲头等	
GB/T 11352—1989	一般工程用铸造碳钢	ZG20—400 ZG230—450 ZG270—500 ZG310—570 ZG340—640	各种形状的机件，如机座、箱壳； 铸造平坦的零件，如机座、机盖、箱体、铁砧台，工作温度在450℃以下的管路附件等，焊接性良好； 各种形状的铸件，如飞机、机架、联轴器等，焊接性能尚可； 各种形状的机件，如齿轮、齿圆、重负荷机架等； 起重、运输机中的齿轮、联轴器等重要的机件	ZG230—450表示工程用铸钢，屈服点为230 N/mm^2，抗拉强度为450 N/mm^2

注：1. 钢随着平均含碳量的上升，抗拉强度、硬度增加，延伸率降低。

2. 在GB/T 5613—1985中铸钢用“ZG”后跟名义万分碳含量表示，如ZG25、ZG45等。

附表 3－4　有色金属及其合金

<table>
<tr><th>合金牌号</th><th>合金名称
（或代号）</th><th>铸造
方法</th><th>应用举例</th><th>说明</th></tr>
<tr><td colspan="5">普通黄铜（GB/T 5232—1985）及铸造铜合金（GB/T 1176—1987）</td></tr>
<tr><td>H62</td><td>普通黄铜</td><td></td><td>散热器、垫圈、弹簧、各种网、螺钉等</td><td>H 表示黄铜，后面数字表示平均含铜量的百分数</td></tr>
<tr><td>ZCuSn5Pb5Zn5</td><td>5－5－5
锡青铜</td><td>S、J
Li、La</td><td>较高负荷、中速下工作的耐磨耐蚀件，如轴瓦、衬套、缸套及蜗轮等</td><td rowspan="10">“Z”为铸造汉语拼音的首位字母、各化学元素后面的数字表示该元素含量的百分数</td></tr>
<tr><td>ZCuSn10P1</td><td>10－1
锡青铜</td><td>S、J
Li、La</td><td>高负荷（20 MPa 以下）和高滑动速度（8 m/s）下工作的耐磨件，如连杆、衬套、轴瓦、蜗轮等</td></tr>
<tr><td>ZCuSn10Pb5</td><td>10－5
锡青铜</td><td>S
J</td><td>耐蚀、耐酸件及破碎机衬套、轴瓦等</td></tr>
<tr><td>ZCuPb17Sn4Zn4</td><td>17－4－4
铅青铜</td><td>S
J</td><td>一般耐磨件、轴承等</td></tr>
<tr><td>ZCuAl10Fe3</td><td>10－3
铝青铜</td><td>S、J
Li、La</td><td rowspan="2">要求强度高、耐磨、耐蚀的零件，如轴套、螺母、蜗轮、齿轮等</td></tr>
<tr><td>ZCuAl10Fe3Mn2</td><td>10－3－2
铝青铜</td><td>S
J</td></tr>
<tr><td>ZCuZn38</td><td>38 黄铜</td><td>S
J</td><td>一般结构件和耐蚀件，如法兰、阀座、螺母等</td></tr>
<tr><td>ZCuZn40Pb2</td><td>40－2
铅黄铜</td><td>S
J</td><td>一般用途的耐磨、耐蚀件，如轴套、齿轮等</td></tr>
<tr><td>ZCuZn38Mn2Pb2</td><td>38－2－2
锰黄铜</td><td>S
J</td><td>一般用途的结构件，如套筒、衬套、轴瓦、滑块等耐磨零件</td></tr>
<tr><td>ZCuZn16Si4</td><td>16－4
硅黄铜</td><td>S
J</td><td>接触海水工作的管配件以及水泵、叶轮等</td></tr>
</table>

注：铸造方法代号：S—砂型铸造；J—金属型铸造；Li—离心铸造；La—连续铸造；R—熔模铸造；K—壳型铸造；B—变质处理。

附表 3-5 常用热处理工艺

名词	代号	说明	应用
退　火	5111	将钢件加热到临界温度(一般是 710～715℃,个别合金钢 800～900℃)以上30～50℃,保温一段时间,然后缓慢冷却(一般在炉中冷却)	用来消除铸、锻、焊零件的内应力,降低硬度,便于切削加工,细化金属晶粒,改善组织,增加韧性
正　火	5121	将钢件加热到临界温度以上,保温一段时间,然后用空气冷却,冷却速度比退火快	用来处理低碳和中碳结构钢及渗碳零件,使其组织细化,增加强度与韧性,减少内应力,改善切削性能
淬　火	5131	将钢件加热到临界温度以上,保温一段时间,然后在水、盐水或油中(个别材料在空气中)急速冷却,使其得到高硬度	用来提高钢的硬度和强度极限。但淬火会引起内应力使钢变脆,所以淬火后必须回火
淬火和回火	5141	回火是将淬硬的钢件加热到临界点以下的温度,保温一段时间,然后在空气中或油中冷却下来	用来消除淬火后的脆性和内应力,提高钢的塑性和冲击韧性
调　质	5151	淬火后在 450～650℃进行高温回火,称为调质	用来使钢获得高的韧性和足够的强度。重要的齿轮、轴及丝杆等零件是调质处理的
表面淬火和回火	5210	用火焰或高频电流将零件表面迅速加热至临界温度以上,急速冷却	使零件表面获得高硬度,而心部保持一定的韧性,使零件既耐磨又能承受冲击。表面淬火常用来处理齿轮等
渗　碳	5310	在渗碳剂中将钢件加热到 900～950℃,停留一定时间,将碳渗入钢表面,深度约为 0.5～2 mm,再淬火后回火	增加钢件的耐磨性能,表面硬度、抗拉强度及疲劳极限 适用于低碳、中碳(碳的质量分数＜0.40%)结构钢的中小型零件
渗　氮	5330	渗氮是在 500～600℃通入氨的炉子内加热,向钢的表面渗入氮原子的过程。氮化层为 0.025～0.8 mm,氮化时间需 40～50 h。	增加钢件的耐磨性能、表面硬度、疲劳极限和抗蚀能力 适用于合金钢、碳钢、铸铁件,如机床主轴、丝杆以及在潮湿碱水和燃烧气体介质的环境中工作的零件

附表 3-5(续)　常用热处理工艺

名词	代号	说明	应用
氰　化	Q59(氰化淬火后,回火至56～62HRC)	在820～860℃炉内通入碳和氮,保温1～2 h,使钢件的表面同时渗入碳、氮原子,可得到0.2～0.5 mm的氰化层。	增加表面硬度、耐磨性、疲劳强度和耐蚀性 用于要求硬度高且耐磨的中、小型及薄片零件和刀具等
时　效	时效处理	低温回火后,精加工之前,加热到100～160℃,保持10～40 h。对铸件也可用天然时效(放在露天中一年以上)	使工件消除内应力和稳定形状,用于量具、精密丝杆、床身导轨、床身等
发　蓝 发　黑	发蓝或发黑	将金属零件放在很浓的碱和氧化剂溶液中加热氧化,使金属表面形成一层氧化铁所组成的保护性薄膜	防腐蚀、美观。用于一般连接的标准件和其它电子类零件
镀　镍	镀镍	用电解方法,在钢件表面镀一层镍	防腐蚀、美观
镀　铬	镀铬	用电解方法,在钢件表面镀一层铬	提高表面硬度、耐磨性和耐蚀能力,也用于修复零件上磨损了的表面
硬　度	HB (布氏硬度)	材料抵抗硬的物体压入其表面的能力称“硬度”。根据测定的方法不同,可分布氏硬度、洛氏硬度和维氏硬度 硬度的测定是检验材料经热处理后的机械性能	用于退火、正火、调质的零件及铸件的硬度检验
	HRC (洛氏硬度)		用于经淬火、回火及表面渗碳、渗氮等处理的零件硬度检验
	HV (维氏硬度)		用于薄层硬化零件的硬度检验

注:热处理工艺代号尚可细分,如空冷淬火代号为5131a,油冷淬火代号为5131e,水冷淬火代号5131w等。本附录不再罗列,详情请查阅GB/T 12603—1990。

附表 3-6　非金属材料

材料名称	牌　号	说　明	应　用　举　例
耐油石棉橡胶板		有厚度0.4～3.0 mm的十种规格	航空发动机用的煤油、润滑油及冷气系统结合处的密封衬垫材料
工业有机玻璃		耐盐酸、硫酸、草酸、烧碱和纯碱等一般酸碱以及二氧化硫、臭氧等气体腐蚀	适用于耐腐蚀和需要透明的零件
油浸石棉盘根	YS450	盘根形状分F(方形)、Y(圆形)、N(扭制)三种,按需选用	适用于回转轴、往复活塞或阀门杆上作密封材料,介质为蒸汽、空气、工业用水、重质石油产品
橡胶石棉盘根	XS450	该牌号盘根只有F(方形)	适用于作蒸汽机、往复泵的活塞和阀门杆上作密封材料
工业用平面毛毡	112-44 232-36	厚度为1～40 mm,112-44表示白色细毛块毡,密度为0.44g/cm³;232-36表示灰色粗毛块毡,密度为0.36g/cm³	用作密封、防漏油、防震、缓冲衬垫等。按需要选用细毛、半粗毛、粗毛
软钢纸板		厚度为0.5～3.0 mm	用作密封连接处的密封垫片

参考文献

[1] 钱可强. 机械制图[M].5 版.北京:中国劳动社会保障出版社,2009.

[2] 焦永和. 机械制图[M]. 北京:北京理工大学出版社,2005.

[3] 陆润民,许纪旻. 机械制图[M]. 北京:清华大学出版社,2006.

[4] 董晓英. 现代工程图学[M]. 北京:清华大学出版社,2007.

[5] 王兰美. 机械制图[M]. 北京:高等教育出版社,2004.

[6] 陈仲超,姚陈. 工程图学发展史及其发展规律初探[J]. 安徽工学院学报,1995,15(2):152.

[7] 王台惠. 关于中国工程图学发展史的研究[J]. 工程建设与设计,2003 (3):45.

[8] 顾玉坚,姚陈. 由图的发展史展望工程图学的未来[J]. 南京理工大学学报,1996,39:93.

[9] 章拓,贺向东,陈家欣. 试论国内外图学学科的发展现状和发展趋势[J]. 厦门教育学院学报,2011(8):37.

[10] 杨道富,杨鹏. 图学在人类文明中的进展中作用研究[J]. 图学学报,2014,6(135):923.

[11] 张敏,王燕. 机械制图新国标和国际标准的差异性分析[J]. 吉林工程师范学院学报,2014,6 (30):63.